KB123276

후쿠시마

— 원자력 안전을 위한 —

원전사고의

— 최고 전문가들의 —

논 란 과

— 분석과 제안 —

진 실

후쿠시마 원전사고의 논란과 진실
원자력 안전을 위한 최고 전문가들의 분석과 제안
ⓒ백원필·양준언·김인구, 2021. Printed in Seoul, Korea

초판 1쇄 찍은날 2021년 11월 30일
초판 1쇄 펴낸날 2021년 12월 10일

지은이	백원필 · 양준언 · 김인구
펴낸이	한성봉
편집	하명성 · 최창문 · 이종석 · 조연주 · 이동현 · 김학제 · 신소윤 · 이은지
콘텐츠제작	안상준
디자인	정명희
마케팅	박신용 · 오주형 · 강은혜 · 박민지
경영지원	국지연 · 강지선
펴낸곳	도서출판 동아시아
등록	1998년 3월 5일 제1998-000243호
주소	서울시 중구 퇴계로30길 [필동1가 26] 2층
페이스북	www.facebook.com/dongasiabooks
전자우편	dongasiabook@naver.com
블로그	blog.naver.com/dongasiabook
인스타그램	www.instargram.com/dongasiabook
전화	02) 757-9724, 5
팩스	02) 757-9726
ISBN	978-89-6262-402-1 93550

※ 잘못된 책은 구입하신 서점에서 바꿔드립니다.

만든 사람들
편집 및 조판 김경아
표지 디자인 정명희

후쿠시마

원자력 안전을 위한

원전사고의

최고 전문가들의

논란과

분석과 제안

진실

백원필

양준언

김인구

지음

동아시아

차례

머리말

2011년 3월 11일에 발생한 동일본대지진에서 비롯되었던 후쿠시마 원전사고는 한국 국민에게 커다란 관심사이다. 원전사고 자체와 피해 상황은 물론 현재의 후쿠시마현과 일본의 상황, 일본산 농수산물의 안전까지 관심의 범위가 넓고 다양하다. 후쿠시마 원전사고에 따른 원자력 안전에 대한 우려는 한국의 에너지 정책에도 커다란 영향을 미치고 있다.

한국에서 후쿠시마 원전사고에 관련된 여러 사회적 논란은 부정확한 정보에 근거한 경우가 많다. 가장 큰 원인은 원자력 안전 특성이 이해하기 어렵고 방사선이 낯선 위험 요소라는 데 있다. 원자력에 대한 찬반 입장에 따라 입맛에 맞는 정보만을 취사선택하는 경우가 많은 것도 영향을 준다. 무엇보다 후쿠시마 원전사고 및 논란이 되는 이슈들을 쉽게 설명하는 신뢰할 만한 자료를 찾기 어려운 것도 중요한 원인이 되었으며, 여기에는 저자들을 포함하여 원자력 안전 전문가들의 책임도 크다고 생각한다.

이 책에서는 후쿠시마 원전사고가 불러온 여러 논란과 이 사고가 원자력에 미친 영향을 살펴보려 한다. 저자들은 30년 이상 원자력 안전 연구와 안전규제에 종사해온 원자력 안전 전문가로서, 후쿠시마 원전사고 당시의 국내 대응과 후속조치 수립, 이어진 관련 연구 및 규제 활동에 깊이 관여해왔다. 백원필과 양준언은 한국원자력학회 후쿠시마위원회(2012~2013년)에서 각각 위원장 및 위원으로서 사고의 원인, 경과, 결과 및 교훈 등을 도출하고 국내 원전의 안전성 향상 방향을 제시했다. 김인구는 2011년에 국제원자력기구 원자력안전각료회의에 한국대표단으로 참석해 실무회의에서 논제별 한국 입장을 제시하고, 후쿠시마 원전사고의 교훈을 한국의 신형 원자로 안전심사에 반영하는 일을 했다. 필자들은 후쿠시마 원전사고에 대한 이야기를 나누다가, 사고 10주년과 도쿄올림픽에 즈음하여 적정 수준의 전문성과 가독성을 함께 갖춘 교양서를 써보자고 의기투합했다. 돌이켜보면 지나친 의기에 기댄 무모한 투합이 아니었나 하는 생각도 든다.

이 책은 크게 네 부분으로 구성되어 있다. 제1부는 후쿠시마의 현재 상황을 중심으로 한국에서 논란이 되거나 많은 사람이 궁금해하는 내용을 다룬다. 제2부는 2011년 사고의 발생, 진행과 수습과정을 설명하고, 이와 관련하여 논란이 되었던 사안을 소개한다. 제3부는 사고가 일본과 세계의 원자력과 에너지 정책에 미친 영향, 특히 원전 안전 강화를 위한 후속조치들을 소개한다. 제1부, 제2부, 제3부는 공저자들끼리 의논과 검토를 거치면서 백원필, 양준언, 김인구가 각각 책임 집필했다. 제1~3부에서는 저자의 개인적 분석이나 판단을 가급적 배제하고, 데이터나 사실관계에 대해 검증하면서 가능한 한 교양서 수준으로 쉽게 쓰는 데 중점을 두었다. 물론 각자의 시각과 전문 분야가 같지 않기 때문에 형식이나 서술 방식의 통일을 고집하지는 않았다.

제4부에서는 객관적 사실 중심인 제1~3부와는 달리 저자들의 주관적인 생각을 더 담았다. 후쿠시마 원전사고와 그 이후의 환경 변화를 겪으면서 원자력계, 언론, 다양한 정책결정자들, 무엇보다도 원자력에 대한 관심이 큰 국민과도 나누고 싶은 이야기들이 있었기 때문이다.

원전사고에 대해 전문성과 가독성을 함께 갖춘 교양서를 목표로 세 명이 함께 작업하는 일이 쉽지는 않았다. 집필 범위와 깊이, 용어의 사용, 기술 방식, 이슈에 대한 해석 등을 자주 의논했지만 만족할 만한 수준의 균형과

조화를 이뤘다고 말하기는 어려울 것 같다. 오염수 문제를 포함하여 후쿠시마 현장의 상황이나 세계의 원자력 관련 동향이 시시각각으로 변화하는 점도 어려움을 가중시켰다. 원고 교정 과정에서도 해양 방출 결정이 내려진 오염수 문제와 세계의 원자력 동향에 관해서는 최신 자료를 반영했지만, 그 외 대부분은 2021년 5월경의 자료를 사용하였다. 가장 어려웠던 것은 원자력 전문가의 함정에 빠지지 않고 객관성을 유지하는 일이었다. 원자력 발전과 관련한 한국 내 갈등과 후쿠시마 오염수 등과 관련한 한·일 갈등이 심한 상황이어서 객관성과 정확성이 매우 중요하기 때문이다. 그래도 후쿠시마 원전사고와 관련한 중요한 팩트를 최대한 정확하게 기술했다고 자부한다. 이 책이 교양서라 불릴 만큼 일반인이 이해할 수 있는 수준인지에 대해서는 자신이 없다. 그래도 책을 쓰면서 원자력 안전 전문가들이 원자력 안전의 본질을 유지하면서 일반인들에게 쉽게 설명하는 노력을 계속해야 한다는 점을 체험하는 소중한 기회가 되었다.

이 책은 저자들만의 힘으로 만들어지지 않았다. 후쿠시마 사고에 대한 이해를 넓히는 데는 다양한 활동에 함께한 동료들의 도움이 매우 컸다. 또한 국제원자력기구와 일본 정부 및 도쿄전력을 포함하여 국내외 기관에서 발행한 다양한 문서와 웹사이트를 통해 필요한 정보를 얻을 수 있었다. 그렇지만 내용에 오류가 있다면 전적으로 저자들의 책임이다. 부족하지만 이 책이 후쿠시마 원전사고를 더 정확하게 이해하고 더 안전한 세상을 만드는 데 조금이라도 기여하기를 바란다.

민감한 주제의 책을 출간하기로 하고 무한 지지해주신 도서출판 동아시아의 한성봉 대표님과 산만한 초고를 멋지게 바꿔주신 하명성, 김경아 편집자님에게 감사드린다. 집필 과정에서 한결같은 응원을 보내준 가족들에게도 감사하며, 후쿠시마 지역이 사고의 고통에서 조속하게 벗어나기를 기원한다.

2021년 9월, 대덕연구단지에서
백원필·양준언·김인구

조직· 기관· 국제기구· 국제조약 등
관련 약어

국제기구 · 국제조약

CNS	Convention on Nuclear Safety(원자력안전협약)
EC	European Commission(유럽집행위원회)
ENSREG	European Nuclear Safety Regulators Group(유럽원자력안전규제자그룹)
EP	European Parliament(유럽의회)
EURATOM	European Atomic Energy Community(유럽원자력공동체)
EU	European Union(유럽연합)
IAEA	International Atomic Energy Agency(국제원자력기구)
ICRP	International Commission on Radiological Protection(국제방사선방호위원회)
IEA	International Energy Agency(국제에너지기구; OECD 산하 기구임)
IMO	International Maritime Organization(국제해사기구)
INSAG	International Nuclear Safety [Advisory] Group(국제원자력안전[자문]그룹)
IOC	International Olympic Committee(국제올림픽위원회)
NEA	Nuclear Energy Agency(원자력기구; OECD 산하 기구로 흔히 OECD/NEA로 표기함)
OECD	Organization for Economic Cooperation and Development(경제협력개발기구)
UNECE	United Nations Economic Commission for Europe(유엔유럽경제위원회)

UNSCEAR	United Nations Scientific Committee on the Effects of Atomic Radiation (유엔방사선영향과학위원회)
WANO	World Association of Nuclear Operators(세계원자력발전사업자협회)
WHO	World Health Organization(세계보건기구)
WTO	World Trade Organization(세계무역기구)

일본

ANRE	Agency for Natural Resources and Energy(資源エネルギー庁; 자원에너지청. 경제산업성의 외청)
HERP	Headquarters for Earthquake Research Promotion(地震調査研究推進本部; 지진조사연구추진본부)
HIT	Hot Spot Investigator for Truth(環境濃縮ベクレル測定プロジェクト; 진실을 위해 핫스팟을 조사하는 사람들)
IRID	International Research Institute for Nuclear Decommissioning (国際廃炉研究開発機構; 국제폐로연구개발기구. 국립연구기관·원전공급업체·전력회사 등이 회원사로 가입)
JAEA	Japan Atomic Energy Agency(日本原子力研究開発機構; 일본원자력연구개발기구)
JAIF	Japan Atomic Industrial Forum(日本原子力産業協会; 일본원자력산업협회)
JMA	Japan Meteorological Agency(日本気象庁; 일본기상청)
JNES	Japan Nuclear Energy Safety Organization(原子力安全基盤機構; 일본원자력안전기반기구)
JSCE	Japan Society of Civil Engineers(日本土木学会; 일본토목학회)
METI	Ministry of Economy, Trade and Industry(経済産業省; 경제산업성)
MEXT	Ministry of Education, Culture, Sports, Science and Technology (文部科学省; 문부과학성)
NDF	Nuclear Damage Compensation and Decommissioning Facilitation Corporation(原子力損害賠償·廃炉等支援機構; 원자력손해배상·폐로 등 지원기구)
NERHQ	Nuclear Emergency Response Headquarters(原子力災害対策本部; 원자력재해대책본부)
NISA	Nuclear and Industrial Safety Agency(原子力安全·保安院; 원자력안전·보안원)
NRA	Nuclear Regulation Authority(原子力規制委員会; 원자력규제위원회)

| TEPCO | Tokyo Electric Power Company [Holdings](東京電力; 도쿄전력) |

기타 국가

ASN	Autorité de Sûreté Nucléaire(프랑스 원자력안전청)
BEIS	Department for Business, Energy & Industrial Strategy(영국 비즈니스·에너지·산업전략부)
BfS	Bundesamt für Strahlenschutz(독일 연방방사선방호청)
BMU	Bundesministerim für Umelt, Naturschultz und nukleare Sicherheit(독일 연방환경·자연보전·원자력안전부)
CNSC	Canadian Nuclear Safety Commission(캐나다원자력안전위원회)
EA	Environment Agency(영국 환경원)
EDF	Électricité de France S. A.(프랑스전력공사)
FEMA	Federal Emergency Management Agency(미국 연방재난관리청)
GE	General Electric(제너럴일렉트릭, 미국의 비등경수로 공급회사)
HSE	Health and Safety Executive(영국 보건안전청)
INPO	Institute of Nuclear Power Operation(미국 원자력발전협회)
IRSN	Institut de radioprotection et de Sûreté nucléaire(프랑스 방사선방호·원자력안전연구소)
KAERI	Korea Atomic Energy Research Institute(한국원자력연구원)
KINS	Korea Institute for Nuclear Safety(한국원자력안전기술원)
KNS	Korean Nuclear Society(한국원자력학회)
NDRC	National Development and Reform Commission(中华人民共和国国家发展和改革委员会; 중국국가발전개혁위원회)
NNSA	National Nuclear Safety Administration(國家核安全局; 중국 국가핵안전국)
NSSC	Nuclear Safety and Security Commission(한국 원자력안전위원회)
ONR	Office for Nuclear Regulation(영국 원자력규제원)
RSK	Reaktor-Sicherheitskommission(독일 원자로안전위원회)
USAEC	U. S. Atomic Energy Commission(미국 원자력위원회)
USDOE	U. S. Department of Energy(미국 에너지부)
USNRC	U. S. Nuclear Regulatory Commission(미국 원자력규제위원회)

후쿠시마는 지금

제1장
논란의 후쿠시마

2011년 3월 11일 후쿠시마 원전사고가 발생한 지 10년이 지났다. 한국 사회에서는 후쿠시마 원전사고의 성격과 피해 규모, 국내외 후속 조치의 타당성, 한국에 미친 영향, 사고 교훈을 반영한 원자력정책 방향 등이 뜨거운 논쟁거리이다. 최근에는 일본과의 역사·무역 갈등, 오염수 해양 방출과 도쿄 올림픽 안전에 대한 우려, 국내 원전 정책 갈등과도 맞물리면서 논란이 더욱 커졌다. 사고 10주년을 맞은 2021년에는 다양한 관점의 언론 보도가 쏟아졌음은 물론이다.

한국에서 후쿠시마 원전사고는 사실과 과학에 기반하기보다는 이념적·감정적으로 다루어지는 경향이 크다. 주요 언론의 뉴스와 탐사보도 등에도 부정확한 내용이 자주 등장하고, 인터넷과 소셜미디어에 넘치는 잘못된 정보의 홍수는 더 말할 필요조차 없다. 심지어 책임 있는 공공기관조차 사실 확인을 소홀히 하는 경우가 많아서 합리적인 논의를 더욱더 어렵게 한다.

제1부에서는 후쿠시마 원전사고와 관련한 현재 상황을 정리하려 한다. 첫 장에서 우리 사회를 달구고 있는 후쿠시마 원전사고 관련 이슈를 개관하고, 이어지는 장들에서 주요 이슈와 관련한 구체적인 상황을 소개한다.

일본 후쿠시마현과 후쿠시마 제1원전

후쿠시마 원전사고는 일본 도호쿠東北 지방 후쿠시마현福島県에 있는 도쿄전력東京電力; TEPCO[1] 소유의 후쿠시마 제1원자력발전소(후쿠시마 제1원전)에서 발생했다. 이 사고는 2011년 3월 11일(금) 14시 46분에 발생한 규모 9.0의 동일본대지진,[2] 특히 지진이 수반한 초대형 쓰나미Tsunami에 의해 유발되었다. 가동 중이던 원자로들은 잘 정지했으나, 원자로 정지 후에도 계속 나오는 붕괴열([기초지식-6]) 냉각에 실패하여 핵연료가 녹아내리는 중대사고가 발생했고, 누출된 방사성물질이 주변 지역을 크게 오염시켰다.

그림 1.1은 후쿠시마현의 위치와 행정구역을 후쿠시마 제1원전 위치와 함께 보여준다. 동일본대지진은 대규모 지각 진동과 쓰나미를 동반하면서 미야기현宮城県, 이와테현岩手県, 후쿠시마현, 이바라키현茨城県 등 일본 동북부 태평양 연안지역에 큰 피해를 입혔다. 이에 반해 피해를 우려할 수준의

---

[1] '도쿄전력Tokyo Electric Power Company: TEPCO'은 민영 '도쿄전력주식회사'로 1951년 설립되었으며, 1883년 설립된 도쿄전등東京電燈에 기원을 두고 있다. 도쿄전력주식회사는 일본 간토関東지방을 중심으로 전력을 공급하고 다수의 화력 및 수력 발전소와 세 곳의 원전(후쿠시마 제1원전, 후쿠시마 제2원전, 가시와자키 가리와 원전)을 운영하는 일본 최대의 전력회사였다. 후쿠시마 원전사고 후 막대한 규모의 피해 배상과 사고 원전 폐로 작업의 원활한 추진을 위해 국유화가 논의되어 2016년에 일본 정부가 대주주(정부 기구인 '원자력손해배상·폐로 등지원기구'가 절반 이상의 의결권 보유)인 '도쿄전력홀딩스주식회사'로 재편되었다. 이 책에서는 '도쿄전력(주)'와 '도쿄전력홀딩스(주)'를 구분하지 않고 '도쿄전력' 또는 'TEPCO'로 표기한다.

[2] '동일본대지진'의 일본 공식명칭은 '東北地方太平洋沖地震(도호쿠지방 태평양해역지진)'이다. 일본에서는 대지진·쓰나미에 의한 재해와 원전사고를 묶어서 '東日本大震災(동일본대진재)'라는 용어를 주로 사용하며, 이 책에서는 대지진과 이에 수반된 쓰나미를 포괄하여 '동일본대지진'으로 표현한다. 영어로는 처음에 'The 2011 off the Pacific coast of Tohoku Earthquake', 'Tohoku Region Pacific Coast Earthquake' 등을 사용했으나, 지금은 'The Great East Japan Earthquake (of 2011)'나 'The 2011 Tohoku earthquake'가 주로 사용된다.

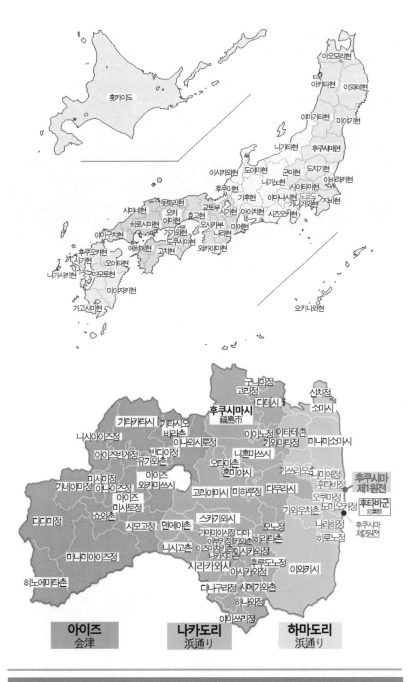

그림 1.1_ 후쿠시마현과 후쿠시마 제1원전

그림 1.2_ 사고 전 후쿠시마 제1원전 전경

자료: 도쿄전력.

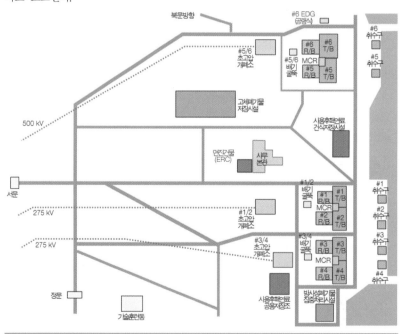

그림 1.3_ 후쿠시마 제1원전의 사고 전 모습과 주요 건물 배치

도쿄전력 자료 등을 참고하여 작성.

방사능 오염은 대부분 후쿠시마현에 국한됐다. 따라서 후쿠시마 원전사고의 피해와 복구, 지역사회 재생 등에 대한 논의는 후쿠시마현에 초점을 맞춘다.

일본의 광역행정구역인 47개 도都·도道·부府·현県 중 하나인 후쿠시마현은 면적 1만 3,784km², 인구 약 190만 명으로 한국의 작은 도道와 비슷한 규모이다. 후쿠시마현에는 13개 시市와 13개 군郡이 있으며, 군에는 한국의 읍, 면에 해당하는 정町과 촌村이 있다. 시·정·촌은 기초자치단체를 나타내는 표현이다. 후쿠시마현은 동쪽부터 서쪽으로 태평양 연안의 하마도리浜通り 지방, 중앙의 나카도리中通り 지방, 서부 산간지역인 아이즈会津 지방으로 구분한다. 후쿠시마 제1원전과 제2원전은 모두 하마도리 지방의 후타바군双葉郡에 있다. 6기의 비등경수로([기초지식-5, -8])로 이루어진 제1원전은 후타바정双葉町과 오쿠마정大熊町에 걸쳐 있다. 그림 1.2와 1.3은 후쿠시마 제1원전의 사고 전 전경 사진과 주요 시설 배치도이며, 1~4호기는 오쿠마정에, 5,6호기는 후타바정에 위치한다. 후쿠시마 제2원전은 제1원전보다 약 12km 남쪽 도미오카정富岡町과 나라하정楢葉町의 경계에 위치한다.

후타바군 남쪽의 인구 약 32만 명의 이와키시いわき市는 후쿠시마 원전사고의 수습과 초기 복구과정에서 도쿄 등 다른 지역에서 후쿠시마 제1원전으로 접근하거나 원전 작업자들이 거주하기 위한 거점도시로서 중요한 역할을 했다. 후쿠시마현청 소재지인 인구 약 28만 명의 후쿠시마시福島市는 나카도리지역 북부에 위치하며, 현재 후쿠시마 부흥 활동의 중심지이다.

후쿠시마 원전사고로 인한 방사능 오염은 후쿠시마 제1원전 주변과 북서쪽인 후타바군의 오쿠마정大熊町, 후타바정双葉町, 도미오카정富岡町, 나미에정浪江町, 나라하정楢葉町, 가와우치촌川内村, 이타테촌飯舘村, 가쓰라오촌葛尾村과 미나미소마시南相馬市 남부에 집중되었다.

후쿠시마 제1원전 오염수 논란

후쿠시마 원전과 관련하여 한국을 가장 뜨겁게 달군 이슈는 후쿠시마 제1원전 부지에 보관 중인 오염수[3] 안전 관리, 특히 해양 방출의 안전성 문제이다. 후쿠시마 제1원전 부지에는 총 137만 m³(물 1m³가 약 1톤이므로 중량 기준으로는 137만 톤임) 용량의 오염수 저장탱크 1,061기가 설치되어 있다. 저장된 오염수는 2021년 10월 현재 약 128만 톤이고 하루 평균 약 140톤씩 늘어나는 것으로 보고되고 있다[도쿄전력 홈페이지]. 현재 확보한 저장 용량으로는 2023년 상반기까지만 감당할 수 있으므로, 탱크를 증설하거나 오염수를 어디엔가 처분해야 한다. 일본 정부는 처음부터 저장 용량의 추가 확충이 부지의 제약 등으로 어렵다고 판단하고 처리·처분 방법 마련에 논의를 집중했다. 특히 다핵종제거설비Advanced Liquid Processing System: ALPS에서 정화하지 못하는 삼중수소(트리튬)에 대해서는 삼중수소수 태스크포스, ALPS 소위원회 등을 통해 처리 방안을 논의해왔다. 결국 2021년 4월 13일에 개최된 폐로·오염수·처리수대책 관계각료등회의에서는 ALPS 장치 등에서 처리한 오염수를 희석하여 해양(태평양)으로 방출하기로 공식 결정했다[廃炉·汚染水·処理水対策関係閣僚等会議, 2021]. 오염수를 ALPS 장치 등으로 정화하여 삼중수소를 제외한 방사성핵종들의 농도를 배출기준 이하로 낮춘 다음, 삼중수소 농도가 배출기준의 1/40 수준이 되도록 대량의 바닷물로 희석하여 방출한다는 것이다. 그리고 연간 삼중수소 배출량은 후쿠시마 제1원전의 사고 전 관리목표치를 넘지 않도록 장기간에 걸쳐 방출할 계획이라 한다.

---

[3] 일본 정부는 방사능정화장치(제염장치)를 거친 오염수를 '처리수Treated Water'로 구분하여 부르며, 구체적인 구분 방법을 몇 차례 수정하였다. 이 책에서는 '오염수'를 포괄적인 용어로 사용하고, 구분이 필요한 시 제염장치 종류를 앞에 붙여 '처리수'라는 용어도 사용한다(예: ALPS 처리수).

후쿠시마 제1원전 오염수에 대한 논란은 국제환경단체 그린피스Greenpeace의 숀 버니Shaun Burnie가 촉발하였다. 독일사무소 소속 활동가인 그는 2019년 1월 「도쿄전력의 오염수 위기TEPCO Water Crisis」[Burnie, 2019]라는 보고서에서 오염수 안전관리의 문제점과 해양 방출 시의 위험성을 강조했다. 그는 오염수를 해양으로 방류하면 1~2년 안에 동해의 방사능이 눈에 띄게 높아져서 한국도 위험해진다고 경고한다. 숀 버니는 탈핵에너지전환 국회의원 모임 강연, 언론의 후쿠시마 현지 취재 동행, 국회의원 주최 후쿠시마 사고 10주년 좌담회 참여 등을 통해 오염수를 비롯한 후쿠시마의 문제점을 제기하면서 한국에서의 탈핵 활동 기반도 강화하고 있다.

한국 정부는 2019년 8월부터 후쿠시마 제1원전 오염수 문제에 관심과 우려를 표명하면서, 일본 정부에게 정확하고 신속하게 관련 정보를 제공할 것과 인접국이 동의하는 방법으로 오염수를 관리할 것을 요구해왔다. 국제올림픽위원회International Olympic Committee: IOC 회의, 국제원자력기구International Atomic Energy Agency: IAEA 총회, 국제해사기구International Maritime Organization: IMO 총회, 세계보건기구World Health Organization: WHO 회의, 한·중·일 원자력안전고위규제자회의 등에서 지속적으로 문제를 제기했다. 최근에는 오염수 처분 관련 IAEA 검증단에 한국 전문가의 참여를 요구하여 관철시켰고, 한·일 정부 간의 양자협의체 구성도 요구하고 있다. 일본 정부는 후쿠시마 오염수 문제에 대한 한국 정부의 국제이슈화에 반발해왔다. 한국 정부가 과학적 사실에 근거하지 않고 오염수 해양 방출의 위험성을 과장하여 이른바 풍평피해風評被害[4]를 키운다는 주장도 한다.

한국 언론은 후쿠시마 제1원전 오염수 문제를 거의 다루지 않다가 2019

---

4 '풍평피해風評被害'는 자연재해나 사건·사고 등에 대한 허위보도 또는 잘못된 소문으로 특정 지역이나 업계가 직간접적으로 피해를 보는 현상을 가리키는 일본식 용어이다. 한국어로 '소문피해' 또는 '풍문피해' 등으로 번역되기도 하지만, 어감이 조금 다르므로 이 책에서는 '풍평피해'를 그대로 쓴다.

년 8월부터 수개월 동안 관련 기사를 쏟아냈다. 대부분 안전관리의 중요성을 강조하고 해양 방출의 피해를 우려하고 있지만, 언론사 간, 개별 기사 간 온도 차가 크다. 또한, 여러 언론사에서 오염수를 비롯한 방사선 안전문제에 대해 진실성을 검증하겠다는 '팩트체크Fact Check' 기사를 내고 있는데, 방사선에 대한 이해가 부족하거나 기본적인 단위를 잘못 사용하는 기사도 종종 접하게 된다.

일본 정부가 오염수 해양 방출을 공식 결정한 후 한국에서는 이에 대한 반대 여론이 강하다. 정부가 강경한 반대 입장을 표명하고 있고, 대부분의 지자체와 정치권 및 다수 시민단체들도 반대 성명을 발표하거나 반대 시위를 벌였다. 언론 보도에서도 주변국 상황을 고려하지 않고 일방적인 결정을 내린 일본 정부를 비판하는 내용이 대부분이다.

후쿠시마 원전 오염수 문제로 한·일 양국 정부가 갈등을 빚고 미디어에서 중요하게 다루어지는데도, 원자력·방사선 전문가들이 자신의 과학적 견해를 공개적으로 표현하는 경우는 드물다. 오염수 논란의 정치·외교 이슈화, 과학적 사실조차 이성적인 소통이 어려운 사회 분위기, 비정부기구Non-Governmental Organization: NGO 의견이 우선되는 정부 의사결정 시스템, 한국 사회의 극심한 진영논리와 토착왜구 논란 등으로 전문가들이 크게 위축되었기 때문이다. 한국원자력학회(2021)는 ALPS 처리 오염수의 해양 방출 결정과 관련하여 일본 정부에게 사과와 투명한 정보 공개를 요구하는 한편으로 과도한 방사능 공포 조장을 경계하는 보도자료를 발표했다.

후쿠시마 원전 오염수 문제는 당분간 한국 사회의 큰 논쟁거리로 남을 것 같다. 이와 관련한 최신 현황과 여러 쟁점을 제2장과 제4장에서 다룬다.

일본산 식품의 안전 논란

일본산 식품의 안전성도 한국 국민의 큰 관심사이다. 후쿠시마 원전사고 직후에는 원산지와 무관하게 수산물 안전에 대한 공포가 확산하여 전국적으로 해산물 소비가 크게 줄어들고 관련 음식점이 큰 타격을 받은 바 있다[황윤재·이동소, 2014; 중부일보, 2011. 3. 30].

한국 정부는 후쿠시마 원전사고 직후 수산물에 대한 방사능 안전기준을 강화하고, 일본산 수입 식품에 대한 검역도 강화했다. 2013년 9월부터는 후쿠시마현을 포함한 일본 북동부 8개 현의 모든 수산물 수입을 금지하고, 일본산 식품에서 세슘이 미량이라도 검출되면 추가로 17개 핵종([기초지식-2])에 대한 검사도 요구하는 수입규제 조치를 시행하고 있다. 이와 관련하여 일본 정부는 2015년 5월 후쿠시마산 식품 수입규제를 하는 50여 개 국가 중에서 한국만을 골라서 세계무역기구World Trade Organization: WTO에 제소했다. 이에 대해 1심인 WTO 패널은 일본의 손을 들어줬으나(2018. 2), 최종심인 WTO 상소기구는 2019년 4월 한국의 수입규제가 WTO 협정을 위반하지 않는다고 판정하여(2019. 4) 한국은 한숨을 돌리면서 수입규제를 유지하게 되었다. 일본 정부는 WTO 패소 후에도 후쿠시마산 수산물 수입 재개를 계속 요청하고 한국산 수산물에 대한 검역을 강화하는 등의 행보를 취하고 있다. 2021년 9월 말 기준으로 한국, 중국, 대만을 포함한 14개국이 일본산 농수산물에 대한 수입규제를 유지하는 것으로 파악된다.

2019년 여름에는 후쿠시마산 식자재를 도쿄올림픽 선수단 식탁에 올리겠다는 도쿄올림픽조직위원회의 계획이 알려졌다. 도쿄올림픽을 계기로 동일본대지진과 후쿠시마 원전사고 피해지역을 부흥시키려던 일본이 후쿠시마산 농수산물의 안전성을 세계로부터 인정받으려 한 노력의 하나였을 것이다. 그러나 여러 국가에서 수입을 규제하는 후쿠시마산 식자재를 올림픽에서 굳이 사용하겠다는 계획은 한국을 비롯한 많은 국가의 거센 반발을 불러일으켰다. 결국 대한체육회는 한국산 식자재로 만든 도시락을 한국선수들에게 제공하는 것으로 대응했다.

한국에서 일본산 식품에 대해 엄격한 수입규제조치가 시행되고 있음에도 일본산 수산물에 대한 일부 국민의 불신은 여전하다. 북태평양산 고등어·명태·대구는 방사능에 오염되었을 우려가 있으니 300년간 먹지 말라는 탈핵운동가의 강연이 논란이 되기도 했다[매일경제, 2017.7.16 등]. 일본산 식품의 안전문제에 대해서는 제3장과 제4장에서 구체적으로 살펴본다.

일본 국토 오염과 제염폐기물 논란

후쿠시마 원전사고로 정말 일본 국토의 70%가 방사능으로 오염되어 살 수 없는 땅이 되었나? 가끔 언론에 나오는 핫스팟Hot Spot은 무엇이고 얼마나 위험한가? 일본에서 유학하고 있는 자녀가 걱정인데 귀국시켜야 하나? 일본 여행은 다녀와도 괜찮은가? 방사능에 오염된 지역의 제염除染(오염 제거) 작업은 얼마나 진척되었는가? 제염작업이 완료되어 피난구역에서 해제된 곳도 실제로는 방사능이 높다는데 사실인가? 일본의 오염상황에 대한 의문에는 끝이 없다.

일본 여행의 방사선 위험에 대한 우려는 일부 반反원자력 활동가들의 주장에서 비롯되었다. 수년간 소셜미디어나 탈핵 강연장 등에서만 나돌던 일본 국토의 70%가 오염되어 사람이 살 수 없게 되었다는 주장이 결국 주류 언론에까지 등장하였다[국민일보, 2019.7.24]. 기사의 제목은 "'방사능 악몽 이제 시작, 일본 가지 마' 의사의 경고", 부제는 "일본 산과 강 완벽 제염 불가능, 내부피폭 불가피", "가능하면 일본 가지 마세요. 갔다면 빨리 돌아오세요. 어린이는 데리고 가지 마세요"였다. 물론 이러한 주장을 반박하는 전문가 의견을 다룬 언론 기사도 여럿 있었다. 일본 국토의 70%가 오염되어 사람이 살 수 없게 되었다는 주장은 미국 국립과학원회보PNAS의 한 논문 [Yasunari et al., 2011]에 있는 그림(소위 〈일본 방사능 오염지도〉)에서 비롯된 것으로, 데이터의 의미가 잘못 해석되어 널리 퍼진 것이다. 이에 대해서는 제4장에서 자세히 다룬다.

후쿠시마 원전에서 비교적 먼 곳에서조차 국부적으로 방사능이 높은 핫스팟Hot Spot이 아직 발견되는 것도 대중에게 두려움을 준다. 대표적 사례가 2019년 7월 다수 언론에서 보도한 도쿄도東京道 미즈모토공원의 핫스팟 발견이다[국민일보, 2019.7.23]. 일본의 민간단체인 '진실을 위해 핫스팟을 조사하는 사람들Hotspot Investigators for Truth: HIT'이 방사선관리구역 설정 기준인 $1m^2$당 4만 베크렐40,000Bq/m²을 초과하는 높은 방사능([기초지식-4])을 여러 곳에서 측정했다는 내용이었다. 측정된 공간방사선량률이 한국 수준(0.05~0.30μSv/h)을 넘지 않는 것으로 보아 위험한 상황은 아니었지만, 일부 언론의 자극적인 보도에서 비롯된 대중의 불안감은 상당하다. 2019년 12월에는 도쿄올림픽 성화 출발지인 J-빌리지의 한 주차장에서 사고 이전 값의 1,775배까지의 방사선량률을 나타내는 핫스팟을 그린피스가 발견하여 일본 당국이 제거했다는 보도가 있었다[한겨레, 2019.12.4]. 그린피스는 「끝나지 않은 오염」[グリーンピース·ジャパン, 2020], 「후쿠시마 제1원전 2011~2021―제염 신화와 10년간의 인권 위반」[Greenpeace, 2021b] 등의 보고서를 통해 국토 제염 작업의 불완전성에 대한 비판을 지속해왔다.

일본 방사능에 대한 근본적인 질문은, 대대적으로 벌이고 있는 제염 작업의 실효성과 그 과정에서 발생하는 방사성폐기물(제염폐기물)의 안전관리에 대한 것이다. 그동안 후쿠시마현에 대한 제염 작업이 눈에 띄는 성과를 보여서 피난지시구역이 사고 후에 비하여 크게 줄어들었고, 지역사회를 재건하기 위한 활동도 활발하다. 그러나 제염 작업은 주거지, 상가, 학교, 농지, 도로 등에 집중되었다는 한계가 있다. 후쿠시마현에 넓게 분포하는 깊은 삼림 지역은 대부분 손을 대지 못하여, 주민의 활동반경을 제약할 뿐만 아니라 기상 변화에 따라 제염을 마친 지역을 다시 오염시키기도 한다. 또한 충분히 밝혀지지 않은 핫스팟이 남아 있을 가능성도 배제하기 어렵다. 최근 언론이 앞다투어 기획하는 후쿠시마 현지 취재에서 주로 확인하는 문제들이다.

제염폐기물 안전관리에 관한 관심은 제염토양 임시보관소에서 가까운 후쿠시마현 아즈마경기장에서 올림픽 경기(야구, 소프트볼)가 열리는 것을 우려하는 목소리에서 시작되었다. 2019년 10월 중순에는 제19호 태풍 하기비스가 상륙하면서 일부 폐기물이 유실되어 이것이 일본 당국의 안전관리 능력에 대한 총체적 불신으로 이어졌다.

후쿠시마현 방사능에 대한 논란은 다른 문제들과 맞물려 한·일 양국 간의 감정싸움으로까지 이어졌다. 주한 일본대사관은 2019년 9월 24일부터 홈페이지에 후쿠시마시를 비롯한 일본 내 세 곳과 서울의 방사선량을 비교하는 자료를 올렸다. 여기에 한국 여당의 일본경제침략대책특별위원회는 일본 시민단체의 측정자료를 이용하여 제작한 일본 방사능 오염지도를 공개하는 것으로 맞대응했다.

후쿠시마 방사능 오염과 관련한 미디어의 현지 취재나 보도는 언론사의 성향에 맞는 정보 중심으로 이루어지고 있어서 혼돈 상태이다. 방송사의 현지 취재보도는 JTBC가 가장 적극적이었고 MBC와 SBS가 뒤따랐다. 물론 KBS도 외면하지는 않았다. 이 중에서 JTBC와 MBC의 보도는 대부분 위험성을 경고하는 내용들이다. 한편, 팩트체크 전문 인터넷 미디어인 '뉴스톱 Nustof'은 2019년 12월 초부터 약 1개월간 연재된 〈모두를 위해 '후쿠시마 방사능 지도'를 그리다〉 시리즈에서 후쿠시마 현지 상황을 비교적 생생하게 전달하였다.

필자를 포함한 대부분의 원자력·방사선 전문가들도 후쿠시마 원전 주변 지역의 방사능 오염에 대해 우려하고 있고, 완전히 수습할 때까지 가야 할 길이 멀다고 본다. 그러면서도 전반적인 상황은 한국민의 일반적인 생각보다 양호하고, 사고 원전과 가까운 특정 지역을 제외하고는 방사선 피해를 우려하지 않아도 된다고 판단한다. 일부 탈핵운동가가 사람이 살 수 없다고 주장한 기준이 된 토양 1kg당 5Bq 수준의 세슘 방사능은 후쿠시마 사고 이전에도 한국과 일본의 많은 지역에서 측정되던 수준이다[조건우, 2020: 173].

사고로 인한 환경오염의 현재 상황, 제염 활동과 지역사회 복원, 제염폐기물 등에 관련해서는 제3장과 제4장에서 다룬다.

원전사고의 피해 규모 논란

후쿠시마 원전사고의 영향 또는 피해 규모에 대해서도 다양한 의견이 대립하고, 오해도 많다. 수소가스 폭발이나 방사선 피폭으로 인한 직접적인 인명 피해, 급박했던 피난 과정과 피난 생활 장기화에 따른 조기 사망, 사고 대응과 원전 폐쇄 및 환경 복구를 위한 경제적 비용 등 논란이 되는 피해의 종류도 다양하다. 지진·쓰나미 피해와 원전사고 피해를 명확하게 구분하기 어려운 점도 있다. 일각에서는 "지진과 쓰나미, 핵발전소 사고로 2만 명이 넘는 사상자와 수십만 명의 이재민이…"[전북교육청, 2015]와 같은 모호한 표현을 의도적으로 사용하기도 한다. 그래서 후쿠시마 원전사고에 따른 방사선 피폭으로 발생한 사망이나 장해가 전혀 없었음에도 다수의 인명피해가 발생한 것으로 오해하는 사람이 많다.

후쿠시마 원전사고로 인한 방사능 누출은 체르노빌 원전사고와 비교할 때 10~20% 수준인 것으로 평가된다. 누출된 방사성물질이 일본 본토보다는 태평양 쪽으로 더 많이 향하면서 피해를 줄이는 효과도 있었다. 특히 원전 인근 주민에 대한 대피 조치가 신속하게 이루어져서 피폭 방사선량이 크지 않았다. 따라서 세계보건기구, 유엔방사선영향과학위원회United Nations Scientific Committee on the Effects of Atomic Radiation: UNSCEAR, 국제원자력기구 등 국제기구와 방사선방호 전문가들은 방사선 피폭으로 인한 직접적인 피해는 전혀 없거나 미미할 것으로 평가하고 있다[WHO, 2013; UNSCEAR, 2013; UNSCEAR 2020; IAEA 2015]. 그럼에도 사고 후 후쿠시마 지역에서 암이나 백혈병 또는 갑상선 환자가 급증했다는 주장이 민간단체들을 통해 제기되어 언론에 자주 등장한다. 그러나 이러한 주장은 후쿠시마현립 의과대학을 중심으로 수행한 광범위한 '현민건강조사'[福島県立医科大学, 2020] 등을 통해 사실이 아닌 것으로 확인되었다.

동일본대지진의 지반 진동과 쓰나미로 붕괴하거나 반파된 건축물이 40만 채 이상으로 피난민 수가 최대 47만 명에 달했다가, 2021년 5월에는 4만 명 수준으로 감소했다[復興庁, 2021a]. 초기 피난민은 원전사고보다는 지진과 쓰나미에 의한 경우가 많았다. 후쿠시마현의 피난자 수는 최대 16만 5,000명(2012년 5월) 수준이었다가 2021년 6월에는 약 3만 5,000명으로 감소했는데, 다수가 원전사고에 의한 것으로 추정할 수 있다[福島県, 2021a]. 일본 경찰청에 따르면 동일본대지진 시의 사망자는 1만 5,899명, 행방불명자는 2,527명이었으며, 모두 지진과 쓰나미가 원인이었다[警察庁, 2021].

한편, 피난 과정이나 피난생활에서의 열악한 환경 등의 원인에 의한 사망자[5] 수도 수천 명에 달하는 것으로 알려져 있다. 2016년 3월 『도쿄신문』에서 원전사고 관련 사망자가 최소 1,368명이라고 보도한 바 있는데, 2017년 6월 고리 1호기 영구정지 선포식의 대통령 기념사에서 이를 인용하여 논란이 되었다. "…2011년 발생한 후쿠시마 원전사고로 2016년 3월 현재 총 1,368명이 사망했고…"라는 표현은 사고 시 폭발이나 방사선 피폭으로 인한 사망자로 오해할 여지가 충분했다.

후쿠시마 원전사고의 복구비용도 논란거리이다. 수백조 원이 소요된다는 점에 대해서는 이론이 없지만, 어떤 방법으로 사고 원전의 제염 및 해체와 복구가 이루어지고 어디까지 복구비용 또는 사고 비용으로 포함하느냐에 따라 산정되는 비용에 차이가 클 수밖에 없다.

후쿠시마 사고의 피해 규모에 대해서는 제4장에서 다시 살펴본다.

---

5   일본 부흥청에서는 이를 '震災関連死'로 분류하여 집계하고 있다. 부흥청[復興庁, 2020]에 따르면 "동일본대지진에 의한 부상의 악화 또는 피난생활 등의 신체적 부담에 의한 질병으로 사망하고 재해조위금 지급 등에 관한 법률에 근거하여 재해가 원인으로 숨졌다고 인정된 것"으로 정의하고 있다.

사고 원전 폐로작업에 대한 이해

오염수나 방사능 오염 문제에 비하여 후쿠시마 제1원전에서 진행 중인 폐로廢爐, Decommissioning[6] 작업에 대한 한국 국민과 언론의 관심은 상대적으로 크지 않다. 가장 큰 이유는 폐로작업이 매우 과학기술적인 주제일 뿐만 아니라 언론의 현장 취재도 어려워서 감성적이거나 자극적인 보도가 적기 때문일 것이다. 관련 소식은 지지부진한 폐로 작업을 지적하거나 원자로건물에서 측정되는 높은 방사능에 대한 기사나 일본 정부가 주선한 현지 방문 기사 형태로 가끔 등장할 뿐이다. 그 결과 한국 국민에게는 일본이 눈에 띄는 성과를 거두지 못한다는 인식이 널리 퍼져 있다.

후쿠시마 원전은 비등경수로형 원전이며([기초지식-5, -8]), 원자로건물 내부의 개략적인 단면 모습은 그림 1.4와 같다. 원자로용기, 격납용기, 사용후핵연료저장조, 원자로용기 받침원통Pedestal 등 주요 설비가 어떻게 배치되는지 알 수 있을 것이다. 폐로 작업은 사고 원전을 완전히 철거하여 폐기물저장소에 보관하고 부지를 안전한 상태로 복원하는 것이 최종 목표지만, 단·중기적으로는 사용후핵연료저장조Spent Fuel Pool: SFP의 핵연료집합체들을 반출하고, 원자로용기와 격납용기 등에 있는 용융핵연료 잔해물(데브리 Debris)[7]을 반출하기 위해 준비하는 것이 우선이다.

---

6 폐로廢爐는 영구 정지된 원자로 시설의 오염물을 제거(제염, Decontamination)하고 시설물을 철거(해체, Dismantlement)한 후 부지환경을 복원하는 전 과정을 가리킨다. 한국에서는 과거에 '제염·해체'라는 용어를 주로 사용했으나, 지금은 '해체'를 제염을 포함한 폐로작업 전체를 포괄하는 넓은 의미로 사용한다.

7 원전에서 안전계통이 제대로 작동하지 않아서 원자로 안의 핵연료가 녹아내리는(용융되는) 사고를 '중대사고Severe Accident'라 한다. 용융핵연료Molten Fuel는 '용융노심 Molten Core/Corium'으로도 부른다. 용융핵연료는 붕괴열과 냉각조건에 따라 액체 또는 고체 상태이고, 파편 형태로 쌓이기도 한다. 이를 영어로 'Debris(데브리)'라는 용어가 사용되는데, 이 책에서는 '용융핵연료 잔해물'로 표현한다.

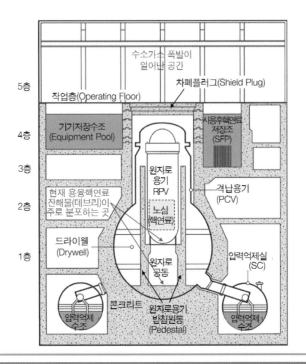

수소가스 폭발이
일어난 공간

차폐플러그(Shield Plug)

5층　작업층(Operating Floor)

기기저장수조
(Equipment Pool)

사용후핵연료
저장조
(SFP)

4층

3층

원자로
용기
RPV

격납용기
(PCV)

현재 용융핵연료
진해물(데브리)이
주로 분포하는 곳

노심
(핵연료)

2층

드라이웰
(Drywell)

원자로
공동

압력억제실
(SC)

1층

압력억제
수조

콘크리트

원자로용기
받침원통
(Pedestal)

압력억제
수조

그림 1.4_ 후쿠시마 제1원전 각 원자로건물의 단면(개념도)

후쿠시마 제1원전에서는 폐로를 위한 다양한 작업이 어려운 환경에서 하나하나 진행되고 있다. 수소가스 폭발로 원자로건물 상부가 파손된 1·3·4호기의 경우, 작업층(5층) 상부의 폭발 잔해물 제거와 제염 작업부터 시작되었다. 이어서 원자로건물에 덮개 등을 설치하여 방사성물질 확산과 빗물 침투를 최소화하면서 사용후핵연료저장조 내의 핵연료를 반출하기 위한 작업공간을 확보했다. 그리고 각 호기의 상태와 전체 폐로작업의 공정을 고려하여 사용후핵연료 반출, 원자로건물 내부 오염도 조사 및 제염, 원자로용기 및 격납용기 내 용융핵연료 진해물 조사 등이 이어지고 있다.

원자로 안에는 핵연료가 없었으나 원자로건물 상부에서 수소가스 폭발이 발생했던 4호기의 사용후핵연료 반출은 2014년 말 완료하고, 2019년 4월부터 진행된 3호기 사용후핵연료 반출도 2021년 2월 말 완료했다. 한편,

1호기와 2호기 사용후핵연료의 반출은 처음 계획보다 10년 늦춰진 2031년까지 완료할 계획이다.

폐로를 향한 여정에서 가장 의미 있는 성과 중 하나는 용융핵연료 잔해물 일부에 접근하는 것이 가능해졌다는 점이다. 2호기와 3호기는 원격 시스템을 이용하여 원자로용기 아래쪽 격납용기 내부 상태를 직접 관찰할 수 있게 되었다. 원자로용기 내부에서 녹아내린 핵연료는 컴퓨터 시뮬레이션을 통해 예상했던 대로 원자로용기 내부와 격납용기 바닥에 분포하는 것이 확인됐다. 특히 2호기에 대해서는 격납용기 바닥에 있는 용융핵연료 잔해물 일부를 로봇 집게로 움직여보는 성과를 거두었다. 도쿄전력은 2021년 안에 2호기의 용융핵연료 잔해물 시험반출작업을 시작할 계획이었으나, 코로나19 발생 등에 따른 준비작업 지연으로 2022년에 시작할 것이라 한다. 2019년 12월에는 원자력규제위원회Nuclear Regulation Authority: NRA가 수소가스 폭발이 가장 크게 발생했던 3호기 원자로건물의 내부 모습을 촬영한 동영상을 공개하여 언론과 국민의 관심을 받았다.

사고 후 일본 원자력정책에 대한 관심

후쿠시마 원전사고가 일본의 원자력정책에 어떤 영향을 줄 것인가는 한국 국민, 특히 원자력 및 에너지 정책 전문가의 큰 관심사이다. 사고 후 반원자력 여론이 커지고 간 나오토, 고이즈미 준이치로 등 전 총리들을 비롯하여 원자력에 반대하는 정치인도 많아졌다. 그래서 한때는 원전 제로 정책이 채택되기도 했으나, 지금은 안전성을 크게 강화하여 계속 이용한다는 기조이다. 한국의 친원전, 반원전 진영은 각기 일본의 원전 정책을 유리한 방향으로 해석하려는 경향이 있다.

동일본대지진 당시 일본의 가동 원전은 모두 54기였고, 이 중에서 대지진과 쓰나미의 직접적인 영향을 받은 일본 원전은 후쿠시마 제1원전과 제2

원전, 오나가와 원전, 도카이 제2원전의 총 14기이다. 다른 원전들은 동일본대지진의 직접적인 영향을 받지 않았다. 그러나 계속 가동 중이던 원전들도 핵연료 교체 및 유지보수를 위해 정지한 후에는 안전성 강화조치를 취했다. 특히 2013년 7월 다중고장이나 중대사고 대응이 강조된 '신규제기준'이 확정된 이후에는 강화된 안전기준에 따른 재가동 심사를 거쳐야만 재가동이 가능해졌다.

일본의 원전 정책은 사고를 경험한 민주당에서 탈원전을 추진하다가 정권 교체로 수립된 자민당 내각에서는 다시 원전 이용을 중시하는 등 변화를 겪었다. 현재 일본 정부는 2030년 원자력발전량 비중 20~22%를 목표로 하고 있으나, 원자력에 대해 악화된 여론을 고려할 때 그대로 실현될지는 미지수이다.

그림 1.5는 2021년 9월 말 현재 일본 원전의 운전 현황을 보여준다. 54기 중에서 21기는 사고의 직접 영향이나 신규제기준 만족의 어려움, 노후화 등을 고려하여 폐로 결정이 내려졌다. 나머지 33기의 원전 중에서 27기는 신규제기준에 따라 원전을 재가동하기 위한 설치변경허가가 신청되었는데, 17기에 대해 원자력규제위원회가 심사를 마치고 설치변경허가를 결정했다. 그중에서 10기는 안전대책 공사를 완료하고 지자체의 동의를 얻어 재가동 중이다. 동일본대지진의 직접적인 영향을 받았던 도카이 제2원전과 오나가와 원전 2호기가 2018년 9월과 2020년 2월에 각각 NRA의 설치변경허가를 받은 것은 의미가 크다. 이들은 안전대책 공사를 완료하고 지자체 동의를 얻으면 재가동에 들어갈 수 있다.

신규제기준에 따른 NRA의 설치변경허가를 받은 원전 중 일부는 지자체의 동의를 얻는 데 어려움을 겪고 있다. 2021년 9월 말 기준으로 재가동에 들어간 원전들은 모두 가압경수로PWR형 원전이며, 비등경수로BWR형 원전 중에서는 5기가 NRA의 설치변경허가를 받은 상태이다.

한편, 후쿠시마 원전사고 당시 건설 중이던 원전 중에서 오마 1호기와 시

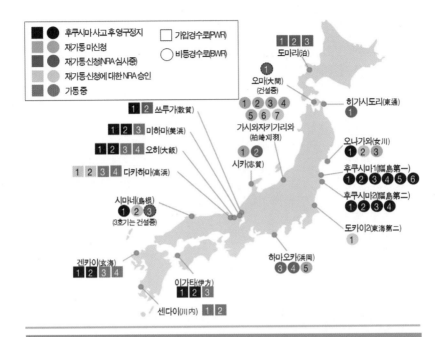

그림 1.5_ 일본 원전 재가동 현황(2021년 9월 말 기준)

자료: 경제산업성 홈페이지(www.meti.go.jp).

마네 3호기도 신규제기준에 따른 재심사를 신청하여 현재 NRA가 심사 중
이다. 이들은 모두 1,300MWe급 개량형비등경수로Advanced Boiling Water
Reactor: ABWR이다.

제2장

후쿠시마 제1원전 현장

이 장에서는 사고가 발생했던 후쿠시마 제1원전 현장의 최근 상황을 요약하여 설명한다. 사고 직후에는 원자로가 또 다른 위험 상황을 겪지 않도록 조치하고 수소가스 폭발 등으로 오염된 발전소 부지를 제염하는 것이 최우선적인 과제였다. 지금은 대내외적으로 중요한 현안이 되어 있는 오염수 관리 및 처분, 사용후핵연료저장조에 보관되어 있던 사용후핵연료 집합체들의 반출, 원전 상태 조사를 포함하여 사고 과정에서 녹아내린 용융핵연료 잔해물(데브리) 반출 준비가 핵심 과제이다. 이러한 작업의 핵심 주체는 도쿄전력이지만, 일본 정부 및 관련 기관들과의 긴밀한 연계하에 추진되고 있다.

1. 후쿠시마 제1원전 폐로를 위한 체계

후쿠시마 제1원전 현장의 사고 원전 폐로 작업은 동일본대지진과 후쿠시마 원전사고의 피해를 복구하고 후쿠시마 지역을 부흥시키기 위한 일본의 범정부적 노력의 일부로 수행되고 있다. 그림 2.1은 2021년 3월 1일 기준 후

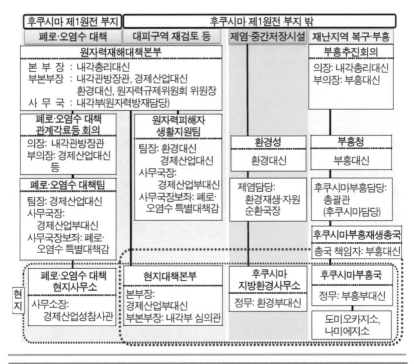

후쿠시마 제1원전 부지	후쿠시마 제1원전 부지 밖		
폐로·오염수 대책	대피구역 재검토 등	제염·중간저장시설	재난지역 복구·부흥

원자력재해대책본부
본 부 장: 내각총리대신
부본부장: 내각관방장관, 경제산업대신
　　　　　 환경대신, 원자력규제위원회 위원장
사 무 국: 내각부(원자력방재담당)

부흥추진회의
의장: 내각총리대신
부의장: 부흥대신

폐로·오염수 대책 관계각료등 회의
의장: 내각관방장관
부의장: 경제산업대신
등

원자력피해자 생활지원팀
팀장: 환경대신
　　　 경제산업대신
사무국장:
　 경제산업부대신
사무국장보좌: 폐로·
　 오염수 특별대책감

환경성
환경대신

부흥청
부흥대신

폐로·오염수 대책팀
팀장: 경제산업대신
사무국장:
　 경제산업부대신
사무국장보좌: 폐로·
　 오염수 특별대책감

제염담당:
환경재생·자원
순환국장

후쿠시마부흥담당:
총괄관
(후쿠시마담당)

후쿠시마부흥재생총국
총국 책임자: 부흥대신

현지

폐로·오염수 대책 현지사무소
사무소장:
　 경제산업성참사관

현지대책본부
본부장:
경제산업부대신
부본부장: 내각부 심의관

후쿠시마 지방환경사무소
정무: 환경부대신

후쿠시마부흥국
정무: 부흥부대신

도미오카지소,
나미에지소

그림 2.1_ 사고 원전 폐로 및 후쿠시마 부흥을 위한 일본의 의사결정체계

쿠시마 복구·부흥 관련 일본 정부 체계를 보여준다[復興庁, 2021c]. 최상위 의사결정기구는 내각총리대신(총리)이 주재하는 원자력재해대책본부와 부흥추진회의이며, 내각관방, 경제산업성, 환경성 및 부흥청 등이 지자체와 협력하면서 중요한 역할을 한다. 사고 원전의 폐로와 오염수 대책을 위해서는 원자력재해대책본부 아래에 내각관방장관이 의장인 폐로·오염수대책관계각료등회의(이하 '관계각료등회의')와 경제산업대신이 팀장인 폐로·오염수대책팀이 설치되었다. 부흥청은 동일본대지진과 후쿠시마 원전사고 피해지역의 복구 및 지역사회 재건사업을 총괄하기 위해 10년 예정으로 설치된 한시적 정부 부처로서, 2020년에 존속기간을 10년 더 연장하였다.

후쿠시마 제1원전 현장의 여러 작업은 원자력재해대책본부의 '도쿄전력

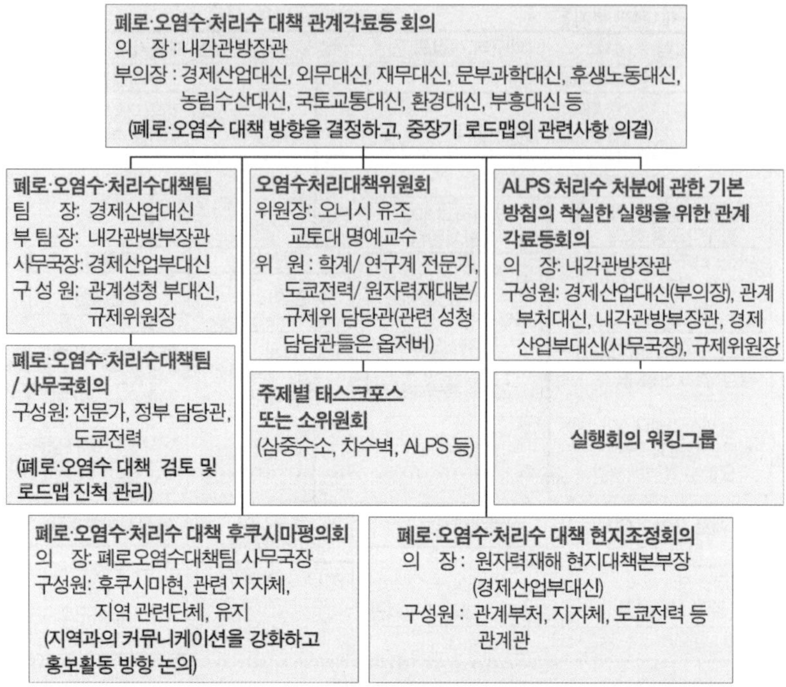

그림 2.2_ 후쿠시마 제1원전 폐로 및 오염수 관리를 위한 의사결정체계

자료: 일본 경제산업성 홈페이지(www.meti.go.jp).

후쿠시마 제1원자력발전소 폐지조치 등에 관한 중장기 로드맵'(이하 '중장기 로드맵')[1]에 따라 이루어지고 있다. 실무적으로는 경제산업성METI 자원에너 지청ANRE의 지휘 아래 도쿄전력이 중심이 되어 이행한다. 중장기 로드맵의 내용은 다음 절에서 소개하며, 폐로·오염수 대책 추진을 위한 의사결정체 계를 그림 2.2에 나타냈다(2021. 4. 13. 개편 내용 포함).

---

1   일본어로는 '東京電力ホールディングス(株)福島第一原子力発電所の廃止措置等に向け た中長期ロードマップ'이며, 영어로 'Mid-and-Long-Term Roadmap towards the Decommissioning of TEPCO's Fukushima Daiichi Nuclear Power Station Units 1-4'로 번역된다.

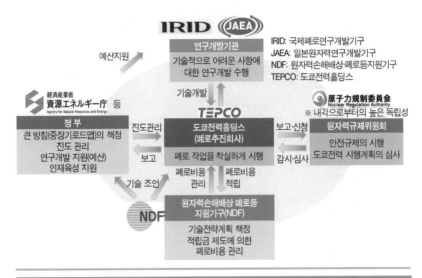

그림 2.3_ 후쿠시마 제1원전 폐로 관련 핵심기관 및 역할분담

자료: 廃炉·汚染水対策チーム事務局(2021d).

한편 그림 2.3은 후쿠시마 제1원전 폐로사업에서 핵심 기관들의 역할을 보여준다. 폐로사업의 수행 주체는 도쿄전력이며 정부 부처, 규제기관, 연구개발기관 등이 지휘, 감독 또는 지원하고 있다.

2. 폐로 로드맵과 후쿠시마 제1원전의 전반적 상황

사고 원전 폐로 등을 위한 중장기 로드맵

후쿠시마 원전사고가 발생한 지 8개월이 지난 2011년 12월 16일 도쿄전력은 원자로가 안정적인 저온정지 상태를 달성하고 방사성물질 방출이 대폭 억제되는 등 사고 수습을 위한 단기 로드맵[原子力災害対策本部, 2011b]의 1, 2단계가 종결되었다고 선언했다. 12월 21일에는 원자력재해대책본부가

표 2.1_ 중장기 대책 시행의 기본원칙

[원칙 1] 주변지역 주민의 귀환과 부흥을 위한 노력이 진행되는 가운데, "부흥과 폐로의 양립"을 추구하면서 지역주민, 주변 환경 및 작업자에 대한 안전 확보를 최우선으로 현장 상황, 합리성, 신속성 및 확실성을 고려하여 리스크를 계획적으로 저감한다.

[원칙 2] 중장기 대책 시행에서는 투명성을 확보하고 적극적이고 능동적인 정보 제공과 정중한 양방향 소통을 통해 지역 및 국민으로부터의 이해를 얻으며 진행한다.

[원칙 3] 현장 상황과 폐로·오염수 대책의 진척, 연구개발 성과 등을 토대로 중장기 로드맵을 지속적으로 개정해나간다.

[원칙 4] 중장기 로드맵에 제시된 목표를 달성하기 위해 도쿄전력과 원자력손해배상·폐로 등 지원기구, 연구개발기관, 정부를 비롯한 관계기관은 각각의 역할에 기반을 두고 더욱 연계를 강화하여 대응한다. 정부는 전면에 나서서 안전하고 착실한 폐지조치 등을 위한 중장기 대책을 추진해나간다.

사고원전의 안전한 폐지조치(폐로) 등을 위한 '중장기 로드맵'[原子力災害対策本部, 2011a]을 발표했다. 중장기 로드맵은 원전 현장 상황을 반영하여 지금까지 다섯 차례(2012.7, 2013.6, 2015.6, 2017.9, 2019.12) 개정되었다. 중장기 로드맵에서는 표 2.1과 같은 4대 기본원칙을 천명하고 있다.

그림 2.4는 2011년 12월 수립된 최초 중장기 로드맵의 핵심 내용을 보여준다[原子力災害対策本部, 2011a]. 중장기 로드맵에서는 2011년 12월을 기점으로 30~40년 안에 사고 원전 폐로를 완료할 목표를 세웠다. 제1기Phase 1 2년은 사용후핵연료저장조에서 핵연료 반출을 시작하는 것을 가장 중요한 목표로 삼았다. 제2기Phase 2(10년 이내)에는 사용후핵연료저장조의 핵연료를 모두 반출한 후 용융핵연료 잔해물Fuel Debris의 반출에 착수하고, 각 건물 안에 축적된 방사성 오염수도 모두 처리하기로 계획했다. 마지막 제3기 Phase 3(30~40년 이내)에는 용융핵연료 잔해물 반출과 원자로시설의 해체를 완료하고, 방사성폐기물 처리·처분을 포함한 모든 폐로 작업을 완료할 계

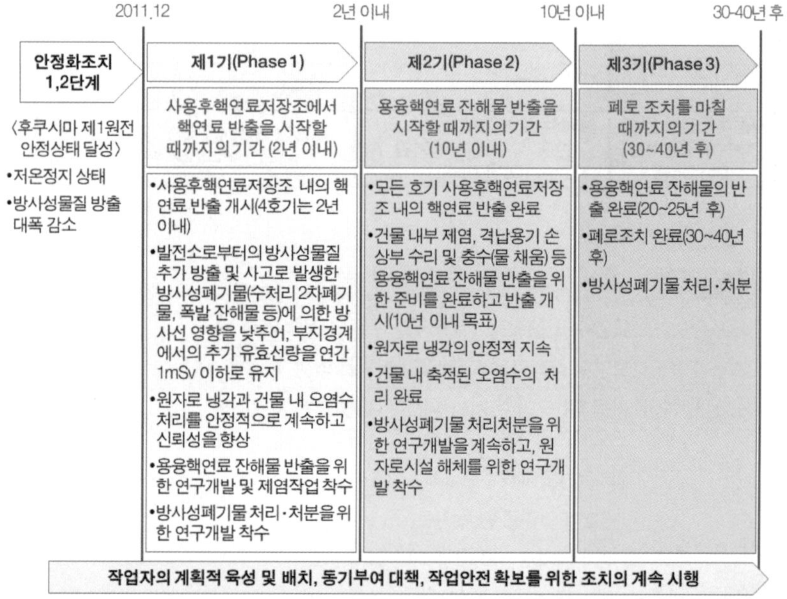

2011.12	2년 이내	10년 이내	30-40년 후
안정화조치 1,2단계	**제1기(Phase 1)**	**제2기(Phase 2)**	**제3기(Phase 3)**
〈후쿠시마 제1원전 안정상태 달성〉 •저온정지 상태 •방사성물질 방출 대폭 감소	사용후핵연료저장조에서 핵연료 반출을 시작할 때까지의 기간 (2년 이내)	용융핵연료 잔해물 반출을 시작할 때까지의 기간 (10년 이내)	폐로 조치를 마칠 때까지의 기간 (30~40년 후)
	•사용후핵연료저장조 내의 핵연료 반출 개시(4호기는 2년 이내) •발전소로부터의 방사성물질 추가 방출 및 사고로 발생한 방사성폐기물(수처리 2차폐기물, 폭발 잔해물 등)에 의한 방사선 영향을 낮추어, 부지경계에서의 추가 유효선량을 연간 1mSv 이하로 유지 •원자로 냉각과 건물 내 오염수 처리를 안정적으로 계속하고 신뢰성을 향상 •용융핵연료 잔해물 반출을 위한 연구개발 및 제염작업 착수 •방사성폐기물 처리·처분을 위한 연구개발 착수	•모든 호기 사용후핵연료저장조 내의 핵연료 반출 완료 •건물 내부 제염, 격납용기 손상부 수리 및 충수(물 채움) 등 용융핵연료 잔해물 반출을 위한 준비를 완료하고 반출 개시(10년 이내 목표) •원자로 냉각의 안정적 지속 •건물 내 축적된 오염수의 처리 완료 •방사성폐기물 처리처분을 위한 연구개발을 계속하고, 원자로시설 해체를 위한 연구개발 착수	•용융핵연료 잔해물의 반출 완료(20~25년 후) •폐로조치 완료(30~40년 후) •방사성폐기물 처리·처분
작업자의 계획적 육성 및 배치, 동기부여 대책, 작업안전 확보를 위한 조치의 계속 시행			

그림 2.4_ 후쿠시마 제1원전 폐로를 위한 최초 중장기 로드맵 핵심 내용

획을 세웠다.

후쿠시마 제1원전 폐로 일정은 로드맵을 개정할 때마다 조금씩 조정되어 왔다. 그림 2.5는 2019년 5차 개정된 로드맵의 주요 폐로 공정을 보여준다. 2011년의 최초 로드맵과 비교하면, 2년 이내(제1기) 사용후핵연료저장조 내의 사용후핵연료 반출 착수, 10년 이내(제2기)에 용융핵연료 잔해물 반출 착수, 30~40년 이내(제3기) 폐로 완료 등 핵심 일정은 유지하고 있다. 그러나 세부 추진일정에는 상당한 변화가 있는데, 2021년경에 완료할 예정이던 사용후핵연료 반출 완료시점을 2031년으로 10년이나 늦추면서 2022년부터 2031년까지를 제3-①기로 구분한 것이 대표적이다.

건물에 축적된 오염수(체류수)도 애초에는 10년 안에 모두 처리할 계획이었으나, 원자로건물, 프로세스주건물프로세스主建屋, 고온소각로건물高溫燒却炉建屋에 대해서는 처리 완료 시점을 늦추고 있다. 원자로건물에는 지하수가

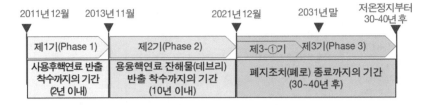

주요 목표공정Milestones

구분	목표	5차개정(2019)
오염수 대책	오염수 발생량을 150m³/일 수준으로 억제	2020년
	오염수 발생량을 100m³/일 이하로 억제	2025년
	건물 내 오염수 처리 완료(1~3호기 원자로건물, 프로세스주건물, 고온소각로건물은 제외)	2020년
	원자로건물 체류수를 2020년 절반 수준으로 감축	2022~2024회계년도
사용후핵연료 저장조로부터 핵연료 반출	1-6호기 핵연료 반출 완료	2031년
	1호기 원자로건물 대형 커버 설치 완료	2023회계년도경
	1호기 핵연료 반출 개시	2027~2028회계년도
	2호기 핵연료 반출 개시	2024~2025회계년도
용융핵연료 잔해물 반출	첫호기 용융핵연료 잔해물(데브리) 반출 개시 (2호기부터 착수)	2021년
폐기물 대책	처리·처분 방법과 안전성에 관한 기술적 검토	2021회계년도경
	수소가스 폭발 잔해물 등의 옥외 임시보관 해소	2028회계년도

그림 2.5_ 2019.12.27. 5차 개정 중장기 로드맵에 따른 주요 공정
자료: 일본 경제산업성 홈페이지(www.meti.go.jp).

계속 유입되고 있고, 다른 두 건물은 지하에 보관되어 있는 방사성물질의 처리가 어렵기 때문이다. 따라서 모든 건물 내부의 오염수를 단기간에 처리하기는 어려운 상황이며, 폐로 공정상 시급하지 않은 1호기와 2호기의 사용후핵연료 반출도 뒤로 미루었다.

후쿠시마 제1원전의 폐로 및 오염수 대책은 그림 2.1과 2.2에서 보는 바와 같이 2013년 원자력재해대책본부 산하에 설치된 관계각료등회의에서 총괄하고, 실무적으로는 매월 개최되는 폐로·오염수·처리수 대책팀 사무국회의에서 주요 사항을 논의하고 있다.

후쿠시마 제1원전의 전반적 상황

그림 2.6은 후쿠시마 제1원전의 현재 상황을 잘 보여준다. 원전 부지의 제염은 일단 완료된 상태이고, 부지 경계에서 추가되는 방사선량도 연간 1mSv 이하로 안정적으로 유지되고 있다. 향후 핵심과제는 다음과 같다.

- 사용후핵연료저장조에 있는 사용후핵연료의 지속 냉각 및 반출
- 원자로용기·격납용기 내부 용융핵연료 잔해물의 지속 냉각 및 반출
- 원자로건물에 남아 있거나 지하수 유입으로 생성되는 방사성 오염수 관리
- 수소가스 폭발 등으로 생성되었거나 앞으로 생성될 고체폐기물 안전 관리
- 원자로 설비 등의 폐로(제염, 해체 및 폐기물 처분)

사용후핵연료저장조와 원자로용기에 지속적으로 냉각수를 공급해야 하는 이유는 사용후핵연료와 용융핵연료 잔해물에서 붕괴열([기초지식-6])이 계속 발생하기 때문이다. 붕괴열 발생률은 시간에 따라 감소하므로 사고가 발생한 지 10년이 지난 지금은 매우 작은 값이다. 도쿄전력 자료에 따르면 각 원자로에 주입되는 냉각수는 시간당 3톤 내외, 초당 0.8kg 내외에 지나지 않는다. 현재 용융핵연료 잔해물이나 사용후핵연료의 냉각은 매우 안정적이어서 최근의 중장기 로드맵에서는 간단하게만 언급되고 있다.

따라서 현재는 방사성 오염수의 안전 관리, 사용후핵연료저장조 핵연료의 반출, 용융핵연료 잔해물의 반출 준비, 방사성폐기물 안전 관리 등이 중요하다. 방사성 오염수의 1일 평균 발생량은 2014년 5월 540m³에서 2020 회계연도에는 140m³ 수준으로 줄어드는 등 지속적으로 감소하고 있다. 사고 시 터빈건물에 축적되었던 방사능이 높은 오염수는 모두 제거했고, 터빈건물과 바다 사이의 트렌치(배관 등을 위한 터널)들도 오염수를 제거한 후 폐

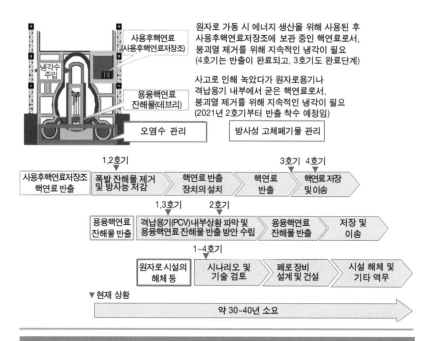

원자로 가동 시 에너지 생산을 위해 사용된 후 사용후핵연료저장조에 보관 중인 핵연료로서, 붕괴열 제거를 위해 지속적인 냉각이 필요 (4호기는 반출이 완료되고, 3호기도 완료단계)

사용후핵연료 (사용후핵연료저장조)

냉각수 주입

용융핵연료 잔해물(데브리)

사고로 인해 녹았다가 원자로용기나 격납용기 내부에서 굳은 핵연료로서, 붕괴열 제거를 위해 지속적인 냉각이 필요 (2021년 2호기부터 반출 착수 예정임)

오염수 관리

방사성 고체폐기물 관리

1,2호기 | 3호기 4호기
사용후핵연료저장조 핵연료 반출 → 폭발 잔해물 제거 및 방사능 저감 → 핵연료 반출 장치의 설치 → 핵연료 반출 → 핵연료 저장 및 이송

1,3호기 | 2호기
용융핵연료 잔해물 반출 → 격납용기(PCV)내부상황 파악 및 용융핵연료 잔해물 반출 방안 수립 → 용융핵연료 잔해물 반출 → 저장 및 이송

1~4호기
원자로 시설의 해체 등 → 시나리오 및 기술 검토 → 폐로 장비 설계 및 건설 → 시설 해체 및 기타 역무

▼ 현재 상황
약 30~40년 소요

그림 2.6_ 후쿠시마 제1원전 폐로를 위한 핵심과제 및 진행상황(2021.3. 기준)

자료: 廃炉·汚染水対策チーム事務局(2021a; 2021b).

쇄했다. 또한, 부지 내의 오염수 저장탱크들을 2018년까지 모두 용접식으로 교체하여 누설 가능성을 크게 줄였다. 그 결과 일본 정부의 목표대로 후쿠시마 제1원전 부지경계에서 원전사고로 인한 추가 방사선량을 연간 1mSv 이하로 유지하는 데는 특별한 어려움이 없는 것 같다. 그러나 2021년 10월 현재 126만 톤에 달하는 방사성 오염수의 안전한 관리 및 처리·처분은 핵심 과제이며, 다음 절에서 자세히 다룬다.

사용후핵연료저장조에 보관된 사용후핵연료 반출의 경우 보관량이 가장 많았던 4호기부터 추진하여 2013년 11월부터 2014년 12월까지 1,535개의 집합체를 모두 반출했다. 566개의 집합체가 있던 3호기의 경우 수소가스 폭발 시 일부 폭발 잔해물이 저장조 안으로 떨어져서 일부 핵연료집합체들이 손상되었다. 2019년 3월부터 저장조 내의 폭발 잔해물 제거, 핵연료집합체 건전성 검사, 손상된 핵연료집합체 보수, 핵연료집합체 반출 등을 수행하여 2021년 2월 말에 모두 완료했다. 앞에서 설명한 대로 1호기와 2호기의 사용후핵연료는 전체 폐로 작업의 효율성을 감안하여 반출 시기를 당초보다 크게 늦췄다.

중대사고가 진행된 1·2·3호기에서 용융핵연료 잔해물을 반출하는 일은 전체 폐로 과정에서 가장 어렵고 힘든 작업이다. TMI 원전사고에서는 용융된 핵연료가 원자로용기 안에만 머물렀고, 체르노빌 원전사고 후에는 사고 원자로를 콘크리트 등으로 매몰시켰기 때문에, 원자로용기에서 대량으로 빠져나온 용융핵연료 잔해물의 제거는 과거에 경험하지 않은 일이다.

용융핵연료 잔해물 자체는 물론이고 격납용기 내부의 방사선량률이 매우 높아서, 잔해물이 어떻게 분포하고 있는지를 파악하거나 구조물에서 분리하여 반출하는 작업은 모두 로봇을 이용하여 원격으로 이루어져야 한다. 용융핵연료 잔해물 분포를 파악하기 위해 중대사고 해석 코드[2]를 이용한 시뮬레이션, 다양한 비파괴적인 방법을 이용한 검사, 로봇을 이용한 직접적인 확인 등이 이루어지고 있다. 그 결과 원자로용기 내부와 격납용기 바닥에 어떻게 분포하는가를 개략적으로나마 알게 되었다. 2019년에는 2호기 격납용기 바닥에 있는 잔해물을 로봇팔로 이동시켜보는 것까지 성공했다. 로봇팔을 이용하여 용융핵연료 잔해물에 접근하고 이동시켜본 것은 매우 중요한 성과이고, 2022년 중에 시험적으로 일부를 반출할 계획이 수립되어 있다. 그러나 모든 용융핵연료 잔해물을 반출하는 데는 많은 시간이 소요될 것이고, 완료 시점을 예측하기도 어렵다.

원자로건물 등 방사능이 높은 건물 내부 상황을 정확하게 파악하는 것은 폐로 과정에서 매우 중요하므로 사고 후부터 계속되어왔다. 일본 원자력규

---

2 여기서 '코드'란 시스템의 성능이나 안전 특성을 평가하기 위한 컴퓨터 소프트웨어를 뜻한다.

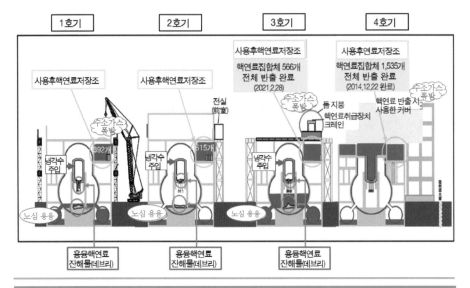

1호기   2호기   3호기   4호기

그림 2.7_ 2021년 5월 기준 후쿠시마 제1원전 내부 상황 요약

자료: 廃炉·汚染水対策チーム事務局(2021a) 및 도쿄전력 홈페이지(www.tepco.co.jp).

제위원회는 원자로건물 내부의 모습과 측정된 방사선량률 등을 홈페이지에서 공개하고 있다[原子力規制委員会, 2019].

후쿠시마 원전사고의 규모와 후속 조치들의 난이도를 고려하면 도쿄전력과 일본 정부가 지난 10년간 현장 상황을 비교적 잘 관리해왔다고 본다. 원자로건물 내부에 대한 구체적 정보가 거의 없는 상태에서 2011년 12월 수립된 중장기 로드맵도 다섯 차례에 걸쳐 수정되기는 했지만 큰 맥락은 유지되고 있다. 그림 2.7은 2021년 5월 기준으로 후쿠시마 제1원전 호기별 주요 상황을 요약하고 있다. 지금까지의 조사와 평가를 바탕으로 핵연료 용융 여부와 용융핵연료 잔해물의 현재 분포, 수소가스 폭발 여부, 사용후핵연료 반출 상황 등을 잘 보여준다. 앞으로도 후쿠시마 제1원전은 폐로 과정에서 기술적인 도전이나 지진이나 폭우, 태풍 등으로 어려움을 계속 겪겠지만, 적어도 주민 안전 관점에서는 안정적인 상황이라고 판단한다.

3. 방사성 오염수 관리 현황

오염수 관리 개관

중장기 로드맵을 처음 수립할 때와는 달리 지금은 방사성 오염수 관리 대책이 후쿠시마 제1원전에서 가장 중요한 당면과제가 되어 있다. 애초에는 원자로건물과 터빈건물 등에 축적된 오염수(체류수)를 중장기 로드맵의 제2기(2021년 이내)까지 처리 완료하고, 격납용기의 누설 부위를 보수하여 냉각수를 채움으로써 단순화한 회로에서 원자로용기 내부나 격납용기 바닥에 있는 용융핵연료 잔해물을 안정적으로 냉각시킬 계획이었다. 그러나 지하수가 원자로건물로 유입되어 새로운 오염수가 계속 발생함에 따라 오염수의 처리, 보관 및 처분 문제가 중요한 과제가 되었다. 2021년 5월 20일 기준으로 1,000여 개의 대용량 탱크에 총 126만 497m^3의 오염수가 저장되어 있으며(물은 1m^3가 1톤이므로, 부지 내 저장탱크의 오염수 총량은 약 126만 톤). 2020회계연도의 경우 하루 평균 140톤씩 오염수가 증가하였다. 현재 설치된 저장탱크 1,061기의 총용량은 약 137만 m^3이므로 앞으로 2년 남짓 버틸 수 있을 것이다.

지금까지 후쿠시마 원전 방사성 오염수 대책은 오염원 제거, 물의 오염원 접근 방지, 오염수의 누설 방지라는 세 가지 기본방침에 따라 추진해오고 있으며, 구체적 대책들은 표 2.2와 그림 2.8에서 알 수 있다.

그림 2.9는 육상 차수벽(동토벽)과 바다 측 차수벽의 사진 또는 이미지를 보여준다. 여기서 지하수 우회Bypass는 산 쪽에서 지하수를 미리 퍼 올려서 바다로 우회 배출함으로써 원자로건물 쪽으로 접근하는 지하수의 수위를 일차적으로 낮춘다. 1~4호기의 원자로건물과 터빈건물을 빙 둘러싸는 (길이 약 1,500m) 육상 차수벽, 즉 동토벽은 약 30m 깊이까지 토양을 얼려서 건물 주변으로의 지하수 유입을 억제한다. 보조 배수Sub-Drain는 건물 가까

표 2.2_ 오염수 문제에 관한 기본방침

[오염원 제거]

① 다핵종제거설비ALPS 등에 의한 오염수 정화

② 트렌치(배관 등이 지나가는 지하 터널) 안의 오염수 제거

[물의 오염원 접근을 방지]

③ 지하수 우회Groundwater Bypass: 지하수가 높은 곳에서 원자로건물 쪽으로 가지 않도록 퍼 올려 배출

④ 보조 배수Subdrain: 원자로건물 및 터빈건물 주변에서 지하수를 퍼 올려 배출함 으로써 지하수 수위를 낮춤

⑤ 육상 차수벽: 1~4호기의 원자로건물과 터빈건물을 빙 둘러싸고 토양을 얼려서 물이 통과하지 못하도록 하는 동토벽Frozen-soil Wall 설치

⑥ 방수 포장: 빗물 등이 토양으로 침투하지 않도록 부지 표면을 방수 포장

[오염수 누설 방지]

⑦ 물유리Water Glass에 의한 지반 개량

⑧ 바다 측 차수벽(금속)의 설치

⑨ 처리수 저장탱크 증설

⑩ 지하수 배수

방침 1 오염원 제거	방침 2 물의 오염원 접근 방지	방침 3 오염수 누설 방지
① 다핵종제거설비(ALPS) 등에 의한 오염수 정화 ② 트렌치(배관 등이 들어 있는 지하 터널) 내의 오염수 제거	③ 지하수 우회(Bypass): 산 쪽 지하수를 우회시켜 배출 ④ 보조 배수(Sub-Drain): 건물 주변 지하수를 정화·배출 ⑤ 육상차수벽: 건물 주위에 동토(凍土) 방식의 육상 차수벽 설치 ⑥ 방수 포장: 빗물의 토양 침투 억제	⑦ 물유리(Water Glass)에 의한 지반 개량 ⑧ 바다 측 차수벽(금속)의 설치 ⑨ 저장탱크의 증설 ⑩ 지하수 배수: 지하수 퍼올려 정화·배출

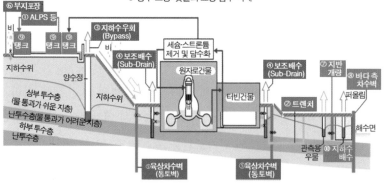

그림 2.8_ 오염수 발생 최소화 및 정화·관리

자료: 도쿄전력 홈페이지(www.tepco.co.jp).

육상 차수벽 개념

바다 측 차수벽

그림 2.9_ 지하수 차단을 위한 육상 차수벽(동토벽)과 바다 측 차수벽

자료: 廃炉·汚染水対策関係閣僚等会議(2019).

이 관정Pit들을 설치하여 지하수위를 미세 조정하기 위한 것이고, 지하수 배수는 바다 측 차수벽 안쪽의 지하수위를 낮추는 역할을 한다. 보조 배수 및 지하수 배수 관정은 원자로건물과 터빈건물의 주변에 위치하므로, 퍼 올린 지하수의 방사능을 측정하여 배출기준에 맞도록 정화한 후 바다로 배수한다. 배출기준은 세슘-137에 대해 1Bq/ℓ, 삼중수소에 대해 1,500Bq/ℓ이 적용되고 있다[東京電力, 2021a]. 바다 측 차수벽은 오염됐을 수도 있는 지하수가 바다로 바로 흘러나가지 않도록 금속 원통관들로 설치된다.

오염수 발생, 처리 및 저장

그림 2.10은 2014년 5월부터 2021년 1월까지 월 단위로 후쿠시마 제1원전에서의 방사성 오염수의 하루 평균 발생량과 강수량의 추이를 보여준다[廃炉·汚染水対策チーム事務局, 2021]. 후쿠시마 제1원전에서의 방사성 오염수 발생량은 2015년 하루 평균 490톤에서 점진적으로 감소하여 2020 회계연도(2020.4~2021.3)에는 140톤 수준으로 줄었다.

오염수 발생의 가장 중요한 원인은 원자로건물 손상부위를 통해 지하수가 유입되어 방사능을 띤 냉각수와 섞이는 것이다. 원자로건물의 관통부와 손상부위를 모두 차단하지 않는 한 지하수 유입에 의한 오염수 발생을 피할

그림 2.10_ 2014년 5월 이후의 오염수 발생량 변화

자료: 廃炉·汚染水対策チーム事務局(2021d).

수는 없다. 지하수 수위를 건물 내부 오염수의 수위보다 낮게 하면 지하수의 건물 유입은 막을 수 있으나, 이 경우 건물 내부의 오염수가 밖으로 흘러나와 지하수를 오염시키는 더 큰 문제가 발생한다. 그래서 지하수 수위를 건물 내부의 수위보다 조금 더 높게 유지하면서 지하수 유입을 감수하는 것이다. 다만, 높이 차이가 크면 지하수 유입량이 증가하므로, 그림 2.8의 지하수 우회(③) 및 건물 주변 보조배수(④) 설비를 이용하여 필요한 최소한의 높이차를 안정적으로 유지하는 것이 중요하다. 비가 내릴 때는 지하수 수위가 크게 높아져서 유입량이 증가할 뿐만 아니라, 완벽하지 않은 건물 지붕이나 손상부위를 통해 빗물이 직접 침투하기도 한다. 따라서 강우량이 많은 시기에는 오염수 발생량도 증가한다.

지하수와 빗물의 원자로건물 유입이 오염수 발생의 가장 큰 원인이기는 하지만, 바다 쪽 낮은 지반(지반 높이 2.5m)으로부터 터빈건물로 유입되는 오염수, 방사능제거장치(ALPS 등)에 주입되는 액체 약품, 폐로작업 과정에서 발생하는 액체 폐기물 등도 오염수 발생량을 증가시킨다.

원자로건물에서 발생하는 오염수의 처리 과정을 그림 2.11에 나타냈다.

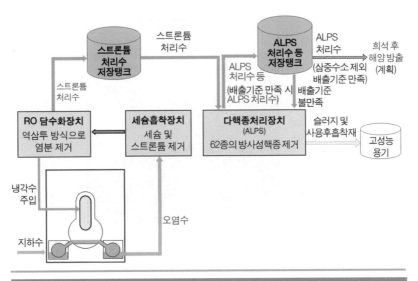

그림 2.11_ 후쿠시마 제1원전 오염수의 처리 과정

자료: 도쿄전력 홈페이지(www.tepco.co.jp).

원자로건물에서 나온 방사성 오염수는 세슘 흡착 장치에서 세슘과 스트론튬을 1차 제거한 후 역삼투Reverse Osmosis: RO 담수화장치에서 염분을 제거한다. 세슘·스트론튬·염분을 1차 제거한 오염수('스트론튬 처리수'라 함) 중에서 용용핵연료 잔해물의 붕괴열 냉각에 필요한 냉각수는 원자로용기 안으로 주입하고, 나머지는 스트론튬 처리수 저장탱크에 일시 저장한다. 스트론튬 처리수는 다시 다핵종제거설비ALPS에서 62종의 방사성핵종[3]을 제거

---

3   ALPS는 Mn-54, Fe-59, Co-58 및 60, Ni-63, Zn-65, Rb-86, Sr-89 및 90, Y-90 및 91, Nb-95, Tc-99, Ru-103 및 106, Rh-103m 및 106, Ag-110m, Cd-113m 및 115m, Sn-119m, 123 및 126, Sb-124 및 125, Te-123m, 125m, 127, 127m, 129 및 129m, I-129, Cs-134, 135, 136 및 127, Ba-137m 및 140, Ce-141 및 144, Pr-144 및 144m, Pm-146, 147, 148 및 148m, Sm-151, Eu-152, 154 및 155, Gd-153, Tb-160, Pu-238, 239, 240 및 241, Am-241, 242m 및 243, Cm-242, 243 및 244 등 62종에 대해 제염효과를 보이는 것으로 보고되었다. 이 중 36개 핵종은 반감기가 1년 이하로 짧아서 제염의 의미는 크지 않다.

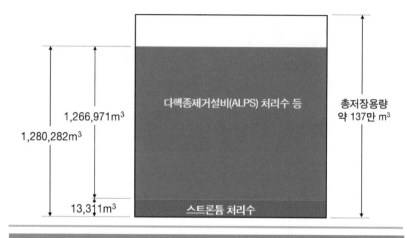

다핵종제거설비(ALPS) 처리수 등

총저장용량
약 137만 m³

1,266,971m³

1,280,282m³

13,311m³

스트론튬 처리수

그림 2.12_ 후쿠시마 제1원전 오염수 저장 현황(2021.10.14 기준)
자료: 도쿄전력 홈페이지(www.tepco.co.jp).

한 후 최종 처분이 이루어질 때까지 ALPS 처리수 등 저장탱크에 저장한다. 일본 측은 ALPS 장치를 거친 오염수를 처음에는 모두 '처리수'로 칭했으나, 지금은 삼중수소를 제외하고 배출농도 규제기준을 만족하는 경우 'ALPS 처리수', 아직 만족하지 못하는 경우 '처리중오염수處理途上水', 두 가지를 포괄하여 'ALPS 처리수 등'으로 표기하고 있다.

도쿄전력 홈페이지에 따르면, 2021년 5월 20일 기준으로 후쿠시마 제1원전 부지에는 ALPS 처리수 저장탱크 1,020기, 스트론튬 처리수 저장탱크 27기, 담수화장치RO 처리수 저장탱크 12기, 농축염수 저장탱크 2기 등 1,061기의 대용량 오염수(처리수) 저장탱크가 설치되어 있다. ALPS 처리수 등은 일반적으로 1기당 용량이 1,356m³(1,356톤)인 초대형 탱크에 저장한다. 처음에는 용량이 더 큰 볼트 조립식 탱크가 사용되었는데, 볼트 조립에 의한 접합부위의 누설로 문제가 되는 경우가 많았다. 지금은 모두 용접식으로 교체하여 누설문제는 거의 발생하지 않는다. 그림 2.12는 스트론튬 처리수 저장탱크와 ALPS 처리수 등 저장탱크의 저장량을 요약하여 보여준다.

그림 2.13_ 후쿠시마 제1원전에 설치된 오염수 저장탱크

자료: 도쿄전력 홈페이지(www.tepco.co.jp).

그리고 **그림 2.13**은 후쿠시마 제1원전 부지에 설치된 저장탱크들의 모습이다. 도쿄전력이나 일본 정부 자료에서는 2022년 여름이면 저장탱크가 가득 찰 것이라고 해왔는데, 오염수 발생량이 줄어들고 있어서 용량이 차는 실제 시점은 2023년 상반기가 될 것으로 추정된다.

표 2.3은 2021년 6월 말 현재 저장된 ALPS 처리수 등의 배출기준 대비 방사능 농도 분포를 보여준다. 여기서 논란이 되고 있는 삼중수소(트리튬)[4]는 비교에서 제외되었다. 표에서 보듯이 삼중수소를 제외하더라도 방사성핵종 배출기준을 만족하는 처리수는 32%밖에 되지 않고, 특히 5%는 배출기준의 100~10,909배에 달한다. 그 이유는 초기에 ALPS가 안정적으로 작동

---

4 일반적인 수소의 원자핵은 양성자 1개로만 되어 있지만, 여기에 중성자 1개가 더해진 중수소Deuterium와 중성자 2개가 더해진 삼중수소(트리튬Tritium)도 있다. 자연계의 수소는 대부분 일반적인 수소이고, 중수소가 미량, 삼중수소가 극미량 존재한다.

표 2.3_ ALPS 처리수 등의 방사능 농도 분포(2021.6.30. 기준)

구 분		배출 규제기준 대비 농도	오염수 양 및 비율
ALPS 처리수 등	ALPS 처리수	기준 만족	374,200m³ (32%)
	처리중 오염수	1~5배	374,100m³ (32%)
		5~10배	207,500m³ (18%)
		10~100배	161,700m³ (14%)
		100~19,909배	61,800m³ (5%)
	농도 측정된 ALPS 처리수 등 총량		1,179,300m³ (100%)
	재이용탱크 저장량(상세농도 미확인)		27,800m³
	ALPS 처리수 등 총량		1,207,100m³

하지 않았을 뿐만 아니라, 배출농도 규제기준 만족보다는 발전소 부지경계에서의 추가 방사선량을 1mSv 이하로 낮추기 위해 가능한 한 많은 양의 오염수를 신속하게 처리하는 데 우선순위를 두었기 때문이다.

도쿄전력은 한동안 탱크에 저장된 ALPS 처리수 등의 전체 방사능 농도에 대한 언급을 피하면서 삼중수소는 제거하지 않아도 문제가 없다는 점만을 강조했었다. 그런 상황에서 ALPS 처리수 등의 70~80%는 다른 핵종들의 배출기준도 만족하지 못한다는 사실이 알려지면서 불신이 커진 측면이 있다. 최근 ALPS에서 처리되는 오염수는 대부분 삼중수소를 제외한 방사성핵종들의 배출기준을 만족하는 것으로 알려져 있다.

베타선을 방출하면서 헬륨(He)-3으로 변환되는 삼중수소는 후쿠시마 원전 오염수와 관련한 핵심 이슈 중 하나이다. 오염수 또는 처리수 중의 삼중수소는 2019년 10월 말 기준으로 총량 약 860조 Bq(860TBq: 삼중수소 2.4g 또는 삼중수소수 16g), 평균 농도 73만 Bq/ℓ 수준으로 평가된 바 있다. 2021년 4월 1일 기준의 재평가에서는 각각 약 780조 Bq(780TBq, 삼중수소 2.1g 또는 삼중수소수 15g) 및 62만 Bq/ℓ 수준으로 감소했다[東京電力, 2021b]. 삼중수소 배출기준은 국가마다 다르지만 일본은 리터당 6만 베크렐을 기준으로 삼고 있으므로, 평균 농도가 배출기준의 10배 수준인 셈이다.

2020년 10월에는 다른 베타선 방출 핵종인 탄소(C)-14 문제가 그린피스에 의해 제기되었다[Burnie, 2020]. ALPS 처리수 등에 삼중수소 외에도 다량의 C-14가 제거되지 않고 함유되어 있는데, 일본 정부와 도쿄전력이 이를 감춰왔다는 것이다. 처음에 도쿄전력은 ALPS 처리수 등 모든 핵종의 농도를 분석하려면 시간이 많이 소요되므로, 세슘(Cs)-134, 세슘-137, 스트론튬(Sr)-90, 아이오딘(I)-129, 루테늄(Ru)-106, 코발트(Co)-60, 안티모니(Sb)-125 등 일곱 가지 베타선 방출 핵종('주요 7핵종'으로 표현)의 방사능 농도만 직접 측정하고, 나머지 핵종들에 대해서는 추정값을 일괄적으로 적용했다. 그런데 이렇게 계산된 베타 방사능 농도와 모든 베타선을 한꺼번에 측정하여 산출한 농도 간에 차이가 나타나서 분석한 결과, C-14와 테크네튬(Tc)-99의 영향이 무시되었기 때문임을 확인하였다. 이러한 사실은 일본 원자력규제위원회의 제67회 특정원자력시설감시·평가검토회(2019.1.21)에서 처음으로 공식 보고되었으며[東京電力, 2019c], 2020년 9월 제83회 회의에서 종합적인 보고가 다시 이루어졌다[東京電力, 2020b]. 최근 발표되는 ALPS 처리수 등의 방사능 농도에는 C-14에 대한 측정값 또는 추정값이 반영되어 있다.

탱크에 저장된 ALPS 처리수의 처분 계획을 논의하기에 앞서, 앞에서 잠깐 언급한 주요 건물에 축적된 오염수(체류수) 문제도 살펴보고자 한다. 후쿠시마 원전사고 직후에는 터빈건물에 대량으로 축적된 방사성 오염수가 큰 관심을 끌었다. 핵분열생성물이 섞인 원자로 냉각수가 터빈건물로 유출되면서 터빈건물에 모인 오염수의 방사능 농도가 매우 높았고 양도 많았기 때문이다. 현재 터빈건물은 누설부위를 차단하고 오염수를 모두 처리한 상태이다.

그러나 1~3호기의 원자로건물과 방사성폐기물집중처리시설(프로세스주건물 및 고온소각로건물)의 오염수는 충분히 처리하지 못하고 있다. 원자로건물의 경우 지하수와 빗물의 유입으로 오염수가 계속 발생하는 상황임은 앞에서 설명한 바와 같다. 다른 두 건물은 건물 지하에 방사능이 높은 제올라이트 자루들이 물에 잠겨 있어서 처리에 어려움을 겪고 있다. 이 건물들은 사고 후 저장탱크들이 설치될 때까지 발전소 내 트렌치 등에서 제거한 방사성 오염수를 저장하는 역할을 했었다. 여기에는 ALPS 장치에서 거의 고려하지 않은 알파선 방출 핵종들도 섞여 있어서 처리를 위한 기술 검토와 제염설비 보강도 필요하다. 따라서 우선은 체류수를 탱크로 옮기면서 제올라이트 등의 안정화 작업을 수행하여 건물 내부의 방사선량률을 낮추고, 오염수 처리장치의 개량도 추진할 것으로 예상된다.

ALPS 처리수 처분 계획

일본 정부는 2021년 4월 13일 관계각료등회의를 통해 ALPS 처리수를 희석 후 해양 방출하기로 공식 결정했다[廃炉·汚染水·処理水対策関係閣僚等会議, 2021]. 저장탱크를 증설하지 않고 현재의 용량 범위에서 해결하려는 핵심적인 이유로는 사고 원전 부지에 폐로 관련 시설 등을 지어야 하므로 공간의 여유가 없다는 점을 들고 있다. 실제로 후쿠시마 제1원전 부지에는 원전 해체 및 폐기물 보관을 위한 시설들이, 이를 둘러싼 부지에는 후쿠시마현 제염폐기물 등의 중간저장시설이 건설 중이다. 다른 곳에 새로운 부지를 확보하여 저장탱크를 설치하려면 부지 확보, 주민 동의, 인허가 추진 등에 난관이 많을 것임을 예상할 수 있다.

일본 정부가 ALPS로 처리한 오염수를 해양 방출하기로 결정하기까지의 주요 진행 과정은 다음과 같다[도쿄전력 홈페이지 등].

• 2013년도 초까지는 각 건물 등에서 오염수를 수거하여 세슘-137과 스트론튬-90만 일차적으로 제거한 고농도 오염수를 부지 내 탱크에 저장했다. 2013년 당시 부지 경계에서의 추가 유효선량([기초지식-4])은

표 2.4_ 삼중수소수 태스크포스의 기본요건 검토 결과

구분	처분 개념	기술적 성립성	규제 성립성
지층 주입	압축기를 이용하여 파이프라인을 통해 깊이 2,500m의 안정된 지층에 삼중수소수를 주입	• 적절한 지층을 찾지 못하면 처분을 개시할 수 없음 • 적절한 모니터링 기법이 확립되어 있지 않음	• 처분농도에 따라서는 새로운 규제·기준이 필요할 수 있음
해양 방출	삼중수소수를 희석하여 해양(태평양)으로 방출	• 원자력시설에서 삼중수소를 포함한 방사성 액체의 해양 방출 사례가 있음	• 적용 가능한 규제·기준이 있음
수증기 방출	삼중수소수를 증발처리하고 삼중수소를 포함한 고온 수증기를 배기통을 통해 대기로 방출	• 보일러에서 증발시키는 방법은 TMI 사고 후의 경험이 있음	• 적용 가능한 규제·기준이 있음
수소 방출	삼중수소수를 전기분해로 수소로 환원시킨 후 대기로 방출	• 실제 처리수에 적용하려면 전처리나 처리규모 확대 관련 기술개발이 필요할 가능성이 있음	• 적용 가능한 규제·기준이 있음
지하 매설	삼중수소수를 시멘트 등으로 고화처리한 후 콘크리트 구멍 등에 매설	• 콘크리트 구멍(Pit) 처분, 차단형 처분장 등의 실적이 있음	• 새로운 기준 개발이 필요할 가능성이 있음

9.76mSv/년에 달했으며, 90% 이상이 오염수 저장탱크로부터 오는 방사선에 의한 것이었다.

• 부지 경계에서의 추가 유효선량을 1mSv/년 미만으로 낮추기 위해 2013 회계연도부터 ALPS 장치를 가동하여 고농도 오염수를 최대한 처리함으로써 2015년 말에 목표를 달성했다. 이 과정에서는 ALPS 장치의 오작동 등으로 핵종별 배출 규제기준을 초과하는 경우가 많았다.

• 오염수의 삼중수소 농도가 높았으나 ALPS 장치가 이를 처리하지 못하므로 2013년 말부터 2016년 중반까지 삼중수소수 태스크포스トリチウム水タスクフォース를 운영하여 처리·처분 기술을 분석하였다. 태스크포스에서는 ALPS 처리수 등에서 삼중수소를 분리하는 것은 실용적이지 않다

는 결론을 내리고 표 2.4와 같이 다섯 가지의 삼중수소수 처분 방법을 검토하여 보고서를 제출하였다[トリチウム水タスクフォース, 2016].

- 2016 회계연도에는 ALPS 장치의 처리 성능이 전반적으로 안정되어 배출 규제기준을 의식하며 정화처리를 진행했다. 이후 플랜지형 탱크에서의 오염수 누설 문제 등을 피하기 위해 용접형 탱크를 새로 설치하여 2019년 3월까지 모두 이송했으며, 저장 용량을 지속적으로 확충하여 2020년 말에는 137만 m³에 달하게 되었다.

- 2016년 11월부터 2019년 말까지는 '다핵종제거설비등 처리수 취급에 관한 소위원회'(2016년 11월~2019년 말; 이하 'ALPS 소위원회'라 함)가 운영되어 정화된 오염수의 최종 처분방안을 논의했다. ALPS 소위원회는 2019년 12월 보고서 초안에서 해양 방출, 수증기 방출, 또는 두 방법을 병행하는 방안을 제시했고, 2020년 2월 공개된 최종보고서에서는 과거 경험, 인허가 절차, 환경 영향 등의 관점에서 희석 후 해양 방출이 가장 현실적이고 바람직한 방법이라고 제시했다[ALPS 小委員会, 2020].

- 일본 정부는 ALPS 소위원회 보고서 공개 후 구체적인 해양 방출 기준 마련과 함께 관련 지자체 및 지역 어민 등 이해관계자들의 이해를 구하기 위해 노력했다. 그러나 충분한 공감대가 이뤄지지 않은 상태에서, 2021년 4월에 삼중수소 배출량이 사고 전의 방출 목표치를 초과하지 않는 범위에서 ALPS 처리수를 삼중수소 농도가 규제기준의 1/40 수준이 되도록 희석하여 해양으로 방출하는 방안을 확정했다.

일본에서 해양 방출이나 수증기 방출이 안전하다고 주장하는 것은 이미 세계의 원자력 시설에서 삼중수소가 포함된 물이나 수증기의 방출이 허용되고 있기 때문이다. ALPS 소위원회 보고서에 따르면 프랑스 라아그La Hague 재처리시설은 2015년 기준으로 연간 약 38.8g의 삼중수소를 방출하고 있다고 한다[ALPS 小委員会, 2020].

일본 정부가 최근 결정한 해양 방출 계획의 핵심 내용은 다음과 같다[廃
炉·汚染水·処理水対策関係閣僚等会議, 2021].

- 탱크에 저장된 ALPS 처리수 등이 삼중수소를 제외한 방사성핵종의 배
  출기준을 만족하지 못하는 경우에는 만족할 때까지 ALPS로 다시 정화
  처리한다.
- 삼중수소는 처리하지 않고 다른 핵종들에 대해서는 배출기준을 만족하
  는 ALPS 처리수를 삼중수소 농도가 배출기준(6만 Bq/ℓ)의 1/40 수준
  (1,500Bq/ℓ)이 되도록 희석한 후 해양으로 방출한다. 여기서 1,500Bq/
  ℓ은 현재 운영 중인 보조배수Sub-Drain 처리설비에 대한 운용목표치와
  도 같다.
- 연간 삼중수소 방출 총량은 후쿠시마 제1원전의 사고 전 방출관리 목표
  치였던 22조 Bq 이하가 되도록 제한한다.

해양 방출은 규제기관의 심사기간과 설비 건설 및 시운전 기간 등을 고려
하여 약 2년 후 시작할 수 있을 것으로 예상하며, 이는 현재 확보된 저장탱
크 용량이 한계에 도달하는 시점과도 대략 일치한다. 일본 정부는 이러한
개념을 그림 2.14와 같이 설명하고 있다.최근에는 처리된 오염수를 희석하
여 방출하기 위한 시설 배치 방안도 제시되었으나, 확정된 방안으로 보기는
어려우므로 자세히 다루지 않는다.

일본 정부의 해양 방출 결정은 시점은 불확실했지만 예견된 일이었다. 수
년 전부터 규제위원회 위원장을 포함한 다수의 일본 정부 당국자들이 해양
방출이 가장 현실적인 방안임을 강조해왔고, IAEA에서도 긍정적인 입장을
밝혀왔기 때문이다[IAEA, 2020]. 일본 정부의 결정에 대해 한국, 중국, 러시
아, 북한 등 인접국과 그린피스 등 환경단체들은 반대 의사를 표명하고 있
고, 특히 한국에서는 정부뿐만 아니라 정치권과 지자체, 수산업 단체, 시민
단체 등의 반대 성명이 잇따랐다. 그러나 미국과 IAEA는 일본의 결정을 지

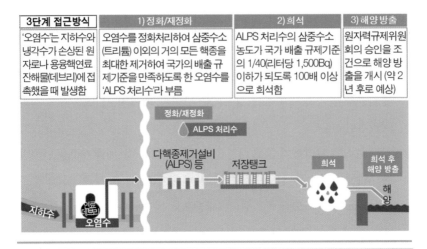

3단계 접근방식	1) 정화/재정화	2) 희석	3) 해양방출
'오염수'는 지하수와 냉각수가 손상된 원자로나 용융핵연료 잔해물(데브리)에 접촉했을 때 발생함	오염수를 정화처리하여 삼중수소(트리튬) 이외의 거의 모든 핵종을 최대한 제거하여 국가의 배출 규제기준을 만족하도록 한 오염수를 'ALPS 처리수'라 부름	ALPS 처리수의 삼중수소 농도가 국가 배출 규제기준의 1/40(리터당 1,500Bq) 이하가 되도록 100배 이상으로 희석함	원자력규제위원회의 승인을 조건으로 해양 방출을 개시 (약 2년 후로 예상)

그림 2.14_ 일본 정부의 후쿠시마 오염수 처리·처분 개념

자료: 일본 경제산업성 홈페이지(www.meti.go.jp).

지했고, 대부분의 다른 국가들도 뚜렷한 의견을 표명하지 않고 있다. 일본 내부에서는 후쿠시마 어민단체와 여러 시민단체가 반대하고 있지만, 일본 국민 전체 여론은 반대에서 찬성으로 선회한 것으로 보도되고 있다.[5]

일본 정부는 IAEA를 중심으로 한 국제사회와 협력하여 해양 방출 전후의 모니터링을 강화하고 관련 정보를 적극적이고 투명하게 제공하겠다는 계획을 밝히고 있다.

---

5   오염수 해양 방출에 대한 일본 국민의 견해가 2020년 11~12월의 아사히신문 조사에서는 찬석 32%, 반대 55%였으나, 정부 방침이 결정된 후의 조사에서는 찬성 54%, 반대 36%(마이니치신문)와 찬성 47%, 반대 45%(산케이신문)라는 다른 결과가 나왔다[연합뉴스, 2021. 4. 21].

4. 사용후핵연료저장조의 핵연료 반출

사용후핵연료저장조의 핵연료 반출 개관

사용후핵연료저장조Spent Fuel Pool: SFP에 있는 핵연료집합체(그림 2.15)들의 안전한 반출도 폐로 작업에서 중요한 과제이다. 물론 SFP는 외부로부터의 접근이 비교적 쉬운 3~4층에 위치해서, 원자로용기와 격납용기 바닥에 분포되어 있고 방사능이 매우 높은 용융핵연료 잔해물의 반출보다는 훨씬 쉬운 작업이다. 그래서 최초 중장기 로드맵에서는 핵연료집합체 반출을 2013년 이내에 시작하여 2021년까지 모두 부지 내의 공용 저장조로 이송하는 것을 목표로 정했던 바 있다. 각 호기의 SFP에 대하여 사고 전 핵연료집합체 저장 현황, 사고 후의 상태, 2021년 2월 말 현재의 상태를 표 2.5에 요약했다.

SFP로부터의 핵연료집합체 반출 작업은 저장조와 집합체의 상태에 따라 크게 달라진다. 수소가스 폭발이 일어나지 않은 2호기는 방사능 오염 외에 원자로건물 손상이 거의 없었으므로 비교적 반출 작업이 단순할 것이다. 원자로건물 5층에서 수소가스가 폭발한 1·3·4호기는 우선 원자로건물 작업층(5층)의 폭발 잔해물을 제거해야 하는데, 특히 폭발 규모가 컸던 3·4호기는 수조 안으로도 일부 잔해물이 떨어졌다. 수조 안의 핵연료집합체 구조물이나 핵연료봉이 변형되거나 손상되었다면 적절

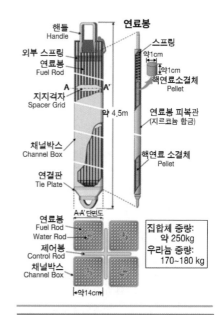

그림 2.15_ 비등경수로의 핵연료집합체

자료: 도쿄전력 홈페이지(www.tepco.co.jp).

표 2.5_ 사용후핵연료저장조의 상태 요약

구분	1호기	2호기	3호기	4호기
사고 전 저장 집합체 수	사용 후: 292 사용 전: 100	사용 후: 587 사용 전: 28	사용 후: 514 사용 전: 52	사용 후 + 사용 중: 1331 사용 전: 204
사고 후 저장조 상태	수소가스가 폭발했으나 SFP 구조물은 영향을 거의 받지 않음	수소가스 폭발이 발생하지 않아 영향 없었음	수소가스 폭발로 SFP 구조물이 큰 영향을 받지는 않았으나 수조 안에 잔해물이 떨어짐	수소가스 폭발로 SFP 구조물 일부가 손상되어 안전성 우려가 제기됨
현재의 저장조 상태	392개의 집합체를 저장조 내에 안전하게 저장 중	615개의 집합체를 저장조 내에 안전하게 저장 중	폭발 잔해물 제거, 핵연료 검사 및 수리와 함께 핵연료 반출을 진행하여 2021년 2월 말 반출 완료	1,535개의 집합체 전체를 반출 완료하여 부지 내 공용저장조 등에 저장 중
비고	당초 2021년 안에 핵연료집합체들을 모두 반출할 계획이었으나, 다른 폐로 작업과의 효과적 연계를 위해 1호기는 2027~2028 회계연도, 2호기는 2024~2026 회계연도 반출 착수로 목표 수정		가장 큰 수소가스 폭발로 손상된 집합체들은 수리 후 반출	많은 사용 후 및 사용 중 핵연료를 보관 중이었고 구조물의 안전도 우려되어 최우선적으로 반출

한 보수작업이 필요하다. 그리고 크레인을 비롯한 핵연료취급설비를 사용할 수 없는 경우에는 현장 상황을 반영하여 새로운 장치를 설치하게 되는데, 원자로건물 상부가 파손된 상황이라 주의할 점이 많다. 손상된 핵연료에 대해서는 새로운 이송 용기를 설계·제작하여 사용해야 한다. 반출된 핵연료집합체들은 기본적으로 4호기 뒤쪽에 위치한 사용후핵연료 공용저장조에 보관한다.

핵연료집합체의 반출은 수소가스 폭발로 사고 진행 당시부터 안전에 대한 우려가 컸던 4호기부터 시작하여 2013년 11월부터 2014년 12월까지 1,535개의 집합체를 모두 반출하였다. 4호기 SFP에 저장된 핵연료집합체

수가 특히 많았던 이유는 동일본대지진 당시 원자로 내부구조물 교체 작업을 위해 원자로 안의 핵연료집합체들까지 모두 옮겨놓은 상태였기 때문이다. 핵연료집합체의 수가 많고 저장조의 구조적 안전성에 대한 우려도 있었던 4호기부터 핵연료를 반출한 것은 잘한 일이다. 3호기 SFP의 핵연료 반출은 사전 준비작업을 거쳐 2019년 시작하여 2021년 2월 말 완료했는데, 2014년에 시작하려 했던 최초 로드맵에 비해서는 상당히 지연된 것이다. 1호기와 2호기에 대해서는 반출계획이 계속 늦춰지다가 2019년 12월 개정된 로드맵에서는 모든 핵연료의 반출 완료 목표를 2031년 이내(1호기는 2027~2028년, 2호기는 2024~2026년도에 반출 착수 계획)에 완료하는 것으로 조정했다. 1·2호기에 대한 일정 조정을 후쿠시마 폐로 작업이 지연된 것으로 볼 수도 있겠으나, 다양한 작업이 연계되어 진행되는 사고원전 현장 상황을 고려하면 불가피한 결정이라 할 수도 있다. 이어서 폐로·오염수대책팀 사무국이 매월 작성하는 현황보고서, 진도보고서 등을 참고하여 각 호기에서의 진행 상황을 좀 더 자세히 살펴본다[東京電力, 2021c 등].

1호기 사용후핵연료 반출 준비

1호기 원자로건물은 수소가스 폭발로 작업층(5층) 위쪽의 벽체와 지붕이 대부분 날아가서 골조와 일부 벽체 패널 및 폭발 잔해물들만 남은 엉성한 모습이었다. 그래도 골조 형태에는 큰 변형이 없었기 때문에 원자로건물 전체를 가로 42m, 세로 47m, 높이 54m의 폴리에스테르 임시 덮개Cover로 덮어서(2011년 10월 공사 완료) 방사성물질이 흩날리지 않도록 하면서 원자로건물 내부조사 등을 수행했다.

도쿄전력과 일본 정부는 1호기 원자로건물 내부상태 조사 결과를 반영하여 사용후핵연료 반출작업을 작업층 위에 대형 전용 덮개를 설치한 다음 시행하기로 했다. 원자로건물 임시 덮개는 2016년 철거하고, 2017년까지 작

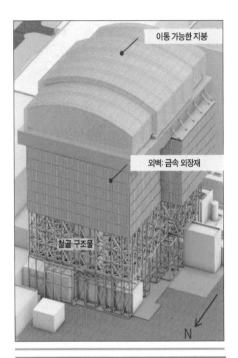

이동 가능한 지붕

외벽: 금속 외장재

철골 구조물

N

그림 2.16_ 1호기 잔해물 제거 및 핵연료 반출을 위한 대형 전용 덮개

자료: 도쿄전력 홈페이지(www.tepco.co.jp).

업층 지붕과 벽체의 패널 제거, 작업층 지붕의 기둥과 보 제거, 방풍벽 설치 등 준비 작업을 진행했다. 2018년부터는 사용후핵연료 반출을 위한 준비작업을 본격화하여 수소가스 폭발 잔해물, X-자형 보강구조물, 저장조 주변 잔해물 등을 철거하여 고체폐기물 저장시설로 보냈다. 잔해물 제거 작업은 대형 덮개 설치 후 재개될 계획이다.

사고 당시 수소가스 폭발의 영향으로 정상 위치에서 잘못 정렬된 것으로 여겨졌던 격납용기 위쪽 차폐플러그Shield Plug(앞의 그림 1.4 참조)에 대해서는 2019년 7~8월에 카메라 촬영, 공간선량률 측정, 3D 영상 등을 통해 조사했다. 그리고 9월 말 조사 결과 대형 전용 덮개 설치계획에 영향을 미칠 수 있는 장애물은 없는 것으로 확인했다. 3호기와는 달리 콘크리트 블록 등 무거운 물체가 없다는 점과 판자와 막대 모양의 잔해물들이 핵연료집합체 저장조에 흩어져 있는 점도 확인했다. 이는 1호기 원자로건물에서는 3호기보다 수소가스 폭발이 크지 않았기 때문으로 유추할 수 있다. 2020년에는 사용후핵연료저장조 보강, 핵연료취급장치 및 천장크레인 지지물 보강작업이 이루어졌다.

1호기의 대형 커버 설치는 2021년 시작하여 2023년 완료하고, 잔해물 제거 및 핵연료 이송을 위한 준비 작업을 마친 후 2027~2028년에 사용후핵연료 반출을 착수한다는 계획이다.

그림 2.17_ 2호기 사용후핵연료 반출용 구조물

자료: 도쿄전력 홈페이지(www.tepco.co.jp).

2호기 사용후핵연료 반출 준비

수소가스 폭발이 발생하지 않은 2호기는 원자로건물이 거의 손상되지 않았음에도 사용후핵연료 반출 계획에 혼선이 좀 있었다. 처음에는 사용후핵연료와 용융핵연료 잔해물을 원활하게 반출하기 위해 작업층 윗부분을 완전히 해체한 후 컨테이너를 설치할 계획을 세웠다. 2015년까지 실시된 방사선량 측정 결과 작업층의 선량이 높아서 건물을 유지한 상태의 작업이 어렵다고 판단했기 때문이다. 그러나 원자로건물 서쪽에 출입구를 확보하여 2019년까지 작업층의 폭발 잔해물을 이동·정리하면서 내부상황을 조사한 결과에 따라 원자로건물 상부를 해체하지 않고 사용후핵연료를 반출하기로 2019년 10월 결정했다. 2020년에는 작업층에 있던 폭발 잔해물들을 고체폐기물 저장시설로 모두 반출했다.

변경된 계획에서는 그림 2.17에서 보는 바와 같이 원자로건물 남쪽에 27m(동서)×33m(남북)×45m(높이) 크기의 전용 구조물을 설치하고 원자로건물에 개구부(통로)를 내어 사용후핵연료를 반출하는 전략을 채택하였다.

도쿄전력은 전용구조물 설치, 원자로건물 개구부 설치, 핵연료취급설비 설계·제작을 모두 2021 회계연도에 착수하고, 2024~2026 회계연도에 사용후핵연료 반출을 착수할 계획이다[東京電力, 2021c].

3호기 사용후핵연료 반출 완료

3호기 원자로건물은 대형 수소가스 폭발로 인해 크게 손상되었다. 작업층 윗부분은 물론 그 아래층 벽체들도 부분적으로 손상되었는데, 다행히 매우 두꺼운 벽체로 된 사용후핵연료저장조 구조 자체에는 우려할 만한 손상이 없었다. 일본 정부와 도쿄전력은 작업층 상부의 폭발 잔해물을 철거한 후 사용후핵연료저장조 위에 작업공간을 확보하기 위한 덮개를 설치하고 핵연료를 반출할 계획을 세웠다. 핵연료 반출 관련 작업은 다음과 같이 진행되었다.

- 2013.10.11: 원자로건물 상부 폭발 잔해물 1차 철거 작업 완료
- 2013.10.15: 덮개 및 핵연료취급설비 설치를 위한 제염 및 차폐 작업 착수
- 2013.12.17~2015.11.21: 저장조 안의 폭발 잔해물 철거 완료
- 2016.12: 원자로건물 작업층의 방사선량 저감대책(제염, 차폐) 완료
- 2018.2.23: 핵연료집합체 반출용 덮개 설치 완료
- 2018.3.15: 핵연료취급설비 시험 운행 개시
- 2018.9.29~2019.1.27: 핵연료취급설비 안전점검 및 결함 보완
- 2019.2.14: 모의 핵연료집합체를 이용한 핵연료 반출 훈련 착수
- 2019.3.15: 저장조 내부 잔해물 제거 훈련 착수
- 2019.4.15~2021.2.28: 핵연료집합체 반출

핵연료집합체 반출 작업은 방사능이 없는 52개의 새 핵연료집합체에 대해

먼저 진행하고, 변형이 없는 사용후핵연료집합체, 변형된 사용후핵연료집합체 순서로 진행되었다. 특히 가장 큰 수소가스 폭발로 18개의 사용후핵연료집합체에서 핸들(집합체 이동을 위해 핵연료취급설비가 잡는 부분, 그림 2.15 참조) 변형이 발견되었는데, 여러 차례의 시설 보완과 인양시험을 거쳐 2021년 2월 말 반출을 모두 완료하였다. 3호기 사용후핵연료 반출은 다른 호기들보다 어려운 작업이었으므로, 폐로 과정의 중요한 성과라 할 수 있다.

4호기 사용후핵연료 반출 완료

4호기 사용후핵연료저장조에는 가장 많은 사용후핵연료가 저장되어 있었고, 수소가스 폭발로 저장조의 장기적인 구조 건전성에 대한 우려도 있었으므로, 맨 먼저 반출하기로 결정되었다. 2011년 12월의 최초 중장기 로드맵에서는 2013년 12월 이내에 반출을 시작하여 2년 내에 완료할 목표를 세웠다.

4호기 원자로건물 작업층 상부의 수소가스 폭발 잔해물은 2012년 12월까지 제거하였다. 그 후 사용후핵연료저장조 상부에 핵연료 반출 작업을 위한 덮개와 핵연료취급설비를 설치하여 2013년 11월 18일 사용후핵연료 반출을 시작했고, 2014년 11월 5일까지 1,331개의 사용후핵연료 집합체들을 모두 사용후핵연료 공용저장조로 반출했다. 방사능이 없는 새 핵연료집합체들은 2014년 12월 22일까지 모두 6호기 사용후핵연료저장조 등으로 이송했다.

4호기 사용후핵연료저장조에 있던 1,535개 집합체의 신속한 반출은 중장기 로드맵 시행 초기의 중요한 성과로 볼 수 있으며, 대형 지진 등이 발생했을 때 혹시 생길 수도 있는 안전성 우려를 조기에 불식시켰다는 점에서 의미가 크다.

5,6호기 등의 사용후핵연료 관리 현황

원전사고 당시 5호기와 6호기의 원자로 안에는 핵연료들이 장전되어 있었으나, 사고 후 모두 해당 호기의 사용후핵연료저장조로 옮겨졌다. 2021년 2월 말 현재 5호기 저장조는 사용후핵연료집합체 1,374개, 새 핵연료집합체 168개를 보관하고 있고, 6호기 저장조는 사용후핵연료집합체 1,456개, 새 핵연료집합체 198개(180개는 4호기에서 이송)를 보관하고 있다. 이와 별개로 6호기 새연료 저장고는 230개의 새 핵연료집합체를 보관 중이다.

후쿠시마 제1원전 부지에는 대용량의 사용후핵연료 공용저장조와 사용후핵연료 건식저장시설도 운영되고 있다. 공용저장조의 경우 2012년 11월까지 핵연료집합체 취급이 가능한 상태로 복구하였고, 2013년 6월부터는 저장 중이던 사용후핵연료를 건식저장시설로 이송하기 시작했다. 사고 원자로에서 사용후핵연료가 반출됨에 따라 공용저장조와 건식저장시설의 저장량이 수시로 변하고 있는데, 현재 약 6,000여 개 및 2,000여 개의 핵연료집합체를 각각 보관하고 있다. 후쿠시마 제1원전 전체로는 사용후핵연료집합체 1만 2,337개, 새 핵연료집합체 800개 등 총 1만 3,137개의 핵연료집합체를 보관 중이다.

관찰과 전망

사용후핵연료저장조에 있는 핵연료들의 반출 일정이 당초 계획보다 늦어지기는 했으나, 안전성 우려가 가장 컸던 4호기의 반출작업을 계획대로 완료했고, 저장조 안에 상당한 양의 수소가스 폭발 잔해물이 있던 3호기의 반출작업도 2021년 말 수정된 계획대로 완료하는 성과를 거두었다. 1호기와 2호기의 사용후핵연료 반출 일정은 최초 계획보다 크게 늦춰졌지만, 반출 작업이 상대적으로 더 쉽기 때문에 사고 전체적인 원전 폐로 일정을 크게 지연시키지는 않을 것으로 판단한다.

5. 사고원전 상태 파악 및 용융핵연료 잔해물 반출 준비

전반적 상황

후쿠시마 제1원전의 폐로 과정에서 가장 어려운 일이 원자로용기 하부와 격납용기 내부 콘크리트층에 주로 분포되어 있을 용융핵연료 잔해물을 반출하는 작업이다. 용융핵연료 잔해물은 방사능이 매우 높아서 관련 작업이 모두 로봇을 이용한 원격작업으로 이루어져야 하며, 방사성물질이 부주의하게 누출되지 않도록 철저한 계획과 준비 및 작업 이행이 필요하다.

이를 위해서는 먼저 원자로건물 내부, 특히 격납용기와 원자로용기 내부의 상태를 정확하게 파악해야 한다. 자연스런 순서는 먼저 원자로건물 상태를 파악하고 제염 및 수소가스 폭발 잔해물을 제거하여 작업환경을 확보한다음 격납용기 내부 상태와 원자로용기 내부 상태를 순차적으로 파악하는 것이다. 그러나 격납용기 내부 상태를 알지 못하면 전체적인 폐로 계획을 수립하기 어려우므로, 여러 작업을 병행하면서 조사를 진행하고 있다.

격납용기 내부 상태의 파악은 가장 중요하면서도 높은 방사능과 격납용기 내부에 설치된 다양한 설비(배관, 펌프, 밸브 등) 때문에 매우 어려운 작업이다. 표 2.6은 각 호기에 대한 격납용기 내부조사 실적과 뮤온Muon 측정, 누설 확인조사 등의 결과를 요약하고 있다[廃炉·汚染水対策チーム事務局, 2021c]. 도쿄전력은 1호기 세 차례, 2호기 여섯 차례, 3호기 두 차례 등의 격납용기 내부 조사를 수행하여 내부 영상(용융핵연료 잔해물 등)을 확보하면서 온도, 수위, 방사선량 등을 측정하고, 온도 등을 상시 측정하는 계기들을 설치하였다.

표 2.6_ 사고 원전의 격납용기 내부 조사 경위

구분	호기	내용 또는 결과

격납
용기
내부
조사
실적
	1호기	• 1차(2012.10): 영상 취득, 온도 및 선량 측정, 수위 및 수온 측정, 체류
		  수 채취, 상설 감시계기 설치
		• 2차(2015.4): 격납용기 1층 상황 확인(영상 취득, 온도 및 선량 측정, 상
		  설 감시계 교체)
		• 3차(2017.3): 격납용기 지하1층 상황 확인(영상취득, 선량 측정, 퇴적물
		  채취, 상설 감시계 교체)

	2호기	• 1차(2012.1): 영상 취득, 온도 측정 • 2차(2012.3): 수면 확인, 수위 측정, 선량 측정 • 3차(2013.3 ~ 2014.6): 영상 취득, 체류수 채취, 수위 측정, 상설 감시 계기 설치 • 4차(2017.1~2): 영상 취득, 선량 측정, 온도 측정 • 5차(2018.1): 영상 취득, 선량 측정, 온도 측정 • 6차(2019.2): 영상 취득, 선량 측정, 온도 측정, 일부 퇴적물 상태 파악
	3호기	• 1차(2015.10~12): 영상 취득, 온도 및 선량 측정, 수위 및 수온 측정, 체류수 채취, 상설 감시계기 설치 • 2차(2017.7): 영상 취득, 상설감시계기 교체
용융 핵연료 잔해물 위치 파악 (뮤온 측정)	1호기	• 2015년 2~5월: 원래 노심 위치에는 많은 양의 핵연료가 없음을 확인

	2호기	• 2016년 3~7월: 원자로용기 안쪽 하부와 노심위치 바깥쪽에 용융핵연
		  료 잔해물로 생각되는 고밀도 물질이 존재함을 확인. 잔해물 대부분은
		  원자로용기 안쪽 하부에 존재할 것으로 추정.

	3호기	• 2017년 5~9월: 원래 노심 위치에는 큰 덩어리가 없는 것으로 확인하
		  고, 원자로용기 안쪽 하부에 용융핵연료 잔해물 일부가 존재할 가능성
		  이 있음을 평가.

격납 용기 누설 확인	1호기	• 압력용기 벤트관 진공파괴라인의 벨로우즈 부위(2014.5 확인) • 샌드쿠션 드레인라인(2013.11 확인)
	2호기	• 압력억제실 상부에 누설 없음 • 압력억제실 안쪽과 바깥쪽 모두 누설 없음
	3호기	• 주증기배관 벨로우즈 부위(2014.5 확인)

이와 병행하여 용융핵연료 잔해물 분포를 확인하기 위해 새로운 측정기술인 뮤온 방사선 측정을 각 원자로에 대해 한 차례씩 수행하였다. 그 결과 1호기 원자로용기 내 노심(원래 핵연료가 있던 곳) 위치에는 용융핵연료 잔해

물이 거의 없고, 2호기는 잔해물이 원자로용기 바닥 근처에 많이 위치하며, 3호기는 잔해물이 노심 위치에는 거의 없으나 원자로용기 바닥에는 일부 있는 것으로 나타났다. 사실 이러한 결과는 사고 직후부터 중대사고 해석코드 계산으로 추정한 상태와 유사하며, 앞의 **그림 2.7**에도 개념적으로 표현되어 있다. 그리고 격납용기 누설부위 조사를 통해 1호기와 3호기 격납용기 및 연결배관에 누설부위가 있는 것을 확인했다.

표 2.7은 원자로용기 및 격납용기 내부 상태를 요약하고 있다. 원자로마다 시간당 약 $3m^3$(약 3톤)의 냉각수를 급수계통과 노심살수계통을 통해 주입(오염수에서 세슘과 스트론튬을 1차 제거하고 염분을 제거한 후 재순환)하여 용융핵연료 잔해물에서 발생하는 붕괴열을 제거함으로써 원자로용기와 격납용기 내부 온도를 낮게 유지하고 있다. 이는 사고 후 10년이 지나서 원자로당 붕괴열이 0.5~1.0MW 수준으로 낮아졌기 때문이다. 주입되는 냉각수 온도가 대기온도의 영향을 받으므로 여름철에는 격납용기 내 냉각수 온도가 10℃ 이상 올라갈 것이다.

현재 후쿠시마 제1원전 1~3호기의 용융핵연료 잔해물 반출을 위해 진행되고 있는 중요한 준비 작업은 다음과 같다.

- 원자로건물 내부 조사 및 환경 개선: 원자로건물 내부의 방사선량률을 측정하고, 방사선량률을 높이는 물건들을 철거
- 격납용기 및 원자로용기 내부 조사: 격납용기·원자로용기 내부상태를 조사하기 위한 기술을 개발·개량하면서 격납용기 내부 조사 진행
- 원자로용기 및 격납용기 건전성 유지: 질소 기포를 이용하여 냉각수 중 용존산소 제거
- 노심 상황 파악: 사고 관련 자료와 원자로용기·격납용기 내부상태에 대한 추정을 지속 수정·보완
- 용융핵연료 잔해물 상태 파악: 용융핵연료 잔해물 상태를 분석·추정하고, 잔해물 미립자 거동을 예측하기 위한 기술 개발

표 2.7_ 원자로용기 및 격납용기 내부 상황 요약 (2021.2.24 기준)

구분		1호기	2호기	3호기
온도	원자로용기 바닥	약 14℃	약 18℃	약 17℃
	격납용기 대기	약 14℃	약 19℃	약 18℃
	격납용기 내 물	약 16℃	-	약 18℃
	사용후핵연료 저장조	23.3℃	22.2℃	약 17.6℃
격납용기 내부 수위		바닥 위 약 1.9m	바닥 위 약 0.3m	바닥 위 약 6.3m(2015)
냉각수 주입	급수계통	1.5m³/h (0.42kg/s)	1.4m³/h (0.39kg/s)	1.4m³/h (0.39kg/s)
	노심살수계통	1.5m³/h (0.42kg/s)	1.5m³/h (0.42kg/s)	1.5m³/h (0.42kg/s)
질소 주입		30.83m³/h	13.76m³/h	17.03m³/h
격납용기 내 수소농도		0.0 vol%	0.05~0.06 vol%	0.06~0.07 vol%

- 용융핵연료 잔해물 임계 관리 기술 개발: 용융핵연료 잔해물 반출 및 관리 과정에서 재임계 가능성을 분석하고 방지하기 위한 기술 개발
- 용융핵연료 잔해물 수납·이송·보관 기술 개발

격납용기 내부조사의 경우 현재 1호기는 원자로용기 받침원통-Pedestal 외부까지 접근하고, 2호기와 3호기는 받침원통 내부의 원자로공동까지 접근하였다. 방사선량이 매우 높은 어려운 환경에서 얻은 값진 성과이지만, 용융핵연료 잔해물의 본격적인 반출까지는 아직 갈 길이 멀다. 각 호기의 구체적 상황은 이어서 설명한다.

1호기 격납용기 내부 상태조사

1호기의 경우 1차 조사(2012.10)에서 격납용기 내부 수위 정보를 확보했고, 2차 조사(2015.4)에서 격납용기 내부 1층 모습을, 3차 조사(2017.3)에서

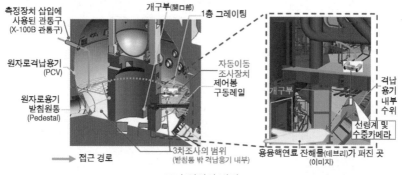

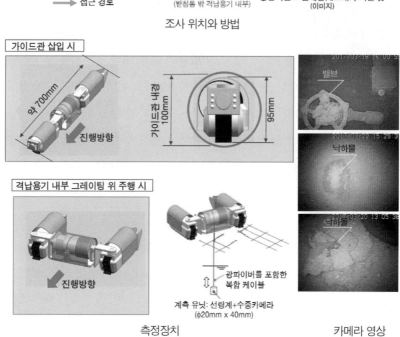

그림 2.18_ 1호기 격납용기 3차 내부조사

자료: 도쿄전력 홈페이지(www.tepco.co.jp) 등.

격납용기 지하1층의 원자로용기 받침원통 외곽의 모습을 확인했다. 그리고 배기관에 연결된 벨로우즈(주름관) 등 두 곳에서 누설이 있는 것도 확인했다. 압력억제실Suppression Chamber: S/C의 경우 상부 연결배관 이음 부위에서만 누설이 확인되었다. 격납용기 내부 냉각수 수위는 격납용기 바닥(콘크리트)에서 약 1.9m 수준이었다. 2019년 11월에는 내부 조사에 필요한 접근로 확보를 위해 격납용기 헤드의 손상 여부와 주변 방사능을 조사했는데, 헤드 플렌지에서는 특별한 변형이 발견되지 않았다. 그림 2.18은 3차 내부조사 방법과 일부 결과를 보여준다.

2호기 내부 상태조사 결과와 용융핵연료 잔해물 반출 준비

2호기의 경우 수소가스 폭발은 없었지만 사고 진행 과정에서 압력억제실의 파손이 의심되는 징후가 있었고, 격납용기 내부 냉각재 수위를 보더라도 압력억제실의 낮은 부분을 통해 냉각수가 누설되고 있다고 짐작할 수 있다. 그런데 실제 누설 위치는 아직까지 제대로 확인되지 않고 있다. 한편, 격납용기 바닥의 낮은 수위가 용융핵연료 잔해물 조사에는 유리한 상황을 제공하는 것 같다. 도쿄전력은 2012년부터 2019년까지 총 여섯 차례에 걸쳐 격납용기 내부상태 조사를 수행했다.

2017년 1월부터는 로봇 등의 조사장치를 격납용기 관통부를 통해 투입하여 원자로용기 받침원통 내부 원자로공동의 상황을 파악하게 되었다. 이러한 조사에서 확인된 용융핵연료 잔해물의 분포는 녹아내린 핵연료가 여러 경로로 낙하했을 가능성을 보여준다. 특히 2019년 2월의 6차 내부조사에서는 로봇팔을 이용하여 원자로공동 바닥의 잔해물을 직접 접촉하고, 일부는 이동시켜보는 데까지 성공했다[東京電力, 2019b]. 용융핵연료 잔해물을 이동시키는 흥미로운 동영상은 도쿄전력[6]이나 언론사 웹사이트 또는 유튜브 등에서 찾아볼 수 있다.

2호기의 용융핵연료 잔해물은 원자로공동 바닥뿐만 아니라 원자로용기

---

6 특히 www.tepco.co.jp/insidefukushimadaiichi/index-j.html#/guide12은 2호기를
   포함하여 격납용기 내부 조사방법과 흥미로운 결과를 잘 보여준다.

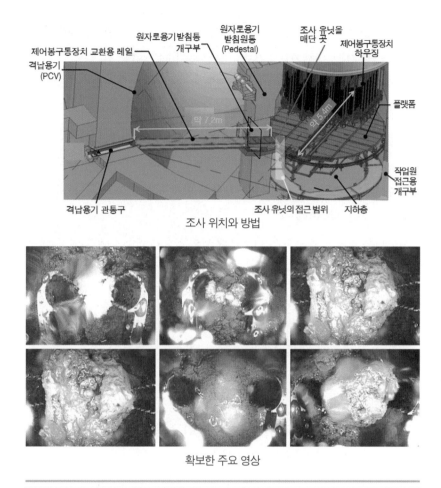

조사 위치와 방법

확보한 주요 영상

그림 2.19_ 2호기 격납용기 6차 내부조사 영역 및 용융핵연료 잔해물 사진

자료: 도쿄전력 홈페이지(www.tepco.co.jp).

아래의 그레이팅 등 다른 구조물에도 일부 위치하는 것으로 생각된다. 원자
로공동 바닥으로 내려온 잔해물은 고화 형태에 따라 비교적 쉽게 움직이기
도 하고, 잘 움직이지 않기도 한다. 중장기 로드맵 5차개정 당시(2019.12)
일본 정부와 도쿄전력은 2호기부터 용융핵연료 잔해물을 반출하기로 하고,
2021년 안에 소량이나마 시험 반출할 계획을 세웠다. 뒤에 설명하는 3호기

도 원자로공동 안쪽까지 조사한 것은 같으나, 수소가스 폭발이 발생하지 않았던 2호기의 내부상태가 3호기보다 훨씬 좋기 때문이다.

그런데 2021년까지 개시하기로 한 2호기 용융핵연료 잔해물 반출은 어디까지나 시험 반출이다. 본격적인 반출은 잔해물 소량을 우선 반출하여 화학적 조성과 물리적 특성 등을 분석하고, 잔해물 분포에 대한 정보도 충분히 확보한 후에 매우 구체적인 계획을 세우고 최적의 장비를 개발한 후 진행할 수 있다. 반출될 용융핵연료 잔해물을 임시 저장하거나 처분하기 위한 준비도 선행되어야 한다.

시험반출 일정은 최근 2022년으로 조정된 것으로 알려졌다. 일본 측에서는 코로나19가 주된 원인이고, 전반적인 폐로 일정에 큰 영향을 주지 않는다고 설명하고 있다.

3호기 격납용기 내부 상태조사

3호기에 대해서도 두 차례(2015, 2017년)에 걸쳐 원격조사장치를 이용한 격납용기 내부 조사가 이루어졌다. 특히 2017년 조사에서는 물이 상당한 깊이로 차 있는 원자로공동 내부의 모습을 촬영하여 3차원 영상으로 복원하였다[東京電力, 2017a]. 이를 통해 원자로 구조물이 손상되거나 이동한 모습, 원자로 내부 구조물로 보이는 물체 등을 확인했는데, 대형 수소가스 폭발과 핵연료 용융에 의한 원자로용기 파손 때문으로 생각한다. 누설 조사에서는 원자로건물 1층의 주증기격리밸브실 벨로우즈에서의 누설을 확인했다. 격납용기 내부 수위가 다른 호기에 비해 높은 것으로 보아 그 아랫부분의 격납용기 손상, 특히 압력억제실의 손상은 없는 것으로 추정된다.

6. 발전소 부지 환경 개선 및 일부 설비 해체

발전소 부지 환경 개선

일본 정부와 도쿄전력은 방사성물질 방출이나 방사성폐기물(오염수 처리 폐기물, 각종 고체폐기물 등)에 의한 부지 경계에서의 추가 방사선량을 단기간 내에 연간 1mSv 미만으로 낮추는 것을 1차 목표로 삼았다. 이 목표는 2015

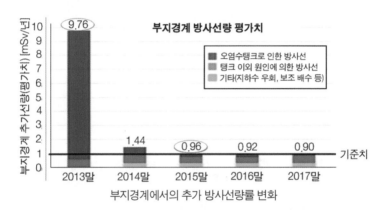

부지경계에서의 추가 방사선량률 변화

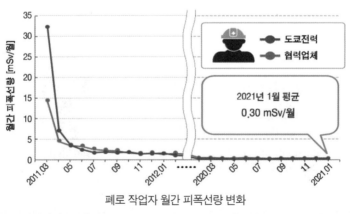

폐로 작업자 월간 피폭선량 변화

그림 2.20_ 사고 원전 부지경계에서의 추가 선량률과 작업자 피폭선량 변화

자료: 도쿄전력 홈페이지(www.tepco.co.jp).

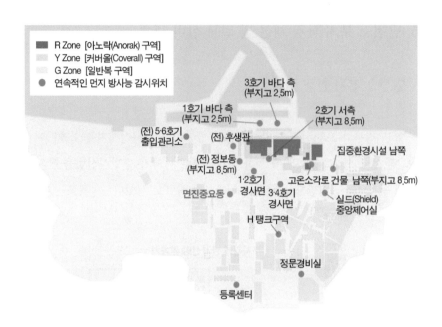

그림 2.21_ 방사선량률에 따른 구역 구분 및 방호장비

자료: 도쿄전력 홈페이지(www.tepco.co.jp).

년 말에 이미 달성되었으나, 지진 등 외부 사건이나 부주의한 작업·활동으로 방사선량률이 증가하지 않도록 계속 유의하고 있다. 또한, 사고 원전의 안전 관리와 폐로 작업에 참여하는 작업자의 방사선 피폭을 합리적으로 달성 가능한 한 낮추고, 해양 오염의 확대를 방지하는 것도 중요한 과제이다.

그림 2.20은 사고 이후 후쿠시마 제1원전 부지 경계에서의 추가 방사선 량률과 폐로 작업 종사자들의 평균 피폭선량의 변화를 보여준다. 연간 추가 방사선량이 2013년까지 높았으나 그 후 빠르게 안정되었음을 알 수 있다.

후쿠시마 제1원전 부지의 제염작업이 거의 마무리된 2016년부터는 부지 를 방사선량률이 높은 순서로 적색 구역R Zone(1~4호기 건물 등 방사능이 높 은 구역), 황색 구역Y Zone(방사능이 어느 정도 높은 구역), 녹색 구역G Zone(방사 능이 낮은 구역) 등 3개 구역으로 구분하고, 구역에 따라 방호 장비를 적정화 함으로써 안전을 확보하면서도 작업성 향상을 도모하고 있다(그림 2.21 참 조). 또한, 2016년 1월 4일까지 발전소 부지에 총 86대의 현장 선량률 모니 터를 설치하여 작업자들이 방사선량률을 알 수 있게 하고, 면진건물(면진중 요동)과 출퇴근 관리시설에도 대형 디스플레이를 설치하여 실시간으로 확 인 가능하게 했다. 그리고 다양한 편의시설을 갖춘 대형 직원휴게실도 2015년 5월부터 운영 중이다.

전체적으로 후쿠시마 제1원전 부지의 근무 환경은 사고 직후에 비해 크 게 개선되었다. 그러나 원자로건물 내부의 방사능은 여전히 높고, 접근이 불가능한 곳이 남아 있다. 폐로 작업이 수십 년 더 지속되기 때문이다.

원자력 시설의 해체

현재 후쿠시마 제1원전에서는 매일 4,000명 정도의 인력이 폐로를 위한 다양한 작업을 수행하고 있다. 후쿠시마 제1원전에서 수소가스 폭발이 발 생한 원자로건물의 상부를 철거하여 덮개 등을 설치하는 작업이 있었다. 이는 원자력시설의 해체라기보다 방사성물질의 확산을 방지하고 사용후핵연료와 용융핵연료 잔해물을 반출하기 위한 준비 작업으로 보는 것이 타당하다. 1·2호기 공용 배기통(굴뚝)에 대해서는 실제 해체작업을 2019년 8월 말에 시작하여 2020년 완료했다.

제3장
토양 오염 제거 및 지역사회 복원

후쿠시마 제1원전 울타리 안에서 사고 원전의 안전한 폐로를 위해 씨름하는 한편으로, 울타리 밖에서는 사고로 인한 방사능 오염을 제거하고 붕괴된 지역사회를 재생(재건, 부흥)하기 위한 노력이 활발하다. 이와 관련한 활동은 환경성, 부흥청 등 중앙정부와 후쿠시마현 등 지방자치단체가 협력하여 이행한다. 앞에서 살펴본 **그림 2.1**은 이를 잘 보여준다. 부흥청은 동일본대지진·쓰나미와 후쿠시마 원전사고의 피해 극복을 위해 2021년까지만 한시적으로 운영할 계획으로 2012년 초 설치된 총리 직속의 피해 복구 및 재건 담당 행정조직이다. 부흥청의 존속기간은 2031년 3월까지로 10년 연장되었다. 원전사고에 한정하여 살펴보면, 경제산업성과 도쿄전력은 후쿠시마 제1원전의 안전한 관리와 폐로를, 환경성은 국가 차원의 오염 제거 및 폐기물 관리를, 부흥청은 피해자 지원과 피해 복구 및 사회 재건을 주관한다. 후쿠시마현 등 지방정부는 중앙정부와 협력하면서 지진, 쓰나미 및 원전사고의 영향으로 황폐화된 지역의 재건에 노력하고 있다.

　제3장에서는 동일본대지진 및 후쿠시마 원전사고로 인한 피해의 현재 상황을 전체적으로 살펴본 후, 국토의 방사능 오염 제거 및 제염 폐기물 관리,

피난구역 해제 및 지역사회 복원, 일본 농수산물의 방사능 현황 등을 구체적으로 설명하려 한다. 관련된 데이터는 일본 정부, 지자체, 국제기구 등의 공식적인 자료의 내용을 주로 활용하지만, 민간단체의 자료나 언론 보도 등도 필요할 경우에는 참고한다. 일부 피해에 대해서는 동일본대지진·쓰나미와 후쿠시마 원전사고 중에서 어떤 것이 더 직접적인 원인이 되었는지를 구분하기 어렵다. 사실 후쿠시마 원전도 동일본대지진·쓰나미의 피해를 입은 것이지만, 원전사고는 다시 후쿠시마현의 대지진·쓰나미 피해 복구까지 크게 지연시키고 있다. 재산이나 인명 피해를 언급할 때는 이러한 점을 유념할 필요가 있다.

1. 동일본대지진과 피해

동일본대지진과 고베(한신·아와지) 대지진

후쿠시마 원전사고에 따른 국토 오염의 제거와 지역사회 복원 문제를 논의하기에 앞서, 원전사고를 유발한 2011년 동일본대지진이 일본의 다른 지진들과 어떻게 다른지를 살펴볼 필요가 있다. 표 3.1은 일본 부흥청 자료를 참조하여 동일본대지진과 1995년 발생한 한신·아와지 대지진阪神·淡路大震災('고베 대지진'이라고도 함) 을 비교한다[復興庁, 2021a; 2021d].

무엇보다도 동일본대지진은 지진 규모와 영향의 범위가 이전의 다른 지진들과는 비교할 수 없을 정도로 크고 넓었다. 그것은 하나의 지각판(태평양판)이 다른 지각판(북아메리카판) 아래쪽으로 파고드는 일본해구 근처의 넓은 영역에서 발생한 규모 9.0의 초대형 지진이었기 때문이다. 태평양 연안 지역을 중심으로 8개 현에서 진도震度(지진으로 인한 특정 위치에서의 지반 진동 크기를 말하며 일본에서는 0, 1, 2, 3, 4, 5약, 5강, 6약, 6강, 7의 10단계로 표현

표 3.1_ 2011년 동일본대지진과 1995년 한신·아와지 대지진의 비교

	한신·아와지 대지진	동일본대지진·쓰나미
발생 일시	1995. 1. 17(화) 05:46	2011. 3. 11(금) 14:46
지진 규모	7.3	9.0
지진 유형	내륙(직하형) 지진	해구형 지진
재난 발생 지역	도시지역 중심	농림수산업 지역 중심
진도 6약 이상의 현	1개 현(효고)	8개 현 (미야기, 후쿠시마, 이와테, 이바라키, 도치기, 군마, 사이타마, 지바)
쓰나미	수십 cm의 쓰나미가 보고되었으나 피해가 없었음	각 지역에서 대규모 쓰나미 관측 (소마 9.3m 이상, 미야코 8.5m 이상, 오후나토 8.0m 이상 등)
피해의 특징	건축물 붕괴, 대규모 화재 발생(나가타구 중심)	거대한 쓰나미로 해안지역에 막심한 피해 발생, 다수 지역 괴멸
인명 피해	사망 6,434명, 행방불명 3명 (2006. 5. 19 기준)	사망 1만 9,729명(재해 관련사 포함), 행방불명 2,559명
가옥 피해(전파)	10만 4,906채 등	12만 1,996채 등
재해구조법 적용지역	25개 시·정(2개 부·현)	241개 시·구·정·촌(10개 도·현) ※나가노현 북부 지진에 의한 4개 시정촌(2개 현) 포함
진도분포도 (진도 4 이상 표시)		

자료: 復興庁(2021a; 2021d).

함) 6약 이상의 커다란 지반 진동이 있었고, 해저 지각의 거대한 상승에 따른 초대형 쓰나미가 발생했다.

고베 대지진에서 지진 규모 7.3에 비해 가옥 파손이나 사망자 수가 많았던 것은 대도시 근처에서 발생한 직하형 지진이었기 때문이다. 효고현 고베시를 중심으로 많은 건축물과 주택이 붕괴하고 도심에서 대형 화재도 발생했다. 반면에 동일본대지진의 경우 진앙이 일본의 태평양 연안지역으로부터 최소한 100km 이상 떨어져 있었을 뿐만 아니라 인구밀집지역도 적어서 지진의 규모에 비해 지반 진동에 의한 건물 붕괴 등 직접적인 피해는 상대적으로 적었다. 고베 대지진 이후 강화된 지진 대책도 진동에 의한 피해를 줄이는 데 기여했을 것이다. 그러나 초대형 쓰나미가 휩쓴 연안 지역은 지역 자체가 괴멸할 정도였다. 만일 미야기현, 이와테현, 후쿠시마현 등에서 진앙과 가까운 태평양 연안에 더 많은 인구밀집지역이 있었다면, 쓰나미에 의한 물적·인적 피해가 더욱 커졌을 것이다.

동일본대지진에 의한 피해 요약

동일본대지진 관련 인적 피해 상황을 표 3.2에 요약하였다[警察庁, 2021; 復興庁. 2020]. 동일본대지진에 의한 직접적인 피해 상황은 일본 경찰청에서 집계한다. 2021년 3월 10일 자료에 따르면 동일본대지진으로 발생한 사망자는 12개 도都·도道·현県에서 1만 5,899명, 행방불명자는 6개 현에서 2,526명이고, 부상자는 6,167명이다. 모두 지진·쓰나미에 의한 것이며, 후쿠시마 원전에서의 수소가스 폭발이나 방사성물질 누출이 직접 원인인 사망자는 없다. 동일본대지진 발생 후 1년간 검시를 마친 사망자 1만 5,786명의 사망 원인은 쓰나미에 의한 익사 90.6%, 지진에 의한 압사 등 4.2%, 화재에 의한 사망 0.9%, 원인 불명 4.2% 등으로 나타났다[警察庁, 2012]. 한편, 후쿠시마현의 사망자와 실종자는 각각 1,614명과 196명으로 나타나는데, 북쪽의 미

표 3.2_ 2011년 동일본대지진에 의한 인명피해 요약

도·도·부·현	직접 피해			관련사(2020. 9.30 기준)
	사망	행방불명	부상	
미야기현宮城県	9,543	1,215	4,145	929
이와테현岩手県	4,675	1,111	214	469
후쿠시마현福島県	1,614	196	183	2,313
이바라키현茨城県	24	1	714	42
지바현千葉県	21	2	270	4
도쿄도東京都	7		117	1
가나가와현神奈川県	4		138	3
도치기현栃木県	4		133	
아오모리현青森県	3	1	112	
야마가타현山形県	2		29	2
군마현群馬県	1		42	
홋카이도北海道	1		3	
사이타마현埼玉県			45	1
아키타현秋田県			11	
시즈오카현静岡県			3	
니가타현新潟県			3	
야마나시현山梨県			2	
나가노현長野県			1	3
미에현三重県			1	
고치현高知県			1	
계	15,899	2,526	6,167	3,767

자료: 警察庁(2021), 復興庁(2020).

야기현(9,543명 사망, 1,215명 실종)이나 이와테현(4,675명 사망, 1,111명 실종)
에 비해서는 훨씬 적었다. 그리고 피해가 컸던 미야기현, 이와테현 및 후쿠
시마현의 사망·실종자 수에 비해 부상자 수가 크게 적은 것은 사망자 대부

분이 쓰나미에 의한 익사자이기 때문이다.

　표 3.2에는 부흥청이 별도로 집계하는 지진재해관련사震災關連死(이하 '관련사') 사망자 수도 나와 있다. 여기서 '관련사'는 '동일본대지진에 의한 부상의 악화 또는 피난생활 등의 신체적 부담에 의한 질병으로 사망하고 재해조위금 지급 등에 관한 법률에 근거하여 재해가 원인으로 숨졌다고 인정된 것'으로 정의되고 있다[復興庁. 2020]. 2020년 9월 30일 기준 총 3,767명으로 집계된 관련사의 연령별 분포를 보면 66세 이상 3,335명(88.5%), 21~65세 423명(11.2%), 20세 이하 9명(0.2%)으로, 노령자 비중이 압도적으로 높다. 지역별로는 후쿠시마현 2,313명, 미야기현 929명, 이와테현 469명, 이바라키현 42명 등이다. 후쿠시마현 피난자에게서 관련사가 많은 것은 원전사고로 복귀가 늦어지고 피난생활이 길어지면서 정신적·육체적으로 어려움이 가중되었기 때문일 것이다. 다른 지역의 관련사 발생은 동일본대지진 후 2년이 지나면서 크게 줄었다. 후쿠시마현의 관련사 중에는 원전사고가 없었다면 피할 수 있었을 조기 사망자가 다수일 것으로 판단한다.

　여기서 논란이 되는 것 중 하나는 후쿠시마 원전사고 시 그렇게 긴박하게 주민을 대피시킨 것이 실제 도움이 되었는가 하는 점이다. 관계기관이나 언론의 오염도 관련 지도들이 보여주는 방사선량은 대부분 그 환경에서 1년간 머무를 때 받게 되는 값이다. 따라서 방사능이 비교적 높은 곳이라 하더라도, 준비 없는 신속한 대피보다는 우선 실내에 대피(옥내대피)하여 상황을 충분히 파악한 후 잘 준비하여 대피하는 것이 건강과 안전에 훨씬 유리할 수 있다.

　동일본대지진 당시 후쿠시마현에서는 주택 1만 5,435동이 전파되고, 8만 2,783동이 반파된 것으로 보고되었다[福島県, 2019]. 그림 3.1에서 보듯이 후쿠시마현의 서부 아이즈 지방, 중부 나카도리 지방, 동부 하마도리 지방 중에서 태평양 연안인 하마도리 지방의 피해가 가장 컸다. 지진뿐만 아니라 쓰나미 피해까지 입었기 때문이다. 물론 수소가스 폭발을 포함하여 원전사고는 발전소 외부의 주택이나 건물의 파손을 유발하지 않았다.

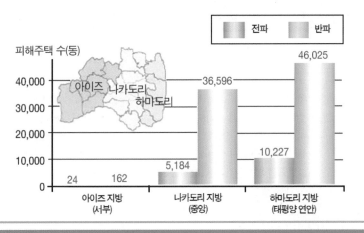

그림 3.1_ 동일본대지진에 의한 후쿠시마현의 주택 피해

자료: 福島県(2019).

2. 피난지시구역 설정 및 주민 대피

후쿠시마 원전사고 후의 피난지시구역 변화

후쿠시마 사고 후의 피난지시구역避難指示区域(비상대피구역) 변화 과정을 표 3.3에 요약하고, 2021년 이후의 주요 변화를 그림 3.2에 나타냈다.

2011년 3월 11일 20시 50분 후쿠시마현 지사가 내렸던 후쿠시마 제1원전 반경 2km 지역에 대한 비상대피(피난) 명령을 시작으로, 원자력재해대책본부가 비상대피구역을 점차 확대하여, 3월 12일 18시 25분에는 반경 20km 지역에 비상대피 지시를 내렸다. 반경 20~30km 지역에 대해서는 3월 15일 옥내 대피를 지시했고, 3월 25일 자발적 대피를 권고했다. 원전이 긴박한 상태에서 벗어나고 후쿠시마 지역의 방사능 측정 자료가 확보됨에 따라, 4월 22일부터는 반경 20km 이내 지역을 '경계구역', 그 외곽의 방사능이 높은 '계획적 피난구역', 두 구역 주변 일부를 '긴급 시 피난준비구역'으로 변경 설정했다. 긴급 시 피난준비구역은 2011년 9월 30일 해제되었다.

표 3.3_ 후쿠시마 원전사고 후 피난지시구역 설정

기간	비상대피(피난) 구역 설정 내용	비고
2011.3.11 ~4.21 (사고 긴급 대응 단계)	• 3.11(금) 19:03 '원자력 긴급사태' 선언 후 20:50 최초 대피 지시 • 반경 2km→반경 3km→반경 10km→반경 20km로 비상대피(소개) 구역 확대 • 3.15(화) 제1원전 주변 20~30km 지역 옥내대피 지시 • 3.25(금) 제1원전 주변 20~30km 지역 주민에게 자발적 대피 권고	사고 진행에 따라 비상대피구역 확대 (최초의 반경 2km 대피 명령은 후쿠시마현 지사가 발령)
2011.4.22 ~ 2013.8.6 (발전소 안정화 조치 단계)	방사능 측정 결과를 반영하여 3개 구역 설정 • **경계구역**Restricted Area: 반경 20km 구역으로 허가받지 않은 출입을 금지 • **계획적 피난구역**Deliberate Evacuation Area: 반경 20km 외부의 방사능이 높은 지역 • **긴급 시 피난준비구역**Areas Prepared for Emergency Evacuation: 경계구역과 계획적 피난구역 주변 일부지역(2011.9.30. 해제)	실제 방사능 측정 결과를 반영하여 재설정 (2011.12.26. 재해대책본부 결정으로 2012년부터 새로운 체계로 점진적 전환)
2013.8.7~ 현재 (폐로 및 재건 단계)	• **귀환곤란구역**Difficult-to-Return Zone: 예상 방사선량이 50mSv/년 이상으로 5년 경과 시에도 20mSv/년 이하로 낮추기 어려운 지역으로 원칙적 출입 금지 • **거주제한구역**Habitation-to-Return Zone: 예상 방사선량이 20~50mSv/년 이하로서 수년 안에 20mSv/년 이하로 낮출 수 있는 지역으로 일시적 방문만 허용 • **피난지시해제 준비구역**Ready-to-Return Zone: 연간 방사선량이 20mSv/년 이하로서, 제염 및 주거환경 정비 후 조기 귀환이 가능한 지역 ※ 2017년 5월 귀환곤란구역의 일부 지역의 피난지시를 해제하여 거주가 가능토록 하기 위해 '특정부흥재생거점구역' 지정 ※ 2019년 4월 거주제한구역을 모두 해제 ※ 2020년 3월 귀환곤란구역을 제외한 피난지시구역 모두 해제	제염 및 주민 복귀 관점에서 재설정 (피난구역 전환은 2012.4.1에 처음 시작되어 2013.8.7. 완료)

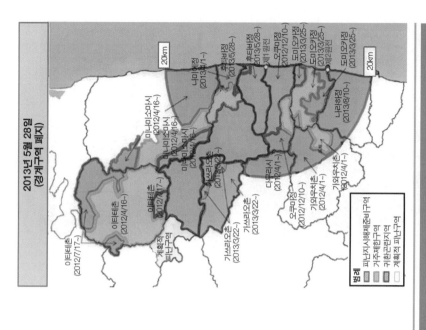

2013년 5월 28일
(경계구역 폐지)

이타테촌
(2012/7/17~)

미나미소마시
(2012/4/16~)

미나미소마시
(2012/4/16~)

미나미소마시
(2012/4/16~)

계획적
피난구역

이타테촌
(2012/4/16~)

이타테촌
(2012/7/17~)

가쓰라오촌
(2013/3/22~)

가쓰라오촌
(2013/3/22~)

가쓰라오촌
(2013/3/22~)

나미에정
(2013/4/1~)

후타바정
(2013/5/28~)

후타바정
(2013/5/28~)

제1원전

오쿠마정
(2012/12/10~)

오쿠마정
(2012/12/10~)

도미오카정
(2013/3/25~)

도미오카정
(2013/3/25~)
제2원전

도미오카정
(2013/3/25~)

나라하정
(2013/8/10~)

다무라시
(2013/4/1~)

가와우치촌
(2012/4/1~)

20km

20km

범례
■ 피난지시해제준비구역
■ 거주제한구역
■ 귀환곤란지역
□ 계획적 피난구역

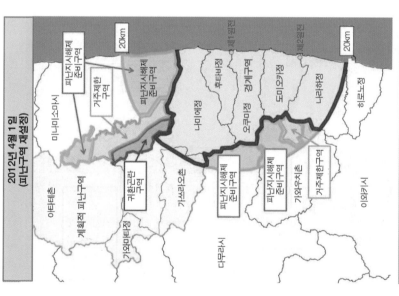

2012년 4월 1일
(피난구역 재설정)

미나미소마시

피난지시해제
준비구역

거주제한
구역

피난지시해제
준비구역

20km

이타테촌

계획적 피난구역

귀환곤란
구역

피난지시해제
준비구역

가쓰라오촌

나미에정

후타바정

경계구역

오쿠마정

제1원전

도미오카정

제2원전

나라하정

피난지시해제
준비구역

가와우치촌

거주제한
구역

가와우치촌

거주제한구역

다무라시

가와우치촌

히로노정

이와키시

20km

그림 3.2_ 피난지시구역의 주요 변화(1/2)

자료: 일본 경제산업성 홈페이지(www.meti.go.jp).

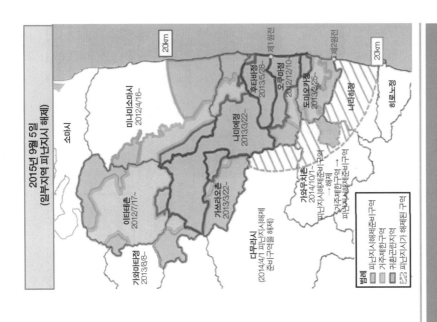

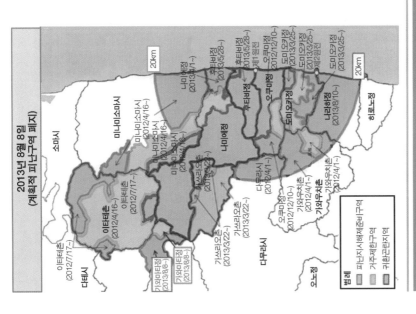

그림 3.2_ 피난지시구역의 주요 변화(2/2)

자료: 일본 경제산업성 홈페이지(www.meti.go.jp).

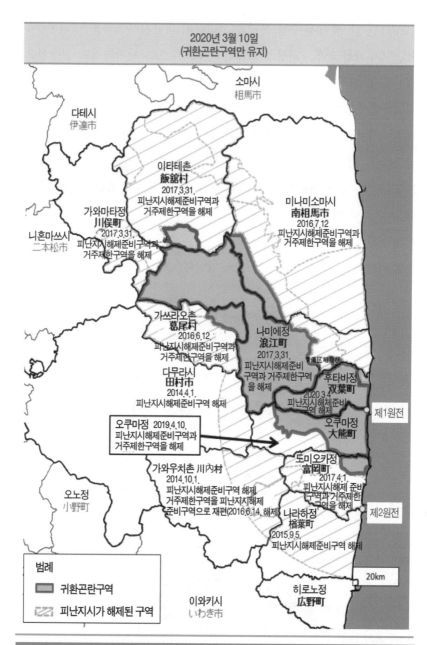

그림 3.3_ 2020년 3월 이후의 피난지시구역

2011년 말 제염과 주민 복귀를 고려하여 피난지시구역을 '귀환곤란구역', '거주제한구역', '피난지시해제 준비구역'으로 재편하기로 결정했고, 지자체 및 지역주민과의 협의를 거쳐 2013년 8월 8일까지 모두 전환했다. 제염작업이 진척되면서 피난지시구역이 수차례 변경되었으며, 2020년 3월 10일 이후에는 귀환곤란구역만 남게 되었다. 그림 3.3은 피난지시구역 개념도이다. 피난지시구역의 면적은 처음에는 약 1,150km² 수준이었으나, 2020년 3월에 후쿠시마현 면적의 2.4%, 일본 국토의 0.09% 수준인 약 336km²로 줄었다.

처음에 일본 정부는 귀환곤란구역의 경우 주민 복귀가 장기간 어려울 것으로 판단했고, 제염작업도 계획하지 않았다. 그러나 일부 지역의 방사선량

그림 3.4_ 귀환곤란구역 내의 특정부흥재생거점구역 지정

자료: 후쿠시마현 홈페이지(www.pref.fukushima.lg.jp).

이 낮아지고 귀환을 희망하는 주민들이 나타남에 따라 2017년 5월 '후쿠시마부흥재생특별조치법'을 개정하여 귀환곤란구역 내의 일부 지역을 '특정부흥재생거점구역'特定復興再生拠点区域으로 지정하여 복귀를 위한 제염과 공공시설 정비 등을 할 수 있게 했다. 이 거점구역은 지자체가 요청하여 중앙정부가 심의·승인하고 재정지원을 하게 되는데, 현재 오쿠마정(8.60km²), 나미에정(두 곳, 6.61km²), 후타바정(5.55km²), 도미오카정(3.90km²), 이타테촌(1.86km²), 가쓰라오촌(0.95km²) 등 일곱 곳, 약 27.5km²의 지역이 지정되었다. 그림 3.4는 특정부흥재생거점구역을 보여주며, 제염과 공공시설 정비 등을 완료한 후 지역에 따라 2022년 봄부터 2023년 봄 사이에 주민 복귀를 허용할 계획이다. 이에 앞서 JR 조반선의 주요 역 주변은 2020년 3월 피난지시구역에서 해제했다.

후쿠시마현의 피난자 수 변화

그림 3.5는 후쿠시마현의 동일본대지진 및 후쿠시마 사고로 인한 피난자 수를 보여준다. 2012년 5월에 피난자 수가 16만 4,865명으로 가장 많았고, 점차 줄어들어 2021년 5월 현재는 후쿠시마현 인구의 1.9% 수준인 3만 5,000여 명이다. 이들 중에서 약 2만 8,000여 명은 후쿠시마현 밖에서, 약 7,000명은 후쿠시마현 내에서 피난생활을 하는 것으로 파악된다[福島県 홈페이지 등]. 한편 동일본대지진과 관련한 전체 피난자 수는 지진 직후 47만 명에 달했다가 지금은 4만 명 수준으로 줄어들었다. 처음에는 지진과 쓰나미에 의한 피난자가 다수였으나, 지금은 대부분 후쿠시마 원전사고와 관련되어 있다고 할 수 있다.

피난지시가 해제된 지역이 늘어나면서 주민 복귀를 위한 다양한 지원제도가 마련되었지만, 실제 주민 복귀는 매우 느리게 진행되고 있다. 피난지시가 해제되었더라도 사고 이전보다는 높은 방사능에 대한 두려움과 이로

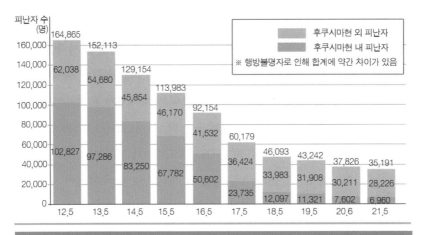

그림 3.5_ 동일본대지진 후 후쿠시마현 주민의 피난자 변화 추이

자료: 후쿠시마현 홈페이지(www.pref.fukushima.lg.jp).

인한 불편을 감수해야 하고, 생활환경도 사고 전보다 훨씬 취약하기 때문이다. 특히 어린이가 있는 가족은 가족 일부만 복귀하는 경우도 흔하다. 또한 피난기간이 길어지면서 새로운 곳에 정착하게 되는 주민도 늘어나고 있다. 2020년 10월 기준으로 피난지시 해제구역 주민으로 등록된 약 6만 8,000명의 20% 수준인 약 1만 4,000명이 복귀하였다.

3. 국토 제염 및 지역사회 부흥 노력

방사능 오염지역의 제염

후쿠시마 원전사고로 인한 오염지역의 제염과 폐기물 관리는 2011년 8월 가결된 '방사성물질오염대처특별조치법'[1]에 따라 환경성이 지자체들과

---

1   본래 명칭은 '平成二十三年三月十一日に発生した東北地方太平洋沖地震に伴う原子力発電所

제염특별지역(SDA)
피난지시구역을 대상으로
국가가 제염작업 주관
(귀환곤란구역 외 2017.3 제염 완료)

오염상황중점조사지역(ICSA)
공간방사선량률이 0.23μSv/h
이상인 지역으로, 시·정·촌에서
제염작업 주관
(2018.3 제염 완료)

특정부흥재생거점구역
전반적 제염작업이 수행되지 않은
귀환곤란구역 내의 특정구역을
우선 제염하여 부흥거점화
(2023년 봄까지 제염 완료 계획)

그림 3.6_ 방사능 오염지역 구분 및 제염

자료: 環境省(2021).

협력하여 추진하고 있다. 환경성은 방사능 오염 측정 결과와 피난지시구역을 고려하여 국가가 제염을 주관하는 '제염특별지역Special Decontamination Area: SDA'과 기초자치단체(시·정·촌)가 제염을 주관하는 '오염상황중점조사지역Intensive Contamination Survey Area: ICSA'으로 구분했다. 기본적으로 제염특별지역은 피난지시구역을 대상으로 했으며, 오염상황중점조사지역은 공간방사선량률이 시간당 0.23μSv 이상인 지역에 대해 지정했다. 그림 3.6과 표 3.4는 방사능으로 오염된 국토 제염을 위한 지역구분과 제염 방법을 요약하여 보여준다.

제염특별지역은 당연히 후쿠시마현에만 있지만, 오염상황중점조사구역은 8개 현에 걸쳐 있다. 제염 폐기물은 후쿠시마현에서 압도적으로 많이 발

の事故により放出された放射性物質による環境の汚染への対処に関する特別措置法'(2011년 3월 11일 발생한 동일본대지진에 따른 원자력발전소 사고로 방출된 방사성물질에 의한 환경오염에 대해 대처하는 특별조치법)이다.

표 3.4_ 2018년까지의 방사능 오염지역 제염사업 규모

구분	설명
종합	• 2018 회계년도까지 2.9조 엔(270억 미국달러)의 예산 투입 • 2017 회계년도까지 총 1,700만 m³의 오염된 토양 및 기타 폐기물 제거 • 환경부는 제염사업을 통해 얻은 경험, 지식, 교훈을 기록으로 남기기 위해 2018년 3월 '제염사업지' 발간
제염특별지역	• 2018년 3월까지 연인원 약 1,370만 명 투입 • 2018 회계년도까지 1.4조 엔의 예산 투입 • 2018년 3월까지 790만 m³의 오염토양 폐기물 발생 • 2018년 말 기준으로 임시저장시설에서 190만 m³의 토양폐기물을 감용시설이나 중간저장시설로 반출
오염상황중점조사지역	• 2018년 3월까지 연인원 약 1,840만 명 투입 • 2018 회계년도까지 1.5조 엔의 예산 투입 • 2018년 3월까지 910만 m³의 오염 토양 폐기물 발생(후쿠시마현 740만 m³, 기타지역 50만 m³) • 2018년 말 기준으로 임시저장시설에서 170만 m³의 토양폐기물을 감용시설이나 중간저장시설로 반출

자료: 環境省(2021).

생하고 있다. 귀환곤란지역을 제외한 제염특별지역의 전반적 제염[2]은 2017년 3월, 오염상황중점조사지역의 제염은 2018년 3월 일단 완료되었다. 제염이 완료된 곳은 주거지역, 학교 및 공원, 도로, 농지, 생활구역에 인접한 산림지역 등이다. 그러나 후쿠시마현의 넓은 면적을 차지하는 대부분의 산림지역에 대해서는 제염작업의 어려움과 우선순위를 고려하여 수행되지 않았다.

그림 3.7과 3.8은 각각 제염지역에서의 제염효과 모니터링 결과[環境省, 2021]와 후쿠시마 제1원전 반경 80km 지역의 공간방사선량률 측정 결과[일

---

[2] 일본에서는 이를 '면적제염面的除染' 또는 'Whole Area Decontamination'으로 표현하며, 오염된 토양 등의 제염작업과 파손된 시설물의 해체작업을 포함한다.

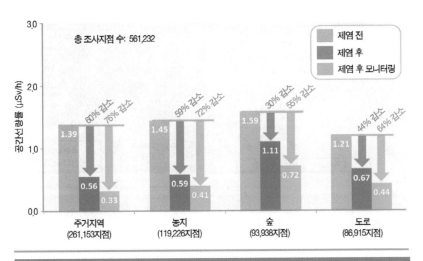

그림 3.7_ 제염특별지역의 제염효과 모니터링

자료: 環境省(2021).

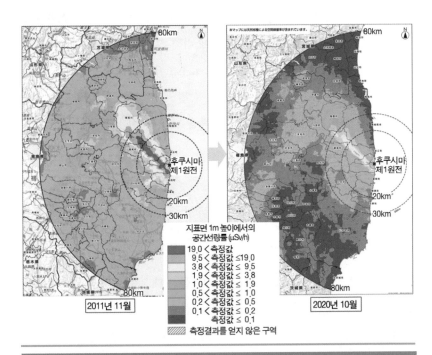

그림 3.8_ 사고 후와 최근의 공간방사선량률 비교

자료: 原子力規制委員会 홈페이지(www.nsr.go.jp/).

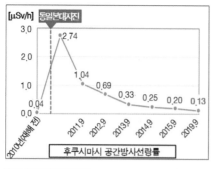

그림 3.9_ 후쿠시마 지역의 공간방사선량률 변화와 최근 상황
자료: 福島県(2021a).

본 원자력규제위원회 웹사이트]를 보여준다. 국토 제염은 30~60% 수준의 공간선량률 감소 효과를 가져왔으며, 시간 경과에 따른 방사능 감소 효과와 결합되어 최근의 공간선량률은 사고 직후에 비해 크게 낮아졌음을 알 수 있다. 한국의 공간선량률이 지역에 따라 0.05~0.3μSv/h 범위임을 참고하기 바란다. 후쿠시마현청 소재지인 후쿠시마시의 원전사고 후 공간선량률 변화와 후쿠시마현 주요 지역의 최근 공간선량률을 그림 3.9에 나타냈다.

방사성폐기물의 관리

그림 3.10은 후쿠시마현에서 발생한 제염 폐기물과 기타 방사능 오염 폐기물의 처분 절차를 보여준다. 각 지역에서 제거된 오염토 등 제염 폐기물이나 사고 시 누출된 방사능에 오염된 폐기물은 대부분 포대에 담아 지역의 임시저장소에 저장했다가 후쿠시마 제1원전 부지를 둘러싸고 건설되는 중간저장시설이나 특정폐기물매립처분시설로 이송하는 것이 일반적이다.

1,300여 개에 달하는 임시저장소는 가건물 형태이거나 주변에서 훤히 보이는 곳에 포대를 야적하고 있어서 안전성에 대한 우려를 불러일으키기도

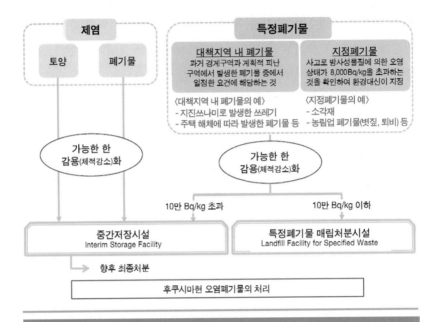

그림 3.10_ 후쿠시마현 제염폐기물과 오염폐기물의 처분 절차

자료: 環境省(2021).

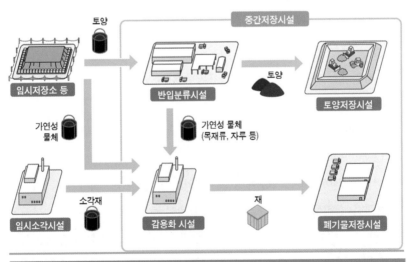

그림 3.11_ 후쿠시마현에서 발생하는 제염폐기물 처리 절차

자료: 環境省(2021).

한다. 특히 2019년 10월의 태풍 하기비스에 의해 일부 지역의 방사성폐기물 포대들이 물에 잠기고 떠내려가기도 하여 사회적 문제가 되었다. 일본 정부와 후쿠시마현은 임시저장소의 폐기물을 2021년까지 중간저장시설로 모두 반출할 계획으로 알려져 있다[環境省, 2021].

후쿠시마 제1원전을 둘러싸고 건설 중인 중간저장시설 구역의 총 면적은 1,600헥타르(16km²)이다. 그림 3.11은 후쿠시마현에서 발생하는 제염 토양이나 폐기물 또는 10만 Bq/kg 이상의 특정폐기물을 중간저장시설에서 처리하거나 저장하는 과정을 예시하고 있다.

지역사회 부흥 노력

동일본대지진으로 큰 피해를 입은 대표적인 지역은 도호쿠東北 지방의 미야기현宮城県, 이와테현岩手県 및 후쿠시마현福島県이다. 이 중에서 대지진과 쓰나미의 피해가 컸던 미야기현과 이와테현의 인프라 복구는 거의 완료되었고, 쓰나미에 의해 휩쓸려간 주택 재건도 활발하게 진행되고 있다. 후쿠시마현은 북쪽의 미야기현이나 이와테현과 비교하여 지진과 쓰나미의 직접적인 피해는 상대적으로 작았으나, 후쿠시마 원전사고에 따른 방사능 오염이 지역사회 재건과 부흥을 크게 지연시키고 있다. 여기서는 후쿠시마현을 중심으로 부흥 노력을 소개한다.

후쿠시마 지역의 재건과 부흥은 2011년 6월 시행된 동일본대지진부흥기본법東日本大震災復興基本法과 2012년 3월 시행된 후쿠시마부흥재생특별조치법福島復興再生特別措置法에 근거하여 중앙정부의 부흥청과 후쿠시마현 등 지자체가 협력하여 진행하고 있다. 후쿠시마현에서 추진 중인 부흥·재생 정책은 피난지시가 해제된 지역의 생활환경 정비, 귀환곤란구역의 특정부흥재생거점 정비, 산업·생업 재생 및 신산업 기반 구축, 중간저장시설 및 특정폐기물매립처분시설 운영을 통한 환경 재생, 풍평피해 최소화 대책 등을 포함한다. 산업·생업 재생 및 신산업 기반 구축에는 설비 투자, 인력 확보, 판로 개척 등 사업 재건 지원, 농업기술 지원 및 6차산업화, 판로 개척 등 영농 재개 지원, 페로, 로봇, 에너지, 농림수산 분야의 신산업 창출 지원 등이 포함된다. 이와 관련하여 후쿠시마 로봇 테스트필드가 2018년 7월부터 순차적으로 개소되고, 세계 최대 규모의 재생에너지 기반 수소 제조 실증시설이 2020년 3월부터 가동되었다.

풍평피해 최소화는 최근 일본 정부가 가장 신경을 쓰는 분야로서, 후쿠시마현에 대한 국내외의 부정적인 소문과 평판을 없애기 위해 여러 방면으로 노력하고 있다. 기본 전략은 '(후쿠시마 부흥 현황 등을) 알린다', '(후쿠시마현에서 생산된 제품을) 먹게 한다', '(후쿠시마현에) 오게 한다' 등 세 가지 관점에서 TV, 인터넷, SNS 메시지 등을 활용하여 정보를 전달하는 것이다. 부흥청 홈페이지에 '태블릿 선생님의 후쿠시마는 지금' 사이트를 운영하고, 2019년 10월에는 도쿄 FM 라디오 'Hand in Hand 휴먼케어 프로젝트'를 새로 편성하였다.

'부흥 올림픽'이라는 슬로건에서도 잘 나타나듯이 일본 정부는 2020년 도쿄 하계올림픽을 동일본대지진과 원전사고로 침체된 일본을 부흥시키는 계기로 삼으려 했다. 따라서 후쿠시마 사고 당시 경계구역 게이트였던 J-빌리지에서의 성화 봉송 시작, 후쿠시마현 아즈마경기장에서의 야구·소프트볼 경기 개최, 선수단 식탁에 검사를 거친 후쿠시마산 식재료 사용 등 야심 찬 계획을 세웠다. 이러한 계획에 대해 다른 국가들과 환경단체의 우려와 비난이 있었으나, 일본 정부의 입장은 확고해 보였다. 그러다가 코로나19의 확산으로 올림픽 개최기간을 1년 연기하면서 일본 정부의 계획은 큰 차질을 빚었다. 성화 봉송이나 경기장 사용계획을 유지하더라도 외국 관람객 방문이 제한되는 상황에서는 부흥 효과를 기대하기 어렵기 때문이다. 2021년 7월 23일부터 8월 8일까지 무관중으로 개최된 도쿄올림픽이 일본이나 후쿠시마 지역 부흥에 어떤 영향을 미칠 것인지를 예측하기는 어렵다.

후쿠시마현의 산업 생산 현황

동일본대지진 및 원전사고 후 '후쿠시마 부흥 스테이션'이라는 전용 홈페이지(https://www.pref.fukushima.lg.jp/site/portal/)와 다양한 책자를 통해 후쿠시마현의 제염 및 복구 상황을 전달하고 있다. 특히 매년 2~3회 발간되는 『후쿠시마 부흥의 과정ふくしま復興のあゆみ』이라는 책자가 현재 상황을 잘 보여주는데, 몇 개월의 시차를 두고 한국어를 포함한 외국어로도 번역하여 제공한다. 여기서는 2021년 8월 발행본[福島県, 2021a]을 주로 참조하여 산업 생산과 관련한 주요 현황을 요약한다.

그림 3.12는 후쿠시마현의 농업(목축업 포함), 해양수산업 및 임업 분야의 생산량 변화를 보여준다. 전반적으로 후쿠시마 사고가 발생한 2011년에 크게 감소했다가 점차 회복되고 있는 것으로 나타난다. 피난지시구역(후쿠시마현 면적을 기준으로 사고 직후 약 12%, 2011년 말 약 8.4%, 현재 약 2.4%)을 제외한 곳에서는 영농이 가능했기 때문에 농업 생산의 감소는 비교적 크지 않았다. 그러나 해양수산업의 경우 원전사고로 인해 후쿠시마 근해에서의 조업이 어려워졌기 때문에 생산량이 급감하여, 아직도 사고 전의 절반 수준에 머무르고 있다. 임업 분야도 해양수산업보다는 덜하지만 상당한 타격을 입은 것으로 나타난다.

그림 3.13은 후쿠시마산 쌀, 소고기 및 복숭아 가격 변화를 전국 평균 가격과 비교하여 보여준다. 원전사고 전에는 전국 평균 가격보다 약간 낮은 수준이었으나, 사고 후에는 그 차이가 더 커졌다. 재배면적의 관리가 가능하고 엄격한 방사능 검사가 이루어진 쌀의 경우 2010년 98% 수준에서 2014년 90% 수준으로 낮아졌으나, 2017년 이후는 97% 수준으로 유지되고 있다. 2010년 96% 수준이었던 소고기는 2011~2012년 78% 수준으로 급락했다가 최근에는 85~90% 수준으로 유지되고 있다. 복숭아는 2010년 91% 수준에서 2011년 55% 수준까지 폭락했다가 최근에는 85% 수준으로 회복

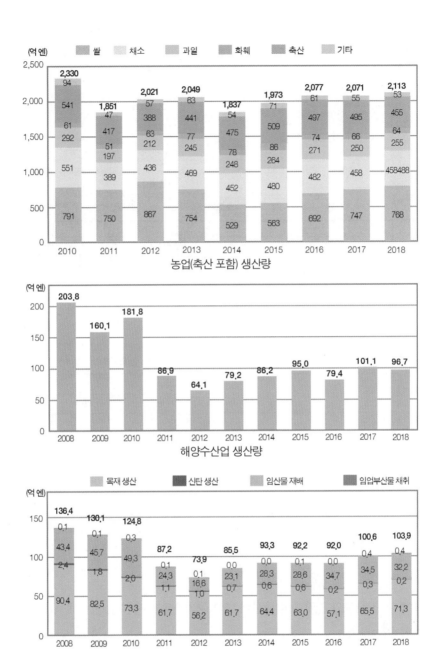

그림 3.12_ 후쿠시마현의 농업, 해양수산업 및 임업 생산량 변화

자료: 福島県(2021a).

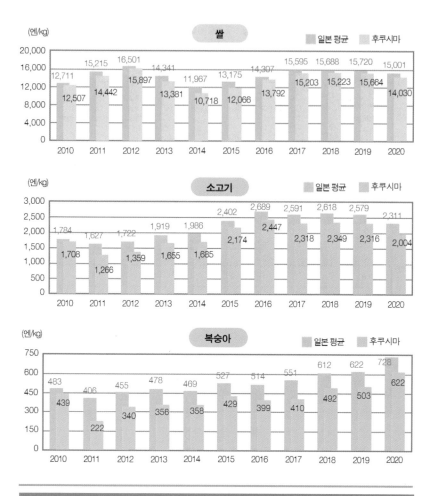

그림 3.13_ 후쿠시마현 농축산물의 가격 변화

자료: 福島県(2021a).

되었다. 농산물의 가격은 방사선에 대한 두려움과 방사능 검사에 대한 신뢰도를 반영하고 있다.

그림 3.14는 후쿠시마현의 농산물 수출량 변화를 보여준다. 원전사고 후 2014년까지 수출이 거의 중단되었으나, 2015년부터 회복되기 시작했고, 2017년 이후는 사고 전 수준을 넘어섰다. 일본 정부와 후쿠시마현에서 농

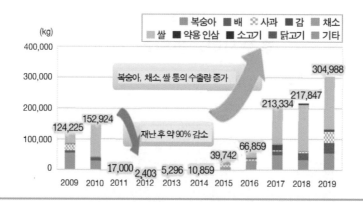

그림 3.14_ 후쿠시마현의 농산물 수출량 변화

자료: 福島県(2021a).

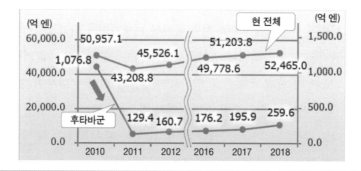

그림 3.15_ 후쿠시마현과 후타바군의 제조품 출하량 변화

자료: 福島県(2021a).

산물 수출을 위해 각별한 노력을 기울인 결과로 보인다. 마지막으로 후쿠시마현과 사고가 발생한 후타바군의 제조품 출하량 변화를 그림 3.15에 나타냈다. 원전사고가 후쿠시마현 전체에 영향을 미쳤지만, 사고 원전 인근지역인 후타바군이 집중적인 피해를 입었음을 확인할 수 있다.

제4장

후쿠시마, 논란과 진실

이 장에서는 후쿠시마와 관련하여 한국에서 논쟁거리가 되고 있는 핵심 이슈들을 살펴본다. 원자력이나 방사선 관련 이슈는 순수하게 과학기술적인 문제조차도 정치·사회적 이슈로 비화하는 경우가 많아서 다루기 쉽지 않다. 원자력에 대한 찬반 논란이 격화되면서 후쿠시마 이슈조차도 진영논리에 휩쓸리는 경향이 있다. 여기에다 한·일 간 역사 및 무역 갈등의 영향으로 후쿠시마 문제는 더욱 정치적인 논쟁거리가 되었다.

그럼에도 무엇보다 중요한 것은 '팩트Fact(사실)' 자체이다. 물론 동일한 팩트에 대해서도 이를 해석하거나 받아들이는 관점은 크게 다를 수 있고, 때로는 왜곡될 수도 있다. 여기에는 지식, 이념, 사고방식, 소속 집단, 정치적 진영, 개인의 처지 등 영향을 미치는 요소가 많을 것이다. 또한 실제 상황에서는 팩트를 명확하게 규명하기 어려울 때도 있다. 그래도 해석에 앞서 팩트 자체를 정확하게 확인하려는 노력은 매우 중요하다.

후쿠시마 원전사고와 관련한 논쟁거리는 대부분 과학기술과 관련되어 있다. 따라서 여기서는 주로 과학기술적 관점에서 팩트를 들추어내고 해석을 시도한다. 이와 함께 제도적 또는 정치·사회적 측면도 논의함으로써 독자들이 논쟁거리가 된 문제들의 진실에 접근하도록 돕고자 한다.

1. ALPS 처리 오염수의 해양 방출 문제

해양 방출 계획과 논점

일본 정부는 다핵종제거설비ALPS에서 처리한 후쿠시마 원전 오염수를 태평양으로 방출하기로 했다. 제2장에서도 설명했듯이 일본 정부 결정의 핵심 내용은 다음과 같다[廃炉·汚染水·処理水対策関係閣僚等会議, 2021].

- 후쿠시마 제1원전에서 발생한 오염수는 ALPS 등으로 정화 처리하여 삼중수소를 제외한 방사성핵종들의 배출 규제기준을 만족시킨다.
- 삼중수소를 제외한 핵종들에 대해 배출 규제기준을 만족하는 오염수(ALPS 처리수)를 대량의 바닷물로 희석하여 삼중수소 농도가 배출 규제기준(6만 Bq/ℓ)의 1/40 수준(1,500Bq/ℓ)이 되도록 한 후 해양으로 방출한다.
- 연간 삼중수소 방출 총량은 후쿠시마 제1원전의 사고 전 방출관리 목표치였던 22조 Bq 이하가 되도록 제한한다.

2021년 4월 1일 기준으로 오염수에 들어 있는 삼중수소의 총방사능은 약 780조 Bq(780TBq), 평균 농도는 62만 Bq/ℓ로 보고되고 있다[東京電力, 2021b]. 780조 Bq은 삼중수소 2.2g 또는 삼중수소수 15g에 해당한다. 저장 탱크마다 삼중수소 농도에 차이가 크지만, 현재의 삼중수소 평균 농도인 62만 Bq/ℓ를 기준으로 ALPS 처리수를 1,500Bq/ℓ로 만들려면 약 400배의 바닷물로 희석해야 한다. 연간 배출 상한치인 22조 Bq은 평균적으로 연간 3만 5,500톤, 하루 약 97톤의 오염수 방출에 해당한다. 그리고 방사성붕괴에 따른 감소 효과까지 고려할 때, 현재 780조 Bq인 삼중수소를 2년 후부터 매년 22조 Bq씩 방출한다면 모두 처분하는 데 약 20년이 걸린다. 다만, 당분간 오염수가 계속 발생할 뿐만 아니라 알려지지 않은 삼중수소가 존재할 가능성도 있으므로 실제 처분 기간은 더 길어질 것이다.

일본 정부는 해양 방출이 과학적으로 합리적인 처분 방식이고 오염수에 대해 충분한 정보를 제공해왔음을 강조하면서 이번 결정의 정당성을 주장하고 있다. 국제원자력기구IAEA와 미국 정부는 투명한 정보 소통과 검증을 전제로 일본 정부의 결정을 지지한다. 그러나 한국 정부는 절차적 정당성을 포함하여 지속해서 문제를 제기하고 있으며, 오염수의 해양 방출이 일본은 물론 한국의 식품 안전까지 위협할 것이라는 국민의 우려가 크다. 중국 정부도 반대 의사를 여러 번 표명했고, 러시아, 북한, 대만 등 다른 인접국들도 해양 방출에 반대한다. 일본의 전체적인 국민 여론은 일본 정부의 결정을 수용하는 흐름이 있으나 수산업 단체는 강력히 반대하고 있다[NHK, 2021]. 국내외 환경단체들도 대부분 일본 정부의 일방적인 결정을 비난한다. 특히, 오염수 관리에 대해 지속적으로 문제를 제기해온 그린피스는 인권 문제, 국제법 위반, 다른 방안의 가능성 등 다양한 문제를 지적한다[Greenpeace, 2021a]. 후쿠시마 원전사고 후 설립되어 독립적인 방사능 데이터망을 구축하고 있는 국제적 민간단체 '세이프캐스트Safecast'는 검증되지 않은 도쿄전력 자료에 근거한 일방적인 정책 결정이 매우 나쁜 선례가 될 것임을 경고한다[Safecast, 2021].

후쿠시마 오염수의 해양 방출 문제는 첫째, 의사결정 과정이 절차적으로 정당했는가, 둘째, 과학기술적인 관점에서 해양 방출이 인간과 환경에 미칠 영향은 어떠한가, 셋째, 해양 방출 외에 다른 합리적인 대안을 선택할 수는 없는가로 구분하여 살펴볼 수 있다.

의사결정 과정의 절차적 정당성 관점에서는 문제가 많다. 무엇보다 오염수 방사능에 대한 독립적 검증을 포함하여 공개된 데이터의 신뢰성을 확보하기 위한 일본 당국의 노력이 크게 미흡했다. 물론, 일본 정부와 도쿄전력은 오염수 발생·처리 및 보관과 관련하여 방대한 양의 회의자료와 설명자료 등을 홈페이지 등을 통해 공개해왔다. 중요한 자료들은 일본어뿐만 아니라 영어로도 신속하게 제공했고, 오염수 문제가 핵심 이슈로 대두된 이후에는 일본 주재 외교관 등을 대상으로 한 설명회도 주기적으로 가졌다. 국제원자력기구, OECD 원자력기구, 유엔방사선영향과학위원회 등 국제기구와도 적극적으로 협력하고 있다. 특히 국제원자력기구는 오염수 대책을 포함한 폐로 로드맵의 진척 상황에 대해 네 차례의 전문가 검토Peer Review를 주관했고, 해양 방출의 불가피성을 인정하고 있다[IAEA, 2019]. 그러나 일본 정부와 도쿄전력이 공개한 자료들에 대해 충분한 수준의 독립적 검증이 이뤄졌다고 말하기는 어렵다. 주요 이슈를 논의하기 위한 기본적이고 본질적인 요건이라 할 수 있는 자료의 독립 검증에 대해 외부의 요구가 있었음에도 지금까지 소홀히 해온 것이다. 따라서 현재 공개된 데이터가 얼마나 정확한지, 불편한 사실까지 모두 투명하게 공개되고 있는지를 판단하기 어렵다.

오염수 방사능 데이터에 대한 불신에는 합리적인 근거도 있다. 도쿄전력과 일본 정부는 처음부터 ALPS를 거친 오염수에 대해 '처리수'라는 표현을 사용하면서 삼중수소를 제외한 방사성물질은 배출기준 이하로 충분히 정화한다고 강조했었다. 2018년 중반까지 공개된 오염수 관련 자료들도 대부분 소위 '처리수'의 방사능은 주로 삼중수소에 대해서만 다루었다. 도쿄전력은 2018년 9월이 되어서야 처리수의 80% 이상은 삼중수소를 제외한 방사성핵종들에 대해서도 배출기준을 만족시키지 못한다는 사실을 공개하여 이해관계자들을 놀라게 했고, 도쿄전력과 일본 정부에 대한 불신을 키웠다. 2019~2020년에는 탄소-14도 ALPS에 의해 제거되지 않는다는 사실이 밝혀져서 논란이 되었으나[Burnie, 2020], 삼중수소와는 달리 배출기준에 비해 방사능 농도가 크게 높지는 않은 것으로 보고되고 있다. 일본 정부는 정보의 투명성과 이해관계자와의 소통을 지속해서 강조하면서도 지금까지 도쿄전력의 오염수 관련 데이터를 인접국이나 민간기구가 독립적으로 확인할 수 있는 실질적인 조치를 하지 않았다.

일본 정부와 도쿄전력이 공개하는 자료의 질에 대해서도 언급할 필요가 있다. 홈페이지, 보고서, 회의 문서 등의 형식으로 방대한 양의 자료가 제공되고 있는데, 주제와 상세한 정도를 체계적으로 차별화하지 않고 같은 내용을 형식만 조금씩 다르게 제공하는 경우가 많다. 과학적 분석을 시도하기에는 상세한 정도가 충분하지 않고, 전체적인 내용을 파악하기에는 유사한 제목의 파편화된 자료들이 너무 많다. 따라서 자료의 양은 매우 많으나 외부에서 정확한 정보를 파악하기는 오히려 어려운 상황이다.

일본 국내 이해관계자와의 소통 및 협의도 크게 부족했다. 우선 지역 어민단체 등 일본 내의 직접적인 이해관계자들과의 공감대조차 형성되지 않은 상태에서 해양 방출이 결정됐다. 그동안 일본 정부와 도쿄전력은 '관계자의 이해 없이는 어떠한 처분도 하지 않는다'고 약속해왔고[NHK, 2021], ALPS 소위원회 보고서에서도 폭넓은 관계자 의견 청취 및 풍평피해 최소화를 강조했었다[ALPS 小委員会, 2020]. 실제로는 해양 방출 정책을 먼저 결정하고 이에 대한 이해를 강요하는 구도가 되어 분개하는 사람이 많고, 풍평피해 대책의 실효성에 대한 의문, 정상화를 앞둔 수산업과 해양레저산업에의 악영향 등에 대한 우려가 크다고 한다[NHK, 2021].

한국 등 인접국과의 진정성 있는 소통과 협의는 더욱 부족했다. 일본 정부는 방출 지점에서 조금만 멀어지면 방사능 증가가 미미하여 주변국에는 영향이 없다는 점과 오염수 안의 삼중수소량이 정상 운영되는 각국 원자력 시설들에서 방출하는 삼중수소량과 비교하여 많지 않다는 점을 강조했지만, 이를 한국 등 주변국에 입증하기 위한 실질적 노력이나 협의가 부족했다. 일본 정부가 인접국에서도 수산업 등의 풍평피해를 입을 수 있다는 점을 무시한 채 과학적 접근만을 주장한 것도 공감하기 얻기 어려웠다. 한국의 수산업계와 해산물 요식업계가 후쿠시마 원전사고 후 상당한 손해를 입었으나[황윤재·이동소, 2014], 일본 측의 진정성 있는 사과는 없었다. 더욱이 유엔 해양법협약, 원자력안전협약, 런던협약·의정서, 국제원자력기구 안전기준 등의 기본정신에 따라 인접국인 한국 등과의 협의를 더 성실하게 추진했어야 했다. 후쿠시마 제1원전의 오염수에는 삼중수소 이외에도 배출기준을 훨씬 초과하는 방사성물질이 포함되어 있으므로, 정화 과정과 결과가 투명하게 검증되지 않는다면 주변국이 삼중수소 배출량에 대해서만 초점을 맞춘 일본 측의 주장을 수용하기 어려울 것이다. 한국 내에서는 후쿠시마 원전 오염수의 해양 방출에 대해 국제법적으로 대응하는 방안도 꾸준히 논의해왔다[신창훈, 2013; 박지영·임정희, 2021; 정민정, 2021; 김진수·장영주·유제범, 2021]. 한국 정부는 유엔해양법협약에 따른 국제해양법재판소 제소를 검토하겠다고 밝힌 바 있다.

절차적으로 중요한 또 하나의 문제는 ALPS에 의해 처리된 오염수의 해양 방출에 따른 환경영향평가가 제대로 수행되지 않았다는 점이다. ALPS 소위원회 보고서에서는 유엔방사선과학영향위원회의 평가 모델을 적용하여 860조Bq의 삼중수소를 한 해에 모두 해양으로 방출할 때 주민이 받는 최대 방사선량은 0.000071~0.00081mSv 수준으로 일본인의 연간 자연방사선량 2.1mSv의 1/2,000 이하라고 평가한 바 있다. 이번에 발표된 해양 방출 방침과 관련한 방사선 환경영향평가 결과는 공식적으로 확인되지 않고 있는데, 약 2년이라는 짧은 기간 안에 데이터 검증을 포함한 안전성 확인과 시설의 건설 및 시험운전까지 진행하려면 큰 어려움이 따를 것이다.

방사선학적 영향에 대한 과학기술적 평가

일본 정부의 방침대로 ALPS에 의해 처리된 오염수를 태평양으로 방류할 때 인간과 환경에 미칠 수 있는 영향을 살펴보자. 앞의 표 2.3을 보면 현재

ALPS로 일단 처리하여 저장탱크에 보관 중인 오염수 중에서 삼중수소를 제외하더라도 일본의 배출 규제기준을 만족하는 비율은 30% 수준에 불과하다. 나머지는 기준을 만족하지 못하는데, 특히 5%인 6만 2,000톤은 배출기준의 100~19,909배에 달한다. 더욱이 이러한 데이터조차 독립적으로 검증되지 않은 도쿄전력의 보고자료일 뿐이므로, 외부에서 오염수의 해양 방출을 결정한 일본 정부를 불신하고, 생태계에 미칠 영향을 우려하는 것은 자연스럽다고 할 수도 있다. 다만, 일본 정부가 배출기준을 넘을 때는 ALPS로 반복 처리하여 배출 규제기준을 충족시키겠다고 하므로, 철저한 확인·검증만 이루어진다면 삼중수소를 제외한 방사성물질은 우려하지 않아도 될 것이다. 따라서 방사선학적 안전성에 대한 논의는 삼중수소 문제에 집중하고자 한다.

ALPS에 의해 처리된 오염수의 해양 방출 계획에 대해 「후쿠시마 방사성 오염수 위기의 현실」[Burnie, 2020]이라는 보고서를 발행한 그린피스를 비롯한 일부 환경단체들은 방사선학적 영향을 우려한다. 반면에 과학계에서는 일반적으로 해양 방출이 생태계에 미칠 방사선학적 영향이 매우 작을 것이라고 판단한다[IAEA, 2020; Nogrady, 2021; Zhao, C. et al., 2021]. 삼중수소 일부가 한국 해역으로 오는 것은 사실이지만, 그 양은 미미할 것으로 평가되고 있다[Behrens et al., 2012; 한국원자력학회, 2020; 조건우·박세용, 2021; Zhao et al., 2021]. 후쿠시마 오염수·처리수에 포함된 삼중수소의 총량이 자연계에 이미 존재하거나 매년 자연적으로 생성되는 양에 비해 많지 않고, 태평양에 있는 막대한 양의 물과 섞일 때의 희석 효과가 매우 크며, 특히 해류의 영향으로 방출된 대부분의 방사성물질은 북미 쪽으로 향하면서 확산하기 때문이다. 일부 시민단체와 언론에서 한국도 영향을 받는다는 증거로 사용하는 독일 GEOMARHelmholtz Centre for Ocean Research Kiel 소속 연구자들의 논문[Behrens et al., 2012]에 나온 방사성물질 확산 예상도에서도 한국 해역에서의 방사능 농도는 방출 지점의 1조 분의 1 수준, 즉 무시할 수 있는 수준으로 표현되고 있다.

삼중수소의 인체 영향에 대해서는 한국원자력학회·대한방사선방어학회 (2016) 보고서에서 잘 설명하고 있다. 삼중수소는 평균 에너지 5.67keV(킬로일렉트론볼트), 최대 에너지 18.6keV인 베타선(전자)을 방출한다. 에너지가 매우 낮은 베타선이라서 외부피폭은 문제가 되지 않는다. 물이나 음식물 섭취 등으로 몸 안으로 들어왔을 때의 내부피폭의 영향은 신중하게 평가해야 하지만, 방사선 에너지가 낮고 신체에 머무는 기간이 짧아서 다른 방사성핵종들보다는 위험성이 훨씬 낮다.

국제방사선방호위원회ICRP는 방사성핵종의 내부피폭 영향을 쉽게 평가할 수 있도록 방사성핵종별로 1Bq이 몸 안으로 들어왔을 때의 내부피폭 유효선량을 나타내는 '선량계수Dose Coefficient'를 제시하고 있다. ICRP (2012)에 따르면 성인을 기준으로 할 때 삼중수소수의 선량계수는 칼륨-40의 1/340, 아이오딘-131의 1/1,200, 세슘-137의 1/720, 폴로늄-210의 1/67,000, 우라늄-238의 1/2,500, 플루토늄-239의 1/14,000 수준이다. 식품에 유기 결합한 삼중수소는 인체에 머무는 시간이 길어져서 선량계수가 삼중수소수의 2.3배이지만, 여전히 다른 핵종들보다는 훨씬 작다. 같은 Bq의 방사능이 신체 내로 들어올 때 삼중수소가 위험성이 가장 작은 방사성핵종이라 하겠다. 삼중수소의 물리적인 반감기는 12.3년이지만, 체내에 들어와서 머무는 시간을 반영한 실질적인 반감기(유효 반감기)는 삼중수소수의 경우 약 10일, 유기 결합 삼중수소의 경우 평균 약 40일 정도로 짧아진다.

이러한 특성을 반영하여 각국의 규제기관들은 방사성핵종들에 대한 연간섭취한도, 유도공기 중 농도, 배출관리기준 등을 정한다. 표 4.1은 한국 원자력위원회 고시 '방사선방호 등에 관한 기준'의 별표 3에 제시된 주요 핵종들의 기준치이다. 여기서 연간섭취한도와 유도공기 중 농도는 방사선 작업 종사자에 대한 것으로 연간 유효선량 20mSv에 상응하는 값이다. 삼중수소에 대한 허용치가 다른 핵종들에 비해 크게 높음을 알 수 있다. 표 4.1

표 4.1_ 삼중수소에 대한 국내 연간섭취한도, 유도공기 중 농도 및 배출관리기준

핵종	흡입				섭취		
	화학적 형태	연간 섭취한도 Bq	유도공기 중 농도 Bq/m³	배기중 배출관리기준 Bq/m³	화학적 형태	연간 섭취한도 Bq	배수중 배출관리기준 Bq/ℓ
삼중수소 (H-3)	삼중수소수	1×10^9 (10억)	3×10^5 (30만)	3×10^3 (3,000)	삼중수소수	1×10^9 (10억)	4×10^4 (4만)
	유기결합 삼중수소	5×10^8 (5억)	2×10^5 (20만)	2×10^3 (2,000)	유기결합 삼중수소	5×10^8 (5억)	2×10^4 (2만)
탄소-14 (C-14)	증기	3×10^7 (3,000만)	1×10^4 (1만)	1×10^2 (100)	유기 화합물	3×10^7 (3,000만)	1×10^3 (1,000)
스트론튬-90(Sr-90)	대부분 화합물	7×10^5 (70만)	3×10^2 (300)	3×10^0 (3)	대부분 화합물	7×10^5 (70만)	2×10^1 (20)
아이오딘-129(I-129)	대부분 화합물	4×10^5 (40만)	2×10^2 (200)	2×10^0 (0)	모든 화합물	2×10^5 (20만)	6×10^0 (6)
아이오딘-131(I-131)	대부분 화합물	2×10^6 (200만)	8×10^2 (800)	9×10^0 (9)	모든 화합물	9×10^5 (90만)	3×10^1 (30)
세슘-134 (Cs-134)	모든 화합물	2×10^6 (200만)	9×10^2 (900)	1×10^1 (10)	모든 화합물	1×10^6 (100만)	4×10^1 (40)
세슘-137 (Cs-137)	모든 화합물	3×10^6 (300만)	1×10^3 (1,00)	1×10^1 (10)	모든 화합물	2×10^6 (200만)	5×10^1 (50)

자료: 원자력안전위원회 고시 제2019-10호 「방사선방호 등에 관한 기준」 별표.

표 4.2_ WHO와 주요국의 마시는 물에 대한 삼중수소 제한치

국가명	제한치[Bq/ℓ]
E U	100
미 국	740
캐나다	7,000
러시아	7,700
스위스	10,000
W H O	10,000
핀란드	30,000
호 주	76,103

자료: 한국원자력학회·대한방사선방어학회(2016).

에 주어진 값은 하나의 핵종만 존재할 때 허용되는 값이다. 둘 이상의 핵종이 존재할 때는 각 핵종의 허용값에 대한 실제 값의 비를 모두 합한 값이 1 이하가 되어야 한다. 한편, 표 4.2는 마시는 물에 대한 각국의 삼중수소 농도 제한치를 비교하고 있는데, 100~7만 6,000Bq/ℓ로 큰 차이가 있다. 해양 방출 전 희석 기준농도인 1,500Bq/ℓ는 여러 국가의 마시는 물 제한치보다 낮은 값이다. 표 4.1에서 알 수 있는 한국의 배수 중 배출관리기준 4만 Bq/ℓ과 비교하면 약 1/27 수준이다.

780조 Bq의 삼중수소가 일시에 방출되고 깊이 100m의 표층수에만 희석된다고 가정하더라도 한 변이 88.3km인 정사각형 해역에 균일하게 퍼지면 농도가 1Bq/ℓ로 줄어든다. 1Bq/ℓ는 자연 상태의 빗물이나 강물에서 관측되는 삼중수소의 평균 농도이다. 일본 정부의 계획대로 연간 22조 Bq 이내에서 장기간에 걸쳐 방출할 때는 농도가 훨씬 더 낮아지며, 방출 지점에서 수백 km 이상 떨어진 곳에서는 영향을 확인하기 어려울 것이다. 특히, 한국 해역은 그림 4.1에서 보는 쿠로시오 해류의 방향과 반대쪽에 있어서 그 영향이 미미할 수밖에 없고, 이는 국내외에서 수행된 여러 분석에서도 확인된다[Behrens et al., 2012; 한국원자력학회, 2020; Zhao, C. et al., 2021].

그린피스의 숀 버니 활동가를 비롯한 일부 환경운동가들은 도쿄전력이 후쿠시마 오염수를 방출하면 한국 해역도 직접적인 영향을 받는다고 주장해왔다. 최근에는 사회저명인사들이 포함된 100인이 아베의 오염수 방류는 핵 테러라는 선언을 하기도 했다. 국회와 여러 지자체와 시민단체의 반대 의견 표명은 물론이고, 일반 국민들의 두려움이 크다.

ALPS 처리수의 해양 방출이 한국 해양에 미칠 전반적인 영향을 추정하려면 2011년 후쿠시마 원전사고 이후 해양 방사능이 어떻게 변화했는가를 먼저 살펴보는 것이 중요하다. 원자력안전위원회의 안전정보공개센터 웹사이트(nsic.nssc.go.kr)에는 2006년부터 한국원자력안전기술원에서 매년 발행해온 세 종류의 전국 환경방사능 감시보고서(전국 환경방사능 조사보고서,

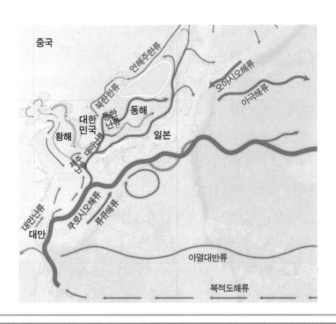

그림 4.1_ 한국 주변 해류모식도
자료: 국립해양조사원.

원자력시설 주변 환경조사 및 평가보고서, 해양방사능 조사보고서)가 공개되어
있다. 최근의 해양방사능 조사보고서[한국원자력안전기술원, 2019]에 포함된
동해, 남해, 서해의 표층 해수의 1994년 이후의 세슘(Cs)-137, 삼중수소
(H-3) 및 스트론튬(Sr)-90 농도 변동을 그림 4.2에 나타냈다.

  한국 주변 해역의 해수에는 원전사고 이전부터 세슘, 스트론튬, 삼중수
소 등 방사성핵종들이 포함되어 있었다. 후쿠시마 원전사고 전인 2006~
2010년 표층 해수의 방사능 농도가 Cs-137은 0.00119~0.00404Bq/kg(평
균 0.00202Bq/kg), H-3은 0.0376~0.743Bq/ℓ(평균 0.203Bq/ℓ), Sr-90은
0.000266~0.00205Bq/kg(평균 0.000596Bq/kg)이었다. 이러한 방사능의 가
장 큰 원인은 1990년대까지 강대국들이 2,000여 회 이상 수행한 핵실험이
다. 특히 1970년대까지는 외딴 섬이나 사막 등에서 수행한 지상 핵실험이
많은 방사성핵종을 방출하였다. 방사능 농도는 연도별로 오르내리지만 점

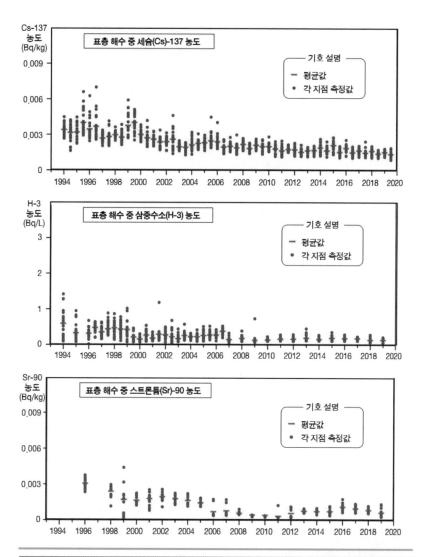

그림 4.2_ 한국 해역 표층 해수의 주요 방사성핵종 농도 변동

자료: 한국원자력안전기술원(2019).

차 줄어드는 경향을 보인다. 이는 반감기가 각각 30년, 29년, 12년인 Cs-137, Sr-90 및 H-3의 양이 시간에 따라 서서히 사라지기 때문이다. 삼중수소 농도는 2008년경부터 변동이 거의 없는데, 반감기가 짧아서 핵실험에서 방출된 삼중수소는 대부분 소멸하고 우주방사선에 의한 자연적인 생성량과 방사성붕괴로 인한 소멸량이 평형을 이루기 때문으로 보인다. 매년 대기 중에서 우주선에 의해 자연적으로 약 14만 8,000조 Bq(400g)의 삼중수소가 생성되어 빗물 등으로 내려온다[한국원자력학회·대한방사선방어학회, 2016].

후쿠시마 원전사고로 막대한 양의 방사성물질이 태평양으로 방출되었음에도 해수의 방사능 농도가 사고 전보다 눈에 띄게 증가하지 않았다. 해양방사능조사보고서와 원자력안전연감[원자력안전위원회 외, 2020 등]에 따르면 직전 5년간 측정된 농도 범위에서 벗어난 적은 한 번도 없었다. 일본 주변에 형성된 해류가 대부분의 방사성물질이 태평양 쪽으로 순환시키기 때문이다(그림 4.1 참조). 다만, 점차 감소하던 Cs-137 및 Sr-90 농도가 2015년을 전후하여 미세하지만 약간 증가하다가 다시 감소하는 경향을 모습을 보이는 점은 유의할 필요가 있다.

현재 후쿠시마 원전에 보관 중인 오염수에 포함된 방사성물질의 방사능은 사고 당시 누출된 방사능의 수만 분의 1인 것으로 알려져 있다[조건우, 2020]. 시시각각 변하는 기상과 달리 대양의 해류는 비교적 일정한 흐름을 보이므로, 해양 방류 시 우리 해역에 미칠 영향도 방출되는 방사능 총량에 대체로 비례한다. 원전사고 후 10년이 지난 지금까지 한국 해양에서 눈에 띄게 높은 방사능이 측정되지 않았으므로, 그보다 훨씬 적은 양의 방사능 방출이 한국 해역에 미칠 영향은 미미하다고 해야 할 것이다. 배출된 오염수의 극히 일부는 1~2년 내에 한국 해역에 들어올 수 있지만, 대부분은 쿠로시오 해류를 따라 태평양으로 확산되면서 농도가 극히 낮아진 상태에서 5~10년이 지난 후에야 한국 해역으로 들어올 수 있다. 여기에 포함될 방사능은 방사능 농도 증가를 측정할 수 없는 수준으로 평가된다.

그런데 과학기술적으로 문제가 없더라도 오염수 방출이 실제 이루어질 때 어민 등 후쿠시마 주민들은 소문에 의한 피해, 즉 '풍평피해'를 피하기는 어려울 것이다. 해양 방출은 어쨌든 방사성물질을 후쿠시마 제1원전으로부터 계획적으로 방출하는 것이고, 후쿠시마 원전 인근 영역에서는 방사능 농도 증가가 관찰될 것이기 때문이다. 이는 원전사고로 견디기 힘든 피해를 입은 어민들에게 또 다른 피해를 가져올 것이 분명하다. 이 문제는 일본 정부가 이해관계자들과 충분히 소통하고 신뢰를 회복하면서 해결할 문제라고 본다.

하루에 얼마나 많은 양을 방출해야 하는지를 살펴보는 것도 의미가 있다. 삼중수소 평균 농도가 62만 Bq/ℓ인 ALPS 처리수를 연간 배출 상한치인 22조 Bq만큼 방출한다는 것은 평균적으로 연간 약 3만 5,500톤, 하루 약 97톤씩 방출하는 것과 같다. ALPS 처리수를 1,500Bq/ℓ 수준으로 약 400배 희석해야 하므로 희석에 사용할 바닷물의 양은 하루에 약 4만 톤이다. 이러한 희석 방출 해수량이 해양 생태계에 미치는 영향은 도쿄전력의 환경영향평가에서 고려해야 할 사항이지만, 다른 원전들보다 특별히 많지는 않다.

합리적 대안의 가능성

마지막으로, 해양 방출보다 더 합리적인 대안이 있는지를 검토할 필요가 있다. 그린피스를 포함한 환경운동그룹 일각에서는 해양 방출 대신에 대형 탱크를 추가 건설하여 장기 저장함으로써 삼중수소 방사능을 충분히 낮춘 후 처리할 것을 주장한다[Burnie, 2020]. 그러나 최근의 지진에서 발생한 저장탱크 일부의 이동에서도 알 수 있듯이, 큰 규모의 지진이 빈번한 지역에 임시 저장시설의 성격을 지닌 저장탱크를 장기간 유지하는 것은 저장탱크 파손 등에 의한 오염수 유출 사고의 가능성을 증가시킨다. 또한, 탱크를 관리하는 과정에서의 일상적인 작업자 피폭이 지속되고 사용 시간이 증가할수록 저장탱크 손상 가능성도 커지므로, 오염수 장기 보관의 위험이 작지 않다. 현재로서는 오염수 데이터에 대한 철저한 독립적 검증과 충실한 환경영향평가를 통해 인간과 환경에 미치는 영향이 미미한 것으로 확인된다면 해양 방출이 가장 현실적인 방안임을 부정하기 어렵다. 다만, 인간과 환경에 대한 영향을 더욱 낮출 수 있는 대안 기술을 계속 검토·개발할 필요가 있다.

한국의 대응 방안

일본 정부의 해양 방출 결정은 최인접국인 한국과의 충분한 협의와 공감대가 없이 이루어졌다. 한국 정부는 국제법이나 국제 관례에 따라 이에 대한 책임을 묻는 것과 동시에, 오염수와 관련하여 상세하고 투명한 정보의 제공과 독립적인 검증을 일본 정부에 요구할 권리가 있다고 판단한다. 단순히 한국 전문가의 IAEA 검증단 참여를 넘어 국내 기관이 오염수와 처리수 및 후쿠시마 주변 해역에 대한 방사능 분석에 직접 참여하는 것도 고려할 수 있다. 해양 방출을 강행하고자 하는 일본 정부와 적극적으로 지원해온 IAEA는 이에 대해 적극적이고 신속한 조치를 취해야 한다.

한편, 해양 방출의 과학기술적 측면에 대해서는 신중한 접근이 필요하다. 신뢰할 수 있는 정보를 조속히 확보하여 독자적인 영향 분석을 수행하고 국민과 공유하는 것이 우선이 되어야 한다. 관련 전문기관과 전문가들이 긴밀히 협력한다면 일본 측 데이터의 정확성뿐만 아니라 국내에서 수행하는 영향 분석 과정과 결과도 엄밀하게 검증하여 신뢰성을 확보할 수 있다. 해양 방출이 실제로 이루어지기 전까지 1년 반의 시간과 조치를 취할 기회가 있다고 본다.

그런 다음에야 방사선 영향에 대한 판단과 합리적 후속조치가 가능하다. 과학적 분석에 근거하지 않은 과도한 공포 조장은 자칫 국내 수산업을 불필요하게 위축시키고, 국가의 신뢰도에도 나쁜 영향을 줄 가능성이 있다.

2. 일본산 식품의 안전 문제

일본산 식품의 안전에 대한 관심은 처음에 수입 농수산물이나 일본 여행 시의 먹거리 안전에 집중되었으나, 2019년 도쿄올림픽위원회가 후쿠시마산 식자재를 선수단 식탁에 올리겠다고 하면서 올림픽 선수단 안전 문제가 더 큰 관심사가 되었다. 후쿠시마 원전사고로 많은 양의 방사성물질이 대기로 누출되어 토양과 해양을 오염시켰으므로, 인접 국가인 한국 국민이 일본에서 생산되는 식품의 안전을 우려하는 것은 당연한 일이다. 그러나 일부 언론이나 반원자력 인사들이 과장되거나 왜곡된 정보를 확산시키면서 한국 국민의 불안감을 더욱 증폭시킨 측면도 있다. 여기서는 후쿠시마 수산물 등의 수입규제에 관련한 WTO 분쟁 승소의 의미, 일본산 농수산물의 안전성, 도쿄올림픽 선수단의 식품 안전문제 등을 살펴본다.

한국은 2019년 4월 일본산 식품 수입규제와 관련한 일본과의 WTO 분쟁에서 최종 승리했다. 분쟁 과정은 표 4.3에 요약되어 있듯이 1심 패널은 한국의 수입규제가 과도하다고 판정했으나 최종심인 WTO 상소기구가 이를 뒤집었다. 이는 분쟁 대응에 직접 참여한 정부 당국자들과 민간 전문가들의 전략과 열정의 결과라고 하겠다. 그 결과 한국은 후쿠시마 수산물을 비롯한 일본산 식품의 수입규제를 스스로의 판단에 따라 계속 유지할 수 있게 되었다. 한국의 후쿠시마 수산물 수입규제가 가장 강력했다고는 해도 유사한 수입규제를 시행하던 수십여 국가 중에서 유일하게 한국을 지목하여 제소한 일본 정부에 대한 시원한 반격이기도 하다.

그런데 WTO 상소기구의 결정을 '후쿠시마를 비롯한 일본산 수산물이 안전하지 않음을 WTO가 인정했다'라고 이해하는 것은 잘못이다. 사실은 일본산 수입식품의 과학기술적 안전성에 대한 논의는 1심 패널(패널은 3인이나, 중립적 입장의 과학자 5인을 선정하여 조언 청취)에서 이뤄졌다. 1심 패널은 현실적으로 방사능 허용기준을 넘지 않는 일본산 식품에 대해 한국이 과

표 4.3_ 일본산 식품 수입규제 관련 WTO 분쟁 일지

2011.03.14.후쿠시마 원전사고 직후, 한국 정부는 일본산 식품에 대한 **수입규제조치 실시**(수입 시 방사능 검사, 일부 품목 수입금지)

2013.09.09.도쿄전력 원전 오염수 유출 발표(2013.8.8) 후 한국 정부는 **임시특별조치** 시행
 ① 후쿠시마 주변 8개 현의 모든 수산물 수입금지
 ② 일본산 식품에서 세슘 미량 검출 시 추가 17개 핵종 검사증명서 요구
 ③ 국내외 식품에 대한 세슘 기준 강화(370→100Bq/kg)

2015.05.21. 일본 정부, 한국 측 조치 중 일부에 대해 **WTO 제소**
 ① 8개 현의 28종 수산물 수입금지
 ② 일본산 식품에서 세슘 미량 검출 시 추가 17개 핵종 검사증명서 요구

2018.02.22.WTO 패널(1심), 판정보고서 전全 회원국 회람 및 대외 공개
 • 일본 측 제기 4개 쟁점 중 차별성·무역제한성·투명성 문제 인정, 검사절차 문제 불인정→일본 측 승리

2018.04.09. 한국 정부, 패널 판정에 대해 WTO 상소 제기

2019.04.11. WTO 상소기구(최종심), 판정보고서 全회원국 회람 및 대외 공개
 • 일본 측 제기 4개 쟁점 중 일부 절차적 쟁점을 제외한 사실상 모든 쟁점에서 1심 패널 판정 파기→한국 측 승리

2019.04.26. WTO 분쟁해결기구, **최종 판정 공식 채택**

자료: 국무조정실(2019).

도하고 차별적인 수입규제를 하고 있다는 결론을 내렸었다. 최종심인 상소기구에서는 일본산 식품의 위험성 자체를 검토하지는 않았고, 해당 지역이 방사능에 오염되었으므로 한국이 별도의 기준에 따른 추가적인 검증과 관리를 할 수 있다고 인정했다. 국민의 생명과 건강을 보호하기 위해 주권국으로서 충분히 취할 수 있는 조치라고 본 것이다. WTO 상소기구가 일본산 수산물의 위험성을 판단하여 한국의 손을 들어준 것은 아니다.

원전에서 누출된 방사능에 의해 오염된 토양이나 산지, 강, 해양 등에서

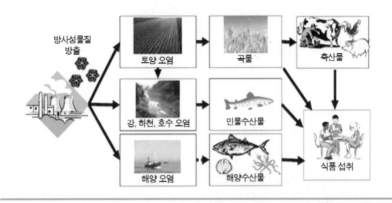

그림 4.3_ 식품을 통한 방사성물질 섭취 과정
자료: 厚生労働省(2020).

생산되는 곡물, 육류, 수산물, 임산물 등에는 방사성물질이 함유될 가능성
이 있으며, 부주의하게 섭취하면 건강이 위협받을 수 있다(그림 4.3 참조). 일
본 정부는 후쿠시마 원전사고로 방출된 주요 방사성핵종의 분포와 인체에
미칠 수 있는 영향을 재평가하여, 사고로 방출된 인공 방사성핵종으로 인한
추가 피폭선량이 연간 1mSv를 초과하지 않도록 식품 중의 방사능 농도 제
한치를 재설정했다. 후쿠시마 원전사고가 진행될 때나 그 직후에 중요했던
아이오딘(I-131)은 반감기가 8일밖에 되지 않아 곧 사라지므로, 식품 방사
능 관리에서는 반감기가 1년 이상인 세슘(Cs-134, 2.06년; Cs-137, 30.17년),
스트론튬(Sr-90, 28.8년), 루비듐(Ru-106, 374일), 플루토늄(Pu-239, 24,100
년) 등이 중요하다. 이들 중에서 방사성 세슘의 영향이 가장 크고(약 90%),
농도 측정도 가장 쉬우므로, 다른 핵종들까지 고려하더라도 연간 1mSv를
넘지 않도록 여유를 두어 식품 중 세슘에 대한 방사능 제한치를 설정한 것
으로 설명하고 있다. 이러한 방법으로 음용수 10Bq/kg, 일반 식품
100Bq/kg의 제한치를 설정하고, 아기를 대상으로 하는 유아식과 어린이가
많이 마시는 우유에 대해서는 제한치를 절반으로 낮춘 50Bq/kg을 적용하
고 있다.

표 4.4_ 농림수산물 방사성물질 검사 결과 기준치 초과 비율[단위: %]

구분	11.3~12.3	12.4~13.3	13.4~14.3	14.4~15.3	15.4~16.3	16.4~17.3	17.4~18.3	18.4~19.3	19.4~20.3	20.4~21.1.27
쌀	2.2	0.0008	0.0003	0.00002	0	0	0	0	0	0
보리	4.8	0	0	0	0	0	0	0	0	0
콩류	2.3	1.1	0.4	0.1	0	0	0	0	0	0
채소류	3.0	0.03	0	0	0	0	0	0	0	0
과일	7.7	0.3	0	0	0	0	0.06	0	0	0
차	8.6	1.5	0	0	0	0	0	0	0	0
원유	0.4	0	0	0	0	0	0	0	0	0
육류, 달걀	1.3	0.005	0	0	0	0	0	0	0	0
산나물, 버섯	20	9.2	2.6	1.2	1.0	0.7	0.7	1.8	1.4	1.5
수산물	17	5.6	1.5	0.5	0.07	0.06	0.06	0.04	0.05	0.01
기타 특산물	3.2	0.5	0	0	0.1	0	0	0	0	0
계	3.4	0.02	0.005	0.002	0.001	0.001	0.001	0.001	0.001	0.0024

자료: 일본 농림수산성 홈페이지(www.maff.go.jp).

후쿠시마현에서는 2011년부터 출하 대상이 되는 후쿠시마산 농림수산 식품에 대한 방사능 검사를 수행하여 기준치를 넘는 경우 유통을 하지 않는 다. 특히 가장 중요한 식품인 쌀의 경우, 2019년까지는 해마다 약 1,000만 포대에 대해 전수검사를 수행하여 5년간 기준 초과 건수가 나오지 않음에 따라 2020년부터 표본검사로 전환했다. 식품방사능 검사 결과는 후쿠시마 현과 농림수산성(산하 수산청 포함)에서 다양한 형식으로 발표하고 있는데, 농림수산성 자료에는 대개 후쿠시마현 인근지역까지 포함한 검사 결과를 담고 있다.

일본 농림수산성 홈페이지에는 원전사고 후 2020년 12월 22일까지의 농 림수산물 방사능 검사 결과에서 나타난 기준치 초과 비율을 표 4.4와 같이 제시하고 있다. 사고 직후에는 대부분의 식품에서 기준치를 넘는 경우가 나왔으나, 몇 년 후부터는 제염이 이루어지지 않은 산림지역에서 나오는 산나물이나 버섯, 또는 수산물에서만 기준치를 초과하는 경우가 나타나고 있다. 그림 4.4는 수산물에 대한 검사 결과를 해산물과 민물어류로 구분하여 보여준다. 방사능 검사에서 제한치를 초과하는 비율은 2012년까지 꽤 높았으나, 그 후 급격하게 낮아져서 현재 거의 대부분 식품이 제한치를 만족한다. 보리는 2012년도부터, 채소, 과일, 차 및 축산물은 2013년도부터, 쌀은 2015년도부터 기준치를 거의 초과하지 않으나, 산나물과 버섯, 민물고기를 중심으로 한 수산물에서는 제한치를 초과하는 경우가 가끔 나타나고 있다.

버섯과 산나물에서 여전히 기준치를 초과하는 경우가 나타나는 것은 주거지 등 활동구역에서 떨어진 산림지역은 본격적인 제염작업이 이루어지지 않았기 때문이다. 오염된 산지에서 서식하는 동식물(멧돼지, 버섯, 산나물 등)에는 당연히 방사능이 높을 수밖에 없고, 강이나 시내도 산지를 통과하거나 비가 올 때 산림지역의 방사성물질에 의해 오염될 수 있으므로 민물어류도 안심할 수 없다.

후쿠시마산 식품에 대한 방사능 검사는 기본적으로 표본 검사이다. 따라서 시중에서 정식으로 유통되는 식품 중에도 기준치를 넘는 경우가 있을 가능성은 있다. 다만, 한 개인이 세슘 방사능 기준치를 넘는 식품을 접할 가능성은 매우 낮고, 한두 번 섭취한다고 하여 피폭 방사선량이 의미 있게 증가하는 것은 아니다. 일본의 세슘 농도 기준인 음용수 10Bq/ℓ, 일반식품 100Bq/ℓ는 1년 내내 기준치에 해당하는 물을 마시고, 섭취하는 식품의 절반이 기준치에 해당하더라도 최대 1mSv를 넘지 않도록 정해진 것이기 때문이다. 특히 2019년까지 가장 중요한 식품인 쌀과 소고기에 대해서는 출하 전에 전수검사를 수행했으며, 쌀에 대한 검사는 연평균 1,000만 건을 넘었다.

그렇다면 현재 일본에서 판매되는 농수산 식품은 안전한 것일까? 정상적인 유통과정을 거쳐 시장에서 판매되는 식품은 안전하다고 말하겠다. 첫째

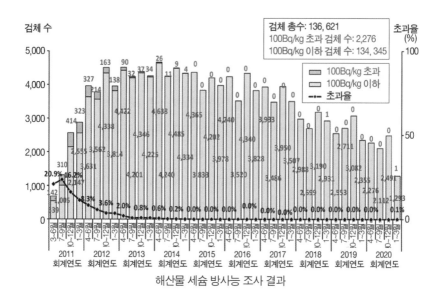

해산물 세슘 방사능 조사 결과

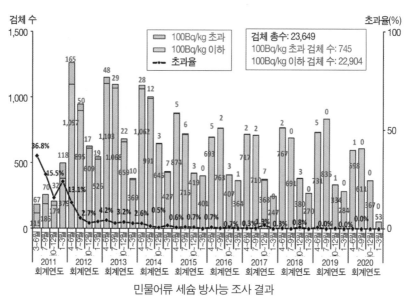

민물어류 세슘 방사능 조사 결과

그림 4.4_ 후쿠시마현 및 인근지역 수산물의 세슘 방사능 검사 결과

자료: 水産庁(2021).

이유는 식품 방사능 검사의 신뢰를 잃으면 후쿠시마 지역의 부흥이 불가능하다고 여기는 일본 정부가 후쿠시마산 주요 식품에 대한 방사능 관리를 철저하게 하고 있다고 판단하기 때문이다. 일본 정부에 대해 비판적인 시민단체들도 방사능 제한치에 대한 비판은 있어도 식품 방사능 검사의 신뢰성을 문제 삼는 경우는 거의 없다[뉴스톱, 2019. 12. 6]. 두 번째는 원전사고 후 시간이 지나면서 후쿠시마현을 포함하여 해양의 방사능이 낮아져서 원전 근접지역을 제외하고는 해산물에 포함된 방사능이 높지 않고, 제염이 완료된 농지에서 재배되는 농산물의 방사능도 과도하게 높아질 수 없기 때문이다.

일본 후생노동성은 유통 식품들에 대한 2019년 9~10월 검사에서 나온 세슘 농도를 사용하여 내부피폭 방사선량을 산출하여 연간 0.0005~0.0010mSv를 제시한다. 이는 기준치를 설정할 때 근거로 삼았던 1mSv의 1/1,000 수준이다. 탈원전 국가인 독일의 연방방사선방호청BfS도 홈페이지 등을 통해 후쿠시마산 식품으로 인한 방사선 피폭 증가는 무시할 만한 수준이라고 밝히고 있다[BfS, 2020].

결론적으로, 후쿠시마 농수산물은 후쿠시마 사고로 방출된 세슘, 스트론튬, 루비듐 등을 함유할 수 있으나, 엄격한 검사를 거쳐 정상적으로 유통되는 농수산물의 방사능은 국내 농산물과 별다른 차이가 없으므로 안심하고 섭취해도 된다. 다만, 사슴이나 멧돼지 등 야생 동물, 버섯 등 야생 식물, 민물고기 등은 제염되지 않은 산림지역의 방사성물질에 오염되었을 가능성이 있으므로 주의해야 한다.

3. 일본 국토 오염과 여행 안전 문제

소셜미디어에서는 후쿠시마 사고에서 누출된 방사능으로 일본 국토의 70%가 오염되어 일본은 살 수 없는 땅이 되었고, 일본에 여행을 가서도 안 된다는 주장을 쉽게 접할 수 있다. 공영방송을 포함한 한국의 주요 매체에서도 특파원 보도나 현지 탐사보도 등을 통해 후쿠시마 지역의 방사능 오염의 심각성과 위험성을 강조하고 있다. 그중에는 피난지시가 해제되지 않은 곳에 일부러 들어가서 공간방사선량을 측정하면서 방사능이 매우 높다고 주장한 보도들이 특히 많았다.

결론부터 이야기하면 일본 국토의 70%가 오염되어 살 수 없는 땅이 되었다는 것은 사실과 다른 선동적 주장이다. 후쿠시마 원전사고로 인한 심각한 오염은 후쿠시마현 일부 지역에서만 있었고, 광범위한 제염작업으로 지금은 그 면적이 크게 줄었다. 후쿠시마현에서도 일본 정부가 출입을 제한하지 않는 곳의 방문은 위험하지 않다. 다만, 출입이 제한된 곳은 함부로 출입하지 말고, 허가를 받은 후 필요한 보호장구를 착용하는 것이 안전하다. 사고 원전 주변 일부를 제외하고 제염작업이 이루어진 대부분의 지역에서는 공간방사선량률(토양 또는 대기 중 방사성물질에 의한 외부피폭 방사선량률로 보통 지표에서 1m 높이에서 측정)이 한국 평균보다도 오히려 낮다.

일본 국토의 70%가 방사능에 오염되어 살 수 없는 땅이 되었다는 주장은 2011년 12월 6일 『미국 국립과학원회보PNAS』에 게재된 논문[Yasunari et al., 2011]에 포함된 방사능 분포 지도(그림 4.5)에서 비롯되었다. 논문이 제출된 시점은 7월 25일이었고, 저자들이 밝힌 대로 여러 가정을 도입하여 일본 국토의 세슘 침적량을 계산해본 논문이었다. 그림 4.5의 방사능 분포는 앞의 그림 3.8 등 실측자료에 근거한 방사능 분포와는 분포 양상이 확연히 다름을 알 수 있을 것이다.

주어진 자료가 충분하지 않을 경우 학자들이 여러 가정을 도입하여 사고 영향을 분석하는 것은 당연한 일이다. 그런데 이 논문의 결과는 2011년 4월 말부터 공개되기 시작한 실제 공간방사선량 및 이로부터 추정한 방사성 세슘 침적량 분포와 양상이 크게 다르다. 이처럼 실제 측정값이 있는 상황이라면 모델을 좀 더 정교하게 다듬어서 계산을 수행하고, 계산 결과도 훨씬

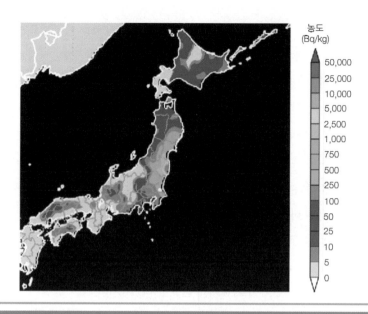

농도
(Bq/kg)

50,000
25,000
10,000
5,000
2,500
1,000
750
500
250
100
50
25
10
5
0

그림 4.5_ PNAS 논문의 세슘 침적량 지도

자료: Yasnari et al.(2011).

더 주의하여 발표했어야 했다. 물론, 이 지도에 '일본 방사능 오염지도'라는
이름을 붙여서 의도적으로 왜곡하여 사용하는 사람들에게 더 큰 잘못이 있
다. 논문 저자 중에서 한 명은 한국까지 날아와서 논문의 지도 대신 실측값
을 사용해달라고 했지만, 이 논문이 끼치는 폐해가 너무 크다.

　설사 논문의 예측이 맞다 하더라도 '일본 국토의 70%가 오염되어 살 수
없는 땅이 되었다'는 주장은 맞지 않다. 토양 1kg당 5Bq 이상 침적된 곳을
살 수 없는 땅으로 간주한 것인데, 후쿠시마 사고 전에도 한국과 일본의 토
양은 과거 핵실험 등의 영향으로 5Bq/kg 수준으로 오염되어 있었고, 수십
Bq/kg인 지역도 드물지 않았다. 또 논문에서도 후쿠시마현의 일부 지역에
서만 기준치를 초과하고 있다고 분명히 밝혔던 바 있다. 일본 국토 70% 오
염 주장은 부적절한 자료를 의도적으로 왜곡하여 사용하면서 방사선 공포
를 조장한 대표적 사례이다.

현재 후쿠시마 지역은 336km² 면적의 귀환곤란지역을 제외하고는 일차적인 면적제염(생활공간에서 떨어진 산림지역을 제외한 해당지역 전체에 대해 제염)을 완료하고 피난지시구역에서도 해제했다. 제3장 3절에서 설명했듯이 과거에 거주제한구역이나 피난지시해제 준비구역으로 지정되었던 지역의 방사능이 제염작업으로 바로 사고 전 상태로 회복되지는 않으나, 제염의 효과는 확실하게 나타나고 있다. 한편, 현재 피난지시구역 밖의 방사능은 낮은 수준으로 나타난다. 그림 4.6은 2020년 1월 26일부터 2월 25일까지 1개월간 후쿠시마 아즈마경기장, 후쿠시마시, 미야기경기장, 센다이시, 도쿄 신주쿠구, 도쿄 하네다공항에서 측정된 공간방사선량률을 보여준다. 제주도를 제외하고는 대체로 0.1~0.15μSv/h 수준인 한국과 비교하면 후쿠시마시는 비슷하고, 다른 지역은 오히려 낮게 나타나고 있다.

그렇다면 가끔 언론에서 보도되는 방사능 핫스팟Hot Spot은 얼마나 위험할까? 방사능 핫스팟은 주변 지역에 비해 방사능이 국부적으로 높은 곳을 의미한다. 도쿄와 같이 후쿠시마 원전에서 멀리 떨어진 지역에서 발견되기도 하고, 제염작업을 이미 완료한 지역에서도 가끔 발견되어 주민을 불안하게 한다. 2019년만 해도 도쿄도 내의 공원과 도쿄올림픽 성화 출발지인 J-빌리지에서 발견된 핫스팟이 방사선 안전에 대한 우려를 불러일으켰다.

핫스팟은 방사성물질을 부주의하게 다루어서 생길 수도 있지만, 지표면이나 도로, 건물 등의 표면에 낮은 농도의 방사성물질이 있다가 빗물로 씻겨서 좁은 곳에 모이면서 생기는 경우가 많다. 따라서 방사능 핫스팟은 언제, 어느 곳에서라도 나타날 수 있다고 생각하고, 지속적으로 모니터링하여 제거할 필요가 있다. 다만, 핫스팟 존재 자체를 바로 대량의 방사선 피폭과 연계시켜 생각할 필요는 없다. 일반적으로 방사능 핫스팟은 매우 국부적으로 존재하므로 방사능 총량은 작은 경우가 많다. 실제로 도쿄도 내 공원의 핫스팟에서 측정된 공간방사선량률은 그리 높지 않았다.

어떤 핫스팟에서 공간방사선량률이 1μSv/h라면 그곳에 1시간 머무를 때

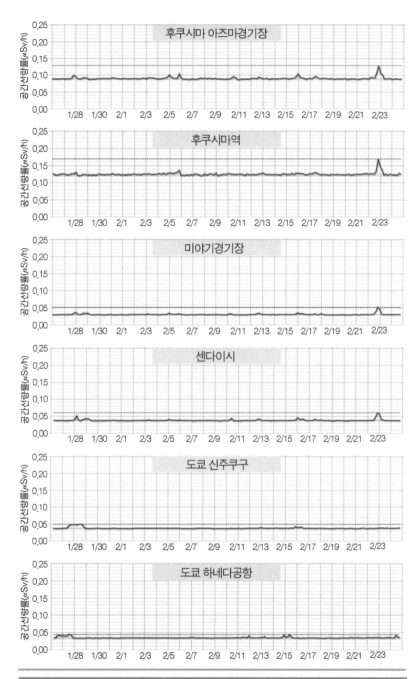

그림 4.6_ 일본 관심지역의 공간방사선량률(2020.1.26~2.25)

제4장_ 후쿠시마, 논란과 진실 **131**

받게 되는 선량이 1µSv, 즉 0.001mSv라는 뜻이다. 하루 종일 서 있다면 0.024mSv를 받는다. 따라서 방사능이 높은 핫스팟이라 하더라도 근처에 잠시 머물렀거나 지나쳤을 때 받는 방사선량은 그리 크지 않다. 그럼에도 핫스팟이 발견되면 신속하게 제거해야 함은 물론이다.

그리고 핫스팟과 관련하여 언론에 보도되는 공간방사선량률이나 토양 방사능에 대해서는 다음 두 가지 사항을 주의 깊게 살펴볼 필요가 있다.

• 국부적으로 샘플링한 방사능 농도를 일반화하지 않았는가?

예를 들어 면적 100cm²의 지표면이 국부적으로 총 100Bq의 방사능으로 오염된 경우를 가정해보자. 이 경우 오염된 곳의 국부적인 방사능 오염도는 1Bq/cm²이 된다. 이를 Bq/m^2 단위로 단순 환산하면 1m² = 10,000cm²이므로 10,000Bq/m²이 된다. 그러나 실제로는 1m²의 지표면에 100Bq의 방사능만 존재하므로 오염도는 100Bq/m²에 지나지 않는다. 즉, 좁은 면적이나 작은 질량 또는 체적에 대해 측정한 후 큰 값으로 환산하여 잘못된 정보가 전달되기도 하므로 유의해야 한다.

• 공간선량률을 방사선원이 있는 지표면과 매우 가까운 거리에서 측정하지 않았는가?

공간방사선량률은 신체 내 주요 장기의 위치 등을 고려하여 보통 지표면에서 1m 높이에서 측정한다. 방사선량률은 방사선원에서 가까울수록 높아진다. 핫스팟 위에서 앉거나 누워서 시간을 보낸다면 1m 높이의 선량률보다는 더 받겠지만, 현실에서 그런 일이 오랜 시간 일어나지는 않는다. 따라서 지표면이나 5cm, 10cm 등의 높이에서 측정된 선량률은 핫스팟 위치를 찾아내는 것 이상의 의미를 갖기 어렵다.

2019년 8월에는 국내 2개 언론의 일본 현지 취재를 지원했던 일본의 시민단체 '진실을 위해 핫스팟을 조사하는 사람들HIT'이 국내 보도 이후 과장 보도에 항의하는 글을 단체 웹사이트에 올리면서 더는 취재 협조를 하지 않겠다고 선언하는 일이 있었다. 실제 위험성과 연관성이 적은 지표면 가까이의 공간선량률만 보도하면서 대중의 공포를 자극했기 때문이다. 그린피스 등의 도움을 얻어 현재 방사능을 취재한 모 방송의 탐사보도에서도 일반인의 자유로운 출입이 허가되지 않은 지역의 지표면의 방사선량을 보여주면서 위험성을 강조하는 것을 보았다. 그 당시 취재진은 별다른 방호장구를 착용하지 않았는데, 정말 위험하다고 생각했다면 그럴 수 없었을 것이다. 일부 한국 언론의 과장보도 문제는 팩트체크 전문 미디어인 '뉴스톱'(www.newstof.com)이 2019년 12월 초부터 약 1개월간 후쿠시마 방사능 오염에 대해 취재한 〈모두를 위해 후쿠시마 방사능 지도를 그리다〉 시리즈에서도 잘 다루고 있다.

지금까지 살펴봤듯이 후쿠시마 제1원전 주변의 귀환곤란구역을 제외하고는 방사능이 높지 않으므로 방사선 피폭을 우려하여 일본 방문을 피할 이유는 없다. 일본 정부는 연간 20mSv 이하의 공간방사선량률을 피난지시구역 해제를 위한 최소한의 요건으로 적용하고 있는데, 실제로는 대부분의 해제지역에서 선량률이 이보다 훨씬 낮다. 독일 연방방사선방호청BfS도 홈페이지에서 피난지시가 해제된 후쿠시마 지역을 단기간 방문하는 데 따른 방사선 피폭을 우려할 필요가 없음을 밝히고 있다.

4. 후쿠시마 원전 방사능에 의한 피해

후쿠시마 사고로 인한 인명과 재산 피해 규모에 대해서도 논란이 있다. 특히 후쿠시마 사고로 인한 인명 피해(사망)와 방사선 피폭에 따른 환자의 증가 여부에 대한 혼란스런 정보가 난무하고 있다. 그런데 방사선 피폭 후 암 발생까지의 잠복기가 일반적으로 백혈병은 5~15년, 고형암들은 10~60년이어서 누구나 인정할 수 있는 확고한 자료가 나오려면 긴 시간이 필요하다.

앞에서 살펴봤듯이 동일본대지진 당시의 사망·실종자 1만 8,428명(사망1만 5,899명, 행방불명 2,526명)은 모두 대지진과 쓰나미에 의한 것이며(특히 쓰나미에 의한 익사가 90% 이상임), 후쿠시마 원전사고로 인한 방사선 피폭으로 사망한 사람은 단 한 명도 없다. 시간이 지나면서 대지진과 쓰나미에 대한 기억은 희미해지는 반면 후쿠시마 사고에 대한 기억은 유지되면서, 당시의 인명 피해가 대부분 후쿠시마 사고에서 비롯되었다고 생각하는 사람도 있는 것으로 보인다.

후쿠시마 원전사고로 누출된 방사성물질이 인체에 어떠한 영향을 미칠 것인가는 중요한 이슈이다. 후쿠시마 사고가 체르노빌 사고와 같은 7등급 사고인 데다 4기의 원자로에서 사고가 진행되었기 때문에 방사성물질의 누출도 훨씬 많았고 이로 인한 암 발생도 많을 것이라는 주장도 있다. 그러나 후쿠시마 사고로 방출된 방사능은 체르노빌 사고의 10~20% 수준이었고, 그중에서도 70~80%는 태평양 쪽으로 날아가서 일본 국토를 오염시킨 양은 상대적으로 훨씬 적다. 원자로 및 원자로건물 자체가 파손되고 격렬한 화재가 발생했던 체르노빌 사고와 달리 격납용기에 일부 누설만 있었기 때문이다. 또한, 원자로에서 중대사고가 진행되는 것으로 추정되면서부터 주민들에 대한 비상대피가 시작되어 지역주민이 피폭한 방사선량은 매우 적다. 훨씬 많은 방사성물질이 방출되었고 며칠 동안 사고를 숨기고 피난조치를 취하지 않은 체르노빌 원전사고와는 완전히 다른 상황이며, 오히려 주민 대피가 너무 급하게 이루어졌다는 비판조차 있다.

그런데 후쿠시마 원전사고 후 각종 질병이 크게 늘었다는 주장이 소셜미디어와 반원자력 인사들의 강연이나 탈핵 교재 등에 자주 등장하고 있다. 또한, 이런 이야기들이 처음 발표될 때는 주류 언론에서 다루기도 한다. 몇 가지 대표적인 사례를 살펴본다.

2017년 1월에는 국회에서 열린 한·일 공동심포지엄에서 일본의 일부 의

사들이 후쿠시마현립의과대학의 자료를 인용하여 원전사고로 질병 발생률이 크게 증가했다고 주장했다. 2010년에 비해 2012년의 질병 건수가 백내장은 227%, 협심증은 157%, 뇌출혈은 300%, 소장암은 400%, 대장암은 297%, 전립샘암은 300% 등으로 크게 증가했고 이는 원전사고가 암 발생률을 높였다는 것이다. 이 주장은 여러 언론에 그대로 보도되어 원자력을 비판하는 이들이 즐겨 사용하고 있다. 그러나 이 자료는 단순히 해당 병원의 치료실적을 보여주는 것으로, 특정 인구집단의 질병 발생률과는 관계가 없는 자료이다. 후쿠시마 사고 후 많은 지역의 의료체계가 무너졌기 때문에 현립의과대학 병원에 더 많은 환자가 몰렸을 뿐이다. 암은 방사선을 피폭한 이후 바로 발생하지 않고 수년 이상의 잠복기를 거쳐 발생하므로 2012년에 모든 종류의 암 발생률이 높아지는 것은 불가능하다. 후쿠시마현의 암 발생은 다른 지역과 큰 차이가 없음을 뒤에서 다시 설명한다.

2018년 10월에는 미나미소마시의 한 시의원이 미나미소마시립 종합병원에서 성인 갑상선암 29배, 백혈병 11배를 포함하여 폐암, 소아암, 폐렴, 심근경색과 같은 주요 질환의 환자 수가 원전사고 전보다 크게 증가했으며, 이것이 원전사고의 영향이라고 주장했다. 그러나 이에 대해서는 해당 병원에 근무하는 의사가 통계자료를 잘못 해석했음을 입증하는 논문을 국제의학저널인 『QJM: An International Journal of Medicine』에 게재함으로써 일단락되었다.

그리고 동일본대지진의 재해 극복의 일환으로 일본 농림수산성과 소비자청이 후쿠시마산 농림수산물의 소비를 촉진하기 위해 기획한 '먹어서 응원하자'는 캠페인에 참여했던 연예인들이 방사선 피폭으로 암이나 백혈병 등에 걸렸다는 주장들이 있다. 뉴스톱 팩트체크 기사인 "'먹어서 응원하자' 참여한 일본연예인 피폭, 어디까지 사실인가"는 이러한 주장들이 근거가 빈약하다는 점을 잘 설명하고 있다[뉴스톱, 2020].

후쿠시마현에서는 원전사고의 건강 영향을 확인하기 위하여 **그림 4.7**과

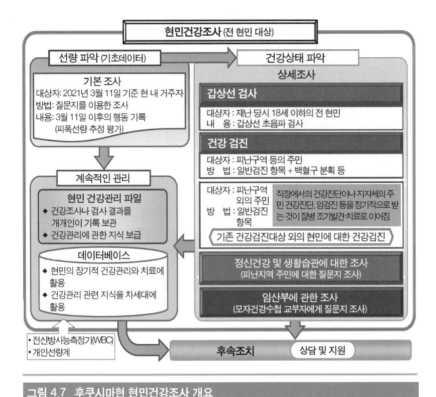

현민건강조사 (전 현민 대상)

선량 파악 (기초데이터)　　　　**건강상태 파악**

기본 조사
대상자 : 2021년 3월 11일 기준 현 내 거주자
방법 : 질문지를 이용한 조사
내용 : 3월 11일 이후의 행동 기록
　　　(피폭선량 추정 평가)

상세조사

갑상선 검사
대상자 : 재난 당시 18세 이하의 전 현민
내　용 : 갑상선 초음파 검사

건강 검진
대상자 : 피난구역 등의 주민
방　법 : 일반검진 항목 + 백혈구 분획 등

대상자 : 피난구역
외의 주민
방　법 : 일반검진
항목

직장에서의 건강진단이나 지자체의 주민 건강진단, 암검진 등을 정기적으로 받는 것이 질병 조기발견·치료로 이어짐

기존 건강검진대상 외의 현민에 대한 건강검진

계속적인 관리

현민 건강관리 파일
◆ 건강조사나 검사 결과를
　개개인이 기록 보관
◆ 건강관리에 관한 지식 보급

데이터베이스
◆ 현민의 장기적 건강관리와 치료에
　활용
◆ 건강관리 관련 지식을 차세대에
　활용

정신건강 및 생활습관에 대한 조사
(피난지역 주민에 대한 질문지 조사)

임산부에 관한 조사
(모자건강수첩 교부자에게 질문지 조사)

• 전신방사능측정기(WBC)
• 개인선량계

후속조치　　**상담 및 지원**

그림 4.7_ 후쿠시마현 현민건강조사 개요

같이 광범위한 현민건강조사를 해오고 있다[福島県立医科大学, 2020]. 현민건
강조사는 기본조사(외부피폭선량 평가), 전신방사능계측기Whole Body Counter:
WBC 검사(내부피폭 평가), 갑상선 검사(사고 시 18세 이하), 현민 건강검진 등
으로 이루어진다.

　기본조사는 질문지를 통해 확보한 사고 후 4개월간의 행동기록에 근거하
여 후쿠시마 현민들의 외부피폭선량을 평가하는 것이다. 2019회계연도까
지의 기본조사 결과를 이를 그림 4.8에 보였는데[福島県, 2021b], 약 47만 명
의 평가대상 중에서 62.2%가 1mSv 이하, 93.8%가 2mSv 미만, 99.8%가
5mSv 미만이며, 최고값은 25mSv로 평가되었다. 전신방사능측정기에 의한

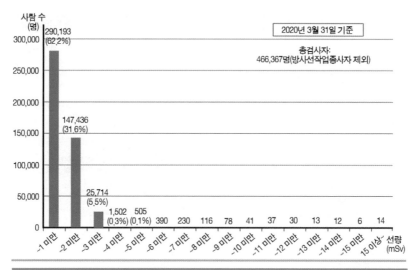

그림 4.8_ 후쿠시마현민의 사고 후 4개월간 외부피폭선량 평가 결과

내부피폭선량 평가도 지속적으로 이루어져서 매월 현 홈페이지에 공개되고 있다. 2021년 2월까지의 평가에 따르면 총 34만 5,624명의 검사자 중 내부피폭선량이 1mSv 이하가 34만 5,498명(99.99%)로 거의 대부분이고, 1~2mSv 14명, 2~3mSv 10명, 3~4mSv 2명으로 나타났다. 이러한 수준의 방사선 내부 및 외부 피폭에서는 결정론적 영향은 나타나지 않고, 확률론적 영향인 암 발생률이 증가할 가능성도 희박하다.

유엔방사선과학영향위원회[UNSCEAR, 2013; 2020], 세계보건기구[WHO, 2013], 국제원자력기구[IAEA, 2015] 등에서도 후쿠시마 원전사고의 방사선 영향을 평가하였다. 모두 후쿠시마 사고로 인한 방사선 피폭이 작아서 암 발생률에 영향을 미치지 않을 것으로 평가하고 있다. 다만, 사고 당시 유아들에 대해서는 갑상선암 증가 가능성을 완전히 배제할 수 없으므로, 지속적인 추적 검사를 권고하고 있다.

후쿠시마 지역에서의 갑상선암 증가 여부는 큰 관심사이므로, 사고 당시 18세 이하였던 현민을 대상으로 갑상선 검사가 반복적으로 수행되고 있다.

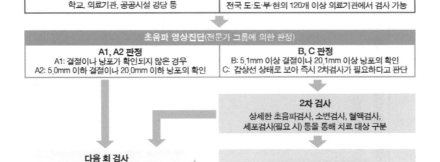

그림 4.9_ 후쿠시마현민 갑상선암 검사의 흐름

자료: 福島県立医科大学(2020).

표 4.5_ 후쿠시마현 갑상선암 조사 경과 및 결과

구분		기간	검사대상자(1차수진자)	2차검사대상자	암 및 악성 의심
선행검사	1회	11.10~14.3	367,637(300,472)	2,091	116
본격검사	2회	14.4~16.3	381,244(270,540)	1,826	71
	3회	16.5~18.3	336,669(217,676)	1,038	21
	4회	18.4~20.3	293,945 (76,979)	346	2
	5회	20.4~	-	-	-

그림 4.9에서 보듯이 각 회의 검사는 두 단계로 이루어지는데, 1차 검사에
서는 초음파검사에 의해 5.1mm 이상의 결절이나 20.1mm 이상의 낭포가
의심되는 경우를 2차 검사 대상으로 판정한다. 2차 검사에서는 정밀초음파
검사, 혈액검사, 소변검사 및 세포검사(필요 시) 등에 의해 암이나 악성의심
종양을 확인한다.

표 4.5는 사고 후의 감상선 검사 진행 과정과 주요 결과를 보여준다.

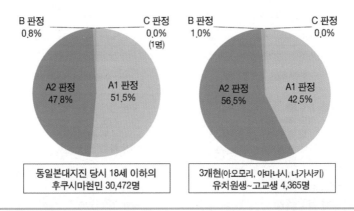

B 판정   C 판정
0.8%   0.0%
               (1명)

A2 판정   A1 판정
47.8%   51.5%

동일본대지진 당시 18세 이하의
후쿠시마현민 30,472명

B 판정   C 판정
1.0%   0.0%

A2 판정   A1 판정
56.5%   42.5%

3개현(아오모리, 야마나시, 나가사키)
유치원생~고교생 4,365명

그림 4.10_ 후쿠시마현과 다른 지역과의 갑상선 검사 결과 비교

자료: 環境省(2018).

2015년 4월까지 이루어진 선행검사에는 30만 472명이 참여하여 1차 검사에서 2,091명(0.7%)이 2차 검사 대상으로 선정되어, 최종적으로는 116명 (0.04%)이 악성 또는 의심되는 종양으로 판정되었다. 악성종양의 비율이 일반적으로 알려진 비율보다 높으나, 같은 방법으로 사고의 영향을 전혀 받지 않은 아오모리현青森県, 야마나시현山梨県, 나가사키현長崎県에 대해 조사한 결과와 거의 같았다(그림 4.10 참조). 또한 해당 어린이들에 대한 피폭선량 평가에서도 대부분 1mSv 이하의 피폭을 받은 것으로 나타났다. 따라서 갑상선 악성종양 검진 비율 증가는 최신 초음파 검사장비를 활용하여 적극적으로 집단검사를 수행함에 따라 나타난 것으로 해석된다. 이러한 현상은 한국, 미국, 호주 등 다른 국가에서도 흔히 나타나는 현상이다. 그리고 체르노빌 원전사고에서 방사선 피폭으로 발생한 갑상선암은 대부분 고형변이종이었으나 후쿠시마현에서는 대부분 갑상선 유두암인 것도 방사선과의 연관성이 희박함을 말해준다.

한편, 원전사고 후 후쿠시마현에서 암 등 질환이 크게 증가했다는 일부 주장이 사실이 아님은 현지 전문가들에 의해 거듭 확인되었고, 후쿠시마현

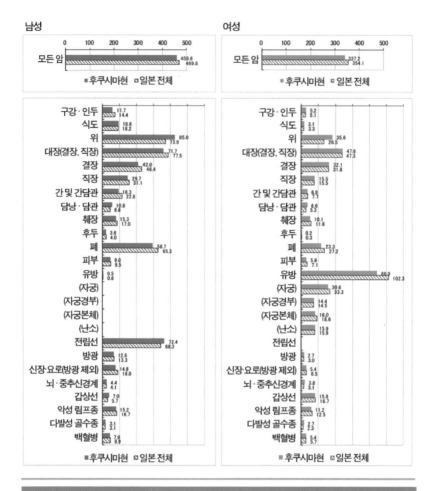

그림 4.11_ 2016년 후쿠시마현과 일본 전국의 10만 명당 암 발생률 비교

자료: 福島県立医科大学(2020).

의 암 등록 자료[福島県保健福祉部, 2020]에서도 확인할 수 있다. 현재 2016년
까지의 등록 결과가 분석되어 있는데, 주요 결과를 그림 4.11과 4.12에 제
시하였다. 그림에서 알 수 있듯이, 2011년의 원전사고 이전과 이후 모두 후
쿠시마현의 암 발생률 및 사망률이 일본 평균과 비교하여 높지 않게 나타나
고 있다.

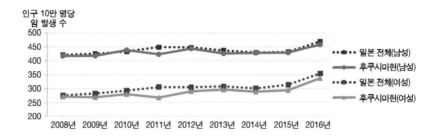

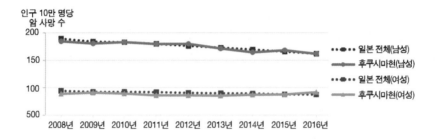

제5장
후쿠시마 원전사고 개관

제2부에서는 후쿠시마 원전사고의 전반적인 경위와 사고 대응 및 이와 관련하여 논란이 있었던 몇 가지 사항에 대해 살펴본다. 먼저 제5장에서는 후쿠시마 제1원전의 특성과 사고의 원인이 된 동일본대지진 및 쓰나미에 대해 살펴본다. 후쿠시마 원전사고 이후 여러 국제기구와 국가에서 수많은 보고서를 발간하였다. 본 장에서는 이 중 국제적으로 가장 신뢰성과 객관성이 높은 보고서로 인정받고 있는 국제원자력기구International Atomic Energy Agency: IAEA의 사고 조사 보고서를 기본 자료로 삼아 사고 경위를 재구성하였다 [IAEA, 2015a~c]. IAEA 보고서가 필요한 정보를 포함하지 않는 경우에는 필요에 따라 일본 정부, 국회 및 도쿄전력의 자료와 기타 기관의 보고서, 연구 논문 등을 활용했다.

1. 후쿠시마 제1원전

후쿠시마 제1원전은 비등경수로Boiling Water Reactor: BWR 6기가 운전 중이던 도쿄전력 소유의 대단위 발전소이다. 비등경수로는 핵분열에서 나오는 에너지를 이용해 냉각재(물)를 원자로 안에서 직접 끓여서 만든 증기로 터빈-발전기를 돌려 전기를 생산한다. 원자로에서는 냉각재가 끓지 않고 증기발생기로 열을 전달하여 증기를 생산하는 한국의 가압경수로Pressurized Water Reactor: PWR와 가압중수로Pressurized Heavy Water Reactor: PHWR와는 상당히 다른 방식이다. 비등경수로, 가압경수로, 가압중수로의 핵심적인 특성은 부록의 [기초지식-8]에서 설명하고 있다.

후쿠시마 제1원전의 모습과 주요 시설의 배치는 제1부 **그림** 1.2와 1.3에서 볼 수 있다. 표 5.1에 후쿠시마 제1원전의 호기별 원자로 정보를 요약했다[한국원자력학회, 2013]. 후쿠시마 세1원전 1호기는 BWR-3, 2호기부터 5호기까지는 BWR-4, 6호기는 BWR-5인데, BWR-3, 4, 5는 미국 제너럴일렉트릭General Electric: GE에서 공급한 비등경수로의 설계유형을 구분하는 명칭이다. GE는 1950년대부터 비등경수로 개발을 주도했고, BWR-3~5는 1970년대에 주로 건설되었다.

BWR을 포함하여 모든 원전은 다양한 안전설비를 갖춘다. 안전설비의 핵심적인 기능은 ① 필요할 때 원자로를 안전하게 정지시키고, ② 정지 후에도 핵연료에서 계속 생성되는 붕괴열을 제거(냉각)하며, ③ 방사성물질이 방벽 밖으로 누출되지 않도록 하는 것이다. 원자로 정지설비는 BWR-3과 BWR-4가 유사하나, 붕괴열 제거를 위한 안전설비들은 조금 다르다. 후쿠시마 제1원전 원자로의 호기별 상세 설계 특성은 [기초지식-13]에 나와 있다. 방사성물질 누출에 대한 최후 방벽인 격납용기는 6호기를 제외하고는 모두 Mark-I 유형(제1부 **그림** 1.4)이다.

Mark-I 격납용기는 가압경수로의 격납건물에 비해 원자로 출력당 부피가 작다는 점이 도입 초기부터 문제점으로 지적되었었다[USNRC, 2013]. 후쿠시마 원전사고에서는 붕괴열 냉각을 위한 여러 안전설비가 전력공급 중단 등으로 기능을 상실하여 결국 원자로 안의 핵연료가 녹았다. 이후 부피

표 5.1_ 후쿠시마 제1원전 개요

호기	유형	전기 출력 (MWe)	열 출력 (MWt)	격납 용기	건설 착수	상업 운전	주계약자	지진 발생 시 상태		
								원자로 운전	핵연료집합체 수	
									원자로	저장조*
1호기	BWR-3	460	1,380	Mark-I	'67.04	'71.03	GE	전출력	400	292+100
2호기	BWR-4	784	2,381	Mark-I	'69.01	'74.07	GE/도시바	전출력	548	587+28
3호기	BWR-4	784	2,381	Mark-I	'70.08	'76.03	도시바	전출력	548	514+52
4호기	BWR-4	784	2,381	Mark-I	'72.09	'78.10	히타치	정지	0	1331+204
5호기	BWR-4	784	2,381	Mark-I	'71.12	'78.04	도시바	정지	548	946+48
6호기	BWR-5	1,100	3,293	Mark-II	'73.05	'79.10	GE/도시바	정지	764	876+64
사용후핵연료 공용저장조**								-	-	6,375+0

*　원자로건물의 격납용기보다 높은 곳에 있는 사용후핵연료저장조에는 사용후핵연료와 새로운 핵연료가 함께 보관됨. 앞 숫자는 사용후핵연료 집합체의 수, 뒤 숫자는 사용되지 않은 새로운 핵연료집합체의 수임.

**　사용후핵연료는 각 원자로건물의 저장조에서 19개월 이상 냉각한 후 공용저장조로 이송하여 저장함. 여기서 충분히 냉각된 사용후핵연료는 건식저장시설에 보관하거나 로카슈무라 재처리시설로 이송함.

자료: 한국원자력학회(2013).

가 작은 Mark-I 격납용기가 사고로 인한 내부 압력과 온도의 상승을 견뎌내지 못하고 손상되어 결국 방사성물질이 원전 외부로 누출되고 말았다.

비록 후쿠시마 제1원전이 1960~1970년대에 설계된 원전이기는 하지만 원전은 일반적으로 운영 중에 안전설비를 지속적으로 개선하거나 추가한다. 가장 대표적인 예가 1979년 미국의 TMI 원전사고 이후 전 세계 원전들이 시행한 'TMI 사고 후속조치TMI Action Plan'이다. 가장 대표적인 TMI 사고 후속조치로는 핵연료가 녹는 것을 막기 위한 운전원 조치를 포함하는 비상운전절차서의 개선, 수소가스 제어장치의 추가, 중대사고에 대한 안전 연구, 사고관리와 리스크 평가의 도입 및 원전사고 시 지원조직의 설치 등이 있다[USNRC, 1980]. TMI 사고 후속조치는 미국의 원자력규제위원회

Nuclear Regulatory Commission: USNRC가 미국 원전을 대상으로 추진한 것이지만, 실제로는 한국, 일본을 포함하여 대부분의 원전 보유 국가에서 유사한 후속조치가 이행되었다.

후쿠시마 제1원전의 추가적인 안전설비 개선으로는 2007년 7월 발생한 일본 니가타 해역 지진에 대한 후속 조치도 있다. 이 지진으로 일본 가시와자키 가리와 원전에서 변압기 화재를 비롯한 몇 가지 문제가 발생했다[IAEA, 2008]. 이에 따라 일본 원전 사업자들은 지진 대비 안전성을 향상하기 위해 원전 전용 소방차를 원전 부지에 배치하고, 강한 지진에도 견디도록 변압기 기초공사 부분을 보완했다[TEPCO, 2012a]. 이 중 가장 중요한 개선사항은 면진건물의 건설이었다. 니가타 해역 지진 당시 발전소 현장비상대응센터Emergency Response Center: ERC의 출입문이 지진으로 변형됨에 따라 현장비상대응센터에 진입하여 초기 대응을 하는 데 문제가 있었다. 이에 따라 일본의 일부 원전 사업자들은 원전 부지 내에 진도震度([기초지식-12]) 7 수준의 지진에도 비상대응 기능을 수행할 수 있는 면진건물 구축을 추진하였다. 면진건물에는 별도의 비상발전기를 설치하여 전력공급의 신뢰성을 높였다. 아울러 전선의 내진 성능을 높이고 비상시의 공기조절계통도 설치했으며, 비상용 통신설비 등도 확보되어 있었다. 후쿠시마 제1원전의 면진건물은 2010년 7월부터 가동되었다. 면진건물의 설치는 일본 원자력 규제기관의 공식적인 규제 요건은 아니었고 일본 전력회사들의 자체적인 안전성 확보 노력의 하나였다. 후쿠시마 제1원전의 면진건물이 후쿠시마 원전사고 이전에 완성됨으로써 사고 당시 현장비상대응센터를 여기에 설치할 수 있었고, 원전사고 초기대응에 큰 역할을 하였다.

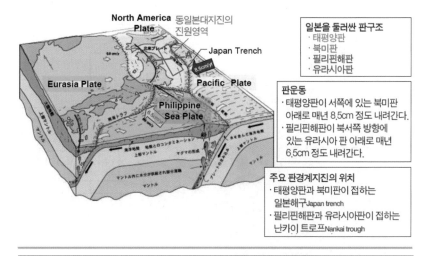

그림 5.1_ 일본 주변의 판 구조

자료: Government of Japan(2011); 김인구(2020).

2. 동일본대지진과 쓰나미

동일본대지진은 2011년 3월 11일 14시 46분에 발생했다.[1] 지진의 규모 Magnitude([기초지식-12])는 일본 지진 관측 역사상 최대 규모인 9.0이었다. 진앙은 후쿠시마 제1원전에서 북동쪽으로 약 180km 떨어진 태평양 해저였고, 진원의 깊이는 약 24km였다.

일본은 많은 지각판이 경계를 이루는 위치에 있다. 그림 5.1은 일본 주변 대륙판들(북아메리카판, 태평양판, 유라시아판, 필리핀해판)의 위치와 동일본대지진의 진원영역을 보여준다. 북아메리카판과 태평양판의 경계에 일본해구Japan Trench가 형성되어 있다. 동일본대지진은 태평양판이 북아메리카판

---

1 제1부에서는 '동일본대지진'이라는 용어를 일본에서 사용하는 방식에 따라 지진과 쓰나미를 모두 포함하는 의미로 사용하였다. 그러나 지진과 쓰나미가 원전사고 진행에 미치는 영향이 다르므로 제2부에서는 이를 구분하여 동일본대지진을 지진만을 나타내는 의미로 사용한다.

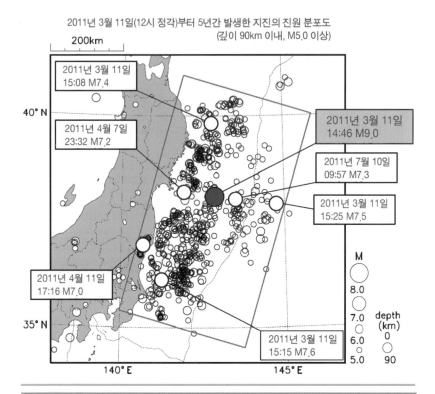

2011년 3월 11일(12시 정각)부터 5년간 발생한 지진의 진원 분포도
(깊이 90km 이내, M5.0 이상)

200km

2011년 3월 11일
15:08 M7.4

40° N

2011년 4월 7일
23:32 M7.2

2011년 3월 11일
14:46 M9.0

2011년 7월 10일
09:57 M7.3

2011년 3월 11일
15:25 M7.5

2011년 4월 11일
17:16 M7.0

35° N

2011년 3월 11일
15:15 M7.6

M

8.0

7.0   depth
       (km)
6.0   0

5.0   90

140° E   145° E

그림 5.2_ 동일본대지진과 여진 발생 현황

자료: JMA(2012); 김인구(2020).

아래로 파고들면서 축적된 대량의 응력에너지가 일시에 분출된 것이다. 진동은 약 3분간 지속됐는데, 길이 400km, 폭 200km에 이르는 매우 넓은 영역에서 여러 개의 지진원Earthquake Source이 거의 동시에 활동을 일으켰다. 지진의 여파로 일본의 해안선 지역이 80cm 정도 가라앉았다.

동일본대지진은 종래에 경험했던 어떤 지진보다도 훨씬 횟수가 많고 규모도 큰 여진을 수반하였다. 그림 5.2에 나와 있듯이 2012년 4월을 기준으로 규모 7 이상의 여진이 6회, 규모 6 이상의 여진이 102회, 규모 5 이상의 여진이 671회 발생한 것으로 보고되었다[JMA, 2012]. 국내 지진 관측 역사상 가장 컸던 경주 지진(2016년)의 규모가 5.8이었음을 생각해보면, 동일본

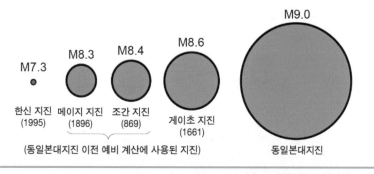

M7.3
●
한신 지진
(1995)

M8.3
메이지 지진
(1896)

M8.4
조간 지진
(869)

(동일본대지진 이전 예비 계산에 사용된 지진)

M8.6
게이초 지진
(1661)

M9.0
동일본대지진

그림 5.3._ 지진 규모에 따른 에너지 차이 비교

자료: TEPCO(2012c).

대지진 당시 경주 지진보다 규모가 큰 여진이 100회 이상 발생한 것이다. 이것만 보아도 동일본대지진이 얼마나 대형 지진이었는지를 알 수 있다.

지진 규모에 대해 더 잘 이해할 수 있도록, 지진 규모에 따라 방출되는 에너지가 얼마나 급격하게 변하는지를 그림 5.3에 예시했다. 이 그림에 나오는 원의 면적은 지진에너지의 크기에 비례한다. 지진에서 규모 1 커지면 방출하는 에너지는 32배로 증가한다. 따라서 규모 9.0인 동일본대지진은 규모 5.8인 경주 지진에 비해 에너지 측면에서 6만 배 이상 큰 지진이었다.

그림 5.4는 동일본대지진과 쓰나미 발생 당시 영향을 받은 일본 원전들을 보여준다[JMA, 2012; 김인구, 2020]. 일본 동북지역에 있는 4개 원전, 총 14기(북쪽부터 오나가와 원전 1~3호기, 후쿠시마 제1원전 1~6호기, 후쿠시마 제2원전 1~4호기, 도카이 제2원전 1호기)의 원자로가 동일본대지진과 쓰나미의 영향을 받았다. 특히, 후쿠시마 제1원전 2·3·5호기와 오나가와 원전에서는 설계기준보다 더 큰 지반 진동이 측정되었다. 그럼에도 후쿠시마 원전사고 후 수행된 조사 결과에 따르면, 후쿠시마 제1원전을 포함하여 일본의 어떤 원전에서도 지진만의 영향으로 원전의 주요 안전계통이 작동하지 않은 예는 없었다. 결국 후쿠시마 원전사고의 가장 중요한 원인은 단순히 지진이 아니라 동일본대지진이 유발한 초대형 쓰나미라고 할 수 있다.

도호쿠전력(주) 히가시도리 원자력발전:
(가동원전 1기)

일본원연(주) 롯카쇼무라 재처리시설

도호쿠전력(주) 오나가와 원자력발전소
(가동원전 3기)

도쿄전력(주) 후쿠시마 제1원자력발전소
(가동원전 6기)

도쿄전력(주) 후쿠시마 제2원자력발전소
(가동원전 4기)

일본원자력발전(주) 도카이 제2발전소
(가동원전 1기)

아오모리
아키타
이와테
야마키타
미야기
★
진앙지
니카타
후쿠시마
도치기
이바라키

그림 5.4_ 동일본대지진의 영향을 받은 원자력시설

자료: 김인구(2020).

    쓰나미는 바다 혹은 호수 등에서 해저 지진이나 화산폭발 혹은 산사태 같은 대규모의 지각 변동 등 물의 대규모 체적 변화를 유발하는 사건이 있을 때 발생한다. 쓰나미는 파장이 매우 길고 파고가 낮으며 전파 속도가 빠르다[한국원자력학회, 2013]. 세계 지진 계측 역사상 가장 큰 지진으로 알려진 1960년도의 칠레 지진은 규모 9.5로 기록되어 있으며, 칠레 해변에서 최고 높이 약 25m의 쓰나미를 유발하였다. 이 쓰나미가 단 하루 만에 태평양을 건너 일본에도 영향을 미쳐 일본에서 140여 명의 사망자와 실종자를 발생시켰을 정도로 쓰나미는 전파 속도가 빠르다[JMA, 1963].

쓰나미는 바닷물이 밀려오면서(처오름) 피해를 유발하고, 밀려온 바닷물이 바다로 빠져나가면서도(처내림) 다시 피해를 발생시킨다. 쓰나미는 파도에 의한 직접적인 피해, 침수에 따른 간접적인 피해, 쓰나미에 휩쓸려 같이 움직이는 모래나 부유물에 의한 부수적인 피해 등을 유발한다.

후쿠시마 제1원전에는 동일본대지진에 의해 발생한 대규모 쓰나미가 두 차례에 걸쳐 밀려왔다. 첫 번째는 지진 발생 후 41분이 지난 오후 3시 27분에 도달했고, 쓰나미의 파고는 약 4m 정도였다. 후쿠시마 제1원전의 경우 설계기준 쓰나미의 높이가 5.7m로 설정되어 있었고, 원전의 부지 높이는 해수면 기준 10m 정도였다. 따라서 높이 4m 정도의 첫 번째 쓰나미는 후쿠시마 제1원전에 별다른 피해를 주지 않았다.

문제는 지진 발생 후 48분이 지난 오후 3시 35분에 도달한 초대형 쓰나미였다. 이 쓰나미로 인하여 쓰나미 계측기를 포함한 많은 계측기가 파손되었기 때문에 두 번째 쓰나미의 정확한 높이는 기록으로 남아 있지 않다. 피해 상황을 볼 때 두 번째 쓰나미의 최고 높이는 처음에 14~15m 정도로 추정되었으나, 이후 도쿄전력은 해변의 파고계 기록을 참고하고 계산을 통하여 당시 후쿠시마 제1원전에 도달한 쓰나미의 높이를 13m로 추정했다. 그림 5.5에 후쿠시마 제1원전에 두 번째 쓰나미가 덮쳤을 때 촬영된 사진이 나와 있다. 그림 5.6에는 쓰나미의 높이와 후쿠시마 제1원전 설비의 상대적 높이가 나와 있다.

후쿠시마 제1원전의 5호기와 6호기는 부지 높이가 해수면 기준 13m로, 1~4호기에 비해 3m 정도가 높아 쓰나미로 인한 시설 피해가 적었다. 이 덕분에 5호기와 6호기에서는 방사능 누출 사고가 발생하지 않았다.

후쿠시마 제1원전 이외에 동일본대지진의 영향을 받은 원전으로는 후쿠시마 제1원전 기준 남쪽으로 12km 위치에 있는 후쿠시마 제2원전(BWR 4기)과 북쪽으로 180km 위치에 있는 오나가와 원전(BWR 3기)이 있다. 후쿠시마 제2원전과 오나가와 원전에도 쓰나미가 덮쳤으나, 후쿠시마 제1원전

그림 5.5_ 쓰나미에 의한 침수 시 후쿠시마 제1원전에서 촬영된 사진들

자료: TEPCO(2012c).

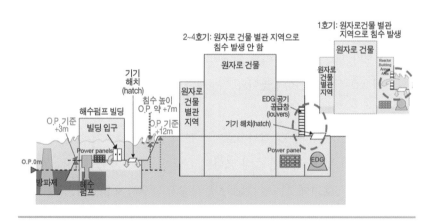

그림 5.6_ 후쿠시마 제1원전의 쓰나미 침수 높이

자료: TEPCO(2012a).

에 비해 침수 피해가 훨씬 작았고, 심각한 수준의 사고는 발생하지 않았다 [TEPCO, 2012a; IAEA, 2012].

3. 후쿠시마 원전사고의 개요

2011년 3월 11일 동일본대지진 발생 당시 후쿠시마 제1원전의 1~3호기는 100% 출력으로 정상 운전 중이었고, 4~6호기는 핵연료 교환과 유지·보수를 위해 정지상태에 있었다.

후쿠시마 원전사고로 운전 중이던 1~3호기에서 핵연료가 대량으로 녹아내리는 중대사고가 발생했고, 1·3·4호기에서는 수소가스 폭발도 발생했다. 그리고 그 결과 대량의 방사성물질이 외부로 누출되었다. 5·6호기는 일부 계통의 침수는 있었으나 그 이상의 큰 쓰나미 피해가 없어 중대사고를 막을 수 있었다.

동일본대지진은 비록 일본 지진 관측 역사상 가장 큰 규모의 지진이었지만, 지진 직후 후쿠시마 제1원전의 1~3호기는 모두 안전하게 정지되었다. 지진에 의해 외부에서 후쿠시마 제1원전에 전력을 공급하는 전력망이 모두 상실되었으므로, 원전에 설치된 비상디젤발전기Emergency Diesel Generator: EDG들이 자동으로 작동하여 안전계통에 전력을 공급하였다. 사고 이후의 여러 조사에서도 지진에 의한 원전 내부의 계통이나 구조물의 결정적 손상은 아직 발견된 바가 없다. 그러나 지진으로 인하여 후쿠시마 제1원전으로 통하는 많은 도로가 파손되었으며 이는 이후 사고 복구를 위한 외부의 지원을 지연시키는 원인이 되었다.

후쿠시마 제1원전에는 13대의 EDG가 있었다. 동일본대지진으로 외부전원이 상실된 직후 총 13대의 EDG 중에서 당시 수리 중이던 4호기의 1대를 제외한 12대가 모두 성공적으로 작동을 시작했고, 후쿠시마 제1원전의 안전계통에 전력을 공급하였다.

그러나 지진 발생 41분 후와 48분 후에 들이닥친 두 차례의 대규모 쓰나미로 후쿠시마 제1원전의 모든 원자로에서 침수가 발생하면서 6호기의 공랭식 EDG 1대를 제외한 모든 EDG가 기능을 상실했다[IAEA, 2015a]. 따라서 후쿠시마 제1원전의 1~4호기는 교류전원 완전상실Station Blackout: SBO 상태가 되었다. 5호기와 6호기는 살아남은 1대의 6호기 EDG에 의존하여 SBO를 피할 수 있었다. 6호기 EDG가 살아남을 수 있었던 것은 6호기 EDG 빌딩이 5·6호기 부지보다 더 높은 곳에 위치하여 거의 침수되지 않았을 뿐만 아니라, 공랭식이어서 냉각수가 별도로 필요하지 않았기 때문이다.

1~4호기의 직류전력을 공급하던 배터리도 건물의 지하층이나 1층에 위치했기 때문에 대부분 침수되었고, 각 계통에 전력을 공급하는 배전반도 침수되었다. 따라서 후쿠시마 제1원전 1~4호기는 모든 교류전원을 상실하여 안전계통의 펌프를 가동하거나 밸브를 조작하는 것이 불가능했고, 직류전원도 대부분 상실하여 발전소 주요계통의 상태를 파악하거나 주제어실Main Control Room: MCR에서 밸브를 원격으로 여닫는 것도 거의 불가능하게 되었다.[2] 더욱이 주제어실에도 전력이 공급되지 않아 전등이 꺼졌으므로 운전원들은 암흑 속에서 사고 대처를 할 수밖에 없었다.

이 상황에서 후쿠시마 제1원전의 운전원들은 중대사고를 막기 위해 다양한 시도를 하였다. 예를 들어 소방차를 이용하여 원자로에 물을 주입해서 붕괴열이 계속 생성되는 핵연료를 냉각하려고 시도하였다. 그러나 실제로는 소방차를 이용하여 물을 주입하는 작업이 지연되거나, 주입된 물의 상당량이 핵연료가 있는 원자로가 아니라 다른 계통의 탱크 등으로 흘러가 실제 원자로를 냉각하는 데 성공하지는 못했다[TEPCO, 2013].

---

[2] 1·2·4호기는 쓰나미로 인한 침수가 시작되고 10~15분 만에 직류전원을 상실하였다. 3호기만이 직류전원을 공급하는 배터리가 작동하고 있었다.

표 5.2_ 사고 당시 호기별 사용후핵연료저장조의 상태

구분		1호기	2호기	3호기	4호기	5호기	6호기
핵연료 집합체 수(개)	원자로 내부	400	548	548	0	548	764
	사용후핵연료 저장조 — 사용후핵연료	292	587	514	1,331	946	876
	사용후핵연료 저장조 — 새 핵연료	100	28	52	204	48	64
냉각수의 양(m³)		1,020	1,425	1,425	1,425	1,425	1,500

결국 원전의 붕괴열을 제거할 수 없게 되었고, 최종적으로는 후쿠시마 원전 1~3호기의 핵연료가 녹고 격납용기가 파손되어 대량의 방사성물질이 원전 외부로 누출되었다. 이 과정에서 1·3·4호기의 원자로건물에서는 차례로 대규모 수소가스 폭발이 발생하였다. 이 장면이 텔레비전으로 전 세계에 중계되어 후쿠시마 원전사고를 상징하는 장면이 되었다.

후쿠시마 원전사고가 진행되는 과정에서 국내외 원자력 전문가들은 한때 1~3호기 원자로 내부의 사고 진행보다도 4호기 사용후핵연료저장조 Spent Fuel Pool: SFP의 안전성을 더 걱정했다. 원자로 내에 핵연료가 없던 4호기 원자로건물에서 수소가스 폭발이 발생했기 때문이다.

후쿠시마 원전의 원자로에서 연소가 끝난 핵연료(사용후핵연료)는 원자로건물 3~4층에 설치된 SFP에 보관한다. 사용후핵연료에서 핵분열 반응은 일어나지 않지만, 사용후핵연료 내의 핵분열생성물이 방사성붕괴를 하면서 붕괴열이 계속 발생하고 방사능도 높다. 따라서 사용후핵연료를 SFP의 물속에 잠기도록 하여 붕괴열을 제거하고 방사선도 차폐한다. 표 5.2에서 보듯이, 사고 당시 4호기는 원자로 내부구조물 교체를 위해 원자로 안에 있던 핵연료를 모두 SFP로 옮겼기 때문에 다른 호기들보다 훨씬 많은 1,331개의 사용후핵연료 집합체가 SFP 안에 있었다.

SFP에는 많은 물이 있으므로 냉각계통에 일시적으로 문제가 생겨도 며칠 동안은 문제가 발생하지 않아야 한다. 그런데 4호기에서 수소가스 폭발

그림 5.7_ 4호기 사용후핵연료저장조 상태 사진

자료: TEPCO(2012c).

이 발생했기 때문에 많은 사용후핵연료를 보관하던 4호기 SFP에 관심이 집중되었다. 만일 지진으로 SFP의 구조물이 손상되어 냉각수가 빠져나갔다면, 사용후핵연료가 공기에 노출되어 핵연료가 손상되고 수소가스도 생성될 수 있었기 때문이다. 따라서 당시에는 4호기에서 폭발한 수소가스는 사용후핵연료에서 비롯된 것으로 추정하는 것이 합리적이었다. 만약 4호기 SFP의 모든 사용후핵연료가 손상된다면 원자로의 핵연료가 용융될 때보다도 훨씬 많은 방사성물질이 방출될 수 있다. 당시 4호기의 수소가스 폭발 후 SFP 구조물도 파손되었기 때문에 SFP 구조물을 보강하고 냉각수를 주입하기 위한 다양한 노력이 이루어졌다. 다행히 그림 5.7에서 보듯이 실제로는 4호기 SFP의 사용후핵연료의 건전성에는 문제가 없었다. 4호기 원자로 건물의 수소가스 폭발은 3호기에서 생성된 수소가스가 3, 4호기 공용 배기관과 연결된 비상기체처리계통Standby Gas Treatment System: SGTS의 배관을 통해 4호기로 넘어와서 발생한 것으로 사고 후 분석에서 확인되었다.

후쿠시마 원전사고로 인하여 공기 중으로 누출된 방사성물질의 양은 체르노빌 원전사고 당시 누출량의 약 10~20% 수준이었던 것으로 평가된다. 누출된 방사성물질은 원전 주변은 물론 먼 거리까지 확산하여 토지 오염과 해양 오염을 유발하였다. 결국 후쿠시마 원전사고로 16만 명이 넘는 후쿠시마 지역주민이 대피해야 했다.

후쿠시마 원전사고는 바닷물을 원자로 내부로 주입하는 등 필사적인 노력을 통하여 사고 발생 후 2주 정도가 지나며 점차 안정을 찾기 시작했다. 도쿄전력은 2011년 4월 하순에 후쿠시마 원전사고 복구 로드맵을 수립하여 사고 원전의 안정화와 단기 복구를 추진했다. 다양한 시도를 통하여 후쿠시마 원전의 안정화 노력을 계속하던 도쿄전력은 2011년 12월에 후쿠시마 제1원전의 사고 원전 및 사용-후핵연료 냉각 등이 안정된 상태로 들어간 것으로 판단하고, 원전사고의 초기 단계의 종료를 선언했으며, 이후 중장기 대응 단계로 전환했다.

제6장
후쿠시마 원전사고의 진행 과정

1. 원전사고 비상대응 체계의 구성 및 초기 대응

중앙정부와 제1원전 현장의 비상대응체계 구성

2011년 3월 11일 동일본대지진 발생 약 15분 후에, 도쿄전력은 회사 자체의 재난 대처 규정에 따라 가장 상위의 3단계 비상을 선언하고 대책본부를 구성하였다. 그러나 곧이어 쓰나미가 후쿠시마 제1원전을 덮치고 1~3호기에서 모든 교류전원이 상실되었다. 도쿄전력은 일본 원자력재해대책특별조치법(이하 '원자력재해법') 제10조에 따라 오후 3시 42분에 원전 상태를 일본 정부에 보고하였다. 이후 일본 정부는 동일본대지진 대응을 위해 소집되었던 일반재난대응체제의 범위를 원자력 재해 대응을 포함하여 확대하였다. 그러나 당시 일본 정부는 원자력 비상사태와 자연재해가 동시에 발생할 때 효과적으로 대응할 수 있는 준비가 되어 있지 않았고, 이로 인한 혼선을 피할 수 없었다.

후쿠시마 제1원전에서는 모든 교류전원과 대부분의 직류전원이 상실되면서 원자로의 냉각수 수위를 확인할 수 없고, 냉각수 주입 상태도 확인이 어려운 상황이 되어 있었다. 이에 따라 도쿄전력은 '비상냉각계통의 고장이 발생'한 것으로 보고 오후 4시 45분에 일본 원자력재해법 제15조 2항에 따라 이를 정부에 보고하였다. 도쿄전력의 보고에 따라 당시 일본의 간 나오토 총리는 오후 7시 3분에 '원자력 긴급사태'를 선언하였다. 이는 후쿠시마 제1원전으로부터 비상냉각계통의 고장이라는 보고를 받은 지 2시간이 지난 후였다.

당시 일본의 원자력재해법에서는 원자력 긴급사태에 대하여 그림 6.1과 같은 원자력재해 대응체계를 갖추도록 요구하고 있었다. 이에 따라 일본 정부는 3월 11일 오후 7시 3분에 총리가 본부장인 '원자력재해대책본부'를 총리 관저에 구성하고, 후쿠시마 제1원전 부근에 있는 오프사이트센터에 현지 원자력재해대책본부를 설치하도록 지시했다(공식 명칭은 긴급사태응급대책거점시설이나, 본문에서는 일본에서 일반적으로 사용된 오프사이트센터라는 용어를 이후 사용했다). 오프사이트센터는 법제상으로는 현지에서 중앙정부, 지자체 및 관련 기관을 총괄 통솔하여 정보 수집과 비상대응책 수립을 하는 등 원자력 재해대응에 가장 핵심적인 역할을 해야 하는 조직들의 활동 거점이다. 또한, 오프사이트센터 건물에는 지자체(도·도·부·현, 시·정·촌) 현지 재해대책본부와 원자력재해합동대책협의회도 설치하도록 계획되어 있었다. 원자력재해합동대책협의회의 역할은 중앙정부, 지자체 및 원전 현장의 대응을 조정하는 것이다.

후쿠시마 원전사고 당시 오프사이트센터 건물은 후쿠시마 제1원전으로부터 5km 떨어진 오쿠마정ᵀᵀᵀ에 위치해 있었다. 그러나 이 건물은 동일본대지진의 영향으로 외부 전력이 끊긴 상태였고, 오프사이트센터에 설치되어 있던 비상발전기마저 지진으로 인한 고장으로 전력을 공급하지 못하는 상황이었다. 따라서 후쿠시마 오프사이트센터는 원전사고가 발생한 다음 날인 2011년 3월 12일 새벽 3시 20분까지 업무를 시작하지 못하고 있었다. 더

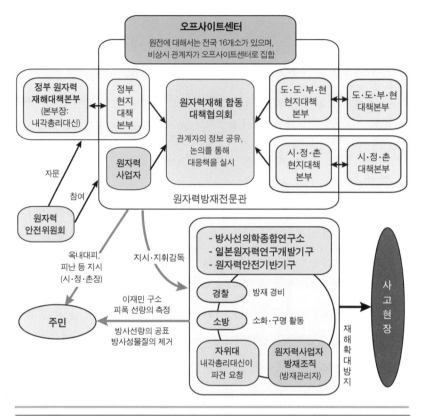

그림 6.1_ 원자력 재해대응 조직운영체계

자료: 김인구(2020).

욱이 3월 15일에 오쿠마정도 피난구역에 포함됨에 따라 오프사이트센터의
기능을 후쿠시마현 현청으로 이전해야 했다. 그러나 후쿠시마현청은 후쿠
시마 제1원전으로부터 60km 정도 떨어져 있었고, 원자력 재해 비상대응에
필요한 비상통신시설들이 없었으므로 이후 관계기관 사이의 실시간 정보
공유가 되지 못하는 등 여러 문제가 발생하였다. 이에 따라 사고 초기의 매
우 중요한 시점에 오프사이트센터가 제대로 기능을 하지 못하였고, 이는 도
쿄전력과 정부 및 지자체 간의 정보 교환과 대응 등 여러 부분에서 문제가
발생하는 중요한 원인이 되었다.

| 면진건물 | 현장비상대응센터 |

그림 6.2_ 현장비상대응센터가 설치된 면진건물과 내부

자료: TEPCO(2012c).

도쿄전력은 원자력재해법 제15조 2항에 따른 정부 보고 후 도쿄전력 본사와 후쿠시마 제1원전 현장에 각기 비상대응센터Emergency Response Center: ERC를 구성하여 사고 대처에 나서게 된다(이하 도쿄전력 본사의 비상대응센터는 '본사비상대응센터'. 후쿠시마 제1원전 현장의 비상대응센터는 '현장비상대응센터'로 칭한다), 오프사이트센터가 실질적인 역할을 못 함에 따라 후쿠시마 제1원전의 면진건물에 설치된 현장비상대책센터가 사고 초기대응의 실질적인 총괄 역할을 하게 되었다(그림 6.2 참조). 그러나 법적 대응조직들의 대응 거점인 오프사이트센터가 제 기능을 못 하는 상황에서는 초기 대응에 여러 문제가 노출될 수밖에 없었다. 따라서 일본 중앙정부(원자력재해대책본부)가 해수 주입 여부 등 현장의 사고 대응에 직접 관여하는 사태까지 발생했다.

3월 15일, 간 총리는 도쿄전력의 시미즈 사장에게 정부와 도쿄전력 간의 정보 교류가 원활히 이루어지지 않고 있으므로 사고대책통합본부The Government-TEPCO Integrated Response Office를 구성할 것을 요청하였고, 이후 후쿠시마 원전사고 비상대응 체제가 사고대책통합본부를 중심으로 변경되어 2011년 12월 8일까지 운영되었다.

원전사고 시의 현장 상황

2011년 3월 11일에 현장에는 750명의 도쿄전력 직원과 약 5,600명의 외부인력 등 총 6,400명이 근무하고 있었다[TEPCO, 2012a]. 2011년 3월 11일 쓰나미 경보가 발령된 후 후쿠시마 제1원전의 현장 작업자를 쓰나미로부터 보호하기 위한 조치가 취해졌다. 쓰나미 경보는 방송을 통하여 전파되었고, 작업자는 미리 지정되어 있는 쓰나미 피난 지역으로 대피하도록 요청받았다. 그러나 모든 작업자가 쓰나미 경보나 대피 요청을 들은 것은 아니었다. 동일본대지진 후 4호기 터빈건물 지하층에서 기기 상태를 점검하던 두 명의 작업자는 쓰나미로 터빈건물 지하층이 침수되면서 생명을 잃었다. 3월 11일부터 14일에 걸쳐 원전사고 비상대응에 필수 인력이 아닌 도쿄전력 및 계약사 직원 등은 후쿠시마 제2원전으로 대피했다. 특히 3월 15일 아침에는 현장 상황이 더 악화할 것을 우려하여 후쿠시마 제1원전에는 약 70명의 필수 요원만을 남기고 나머지 인원은 후쿠시마 제2원전으로 일시 대피했다. 총리관저에서는 이 상황을 도쿄전력이 사고 수습을 포기하고 후쿠시마 제1원전으로부터 완전히 철수하는 것으로 생각하고 도쿄전력을 강력히 비난하였다 (이 부분에 대해서는 제8장에서 상세히 다룬다).[1] 후쿠시마 제2원전으로 대피했던 인력은 3월 16일 정오 무렵부터 후쿠시마 제1원전으로 복귀하였다.

원전사고 당시 현장의 작업자들은 가족의 안위를 알지 못한 채 사고 대응 업무를 하였다. 또한, 당일 근무가 아닌 직원들과 지역 소방대 활동을 마친 사람들도 후쿠시마 제1원전으로 찾아와 사고 대응 작업에 참여했다. 운전원들은 사고를 잘 수습한 후 집에 돌아가서 다시 가족을 만날 수 있을 것이라고 이야기하며 서로 격려했다. 어떤 운전원은 가족으로부터 받은 비싼 시계나 반지를 착용하고 있었다. 이런 물건들은 행운의 부적으로도 생각했지

---

1 이 외에도 사고 대응과 관련하여 논란이 있었던 부분은 제8장에서 따로 모아 기술했다.

만, 혹시 나중에 방사선 피폭으로 사망했을 때 신원을 파악하는 데 도움이 될 것이라고도 생각했다[TEPCO, 2012b].

후쿠시마 제1원전의 현장의 상황은 매우 열악하였고, 복구 작업의 진행 속도도 늦었다. 자동차들의 배터리를 연결하여 기기에 전력을 공급하는 작업도 배터리를 연결할 때 접점부가 녹는 등 난항을 거듭하였다. 또한, 배터리를 연결할 때 스파크가 발생하기도 하여 감전의 위험도 있었다. 방사선량률이 높거나 현장 상황을 잘 모르는 곳에 운전원을 보내야 할 때는 젊은 운전원은 제외되었다.

현장 작업자에 대한 방사선방호는 사고 당시의 열악한 상황으로 인해 매우 어려웠다. 특정한 업무를 수행하는 현장 작업자의 피폭선량한도는 일시적으로 평상시의 기준보다 높게 설정되었다. 구명 활동이나 대형 재난을 막기 위한 작업을 하는 작업자의 피폭한도는 연간 100mSv로 설정되었다[IAEA, 2015a]. 대부분의 방사선 측정기가 쓰나미로 인해 사용할 수 없게 된 상황이므로 방사선 피폭 관리를 위해서는 임시 조처를 할 수밖에 없었다. 예를 들어, 유사한 환경에서 일하는 작업자 그룹별로 1개씩의 방사선 계측기만 제공되었다. 면진건물에서 일하는 작업자들의 방사선량은 면진건물 근처에서 측정된 방사선량 수치와 작업자들이 면진건물에 머문 시간을 이용하여 평가되었다. 이러한 상황이 다른 원전들로부터 충분한 방사선 계측기가 제공된 3월 말까지 지속하였다.

3월 14일에는 후쿠시마 제1원전 현장과 반경 30km 이내의 작업자들에 대한 피폭선량한도가 250mSv로 상향 조정되었다. 소방대나 구명 관련 작업자에게는 100mSv 한도가 적용되었다. 이후 2011년 4월 30일에는 특수 작업을 하는 작업자들 에 대해 250mSv 한도가 철회되었고, 11월 1일 이후 작업을 새로 시작하는 비상 작업자들에 대해서도 250mSv 한도가 철회되었다. 그리고 12월 16일에는 대부분 작업자에 대해 이 한도가 철회되었다. 사고 중 250mSv 이상으로 피폭된 작업자는 총 6명이었고, 이들 중 최대 피폭량은 678mSv였다. 678mSv 중 590mSv는 내부피폭에 의한 것이었다.

도쿄전력은 현장 작업자들에게 수면과 휴식을 위한 장소와 음식을 제공하는 데에도 어려움을 겪었다. 전국에서 온 자원봉사자들이 이 문제의 해결에 도움을 주었다. 자원봉사자들은 방사선 감시 및 제염 작업에도 참여하였다. 사고 대응에 관련된 현장 작업자들의 소속은 도쿄전력의 정직원과 계약직원, 자위대원, 경찰, 소방대 등 매우 다양했다. 공무원, 시민단체 등도 원전 외부에서 주민 대피 및 대피자 지원, 의료 치료 등 다양한 지원 업무를 수행하였다. 그러나 이런 지원 업무에 참여한 대부분의 사람들은 원자력 비상사태에서의 작업 방법에 대한 교육을 제대로 받지 못한 상태였다. 방사선방호에 대해 잘 알지 못했고, 방사선 방호 장비의 사용법도 잘 모르는 상태였다. 이런 부분은 사고 대응 조치를 지연시키는 요인이 되었다.

비상대응 작업자에 대한 의료 지원도 열악한 상황이어서, 일반적인 부상을 당한 작업자도 치료를 받기 쉽지 않았다. 원전사고에 따른 주민 등의 피난으로 병원 대부분이 문을 닫은 상황이었으며, 몇 개 병원은 방사선 피폭자를 치료할 수 있는 준비가 되어 있지 않았다. 전문 의료 지원팀이 현장에 도착하기 전까지 일반 부상을 당한 작업자는 인접 지역의 2개 병원으로 가서 치료를 받았다. 지진 발생 후 17시간이 지나서야 방사선의학종합연구소 National Institute of Radiological Sciences: NIRS가 긴급피폭의료지원팀Radiation Emergency Medical Assistance Team: REMAT을 현장에 파견하였다. 긴급피폭의료지원팀은 의사, 간호사, 방사선 보건 전문가로 구성되어 있었으며, 오프사이트센터로 파견되었다. 면진건물에서 작업하는 작업자들에 대한 의료 지원은 사고 발생 후 8일째가 되어서야 시작되었다.

원전사고 시의 초기 주민 보호조치

후쿠시마 원전사고가 진행되면서 주민 안전과 관련된 중앙정부(원자력재해대책본부)의 조치도 계속 변경되었다. 주민 보호에 관련된 첫 번째 조치는 후쿠시마 제1원전 반경 2km 이내 주민에게 대피를 지시한 것인데, 이는 후쿠시마현 지사에 의해 3월 11일 오후 8시 50분 발령되었다. 30분 후인 오후 9시 23분에 중앙정부(원자력재해대책본부)에서 반경 3km 이내 주민은 대피하고 반경 10km 이내 주민은 집 또는 건물 안에 머물도록(옥내대피Sheltering) 요구하는 조치가 내려졌다. 후쿠시마 제1원전의 상황이 점점 악화함에 따라, 3월 12일에는 피난 반경이 10km로 확대되었다가 다시 20km로 확대되었다. 그리고 3월 15일에는 원전 반경 20~30km 주민에게 옥내대피를 요구하는 조치가 발령되었다. 3월 25일에는 원전 반경 20~30km 주민의 자발적 대피를 요청했고, 4월 22일에는 원전 반경 20km 이내 지역을 출입을 제한하는 경계구역Restricted Area으로 선포했다. 또한 원전으로부터 반경 20km가 넘는 지역 중 연간 예상 피폭선량이 20mSv가 넘는 곳은 계획적 피난구역으로 선포되었고, 긴급 시 피난준비구역도 선포되었다. 긴급 시 피난준비구역의 주민은 후쿠시마 제1원전에 새로운 문제가 발생하면 자체적으로 대피하거나, 옥내 대피를 하도록 권고되었다. 사고 발생 직후부터 4월 22일까지의 피난지시구역(비상대피구역) 주요 변경과정을 그림 6.3에 나타냈다.

한편, 일본 정부의 방사선비상계획은 원전사고로 인한 주민의 방사선 피폭선량을 예측하여 주민 보호조치를 하게 되어 있었다. 문부과학성 산하 일본원자력개발기구JAEA가 개발한 SPEEDISystem for Prediction of Environmental Emergency Dose Information라는 소프트웨어는 방사선 피폭선량 예측에 사용되는 전산 시스템이다. 그러나 실제 사고 상황에서는 지진에 의한 외부 전력 상실과 비상발전기의 고장으로 후쿠시마 제1원전으로부터 현장 데이터가 SPEEDI로 전달되지 못했다. 또한 사고대응 체제의 혼선도 있어 SPEEDI를 실제 주민 보호에 사용할 수 없었으며, 주민 보호조치는 비상노심냉각 상실 등 원전 상태에 따라 결정되었다. 그러나 원전 상태에 따른 주민 보호조치와 관련된 절차는 미리 준비되어 있지 않았으므로 주민 보호 조치에 여

ⓐ 2011.3.11
제1원전 반경 3km 내 피난 지시
제2원전 반경 3km~10km 옥내 대피 지시

ⓑ 2011.3.12
제1원전 반경 20km 내 피난 지시
제2원전 반경 10km 내 피난 지시

ⓒ 2011.3.15
제1원전 반경 20km부터 30km 이내 옥내 대피
지시

ⓓ 2011.4.22
경계구역, 계획적 피난구역, 긴급 시 피난 준비
구역 선포

그림 6.3_ 후쿠시마 원전사고 후 피난지시구역(비상대피구역)의 변화

자료: 福島県庁b.

러 가지 혼선이 발생했다.

주민 보호조치에는 옥내대피, 피난, 아이오딘제(약품) 배부, 식음료 제한, 임시거주 및 정보 제공 등이 포함되어 있다. 비상계획에는 예상되는 피폭 선량량에 따른 옥내대피, 피난, 아이오딘제 배부 등의 기준이 있었으나, 이런 기준이 현장에서 측정 가능한 방사선량률 등과 연계되어 있지는 않았다. 또한, 임시 이주에 대한 기준도 없었다[IAEA, 2015a]. 아이오딘제의 배부 방법도 상세하게 준비되어 있지 않았으므로 현장에서 필요한 주민에게 약품이 균등하게 배부되지 못했다. 원전 주변 농경지에 대한 보호 조치와 식음료에 대한 제한 조치도 시행되었다. 주민에 대한 대피 지시나 원전사고 정보 제공은 텔레비전, 라디오, 인터넷과 핫라인 전화 등이 사용되었다. 일본은 2011년 당시 피난지시구역, 긴급 시 피난 준비구역 및 계획적 피난구역을 선정하는 기준으로는 국제방사선방호위원회International Commission on Radiological Protection: ICRP가 권고하는 연간 20~100mSv 중에서 가장 낮은 값인 20mSv를 사용했다[IAEA, 2015a]. 최종적으로는 약 16만 5,000명의 후쿠시마현 주민이 피난을 가야만 했다.

후쿠시마 원전사고에 따른 피난지시구역의 결정과 주민 대피, SPEEDI의 활용 등과 관련해서는 여러 가지 문제가 발생했다. 이와 관련된 상세한 내용도 제8장 '원전사고 대응 관련 논란과 진실'에서 별도로 다룰 예정이다.

후쿠시마 제1원전 현장의 초기 대응

후쿠시마 제1원전은 1·2호기, 3·4호기, 5·6호기가 각각 주제어실Main Control Room: MCR을 공유한다. 당시 1·2호기 공동 주제어실에는 운전원Shift Member 14명과 관리직Management Group 10명 등 총 24명이 일하고 있었다. 그리고 3·4호기 공동 주제어실에는 운전원 9명, 관리직 8명, 계획예방정비 담당 12명 등 총 29명의 직원이 일하고 있었다. 이들은 정전이 되어 주제어실의 전등도 들어오지 않는 깜깜한 상태에서 원전사고를 수습해야 했다 [TEPCO, 2012b].

후쿠시마 제1원전의 1~3호기는 서로 설계가 다른 부분도 있어, 사고 진행 과정이 서로 달랐다. 각 호기별 사고 진행은 뒤에서 상세히 설명하기로 하고, 여기서는 전체적인 상황을 설명한다. 특히, 사고 진행에 큰 영향을 미쳤던 전력복구와 수소가스 폭발에 대해 상세히 살펴본다.

2011년 3월 11일(금) 오후 2시 46분에 동일본대지진이 발생하자 후쿠시마 제1원전에 있던 직원 및 외부인력은 미리 지정된 대피 장소였던 면진건물 앞 주차장으로 대피하라는 지시를 받았다. 지진으로 방송 시스템이 고장 나서 직원들은 확성기를 들고 뛰어다니며 대피 명령을 전달하였다. 후쿠시마 제1원전에서는 사고 한 주 전에 지진 대피 훈련을 했으므로 대피 과정에는 문제가 없었다. 비상 상황이므로 방사선관리구역에 있던 인력도 방사선 피폭에 대한 전신선량측정Whole Body Counting: WBC 없이 대피하도록 지시가 내려졌다. 당시 현장비상대응센터는 쓰나미로 인한 침수를 바로 인지하지 못했다. 현장비상대응센터는 주제어실로부터 EDG가 멈췄고 해수면 기준 10m 높이에 위치한 서비스빌딩 입구까지 바닷물이 들어왔다는 보고를 받고 나서야 상황을 파악했다. 일부 작업자는 지진 이후 면진건물로 대피하는 도중 중유탱크가 쓰나미에 휩쓸려 바다 위에 떠다니는 것을 목격하였다 [TEPCO, 2012a; 2012b]. 이후 비상대응과 관련된 직원들은 면진건물로 들어가 현장비상대응센터를 구성하고 비상대응 작업을 시작하였다. 후쿠시마 제1원전의 마사오 요시다 발전소장(이후 '요시다 소장'으로 표현)은 원전사고 기간 내내 면진건물에서 현장비상대응센터를 지휘하였다.

지진으로 모든 외부 전력망으로부터의 전력공급이 중단되었고, 쓰나미로 인해 EDG도 사용하지 못하게 되면서 현장비상대응센터는 원자력재해법 제10조에 따라 3월 11일 오후 3시 42분 원전이 '교류전원 완전상실' 상태가 되었음을 정부에 보고했다. 전원 상실에 따라 1·2호기 원자로에 냉각수가 공급되는지도 확인이 어려운 상태가 되었다. 오후 4시 36분 현장비상대응센터는 원자로에 냉각수를 공급하는 비상냉각계통이 기능을 상실한 것으로 보고 원자력재해법 제15조에 따라 '비상냉각계통 고장'을 정부에 보고했다.

면진건물로 대피한 사람 중 방사선관리구역에 있다가 전신선량측정을 하지 않고 대피한 사람들에 대한 피폭량 검사가 수행되어, 개인별 피폭량을 기록하였다. 후쿠시마 제1원전에서 약 5,000개의 개인용 방사선 피폭량 측정장치인 APDArea Passive Dosimeter가 저장되어 있었으나 대부분이 쓰나미에 휩쓸려 간 상황이었다. 3월 12일 밤까지도 확보된 APD는 320개밖에 되지 않아 나중에 작업에 투입된 인력의 피폭 정도를 평가하는 데 문제가 되었다[TEPCO, 2012a].

지진 발생 후 필수 인력을 제외한 많은 계약직원은 이미 귀가한 상태였다. 또한 3월 11일 오후 5시 8분에, 도쿄전력 직원 중 귀가할 수 있는 사람은 귀가하라는 지시가 내려졌다. 다음 날 오전 5시 15분부터 면진건물에 대피해 있던 계약사 직원들과 여성 직원 등이 버스를 통해 지자체가 지정한 대피소로 이동했다. 대피소로 이동한 사람들은 버스에서 내린 후 전신선량 측정을 받았다.

3월 11일 오후 8시 50분에 후쿠시마현 지사는 후쿠시마 제1원전 반경 2km 이내의 주민은 대피하도록 지시를 내렸다. 이후 중앙정부(원자력재해대책본부)의 지시에 따라 오후 9시 23분에는 피난 반경이 3km로 확대되었다. 오프사이트센터는 지역 방송사에 대피 공지문을 보내 피난 관련 라디오 방송을 하도록 요청했다.

후쿠시마 제1원전 경계에 설치되어 있던 방사능 감시 장치도 지진과 쓰나미로 피해를 입어 사용할 수 없었다. 현장비상대응센터는 3월 11일 오후 4시 30분에 방사능 측정 차량을 이용하여 부지 내의 방사능 측정을 시작했다. 당시까지는 별다른 이상 징후는 나타나지 않고 있었다. 이 방사능 측정

차량은 오후 7시 45분 이후에는 후쿠시마 제1원전 정문 옆에서 풍속, 풍향 및 방사능을 측정하는 임무를 수행했다. 측정은 10분마다 이루어졌으며, 측정값은 현장비상대응센터로 전달되었다.

3월 11일 오후 4시 46분에 보조건물 옆에서 화재가 발생했다는 연락이 있어 면진건물 1층에 모여 있던 원전 자체의 자위 소방대가 출동했으나 실제 화재는 발생하지 않은 것으로 밝혀졌다. 소방대는 현장비상대응센터의 지시로 오후 6시부터 또 다른 쓰나미가 오는지를 감시하기 시작했다. 밤에는 자동차 전조등을 이용하여 쓰나미를 감시했다[TEPCO, 2012b].

현장비상대응센터는 부지 내부의 도로 현황도 점검했다. 후쿠시마 제1원전 정문 앞의 도로도 함몰되었으나, 아직 자동차는 통과할 수 있었다. 1호기부터 4호기까지의 연결 도로는 쓰나미에 휩쓸려 온 중유 탱크가 길을 막고 있어 차량 통행이 불가능한 상황이었다. 해변 쪽 도로는 부유물로 뒤덮여 있었으나 차량 한 대 정도는 통과할 수 있었다. 각 호기에 접근할 때 평상시 사용하는 제한구역통과문Protected Area Gate으로 향하는 길은 차량이 통과할 수 없었다. 이에 3월 11일 오후 7시에 2호기와 3호기 사이의 문을 강제로 개방하여 1~4호기에 차량이 접근할 수 있는 경로를 확보했다. 또한, 5호기와 6호기로 향하는 길도 일부가 훼손되어 차량 통과가 어려운 상황이었으나, 오후 10시 15분경에 복구공사가 완료되었다[TEPCO, 2012a].

2. 후쿠시마 제1원전의 호기별 원전사고 진행

원전에서 사고가 발생하면 기본적으로 원전 안전계통을 사용하여 사고를 완화하게 되어 있다. 후쿠시마 원전사고에서는 안전계통의 동작 등을 포함하여 사고대응 전반에 공통으로 영향을 미친 두 가지 요인이 있다. 그것은 전원회복과 수소가스 폭발로, 이 두 요인은 개별 원전의 사고 진행이 아니라 후쿠시마 제1원전의 사고 전개 전반에 큰 영향을 미쳤다. 따라서 개별 호기의 사고 진행에 대해 알아보기 전에 이들 두 가지 요인을 먼저 살펴본다.

원전사고 전개의 두 가지 주요 변수
: 전원 회복의 지연 및 수소가스 폭발

(1) 원전 전원 회복의 지연

원전에 있는 여러 계통의 운전을 위해서는 전기가 필요하다. 원전에서 사용하는 전기는 대형 펌프 등을 운전하는 데 필요한 교류 전원, 계통의 제어나 계측기에 사용되는 직류 전원으로 구분할 수 있다. 동일본대지진으로 후쿠시마 제1원전에 연결된 7개의 외부 전력 공급선이 모두 기능을 상실하였다. 쓰나미로 인하여 3호기를 제외한 다른 호기는 직류전원도 상실되었다. 후쿠시마 원전은 전원 회복을 위해 다양한 노력을 기울였다. 전원 회복을 위한 노력은 호기별로 진행되었다기보다는 후쿠시마 제1원전 전체 차원에서 진행되었으므로 여기서는 전원 회복을 위한 현장의 다양한 활동을 별도로 기술하였다. 기본적으로 일본 원전사업자는 원전에서 교류전원 완전상실 사고SBO가 일어나더라도 외부 전원을 신속히 복구하거나 인접한 원전에서 전력을 공급받아 단기간(30분 이내)에 전원을 회복할 수 있다고 가정하고 있었다. 또 원전 부지 내의 다수기 모두에서 SBO가 일어날 것으로는 예상하지 않았다. 그러나 후쿠시마 원전사고 당시에는 제1원전 인근 지역의 모든 발전소와 외부 전원이 지진과 쓰나미로 영향을 받은 상황이었다. 더욱이 지진으로 도로가 파손된 곳도 많았고, 파손되지 않은 도로조차도 쓰나미에 밀려온 쓰레기나 파편들로 통행이 쉽지 않았다. 후쿠시마 원전에서는 먼저 소형 발전기를 이용하여 원전 주제어실의 전원을 회복하는 작업이 진행되었다. 3월 11일 오후 8시 47분에는 1·2호기 주제어실의 일부 조명이, 오후 9시 27분에는 3·4호기 주제어실의 일부 조명이 회복되었다. 소형 발전기의 연료는 주기적으로 보충했다.

주제어실 계측기 등의 전원을 확보하기 위해 현장비상대응센터는 원전 안에 있는 차량으로부터 배터리를 모아 1·2호기의 공동 주제어실로 전달했다. 운전원들은 전달된 배터리를 계기 패널에 연결했다. 원자력재해법 제15조에 따르면 원자로 내 수위의 확인이 가장 중요한 사항이었으므로 배터리는 원자로 수위 지시계부터 연결을 시작했다. 오후 9시 19분에 1호기의 원자로 수위가, 오후 9시 50분에 2호기의 원자로 수위가 확인되었다. 이후 작업 차량으로부터 떼어낸 배터리와 자위대를 통하여 전달된 배터리를 이용하여 계측기들에 계속 전력을 공급했다.

도쿄전력 본사비상대응센터는 화상통화 시스템을 통하여 후쿠시마 제1원전의 전원이 완전히 상실된 상황임을 파악했다. 3월 11일 오후 4시 10분, 본사비상대응센터는 도쿄전력의 다른 발전소에 고압 및 저압 발전차량의 지원을 요청했다. 오후 4시 50분부터 여러 발전소로부터 발전차량이 후쿠시마 제1원전을 향하여 출발했다. 가시와자키 가리와 원전[2]은 방사선 관리팀과 소방대를 후쿠시마 제1원전으로 파견했다. 이 지원대는 3월 11일 오후 7시 30분에 출발하여 3월 12일 오전 2시 49분에 후쿠시마 제1원전에 도착하여 지원 업무를 시작했다[TEPCO, 2012b].

본사비상대응센터는 오후 4시 30분에 도쿄전력이 아닌 다른 전력회사에도 지원을 요청했으며, 도호쿠전력東北電力이 고압발전차량 세 대를 지원하기로 했다. 또한, 후쿠시마 제1원전으로 가는 도로 사정이 좋지 않을 것을 우려하여 자위대에게 헬리콥터를 이용하여 발전차량을 후쿠시마 제1원전으로 이송해달라고 요청했다. 그러나 발전차량이 너무 무거웠기 때문에 헬리콥터를 이용한 발전차량 이송 계획은 결국 취소되었다[TEPCO, 2012a].

---

2 니가타현 가시와자키柏崎시에 위치한 도쿄전력 소유의 일본 최대 원자력발전소로 모두 7기의 비등경수로가 있다.

현장비상대응센터도 전력 회복을 위해 부지 내 관련 시설을 점검했다. 외부로부터 원전으로 전기가 들어오는 스위치야드Switchyard부터 점검이 시작되었다. 1·2호기에 전력을 공급하는 스위치야드는 지진으로 손상된 상태였다. 3·4호기에 전력을 공급하는 스위치야드는 외견상 손상이 없는 것처럼 보였으나, 침수 흔적이 있어서 사용 불가능한 것으로 판단했다. 다만 1호기에 66kV 전력을 공급하는 전력선은 사용 가능한 것으로 보였으나, 1호기의 현장 점검에서 이 전력선으로부터 전력을 받는 장치가 침수된 것이 밝혀져 이 전력선을 이용한 전력 회복조치도 어려운 상황이 되었다. 외견상 물리적 손상이 없는 것으로 보이는 전력 관련 기기들도 침수되었던 기기가 많아 전력 회복조치가 쉽지 않았다. 현장 조사 결과 1호기와 3호기의 배전계통은 모두 사용이 어려운 것으로 밝혀졌으나 2호기의 일부 배전계통은 사용 가능한 상태로 판명되었다. 따라서 이를 이용한 전력 회복 작업이 시작되었다[TEPCO, 2012b]. 외부 전원을 회복하려는 조치는 3월 12일부터 시작되었다.

3호기는 원자로에 냉각수가 공급되는 것이 확인된 상태였기 때문에, 1호기와 2호기의 전력 회복 작업이 우선 수행되었다. 2호기의 전력패널(6.9kV/480V 변압기)에 전력 케이블을 연결하는 것이 좀 더 쉬울 것으로 판단하여 이 장치를 통해 전력을 회복하기 위한 작업을 수행했다. 이를 위해 2호기 터빈건물 옆에 고압발전차량을 주차했다. 2호기의 배전계통과 고압발전차량의 연결에 필요한 전력 케이블의 길이는 약 200m 정도였다. 발전소 근처 사무실에 저장되어 있던 4호기 계획 예방정비용 고압 케이블이 트럭에 실린 것은 3월 11일 밤 12시경이었다[TEPCO, 2012b].

3월 11일 오후 10시에 도호쿠전력에서 보낸 고압발전차량이 후쿠시마 제1원전에 도착했고, 자위대의 저압발전차량은 오후 11시에 도착했다. 도호쿠전력의 고압발전차량은 2호기와 3호기 사이의 도로에 위치를 잡고 전력 케이블 연결 작업이 끝날 때까지 대기했다(이 차량은 대기 중 도쿄전력의 발전차량으로 대체되었고, 이후 도호쿠전력으로 복귀했다). 자위대의 저압발전차량은 주제어실의 기기와 조명에 전력을 공급하기 위해 1호기 변압기 쪽에서 대기했다. 3월 12일 오전 2시부터 케이블 설치 작업이 시작되었으나, 여진이 계속 발생하여 공사는 한 시간 이상 중단되었다. 고압 케이블 설치 작업을 하는 작업자들은 일상적인 작업복을 입고 있었기 때문에 오전 4~5시경 현장의 방사선 준위가 올라가며 대피를 할 수밖에 없었다. 전력 케이블 설치 작업은 오전 7시가 되어서야 재개되었다.

3월 12일 오전 10시 15분에 확인한 바에 따르면 도쿄전력의 다른 발전소와 도호쿠전력이 지원한 총 72대의 발전차량이 후쿠시마 제1원전에 도착했다. 고압발전차량 12대와 저압발전차량 7대가 후쿠시마 제1원전에 있었고, 고압발전차량 42대와 저압발전차량 11대가 후쿠시마 제2원전에 있었다. 추가로 자위대가 제공한 저압발전차량 4대도 도착했다[TEPCO, 2012b].

전력 공급 회복 작업은 높은 방사선 준위 때문에 짧은 케이블 연결 경로를 포기하고 긴 우회 경로로 케이블을 연결해야 하는 등 여러 어려움이 많았다. 고압과 저압 전력 케이블 연결 작업은 3월 12일 오후 2시 10분에 완료되었다. 이후 오후 3시경에 발전차량이 전력을 공급하기 시작했고, 오후 3시 30분경 전력 공급과 관련된 조정작업이 완료되었다. 현장작업자가 현장비상대응센터에 이 상황에 대한 보고를 마치는 순간 1호기에서 수소가스 폭발이 발생했다. 3월 12일 오후 3시 36분이었다. 현장작업자는 추가적인 재난이 발생할 것을 우려하여 발전차량의 전력 공급을 중단시키고 면진건물로 대피했다. 1·2호기 주제어실 전등에 전력을 공급하고 있던 소형 발전기도 수소가스 폭발로 손상을 입어 전력 공급이 중단되었다.

3월 12일 오후 10시경에 저압발전차량이 1·2호기 캐비닛 패널에 연결되어 계측기에 전력 공급이 재개되었다. 손상을 입은 소형 발전기도 다른 발전기로 대체되어 1·2호기 주제어실 전등도 회복되었다. 3월 13일 오전 8시 30분에 2호기의 고압 전원복구 작업이 재개되었고, 고압 케이블이 손상된 것이 발견되었다. 손상된 케이블을 대치할 케이블을 준비하고 전원복구 작업을 시작하려던 오후 3시에 모든 작업자는 면진건물로 대피하라는 지시가 현장비상대응센터에서 내려왔다. 이는 3호기의 수소가스 폭발 가능성을 고려한 조치였다. 3월 14일 오전 9시 작업자들은 다시 2호기 전원복구를 위하여 파손된 고압 케이블을 절단하고 새로운 케이블로 대체하는 중 3호기에서 수소가스 폭발이 발생했다. 이 폭발로 인해 방사선 준위가 시간당 50mSv로 상승했으므로 작업자들은 면진건물로 철수했다[TEPCO, 2012b].

한편, 3·4호기 전원복구 작업은 3월 12일 오후 3시 36분에 1호기의 수소가스 폭발이 일어났음에도 계속되었다. 현장 점검 결과 4호기의 배전계통이 사용 가능한 것으로 밝혀졌다. 3호기에서는 원자로에 냉각수를 공급할 수 있는 비상액체제어계통-Standby Liquid Control System: SLC과 배기계통-Venting System의 직류전원을 먼저 회복하는 것으로 결정되었다. 고압발전차량이 위치할 장소를 확보하기 위하여 3월 12일 오후 중장비를 이용하여 쓰나미로 인해 쌓인 주변의 쓰레기를 청소했다. 3월 13일 오전 3시에 3·4호기 전원 회복을 위한 경로가 확보되었다. 그러나 3월 13일 아침에 3·4호기 전원 회복을 위하여 대기 중이던 고압발전차량이 1호기의 수소가스 폭발로 손상을 입은 것이 발견되었다. 오전 6시 30분경 작업자들이 새로운 고압발전차량과 고압 케이블을 확보하기 위하여 각기 출발했다. 전력 회복을 위한 현장 작업은 오전 10시경에나 다시 시작되었다. 고압발전차량이 오후 2시 20분에 운전을 시작하여 3·4호기에 전력 공급을 시작했다. 저압 전력 공급 관련 공사도 오후 2시 36분 완료되었다. 그러나 3호기에서도 수소가스 폭발이 발생할 수 있다는 경고에 따라 작업자들은 면진건물로 철수했다.

3월 14일 0시에 3·4호기의 전력복구 작업이 재개되었다. 오전 4시 8분에 4호기 사용후핵연료저장조의 수온 측정기와 3호기의 격납용기대기감시계통-Containment Atmospheric Monitoring System: CAMS의 기능이 회복되었고, 오전 10시경에 3호기의 복수기 이송펌프-Condenser Transfer Pump와의 전선 연결 작업이 완료되었다. 바로 그 무렵인 오전 11시 1분, 3호기 원자로건물에서 수소가스 폭발이 발생했고, 이 폭발로 3·4호기에 전력 공급이 중단되었다.

전원복구 상황을 전반적으로 살펴보면, 주제어실 계기들과 관련된 전력은 차량 배터리와 소형 발전기 등을 통해 일부 회복된 상태가 유지되었으나 발전차량을 이용한 대량 전력 공급은 순조롭게 진행되지 못했다. 1·2호기에 전력 공급을 하려고 준비 중이던 발전차량과 전력 케이블이 3월 12일 오전 12시 36분 1호기에서 발생한 수소가스 폭발로 파손되어 1·2호기의 전원복구가 조기에 이루어지지 못했다. 이후 발전차량과 전력 케이블의 복구 작업도 현장 방사선 준위 상승 등에 따른 작업자 대피 등으로 지연되었다가 3월 14일 오전 9시경에야 시작되었는데, 3월 14일 오전 11시 1분에 3호기에서 발생한 수소가스 폭발로 다시 중단되었다. 3·4호기 전원복구 작업도 3월 14일 오전 10시경 완료되어 전력 공급을 시작했으나 3호기의 수소가스 폭발로 중단되었다. 이후 발전차량을 이용한 전원복구 작업에 대해서는 IAEA의 보고서에도 도쿄전력의 보고서에도 언급된 바가 없다. 아마 이 이후로는 원전의 안전계통이 아니라 원자로건물 외부에서 소방차를 이용하여 원자로에 물을 넣는 작업이 진행되었기 때문으로 보인다.

3월 12일부터 시작된 외부 전원 회복을 위한 작업은 계속되었다. 1·2호기에 전력을 공급하는 2호기 배전반에는 3월 20일 오후 3시 46분에 외부 전력 공급이 시작되었으며, 3·4호기에 전력을 공급하는 4호기 배전반에는 3월 26일에 외부 전력 공급이 시작되었다.

(2) 세 차례의 수소가스 폭발

3월 12일 오후 3시 36분에 1호기 원자로건물에서, 3월 14일 오전 11시 1분에 3호기 원자로건물에서, 3월 15일 6시경 4호기 원자로건물에서 각각 수소가스 폭발이 발생했다. 앞서 전원회복 과정에서 언급한 바와 같이 수소가스 폭발은 후쿠시마 원전사고의 진행에 매우 큰 영향을 미쳤다. 따라서 여기서는 수소가스 폭발에 대해 좀 더 상세히 살펴본다.

후쿠시마 원전사고와 같이 원자로 내부의 냉각수가 부족하여 핵연료가 공기 중에 노출되면, 노출된 부위에서는 붕괴열이 제거되지 못하므로 핵연료봉의 온도가 급상승한다. 핵연료인 우라늄은 방사성물질의 누출을 막기 위하여 지르코늄(Zr) 합금으로 만든 튜브(피복재)로 쌓여 있다. 지르코늄은 중성자를 거의 흡수하지 않으며 열과 화학적 부식에도 강한 특성이 있으므로, 많은 핵연료가 지르코늄을 피복재의 원료로 사용하고 있다. 그러나 이 지르코늄이 고온인 상태에서 수증기와 만나면 수소를 방출하는 화학 반응을 한다. 이 화학 반응은 발열 반응으로 이 반응이 시작되면 반응에서 발생하는 열로 인해 지르코늄이 더 고온 상태가 되고 화학 반응이 가속화된다.

핵연료 온도가 계속 상승하면 핵연료 피복재 안에 있던 기체의 압력이 증가하고 피복재 내부 압력이 특정 값 이상이 되면 피복재가 파손된다. 피폭재가 파손되면 수증기가 피복재 내부로도 들어가 지르코늄과의 화학 반응이 더 많아지고 수소의 발생량도 더욱 증가하게 된다.

또 하나의 심각한 문제는, 과열된 핵연료에 냉각수를 주입하면 공급된 냉각수로 인해 다시 수증기가 다량으로 생기므로 지르코늄과 수증기의 화학 반응이 급격히 발생하면서 다량의 수소가스를 발생시킬 수 있다는 점이다.

수소는 공기 중 농도가 특정 값 이상으로 높아지면 연소가 일어난다. 수소 연소는 발열량이 매우 커서 화염의 온도가 높고, 반응 속도가 빠르며, 폭발 범위도 넓다. 또한 가벼운 수소의 특성상 공기 중에서 연소할 경우 열에너지의 전달보다 물질의 확산이 세 배 정도 빨라, 일단 수소 연소가 진행된 후에는 화염을 소멸시키기가 매우 어렵다. 수소가스가 들어 있는 구조물의 형태 등 다양한 요소에 영향을 받지만 특히 10% 이상의 높은 수소 농도에서는 폭굉Detonation이라 부르는 폭발적인 연소 반응, 즉 수소가스 폭발 Hydrogen Explosion이 일어날 수 있다.

중대사고 상황에서 지르코늄에 의한 수소 발생과 폭발 가능성 문제는 미국의 TMI 원전사고 이후 이미 그 문제점이 파악되어 있었다. 따라서 TMI

원전사고 이후 전 세계에서 가동 중이던 원전들은 핵연료가 녹는 사고가 발생할 때 수소가스 폭발을 예방하기 위해 격납용기 안에 수소재결합기 등 수소가스 폭발 대응 안전설비를 설치했다. 후쿠시마 제1원전의 원자로에도 수소가스 폭발 예방 설비들이 있었다. 그런데도 후쿠시마 제1원전 1호기, 3호기와 4호기 원자로건물에서 수소가스 폭발이 발생했다.

후쿠시마 제1원전 1~5호기에 사용된 Mark-I 격납용기는 한국 원전의 격납용기와는 달리 원자로 출력에 비해 격납용기의 부피가 작으므로, 물과 지르코늄의 반응으로 생성되는 수소가스가 격납용기로 방출되기 시작하면 짧은 시간 안에 폭발을 일으킬 수 있는 농도에 도달한다. 따라서 후쿠시마 원전의 원자로들은 수소재결합기 같은 설비를 설치한 것이 아니라 격납용기를 질소가스로 채워 산소가 없는 상태로 만들어 수소가스 폭발을 방지하는 방법을 채택하고 있다. Mark-I 격납용기는 압력억제실이 포화상태에 도달한 이후에는 내부 압력이 매우 빨리 상승하므로 신속하게 배기시켜야 격납용기의 건전성을 유지할 수 있다.

후쿠시마 원전사고의 경우에는 격납용기 내부의 질소가스로 인해 격납용기 안에서의 수소가스 폭발은 억제되었으나, 배기 작업의 지연 또는 실패로 격납용기가 장시간 동안 고온·고압 상태로 유지되면서 격납용기의 취약한 부분이 일부 손상되었다. 이후 이 손상 부분을 통하여 수소가스가 원자로건물로 누출된 후 건물 상부에 축적되어 폭발이 일어난 것으로 보고 있다. 도쿄전력의 사고 후 조사에서는 격납용기의 상부와 하부구조물을 연결해주는 플랜지 부분이 파손되어 원자로건물 5층으로 수소가스가 누출된 것으로 추정하고 있다[TEPCO, 2017].

2호기에서 수소가스 폭발이 발생하지 않았던 것은 1호기의 수소가스 폭발의 영향으로 2호기 원자로건물의 배출패널이 열렸기 때문으로 밝혀졌다. 2호기도 수소가스 누출이 있었겠지만 수소가스가 원자로건물에 축적되지 않고 열려진 배출패널을 통해 외부로 방출되면서 수소가스 폭발이 발생하지 않은 것이다.

　원래 배출패널은 원자로건물의 내부 압력이 상승하는 경우 이를 열어 압력을 낮춰주는 역할을 하는 구조물이다. 운전원들은 1호기의 수소가스 폭발 이후 다른 호기에서도 수소가스 폭발이 발생할 것을 우려하여 다른 호기의 배출패널을 열려고 했으나 전원이 상실되어 열 수 없는 상황이었다. 또한 후쿠시마 원전의 배출패널은 지진에 대비하여 원자로 건물과 매우 튼튼하게 원자로건물과 연결된 상황이어서 운전원이 수동으로 패널을 열 수 없었다. 용접을 이용하여 원자로건물에 구멍을 내는 방법은 용접하면서 발생하는 불꽃이 수소가스 폭발을 일으킬 수 있으므로 사용할 수 없었다. 이에 도쿄전력은 초고압의 물을 이용하여 배출패널에 구멍을 뚫을 준비를 하고 있었으나 이 작업이 지연되어 3호기의 수소 폭발을 막을 수 없었다. 또한 4호기의 수소가스 폭발은 3호기에서 발생한 수소가스가 3호기와 4호기 공유 배기관을 통하여 4호기로 역류하여 발생했다. 이와 같은 시나리오는 사고 이전에는 전혀 예측하지 못했던 것이다. 따라서 4호기 수소가스 폭발을 막을 아무 조치도 취해지지 못한 상황에서 4호기 수소가스 폭발이 발생하게 되었다.

　이어서 후쿠시마 제1원 전 각 호기에서 사고가 어떻게 진행되었는가를 설명한다. 원전사고 완화에서 가장 중요한 요소는 원자로 냉각으로, 다음 2단계로 구성된다.
① 다음과 같은 안전계통을 이용하여 원자로 내 붕괴열 제거
　- 피동냉각계통(교류전원이 없이도 원자로 냉각을 할 수 있는 안전계통)을 이용한 원자로 냉각: 격리응축기(1호기) 또는 원자로격리냉각계통(2~3호기)
　- 고압냉각수주입계통(1~3호기)을 이용한 원자로 냉각
　- 화재방호계통(1~3호기)을 이용하여 원자로에 냉각수 주입

(그러나 쓰나미로 인하여 원자로에서 생성된 열을 최종적으로 바다로 전달하는 해수 펌프를 사용할 수 없는 상황이었다. 따라서 이들 안전계통을 이용한 원자로 냉각은 장기간은 사용할 수 없는 근본적인 한계를 가지고 있었다.)
② 안전계통을 이용한 냉각이 실패하는 경우 소방차를 이용하여 냉각수를 외부에서 주입하여 붕괴열 제거
  - 담수 혹은 해수를 외부에서 원자로로 주입

만약 원자로 냉각에 실패하면 핵연료가 손상되고 원자로 및 격납용기의 압력과 온도가 올라간다. 이에 따라 격납용기가 파손되면 많은 방사성물질이 외부로 누출된다. 따라서 격납용기의 압력이 제한치 이상으로 올라가면 격납용기로부터 고온·고압의 증기를 배기하여 격납용기의 압력과 온도를 낮추어야만 격납용기의 건전성을 유지할 수 있다. 따라서 호기별 사고 경위는 위의 세 가지 요소(안전계통 냉각, 냉각수 외부 주입, 격납용기 배기)를 중심으로 기술했다.

그림 6.4에 확률론적 안전성 평가Probabilistic Safety Assessment: PSA에서 사용하는 사건수목Event Tree을 이용하여 후쿠시마 제1원전 1~6호기의 호기별 사고 시나리오를 정리했다. 이 사건수목은 앞서 언급한 5개 요인(전원 회복과 수소가스 폭발, 원자로 냉각과 배기 및 냉각수 외부 주입)의 상태에 따라 호기별로 사고가 어떻게 전개되었는지 보여준다. 이 사건수목에서 위로 가는 경로(파란색 경로)는 해당 기능이 '성공'했음을 의미하며, 아래로 가는 경로(빨간색 경로)는 해당 기능이 '성공'했음을 의미한다.

각 사고 경위별로 간단히 설명하면 먼저 **사고 시나리오 #1**은 5, 6호기의 사고 시나리오이다. 이 시나리오에서는 6호기의 EDG가 가동되어 전원이 회복되었으므로 5, 6호기의 안전계통이 잘 작동하여 원전이 안전한 상태(OK)를 유지하였다.

사고 시나리오 #2는 1호기의 사고 시나리오로 먼저 EDG가 침수되어 전원

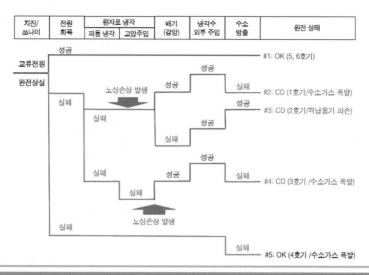

지진/쏘나미	전원회복	원자로 냉각		배기(감압)	냉각수 외부 주입	수소 방출	원전 상태
		피동 냉각	고압주입				

교류전원
완전상실

성공 ─────────────────────────── #1: OK (5, 6호기)

성공 ──── 성공 ──── 실패 ── #2: CD (1호기/수소가스 폭발)
노심손상 발생 ── 성공 ──── 성공 ── #3: CD (2호기/격납용기 파손)
실패 ── 실패 ── 성공

실패 ── 성공 ──── 성공 ──── 실패 ── #4: CD (3호기 /수소가스 폭발)
실패
노심손상 발생
실패 ──── 실패 ── #5: OK (4호기 /수소가스 폭발)

그림 6.4_ 호기별 사고 전개 시나리오

이 회복되지 않았고, 교류전원이 필요하지 않은 피동계통(격리응축기, 일본 용어로는 비상용복수기)를 통한 원자로 냉각도 실패하였다. 직류전원도 상실된 상태이므로 고압냉각수주입계통은 사용할 수 없었다. 격리응축기가 정지된 후 노심 손상Core Damage: CD(핵연료 용융)이 시작된 것으로 추정되며, 이후 배기를 통하여 원자로 감압을 하고 소방차를 이용하여 냉각수 외부 주입을 하였지만 이미 노심 손상은 발생한 후였다. 이에 따라 원자로에서 발생한 수소가스가 원자로건물로 누출되어 1호기 수소가스 폭발이 발생했다.

사고 시나리오 #3은 2호기의 사고 시나리오로 이 시나리오에서도 EDG가 침수되어 전원이 회복되지 않았다. 피동계통(원자로격리냉각계통)이 얼마간 가동된 후 기능을 상실하여 원자로 냉각에 실패했다. 1호기와 마찬가지로 직류전원도 상실된 상태이므로 고압냉각수주입계통은 사용할 수 없었다. 2호기도 원자로격리냉각계통이 정지된 후 노심 손상이 시작된 것으로 추정된다. 이 시나리오에서는 원자로의 파손으로 원자로 압력이 낮아졌으므로 정상적인 배기는 이루어지지 않았다. 원자로가 감압이 된 후 냉각수 외부 주입을 했지만 2호기도 이미 노심 손상은 발생한 후였다. 1호기 수소가스 폭발의 여파로 2호기 원자로건물 상단의 배출패널이 열렸고, 이를 통하여 수소가스가 외부로 누출되어 2호기에서는 수소가스 폭발이 발생하지 않았다.

사고 시나리오 #4는 3호기의 사고 시나리오로 이 시나리오에서도 전원회복이 되지 않았다. 3호기는 1, 2호기와 달리 직류전원이 일부 이용 가능했으므로 피동계통(원자로격리냉각계통)이 정지된 후 고압냉각수주입계통이 자동으로 기동되어 원자로를 냉각했다. 그러나 운전원이 고압냉각수주입계통을 정지한 후 노심 손상이 시작된 것으로 추정된다. 이후 배기를 통하여 원자로를 감압하고 외부에서 냉각수 주입을 시작했다. 수소가스 폭발을 막기 위해 3호기 원자로건물로부터 수소가스를 방출하려 노력했다. 그러나 이는 결국 성공하지 못했고 3호기에서도 수소가스 폭발이 발생했다.

사고 시나리오 #5는 4호기의 사고 시나리오다. 4호기는 원자로에서 핵연료를 모두 외부로 빼낸 상황이므로 원자로를 냉각할 필요는 없었다. 그러나 3호기에서 생성된 수소가스가 3, 4호기 공동 배관을 통하여 4호기로 유입이 되었고, 결국 수소가스 폭발이 발생했다.

1호기의 사고 진행

동일본대지진으로 후쿠시마 제1원전에서 측정된 일본기상청 진도는 '6강'이었다. 일본에서는 지진 등으로 특정 가속도 이상의 지반진동이 발생하면 원전을 자동으로 정지시키는 계통이 있어서, 1호기는 자동으로 정지되었다. 외부에서 들어오는 모든 교류전원이 상실되었으므로 EDG가 가동되어 안전계통을 비롯한 필수설비에 전력을 공급했다. 따라서 원자로 수위는 조금 감소했으나 정상 범위 내에서 유지되었다.

이후 3월 11일 오후 3시 27분 첫 번째 대규모 쓰나미가, 3시 35분에 두 번째 대규모 쓰나미가 후쿠시마 제1원전에 도달했다. 두 번째 쓰나미로 인해 바닷물이 원전 내부로 들어오며 EDG가 있던 터빈건물의 지하가 침수되었다(그림 5.5 참조). 당시 터빈건물 지하에 있던 운전원은 EDG가 있는 방의 방수문에 있는 관람창을 통해 터빈건물 안쪽으로 물이 뿜어져 들어오는 것을 목격했다. 또한 EDG가 가동될 때 나는 소리가 사라지는 것을 확인했다. 이로 인해 1호기에 공급되던 모든 교류전원이 사라졌다. 원전을 운전하는 주제어실의 조명도 꺼졌으며, 원전의 상태를 측정하는 여러 계측 장비들도 그 기능을 상실했다. 1호기용 주제어실에는 비상등만이 켜져 있었고, 2호기용 주제어실은 완전한 암흑 상태가 되었다. 이때는 쓰나미로 인한 피해가 어느 정도인지 알지 못했고, 언제 전원이 회복될지도 알 수 없었다. 더욱이 대규모 쓰나미가 또 올 것이라는 경보가 발령된 상태였기 때문에 운전원을 현장에 보내 전력계통의 상태를 확인하는 것도 어려운 상황이었다.

이후 운전원들은 외부 순찰 때 사용하는 손전등 등을 이용하여 계측기 등을 점검했다. 운전원이 원전사고에 대처할 때 사용하는 비상운전절차서를 찾아보았으나 당시와 같은 상태에 사용할 수 있는 절차서는 없는 상황이었다. 또한, 미국의 TMI 원전사고 이후 핵연료 손상 사고 방지를 위해 갖춰진 사고관리절차서에서도 당시 상태에 적용할 수 있는 절차가 없었다.[3] 관련된 절차서가 있었다 하더라도 원전의 절차서는 원전으로부터 계측되는 압력, 온도 등을 기반으로 운전원이 사고에 대응하는 조치를 하도록 작성되어 있으므로 모든 계측기가 사용 불가능한 당시 상태에서는 별다른 도움이 되지 못하는 상황이었다.

---

3 미국 규제기관은 9·11 테러 이후 미국 내 원전 사업자에게 후쿠시마 원전사고와 같이 전원과 냉각수가 상실한 상황에 대비하여 추가적인 안전설비를 설치하도록 요구했다. 그러나 이런 조치를 보안 사항으로 취급하여 외부에 발표하지 않았다. 다른 나라들은 상당기간 미국 원전의 이와 같은 대비에 대해 알지 못했다.

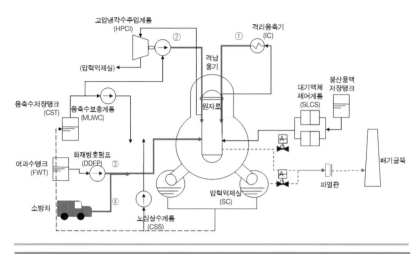

그림 6.5_ 제1원전 1호기의 주요 안전계통 및 냉각 경로

(1) 원자로 냉각

1호기의 주요 안전계통과 원자로 냉각 경로(①~④)가 그림 6.5에 나와 있다[TEPCO, 2012c]. 당시 1호기의 냉각은 후쿠시마 제1원전 1호기에만 있는 격리응축기Isolation Condenser: IC를 통하여 이루어졌다. 격리응축기의 구조는 그림 6.6에 나와 있다. 원자로 정지 후 격납용기가 격리되었을 때 작동하는 격리응축기는 계통의 수조에 물이 있는 한은 전력 공급이 없어도 원자로를 냉각시킬 수 있다. 격리응축기는 물을 추가로 공급하지 않더라도 대략 10시간 정도는 원자로를 냉각할 수 있다(그림 6.5의 경로 ①). 1호기에서는 지진으로 인한 원전 정지 후 격리응축기가 자동으로 가동되었다. 그러나 원자로의 압력과 온도가 너무 빨리 낮아지자 운전원은 운전 절차에 따라 격리응축기를 정지시켰다. 쓰나미가 닥친 후 운전운은 격리응축기를 수동으로 다시 기동했다. 그러나 격리응축기의 밸브와 관련된 지시등이 작동하지 않는 상태여서 운전원이 격리응축기의 정확한 운전 상황을 파악하기 어려웠다. 비록 모든 전원이 상실되기는 했지만, 간헐적으로 배터리로부터 전력이 공급되기도 했으므로 1호기의 운전원은 격리응축기를 계속 가동하기 위해

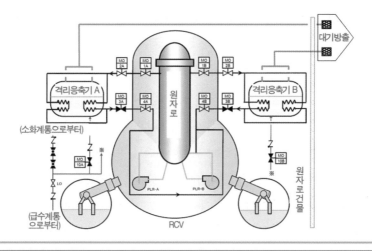

그림 6.6_ 제1원전 1호기의 격리응축기

자료: TEPCO(2012c).

노력했다. 후쿠시마 제1원전의 요시다 소장은 원전의 상태가 더 악화할 것에 대비하여 원자로에 냉각수를 주입할 수 있는 대체 수단을 준비하도록 각 호기 책임자들에게 지시했다.

3월 11일 오후 4시 44분과 오후 6시 18분에 격리응축기의 배기관에서 증기가 나오는 것이 확인되었다(그림 6.6의 오른쪽 상단 '대기방출' 부위). 원자로 건물로부터 증기가 나오고, 증기가 발생하는 소리도 들렸으므로 운전원들은 격리응축기가 가동되고 있다고 판단했다. 그러나 6시 18분에 확인한 격리응축기에서 발생하는 증기량은 매우 적었고, 이마저도 곧 중단되었다. 운전원은 격리응축기가 동작을 안 한다고 판단했고, 격리응축기의 냉각수가 부족해질 수도 있다고 생각하여 3월 11일 오후 6시 25분에 격리응축기로부터 원자로로 냉각수가 공급되는 배관의 밸브(그림 6.6의 MO-3A 밸브)를 닫았다. 이로써 1호기는 원자로를 냉각하지 못하는 상태가 되었다. 그러나 운전원들은 격리응축기의 밸브를 닫아 운전을 정지시켰다는 사실을 현장비상대응센터에 보고하지 않았다. 1호기에는 원자로를 냉각할 수 있는 다른 안전계통인 고압냉각수주입계통High Pressure Coolant Injection System: HPCI이 있다(그림 6.5의 경로 ②). 고압냉각수주입계통을 기동하기 위해서는 직류전원이 필요하나 1호기는 모든 전원이 상실된 상태였기 때문에 고압냉각수주입계통도 가동이 불가능한 상황이었다. 격리응축기를 사용할 수 없게 됨에 따라 화재방호 배관과 디젤구동화재펌프Disel Driven Fire Pump: DDFP를 이용하여 원자로에 냉각수를 공급하기 위하여 노심살수계통Core Spray System: CS의 배관을 재배열하는 작업이 3월 11일 오후 6시 35분에 시작되어 오후 8시 50분에 완료되었다(그림 6.5의 경로 ③). 그러나 원자로의 압력이 높아 디젤구동화재펌프를 이용한 냉각수 주입은 불가능하였다. 오후 9시 19분에 원자로 수위 시시계가 회복이 되었고, 이때의 수위는 핵연료 상단 200mm 위인 것으로 표시되었다. 그러나 이 시점에서 이미 수위 지시계의 신뢰성에는 의문이 제기되고 있다. 아마 원자로 수위 지시계 내에서 증기가 발생하여 계측값에 오류가 생긴 것으로 추정된다[IAEA, 2015b].

운전원들은 지금까지의 격리응축기 운전 이력을 고려할 때 아직 격리응축기를 이용한 원자로 냉각이 가능하다고 생각했다. 더욱이 디젤구동화재펌프를 이용하여 격리응축기에 추가적인 냉각수도 공급할 수 있다고 생각했으므로 운전원은 오후 9시 30분에 3시간 전 닫았던 격리응축기 밸브(MO-3A)를 다시 열었다. 밸브는 성공적으로 열렸고, 증기가 발생하는 소음과 원자로 건물에서 나오는 증기를 확인했다. 따라서 운전원은 격리응축기가 성공적으로 운전되고 있다고 판단했다. 그러나 격리응축기 수조의 수위를 확인하러 현장에 간 운전원은 높은 방사선 준위로 인해 수위를 확인하지 못하고 오후 9시 51분에 주제어실로 되돌아왔다. 이후 격리응축기가 실제로 작동했는지, 얼마나 작동했는지는 불분명하다.[4] 그러나 도쿄전력의 사후 조사에서 격리

---

4   교류전원이 상실되면 격리응축기의 밸브는 그 상태를 그대로 유지하지만, 제어 전원이 직류 전원이 상실되면 밸브가 닫히도록 되어 있다. 따라서 SBO 발생 시점부터 격리응축기가 기능하지 못했다는 의견도 있다[Investigation Committee, 2012].

응축기 수조 A와 B의 수위가 각기 63%, 85%인 것으로 밝혀졌다. 따라서 격리응축기는 그리 오래 운전되지 않은 것으로 추정된다[TEPCO, 2013].

운전원들은 3월 12일 오전 1시 25분에 디젤구동화재펌프를 현장 점검했고, 그 결과 오전 1시 48분 디젤구동화재펌프는 정지된 상태인 것이 알려졌다. 여러 준비 작업 후 운전원은 오후 12시 59분 디젤구동화재펌프의 가동을 시도했으나 모터 문제로 결국 오후 1시 21분에 다시 펌프가 정지되고 만다.

(2) 외부 냉각수 주입

3월 11일 오후 11시 05분에 현장비상대응센터는 주제어실로부터 격리응축기가 운전 중이고, 원자로 수위가 안정적이라는 보고를 받았다. 그러나 현장의 방사선 준위가 상승하고 있어, 현장비상대응센터는 격리응축기의 운전 상태에 대해 의문을 가졌다. 또한 디젤구동화재펌프가 가동되지 않는다는 것을 보고받은 현장비상대응센터는 3월 12일 오전 2시 3분에 소방차를 화재방호계통Fire Protection System: FPS에 연결하여 원자로에 냉각수를 보충하도록 지시했다(그림 6.5의 경로 ④). 소방차를 이용한 냉각수 주입 준비 작업은 이미 3월 11일 오후 5시 12분부터 시작되었다. 현장 작업자는 이용 가능한 소방차를 면진건물 옆으로 이동하고, 배관 연결 작업이 완료되기까지 대기했다. 3월 12일 오전 3시 30분이 되어서야 화재방호계통의 외부 연결 배관을 찾았고, 오전 4시부터 담수 주입을 시작했다. 그러나 현장의 높은 방사선 준위로 인하여 오전 4시 22분 소방차를 이용한 담수 주입은 잠정적으로 중단되었다가 오전 5시 46분에 재개되었다. 다른 소방차들도 지원을 위해 왔으나 도로에 쌓인 쓰레기 등으로 도착하는 데 시간이 오래 걸렸다. 담수 주입은 화재방호수탱크의 물이 고갈되어 오후 2시 53분 종료되었다.

이용할 수 있는 담수의 양이 제한되어 있으므로 현장비상대응센터는 3월 12일 오후 2시 54분에 담수 대신 해수를 주입하도록 지시했다. 이를 위해 소방차 3대가 준비되었다. 그러나 해수 주입을 위해 소방차와 호스를 준비하는 동안 오후 3시 36분에 1호기의 수소가스 폭발이 발생했다. 소방차 주변에서 작업하던 작업자들은 충격파에 휩쓸렸다. 현장은 먼지로 뒤덮였고, 계약회사의 한 직원은 그 충격으로 쓰러져 움직이지 못했다.

　1호기에서 수소가스 폭발이 발생하면서 5명의 부상자가 나왔고, 전원복구 작업도 소방차를 이용한 해수 주입작업도 차질이 생겼다. 당시 주제어실에서는 폭발의 원인을 알지 못했으므로 선임 운전원 몇 명을 제외한 나머지 인력은 면진건물로 대피했다. 또한 수소가스 폭발로 면진건물과 일반 사무실을 연결하는 통로의 천장도 날아갔다. 폭발의 여파로 면진건물의 문을 개폐 시 건물의 기밀성을 유지하기 위해 설치된 에어록은 열린 상태가 된 채 닫히지 않았다. 비록 에어록을 다시 닫기는 했지만 이후 면진건물의 기밀성이 유지되지 않았고, 면진건물 일부도 방사성물질로 오염될 수밖에 없었다.

　오후 5시 20분 조사팀이 현장에 파견되었고, 해수주입 관련 설비가 심하게 손상되었음을 발견했다. 손상된 호스의 교체 이후 소방차를 이용한 해수 주입작업이 오후 7시 4분에 재개되었다. 오후 7시 25분에 총리 관저에 나가 있던 도쿄전력 다케쿠로 고문으로부터 간 총리가 해수 주입을 승인하지 않았으니 해수 주입을 잠시 중단하라는 연락이 왔다. 그러나 요시다 소장은 해수 주입이 사고 완화에 가장 중요한 수단이고 해수 주입을 중단했다가는 다시 시작하지 못할 것을 우려하여 해수 주입을 계속했다. 그럼에도 1호기는 담수 주입 중단 후 해수 주입을 시작할 때까지 약 4시간 동안 원자로가 냉각되지 않은 상태였다. 간 총리가 해수 주입에 대해 우려했던 내용은 제8장에서 다룬다.

(3) 격납용기 배기

　원전의 격납용기는 방사성물질이 외부로 누출되는 것을 막는 최후의 방벽이다. 그러나 핵연료가 녹아내리는 중대사고가 발생하여 격납용기 내부 압력과 온도가 올라가 격납용기마저 파손되면 방사성물질이 주변 환경으로 대량 누출될 수 있다. 앞서 설명한 바와 같이 후쿠시마 1~5호기의 격납용기는 가압경수로 또는 가압중수로의 격납건물이나 최신 비등경수로의 격납용기에 비해 용기의 부피가 작은 편이라, 격납용기가 압력을 견딜 수 있는 능력도 크지 않다. 도쿄전력은 이에 따라 격납용기 내 압력이 올라가서 격납용기가 파손될 가능성이 있으면 격납용기 내 고압의 증기를 외부로 배기Vent하는 운전 방식을 택하고 있었다. 격납용기의 배기 여부는 현장비상대응센터에서 결정하게 되어 있다. 그러나 법적 요건은 아니지만, 정부는 격납용기 배기에 앞서 원전 운영자가 정부에 먼저 통보하고 승인을 받도록 권고하고 있었다.

전력이 없는 상태에서 1호기 격납용기를 배기할 수 있는 방법이 논의되었다. 도면에서 압력억제실의 배기에 필요한 밸브가 파악되었고, 그 밸브를 수동으로 열 수 있다는 것도 확인되었다. 그러나 원자로건물 내의 높은 방사선 준위가 문제였다. 3월 11일에 이미 원자로건물 내부의 방사선 준위가 시간당 300mSv에 이를 것으로 추정되는 상태였다. 요시다 소장은 3월 12일 오전 0시 6분에 1호기 격납용기의 배기를 준비하도록 지시했다.

배기와 관련하여 내각관방과 도쿄전력은 3월 12일 오전 3시에 이를 언론에 발표할 예정이었고, 배기는 그 이후에 수행될 예정이었다. 오전 4시 28분, 현장비상대응센터에 간 총리가 현장으로 올 것이라는 통보가 왔고, 오전 7시 11분에 간 총리와 10여 명을 태운 헬리콥터가 후쿠시마 제1원전 현장에 도착했다(간 총리의 현장 방문과 관련된 내용도 제8장에서 별도로 다룬다).

오전 8시 3분, 요시다 소장은 1호기의 배기를 오전 9시까지 마치라는 지시를 내린다. 그러나 오전 8시 27분 주민 대피를 확인하기 위해 오쿠마정에 파견된 도쿄전력 직원으로부터 아직 대피하지 못한 주민이 있다는 보고가 왔다. 후쿠시마현 지자체에는 3월 12일 오전 8시 37분에야 후쿠시마 제1원전에서 오전 9시에 배기를 하기 위한 준비 작업이 진행 중이라는 사실이 통보되었다. 이후 오전 9시 2분이 되어서 주민 대피가 모두 완료되었다는 보

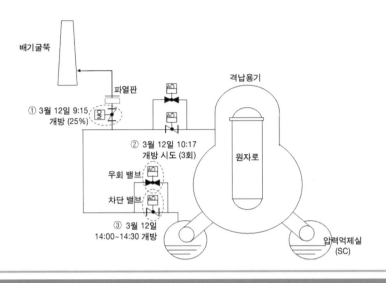

배기굴뚝

파열판

① 3월 12일 9:15
개방 (25%)

격납용기

원자로

② 3월 12일 10:17
개방 시도 (3회)

우회 밸브

차단 밸브

③ 3월 12일
14:00~14:30 개방

압력억제실
(SC)

그림 6.7_ 제1원전 1호기의 격납용기 배기 경로

고가 들어왔다.

1호기의 배기 경로가 그림 6.7에 나와 있다. 3월 12일 오전 9시 4분, 운전원 2명으로 구성된 첫 번째 팀이 격납용기의 배기 준비를 위하여 출발했다. 운전원들은 절차서에 따라 오전 9시 15분 원자로건물 2층에 있는 격납용기의 모터구동 배기밸브를 25% 정도 열고 돌아왔다(그림 6.7의 ①). 두 번째 팀은 원자로건물 2층에 있는 압력억제실 공기구동 배기밸브를 열기 위하여 오전 9시 24분에 출발했다. 그러나 현장의 방사선 준위가 너무 높아 배기를 포기하고 오전 9시 32분 주제어실로 돌아왔다. 당시 현장 작업을 한 운전원 중 1명은 방사선 피폭량이 100mSv를 넘는 수준이었다. 이후 앞서 시도하던 소형공기구동 배기밸브를 여는 대신(그림 6.7의 ②) 공기압축기를 배기 라인의 대형 공기구동 배기밸브에 연결하여 이 밸브를 열었다(그림 6.7의 ③). 운전원은 오후 2시 30분 드라이웰Dry Well의 압력이 떨어지는 것을 확인했다. 소장의 배기 지시가 있은 후 실제 배기가 이루어지기까지는 약 14시간 30분이 소요되었다.

(4) 요약

후쿠시마 원전사고 이후, 사고 진행 과정을 정확하게 파악하기 위한 많은 연구가 진행되고 있다. 그러나 당시 격리응축기의 정확한 운전 상태는 사고 후 조사를 통해서도 명확히 파악되지 않았다. 정부조사위 보고서는 지진과 쓰나미로 직류와 교류 전원이 모두 상실되면서 안전-폐쇄Fail Safe 개념에 따라 격리응축기의 밸브가 모두 닫혀 격리응축기가 기능하지 못했을 것으로 추정하고 있다[Investigation Committee, 2012]. 반면에 도쿄전력의 보고서는 격리응축기 밸브의 격리신호가 발생하였을 때의 직류와 교류 전원의 상태에 따라 밸브의 개폐가 달라질 수 있기 때문에 밸브의 개폐 여부를 알기 어렵다고 기술하고 있다[TEPCO, 2012a]. 다만 앞서 언급한 바와 같이 2011년 10월 18일 도쿄전력이 조사한 바에 따르면, 격리응축기 A와 B의 수조에는 냉각수가 각각 65%, 85% 정도 남아 있었던 것으로 파악되었다. 격리응축기 수조에 80%의 냉각수가 있는 경우 약 6시간 동안 격리응축기를 운전할 수 있으므로, 많은 양의 냉각수가 수조에 남아 있었다는 점은 격리응축기가 가동되는 시간이 짧았고 원자로의 냉각에 크게 기여하지 못했다는 의미이다.

1호기 원자로의 압력은 핵연료가 파손되는 동안 계속 높게 유지되다가 원자로용기가 파손되면서 내려간 것으로 보인다. 이것은 핵연료가 손상된 징후가 나타난 지 몇 시간 후 격납용기의 압력이 상승한 것을 볼 때 타당한 추정으로 보인다. 원자로용기의 압력이 내려감에 따라 쓰나미가 후쿠시마 제1원전에 도달한 지 12시간 이후에나 냉각수를 원자로에 주입할 수 있는 조건이 되었다. 그러나 이 시점에는 이미 핵연료가 상당히 용융된 것으로 보인다[TEPCO, 2014].

1호기 원자로에 소방차를 이용하여 냉각수를 주입하기 위해 많은 노력이 있었으나, 사고 후 조사에서 소방차를 통하여 주입된 냉각수의 50~80% 정도가 원자로 냉각에 사용되지 못하고 복수기나 응축수저장탱크 등 다른 계통으로 흘러간 것으로 평가되었다. 이는 원자로와 복수기 및 응축수저장탱크 사이의 배관에 냉각수 역류를 방지하는 밸브 등이 설치되어 있지 않았기 때문이다. 따라서 외부로부터 많은 냉각수가 주입되었음에도 실제적으로는 사고의 진행을 막지는 못한 것으로 보인다[TEPCO, 2013].

종합적으로 볼 때 1호기의 경우는 쓰나미 도달 후 약 4~5시간이 지났을 때 이미 핵연료 손상이 일어났으며, 6~8시간이 지난 시점에서는 용융된 핵연료가 원자로용기 하부에 도달한 것으로 보인다. 1호기로부터 방사성물질이 최초로 주변 환경으로 방출된 것은 쓰나미 도달 후 약 12시간이 지났을 때였다. 그리고 방사성물질의 대량 누출은 쓰나미 도달 후 약 23시간이 지난 시점에서 1호기 격납용기를 배기할 때 일어났다.

핵연료가 손상되는 과정에서 핵연료의 피폭관과 물이 화학 반응을 하여 대량의 수소가스가 생성되었고, 이 수소가스가 원자로용기를 빠져나와 격납용기로 모였으며, 결국은 원자로건물로까지 빠져나갔다. 1호기에서의 수소가스 폭발은 쓰나미 도달 후 만 하루가 지난 3월 12일 오후 3시 36분에 발생했다. 수소가스 폭발은 후쿠시마 원전사고의 진행에 많은 악영향을 미쳤다. 표 6.2에 1~3호기의 시간별 사고 진행 상황을 요약했다. 노심 손상 시간 등은 추정치이다.

소방차를 이용한 냉각수 공급이 이루어지고 수일 후 외부 전력망이 복구됨에 따라 1호기는 점차 안정을 찾게 되었다.

표 6.2_ 각 호기별 사고 진행 개요

일시	1호기	2호기	3호기	비고
2021.03.11 15:35	쓰나미	쓰나미	쓰나미	
2011.03.11 15:37	교류전원 완전상실SBO			
2011.03.11 15:38			교류전원 완전상실SBO/직류 전원 사용 가능	

일시	1호기	2호기	3호기	비고
2021.03.11 15:39		RCIC 수동 기동		
2011.03.11 15:41		교류전원 완전상실SBO		원재법 10조 1항 교류전원 완전상실 보고
2011.03.11 16:03	`		RCIC 수동 기동	
2011.03.11 16:46			`	원재법 15조 1항 비상냉각상실 보고
2021.03.11 17:35		원자로 수위 80% 확인		
2021.03.11 18:18	IC (A) 밸브 2A, 3A 개방(증기 발생 확인)			
2011.03.11 18:25	IC (A) 밸브 3A 폐쇄(운전원)			
	(노심 손상 시작 추정)			
2011.03.11 19:03				원자력비상사태 선언
2011.03.11 20:50	DDFP를 이용한 냉각수 주입 유로 구성(원자로 감압 후 주입을 위해 대기)	RCIC 운전 여부 확인 불가		
2021.03.11 21:00		DDFP를 이용한 냉각수 주입 유로 구성 시작		
2021.03.11 23:00			`	반경 3km 소개 및 10km 옥내 대피 지시
2011.03.11 21:30	IC 밸브 개방(증기 발생 확인)			
2011.03.12 1:20		DDFP 정지 추정 (연기 중단)		
2011.03.12 1:48	DDFP 정지 확인 (재가동 시도 실패)			
2011.03.12 2:12		RCIC 운전 추정 (소리 확인)		
2011.03.12 4:00	소방차를 이용한 담수 주입 시작			

일시	1호기	2호기	3호기	비고
2011.03.12 4:22	소방차를 이용한 담수 주입 중단 (고방사선)			
2011.03.12 5:46	소방차를 이용한 담수 주입 재개			
2021.03.12 7:11				간 총리 제1원전 현장 도착
2021.03.12 8:04				간 총리 제1원전 현장 출발
2011.03.12 9:04	배기 작업 시작			
2011.03.12 11:36			RCIC 자동 정지 (재기동 실패)	
2011.03.12 12:06			DDFP를 이용한 S/C 살수	
2011.03.12 12:35			HPCI 자동 기동 (원자로 저수위 신호)	
2011.03.12 14:30	PCV 압력 감소 확인(S/C AO 밸브 동작)			
2011.03.12 14:53	담수 주입 종료			
2011.03.12 14:54	해수 주입 준비 시작			
2011.03.12 15:27				
2011.03.12 15:36	1호기 수소가스 폭발			
2011.03.12 19:04	소방차를 이용한 해수 주입 시작			도쿄전력 본사 해수 주입 중단 요청
2011.03.12 21:40				반경 20km 소개 지시
2011.03.13 2:42			HPCI 수동 정지	
2021.03.13 2:45			SRV 개방 실패	
			(노심 손상 시작 추정)	

일시	1호기	2호기	3호기	비고
2011.03.13 8:10		배기 작업 시작		
2011.03.13 8:35			배기 작업 시작	
2021.03.13 9:20			배기를 통한 PCV 압력 감소 확인(자동감압장치 기동)	
2011.03.13 9:25			소방차를 이용한 담수 주입 시작	
2011.03.13 12:20			담수원 부족에 따른 담수 주입 중지로 해수를 수원으로하는 전환하는 작업 시작	
2021.03.13 12:30			PCV 배기를 위한 S/C 배기 밸브 개방	
2011.03.13 13:12			해수 주입 유로 구성 및 주입 시작	
2011.03.13 13:50		RCIC 운전 확인		
2011.03.14 1:10			저장된 해수 부족으로 해수 주입 중단	
2011.03.14 3:20			해수원 변경 후 해수 주입 재개	
2011.03.14 6:10			배기 밸브 개방 완료	
2021.03.14 11:00		배기 경로 연결 완료		
2011.03.14 11:01			3호기 수소가스 폭발	
2011.03.14 11:01			해수 주입 중단(수소가스 폭발 영향)	
2011.03.14 13:25		RCIC 기능 상실 추정(원자로 수위 감소)		
		(노심 손상 시작 추정)		
2011.03.14 14:43		화재방호라인을 이용한 소방차 주입 준비 완료		

일시	1호기	2호기	3호기	비고
2011.03.14 15:30		화재방호라인을 이용한 해수 주입 시작	해수 주입 재개	
2011.03.14 16:34		원자로 감압을 위한 SRV 개방 시도		
2011.03.14 18:02		SRV 1개가 개방되면 원자로 압력 감소 시작		
2011.03.14 19:20		소방차가 연료부족으로 냉각수 주입 실패		
2021.03.14 19:54		소방차를 이용한 해수 주입 재개		
2011.03.14 21:20		2개 SRVs 추가 개방을 통한 원자로 압력 감소		
2011.03.14 23:40		DW/SC 압력 불균형 발생		
2011.03.14 23:40		배기 시도(배기 실패 추정)		
				도쿄전력 현장 철수 요청/ 통합비상대응본 부운영시작
2011.03.15 6:14		충격음 발생 및 S/C 압력 강하 (0Mpa)		(4호기 수소가스 폭발)
2011.03.15 11:25		D/W 압력 강하		오프사이트센터 이전(후쿠시마 현청으로)

DDFP: 디젤구동화재펌프Disel Driven Fire Pump
D/W:　드라이웰Dry Well
HPCI: 고압냉각수주입계통High Pressure Coolant Injection System
IC:　　격리응축기Isolation Condenser
PCV: 격납용기Primary Containment Vessel
RCIC: 노심격리냉각계통Reactor Core Isolation Cooling System
S/C:　압력억제실Suppression Chamber
SRV:　안전방출밸브Safety Relef Valve

2호기의 사고 진행

2호기도 지진 발생 직후 원자로가 자동 정지되고 붕괴열이 안정적으로 냉각되고 있었다. 쓰나미에 의한 교류전원 상실 이후의 상황도 1호기의 진행 상황과 흡사했다. 모든 전원이 상실됨에 따라 원자로에 냉각수가 공급되는지가 불분명하게 되었다. 운전원은 원자로 내부의 냉각수 수위 확인을 위해 필요한 전원을 회복하기 위해 노력하면서, 1호기의 경우와 마찬가지로 화재방호계통과 소방차를 이용하여 원자로에 냉각수를 주입할 방안을 찾고 있었다. 2~5호기 주요 안전계통 및 냉각수 주입 경로가 **그림 6.8**에 나와 있다[TEPCO, 2012c].

(1) 원자로 냉각

2호기는 원자로 냉각을 위한 노심격리냉각계통-Reactor Core Isolation Cooling System: RCIC을 갖추고 있었다. 노심격리냉각계통은 교류전원이 없어도 원자로용기로부터 나오는 증기를 이용하여 펌프를 돌려 비상냉각수를 원자로 안으로 주입하는 계통이다(그림 6.8의 경로 ①). 노심격리냉각계통은 쓰나미가 밀려오기 전인 3월 11일 오후 2시 50분 수동으로 운전이 시작되었다. 이후 원자로 수위 상승에 따라 노심격리냉각계통이 정지되면, 운전원이 다시 기동하는 일이 반복되었다. 그러나 직류전원도 상실된 상태에서 운전원은 노심격리냉각계통이 작동하는지 알 수 없었다. 한편, 고압냉각수주입계통은 가동에 필요한 직류전원이 없어 가동할 수 없었다. 고압냉각수주입계통에 전력을 공급하는 서비스빌딩 1층은 1.5m 정도의 높이까지 물이 차서 현장 점검도 취소되었다.

3월 11일 오후 5시 35분에 운전원이 주제어패널 뒤에서 원자로 수위를 확인할 수 있는 계측기를 발견했다. 계측기에 따르면 당시 원자로 수위는 80% 정도로 안정된 상태를 보여주고 있었다. 그러나 배터리가 차차 소진됨

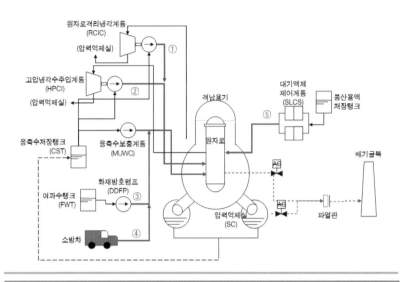

원자로격리냉각계통
(RCIC)
(압력억제실)

고압냉각수주입계통
(HPCI)
(압력억제실)

①
②

격납용기

대기액체
제어계통
(SLCS)

붕산용액
저장탱크

⑤

응축수저장탱크
(CST)

응축수보충계통
(MUWC)

원자로

배기굴뚝

화재방호펌프
(DDFP)

여과수탱크
(FWT)

③

소방차

④

압력억제실
(SC)

파열판

그림 6.8_ 제1원전 2~5호기의 주요 안전계통 및 냉각 경로

에 따라 오후 6시 12분 이후로는 원자로 수위를 확인할 수 없었다. 1호기의 방사선 준위가 계속 상승하고 있었으므로 2호기의 운전원은 방사선 준위가 너무 오르기 전에 화재방호계통을 이용하여 원자로에 냉각수를 공급할 수 있는 수단을 확보하려고 노력했다(그림 6.8의 경로 ③). 이를 위해 응축수보충계통Make-Up Water Condensate System: MUWC 등의 밸브를 여는 작업이 오후 9시에 시작되었다. 정상적인 상황이라면 주제어실에서 단추를 눌러 20여 초 만에 종료되는 작업이었지만 운전원이 수동으로 밸브를 여는 데는 1시간 정도가 걸렸다[TEPCO, 2012b].

주제어실에서는 디젤구동화재펌프의 상태를 확인할 수는 없었지만, 현장에서 디젤구동화재펌프의 배기구에서 연기가 나오는 것을 보고 펌프가 가동되고 있다고 생각했다. 그러나 3월 12일 오전 1시 20분에 배기구에서 나오던 연기가 중단됨에 따라 디젤구동화재펌프는 정지된 것으로 판단했다.

2호기의 운전원은 3월 12일 오전 2시 12분 노심격리냉각계통의 상태 점검을 시도했다. 운전원이 노심격리냉각계통이 있는 방의 문을 열자 물이 천천히 흘러나왔다. 운전원은 이번에는 노심격리냉각계통이 가동되는 소리를 확인할 수 있었다. 원자로격리냉각계통의 수원을 응축수탱크에서 압력억제실 수조로 바꾸는 작업이 3월 12일 오전 4시 20분에 시작되어 오전 5시에 완료가 되었다. 그러나 이와 같은 운전 방식은 압력억제실의 압력과 온도를 계속 올리는 결과를 가져왔고, 나중에 원자로 압력을 낮추기 어려운 상황을 초래하였다. 3월 13일 오전 10시 40분 노심격리냉각계통의 토출 압력이 원자로 압력보다 높은 것이 확인되었고, 당일 오후 1시 50분까지도 노심격리냉각계통이 계속 운전되는 것이 확인되었다. 노심격리냉각계통의 운전은 3월 14일 오후 1시 25분경 중단된 것으로 추정되고 있다[TEPCO, 2012b].

(2) 외부 냉각수 주입

현장비상대응센터는 3월 13일 오후 12시 5분, 2호기 운전원에게 소방차를 이용한 해수 주입의 준비를 지시했다(그림.6.8의 경로 ④). 이를 위해 소방차를 화재방호 배관에 연결해야 했다. 이 작업은 오후 늦게 완료가 되었다.

원자로에 외부로부터 냉각수를 주입하기 위해서는 안전방출밸브를 열어 원자로의 압력을 낮출 필요가 있었다. 안전방출밸브를 열기 위해서는 125V 직류전원이 필요하므로 차량에서 배터리를 떼어 면진건물 앞에 모으기 시작했다. 현장 복구팀은 3월 13일 오후 1시 10분 주제어실에 있는 안전방출밸브의 조정 패널에 배터리를 연결했다. 현장의 가시성도 좋지 않고 작업자들은 고무장갑을 끼고 있었으므로 배터리 연결 작업도 쉽지 않은 상황이었다. 안전방출밸브를 이용한 원자로의 감압은 배기 준비가 완료되면 시작하는 것으로 결정되었다. 이는 냉각수 주입을 계속하기 위해서는 압력억제실의 수조로 증기가 방출되는 경로를 확보해야 했기 때문이다.

3월 14일 오전 11시 3분에 3호기에서 수소가스 폭발이 발생하며 3호기 근처에서 해수 주입을 위해 대기 중이던 소방차가 손상되었다. 따라서 다른 소방차를 이용하여 2호기와 3호기에 해수를 주입하는 것으로 결정되었다. 노심격리냉각계통의 운전은 3월 14일 오후 1시 25분경 중단된 것으로 추정되는 반면 소방차를 화재방호계통의 취수 부분에 연결하는 작업이 끝난 것은 오후 2시 43분이었다. 소방차를 이용한 해수 주입을 위해서는 원자로 압력을 낮추어야 했다. 그러나 현장비상대응센터는 원자로 감압이 원자로 건전성에 영향을 줄지 모른다고 생각하여 원자로 감압을 주저하고 있었다. 원자로 감압은 격납용기의 배기 경로가 준비될 때까지 연기되었다. 따라서 소방차를 이용한 냉각수 주입도 연기되었다[IAEA, 2015b].

핵연료가 냉각수 밖으로 곧 노출될 것으로 예상되자 현장비상내응센터는 오후 4시 28분에 안전방출밸브를 이용하여 원자로의 압력을 낮추기로 결정했다. 오후 4시 34분에 주제어실에서 안전방출밸브를 열려고 하였으나 몇 번 실패 후 오후 6시 2분에야 성공했다. 원자로의 압력이 떨어짐에 따라 소방차를 이용한 급수가 가능했으나 화재방호계통에 연결해놓은 소방차의 연료가 없어 냉각수 주입이 중단되었다. 2대의 소방차에 주유를 하고 난 뒤 오후 7시 54분에 화재방호계통을 이용한 냉각수 주입이 시작되었다.

(3) 격납용기 배기

2호기도 격납용기의 배기가 필요한 상황이었다. 배기를 위한 준비 작업이 3월 12일 오전 12시 6분에 시작되었다. 2호기의 방사선 준위는 그리 높지 않아 현장에서 배기할 수 있을 것으로 판단했다. 주제어실의 계측기가 회복됨에 따라 3월 13일 오전 3시에 드라이웰의 압력이 약 3기압(315kPa)인 것이 확인되었다[TEPCO, 2012a]. 그러나 압력억제실의 압력은 관련 계측기가 복구되지 않아 알 수 없었다. 운전원은 오전 8시 10분에 현장으로 가 격납용기의 배기 경로에 있는 모터구동밸브를 25% 정도까지 열었다. 그러나 대형배기밸브는 실제 배기를 할 때 열기로 하였다. 오전 10시 15분에 요시다 소장은 2호기의 배기를 지시했다. 주제어실 조명용으로 사용되던 소형 발전기를 이용하여 압력억제실에 연결된 대형 배기밸브도 열 수 있었다. 배기 경로의 압력이 일정 수준 이상으로 올라가면 자동으로 파열이 되어 압력을 방출하는 파열판Rupture Disc을 제외한 배기를 위한 배관 조정작업은 오전 11시에 완료되었다. 그러나 파열판이 파열될 정도로 격납용기 내부 압력이 올라가지 않았다. 따라서 배기 경로를 계속 유지하기 위해 대형배기밸브에 공기압축기를 연결하는 작업 등이 진행되었다. 3월 14일 오전 11시 1분 발생한 3호기 수소가스 폭발의 영향으로 2호기의 배출 패널이 파손되었으며, 압력억제실의 배기밸브가 닫혔다. 이후 이 밸브를 다시 여는 작업이 지속되었다. 오후 4시까지도 배기 경로가 확보되지 않았으며 성공적인 배기를 하기 위해서는 상당한 시간이 소요될 것이 거의 확실했다.

원자로와 드라이웰의 압력이 크게 상승함에 따라 현장비상대응센터는 3월 14일 오후 10시 50분에 원자력재해법 제15조 '압력용기의 비정상적인 압력 상승'에 해당하는 상황이라고 판단했다. 오후 11시 40분, 드라이웰의 압력은 상승하는 추세였지만, 압력억제실의 압력은 약 3기압(300kPa) 정도로 일정하게 유지되는 압력 불균형 상태가 발견되었다. 운전원은 가능한 한 빠른 배기를 위해 드라이웰로부터 직접 배기를 하기로 했다. 그러나 드라이웰의 배기 경로에 있는 밸브를 열 수 없었고, 이후 조사에서도 파열판의 방사능 준위가 높지 않은 것으로 밝혀졌다. 결국 정상적인 경로를 통한 2호기의 배기는 이루어지지 않은 것으로 판명되었다[IAEA, 2015b].

3월 15일 오전 6시 14분에 큰 충돌 소리와 진동이 감지되었다. 운전원이 원전 상태를 점검하던 중 주제어실의 계기판에 압력억제실의 압력이 대기압 수준(0kPa)으로 표시되는 것을 발견했다. 이는 격납용기가 격납기능을 상실했을 가능성이 높다는 것을, 또한 2호기로부터 제어할 수 없는 방사성물질 방출이 있을 수 있다는 것을 의미한다. 사고 초기에는 큰 소리와 진동이 2호기의 격납용기 파손과 관련되었다고 추정되었으나 이후 소리와 진동은 4호기의 수소가스 폭발과 관련된 것으로 밝혀졌다[Investigation Committee, 2012].

압력억제실의 압력이 대기압 수준으로 떨어졌다는 사실이 현장비상대응센터에 보고된 것은 당일 오전 6시 30분이었다. 오전 11시 25분에 드라이웰의 압력도 내려가는 것이 확인되었다. 현장비상대응센터는 2호기 압력억제실의 손상, 그리고 비슷한 시간에 발생한 4호기 수소가스폭발에 따른 방사성물질의 대량 누출을 우려하여 후쿠시마 제1원전에 있는 인력을 후쿠시마 제2원전으로 대피시키기로 결정했다. 약 650명의 인력이 버스나 개인 승용차를 이용하여 후쿠시마 제2원전으로 대피했다. 후쿠시마 제1원전에는 약 70여 명의 필수 인력만 현장비상대응센터에 남게 되었다. 경제산업성은 오전 10시 30분 해수 주입작업을 지속하라는 지시를 도쿄전력에 내렸다. 이 명령은 오전 10시 37분 화상회의 시스템을 통하여 현장에 전달되었다. 다음 날인 3월 16일 정오부터 저녁에 걸쳐 후쿠시마 제2원전으로부터 작업자들이 복귀했다. 후쿠시마 제1원전의 인력이 제2원전으로 대피하는 과정에 대해서는 총리 관저와 도쿄전력의 입장과 주장이 다르고, 따라서 많은 논란이 있었다(이 부분은 제8장에서 상세히 살펴본다).

2호기의 외부 전원은 3월 20일 마침내 복구되었다. 이후 3월 29일에는 해수 주입을 중단하고 담수 주입으로 전환했다.

(4) 요약

2호기는 노심격리냉각계통이 약 68시간 동안 직류전원이나 운전원의 조치 없이도 작동하면서 원자로를 냉각했다. 그러나 노심격리냉각계통의 작동이 중단된 후 원자로를 감압하고 해수 주입이 이루어질 때까지 약 6시간 반 동안 비상냉각수 주입이 중단된 것으로 보인다. 2호기에서도 많은 양의 핵연료가 용융되고, 일부는 격납용기 바닥으로 재배치되었다. 사고 후 수행된 조사에서 격납용기 배기배관과 이 배관에 설치된 파열판은 방사능으로 거의 오염되지 않은 것으로 밝혀졌다. 반면에 비상기체처리계통의 하단부 쪽 필터는 방사능 오염이 심한 것으로 확인되었다. 따라서 정상적인 경로를 통한 2호기 격납용기의 배기는 실패했고, 2호기 격납용기 내 고압의 증기가 비상기체처리계통 쪽으로 역류를 한 것으로 추정된다[TEPCO, 2015]. 2호기는 쓰나미가 후쿠시마 제1원전에 도달한 후 약 76시간이 지나서 핵연료 손상이 시작되었고, 방사성물질의 누출은 쓰나미 도달 후 약 89시간이 지나 격납용기가 파손되면서 시작된 것으로 판단된다. 2호기는 격납용기 배기실패로 격납용기가 파손됨에 따라 사고가 발생한 1~3호기 중 가장 많은 방사성물질이 2호기에서 누출되었다.

3호기의 사고 진행

3호기도 지진 직후의 상황은 1·2호기와 마찬가지였다. 원자로가 자동으로 정지되었으며, 외부 교류전원 상실에 대응하여 2대의 EDG가 기동하여 안전계통에 전력을 공급했다. 운전원들은 지진에 의한 진동이 멈추기를 기다린 후 3월 11일 2시 47분경 원자로의 자동정지를 확인했다.

(1) 원자로 냉각

3호기도 쓰나미로 인해 해수 펌프, 분전반 및 비상전력 모선이 침수되었으며, EDG 2대도 침수되었다. 이에 따라 3월 11일 오후 3시 38분경 3호기의 모든 교류전원이 상실되고, 직류전원도 상당 부분 훼손되었다. 정상적인 주제어실 조명은 완전히 상실되었으나, 다행히 직류분전반이 침수되지 않았으므로 원자로 압력 및 수위, 노심격리냉각계통 상태, 고압냉각수주입계통 상태를 나타내는 지시등은 기능을 하는 상태였다. 3호기는 직류전원으로 운전되는 고압냉각수주입계통과 노심격리냉각계통의 운전도 가능했다(그림 6.8의 경로 ①).

3월 11일 오후 4시 3분, 운전원은 원자로 수위가 낮아진 것을 확인하고 이를 회복하기 위해 노심격리냉각계통을 수동으로 기동했다. 또한 배터리의 사용 시간을 늘리기 위해 노심격리냉각계통의 운전도 수동으로 전환했다. 이를 통해 원자로의 수위를 유지할 수는 있었지만, 원자로 내부 온도를 충분히 낮출 수는 없었다. 운전원은 노심격리냉각계통을 대체할 원자로 냉각 수단으로 고압냉각수주입계통의 운전을 준비했다.

3월 11일 오후 9시 27분, 3·4호기 주제어실에 소형 이동 발전기가 연결되어 조명은 회복이 되었으며, 이 상태는 저녁 내내 유지되었다. 노심격리냉각계통을 운전하면서 발생한 증기 때문에 드라이웰과 압력억제실의 압력이 상승하기 시작했다. 운전원들은 디젤구동화재펌프를 이용하여 드라이웰과 압력억제실의 압력을 조정하기로 하고 관련 배관의 연결 작업을 진행했다.

3월 12일 11시 36분, 노심격리냉각계통이 갑자기 정지했고, 주제어실에서 재기동을 해도 다시 바로 정지되는 현상이 반복되었다. 사고 당시에는 노심격리냉각계통이 갑작스럽게 정지한 원인을 알 수 없었다. 사고 후 조사에 따르면 터빈으로 배출되는 증기의 압력이 너무 높아 터빈증기정지밸브 Turbine Steam Stop Valve와 연결되어 있는 노심격리냉각계통의 자동 정지 신호가 발생하여 노심격리냉각계통이 반복하여 정지된 것으로 추정되었다 [TEPCO, 2014].

노심격리냉각계통이 정지된 1시간 후인 3월 12일 12시 35분, 원자로 수위가 낮아짐에 따라 고압냉각수주입계통이 자동으로 기동하여 원자로에 냉각수를 주입하자 원자로 수위가 다시 회복되기 시작했다(그림 6.8의 경로 ②). 오후 4시 35분까지, 원자로 수위는 핵연료 상단으로부터 약 4.57m까지 회복되었다. 배터리의 사용 시간을 늘리기 위해 운전원은 고압냉각수주입계통의 운전도 수동으로 전환했다.

3월 12일 오후 8시 36분 배터리가 모두 소모되어감에 따라 직류전원을 공급받는 계기는 성능이 저하되거나 계측이 불가능한 상태가 되었다. 원자로 수위 지시계를 되살리기 위해서는 24V 직류전원이 필요했다. 이에 현장비상대응센터는 히로노 화력발전소로부터 지원받은 2V 배터리 12개를 3·4호기 주제어실로 보낼 준비를 시작했다.

고압냉각수주입계통의 펌프 출구압력이 점점 내려가면서 원자로 압력에 가까워졌다. 운전원은 원자로 수위를 모르므로 충분한 냉각수가 원자로에 주입되고 있는지 판단할 수 없었다. 또한 고압냉각수주입계통이 정상에서 벗어난 조건에서 14시간째 장기간 운전 중이므로 고압냉각수주입계통을 구성하는 기기의 고장 가능성도 걱정하게 되었다. 터빈 파손으로 인하여 조절이 불가능한 방사성물질 누출 경로가 생길 수도 있다는 점도 우려하였다. 주제어실과 현장비상대응센터에서는 만약 고압냉각수주입계통이 중단되면 디젤구동화재펌프를 이용하여 냉각수를 주입할 준비를 하고 있었다. 그러나 도쿄전력의 사고 이후 조사에 따르면 원자로에서 발생되는 증기의 압력이 고압냉각수주입계통의 설계기준보다 낮아져, 고압냉각수주입계통은 오후 8시 이후 냉각수 주입을 못한 것으로 추정하고 있다[TEPCO, 2014].

주제어실에서 원자로 안전방출밸브의 지시등을 보고 운전원은 안전방출밸브를 주제어실에 여는 것이 가능할 것으로 판단했다. 따라서 약 7.9~8.9기압(0.8~0.9MPa) 수준인 원자로 압력을 더 낮춘다면 디젤구동화재펌프를 이용하여 냉각수를 안정적으로 주입할 수 있을 것으로 보았다(그림.6.8의 경로 ③).

운전원은 원자로를 압력을 낮춘 후 디젤구동화재펌프를 이용하여 원자로에 냉각수를 주입하기 위해 고압냉각수주입계통을 정지하기로 결정했다. 이 결정은 현장비상대응센터의 일부 구성원에게만 통보되었는데, 현장비상대응센터의 책임자는 해당 내용을 파악하지 못하고 있었다.

3월 13일 오전 2시 42분 원자로 압력이 6.8기압(0.68MPa)일 때, 운전원은 고압냉각수주입계통을 정지시켰다. 이후 오전 2시 45~55분 사이에 안전방출밸브를 주제어실에 개방하려고 했으나 열리지 않았다. 모든 안전방출밸브의 지시등은 안전방출밸브가 열린 것으로 표시되었지만 실제로는 열리지 않은 상황이었다. 고압냉각수주입계통이 중단되고 안전방출밸브가 개방되지 않음에 따라, 원자로 압력이 디젤구동화재펌프의 토출 압력 이상[오전 3시 5분 6기압(0.61MPa)에 도달]으로 빠르게 상승하여 디젤구동화재펌프를 이용한 냉각수 주입이 불가능해졌다. 원자로 압력은 3월 13일 오전 3시경에 7.6기압(0.77MPa)이었고, 3시 44분에는 40.5기압(4.1MPa)에 도달했으며, 4시 30분에는 약 70기압(7MPa)으로 빠르게 상승했다. 디젤구동화재펌프를 이용한 원자로 냉각수 주입이 불가능해짐에 따라 운전원들은 오전 3시 35분에 고압냉각수주입계통을 재가동하려 했으나 성공하지 못했다. 오전 3시 37분부터 5시 8분까지는 노심격리냉각계통을 재기동하려 했으나 이 역시 실패했다. 따라서 운전원은 원자로에 고압으로 냉각수를 넣을 수 있는 비상액체제어계통-Standby Liquid Control System: SLCS과 소방차를 이용한 냉각수 주입을 준비하기 시작했다(그림 6.8의 경로 ④, ⑤). 원자로의 냉각이 상실되면서 오전 5시 10분 도쿄전력은 원자력재해법 제15조에 따라 '원자로 냉각 기능 상실'을 정부에 보고하였다.

원자로에 냉각수를 주입할 수 있는 계통들을 이용하는 데 필요한 시간을 평가한 결과 비상액체제어계통을 이용한 냉각수 주입에는 시간이 많이 소요되는 것으로 판명되었다. 따라서 남은 수단은 디젤구동화재펌프와 소방차를 이용하는 방법뿐이었다. 현장비상대응센터는 오전 5시 15분 소방차를 이용한 냉각수 주입을 준비하도록 지시하고, 아울러 격납용기의 배기 작업도 지시했다. 원자로의 안전방출밸브를 열기 위해서는 12V 배터리가 필요했지만 사용 가능한 12V 배터리는 이미 모두 1·2호기에서 사용 중이었다. 현장비상대응센터는 3월 13일 아침 7시경 직원들에게 개인 차량의 배터리를 제공하도록 요청했다. 이렇게 모인 배터리는 3호기 주제어실로 전달되었다. 배터리를 연결하는 동안 운전원이 오전 9시경 원자로 압력이 내려가고 있는 것을 발견했다. 사고 이후 도쿄전력의 조사에 따르면 운전원이 감압을 준비하고 있을 때 이미 원자로의 압력은 낮아진 것으로 나타났다. 조사 결과로는 이미 자동감압계통Automatic Depressurization System: ADS의 기동조건이 만족되어 원자로의 압력이 낮아진 것으로 추정하고 있다[TEPCO, 2013]. 원자로의 압력이 떨어짐에 따라 오전 9시 25분에 디젤구동화재펌프를 이용한 원자로 냉각수 주입이 시작되었다.

(2) 외부 냉각수 주입

현장비상대응센터의 지시 이후 소방차를 이용한 해수 주입 준비가 완료되었지만 3월 13일 오전 6시 50분 총리 관저에 파견 나가 있던 도쿄전력 사무소로부터 담수 주입을 최우선 순위로 시행하라는 연락이 요시다 소장에게 왔다. 이에 따라 소방차의 수원이 담수가 들어 있는 화재방호탱크로 변경되었다. 그러나 그 사이 원자로 압력이 소방차 펌프의 압력보다 높아짐에 따라 냉각수 주입은 이뤄지지 못했다. 3호기의 배기 작업은 오전 8시 31분에 완료되었지만, 격납용기의 압력이 파열판을 파열시킬 정도로 높아지지는 않았다. 그동안 3호기 운전원은 안전방출밸브를 이용하여 원자로 압력을 낮추기 위한 작업을 계속하고 있었다.

9시 20분경부터 안전방출밸브를 통한 빠른 감압이 시작되었다. 이후 소방차를 이용한 냉각수 주입이 오전 9시 25분에 시작되었다. 또한 디젤구동화재펌프를 이용한 냉각수 주입도 시작되었다. 3호기는 고압냉각수주입계통이 중단된 후 약 7시간 정도 냉각이 이루어지지 않았다. 오후 12시 20분에 담수 급수원이 고갈되어감에 따라 소방대는 급수원을 해수가 모여 있는 3호기의 역세정밸브피트Backwash Valve Pit로 변경했다. 해수 주입은 오후 1시 12분에 시작되었다. 그러나 3월 14일 오전 1시 10분 역세정밸브피트의 해수도 불충분해지며 소방차를 이용한 해수 주입이 중단되었다. 급수차의 위치를 피트에 좀 더 가까이 이동하고, 취수 펌프의 깊이를 좀 더 낮추는 등의 노력으로 해수 주입이 오전 3시 20분에 재개되었다. 해수 급수원을 변경하는 도중 해수 주입이 정지될 수도 있으므로 디젤구동화재펌프를 이용한 원자로 냉각수 주입도 계속되었다.

해수 주입이 중단됨에 따라 3월 14일 오전 5시 50분에 드라이웰의 압력이 상승하는 것이 확인되었다. 해수 주입이 재개된 후에도 드라이웰의 압력이 상승하는 것을 막을 수 없었다. 오전 6시 30분 드라이웰의 압력이 약 5기압(495kPa)에 이르렀다. 원자로 수위지시계는 범위 밖으로 떨어졌으며, 운전원은 핵연료가 물 밖으로 노출되었다고 생각했다. 현장비상대응센터는 드라이웰이 폭발할 위험성을 고려하여 작업자들에게 대피를 지시했다. 오전 7시에 드라이웰의 압력이 약 5기압(500kPa)에서 안정화되면서 오전 7시 30분 대피 명령이 철회되었다.

3월 14일 오전 11시 1분에 3호기에서 수소가스 폭발이 발생했다. 이 폭발로 3호기의 원자로건물 상부가 크게 파괴되었다. 파괴된 원자로건물로부터는 하얀 연기가 나오는 이 장면이 TV를 통해 전 세계에 중계되었다. 수소가스 폭발로 부상을 당한 인원은 도쿄전력 직원 4명, 계약회사 직원 3명, 자위대원 4명이었다[TEPCO, 2012b]. 또한 소방차와 호스의 손상으로 해수 주입이 중단되었다.

해수 주입 복구 작업은 오후 1시 5분에 재개되었다. 해수 주입작업 현장점검 결과 역세정밸브피트 근처의 소방차와 호스 등은 사용할 수 없는 상황이었다. 또한 폭발에 의한 잔해물이 역세정밸브피트 위로도 떨어진 상태였다. 그러나 하역부두에 있던 소방차는 온전한 상태였으므로 이를 이용하여 2호기와 3호기에 계속 해수를 주입하기로 했다. 손상된 호스 등을 교체한 후 오후 3시 30분에 해수 주입이 재개되었다.

(3) 격납용기 배기

현장비상대응센터는 3월 12일 오후 5시 30분에 2호기와 3호기의 원자로 배기 준비를 지시했고, 3월 13일 오전 5시 15분에 3호기의 격납용기 배기 준비를 지시했다. 지시에 앞서 격납용기 배기를 위한 작업은 3월 12일 오후 9시부터 시작되었다. 3월 13일 오전 4시 52분, 현장복구팀은 주제어실 전등을 위해 사용되던 소형 발전기를 이용하여 압력억제실에 연결된 대형 공기구동밸브를 열고자 했다. 그러나 현장 점검 결과, 대형 공기구동밸브를 열기 위해 필요한 압축공기가 전혀 없는 상황이어서 이를 위한 복구 작업을 오전 5시 23분 시작했다. 운전원은 3월 13일 오전 8시 35분에 드라이웰의 배기밸브를 15% 정도 열었고, 오전 8시 41분 현장비상대응센터에 배기 준비 작업이 완료되었다고 보고했다.

그러나 배기를 준비 중이던 3월 13일 오전 9시에 갑자기 원자로 압력이 크게 떨어지는 현상이 발생했다. 일반적으로 수동으로 안전방출밸브를 개방하면 약 20분 정도 걸리는 감압작업이 약 2~3분 만에 이루어져 약 69기압(7MPa)이 넘던 압력이 약 10기압(1MPa) 이하로 떨어졌다. 이는 자동감압계통을 이용할 때만 가능한 현상인데, 운전원은 당시 3호기의 운전 조건이 자동감압계통의 기동 조건을 충족하지 못하고 있다고 생각했기 때문에 혼란이 생겼다. 그러나 사고 후 조사 결과에 따르면 압력억제실의 압력이 올라가며 자동감압계통 기동 조건 중 하나를 충족한 것으로 추정된다[TEPCO, 2013].

3월 14일 오전 해수 주입 여부와 무관하게 드라이웰의 압력이 계속 상승하므로 현장비상대응센터는 압력억제실의 배기밸브를 열기로 결정했다. 오전 6시 10분에 압력억제실의 배기밸브 개방이 완료되었다. 그러나 압력억제실에 연결된 배기밸브의 격리 및 우회 밸브에 공기를 공급하는 것과 관련된 문제로 압력억제실의 배기밸브를 계속 열어놓는 것이 어려운 상황이었다. 이후에도 압력억제실 배기밸브가 열리고 닫히는 상황이 3월 18일까지 계속 반복되었다[TEPCO, 2012b].

(4) 요약

3호기는 1·2호기와 달리 약 이틀 동안 직류전원이 사용 가능했다. 운전원은 배터리를 오래 사용하기 위한 조치도 수행했다. 따라서 노심격리냉각계통과 고압냉각수주입계통을 사용할 수 있었다. 아울러 원자로의 증기도 압력억제실로 빼내어 원자로의 압력도 조절할 수 있었다. 또한, 소방차를 이용하여 압력억제실에 물을 뿌림으로써 압력억제실의 압력도 조절할 수 있었다. 이와 같은 상황은 약 20시간 동안 지속되었다. 이후 노심격리냉각계통이 기능을 상실함에 따라 고압냉각수주입계통이 원자로에 냉각수를 주입했다. 고압냉각수주입계통은 원자로에서 생성되는 증기를 이용하여 펌프를 구동하도록 설계되어 있다. 고압냉각수주입계통이 가동됨에 따라 원자로의 압력이 내려가서 고압냉각수주입계통의 펌프를 구동하는 증기의 압력도 낮아졌다. 결국, 증기 압력은 고압냉각수주입계통 펌프의 설계치보다 낮아졌고, 따라서 펌프의 효율도 많이 떨어졌다. 따라서 운전원은 고압냉각수주입계통이 기능을 상실할까 우려하여 결국, 고압냉각수주입계통을 수동으로 정지시켰다.

3호기에서는 3월 13일 오전 2시 42분에 운전원이 고압냉각수주입계통을 수동으로 정지시킨 약 6시간 43분 동안 원자로에 냉각수 주입이 이루어지지 않았다. 이에 따라 상당한 양의 핵연료가 용융되어 원자로용기 하부로 재배치되었고, 일부는 격납용기 바닥으로 방출된 것으로 추정된다. 대량의 증기가 원자로로부터 압력억제실 수조로 방출되었고, 결국, 배기를 위한 파열판이 파열되면서 격납용기의 배기가 이루어졌다. 3호기 핵연료의 손상은 쓰나미 도달 후 약 43시간이 지나 시작되었고, 대량의 방사성물질 누출은 쓰나미 도달 후 약 47시간이 지나 발생한 것으로 평가된다[IAEA, 2015a].

배터리 상태를 파악하지 않고 고압냉각수주입계통를 미리 정지시킨 것, 그리고 이를 현장비상대응센터의 책임자에게 명확히 전달되지 못한 것 등은 3호기 사고 대응 과정에서 중요한 실수였다. 그러나 운전원이 고압냉각수주입계통을 수동으로 중단시킨 것의 영향에 대해서는 아직도 많은 논란이 있다. 사고 후 컴퓨터 코드를 이용해 분석한 압력과 수위 예측치를 보면 압력 예측치는 사고 당시의 압력 계측기 측정값과 상당히 유사하다. 그러나 수위 예측치는 사고 당시의 수위 계측기 측정값과 상당한 차이를 보여준다 [TEPCO, 2013]. 3호기의 원자로 수위 계측기 측정값은 사고 초기부터 3월 12일 오후 9시경까지 기록이 남아 있고, 한동안 계측기 측정값의 기록이 없다가, 고압냉각수주입계통을 수동 정지시킨 이후부터 다시 원자로 수위 계측기 측정값의 기록이 남아 있다. 사고 후 조사에서 고압냉각수주입계통을 수동 정지시킬 당시의 원자로 수위를 컴퓨터 코드를 이용해 분석한 수위 예측치와 사고 당시의 원자로 수위 계측기 측정값 사이에 상당한 차이를 보인다. 분석 결과와 계측기 측정값을 비교해보면, 수위 계측 측정값 자료가 없어지기 직전까지는 측정값과 예측치가 비슷한 값을 보인다. 그러나 측정값이 없다가 다시 나타나는 시점(고압냉각수주입계통 정지 시점 근처)에서는 코드 예측치가 측정값보다 값이 크다. 즉 코드로 예측된 수위가 실제 측정값보다 높게 나오고 있다. 코드 예측에 따르면 고압냉각수주입계통 정지 시점에서 핵연료는 물 위로 노출되지 않은 것으로 나타나나, 실제 측정값을 보면 고압냉각수주입계통 정지 시점 이전에 이미 핵연료가 물 위로 노출된 것으로 파악된다. 이에 따라 도쿄전력은 운전원이 고압냉각수주입계통을 수동 정지시키기 이전에 고압냉각수주입계통이 이미 기능을 상실한 것으로 추정하고 있다. 3월 12일 오후 8시경에 원자로의 압력이 고압냉각수주입계통의 설계압력인 약 10기압(MPa)에서 약 8기압(0.8MPa) 정도로 떨어졌으며, 이 시점부터 원자로에 냉각수가 주입되지 못했던 것으로 추정된다 [TEPCO, 2015].

사고가 진행되던 당시에는 원자로 밖으로 방출된 핵연료 용융물의 양이 많지 않았을 것으로 생각했다. 그러나 사고 이후 조사에서 고압냉각수주입계통이 가동되지 못한 조건을 고려하여 재분석한 결과 상당히 많은 핵연료 용융물이 원자로용기 밖으로 방출된 것으로 추정되었다. 도쿄전력의 분석에 따르면 3호기에서는 핵연료 맨바닥까지 수위가 내려오기 전에 이미 지르코늄과 물이 반응하기 시작했고, 이때 발생한 열이 핵연료 용융을 발생시킨 것으로 추정된다. 원자로용기 밖으로 방출된 용융물은 격납용기 하부의 콘크리트와 반응을 한 것으로는 보이지만 격납용기 하부 밖으로 방출되지는 않은 것으로 파악된다. 3호기 격납용기의 현재 상태는 제1부 5절에 나와 있다.

3호기는 사고 발생 후 11일이 지난 3월 26일에 외부 전원이 복구되었고 원자로 냉각 등도 점차 안정적인 상태로 회복해갔다.

4호기의 사고 진행

사실 후쿠시마 원전사고 초기에 원자력 전문가들이 크게 우려했던 것이 4호기 사용후핵연료저장조의 안전성 문제였다. 1~3호기는 핵연료가 원자로 안에 있으므로 핵연료에 문제가 생겨도 원자로용기, 격납용기와 같은 구조물이 방사성물질의 누출을 막는 방벽 역할을 하지만, 4호기의 사용후핵연료저장조는 4호기에서 발생한 수소가스 폭발로 외부에 노출이 되어 있는 상태였다. 만약 4호기에 보관된 사용후핵연료에 문제가 생긴다면 많은 사용후핵연료에서 발생하는 방사성물질이 바로 대기 중으로 대량 누출될 수 있는 상황이었다.

4호기는 2010년 11월 30일부터 정비를 위해 정지된 상태였고, 내부구조물 교체작업을 위해 원자로 내 모든 핵연료가 원자로에서 사용후핵연료저장조로 옮겨져 보관되고 있었다. 따라서 4호기 사용후핵연료저장조에는 1~3호기의 저장조에 비해 핵연료가 3~4배나 많이 보관되고 있었다. 당시 4호기 원자로는 지진 당시 원자로 상부가 분리되어 제거된 상태였고, 사용후핵연료저장조의 냉각수 온도는 약 27℃였다.

지진과 쓰나미 이후 3·4호기 제어
실 운전원 대부분은 3호기를 안정시
키는 데 집중하고 있었다. 4호기 사용
후핵연료저장조의 붕괴열이 높았지
만, 사용후핵연료저장조는 냉각수 공
급이 없이도 사용후핵연료저장조에
있는 자체의 물로 장기간 냉각이 유
지된다. 따라서 운전원들은 사용후핵
연료저장조에 냉각수를 추가로 공급
하는 등의 즉각적인 관심을 기울이지
않았다. 그런데 3월 15일 6시경 4호
기 원자로건물에서 수소가스 폭발이
발생했다. 이것은 사용후핵연료저장
조에서의 수소가스가 발생할 가능성

그림 6.9_ 사용후핵연료저장조 냉각수 공급
자료: ANS(2021).

을 전혀 고려하지 않던 사람들에게 전혀 예상 밖의 일이었다.

4호기 원자로건물에서 수소가스 폭발이 일어나자 처음에는 사용후핵연
료저장조 내의 사용후핵연료들이 노출되어 공기와 반응하면서 수소가스를
발생시킨 것으로 추정했다. 자연스럽게 다른 호기의 사용후핵연료저장조
에서도 냉각수 고갈로 인해 사용후핵연료의 안전성이 위협받을 가능성이
제기되었다. 비록 3월 16일 4호기의 사용후핵연료저장조에 물이 찬 것이
육안으로 확인되었지만, 이용 가능한 계기가 없어 사용후핵연료저장조의
상황을 정확히 알 수 없는 상황이었다(그림 5.7 참조). 따라서 1~4호기의 사
용후핵연료저장조에 물대포나 크레인 혹은 헬리콥터를 이용한 냉각수 공
급이 추진되었다(그림 6.9 참조).

특히 4호기 사용후핵연료저장조는 수소가스 폭발로 인해 구조적인 건전
성이 훼손된 상태여서, 냉각수 공급뿐만 아니라 구조물을 보강할 필요도 있

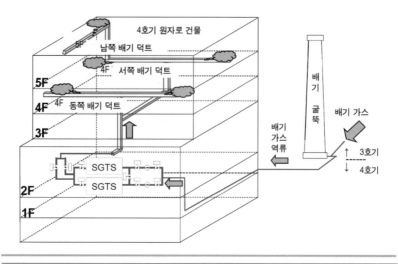

그림 6.10_ 수소가스 4호기 유입 경로

자료: TEPCO(2017).

는 상황이었다. 이후 이루어진 분석과 검사를 통해 4호기 사용후핵연료저
장조에서는 냉각수 수위가 핵연료 높이 이하로 떨어지지 않았고, 심각한 핵
연료 손상도 발생하지 않았다는 것이 밝혀졌다. 그렇지만 지진이나 수소가
스 폭발로 구조물이 파손되었다면 대량 방사성물질의 누출이 우려되는 상
황이었다.

  4호기 수소가스 폭발은 3호기와 4호기가 공유하는 배기관을 통하여 3호
기에서 발생한 수소가스가 4호기 쪽으로 역류하여 발생했다. 3호기와 4호
기의 격납용기의 배기관은 같은 배기 굴뚝을 공유하며 서로 연결되어 있었
다. 이로 인해 3호기 격납용기를 배기시키는 과정에서 3호기에서 발생한
수소가스가 공유 유로를 타고 4호기 방향으로 유출되어 4호기 비상기체처
리계통Standby Gas Treatment System: SGTS을 통해 원자로건물로 이동한 것이
다(그림 6.10 참조). 사고 후 조사와 분석 결과에 따르면 수소가스를 대량으
로 포함한 3호기의 배기가스 중 약 35% 정도가 4호기로 역류하여 4호기의

수소가스 폭발을 일으킨 것으로 보고 있다[TEPCO, 2017].

2호기의 격납용기 파손과 4호기의 수소가스 폭발에 따라 최악의 상황에 대한 논의가 시작되었다. 미국은 후쿠시마 제1원전의 원자로와 핵연료저장조에서 모두 방사성물질이 나오는 상황을 대비하여 일본 내 자국민에게 피난 및 일본에서 철수할 것을 권고했다[U.S. Embassy & Consulates in Japan, 2011]. 일본도 최악의 상황에 대해 우려하고 있었다. 간 총리는 일본 원자력위원회의 곤도 위원장에게 후쿠시마 제1원전 사고에서 발생할 수 있는 최악의 사고 시나리오에 따른 피해를 예측하도록 요청했다. 곤도 위원장은 만약 제1원전의 모든 원자로와 핵연료저장조에 문제가 생기면 주민 피난 지역을 후쿠시마 원전 반경 250km 이상으로 확대해야 하는 것으로 평가했다. 즉, 후쿠시마로부터 250km 떨어진 동경도 피난을 고려해야 하는 상황이었다[Investigation Committee, 2012]. 다행히 4호기의 사용후핵연료저장조의 건전성이 확인되고, 냉각도 재개되면서 큰 우려의 하나가 사라졌다.

5·6호기의 사건 대응

후쿠시마 원전사고 당시 5호기는 정비를 위하여 2개월 반 정도 정지되어 있었고, 6호기는 약 6개월 정도 정지되어 있는 상태였다. 따라서 핵연료로부터 생성되는 붕괴열도 많지 않은 상황이었다. 5·6호기도 지진으로 교류전원이 상실되고 EDG가 가동된 것까지는 1~4호기와 차이가 없다. 다만 1~4호기와 달리 5·6호기에서는 호기 간 전력공유가 가능한 6호기 EDG 1대(6B)가 쓰나미의 영향을 받지 않고 계속 가동되었다. 6호기에서 조명과 계기용 전원이 유지되었으므로 원자로와 사용후핵연료저장조 상태를 확인할 수 있었다. 반면에 5호기 쪽 주제어실은 전등이 꺼져 어두운 상태였다. 다만 직류전원을 받는 몇 개의 계측기는 기능이 살아 있었다.

3월 12일 오후 2시 42분에 6호기 EDG 전력을 이용하여 공기조화계통

Heating, Ventilation, & Air Conditioning: HVAC을 수동으로 기동했다. 그 덕분에 5·6호기 운전원은 마스크를 착용하지 않고 주제어실에 머물 수 있었다. 6호기의 1개 EDG가 모든 전력을 공급함에 따라 EDG의 연료가 다 소진될 것을 우려하여 간토(관동) 지역으로부터 트럭을 통해 EDG의 연료 공급을 계속했다.

침수로 인하여 5호기의 모든 고압 전력 패널을 사용할 수 없는 상황이었으므로 3월 12일 오전 8시 13분부터 5호기와 6호기에 전력 연결 작업이 시작되었다. 이로써 5호기에 주제어실에서 교류전원을 이용하는 계기를 사용할 수 있었다. 6호기의 가스처리시스템Gas Treatment System은 지진 이후 계속 가동되고 있었고, 5·6호기 간 전력 연결이 된 후 5호기의 가스처리시스템도 운전이 시작되었다. 이로써 5·6호기 주제어실의 압력을 대기압보다 조금 낮게 유지할 수 있었다.

붕괴열로 인하여 5호기 원자로의 압력이 증가함에 따라 노심격리냉각계통과 고압냉각수주입계통을 이용하여 압력을 낮추려고 했으나 압력은 계속 상승하여 약 80기압(8MPa) 정도에 이르고 있었다. 이에 따라 안전방출밸브가 열린 것으로 추정되었으나 주제어실에서는 이를 확인할 수 없었다. 그러나 현장 점검 결과 안전방출밸브가 열린 것이 확인되었다. 원자로의 압력을 낮게 유지하기로 결정하여 주제어실에서 3월 12일 오전 6시 6분에 원자로용기 상부의 압력방출밸브를 열었고, 원자로의 압력은 대기압 수준으로 내려갔다.

그 후에도 붕괴열로 원자로 압력이 계속 올라갔으므로 3월 14일 오전 0시 주증기배관을 이용하여 원자로의 압력을 낮추려 했다. 그러나 원자로의 압력은 변하지 않았다. 안전방출밸브 복구 작업이 진행되었고, 오전 5시에 안전방출밸브를 개방하면서 원자로용기의 압력이 낮아지기 시작했다. 응축수보충계통Make-up Water Condensate System: MUWC 펌프의 상태를 확인한 후 6호기는 이 펌프를 이용하여 3월 13일 오후 1시 20분에 원자로 냉각수 주입을 시작했다. 5호기는 6호기 전원을 이용하여 응축수보충계통 펌프에 전력 공급을 시작했다. 5호기에서는 3월 14일 오전 5시 40분부터 응축수보충계통과 잔열제거계통Residual Heat Removal System: RHRS의 배관을 연결한 대체 경로를 통하여 냉각수 주입이 시작되었다.

5·6호기 모두 잔열제거계통을 사용할 수 없었기 때문에 잔열제거계통의 해수펌프 대신 일반 용도의 수중 펌프Underwater Pump를 해수계통Seawater System에 연결했다. 5호기를 위한 연결 작업은 3월 18일에, 6호기를 위한 연결 작업은 3월 19일에 완료되었다. 이후 이 계통은 원자로 냉각과 사용후핵연료저장조의 냉각에 선택적으로 사용이 되었다.

5·6호기에서는 수소가스가 발생하지 않았지만, 현장비상대응센터는 미리 대책을 세우기를 요구했다. 이에 5·6호기에서는 원자로건물 지붕에 지름 3.5~7cm 정도의 구멍을 3개 뚫었다.

6호기의 다른 EDG도 수리를 마치고 3월 18일 운전을 시작했다. 이 이후 5·6호기는 2개의 EDG를 이용하여 큰 문제 없이 사고에 대처할 수 있었다.

3. 타 원전의 위기 대응

후쿠시마 제2원전의 위기 대응

후쿠시마 제2원전은 제1원전으로부터 약 12km 남쪽에 위치하고 있다. 후쿠시마 제2원전은 4기의 1,100MW급 비등경수로가 남쪽으로부터 1~4호기 순서로 배치되어 있다. 1호기가 1982년 4월에 상업 운전을 시작한 이후 순차적으로 운전을 시작했고, 마지막으로 4호기가 상업 운전을 시작한 것이 1987년 8월이었다. 3월 11일에 동일본대지진이 발생했을 때 4개 호기 모두 100%로 전력을 생산하는 정상 운전 상태였다. 후쿠시마 제2원전의 경우 하나의 외부전력망이 살아남았고, 지진의 강도 및 쓰나미의 높이도 후쿠시마 제1원전의 경우보다 낮아서 모든 원자로가 큰 문제 없이 상황을 수습할 수 있었다.

후쿠시마 제2원전의 경우 1호기 원자로건물에서 측정된 지진 가속도가 305Gal로 설계에서 가정한 값보다 작았다(지반 진동의 세기를 나타내는 단위인 Gal에 대한 설명은 [기초지식-12]에 기술되어 있다). 후쿠시마 제2원전도 파고계 등 계측기가 지진과 쓰나미로 상실되어 정확한 쓰나미의 높이를 알 수는 없다. 도쿄전력은 후쿠시마 제2원전으로 밀려온 쓰나미의 최고 높이를 9m로 추정하고 있다. 후쿠시마 제2원전 건물들 중 바다 쪽의 해발 고도 4m의 건물은 침수가 되었고, 해발 고도 12m의 주건물Main Buildings들에는 직접적인 침수의 흔적은 없다. 그러나 도로를 따라 처오름 현상이 일어나 바다 쪽의 면진건물부터 주건물까지 침수가 되었다. 1호기의 침수가 가장 심했으며, 2호기와 3호기도 1호기로부터 넘쳐온 물로 일부 침수가 되었다. 4호기는 전혀 침수 피해가 없었다. 후쿠시마 제1원전으로 온 쓰나미의 높이가 13m 정도로 추정되므로 후쿠시마 제2원전으로 온 쓰나미의 높이와 약 4m 정도가 차이가 난다. 두 원전은 약 12km 정도 떨어져 있으며, 지형상의 큰 차이는 없다. 그럼에도 쓰나미 최고 높이가 4m 정도 차이가 난 것은 미야기 및 후쿠시마 해변 지역의 대형 미끄러짐에 의해 발생한 두 번의 대규모 쓰나미가 후쿠시마 제1원전 쪽으로 수렴했기 때문인 것으로 도쿄전력은 추정하고 있다[TEPCO, 2012a].

후쿠시마 제1원전과 마찬가지로 후쿠시마 제2원전에 있는 4기의 원자로도 지진 직후 자동으로 정지되었다. 정지 후에 운전원은 노심격리냉각계통을 수동으로 운전하며 원자로의 수위를 조절했고, 안전방출밸브를 이용하여 압력을 조정했다.

후쿠시마 제2원전에는 4개의 외부 전력 공급선(도이오카 공급선 2개, 이와이도 공급선 2개)이 있었다. 지진 당시 이와이도 1번 공급선은 검사를 위해 사용이 중지된 상태였고, 3개의 공급선이 전력을 공급하고 있었다. 지진이 발생하면서 도이오카 2번 공급선에 문제가 생겨 전기 공급이 중단되었다. 또한 이와이도 2번 공급선도 파손을 입은 것이 밝혀져 전기 공급을 정지시켰다. 따라서 지진 직후에는 도이오카 1번 공급선 하나로만 전력이 공급되었다. 그러나 3월 12일에는 이와이도 2번 공급선이, 3월 13일에는 이와이도 3번 공급선이 복구되어 3개의 외부 공급선으로 전력을 공급할 수 있었다.

원전 정지 이후 모든 안전계통이 자동으로 운전이 시작되었으며 쓰나미가 올 때까지 정상적으로 기능했다. 사후 조사 결과 후쿠시마 제2원전의 주요 안전계통에 지진으로 인한 손상은 없었던 것으로 밝혀졌다.

이후 쓰나미가 후쿠시마 제2원전에 도달했다. 이로 인해 1호기의 EDG 3개가 기능을 상실했다. 2호기부터 4호기까지는 쓰나미로 인한 직접적인 침수는 발생하지 않았다. 그러나 1호기 원자로건물로 들어온 바닷물이 지하의 도랑Trench과 연결된 케이블 및 배관 관통부를 통해 3호기의 원자로건물과 2~4호기의 터빈건물 지하를 침수시켰다. 그러나 1호기의 침수도 후쿠시마 제1원전의 경우와 비교하면 일부 전력 패널이 상실되는 정도로 피해가 경미했다.

침수가 되면서 8개의 잔열제거계통 중 3호기용 1개만을 제외하고는 모두 기능을 잃었다. 후쿠시마 제2원전은 원자로당 3대씩, 총 12대의 EDG를 갖추고 있었다. 그러나 이를 냉각시키는 해수계통 일부가 침수되어 3호기용 2대와 3호기용 1대를 제외하고는 모두 기능을 잃었다. 다만 후쿠시마 제2원전에서는 외부 전력 공급선 중 1개의 공급선이 살아 있어 EDG를 사용할 필요가 없는 상황이었다. 따라서 비록 1호기 원자로건물 일부가 침수되었어도 안전계통의 기능을 계속 정상적으로 유지할 수 있었다.

후쿠시마 제2원전이 안전한 상태를 유지함에 따라 후쿠시마 제2원전은 후쿠시마 제1원전의 방사능 준위가 높아지는 경우 후쿠시마 제1원전의 인력이 대피하는 장소로 활용되었다.

오나가와 원전의 위기 대응

오나가와 원전은 미야기현 오시카군에 위치한다. 2011년 동일본대지진 당시 오나가와 원전에는 후쿠시마 제1원전에 있는 것과 같은 원자로 방식, 즉 비등경수로가 3기가 운영되고 있었다. 후쿠시마 제1원전이 도쿄전력에 의해 운영되는 원전인 데 반해, 오나가와 원전은 도호쿠전력東北電力이 운영하는 원전이다.

오나가와 원전은 동일본대지진의 진앙으로부터 123km 떨어져 있었다. 후쿠시마 제1원전은 진앙으로부터 180km 떨어져 있었으므로 오나가와 원전이 진앙에 더 가까웠다. 오나가와 1호기 원자로건물 지하 2층에서 측정된 최대지반가속도는 567.5Gal로 후쿠시마 원전 2호기에서 측정되었던 최대지반가속도인 550Gal보다 큰 값이었다. 즉 오나가와 원전에 후쿠시마 제1원전보다 더 강한 지진이 왔다. 그리고 오나가와 원전에도 후쿠시마 제1원전을 덮쳤던 쓰나미와 유사하게 13m 높이의 쓰나미가 밀려왔다[IAEA, 2012].

그러나 오나가와 원전은 강진과 쓰나미에도 원자로를 안전하게 정지시키고 냉각을 유지하는 데 성공했다. 그리고 도리어 쓰나미로부터 큰 피해를 본 오나가와 원전 주변 주민의 임시대피소 역할을 함으로써, 동일본대지진과 쓰나미에 잘 대처한 모범 사례로 일컬어진다[Tojima, 2014].

오나가와 원전 1호기는 524MW 용량으로 1984년에 상업 운전을 시작했고, 2호기와 3호기는 825MW 용량으로 각각 1995년과 2002년에 상업운전을 시작했다. 2011년 동일본대지진 당시 1호기와 3호기는 100% 출력으로 운전하는 중이었고, 2호기는 보수 점검을 마치고 당일 오후 2시에 운전을 시작하는 중이었다.

3월 11일 오후 2시 46분에 동일본대지진이 발생함에 따라 후쿠시마 제1원전과 마찬가지로 3기의 원자로가 모두 자동으로 정지가 되었다. 설계에 따라 EDG들이 자동으로 가동되었고, 이어 정상 운전 중이었던 1호기와 3호기의 경우 운전원이 원자로 냉각을 담당하는 노심격리냉각계통을 가동했다.

지진 발생 후 43분이 지난 오후 3시 29분에 13m 높이의 쓰나미가 오나가와 원전에 도달했다. 그 결과 2호기 원자로건물 옆 부속 건물이 침수되면서 자동으로 기동되었던 3대의 EDG 중 2대가 오후 3시 35분과 오후 3시 42분에 각각 운전이 중단되었다. 원자로 기기의 냉각을 담당하는 계통Component Cooling Water System이 있는 3층 방까지도 침수로 물이 차오르고 있었다. 운전원들은 플라스틱 컨테이너를 이용하여 밤새 물을 퍼 날랐고 모래주머니를 이용하여 방벽을 쌓았다. 이런 노력을 통해 세 번째 EDG는 기능을 유지할 수 있었다.

또한 쓰나미로 인해 원자로 기기의 냉각을 담당하는 계통의 A, B 2개 계열 중 B계열, 그리고 고압으로 원자로에 물을 뿌려주는 살수냉각계통이 기능을 상실하게 되었다. 다행히 원자로 기기의 냉각을 담당하는 계통의 A계열은 기능을 잃지 않았고, 1~3호기가 전력도 공유할 수 있어 1~3호기 모두가 잔열제거계통을 가동할 수 있었다. 오나가와 원전에서 지진과 쓰나미로 인해 직접 발생한 피해는 2호기 건물 침수 이외에 1호기 터빈건물 지하 1층의 고압배전반에서 발생한 화재와 약 600㎘의 중유를 보관하던 중유탱크가 넘어져 중유가 누출된 정도였다.

3월 11일 오후 2시 49분에 오나가와 2호기가 임계에 이르지 않은 것을 확인했고, 저온냉각상태로 전환했다. 오후 2시 57분 화재 경보가 발생했다. 당시 쓰나미 경보로 인해 대피를 준비하던 운전원들은 화재가 발생한 1호기의 터빈건물로 이동하여 화재를 진압해야 했다. 당시 화재로 발생한 연기로 산소마스크를 쓰고 진화 작업을 해야 하는 상황이어서 화재는 오후 10시 55분에야 진화되었다.

이후 1호기는 3월 12일 오전 12시 58분에, 2호기는 오전 12시 12분에, 3

호기는 3월 11일 오후 11시 51분에 각기 잔열제거계통을 통한 원자로 냉각을 개시했고, 모든 원자로는 안정 상태에 도달했다.

오나가와 원전이 후쿠시마 제1원전보다 동일본대지진의 진앙에 더 가까웠고, 비슷한 높이의 쓰나미가 왔음에도 큰 문제 없이 원전을 안전하게 유지한 원인으로는 다음과 같은 몇 가지 요소를 들 수 있다.

제일 중요한 요소는 강진과 13m의 쓰나미에도 오나가와 원전과 연결되어 있던 5개의 외부 전력 공급선 중 1개가 기능을 유지한 점이었다. 즉, 오나가와의 외부 전력 공급선은 지진에 대비해 매우 튼튼하게 건설되어 있던 덕분에 살아남은 1개의 외부 전력 공급선을 통하여 원전의 냉각에 필요한 전력을 공급할 수 있었다. 더욱이 기능을 상실한 4개의 외부 전력 공급선 중 2개는 지진과 쓰나미가 발생한 다음 날인 3월 12일에 기능이 복구되었다.

다음으로, 오나가와 원전이 쓰나미에 대한 방비가 더 잘되어 있었다고 할 수 있다. 초기에는 후쿠시마 제1원전이나 오나가와 원전이나 최대 쓰나미 높이를 3m로 가정했다. 도호쿠전력은 오나가와 지역의 쓰나미 높이를 추정하기 위해 1968년경 내부 전문가 위원회를 구성했는데, 이 위원회는 오나가와 지역에서 발생했던 과거의 쓰나미 높이를 추정하고 이에 기반하여 오나가와 원전의 부지 높이를 해수면 기준 14.8m로 정한 바 있다. 이후 2호기의 승인을 위해 1987년도에 쓰나미 높이를 다시 추정하여 원전 설계에 반영해야 하는 최대 쓰나미 높이를 9.1m로 상향 조정했다, 또한 이를 기준으로 방조제의 9.7m까지 구조 보강공사를 했다. 이와 같은 지속적인 쓰나미 대비책의 강화를 통해 오나가와 원전은 동일본대지진으로 인한 쓰나미로부터 원전을 보호할 수 있었던 것이다.

마지막으로는 지진에 대한 대비를 들 수 있다. 오나가와 원전은 2007년 니가타 해역 지진 이후 강진에 대비하여 원전의 구조물을 보강하는 공사를 시작하여 2010년 6월에 이를 완료했다. 이 공사를 통해 약 6,600건의 기기와 구조물에 대해 보강 작업을 했다. 이와 같은 보강공사를 통하여 오나가와 원전은 규모 9.0의 강진이 발생했음에도 앞서 언급한 1건의 화재와 1건의 외부 탱크 전복 이외에는 지진에 의한 별다른 피해를 보지 않았다. IAEA는 2012년 6월 지진에 의한 구조물의 영향을 파악하기 위해 오나가와 원전을 방문하여 조사했는데, 11일간의 조사가 끝난 후 IAEA의 전문가들은 오나가와 원전 구조물의 성능에 영향을 줄 정도의 심각한 파손은 발생하지 않았고 이는 놀라운 일이라고 결론을 내렸다[IAEA, 2012].

그러나 동일본대지진과 쓰나미는 오나가와 원전 주변 지역을 거의 초토화했다. 원래 재난 대비 피난 장소로 예정되어 있던 곳도 실제로는 사용할 수 없는 상황이었다. 이런 상황이 되자 오나가와 지역의 생존자들은 3월 11일 밤에 오나가와 원전으로 대피하기로 결정했다. 도호쿠전력과 오나가와 원전은 원자로의 안정을 위한 고투 중에서도 360여 명의 피난민에게 3월 14일까지 대피 장소와 생필품을 제공했다. 오나가와 지자체는 3월 16일에 오나가와 원전을 정식 피난처로 지정하고 공무원을 파견하여 피난민을 지원했다. 오나가와 원전의 피난처로서의 역할은 6월 초까지 지속되었다.

제7장

후쿠시마 원전의 초기 안정화 작업

1. 원전사고에 의한 주민 및 환경 초기 영향

후쿠시마 원전사고로 인해 누출된 방사성물질의 양과 영향에 대해서는 국내외의 수많은 기관이 다양한 모델을 사용하여 평가했다. 그러나 사고 당시, 대기 중으로 누출된 방사성물질 중 많은 양이 바람의 영향으로 북태평양 쪽으로 누출됨에 따라 정확한 방사성물질의 누출량을 알 수 없는 상황이다. 대기 중으로 누출된 방사성물질 외에도 후쿠시마 제1원전으로부터 태평양으로 직접 누출된 액체 방사성물질도 있었다. 대양에서 방사성물질이 어떻게 이동하는지는 단순히 측정만을 통해서는 파악하기가 어렵다. 따라서 누출된 방사성물질의 양과 영향을 평가한 결과들은 불확실성을 가질 수밖에 없다. 이를 고려하여 이 책에서는 국제원자력기구IAEA, 세계보건기구 WHO 등의 평가 결과를 기준으로 후쿠시마 원전사고의 영향을 살펴보았다.

원전사고 초기에 북태평양 쪽으로 불던 바람의 방향이 바뀜에 따라 3월 12·14·15일에 후쿠시마 제1원전에서 누출된 방사성물질이 주로 후쿠시마 제1원전의 북서쪽으로 확산했고, 토양의 오염을 유발했다. 토양에 침착된 방사성물질의 양은 현재도 계속 주기적으로 측정되고 있다. 토양에 침적된 방사성물질의 방사능은 방사성붕괴로 인해 시간이 지나면서 계속 감소한 다. 사고 직후에는 누출된 방사성물질 중 반감기가 짧은 아이오딘(I)-131, 세슘(Cs)-134와 세슘-137은 마시는 물, 식품 및 비식품 등에서 발견되었다. 일본 정부는 방사능 측정값이 기준치를 초과하는 생산물의 소비를 금지하 고 있다.

후쿠시마 원전사고 초기에 제논(Xe)-133이 6,000~12,000PBq 정도 누 출된 것으로 평가된다. 아이오딘(I)-131은 100~400PBq, 세슘-137은 7~ 20PBq 정도 누출된 것으로 추정되는데, 이 누출량은 1986년에 발생한 체 르노빌 원전사고 당시 누출량의 약 10% 정도이다(방사성물질의 단위인 Bq 등 에 대해서는 [기초지식-4] '방사선의 단위'에 설명되어 있다). 앞서 이야기했듯이 누출된 방사성물질 중 많은 양이 북태평양 방향으로 확산했기 때문에 측정 을 통하여 정확한 누출량을 평가하기는 어려운 상황이다. 또한, 사고 당시 태평양으로 흘러 들어간 액체 방사성물질은 2011년 4월 중에 발생하였다. 아이오딘(I)-131은 10~20PBq, 세슘-137은 1~6PBq 정도가 바다로 직접 누출된 것으로 추정된다. 후쿠시마 원전사고로 대기 중에 누출된 방사성물 질이 어떻게 퍼져나갔는지에 대해서는 프랑스 방사선방호·원자력안전연구 소IRSN 등 다양한 기관에서 다양한 전산코드를 이용하여 평가했다. 평가 결 과에 따르면 일본으로부터 멀리 떨어진 유럽이나 미국 지역에서는 아주 고 감도의 방사성물질 측정기를 사용해야만 감지할 수 있는 수준이다. 표 7.1 과 그림 7.1은 다양한 기관에서 추정한 후쿠시마 원전사고 시의 세슘-137 및 아이오딘-131 누출량을 체르노빌 원전사고 시의 누출량과 비교하고 있 다[IAEA, 2015b].

태평양으로 누출된 방사성물질은 주로 쿠로시오Kuroshio 해류를 따라 동 쪽으로 이동하여 북태평양 환류Gyre 지역까지도 퍼져나갔다. 바다로 누출 된 방사성물질은 바닷물에 의해 희석이 되어 사고 지역으로부터 떨어진 곳

표 7.1_ 후쿠시마 사고와 체르노빌 사고의 방사성물질 누출량 비교

번호	분석기관명, 분석 연도	Cs-137(PBq)	I-131(PBq)
1	TEPCO, 2012	10	500
2	IRSN-1, 2011	10	90
3	IRSN-2, 2012	20.5	193.5
4	IRSN-3, 2013	15.5	105.9
5	CEREA, 2012	15.5	285
6	JAEA-1, 2011	13	150
7	JAEA-2/NSC, 2012	11	130
8	JAEA-3, 2012	8.8	124
9	JAEA-4, 2013	13	200
10	NILU, 2012	37	-
11	IBRAE, 2012	30	188
12	SEC NRS, 2011	35	700
13	NISA, 2011	15	160
14	JNES, 2012	10.15	295
15	ZAMG, 2011	30	400
16	NIES, 2011	9.9	142
17	CEA, 2012	10	400
18	SNL, 2013	10	276
19	ENEA, 2014	21.4	199
20	UNSCEAR, 2014	8.8	124
21	Chernovyl	85	1,760

CEA   French Alternative Energies and Atomic Energy Commission
CEREA   Centre d'Enseignement et de Recherche en Environnement Atmosphérique
ENEA   Italian National Agency for New Technologies, Energy and Sustainable Economic Development
IBRAE   Nuclear Safety Institute of the Russian Academy of Sciences
IRSN   Institut de Radioprotection et de Sûreté Nucléaire
JAEA   Japan Atomic Energy Agency
JNES   Japan Nuclear Energy Safety Organization
NILU   Norwegian Institute for Air Research
NISA   Nuclear and Industrial Safety Agency
SEC NRS Scientific and Engineering Centre for Nuclear and Radiation Safety
SNL   Sandia National Laboratories
TEPCO   Tokyo Electric Power Company
UNSCEAR United Nations Scientific Committee on the Effects of Atomic Radiation
ZAMG   Zentralanstalt für Meteorologie und Geodynamik
자료: IAEA(2015b).

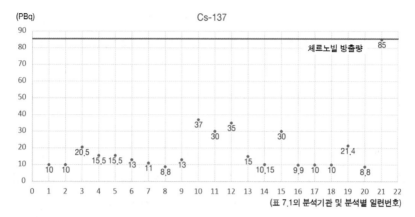

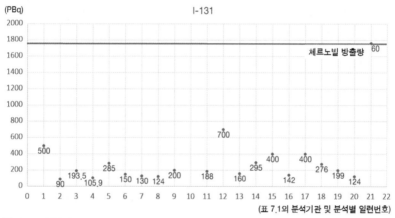

그림 7.1_ 후쿠시마와 체르노빌의 방사성물질(Cs-137과 I-131) 누출량 비교

 * X축의 번호는 **표 7.1**에 나와 있는 분석기관과 분석년도의 일련번호이며, Y축의 단위
는 PBq이다.

에서는 방사성물질의 양은 극히 적은 수준이었다.

토양에 떨어진 방사성물질의 양은 보통 단위 면적당 방사능으로 표시되며 그 단위는 Bq/m^2이 사용된다. 비록 누출된 방사성물질 중 많은 양이 태평양 쪽으로 향하기는 했지만, 2011년 3월 12일, 14일과 15일에 누출된 방사성물질은 많은 부분이 토양으로 떨어진 것으로 파악된다. 토양에 침적되는 방사성물질의 양은 강우, 강설, 지형 등 다양한 요소의 영향을 받는다.

또한, 아이오딘과 세슘의 화학적·물리적 특성이 다른 점도 방사성물질이 토양에 집적된 양에 영향을 미친다. 제1부 **그림 3.8**에 후쿠시마 원전 북서쪽 지방의 사고 후와 최근의 공간방사선량률이 나와 있다. 왼쪽에 나와 있는 2011년 11월의 방사선 준위 측정값에 비해 2020년 10월의 측정값이 많이 낮아진 것이 보인다.

2012년 4월 이후에는 일본 전역의 음용수는 세계보건기구의 음용수 기준치를 만족하는 것으로 나왔다. 매우 드문 경우를 제외하고는 식료품의 방사선 준위도 국제 무역 기준을 만족하고 있다. 자연에서 자라는 버섯과 같은 음식 재료나 멧돼지 고기 등에서 높은 방사선 준위가 발견되기도 하지만 이런 음식을 일반인이 먹거나 시장에서 파는 경우는 거의 없는 상황이다. 이에 대해서는 제1부에서 자세히 다루고 있다.

방사선으로부터 일반인을 보호하는 기준은 전 세계적으로 국제방사선방호위원회ICRP가 권고하는 사항을 고려하여 IAEA가 발간하는 기본안전기준 Basic Safety Standard을 따른다. 각국은 자국의 사정을 고려하여 국가별로 안전기준을 설정한다. 후쿠시마 원전사고 당시에 IAEA의 기본안전기준이 개정 중인 상황이었다. 개정 중인 기준은 비상 상황을 포함하여 연간 20~100mSv 범위 내에서 참조기준을 설정하도록 하고 있다. 단, 연간 총피폭량은 100mSv 이하일 것을 요구했다. 일본 정부는 이 기준에서 가장 낮은 값인 연간 20mSv를 주민 방호를 위한 참조 기준으로 사용하였다[IAEA, 2015a].

방사선 비상 상태에서는 시민을 보호하기 설비 등 기반 시설이 매우 중요하다. 그러나 후쿠시마 원전사고 당시에는 동일본대지진으로 많은 공공시설과 집, 사무실 등이 파괴가 된 상태였다. 인터넷, 전화, 전기와 가스 공급도 끊긴 상황이어서 구호 물품을 배분하기도 쉽지 않은 상황이었다. 이런 상황으로 시민에 대한 적절한 방사선방호에도 문제가 있었다. 예를 들어 물 공급도 제한적이어서 방사성물질에 오염된 사람들이 방사성물질을 씻어내는 것에도 어려움이 있었다. 16만 명이 넘는 이재민이 발생하여 일상적인 생필품도 공급되지 못하는 상황에서 옥내대피나 다른 지역으로 대피하는 것도 문제가 많았다. 지진과 쓰나미에 따른 피해로 지역 사회의 활동도 매우 제한적일 수밖에 없었다.

후쿠시마 원전 주변 주민들은 이미 지진과 쓰나미로 충격을 받은 상태에서 또다시 방사능의 위협으로 육체적·심리적 스트레스를 받고 있었다. 주민 보호를 위해 음식물 등 지역 생산물의 소비를 금지하는 것은 필수적인 조치였으나, 주민들은 이로 인한 경제적 손실과 후쿠시마 지역에 대한 편견으로 피해를 볼 수밖에 없었다. 방사선 피폭에 의한 피해는 제1부 제3장에 상세히 나와 있다.

2012년에 세계보건기구는 후쿠시마 원전사고로 인한 유효선량Effective Dose([기초지식-4])을 평가했다. 이 평가는 피폭선량이 과소 평가되는 것을 피하기 위해 여러 가지 보수적인 가정을 사용했다. 그런데도 세계보건기구의 평가 결과에 따르면 후쿠시마현 내에서 방사선 준위가 높았던 두 지역에서도 사고 후 5년간 각 개인이 받을 유효선량은 10~50mSv 정도였다. 이 피폭은 주로 외부피폭에 의한 것이었다. 이 두 지역을 제외한 후쿠시마현 내 다른 지역에서의 유효선량은 1~10mSv 정도로 평가되었다. 일본 전 국민을 대상으로 했을 때는 유효선량이 0.1~1mSv 정도로 더 줄어드는 결과를 보여주었다[WHO, 2012].

사고 대피 중의 세슘-137 관련 정보가 밝혀지면서 유엔방사선영향과학위원회United Nations Scientific Committee on the Effects of Atomic Radiation: UNSCEAR는 2014년에 주민의 사고 중, 대피 중 및 대피 기간 중의 외부피폭량을 평가했다. 가장 오염이 높았던 지역에서도 성인 어른이 사고 및 대피과정에서 받은 유효선량은 10mSv 이하인 것으로 평가되었다. 대피 기간에는 유효선량이 그 절반 이하 수준이었다. 평가에 따르면 사고 후 1년 동안 후쿠시마시에 사는 성인의 유효선량은 약 4mSv 정도였고, 1세 아기의 유효선량은 그 두 배 정도로 평가되었다[UNSCEAR, 2014].

후쿠시마 지역 주민의 방사선 피폭 영향도 제1부 제3장에 상세히 나와 있다.

2. 원전사고 수습을 위한 초기 대응

후쿠시마 원전사고 이후 도쿄전력은 그림 7.2와 같은 사고 대응 및 복구 계획을 발표했다[TEPCO, 2011a]. 2011년 12월에 이르러서는 후쿠시마 제1원전의 1~3호기 원자로용기 하부 온도와 격납용기 내부 온도가 섭씨 100도 이하로 유지되고 있었다[TEPCO, 2011a]. 또한 그림 7.3에 나온 것처럼 당시 원자로의 냉각에 사용된 후 터빈건물에 모이는 냉각수를 다시 원자로 냉각에 사용하는 순환 냉각 체제도 구축했다. 따라서 원자로에 주입되는 냉각수의 양을 조절함으로써 원자로용기로부터 배출되는 증기의 양을 줄일 수 있었다. 이와 같은 조치를 통하여 후쿠시마 제1원전 부지 경계에서의 방사선 준위도 도쿄전력이 목표치로 설정한 연간 1mSv 이하로 줄일 수 있었다[TEPCO, 2011a]. 또한 냉각계통의 다중성을 확보함으로써 냉각계통의 신뢰도를 향상시켰고, 계측장비도 복구하고 새로운 계측장비도 추가하여 비정상 상태의 계측도 가능하게 되었다.

따라서 2011년 12월에는 1~3호기의 모든 냉각계통을 동시에 12시간 정도 사용할 수 없는 상황이 되어도 후쿠시마 제1원전 부지 경계의 방사선 준위를 연간 한도인 1mSv를 넘지 않는 것으로 평가되었다. 또한 냉각계통에 문제가 생길 때에도 소방차를 이용하여 3시간 이내에 원자로 냉각을 재개할 수 있음이 확인되었다. 사용후핵연료 냉각과 관련해서도 급수와 냉각계통의 신뢰도를 향상시키고 열교환기도 새로 추가하여 순환 냉각이 가능하게 되었다.

후쿠시마 제1원전 사고 초기에는 사고로 인해 발생하는 방사성 오염수를

그림 7.2_ 후쿠시마 사고 복구 로드맵(2011.12.16 기준)

자료: TEPCO(2011b).

과제	초기 조치 (2011.4.17 시점)	STEP 1 (3개월 정도)	STEP 2 (2011년 내) 2011.12.16	중기적 과제 (~3년 정도)
I. 냉각 (1) 원자로	최소한의 냉각수 주입에 의한 해연료 냉각 / 담수 주입 / 누출되어 축적된 물의 재사용 검토 및 준비 / 담수 주입	냉각수 순환에 의한 노심 냉각(계속)	냉각수 순환에 의한 노심 냉각(계속)	저온정지 상태의 유지 계속
(1) 원자로		주입작업 신뢰성 향상 / 원격 작업 순환냉각시스템 설치(열교환기 설치) / 작업 환경 개선	냉각수 순환에 의한 노심 냉각(계속) 저온정지 상태 / 집수 충전(계속) / 구조제 부식 파손 방지	집수 충전(계속) / 구조제 부식 파손 방지
(2) 연료 수조		작업 환경 개선	집수 충전(계속)	해연료 제거 작업 개시
(3) 축적된 오염수	방사능이 높은 오염수의 이동 / 방사능이 낮은 오염수의 보관	보관시설 신뢰성 향상 / 원격 작업 순환냉각시스템(열교환기 설치) / 보관/처리시설 설치	원격조작에 의한 주입 작업 / 열교환 기능 검토 및 이용 / 시설 확충 / 분기적 수처리시설 검토 / 제염 / 염분처리(재해지역이용) 등 / 폐슬러지 등의 보관 관리	분기적 수처리시설 설치 / 축적 오염수 처리 계속 / 폐슬러지 등의 보관관리 / 폐슬러지 등의 처리 및 연구 / 해양오염 확대 방지
(4) 지하수	비산방지제 뿌리기 / 잔해물 흡기 및 관리	지하수 오염 확대 방지 / 지하수 차단벽 방사 검토 / 보관 장소 확보	해양오염 확대방지 / (여장/처리시설 확충 및 허수로프 복구 / 지하수 차단벽 설계 및 착수 / 비산방지제 뿌리기(계속)	지하수 오염 확대 방지 / 지하수 차단벽 구축 / 비산방지제 뿌리기 / 잔해물 흡기 및 관리
(5) 대기 및 토양			잔해물 제거(3,4호기) 원자로건물 컨테이너 설치(직접 개시) / 냉각중기 가스관리시스템 설치	잔해물 흡기/가버 설치(3,4호기) / 원자로건물 컨테이너이나 설치(직접 개시) / 냉각중기 가스관리시스템 관리
III. 감시 (6) 측정, 저감, 공표	발전소 내외부 방사선량 모니터링 확대, 총합화 및 공표	발전소 내외부 방사선량 모니터링 확대, 총합화 및 공표	본격적 제염의 검토 및 개시	환경 모니터링 계속 / 제염작업 계속
IV. 억제 (7) 쓰나미, 보강 등	여진/쓰나미 대책의 활용 및 다양한 방사선 차폐대책 준비 / 4호기 사용후핵연료저장조 지지구조물 설치	여진/쓰나미 대책의 활용 및 다양한 방사선 차폐대책 준비 / 4호기 사용후핵연료저장조 지지구조물 설치	각 호기에 대한 보강공사 검토	다양한 차폐대책 계속 / 쓰나미대책 방지 / 원하건 보강공사 / 환경개선
(8) 생활/작업환경		작업원의 생활 및 직장 환경 개선	작업원의 생활 및 직장 환경 개선	작업원 생활/직장환경 개선
(9) 방사선/의료		방사선 관리 및 의료체제 개선	방사선 관리 및 의료체제 개선	방사선 관리 및 의료체제 개선
(10) 직원 훈련배치			요원의 계획적 육성 및 배치 시행	요원의 계획적 육성 및 배치 시행
중장기적 과제에 대응		중장기대책 확보 방안	중기안전화본부/기반시설운영계획 / 중장기 로드맵 작성	시설운영계획 획에 기반한 대응

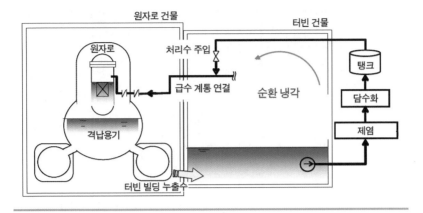

그림 7.3_ 순환 냉각 체제

자료: TEPCO(2011a).

저장할 장소를 확보하는 것이 문제였으나, 2011년 12월에 이르러서는 폭우가 오거나 방사성 오염수 처리시설이 오랜 기간 사용할 수 없는 상황에서도 방사성 오염수로 인한 문제가 발생하지 않을 수준까지 오염수의 수위를 낮추는 데 성공했다[TEPCO, 2011a]. 또한, 지하수 오염 방지를 위한 방어벽 설치작업도 진행되었다. 후쿠시마 제1원전 사고 이후 2011년 12월까지 약 19만 톤의 오염수가 처리되었다.

또한, 원전사고 잔해물이 공중으로 부유하는 것을 막기 위하여 1호기 원자로건물을 감싸는 작업도 완료되었다. 추후 발생할 수 있는 지진 등에 대비하여 4호기 사용후핵연료저장조 하부의 보강공사도 진행이 되었다.

이처럼 다양한 안전시설이 보강됨에 따라 이를 기반으로 도쿄전력은 향후 방사성물질의 방출을 제어할 수 있으며, 방사선 준위가 기준치보다 상당히 낮은 상태를 달성한 것으로 간주하고 그림 7.2에 나와 있는 후쿠시마 원전사고 대책 중 두 번째 단계(Step 2)인 긴급사고 대처까지는 완료가 되었으며, 세 번째 단계인 중장기 복구 계획이 시작됨을 천명했다. 도쿄전력은 중장기 계획과 당시 후쿠시마 제1원전 상태에 대한 안전성 평가 결과를 원자력안전보안원에 제출했으며, 원자력안전보안원은 후쿠시마 제1원전에 설치된 냉각계통의 안전성이 확보되었음을 확인했다. 이에 따라 일본 정부와 도쿄전력이 후쿠시마 제1원전 사고 이후 사고 대처를 위해 새로 구성했던 사고대책통합본부가 해체되었고, 중장기 로드맵을 개발하고, 이를 이행할 새로운 조직을 구성했다. 사고 이후 중장기적 조치에 대해서는 제1부 제2장에 기술되어 있다.

제8장
원전사고 대응 관련 논란과 진실

1. 후쿠시마 원전사고의 직접적 원인: 지진 혹은 쓰나미?

한때 후쿠시마 원전사고의 직접적 원인이 지진인가, 쓰나미인가에 대한 논란이 있었다. 도쿄전력은 설계에서 고려하기 어려웠던 초대형 쓰나미가 사고의 원인이라는 입장을 사고 직후부터 주장했다. 그러나 일본 국회보고서와 일부 환경단체는 지진 진동에 의해 안전계통이 손상되었을 가능성을 도쿄전력이 무시한다고 비판하였다.

국회보고서는 지진에 의해 안전계통이 손상되었을 가능성이 있으며, 1호기에서 소규모의 냉각재 상실 사고가 발생했을 가능성도 있으므로 이에 대한 조사가 필요하다는 입장을 표명했다[The National Diet of Japan, 2012]. 그러나 이에 따라 일본 원자력규제기관이 수행한 사고 후 조사에서 밝혀진 바로는 비상냉각계통을 포함하여 어떤 안전계통도 지진으로 인한 파손은 일어나지 않았다[NRA, 2014]. 1호기의 침수는 사용후핵연료저장조 역류 방지 관의 물이 방출되어 발생한 것으로 밝혀졌다.

또한, 후쿠시마 제1원전의 여러 기기가 기능을 상실한 시간과 쓰나미가 원전으로 유입된 시간을 비교해보면, 쓰나미가 유입되는 경로와 여러 기기가 기능을 상실한 시간이 일치하는 것이 밝혀졌다. 즉, 쓰나미 유입 경로 초반의 기기부터 기능을 상실하기 시작하여 경로 후반의 기기가 나중에 기능을 상실하였다. 이는 쓰나미로 인한 침수가 진행되면서 기기의 고장을 순차적으로 일으켰기 때문인 것으로 파악되었다. 따라서 후쿠시마 원전 내 여러 기기의 기능 상실은 쓰나미에 따른 침수가 원인이라고 보는 것이 합리적이다[NRA, 2014; TEPCO, 2017]. 후쿠시마 원전만이 아니라 오나가와 원전에서도 설계기준보다 더 큰 지반 진동이 측정되었다. 그럼에도 후쿠시마 원전사고 후 수행된 조사 결과에 따르면, 후쿠시마 제1원전을 포함하여 일본의 어떤 원전에서도 지진만의 영향으로 원전의 주요 안전계통이 작동하지 않은 예는 없었다.

결론적으로 후쿠시마 원전사고는 지진 진동에 의한 외부 전원의 상실과 쓰나미에 의한 내부 전원 상실 및 기기 손상으로 발생했으며, 중대사고의 직접적인 원인은 초대형 쓰나미라고 보는 것이 합리적이다.

2. 후쿠시마 원전사고 재해 대책 체계 문제

2011년 3월 11일 후쿠시마 원전사고가 발생한 후 그날 오후 7시 3분에 원자력비상사태가 선언되며 일본의 원자력재해법에 정의된 원자력 재해대응 체계 요건에 따라 일본 정부는 총리 관저 지하에 '원자력재해대책본부'를 설치했고, 후쿠시마 제1원전 부근 오프사이트센터(정식명: 긴급사태 응급대책거점시설)에 현지 원자력재해대책본부를 설치했다. 원자력재해대책본부의 본부장은 총리가 맡고, 오프사이트센터의 책임자는 경제산업성 차관이 맡게 되어 있다. 원자력재해대책본부가 구성된 후 최초의 회의가 3월 11일 오후 7시 3분부터 22분까지 개최되었다[Investigation Committee, 2011].

공식적으로는 원자력재해대책본부는 총리 관저 지하에 있는 위기관리센터Crisis Management Center 안에 설치하게 되어 있다. 그러나 원자력재해대책본부의 운영은 계획한 것처럼 되지는 않았다. 간 총리는 총리 사무실이 있는 5층에서 관계자들을 불러 대책 회의를 하고 원전사고 대응과 관련된 중요한 결정을 내렸다. 또한, 원자력재해대책본부를 총리 관저 지하에 설치하여 발생한 문제도 있다. 총리 관저 지하는 보안상의 문제로 휴대전화가 연결되지 않았다. 따라서 휴대전화를 이용한 외부 연락이 불가능했다. 이와 같은 문제가 사고 초기 원자력재해대책본부가 후쿠시마 제1원전의 상황을 파악하는 데 지장을 주었다. 3월 13일부터 원자력재해대책본부의 비상운전팀Emergency Operation Team은 도쿄전력 본사로부터 현장 정보를 얻기 시작했다. 지하의 원자력재해대책본부에서 얻은 현장 정보는 관저 5층으로 전달이 되었다. 그러나 지하에 있는 비상운전팀은 관저 5층에서 벌어지는 상황이나 과정을 정확히 인지하지 못하고 있었다.

간 총리는 데라사카 원자력안전보안원 원장을 관저 5층으로 불러 원전사고에 대한 설명을 요구했으며, 도쿄전력에도 현장 상황을 설명할 수 있는 사람을 파견하도록 요청했다. 이에 따라 도쿄전력은 다케쿠로 고문을 포함하여 4명을 총리 관저로 파견했다. 그러나 다케쿠로 고문 등도 사고 현장의 정보를 알지 못하는 상황이었다. 따라서 다케쿠로 고문은 도쿄전력 본사나 후쿠시마 제1원전 현장의 요시다 소장에게 휴대전화를 걸어 관련 정보를 요구하였다. 도쿄전력은 원전사고가 발생하면 원자력안전보안원에만 보고하면 되지 총리 관저에 보고할 필요는 없다고 생각하고 있었다. 따라서 다케쿠로 고문의 역할도 총리에게 일시적인 설명을 위한 것으로 이해하고 있었다. 즉, 총리 관저와 도쿄전력은 현장 정보 교환에 대해 사고 초기부터 서로 다른 생각을 하고 있었다.

간 총리는 3월 15일 도쿄전력의 본사비상대응센터를 방문하였을 때도 정부와 도쿄전력 간의 정보 교류가 원활히 이루어지지 않고 있다고 지적하고, 사고대책통합본부를 설치할 것을 도쿄전력에 요청했다. 이에 따라 갑자기 만들어진 사고대책통합본부가 원자력재해대책본부 대신 원자력 재해대응을 총괄하게 되었다. 이처럼 간 총리가 후쿠시마 원전사고 대응에 공식적인 위기관리 체계를 활용하지 않고 임시 조직을 구성한 것도 재난 대응에 혼선을 초래했다. 오랜 기간에 걸쳐 개발 및 보완되어온 재난 대응 체계가 실제 사고 상황에서 몇몇 문제로 기능을 제대로 못 한다고 갑자기 임시로 만든 조직이 얼마나 효과적으로 운영이 되었을지는 의문이다. 요시다 소장은 다케쿠로 고문으로부터는 물론, 간 총리, 에다노 관방장관, 호소노 총리 보좌관으로부터 계속 현장 상황에 대한 문의 전화를 받았다. 당시 도쿄전력 본사는 화상회의 시스템을 이용하여 후쿠시마 원전 현장 정보를 계속 받는 상황이었다. 따라서 원자력재해대책본부가 현장의 정보를 취득하려면 도쿄전력 화상회의 시스템의 터미널을 총리 관저 지하의 원자력재해대책본부에 설치만 하면 현장의 정보를 얻을 수 있었다. 그리고 사고대책통합본부가 실제 출범한 때는 1~3호기에서 이미 핵연료 손상이 시작되고 난 후였다. 정부보고서는 사고대책통합본부 구성에 대하여 원전사고가 발생한 경우 중앙정부의 원자력재해대책본부가 필요로 하는 정보는 단순히 도쿄전력의 정보만이 아니라는 것도 문제점으로 지적하고 있다[Investigation Committee, 2012].

3월 12일 원자력안전보안원이 1호기에서 노심 용융Core Meltdown이 발생했을 가능성이 있다고 언론에 공표했다. 언론 공표 당시 총리 관저에 모여 있던 누구도 노심 용융과 관련된 사항에 대해 알지 못하고 있었다. 이후 총리 관저는 원자력안전보안원에 원전사고 관련 사실을 언론에 공표하기 전에 총리 관저에 미리 보고하도록 지시했다. 이에 따라 원자력안전보안원은 원전사고 관련 사항을 언론에 공표하기 전에 총리 관저의 승인을 미리 얻는 것을 원칙으로 정했다. 3월 13일 이후 도쿄전력도 원전사고 관련 내용을 언론에 공표하기 전에 총리 관저의 승인을 미리 얻는 것으로 방침을 결정했다. 이는 이후 언론에 원전사고 관련 사실을 알리는 데 더 많은 시간이 걸리는 요인이 되었다[Investigation Committee, 2012].

경제산업성은 3월 11일 오후 3시 42분에 도쿄전력으로부터 교류전원 완전상실을 보고받고, 오후 4시경 오프사이트센터의 책임자를 맡게 되어 있는 이케다 경제산업성 차관을 현장으로 파견했다. 이케다 차관은 오후 5시경 육로로 후쿠시마 원전을 향해 출발했다. 그러나 지진에 따른 도로 파손과 교통 혼잡으로 육로로 가는 것을 포기하고 결국 자위대의 헬리콥터를 이용하여 3월 11일 자정 무렵 현장에 도착했다. 3월 11일 밤부터 12일에 걸쳐 자위대, 원자력연구개발기구 등 관련 기관과 후쿠시마현의 우치모리 부지사 등이 오프사이트센터로 모였다. 도쿄전력도 무토 부사장을 포함한 4명의 직원을 오프사이트센터로 파견을 했고, 이들은 3월 12일 오프사이트센터에 도착했다. 오프사이트센터에는 원래 총리 관저와 연결하는 화상회의 시스템 등이 있었으나 동일본대지진 이후 위성 전화를 제외한 모든 통신 수단을 쓸 수 없는 상황이었다. 위성 전화는 원래 보조용으로 준비된 통신 수단으로 전달할 수 있는 자료의 양도 제한되어 있었으며, 전달 속도도 느렸다. 통신망은 3월 12일 정오경이 되어서야 회복되었다. 그리고 오프사이트센터에는 후쿠시마 제1, 제2원전의 반경 10km까지 나오는 지도밖에 없었다. 따라서 피난 지역이 제1원전 반경 20km로 확대되었을 때 피난과 관련된 변수들을 결정하기 어려웠다[Investigation Committee, 2011].

오프사이트센터의 구성과 운영도 원자력 재해대응 매뉴얼대로 진행되지 못했다. 중앙정부의 원자력 재해대응 매뉴얼에는 원전사고 대응과 관련이 있는 정부 부서는 관련되는 직원을 원전사고 현장 부근의 오프사이트센터에 파견하게 되어 있다. 그러나 자위대, 원자력안전보안원 등 몇 개 기관을 제외하고 다른 정부 부서들은 직원을 오프사이트센터에 파견하지 않았다. 일례로 후생노동성은 의료 관련 팀을 오프사이트센터에 파견하게 되어 있었으나 3월 21일까지 의료팀을 파견하지 않았다. 또한, 원자력 재해대응 지침에는 원자력재해대책본부장의 일부 권한을 현지재해대책본부장에게 이양하게 되어 있다. 이 권한이 이양되어야 현지재해대책본부장이 원전사고 대응에 필요한 조치를 지자체 등에 요구할 수 있다. 그러나 이 문제를 담당하는 원자력안전보안원이 3월 11일 오후 7시에 열린 원자력재해대책본부의 첫 회의에서 간 총리에게 이에 대한 승인 요청을 하지 않아, 권한 이양 문제가 해결되는 데 시간이 걸렸다[Investigation Committee, 2011].

2011년 3월 11일 동일본대지진이 발생한 당시 후쿠시마 제1원전에는 원자력안전보안원 지역사무소 직원 7명과 본부 직원 1명이 주재하고 있었다. 지진이 발생한 후 3명은 비상대응을 위하여 오프사이트센터로 이동을 하였으며, 5명은 후쿠시마 제1원전에 남았다. 현장의 주재관들은 면진건물에 머물며 원자력안전보안원에 전달할 정보를 수집하였다. 원자력안전보안원과의 통신에는 원자력안전보안원 지역사무소 보유 차량에 있는 위성 전화를 사용하고 있었다. 현장에 남아 있던 5명은 제1원전 현장의 방사선량률이 올라감에 따라 3월 12일 오전 5시경 오프사이트센터로 대피했다.

3월 13일 새벽 경제산업성 가이에다 대신은 원자력안전보안원에 현장에 직원을 파견하여 냉각수 주입 작업을 감독하도록 요청했다. 오프사이트센터에서도 현장에 원자력안전보안원 직원이 하나도 없는 것을 우려하여 4명의 원자력안전보안원 직원을 후쿠시마 제1원전으로 파견했다. 이들은 3월 13일 오전 7시 40분경 현장의 면진건물로 돌아가 정보 수집 작업을 시작했으나, 이들은 면진건물에만 머물렀으며 현장으로 가서 직접 감독 작업을 하지는 않았다.

3월 14일 오전 11시경에 3호기 수소가스 폭발이 발생한 후 현장에 있던 원자력안전보안원 직원들은 오프사이트센터에게 현장으로부터 대피 허가를 요청했다. 이들은 허기에 대한 명확한 답변을 받지 않은 상황에서 오후 5시경 오프사이트센터에 자신들은 현장으로부터 대피하겠다고 통보한 후 오프사이트센터로 대피했다. 다음 날이 3월 15일 4명의 현장 주재관을 포함하여 원자력안전보안원의 모든 직원은 후쿠시마 현청에 마련된 새로운 오프사이트센터로 이동했다[Investigation Committee, 2011].

총리 관저 5층에서 진행된 회의에서는 단순히 정보만을 수집한 것이 아니라 현장에서 취해지는 조치에 대해 논의하고 그에 관한 '조언'을 했다. 그러나 도쿄전력 본사와 현장에서 생각하는 사고 대응 조치와 총리 관저 5층의 '조언'이 상충하는 경우도 생겼다. 후쿠시마 제1원전 현장에서는 총리 관저로부터의 '조언'을 조언이 아니라 총리의 지시로 이해했고 이에 따라 앞서 이야기한 담수 혹은 해수 주입 문제 등 현장의 사고 대응 조치가 '조언'의 영향을 받는 상황이 발생했다. 간 총리는 3월 12일 오후 6시경에 가이에다 경제산업 대신으로부터 1호기 해수 주입에 대해 보고를 받았다. 간 총리는 해수 주입으로 인하여 원자로의 핵반응이 다시 시작(재임계)될 가능성은 없는지에 대한 의문을 제기했다. 이에 원자력안전위원회 마다라메 위원장은 재임계의 가능성을 부정하지 않았다. 간 총리는 회의에 참석하고 있던 도쿄전력 다케쿠로 고문에게 해수 주입의 장단점을 상세하게 분석하여 보고할 것을 요청했다. 다케쿠로 고문은 오후 7시경에 후쿠시마 제1원전 요시다 소장에게 전화를 걸어 총리 관저에서 해수 주입에 대한 검토가 끝날 때까지 해수 주입을 연기할 것을 요청했다. 그러나 요시다 소장은 해수 주입을 중단한 후 나중에 이를 재개하지 못할 수 있다고 생각하여 해수 주입을 계속했다[TEPCO, 2012b].

이와 같은 문제는 격납용기 배기와 관련해서도 발생했다. 3월 14일 오후 4시 15분에 마다라메 위원장이 요시다 소장에게 격납용기의 배기보다는 냉각수 주입을 우선하도록 요구했다. 그러나 현장비상대응센터는 냉각수 주입을 위해서는 압력억제실의 압력을 낮추는 것이 필수적이라고 생각했다. 따라서 현장비상대응센터의 원래 계획대로 냉각수 주입에 앞서 배기를 먼저 하는 것으로 결정했다. 그러나 이 결정은 마다라메 위원장에게 알리지는 않았다. 위의 사례 중 특히 다케쿠로 고문이 요시다 소장에게 전화를 걸어 해수 주입 중단을 요청한 것은 매우 부적절한 행동으로 비난을 받았다.

후쿠시마 원전사고같이 현장의 상황이 급격히 변하는 상황에서 현장의 대응에 총리 관저에서 세부적인 사항까지 간섭하는 것은 사고 대응에 더 큰 문제를 유발할 수 있다고 정부보고서는 지적하고 있다[Investigation Committee, 2012].

간 총리는 3월 12일 오전 7시경에 후쿠시마 제1원전을 방문한다. 간 총리가 직접 사고 현장 방문을 결심한 것은 도쿄전력 본사를 통해서는 현지 사고 정보를 정확히 얻기 어렵다고 생각했기 때문이다. 또한, 격납용기의 배기가 계속 지연되는 데에 대한 불만도 있었다. 결과적으로는 총리의 현장 방문이 별다른 문제 없이 끝났고, 이 방문이 격납건물의 배기 등 현장의 원전사고 대응에 큰 영향을 미치지는 않은 것으로 보인다. 그러나 과연 누구를 대신 현장으로 파견하든가 하지 않고, 사고 대응에 바쁜 현장을 총리가 직접 방문한 것이 적절했는지는 논란이 되었다. 전국적인 재해 상황에서 일본을 책임지고 있던 총리가 관저를 긴 시간 비워놓고 위험할 수 있는 현장 방문을 한 것은 적절치 못한 행동으로 지적받고 있다[Investigation Committee, 2012]. 간 총리는 또한 3월 15일 새벽에 도쿄전력의 본사비상대응센터도 방문한다. 총리로서는 당시에 도쿄전력이 후쿠시마 제1원전으로부터 인력을 완전히 철수할지 모른다는 위기감이 있었다고 하지만 본사비상대응센터를 방문했어야 이 문제를 해결할 수 있었는지는 추후 일본 독립조사위 조사에서도 논란이 되었다[Investigation Committee, 2012]. 도쿄전력의 인력 철수 문제는 다음 3절 '도쿄전력의 후쿠시마 제1원전 현장 완전 철수'에서 따로 다루었다.

간 총리의 정부 내 원자력 관련 기관과 전문가 및 도쿄전력에 대한 불신도 문제를 더욱 어렵게 했고, 당시 총리 관저에 있던 원자력 전문가들이 역할을 적절히 했는지에 대해서도 논란이 있다. 간 총리는 원전사고와 관련된 기관들이 필요한 정보를 적시에 제공하지 않고, 현장의 대응 방안에 대해서도 믿을 만한 설명을 하지 못한다고 느꼈다. 간 총리를 포함한 정부 각료들은 원자력안전보안원 등의 관료들이 원자력에 대한 지식이 충분하지 못하며, 현장에서 들어오는 정보에 대한 이해도 부족하다고 생각했다. 따라서 현장 상황에 대해 적절히 설명하지 못하거나 설명을 하더라도 모호하게 한다고 생각했다. 앞서 기술한 해수 주입에 따른 재임계 문제도 당시 회의에는 원자력안전위원회 마다라메 위원장, 도쿄전력 다케쿠로 고문 그리고 원자력안전보안원의 히라오카 부원장과 같은 원자력 전문가들 참석을 하고 있었지만, 그들이 전문가로서 간 총리에게 적절한 조언을 했는지는 의문이 드는 부분이 있다[Investigation Committee, 2011]. 이와 같은 생각에 따라서 간 총리는 외부 인사로부터 조언을 받기 위해 동경대의 코사코 교수 등 5명을 내각 총리 보좌관Special Advisor으로 임명했다. 총리 보좌관은 현장 대응과 주민 소개 등에 대한 자문 임무를 수행했다.

주민 피난 과정 중 SPEEDI의 활용 실패

SPEEDISystem for Prediction of Environment Emergency Dose Information는 원전의 방사성물질 누출 사고 시 원전 주변 지역의 방사선 준위 및 피폭량을 계산할 수 있는 일본의 전산 시스템이다. 일본의 원자력 재해대응 체계를 보면 원전에 사고가 발생하면 원자력안전보안원은 사고가 발생한 원전으로부터 누출되는 방사성물질 관련 정보를 파악하고 이를 비상대응지원시스템을 통해 문부과학성에 전달하게 되어 있다. 그러면 문부과학성은 SPEEDI를 관리하는 원자력안전기술센터Nuclear Safety Technology Center에 설치된 SPEEDI를 이용하여 방출된 방사선원의 영향(방사성물질의 대기 중 농도와 피폭선량 등)을 평가하고 이를 원자력안전보안원, 원자력안전위원회 등 원전사고 비상대응과 관련된 기관에 통보하게 되어 있다. 일본 정부의 원자력비상대응절차서Nuclear Emergency Response Manual에 따르면 SPEEDI의 결과는 주민 보호 조치를 결정하는 데 사용하게 되어 있었다[Investigation Committee,

2011].

그러나 후쿠시마 원전사고에서는 주민의 대피 범위 및 방향 결정 등 주요한 의사결정에 SPEEDI가 전혀 활용되지 못했다. 후쿠시마 원전사고 당시 SPEEDI가 실제 사용되지 못한 데에는 여러 기술적인 문제와 체계적인 문제가 혼재되어 있다.

먼저 후쿠시마 원전사고 당시에는 비상대응지원시스템으로부터 방사성물질 관련 정보를 얻을 수 없었다. 안전변수표시계통Safety Parameter Display System: SPDS에 나타나는 원전의 중요 변수들을 모아 비상대응지원시스템에 전달하는 중계시스템이 후쿠시마 제1원전의 교육동에 설치되어 있었다. 중계시스템이 있던 교육동은 EDG가 없는 상황이었으므로 3월 11일 지진으로 외부 전원이 상실되었을 때 중계시스템은 기능이 상실되었을 것으로 추정된다. 또한 EDG가 있었다 하더라도 자료를 전송하는 정부 전용의 원자력 비상대비 네트워크Integrated Nuclear Emergency Preparedness Network도 나중에 고장이 났으므로 결과적으로 SPDS의 자료를 비상대응지원시스템으로 전송하는 것은 불가능했을 것이다.

훈련 때의 가정과는 달리 비상대응지원시스템이 기능을 상실함에 따라 문부과학성은 원자력안전기술센터에게 3월 11일 이후 시간당 1Bq의 방사성물질이 누출된다고 가정하고 방사성물질의 확산과 피폭 정도를 평가하도록 지시했다. 원자력안전기술센터는 그 결과를 관련 기관들에 보고하였다. 계산 결과는 후쿠시마 원전 주변 주민들의 대피 방향을 결정하는 데 매우 중요한 자료였지만 어떤 관련 기관도 이 결과를 주민 대피에 활용하거나 대중에게 공표하지 않았다. 그들은 가정에 의한 계산이 실제와 다를 것이라고 생각하고 있었다. 그 결과 3월 15일 오후 3시경에 피난을 시작하여 이타테촌과 가와마타정으로 향한 미나미소마시의 주민들은 방사성물질이 확산되는 방향으로 대피하는 사태도 발생했다.

언론은 지속적으로 문부과학성에게 SPEEDI의 결과를 공개하도록 요청했다. 이와 관련하여 3월 16일 총리 관저에서 에다노 관방장관 주재로 회의가 열렸다. 이 회의에서 에다노 관방장관은 문부과학성에게 후쿠시마 원전으로부터 반경 20km 이상인 지역의 방사능 감시 정보를 종합하여 원자력안전위원회에 전달하도록 지시했다. 또한 원자력안전위원회가 이 정보를 이용하여 영향 평가를 하면 오프사이트센터에서 이에 따라 필요한 조치를 하기로 결정되었다. 그러나 이 결정에 원자력안전위원회의 평가가 SPEEDI를 이용한 영향 평가를 포함하는지는 명확히 언급되어 있지 않았다. 이 결정 이후 문부과학성은 더는 SPEEDI를 이용한 평가를 하지 않았지만 원자력안전위원회는 SPEEDI를 이용한 평가가 자신들의 임무라고 생각하지 않았다. 문부과학성에서 SPEEDI 관련 전문가 2명을 원자력안전위원회에 파견 보낸 이후 원자력안전위원회는 SPEEDI를 이용한 방사선 환경 영향 평가를 시작했다[Investigation Committee, 2011].

원자력안전위원회는 SPEEDI를 이용한 평가 결과를 유관 기관에는 통보를 했지만 여전히 언론에는 평가 결과를 공개하지 않았다. 이후 원자력안전위원회는 문부과학성의 강력한 요청과 언론의 압력에 따라 3월 25일부터 평가 결과를 공개하기 시작했다.

후쿠시마 원전사고 이후 새로 설립된 일본 원자력규제위원회는 만약 향후 원전사고가 발생하면 SPEEDI 같은 도구를 사용하지 않는 것으로 방침을 정했다. 이는 실제 사고 시 방사성물질 방출량과 SPEEDI를 이용한 예측량 사이에 차이가 있기 때문에 현장의 방사능 측정치에 근거해 의사 결정을 하겠다는 것이다. 그러나 SPEEDI와 유사한 시스템을 이용하여 원전사고 대응을 준비하거나 관련 연구를 진행하는 나라가 많은 상황에서 이와 같은 결정이 타당한지는 다시 검토해볼 필요가 있다. 현재 한국도 원전사고에 대응하기 위하여 SPEEDI와 유사한 AtomCARE를 운영하고 있다[이영민, 2014].

주민 피난 조치의 혼란

일본은 원전사고 시에 요구되는 옥내대피Sheltering, 피난, 아이오딘제 배부와 관련하여 국제적인 기준에 부합하는 기준이 정해져 있었다. 그러나 이들 기준은 예측되는 피폭량에 따라 조치하도록 되어 있었고, 현장에서 측정 가능한 값과 연계되어 있지는 않다. 일본은 SPEEDI를 이용한 예측값을 이용하여 주민의 피난 지침을 결정하는 체제를 구축하고 있었지만, 앞에서 설명한 바와 같이 SEPEDI의 활용도 제대로 이루어지지 못했다. 따라서 옥내대피나 피난과 같은 사고 대응은 SPEEDI의 예측값이 아니라 비상냉각기능 상실과 같은 원전 상태에 따라 결정이 되었다.

주민의 보호를 위한 피난 구역도 사고 발생 직후 24시간 안에도 여러 번 변경되어 선포되었다[IAEA, 2015c]. 먼저 2011년 3월 11일 오후 8시 50분 후쿠시마현 지사는 후쿠시마 제1원전의 반경 2km 이내 지역에서 피난하라는 지시를 내렸다. 이후 9시 23분에 원자력재해대책본부가 후쿠시마 제1원전의 반경 3km 이내 지역에서 피난하고, 반경 3~10km 사이 지역에서는 옥내대피를 하라는 지시를 내렸다(앞의 그림 6.3 ⓐ).

원자력재해대책본부와 지자체 간에 대응에도 혼선이 있었다. 중앙정부는 후쿠시마현 지자체가 3월 11일 오후 8시 50분에 이미 피난 지시를 내렸다는 것을 모르고 있었다. 또한 후쿠시마현에서 2km로 피난 지역 반경을 결정한 것은 과거의 원자력 재해에 대한 비상 훈련의 경험을 바탕으로 이루어진 반면, 중앙정부는 IAEA의 권고에 따라 피난 지역 반경을 3km로 정했다[IAEA, 2015a].

2011년 3월 12일 오전 7시 45분에 원자력재해대책본부는 후쿠시마 제2원전의 반경 3km 이내 지역은 피난을 하고, 반경 3~10km 사이의 지역은 옥내대피를 하라는 지시를 내렸다. 이후 3월 12일 오후 3시 36분에 제1원전 1호기에서 수소가스가 폭발했다. 원자력재해대책본부는 다른 호기에서도 수소가스 폭발이 발생할 것을 우려하여 같은 날 오후 5시 39분에 후쿠시마 제2원전의 반경 10km 이내 지역은 피난하라는 지시를 내렸고, 오후 6시 25분에는 후쿠시마 제1원전의 반경 20km 이내 지역은 피난하라는 지시를 내렸다(앞의 그림 6.3 ⓑ). 그러나 당시 제2원전은 안정된 상태를 유지하고 있었다.

후쿠시마 원전사고 당시 후쿠시마 제1원전의 반경 2km 이내에 사는 주민은 약 1,900명이었다. 주민 피난 지시와 관련하여 중앙정부와 지자체 사이의 통신에도 문제가 있었다. 피난 지역 내 3개의 지자체(후타바정, 오쿠마정과 다무라시)만이 피난 지시를 받았다. 이 외 다른 7개 지역은 지진으로 통신망이 파괴되어 피난 지시를 받지 못했다. 그러나 원자력재해대책본부의 지시가 내려오기 전에 지자체들은 자체 판단으로 또는 언론 보도를 보고 이미 피난 지시를 내린 곳도 있었다. 예를 들어 후쿠시마 제1원전을 중심으로 반경 3km의 피난 지역이 선포되었을 때 이 지역의 주민은 대부분이 이미 3km 밖으로 피난을 한 상황이었다. 비록 도로 등이 지진으로 파손되고 교통 체증도 있었지만, 의료 치료가 필요하지 않은 일반인은 피난 지시가 나온 후 몇 시간 내에 피난 지역을 벗어났다.

그러나 피난 지역이 계속 확대됨에 따라 이미 피난을 떠났던 사람들이 다시 피난을 가야 하는 상황이 발생했다. 후쿠시마 제1원전에 가까운 지역에 있던 주민 중 20%는 여섯 차례 이상 다시 피난을 해야 했다[IAEA, 2015c].

피난 지역을 반경 20km로 확대할 때는 20km 내에 어떤 지역을 포함할지에 대한 문제가 있었다. 오프사이트센터에는 원전 반경 10km까지의 지도만이 있었다. 또한 통신망이 파괴된 관계로 지자체에 새로운 피난 지시를 전달하기도 쉽지 않았다. 반경 20km 이내 지역의 피난이 완료되는 데에는 약 3일이 걸렸다. 또한 피난 지역의 확대에 따라 원래 원자력 재해 발생 시 방사선 비상 대비 병원으로 지정되어 있던 6개의 병원 중 3개는 3월 12일에, 1개는 4월 22일에 피난 지역에 포함되었다. 따라서 이들 병원은 방사선 비상에 대비해 부과된 기능을 하지 못하게 되었다[Investigation Committee, 2011].

후쿠시마 제1원전의 반경 20~30km 사이의 지역은 옥내대피를 하라는 지시는 3월 15일 오전 11시에 발령되었다(앞의 그림 6.3 ⓒ). 그러나 이 지역의 주민들은 옥내대피가 얼마나 오래 지속될지, 실내 방사능 오염을 막는 데 필요한 조치가 무엇인지 등에 대해 정보를 받지 못했고 또한 피난 지역에 대한 오해도 있었다. 이와키시는 시의 일부 지역만이 피난 지역으로 지정되었음에도 도시의 모든 상가와 마트가 문을 닫아 생필품 공급에 문제가 발생했다. 중앙정부는 3월 21일이나 되어서야 식품, 가스, 의약품들을 공급하기 시작했다. 그러나 지원이 충분하지는 않았다[IAEA, 2015c].

3월 25일에 반경 20~30km 내 지역에 자발적 피난 지시가 내려졌다. 이는 부분적으로 옥내대피가 장기화하고 있었기 때문이었다. 그러나 이미 많은 시민은 이미 사고 초기부터 피난을 간 상황이었다. 미나미소마시의 경우 3월 12일부터 피난을 하기 시작하여 3월 15에는 주민의 75%가 이미 피난을 간 상황이었다(앞의 그림 6.3 ⓓ).

4월 22일에 후쿠시마 제1원전의 반경 20km 이내 지역이 경계 구역으로 선포되었다. 피난 지역 주민은 경계 구역을 출입하려면 지자체의 통제를 받아야 했다. 5월 11일에는 단기간 출입이 가능해졌고, 5월 말에는 개인 승용차의 출입이 허용되었다.

주민 피난과 관련하여 많은 문제가 발생한 부분은 원전 반경 20km 이내의 병원에 있는 환자들을 피난시키는 문제였다. 후쿠시마 원전사고 이전에는 누구도 원전 반경 10km 밖에 있는 병원의 환자나 요양원 거주자를 피난시켜야 할 경우를 생각하지 않았다. 재난훈련이나 원자력비상훈련에서도 모든 환자를 피난시키는 것은 고려되지 않아왔다. 후쿠시마 제1원전의 반경 20km 내에는 약 2,200여 명의 환자와 노인이 7개의 병원과 17개의 요양원에 머물고 있었다. 후쿠시마 제1원전의 반경 5km 내에 있던 후타바병원에서는 노인환자 339명이 피난을 시작했다. 후쿠시마현의 재해대책본부는 후타바병원의 환자들이 정신병으로 입원한 것이기 때문에 피난과 관련하여 육체적인 문제가 없다고 생각했다. 그러나 환자 중에는 누워만 있는 환자, 치매 환자와 중환자도 있었기 때문에 이들을 피난시키는 것은 매우 어려운 상황이었다. 이들 노인환자는 3월 14일 피난을 시작하여 10시간에 걸쳐 약 230km를 이동해야 했다. 3명의 환자가 피난 중 차량에서 사망했고, 추가로 11명의 환자가 피난 다음 날 아침에 사망했다. 누워 있어야 하는 환자가 차량 이동 중 좌석에서 떨어지는 일도 발생했고, 어떤 경우에는 난방도 되지 않는 피난소에 환자가 배치되기도 했다. 후타바병원에 남아 있던 환자 130명 중 3월 13일에 2명이, 그리고 3월 14일에 또 2명이 사망했다. 병원을 나가 행방불명이 된 환자도 있었다.

3월 15일에 후쿠시마 제1원전의 반경 20~30km 사이의 주민은 옥내대피를 하라는 지시가 발령되었으나, 의약품 부족과 숙소 부족 등으로 이 지역 내 병원의 환자들과 노인들의 피난은 3월 17일에야 시작이 되었다. 이 시점에서 재난의료지원팀Disaster Medical Assistance Team: DMAT 본부는 400명 이상의 환자 피난을 계획하고 준비를 했다. 그러나 재난의료지원팀이 현장에 투입되는 데는 이틀이 소요되었다. 이는 방사선 비상 의료 지원은 문부과학성 소관이었고, 재난의료지원팀은 후생노동성 소속이어서 두 정부 부서 간의 조정에 시간이 걸렸기 때문이다. 재난의료지원팀이 투입된 이후로는 환자와 노인들의 피난이 무사히 종결되었다.

후쿠시마 원전사고 당시 일본 정부는 원전사고 시 주민 보호 참조 기준으로 국제방사선방호위원회ICRP가 권고하는 연간 20~100mSv 중에서 가장 낮은 값인 20mSv를 채택하고 있었다. 이 기준에 따라 후쿠시마 원전사고 이후 피난 구역이 결정되었다. 만약 일본이 참조 기준으로 연간 20mSv 대신 100mSv 혹은 50mSv를 사용했다면 원전사고 후 피난민들이 고향으로 복귀하는 것이 좀 더 쉬웠을 것이고 이후 타 지역 생활에 따른 스트레스 등으로 인한 사망자 수도 줄일 수 있지 않았을까 생각한다. 주민 보호 참조 기준으로 연간 20~100mSv 중 최젓값을 사용한 것은 다른 문제도 유발했다.

2011년 3월 말 학교의 개학이 다가오며 문부과학성은 학교를 개학하는 요건으로 역시 연간 20mSv를 제시했다. 주민 보호 참조 기준과 학교 사용 기준을 똑같은 값으로 설정한 것이다. 그러나 이와 관련하여 주민 보호와 학교 사용 허가의 두 경우에 기준을 똑같은 20mSv로 설정한 것은 어린이들의 건강 영향을 경시한 것이라고 비난을 받았다[The National Diet of Japan, 2012].

3. 도쿄전력의 후쿠시마 제1원전 현장 완전 철수

후쿠시마 원전사고 초기에는 여러 가지 혼선이 있었으며 이로 인해 사고 대응에도 문제가 발생했다. 가장 대표적인 사건이 도쿄전력이 후쿠시마 제1원전으로부터 전체 인력을 철수하려고 했는가 하는 부분이다[Investigation Committee, 2012].

도쿄전력의 주장에 따르면 2011년 3월 14일, 연이은 수소가스 폭발 등으로 후쿠시마 제1원전의 상황이 더욱 악화되자 도쿄전력은 사고 수습과 직접 관련이 없는 일부 인력을 철수하기로 결정했다. 철수 절차가 논의되고 있는 중 이를 보고받은 간 총리는 도쿄전력에 전화하여 후쿠시마 제1원전으로부터의 완전한 철수는 절대 허락할 수 없다고 이야기했다. 이 사안에 대해서는 사고 후 여러 가지 조사가 진행되었다.

일부에서는 간 총리가 도쿄전력의 완전 철수 시도를 막아낸 것이 가장 중요한 업적 중 하나라고 주장하기도 하지만[Shinoda, 2013], 도쿄전력은 완전 철수를 하려는 계획은 아예 없었으며 당시 시미즈 도쿄전력 사장과 가이에다 경제산업대신이 통화를 하며 혼선이 있어 오해가 생겼다는 입장이다[TEPCO, 2012a].

사고 발생 4일째인 3월 14일, 후쿠시마 제1원전 현장의 상황은 더욱 심각해지고 있었다. 오후 1시 25분, 2호기에서 원자로의 냉각수 수위가 떨어지지며 노심격리냉각계통이 완전히 기능을 상실했다. 이에 따라 같은 날 오후 4시 30분 정도면 원자로 핵연료가 냉각수에 잠기지 않고 노출되기 시작할 것으로 예상했다. 또한, 3월 12일, 1호기에서 그리고 3월 14일, 3호기에서 발생한 수소가스 폭발 등의 영향으로 압력억제실을 이용하여 격납용기의 압력을 낮추는 작업도 어려운 상황이었다. 이런 경우 핵연료가 공중에 노출된 상황에서 드라이웰을 대기를 외부로 직접 방출하는 것이 유일한 격납용기 압력 강하 수단이 되며, 이마저도 실패할 때는 격납용기 자체가 파손될 것으로 예상했다.

만약 최악의 경우 격납용기가 파손될 때는 후쿠시마 제1원전에 있는 700여 명의 인력이 매우 높은 방사선 준위에 노출될 가능성이 있었다. 700여 명의 인력에는 행정직 인력이나 비상대응 작업에 직접 관련이 없는 인력, 그리고 계속되는 복구 작업에 신체적으로 한계에 다다른 인력도 있었다. 이에 따라 현지 소장이었던 요시다는 비상대응 작업에 필요한 필수 인력만을 남기고, 다른 인력은 안전한 장소로 피난시키는 것을 고민하고 있었다. 2호기의 상황이 심각해짐에 따라 이미 원자력안전보안원의 주재관 등은 오프사이트센터로 대피를 마친 상태로 3월 14일 늦은 오후에는 후쿠시마 제1원전에 정부 측 인력은 없는 상황이었다. 따라서 요시다 소장으로서는 현장 인력의 안위를 고려하지 않을 수 없었다. 이에 따라 3월 14일 오후 7시 30분, 본사와 현장비상대응센터는 대피 지침evacuation guidelines에 대한 논의를 시작했다. 이 대피 지침에는 대피가 결정되면 필수 인력을 제외한 인력만 이동하는 것으로 명시되어 있다. 이와 관련하여 도쿄전력의 시미즈 사장과 경제산업대신의 보좌관 사이에 3월 14일 오후 6시 41분과 오후 8시 41분 사이, 그리고 3월 15일 오전 1시 30분경 통화를 한 것으로 나와 있다. 통화 내용에 대한 명확한 기록은 남아 있지 않지만 요약하면 시미즈 도쿄전력 사장이 가이에다 경제산업대신에게 후쿠시마 제1원전의 인력 대피 계획을 알린 것으로 보인다.

시미즈 사장과 가이에다 대신의 통화가 있은 얼마 후 시미즈 사장은 총리 관저로 즉시 오라는 지시를 받았고, 시미즈 사장은 3월 15일 오전 4시 17분경 총리 관저에 도착했다. 시미즈 사장에 따르면, 총리가 도쿄전력이 후쿠시마 제1원전으로부터 인력을 전부 철수하는 것이 맞는지를 물어보았고, 시미즈 사장은 그런 계획은 전혀 없다고 답했다고 한다. 사고 후 조사에서 시미즈 사장은 총리와의 대화 이후 총리가 인력 철수 관련 상황을 이해한 것으로 생각했다고 증언했다.

3월 15일 오전 4시 42분경 시미즈 사장이 총리 관저를 떠난 얼마 후 간 총리는 도쿄전력 본사에 있는 본사비상대응센터로 향했고, 오전 5시 35분경 본사비상대응센터에 도착했다. 현장비상대응센터는 화상회의 장치를 통하여 본사비상대응센터와 연결되어 있었다. 간 총리는 본사비상대응센터에 약 10분 정도를 머물렀다. 여기에서 간 총리는 도쿄전력을 강력하게 질책하며 후쿠시마 제1원전으로부터의 완전 철수는 절대 용납될 수 없음을 강조했다. 이 부분은 나중에 많은 논란이 되었다. 시미즈 사장은 조금 전에 있었던 총리 관저에서의 대화를 통해 간 총리가 철수 문제를 완전히 이해했다고 생각하고 있었는데, 본사비상대응센터에서 다시 완전 철수 문제를 이야기하는 것을 보고 이상하게 생각했다고 한다. 또한 본사 비상대응센터의 직원들도 완전 철수 문제가 무엇인지 혼란스러워했으며 총리의 질책에 분노와 좌절을 느꼈다고 추후 증언했다.

이후 간 총리는 본사비상대응센터 내의 작은 방으로 도쿄전력 경영진을 불러 여러 가지 질문을 했다. 6시 14분경 후쿠시마 제1원전에서 큰 폭음과 진동이 발생했다(나중 조사에서는 4호기의 폭발에 의한 것으로 밝혀졌지만 당시에는 2호기 압력억제실에 문제가 생겼다고 생각하고 있었다). 폭음 이후 간 총리와 같이 있던 본사비상대응팀은 다시 사고 복구 작업으로 돌아갔으며 요시다 소장과 상황을 점검했다. 간 총리가 있던 작은 방은 현장 상황을 파악할 수 있는 화상회의시스템이 갖추어져 있었다. 사고 당시 비상대응팀은 2호기 압력억제실의 파손으로 폭음이 발생한 것으로 추정하고 시미즈 사장과 요시다 소장의 논의를 통하여 후쿠시마 제1원전 현장에 최소비상대응인력 약 70명만 남기고 다른 인원은 남쪽으로 12km 떨어진 후쿠시마 제2원전으로 대피하는 것으로 결정했다. 요시다 소장은 3월 15일 오전 6시 37분에 사고보고Abnormal Situation Notification 71번을 발행했다. 이 사고보고는 오전 6시와 6시 10분 사이에 2호기에서 충격음이 발생했고, 이에 따라 최소 비상대응인력만 남기고 다른 인원은 임시 대피를 하겠다는 내용을 포함하고 있다. 이후 간 총리는 오전 8시 30분경에 본사비상대응센터를 떠났다.

도쿄전력이 정말 완전 철수를 고려했있는지, 간 총리가 본사비상대응센터를 방문하고 사고 대응에 참여하는 직원들과 회의를 한 것이 적절한지에 대해서는 논란이 많다. 도쿄전력은 간 총리가 3월 15일 시미즈 사장을 총리관저로 부르기 전인 3월 14일 현장에서 준비 중이던 대피 방안에 완전 철수는 전혀 포함되어 있지 않았으며 필수 대응 인력의 잔류가 명시되어 있다는 점 등을 들어 완전 철수는 전혀 고려되지 않았다고 주장한다. 반면에 간 총리는 후쿠시마 원전사고에 대한 의회 조사에서 시미즈사장이 관저로 와서 철수는 안 된다는 요구에 대해 알았다는 답변을 할 때 답변이 자발적이지 않은 느낌이어서, 철수는 절대 안 된다는 자신의 입장을 도쿄전력 본사의 직원들에게도 분명히 하기 위해 도쿄전력 본사를 방문했다고 증언하였다.

나중에 나온 여러 조사 결과를 보면 가이에다 경제산업대신이 시미즈 사장과 통화를 한 후 도쿄전력이 완전 철수를 고려하는 것으로 이해를 하고 간 총리에 보고했던 것으로 보인다. 그러나 간 총리는 총리 관저에서 시미즈 사장에게 완전 철수는 허용할 수 없다는 경고를 하고 나눈 대화 이후에도 도쿄전력의 입장이 불분명했다고 주장하고 있다. 또한 간 총리가 본사비상대응센터를 방문하는 동안 이로 인해 사고 대응이 지연되었다는 주장이 있으나, 정부보고서나 국회보고서 등에는 이와 관련한 내용이 없다.

4. 후쿠시마 지역의 원전별 쓰나미 대책

도쿄전력이 후쿠시마 제1원전의 쓰나미 대책을 적절히 수립했는가는 가장 논란이 많은 부분의 하나이다. 도쿄전력의 후쿠시마 제1원전 사고 보고서에 따르면 동일본대지진과 쓰나미의 규모는 예상을 초월한 수준이었다고 기술되어 있다. 도쿄전력은 아직도 후쿠시마 원전사고가 천재지변에 따른 것이었다는 입장을 유지하고 있다.

일본이 미국으로부터 원전을 도입하던 초기에는 쓰나미와 관련된 명확한 지침이 없었다. 따라서 쓰나미와 관련된 설계는 그 당시 알려진 쓰나미의 흔적을 기반으로 진행되었다. 당시 오나하마항에서 기록된 가장 높은 쓰나미의 수위는 1960년의 칠레 지진에 의한 것이었으며 이 수위(오나하마 항구 건설 기준 수위 + 3.22m)를 쓰나미에 대한 대비책을 세우는 기준으로 사용하였다. 1970년에 원전 설계 심사지침이 나오며 쓰나미가 설계에서 고려해야 할 자연 현상의 하나로 포함되었다. 이 지침과 정부 조사 결과, 칠레 지진에 의한 쓰나미가 예상되는 최대 쓰나미 높이로 다시 인정받았다[TEPCO, 2012a].

1993년 10월에 일본 정부는 가동 중인 원전들에 대한 쓰나미 영향 재평가를 요구했고, 후쿠시마 제1원전과 제2원전의 쓰나미 안전성 평가 보고서가 1994년 정부에 제출되었다. 도쿄전력은 보고서 작성을 위하여 문헌 조사를 했으며, 간단한 예측 식을 사용하여 쓰나미의 최고 수위를 평가했다. 평가 결과는 1960년의 칠레 지진에 의한 쓰나미의 최고 수위가 1611년의 게이초 산리쿠 쓰나미의 수위보다 높았다. 또한, 문헌 조사 결과는 1611년의 게이초 산리쿠 쓰나미의 수위가 869년에 발생한 조간 쓰나미의 수위보다 높은 것으로 나타났다.

2002년 일본토목학회[Japan Society of Civil Engineers: JSCE]가 「원자력발전소 쓰나미 평가 방법」 보고서를 발간했다[JSCE, 2002]. 이후 이 평가방법은 일본 원전의 쓰나미 평가를 위한 표준 방법으로 사용되었다. 도쿄전력이 이 방법에 따라 후쿠시마 원전의 쓰나미 최고 수위를 재평가한 결과, 후쿠시마 제1원전의 경우는 오나하마항 기준 5.4~5.7m(O.P. +5.4~5.7m)였다. 이에 따라 후쿠시마 제1원전의 주요 펌프모터의 위치를 높이고, 건물의 침수를 막기 위한 조치를 취했고, 그 결과는 2002년 3월 일본 정부에 보고되었다. 2006년 9월에 일본 원자력안전위원회가 원전의 내진설계 심사지침을 개정함에 따라 2009년 2월에 후쿠시마 원전에 대한 쓰나미 재평가가 수행되었다. 그 결과는 후쿠시마 제1원전의 경우 쓰나미의 최고 수위가 오나하마항 기준 5.4~6.1m(O.P. +5.4~6.1m)로 나왔다. 이에 따라 영향을 받는 펌프 모터를 밀봉하는 등 추가 쓰나미 대비 작업이 수행되었다[TEPCO, 2012a].

2002년 7월 일본 정부 산하 기관인 지진조사연구추진본부Headquarters for Earthquake Research Promotion: HERP는 기존에 대형 지진이 발생하지 않은 지역에서도 규모 8.2의 지진이 발생할 수 있다는 의견을 제시했다. 그러나 동일본대지진같이 여러 개의 단층이 동시에 움직여 지진이 발생하는 것을 포함한 것은 아니었다. 또한 기존에 대형 지진이 발생하지 않은 지역의 쓰나미 수위 평가에 필요한 쓰나미 파랑 모델Tsunami Wave Model도 제공하지 않았다. 지진조사연구추진본부의 의견은 일본토목학회의 확률론적 쓰나미 평가 방법에 일부 반영이 되었다. 그러나 확률론적 쓰나미 평가 방법은 전문가 의견에 의존하는 부분이 많았고, 이에 따라 결과도 상당히 다르게 나오는 경우도 많았다. 따라서 그 결과를 어떻게 활용할 것인가도 문제가 되었다. 도쿄전력은 개발 중이던 확률론적 쓰나미 평가 방법의 개선과 적용을 위하여 확률론적 쓰나미 평가 방법을 시범적으로 후쿠시마 원전 부지에 적용했다. 그 결과는 2006년도에 개최된 국제 원자력공학 학술대회ICONE 14에 논문으로 발표되기도 했다[TEPCO, 2012a].

이후에도 도쿄전력은 비록 후쿠시마현에서는 대형 지진이 발생한 적이 없지만, 기존에 대형 지진이 발생하지 않은 지역도 대규모 지진이 발생할 수 있다는 지진조사연구추진본부의 의견을 고려하여 2008년에 후쿠시마 원전 부지에 대해 규모 8.3의 지진이 발생한 경우의 쓰나미 수위를 평가했다. 그 결과, 쓰나미 최고 수위는 취수구 앞쪽에서 오나하마항 기준 8.4~10.2m(O.P.+8.4~10.2m)였고, 최고 침수 높이는 15.7m로 나왔다. 2008년에 산업기술종합연구소National Institute of Advanced Industrial Science and Technology의 사타케 박사가 조간 쓰나미에 대한 연구결과를 발표했는데, 도쿄전력은 2008년 12월에 이 연구결과를 활용하여 후쿠시마 원전 부지에 대한 쓰나미 수위를 평가했다. 그 결과 후쿠시마 제1원전의 쓰나미 최고 수위는 오나하마항 기준 7.8m(O.P.+7.8m)였고, 후쿠시마 제2원전의 쓰나미 최고 수위는 오나하마항 기준 8.9m(O.P.+8.9m)로 나왔다. 그러나 도쿄전력은 이 평가에 사용된 여러 변수값들이 매우 보수적이므로 원전의 실제 안전에는 문제가 없다는 입장이었다.

도쿄전력은 후쿠시마 지역의 쓰나미 파랑 모델을 개발하기 위하여 후쿠시마현의 태평양 연안 지역의 쓰나미 흔적을 조사했다. 조사 결과, 후쿠시마현 북부 지역에서는 조간 쓰나미의 흔적이 4m 정도로 나왔고, 남부 지역에서는 흔적이 발견되지 않았다. 이처럼 쓰나미 흔적 조사 결과가 일관성이 없게 나타남에 따라 추가적인 쓰나미 흔적 조사가 계획되었다. 쓰나미 흔적을 조사한 결과는 2011년 1월 일본지질과학합동회의에 제출되었고, 5월 발표되었다. 이런 사정 등으로 동일본대지진 당시 후쿠시마 해역에서의 쓰나미 파랑 모델은 개발되지 않은 상태였다.

2006년도에 원전 내진설계 심사지침Regulatory Guide for Reviewing Seismic Design of Nuclear Power Reactor Facilities이 개정되고, 원자력안전보안원이 가동 원전의 내진 안전성 재평가를 요구함에 따라 도쿄전력은 내부토론회를 개최했다. 내부토론회에서는 조간 쓰나미와 쓰나미 파랑 모델이 없는 경우 지진조사연구추진본부의 의견을 어떻게 대처할 것인가에 대한 토의가 있었다. 토론회에서 논의되는 항목들에 대해 전문가들도 각기 다른 의견을 내는 상황이어서 도쿄전력에서 쓰나미 평가를 책임지고 있던 토목공학조사그룹은 쓰나미 평가에 대한 전반적인 사항을 2008년 6월 10일과 7월 31일에 요시다 부장(당시)과 무토 부원자력본부장Deputy Chief Nuclear Office에게 설명했다. 토목공학조사그룹은 방파제를 설치하는 것이 가장 일반적인 쓰나미 대처 방법임을 설명하고, 방파제를 건설하는 비용은 한화로 수천 억원 수준일 것임을 보고했다. 설명 도중 방파제로 인해 원전 부지로부터 우회되는 쓰나미가 원전 주변 지역에 미칠 영향에 대한 질문이 있었다. 토목공학조사그룹은 쓰나미가 원전 부지를 우회하면 원전 주변 지역의 마을로 향할 가능성이 있다고 보고했다. 요시다 부장과 무토 부본부장은 일본토목학회의 쓰나미 평가 방법이 보수적이므로 원전의 실제 안전성에는 문제가 없다고 결론 내렸다. 그리고 지진조사연구추진본부의 대규모 지진 발생 가능성과 관련해서는 후쿠시마 지역의 쓰나미 파랑 모델이 없는 상태이므로 일본토목학회가 후쿠시마 지역을 포함하여 태평양 연안 지역의 쓰나미를 어떻게 평가할지 조사하기로 하고, 이후 명확한 규정이 만들어지면 후속조치를 하기로 했다. 이와 같은 결정에 대해 2008년 10월 전문가들의 의견을 구했는데, 이 결정에 대한 특별한 반대 의견은 없는 상황이었다. 이후 요시다 부장은 후쿠시마현의 쓰나미 흔적 조사를 수행할 것을 지시하고, 일본토목학회에는 조간 쓰나미와 지진조사연구추진본부의 의견을 조사하도록 요청했다. 이런 현안들과 관련된 내용은 원자력안전보안원에 보고되었다. 원자력안전보안원은 조간 쓰나미가 지진 재검토에 대한 명확한 입장을 밝히지 않고, 안전과 관련하여 언급을 할 필요가 있다는 의견 정도를 제시했다 [Investigation Report, 2012].

후쿠시마 원전사고 직전인 2011년 3월 3일에 문부과학성 회의실에서, 지진조사연구추진본부가 2011년 4월 중순에 발표하기로 되어 있던 지진조사연구추진본부의 수정 평가와 관련된 회의가 개최되었다. 도쿄전력은 현재 조간 쓰나미 관련 연구가 진행 중으로 도쿄전력만이 아니라 일본 내 어떤 기관도 진원과 규모에 관해 결정한 바가 없다는 의견을 제시했다. 원자력안전보안원은 향후 조간 쓰나미와 관련된 지침을 낼 수 있다는 입장이었으나 도쿄전력에 공식적으로 쓰나미 보완 대책을 요구하지는 않았다. 이후 결국 2011년 3월 11일 동일본대지진에 의한 높이 약 13m의 쓰나미가 후쿠시마 원전에 도달했고, 후쿠시마 원전사고가 발생했다.

쓰나미의 피해와 관련하여 후쿠시마 원전과 많이 비교되는 원전이 도호쿠전력이 운영하는 오나가와 원전이다. 따라서 이번에는 오나가와 원전이 쓰나미에 어떻게 대처했는가를 살펴보는 것도 의미가 있을 것이다[Sasagawa and Hirata, 2012].

오나가와 원전에는 3기의 원자로가 있다. 후쿠시마 원전과 마찬가지로 모두 비등경수로이다. 1984년 운전을 시작한 1호기의 경우, 건설 신청 당시에는 쓰나미를 모사하는 컴퓨터 코드 등이 없었기 때문에 쓰나미 대책을 수립하기 위해 서류 조사와 전문가 위원회를 구성하여 쓰나미 수위에 대해 평가를 했다. 전문가 위원회는 1968년 7월부터 1980년 8월까지 운영이 되었다. 1호기 건설 당시에는 최고 쓰나미 수위가 약 3m 정도로 평가되었다. 위원회는 869년에 발생한 조간 쓰나미나 1611년에 발생한 게이초 지진 쓰나미와 같이 원전 남쪽 지역에서 지진이 발생하면 쓰나미의 수위가 훨씬 높아질 수 있다고 생각했다. 이를 고려하여 위원회는 원전 부지의 높이를 15m로 하면 원전의 안전성을 확보할 수 있다고 생각했다. 위원회의 의견에 따라 오나가와 원전의 부지 높이는 14.8m로 결정되었다. 이 경우 주요 구조물의 1층 높이가 15m가 된다.

1995년에 운전을 시작한 2호기의 경우에도 건설 신청 시에 조간 쓰나미에 대한 조사가 시행되었으며 컴퓨터를 이용한 쓰나미 수위 평가가 이루어졌다. 869년에 발생한 조간 쓰나미에 대한 언급은 1개의 고대 문서에만 나와 있었지만 그 규모를 추정하기는 어려웠고, 따라서 오나가와 원전은 조간 쓰나미에 대한 흔적 조사를 했다. 조사 결과 조간 쓰나미의 높이는 2.5~3m

정도로, 침수 지역은 해변으로부터 3km 정도로 추정되었다. 게이초 쓰나미에 대한 조사도 병행이 되었고, 게이초 쓰나미의 경우 쓰나미의 높이가 6~8m 정도로 추측되었다. 따라서 오나가와 원전 부지의 경우 게이초 쓰나미가 조간 쓰나미보다 더 영향이 컸던 것으로 밝혀졌다. 게이초 쓰나미를 기준으로 한 오나가와 부지의 쓰나미 수위 평가 결과는 오나하마항 기준 9.1m(O.P. +9.1m)였다.

2002년 운전을 시작한 3호기의 경우도 컴퓨터를 이용한 쓰나미 수위 평가가 이루어졌으며, 평가 결과는 2호기와 마찬가지로 오나하마항 기준 9.1m(O.P. +9.1m)였다.

1호기의 부지 높이는 오나하마항 기준 14.8m(O.P. +14.8m)였지만, 2호기와 3호기의 경우는 쓰나미 최고 수위 평가 결과를 고려하여 경사면 보강 공사를 했다.

2006년 9월에 나온 일본 정부의 지시에 따라 쓰나미 최고 수위를 재평가했다. 예전에 2·3호기의 쓰나미 수위를 평가할 때는 역사상 가장 큰 쓰나미와 유사한 쓰나미가 오는 것으로 계산을 한 반면, 2006년에는 불확실성을 고려한 가상의 쓰나미에 대해 평가를 했다. 오나가와 원전의 경우 쓰나미에 대비하여 해수 펌프와 열교환기를 원전 부지 높이인 오나하마항 기준 14.8m(O.P. +14.8m)에 설치했다. 쓰나미 수위계는 1호기 건설 당시 설치가 되었지만 2010년 3월 추가로 쓰나미 수위계를 설치했다. 추가로 설치된 쓰나미 수위계가 2011년 3월 11일 발생한 쓰나미의 기록을 남겼다.

돌이켜보면 후쿠시마 제1원전이나 오나가와 원전이나 초기에는 쓰나미의 최고 높이를 약 3m 정도로 평가한 것은 동일했다. 다만 가장 큰 차이는 후쿠시마 제1원전은 부지 높이를 해수면 기준 10m 정도로 결정했지만 오나가와 원전은 부지 높이를 오나하마항 기준 약 15m로 결정한 부분이다. 즉, 후쿠시마 제1원전은 평가된 쓰나미 최고 수위의 약 3배를, 오나가와 원전은 평가된 쓰나미 최고 수위의 약 5배를 원전의 부지 높이로 결정을 했다.

후쿠시마 제1원전이 있던 장소는 원래 해수면 기준 35m 정도의 높이에 이르는 언덕 지형이었다. 그러나 후쿠시마 제1원전 1호기를 건설 당시 이 지형을 깎아내려 원전의 부지를 해수면 기준 10m 정도로 낮추었다. 이와 같은 작업은 원자로를 단단한 암반 위에 설치하려는 목적이 있었다. 그러나 또한 해수 펌프를 바다 쪽에 가깝게 설치할 수 있고, 바다를 통해 원자로, 증기발생기와 같은 대형기기를 쉽게 운반할 수도 있다는 점 등 경제적인 측면을 고려한 부분도 있었다. 반면에 오나가와 원전의 경우 1968년에 구성된 오나가와 원전 건설 준비위원회의 위원이던 야노시케 히라이가 원전 부지 높이를 15m로 결정하기를 강력히 주장하여 현재의 부지 높이가 결정되었다고 한다. 일부에서는 이를 도쿄전력과 도호쿠전력 간 원자력 안전문화의 수준 차이로 보는 견해도 있다.

도쿄전력의 쓰나미 대책에 대해서는 사고 이후 여러 가지 문제 제기가 있었다. 1960년 칠레에서 대규모 지진이 발생했을 때 이로 인한 쓰나미가 단 하루 만에 태평양을 건너 일본에 도달했다. 쓰나미가 태평양을 지나왔음에도 당시 일본에는 최고 높이 6.1m의 쓰나미가 발생했다[JMA, 1963]. 도쿄전력은 2009년도에 수행된 쓰나미 재평가 시 이를 근거로 하여 6.8m의 쓰나미를 후쿠시마 원전의 쓰나미 대비 설비를 구축하는 설계 기준으로 삼았다[Synolakis and Kânoğlu, 2015]. 그러나 일본 동북부 지역은 6.8m보다 훨씬 큰 규모의 쓰나미가 발생한 적이 여러 번 있었다[Tsunamis in Japan]. 도쿄전력의 직원도 이미 2008년에 후쿠시마 원전의 설계 기준 쓰나미 높이인 6.8m보다도 높은 수위의 쓰나미가 발생할 확률이 상당히 높은 것으로 예측했다[SAKI et al., 2006]. 반면에 미국의 한 전문가는 일본의 역사 기록을 근거로 일본에서 높이가 10m를 넘는 쓰나미가 30년에 한 차례 정도 발생하는 것으로 추정하기도 했다[Miller, 2011]. 또한 도쿄전력이 조간 쓰나미에 대한 현장 조사 결과의 불확실성을 이유로 추가 연구가 필요하다고 한 부분에 대해서도 조간 쓰나미 당시에는 후쿠시마 원전이 있는 지역에 35m에 이르는 높은 언덕이 있었으므로 조간 쓰나미의 흔적이 크게 남지 않은 것이 당연하다는 일본 전문가도 있다[Synolakis and Kânoğlu, 2015a].

만약 설계 기준 쓰나미 높이보다 높은 수위의 쓰나미가 후쿠시마 원전에 도달한다면 바로 원전에 심각한 문제를 유발할 수 있다는 점에서는 쓰나미에 대한 대비는 좀 더 신중했어야 한다. 일본 국회의 후쿠시마 보고서는 이 점을 명확히 지적하였다. 즉, 도쿄전력이 쓰나미와 관련된 경고를 무시했으며 쓰나미에 대한 확률론적 접근 방법의 불확실성을 이유로 쓰나미에 대한 대처를 지연했다고 기술한 것이다. 또한 도쿄전력이 심각한 쓰나미의 리스크를 무시한 것과 같은 태도는 안전 현안을 자신들의 일정에 맞추는 리스크 관리 태도 때문이라고 지적했다. 규제기관인 원자력안전보안원도 쓰나미 평가와 관련된 정보를 공개하지 않고, 쓰나미 평가 방법을 개발할 때 전력회사의 부당한 개입이 있었는데도 개발된 쓰나미 평가 방법의 타당성을 원자력안전보안원이 검증하지 않았음을 지적했다[The National Diet of Japan, 2012]. 일본 정부 조사위원회에서도 이와 관련된 문제를 지적하고 있다. 후쿠시마 인근 지역에서도 쓰나미를 유발할 수 있는 대형 지진이 발생할 가능성이 있다는 지진조사연구추진본부의 2002년도 평가 결과에 대해 정부 관리가 이 결과는 자료 부족으로 불확실성이 있다는 문구를 넣도록 요구했고 2006년도에 발간된 트렌치 전문가 위원회Trench Expert Committee 보고서는 결국 그에 따라 수정되었다는 사실을 밝히고 있다. 또한, 해당 보고서에서 후쿠시마와 이바라키 지역 해변에 대한 쓰나미 지진 관련 내용은 삭제되었으며 단지 조간 쓰나미를 유의하라는 문구 정도만이 살아남았다[Investigation Committee, 2012].

IAEA의 보고서도 일본의 지진조사연구추진본부의 2002년도 평가 결과에 근거한 도쿄전력의 쓰나미 높이 평가 결과는 후쿠시마 원전사고 때의 쓰나미 높이와 거의 유사한 결과가 나왔음에도 이와 관련하여 도쿄전력이 취한 대응 조치는 2011년 사고를 막기에는 미흡했다고 지적하며 자연재해와 관련된 평가는 충분히 보수적으로 수행되어야 한다고 기술하고 있다[IAEA, 2015a].

미국과학아카데미가 주관하여 2012년에 개최된 후쿠시마 원전사고 관련 회의에서는 미국과 일본 전문가들의 다양한 발표가 이뤄졌다. 이를 기반으로 미국과학아카데미는 「미국 원전 안전성 향상을 위한 후쿠시마 사고 교훈Lessons Learned from the Fukushima Nuclear Accident for Improving Safety of U.S. Nuclear Plants」 보고서를 발간했다. 이 보고서는 2001년도에 이미 일본 동해 쪽에서 대규모 쓰나미가 800~1,000년 주기로 발생할 것이라는 예측이 있었으며 2009년도에 지질학자들이 도쿄전력의 쓰나미 대책이 적절하지 않았음을 지적했던 일을 기술하고 있다. 또한, 2008년도 계산에 따라 기존 쓰나미 방벽을 다시 구축하는 등의 대규모 대책이 아니더라도 ① 침수에 대비한 해수 펌프의 위치 변경, ② EDG, 배터리 등 전력 계통의 위치 변경, ③ 건물의 침수 대비 강화, ④ 발전소 높은 지역에 예비기기를 준비하는 등의 대책은 할 수 있었음을 지적한다[National Research Council, 2012].

일부에서는 1999년 12월 폭풍해일에 의해 프랑스의 블레이아이스Blayais 원전의 여러 호기가 침수로 인하여 부분적인 외부 전원 상실사고가 발생했으며 이후 프랑스 원전은 이와 같은 침수 사고에 대비하여 EDG가 있는 방에 방수문을 설치하는 등의 조치를 한 바 있으나, 도쿄전력은 프랑스의 침수 대비 조치와 같은 국제적인 수준의 침수 대비 안전 조치를 도입하는 데도 소홀했음을 문제점으로 지적하고 있다[Acton and Hibbs, 2012].

어떤 쓰나미 분야의 전문가는 도쿄전력이 수행한 쓰나미 평가에 여러 기술적 문제가 있으며 당시의 국제기준을 따르고 숙련된 전문가가 쓰나미 평가에 참여했으면 후쿠시마 원전사고를 막을 수 있었다고 주장하기도 한다. 해당 전문가는 도쿄전력이 쓰나미 평가를 위한 지진원을 선정하는 데 너무 좁은 지역, 짧은 기간을 대상으로 한 것은 문제가 있다고 지적했다. 또한, 도쿄전력이 쓰나미 평가를 위한 컴퓨터 시뮬레이션에서 격자 크기를 20m로 한 것은 상세한 쓰나미 높이 분석을 하기에는 한계가 있는 크기이며 당시 국제적으로는 유사한 쓰나미 분석에 2m 크기의 격자를 사용했다는 등 도쿄전력이 수행한 쓰나미 평가와 관련된 다양한 기술적 문제점을 지적했다. 또한 지진에 대비한 안전여유도에 비하여 쓰나미에 대한 안전여유도를 너무 적게 설정한 점도 문제로 지적하고 있다[Synolakis and Kânoğlu, 2015].

사실 일본 동해안 지역은 대규모의 쓰나미가 발생한 사례가 이미 여러 차례 있었고[Tsunamis in Japan], 세계적으로 사용되는 쓰나미라는 단어의 어원이 일본어라는 점을 생각하면 후쿠시마 원전이 쓰나미에 대비한 안전성 향상 노력이 부족했던 점은 의외의 일이다. 후쿠시마 원전사고 이후 도쿄전력의 경영진에 대한 형사재판이 있었다. 이 재판은 검찰이 불기소처분을 한 것에 반발한 시민들의 주도로 '강제기소'제도를 통하여 기소를 한 것이다. 기소된 항목 중에는 쓰나미의 위험을 예상한 시뮬레이션 결과를 미리 알았음에도 필요한 조치를 취하지 않았다는 내용도 포함되어 있다. 이 기소건에 대해 2019년 일본 법원은 경영진에 형사 책임이 없다고 판결했다. 그러나 형사책임이 없다는 것이 쓰나미에 대한 대책이 미비했던 부분까지 포함하는 것은 아니다.

5. 끝나지 않은 논란: 후쿠시마 원전사고의 반성적 검토

후쿠시마 원전 사과 당시 제1원전 현장의 작업자들은 어려운 환경에서도 최선을 다하여 사고를 막고자 노력한 것으로 보인다. 쓰나미가 원전에 도달해 원전사고가 시작된 후에도 강력한 여진이 계속되었다. 추가적인 쓰나미의 발생에 대한 우려도 있었다. 이용 가능한 전원이 없으므로 현장의 운전원들은 암흑 속에서 손전등만을 가지고 복잡한 작업을 해야 하는 경우가 많았다. 원전의 많은 기기가 물에 잠긴 상황이었고 높은 방사선 준위로 인하여 기기들의 실제 상태를 확인하기 어려운 경우가 많았다. 원전사고가 진행되며 수소가스 폭발이 세 차례 발생했고, 현장의 방사선 준위도 계속 높아져가는 상황이었다. 이런 열악한 환경에서 운전원은 미리 훈련도 받지 못한 상황 —여러 개의 원전이 동시에 전원 완전상실 사고가 발생하는 상황— 에 대처하기 위해 노력했다. 현장에서 일하는 작업자들은 자신의 가족이 지진과 쓰나미로부터 안전한지도 모르는 상태에서 작업을 계속해야 했다[TEPCO, 2012b]. 후쿠시마 지역은 당시 지진과 쓰나미의 영향으로 기반 시설이 많이 파괴된 상황이었다. 통신 시설의 파괴로 외부와의 연락도 어려웠다. 원전 내부의 도로는 물론 외부의 도로도 많이 파손되었으며 이로 인해 외부 지원을 얻기도 쉽지 않았다. 그러나 앞에서 보았듯이 후쿠시마 원전사고와 관련하여 논란이 있는 몇 가지 부분이 있다. 비록 이런 상황에서도 현장의 작업자들은 사고의 확대를 막고자 최선의 노력을 다한 것으로 보이지만 원전사고가 발생한 후에 사고를 다시 돌아보는 입장에서는 아쉬운 부분이 있는 것도 사실이다. 이런 후쿠시마 원전사고가 끝난 지 10년이 되는 이 시점에서 후쿠시마 원전사고 대응에서의 아쉬운 부분을 지적하는 것이 사후확증편향적인 측면이 있겠지만, 향후 원전사고를 막는다는 관점에서는 한 번은 반드시 짚고 넘어가야 할 부분이다. 따라서 이 장에서는 후쿠시마 원전사고의 예방과 대응과 관련하여 문제가 있었거나 아쉬웠던 부분을 살펴본다.

먼저, 원전사고 예방과 관련하여 문제를 일으킨 요인의 하나는 소위 일본의 '안전신화'라고 할 수 있다. IAEA는 후쿠시마 원전사고 당시 회원국들에 원전의 안전계통이 후쿠시마 원전사고와 같이 핵연료가 녹는 중대사고를 포함하여 모든 사고 조건에서 기능할 수 있음을 입증하기를 요구하고 있었다(당시 IAEA의 요건은 여러 개의 원전에서 동시에 사고가 나는 경우를 포함하지는 않았다). 도쿄전력도 1990년대 초기 IAEA의 다른 회원국들과 마찬가지로 원전의 안전성 평가를 수행했다. 그러나 도쿄전력은 후쿠시마 원전이 쓰나미 발생 지역에 있었음에도 침수로 인해 여러 기기가 동시에 고장이 나는 상황이나 장기간 외부 전원을 상실하는 경우에 대한 안전성 평가는 하지 않았다[IAEA, 2015a]. 도쿄전력은 원전의 외부 전원이 상실되어도 EDG나 다른 발전소의 지원을 통해 금방 이를 복구할 수 있을 것이라 예상했다. 이런 생각은 당시 일본의 원전들이 보편적으로 공유한 가정 사항이었다. 도로의 파괴 등으로 외부 지원을 받지 못할 경우는 전혀 고려되지 않았다. 또한, 계측기에 전력을 공급하는 직류전원이나 밸브의 동작에 필요한 압축공기 등도 항상 사용 가능하리라 생각했다. 따라서 계측기를 전혀 사용하지 못하는 경우나 전력이 없는 경우에 대한 대비도 되어 있지 않았다. 후쿠시마 제1원전의 운전원들은 여러 개의 원전이 동시에 사고가 나는 경우나 쓰나미로 인해 원자로를 냉각하지 못하는 경우에 대한 대비도 전혀 되어 있지 않았다[Actor et al., 2012]. 일본에서는 후쿠시마 원전사고가 발생하기 이전에는 발생확률이 작은 외부사건에 대해 당시의 원전 설계(안전계통)가 원전을 충분히 안전하게 보호할 수 있다고 보았다. 이처럼 일본의 원전이 안전하다는 기본 가정은 일본의 원자력 관련 기관과 관계자들이 일본 원전의 안전성에 문제를 제기하는 것을 막는 상황이었다[Actor et al., 2012].

당시의 일본 원자력안전위원회는 원전의 핵연료가 녹는 중대사고에 대처하기 위한 사고관리지침Guide을 1992년에 간행했고, 경제산업성은 사업자에게 원전의 사고관리를 하도록 행정지도를 했다. 그러나 이는 강제성을 갖는 법적 요건이 아니었다. 일본 규제기관이 중대사고에 대한 조치를 강제요건이 아닌 원자력 사업자의 자발적 조치로 규정함에 따라 현장 운전원들도 원전 중대사고를 심각하게 생각하지 않는 결과를 초래했다[TEPCO, 2012a]. IAEA는 2007년에 일본 원자력 규제체계를 점거하는 종합규제검토서비스Integrated Regulation Review Service: IRRS를 수행했다[IAEA, 2007]. IAEA는 일본 원자력 규제체계를 점검한 후 중대사고에 대한 대비, 확률론적 안전성 평가Probabilistic Safety Assessment: PSA의 활용 등을 추천했으나, 이것이 일본에서 실제적인 규제로 이행되지는 못했다[IAEA, 2015a].

후쿠시마 원전사고 이후 나온 IAEA 후쿠시마 원전사고 조사 보고서도 일본의 규제기관이 중대사고에 대한 규제 측면에서 미흡했음을 지적했다. 또한, 후쿠시마 제1원전의 인허가 과정과 운전 중에 후쿠시마 제1원전의 취약성이 적절히 파악되지 못했다고 지적하기도 했다. 특히 원전이 침수에 취약했던 점과 운전 절차서 및 사고관리절차서의 미비점을 지적했다.

원전의 안전성평가 방법의 하나인 PSA는 원전이 침수되어 주요 안전계통이나 EDG 등을 사용할 수 없는 경우 발생할 수 있는 사고를 분석하게 되어 있었다. 그러나 후쿠시마 제1원전은 이와 같은 침수에 대한 PSA를 수행하지 않았다. 더욱이 1991년 후쿠시마 제1원전 1호기에서는 터빈건물 지하에 매립된 해수냉각계통 배관에 구멍이 뚫려 EDG가 있는 방이 해수로 침수되는 사건이 있었다. 이 사건과 같이 이미 후쿠시마 제1원전의 EDG나 지하에 설치되어 있는 전력계통이 침수 사건에 취약함을 보여주었던 사례가 있었음에도 도쿄전력이 침수 PSA를 수행하지 않았던 점은 아쉬운 부분이다[IAEA, 2015a]. 일본 정부 조사보고서도 원전사고 이전에 지진 PSA 외에는 다른 외부 사건 PSA가 수행되지 않았고, 주기적안전성평가Periodic Safety Assessment: PSR 제도도 외부사건 PSA를 포함하여 중대사고 대처를 향상하는 기회 제공에 실패했다고 지적하고 있다[Investigation Committee, 2012].

IAEA는 중대사고가 발생했을 때 이에 대처하는 운전원의 능력을 너무 과대평가한 것도 문제점으로 지적했다. 도쿄전력은 격납용기 배기계통을 사용하는 사고 시나리오에 대한 안전성평가를 했다. 그러나 이 평가에서 운전원이 배기와 관련하여 충분한 훈련을 받지 않은 상황을 적절히 고려하지 않았고, 기기가 고장 날 확률도 너무 낮게 평가했다. 결과적으로 격납용기 배기계통 및 운전과 관련되어 실제로 개선된 사항은 없었다[IAEA, 2015a].

후쿠시마 제1원전에서 실제 사고가 어떻게 진행이 되었고, 현재 내부 상태가 어떤지는 아직도 불분명한 부분이 많다. OECD 산하 원자력에너지기구Nuclear Energy Agency: NEA에서 사고 이후 후쿠시마 원전사고의 진행과 원자로의 내부 상태를 파악하기 위한 국제공동연구Benchmark Study of the Accident at the Fukushima Daiichi Nuclear Power Station Project: BASF를 진행했다[NEA, 2015]. 그러나 아직도 원자로 내부의 상태는 정확한 분석이 어려우며 정확한 상태의 파악은 현재에도 진행 중인 도쿄전력의 조사에 의존할 수밖에 없는 상황이다. 비록 현재에도 이런 상황이 지속되고 있지만 앞서 기술한 사고 진행 과정만을 볼 때도 사고 대응과 관련하여 아쉬운 점이 몇 가지 있다.

첫 번째는 원자로 냉각 관련이다. 이 문제는 1~3호기 모두에 걸쳐 발생했다고 볼 수 있다. 1호기와 3호기에서 발생한 문제는 거의 유사하다. 1호기에서는 비록 운전 절차에 따른 것이기는 하나 운전 중이던 격리냉각계통을 운전원이 정지 시켰고, 그 사실이 현장비상대응센터에 보고되지 않았다. 이후 격리냉각계통의 재가동을 시도했으나 결과적으로는 성공하지 못했다. 특히 원자로의 압력과 온도가 너무 빨리 낮아지는 경우 격리냉각계통을 정지하도록 한 운전 절차는 그 타당성에 대해 문제가 제기되고 있던 운전 절차라는 점에서 아쉬운 부분이 있다. 특히 3호기의 경우는 대체 냉각 수단이 실제 작동하는지 확인되기 전에 정상적으로 동작하고 있던 안전계통을 운전원이 정지시켰던 점이다. 이로 인해 원자로의 압력이 올라가 상당 기간 대체 냉각 수단이 원자로를 냉각시키지 못하는 상황이 되었다. 더욱이 이런 상황이 현장비상대응센터에 정확히 보고되지 않아 사고 대응에 혼선을 일으켰다. 3호기의 경우는 고압냉각수주입계통을 운전원이 수동으로 정지하고 난 후 상황이 악화한 것으로 알려져 있다. 반면에 도쿄전력은 사고 후 분석을 통하여 3호기의 경우 고압냉각수주입계통을 운전원이 수동으로 정지시키기 이전에 이미 냉각수를 주입하는 기능을 상실했다는 의견을 제시하고 있다. 그러나 적어도 화재방호계통을 이용한 냉각수 주입이 시작된 이후 고압냉각수주입계통을 정지했다면 3호기의 사고는 다른 방향으로 진행될 수 있지 않았을까 생각된다.

소방차를 이용한 냉각수 외부 주입과 관련해서는 사고관리 분야에 근본적인 문제가 있었다. 사고 당시 소방차를 이용하여 원자로에 냉각수를 주입하는 작업은 후쿠시마 제1원전의 공식적인 사고관리 방안에 포함되어 있지 않았다. 따라서 이 작업을 어느 부서가 담당할 것인지도 미리 결정된 바 없었다. 자체소방대는 소방과 구조 등을 담당했으며, 냉각수 주입 작업은 자체소방대의 임무에 포함되어 있지 않았다. 또한, 냉각수 주입 작업은 소방차를 이용하여 수행되며 어떠한 복구 작업도 포함하지 않으므로 복구팀의 업무에도 속하지 않았다.

이와 같은 문제는 사고 대응에 중요한 혼선을 초래했다. 3월 11일 오후 5시 12분에 요시다 소장은 소방차를 이용하여 1호기 원자로에 냉각수를 주입하도록 지시를 내렸다. 그러나 3월 12일 오전 2시에 이르기까지 현장비상대응센터의 누구도 이것이 자기 팀의 임무라고 생각하지 않고 있었다. 오전 2시에서 3시 사이에 협력업체인 난메이사의 작업자들이 운전팀과 같이 냉각수 외부 주입구가 있는 1호기의 터빈빌딩으로 갔다. 자체소방대는 주입구의 위치를 몰랐으므로 현장에 가지 않았다. 더욱이 자체소방대는 냉각수 주입을 위해 소방펌프를 가동하는 데 필요한 기술이나 지식이 없었다. 자체소방대는 오전 4시경까지 냉각수 주입 작업에 참여하지 않았다. 현장의 방사능 준위가 계속 올라감에 따라 난메이사의 작업자가 냉각수 외부 주입 작업이 불가능하다고 현장비상대응센터에 통지했다. 그러나 현장비상대응센터는 난메이사에 냉각수 주입 작업을 계속하도록 요청했고, 이번에는 자체소방대가 냉각수 외부 주입 작업에 합류하기 위해 출발했다.

만약 요시다 소장이 소방차를 이용한 냉각수 외부 주입을 지시했을 때, 1호기의 격리냉각기가 멈추었다는 사실과 냉각수 외부 주입을 지시했을 때 어느 팀도 해당 업무에 착수하지 않았다는 것을 알았다면 냉각수 외부 주입 작업과 이를 위한 감압 작업은 현장에서 이들 작업이 실제 이루어진 시점보다 훨씬 일찍 이루어졌을 것으로 판단된다. 근본적으로는 소방차를 이용하여 냉각수를 주입하는 작업이 공식적인 사고관리 방안에 포함되어 있지 않았고, 이 작업을 어느 부서가 담당할 것인지도 미리 결정되어 있지 않았다는 점이 냉각수 외부 주입이 지연된 중요한 원인의 하나로 판단된다 [Investigation Committee, 2011].

냉각 문제와 관련하여 가장 아쉬운 부분은 1~3호기 중 가장 방사성물질이 많이 누출된 2호기의 핵연료 손상을 막지 못한 부분이다. 2호기의 경우 노심격리냉각계통이 이틀 반 동안을 동작하다 3월 13일 오후 1시 25분에 기능을 상실한 것으로 추정하고 있다. 그런데도 해수 주입 준비 과정이 여러 문제로 중단되거나 지연되어 3월 14일 오후 7시 54분에 해수 주입이 본격적으로 시작되었다. 따라서 2호기의 원자로가 6시간 정도 냉각이 되지 못하였고 결국은 핵연료 손상으로 이어졌다. 소방차를 이용한 1호기의 냉각수 외부 주입이 이미 3월 12일 새벽 4시에 시작되었고, 3호기도 냉각수 외부 주입이 3월 13일 오전 9시 25분에 시작되었었다. 이런 상황에서 시간 여유가 훨씬 많았던 2호기의 냉각수 외부 주입을 3월 14일 오후까지도 미리 준비하지 못했던 것은 특히 아쉬움이 크게 남는 부분이라고 할 수 있다 [Investigation Committee, 2012].

다음은 제6장에 이미 기술했던 수소가스 폭발 관련 부분이다. 1호기의 수소가스 폭발이 3월 12일 오후 3시 36분에 발생을 하였고, 3호기의 수소가스 폭발은 3월 14일 오전 11시 1분에, 4호기의 수소가스 폭발은 3월 15일 오전 6시경에 발생했다. 수소가스의 폭발은 사고 복구 작업에 지대한 영향을 미쳤고, 특히 2호기의 전원복구 작업이 1호기 수소가스 폭발로 중단됨으로써 원전사고를 더욱 악화시키는 요인이 되었다. 수소가스 폭발에 따른 방사능 준위 상승과 추가적인 수소가스 폭발을 우려한 작업자들의 대피도 사고 복구 작업을 계속 지연시켰다.

1호기와 4호기의 수소가스 폭발은 예상하지 못한 것이었다. 그러나 2호기와 3호기의 수소가스 폭발은 충분히 예견되었고, 그에 대한 대응도 진행되었다.

1호기의 수소가스 폭발 이후 3호기의 수소가스 폭발이 발생하기까지는 약 44시간의 시차가 있다. 즉, 3호기의 수소가스 폭발 방지 조치를 할 시간은 충분했다고 볼 수 있다. 그런데도 3호기의 수소가스 폭발을 막지 못한 것은 아쉬운 부분이다. 총리 관저와 비상대응센터에서는 수소가스 폭발을 방지하기 위해 헬리콥터에서 물건을 낙하시키거나, 고압수를 이용하여 배출 패널에 구멍을 내는 방안 등 여러 방안에 대한 논의가 있었다. 그러나 끝내 3호기의 수소가스 폭발을 막기 위한 실질적인 조치는 시행되지 못했다. 물론 용접이나 다른 대응 방안이 도리어 수소가스 폭발을 촉발할 수도 있었겠지만 그렇다고 하여 아무 실제적인 조치를 하지 않고 수소가스 폭발이 발생할 때까지 그냥 있었던 점은 이해하기 어려운 부분이다. 3호기의 수소가스를 원자로 건물 외부로 일찍이 방출할 수 있었다면 4호기의 수소가스 폭발도 일어나지 않았을 것이라 생각된다. 수소가스 폭발로 인한 사고 대처의 지연이나 원자로건물의 손상이 없었다면 방사성물질의 외부 누출도 많이 줄일 수 있었을 것으로 보인다[The National Diet of Japan, 2012]. 2호기의 패널이 1호기의 수소가스 폭발의 충격으로 열려 2호기에서 발생한 수소가스가 이 부분을 통해 방출되는 행운이 있어 2호기에서는 수소가스 폭발이 일어나지 않았다[Investigation Committee, 2011].

사고 대응만이 아니라 방사선 방호 측면에서도 몇 가지 문제가 있었다. 저장되었던 개인용 방사선 피폭선량 측정장치인 APD가 쓰나미로 못 쓰게 되었지만 사고 이후 950개의 APD가 다른 발전소로부터 전달되었다. 그러나 이들 APD는 충전기나 경보 설정 장치가 맞지 않는 등의 이유로 끝내 사용을 하지 않았다. 이는 작업자의 방사선 방호에 대한 도쿄전력의 부족한 이해를 나타내는 사례로 지적을 받고 있다. 원자력위원회도 원자력재해대책본부에 아이오딘제 복용과 관련된 내용을 팩스로 보냈다. 그러나 이 내용은 원자력재해대책본부의 의료팀 및 오프사이트센터에 전달되지 않았다. 이는 원자력재해대책본부와 원자력위원회 사이의 연계 체계에 문제가 있어 발생한 것으로 보인다. 하지만 원자력위원회도 위원회가 자문기구라는 이유로 추가적인 조치를 하지 않았다[Investigation Committee, 2012].

후쿠시마 원전사고가 난 지 10년이 지난 지금도 후쿠시마 원전사고의 원인이 무엇이었는가, 사고 대응 과정은 적절하였는가에 대해 위에 언급한 내용 이외에도 매우 다양한 의견이 존재한다. 도쿄전력은 아직도 후쿠시마 원전사고가 예측 불가능한 대규모의 지진과 쓰나미라는 천재지변 때문이었다는 입장이다. 반면에 일본 국회보고서는 후쿠시마 원전사고를 국민의 안전보다 각 기관의 이익을 우선한 일본 규제기관과 원자력 사업자로 인해 발생한 인재라고 규정한다[The National Diet of Japan, 2012]. 사실 후쿠시마 원전사고는 일본의 원자력 규제체계, 원자력 산업계의 관행, 일본의 사회문화 등 여러 요소가 복합적으로 연결되어 발생했다고 할 수 있다. 일본의 원자력 규제체계나 산업계의 문제, 그리고 후쿠시마 원전사고의 원인과 교훈에 대해서는 제3부에 종합적으로 기술되어 있다.

제3부

사고 후의
세계와 원자력

◆

제9장
원자력의 상업적 이용과 안전의 발전사

1. 원자력발전의 이용 경위

전 세계 원자력발전의 추이

1953년 12월의 유엔총회 연설에서 아이젠하워 미국 대통령은 '평화를 위한 원자력Atoms for Peace'을 주창한다. 이 연설은 미국이 더는 핵무기에 관한 기밀을 독점할 수 없다는 상황인식을 배경으로 한다. 아이젠하워 대통령은 전 세계에 핵무기가 확산되고 그 비축량도 늘어나면 인류 문명이 파괴되는 절망적 상황을 맞이할 수 있음을 경고하면서, 핵을 이용한 군비증강이라는 가공할 흐름을 거꾸로 돌려, 가장 파괴적인 힘을 모든 인류에게 혜택을 주는 평화적 이용에 사용해야 한다고 주장했다. 원폭 투하라는 어두운 경험을 가진 미국으로서 힘의 과시만이 아니라 평화에 대한 희망과 기대도 표방했다.

유엔 결의에 따라 1955년 8월 8일부터 20일까지 제1회 원자력 평화이용 국제회의International Conference on the Peaceful Uses of Atomic Energy가 스위스

제네바에서 개최되었다. 이 회의는 미국과 옛 소련이 그동안 비밀로 취급하던 원자력 관련 정보를 공개할 것으로 예상됐기 때문에 세계 각국의 비상한 관심을 끌었다. 이 국제회의에는 약 40개국에서 1,000편이 넘는 논문이 제출되었고, 3,800명 가까이 참석하여 450편의 논문은 구두로 발표되었다[河田東海夫, 2006]. 당시, 단 한 기의 원전만 옛 소련에서 가동 중이었고 건설에 착수한 원전도 적었지만, 원자력 개발을 주도하던 미국, 소련, 영국은 의욕적인 원자력발전 계획을 발표했다. 이 회의를 계기로 국제사회에서 원자력 발전에 대한 장밋빛 미래가 그려지고, 많은 국가가 원자력 개발과 이용의 대열에 합류했다.

'평화를 위한 원자력' 연설에서 아이젠하워 대통령은 핵물질의 국제적 관리방안도 제안했다. 국제기구를 설치해 핵물질을 가진 국가가 그 기관에 핵물질을 제공하고, 그 기관의 감시하에 다른 국가가 핵물질을 제공받아 평화적으로 사용하자는 것이었다. 1957년 7월에는 원자력이 세계의 평화와 번영에 기여하고 핵물질이 군사적 목적으로 이용되지 않도록 보장할 목적으로 국제원자력기구International Atomic Energy Agency: IAEA가 오스트리아 비엔나에 설립되었다. IAEA는 당초 아이젠하워 대통령이 제안한 핵물질 관리 기능을 가지지 못했다. 따라서 많은 국가의 원자력 개발은 미국 - 서유럽과 소련 - 동유럽, 즉 냉전체제를 바탕으로 양자 간 체결한 원자력협력협정을 중심으로 진행된다.

원자력을 동력으로 이용하려는 움직임은 제2차 세계대전 종전 직후부터 시작되었다. 발전용 원자로의 개발 초기에는 원자력 기술을 보유한 각국이 자국의 상황(핵물질 보유 여부, 원자력에 관한 기술수준, 우라늄자원 확보 상황 등)을 반영해 다양한 형태의 원자로를 개발했다. 미국은 원자력의 모든 분야에서 앞서고 경제적으로 가장 여유가 있었다. 핵무기 개발 후 남은 농축 우라늄을 이용한 원자로 개발이 가능했고, 장래성도 고려해 다양한 형태의 원자로 개발에 나섰다. 소련도 미국과 사정은 비슷했다. 프랑스와 영국은 막대한 투자를 필요로 하는 우라늄 농축시설이 없었기 때문에 천연우라늄을 연료로 사용하는 원자로를 채택했다. 캐나다도 맨해튼 계획에 참여해 획득한 기술을 살려 독자적으로 중수로(나중에 CANDU형 원전으로 발전)를 개발했다. 독자적으로 원자로를 개발할 수 없는 국가에서는 원자로를 수입하면서 관련 기술과 산업기반을 확보하고, 이후 원자로를 국산화한다는 전략을 세우고 원자력 이용에 나섰다.

미국은 1951년에 세계 최초의 액체금속냉각 고속증식로인 EBR-I(열출력 1.4MWt)에서 200kWe 전력을 생산하는 데 성공했다. 1954년에는 옛 소련 오브닌스크Obninsk의 APS-1 원전[1]에서 처음으로 전력망에 5MWe 전력을 공급했다. 1956년에 영국도 콜더홀Calder Hall[2] 원전에서 50MWe의 전력을 전력망에 공급했다. APS-1 원자로와 콜더홀 원자로는 전기 생산만이 아니라 연구 또는 플루토늄 생산이라는 목적도 가지고 있었다. 미국은 원전 개발에 뒤처진 상황을 만회하기 위해 전기 생산 전용의 시핑포트Shippingport 원전 건설에 나선다. 시핑포트 원전은 당초 항공모함에 설치될 경수로를 채용해 1957년 60MWe의 전력을 생산했다.

원자력 기술을 보유한 국가들은 발전용 원자로 개발에 각축전을 벌였다. 특히, 냉전체제하에서 옛 소련은 동유럽권에서의 원자력 개발을 주도했다. 미국은 1954년에 원자력법Atomic Energy Act을 개정해 자국 내 원자력의 상업적 이용에 적극 나서는 한편 국제적으로도 원자력 이용을 적극적으로 견인해나갔다.

그림 9.1은 1954년부터 2019년까지 전 세계 원전의 건설 착수와 전력망으로의 연결 상황을 보여준다. 이 그림을 참고로 해서 전 세계 원전 이용의 추이를 설명한다.

---

1   농축우라늄을 연료로 사용한다. 핵분열 반응 효율을 높이는 감속재로는 흑연을, 연료 냉각에는 경수를 사용한다.
2   천연우라늄 연료와 흑연을 감속재로 사용하고, 연료 냉각에는 이산화탄소를 사용한다.

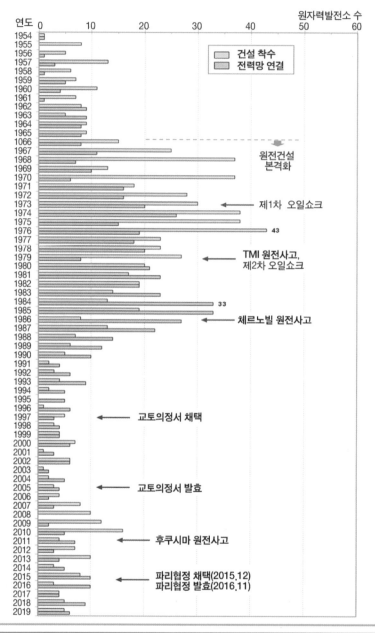

연도
원자력발전소 수

건설 착수
전력망 연결

원전건설
본격화

제1차 오일쇼크

43

TMI 원전사고,
제2차 오일쇼크

33

체르노빌 원전사고

교토의정서 채택

교토의정서 발효

후쿠시마 원전사고

파리협정 채택(2015.12)
파리협정 발효(2016.11)

그림 9.1_ 1954년부터 2019년까지 매년 전 세계에서 건설 착수 또는 전력망에 연결된 원자력발전소 수

자료: IAEA(2020).

1960년대 초까지 원자력발전의 경제적 경쟁력은 여전히 의문시되고 있었다. 지속적인 기술개발과 운전경험의 반영, 특히 원자로의 대용량화를 통해 원자력발전이 경제성을 가지게 된 시기는 대략 1960년대 중반이다. 1963년 12월 미국의 제너럴 일렉트릭General Electric: GE사는 뉴저지주 오이스터크릭Oyster Creek에 원전을 건설하는 데 석탄이나 석유 화력발전과도 경쟁할 수 있는 가격으로 입찰했다. 미국에서는 이후 원전 시장이 급속히 팽창하기 시작했다[IAEA, 1991].

미국에서 원전 건설 붐이 일어나면서 세계의 원전 개발에는 경수로를 선호하는 경향이 뚜렷해졌다. 1970년대가 되면서 세계 원전 시장은 동서 냉전체제를 이끌어온 미국과 소련에 의해 양분되는 상황이 되었다. 또한, 원전이 대형화(1기당 전기출력이 증대)하면서 경제성도 한층 향상되었다.

1970년대 중반까지 원전 발주가 꾸준히 증가했다. 한편, 1973년 제4차 중동전쟁이 촉발한 석유파동으로 세계 경제는 큰 타격을 입었다. 주요 선진국에서는 석유를 대체하는 에너지 확보가 에너지안보의 최우선 순위가 되었다. 당연히 원자력발전은 유망한 대체 에너지로 부각된다. 그럼에도 1976년을 정점으로 원전 건설이 줄어든 이유는 세 가지로 정리할 수 있다 [IAEA, 1997].

첫째, 원자력 기술에 대한 과도한 낙관론이 미래 전력 생산에서의 원자력 비중을 지나치게 높게 전망해 원전 건설이 이미 과잉상태에 있었다. 둘째, 경기 침체, 자본 및 연료비용 증가, 환경문제 등이 있었다. 경기 침체에 따라 전력수요가 줄어들었고, 원전이 대형화되면서 건설비가 상승했다. 선진국에서 1960년대부터 활발해지기 시작한 환경운동은 원전의 방사성물질 배출과 온배수 문제로 관심이 이동했다. 원자력발전에 대한 많은 사회적 논란이 일어나 새로 원전을 건설할 부지를 찾기가 점점 더 어려워졌다. 셋째, 석유파동의 영향이다. 석유파동은 프랑스, 일본, 한국 등 자원빈국에서는 원전 건설에 박차를 가하는 계기가 되었다. 그렇지만 다른 대체에너지 자원을 보유한 선진국에서는 에너지 절약과 효율적인 사용에 점점 더 정책적 비중을 두게 되었다. 그 결과, 이들 국가에서 전체 에너지 수요 증가율이 크게 둔화하고 일부 국가에서는 감소하기도 했다. 1976년 이후의 원전 발주의 하향세는 이들 세 가지 원인이 복합적으로 작용한 결과이다.

1970년대 말이 되면서 미국에서 신규 원전을 건설하려는 움직임이 완전히 사라졌고, 오랫동안 되살아나지 않았다. 가장 분명한 원인은 1979년 3월에 발생한 드리마일섬Three Mile Island 2호기 사고(이하 'TMI 원전사고'라 한다)이다. 1979년 한 해 동안 14기 원전을 건설하려던 계획이 취소되었다. TMI 원전사고는 경제협력개발기구Organization for Economic Cooperation and Development: OECD 회원국들의 원자력 안전에 대한 여론에 강한 영향을 미쳤다. 원전사고로 인한 인명 피해나 환경문제가 없었음에도 여러 나라에서 원전에 대한 국민의 저항이 증가했다. 1986년 체르노빌 원전사고는 유럽의 광범위한 지역을 방사능으로 오염시켰고 전 세계적으로 원자력 안전에 대해 더욱 강한 우려를 불러일으켰다.

1988년부터 2007년까지 전 세계적으로 신규 원전의 발주는 매년 한 자리 수를 벗어나지 못했다. 그러나 이 시기에도 주요 국가의 에너지정책에서 원자력발전은 여전히 비중 있게 다루어졌다. TMI와 체르노빌 원전사고를 경험하고 그 교훈을 반영해 안전기준을 높이고, 많은 연구를 통해 기술이 발전하면서 가동 원전의 안전성은 상당히 향상되었다. 또한 안전성을 한층 강화한 신형 원전의 개발도 계속되었다.

1997년 12월에 기후변화 억제를 위한 교토의정서[3]가 채택되었다. 교토의정서에는 2008년부터 2012년까지 선진국 전체의 온실가스 배출량을 1990년 수준보다 적어도 5.2% 이하로 감축한다는 목표를 정했다. 교토의정

---

3 정식 명칭은 Kyoto Protocol to the United Nations Framework Convention on Climate Change.

서는 2005년 2월 16일 발효되었는데, 이 무렵에 온실가스를 배출하지 않으면서 에너지를 공급할 수 있는 원자력이 국제적으로 다시 주목을 받게 된다. 체르노빌 원전사고 이후 원전 안전성의 괄목할 만한 증진과 양호한 운전실적은 원자력 이용을 확대하자는 주장에 힘을 실었다. 2000년대 중반부터는 '원자력 르네상스'라는 말이 회자되었다. 2008년에는 전 세계의 신규 건설 원전이 10기가 되었고, 2010년까지 계속 증가했다.

2011년 3월의 후쿠시마 제1원전 사고로 신규 원전 발주가 다시 움츠러들었지만 앞으로의 추이는 아직 분명하지 않다. 2015년 12월, 교토의정서를 대신해 더 강한 국제조약으로 파리협정Paris Agreement이 채택된다. 2016년 11월에 발효한 파리협정이 원자력 이용에 미치게 될 영향도 현재로서는 예상하기 어려운 것 같다.

원자력발전소 설계의 진화

원자력을 평화적이고 유익하게 이용하는 데 고유한 위험이 있다는 점은 개발 초기부터 인식되었다. 따라서 원자력 이용에 매우 높은 수준의 안전성을 확보하는 것은 처음부터 전제조건이었다. 동시에 원자력발전은 경제적으로 경쟁력이 있어야 했다. 수많은 연구와 기술개발, 그리고 운전경험을 통해 원전의 안전성과 경제성이 향상되어왔다.

원전 설계의 진화에 대해서는 세대Generation로 구분해서 설명하기도 한다. 2002년 12월에 미국 에너지부Department of Energy: USDOE가 발간한 보고서, 「4세대 원자력시스템을 위한 기술로드맵Technology Roadmap for Generation IV Nuclear Energy Systems」[USDOE, 2002]에서 원전 설계에 세대라는 개념이 처음 소개되었다. 이 보고서에서는 안전성과 경제성의 관점에서 정성적으로 원전 설계의 세대를 구분했다(그림 9.2).

1세대 원전은 1950~1960년대에 개발된 초기의 원전으로 출력도 대체로

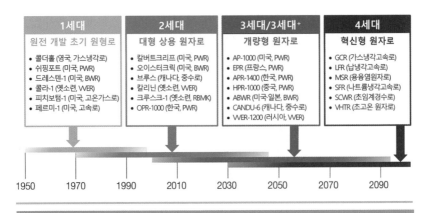

1세대	2세대	3세대/3세대+	4세대
원전 개발 초기 원형로	대형 상용 원자로	개량형 원자로	혁신형 원자로

- 콜더홀 (영국, 가스냉각로)
- 쉬핑포트 (미국, PWR)
- 드레스텐-1 (미국, BWR)
- 콜라-1 (옛소련, VVER)
- 피치보텀-1 (미국, 고온가스로)
- 페르미-1 (미국, 고속로)

- 칼버트크리프 (미국, PWR)
- 오이스터크릭 (미국, BWR)
- 브루스 (캐나다, 중수로)
- 칼리닌 (옛소련, VVER)
- 크루스크-1 (옛소련, RBMK)
- OPR-1000 (한국, PWR)

- AP-1000 (미국, PWR)
- EPR (프랑스, PWR)
- APR-1400 (한국, PWR)
- HPR-1000 (중국, PWR)
- ABWR (미국·일본, BWR)
- CANDU-6 (캐나다, 중수로)
- VVER-1200 (러시아, VVER)

- GCR (가스냉각고속로)
- LFR (납냉각고속로)
- MSR (용융염원자로)
- SFR (나트륨냉각고속로)
- SCWR (초임계경수로)
- VHTR (초고온 원자로)

1950   1970   1990   2010   2030   2050   2070   2090

그림 9.2_ 원자력발전소 설계의 세대 구분

소형이었다. 현재 모든 1세대 원전은 은퇴했다.

　2세대 원전은 1960년대 후반부터 1990년대에 건설된 원전으로 세계 가동 원전의 상당 부분을 차지하며, 가압경수로PWR와 비등경수로BWR가 주류를 이룬다. 2세대 원전의 대부분은 설계수명Design Life이 30년 혹은 40년으로 건설되었다. 그 후, 높아진 안전기준을 반영해 안전성·신뢰성 등을 확인하고 운전기간을 연장해 운전을 계속하고 있다. 일반적으로 설계수명을 넘어 운전을 계속하려면 대대적인 시설 개조와 안전대책이 이루어진다. 미국에서는 처음 운영허가 기간이 40년이었지만, 약 90기의 원자로가 20년이 연장된 '60년 운영허가'를 취득했다. 더 나아가 현재 미국에서는 20년을 더 연장한 '80년 운영허가'가 이뤄지고 있다.

　3세대 원전은 2세대 원전에 비해 안전성·신뢰성·경제성이 향상되었다. 안전성 측면에서는 현저한 노심손상이 일어나는 중대사고를 방지하고, 인적 실수를 줄이기 위한 설계나 설비가 강화되었다. 또한, 표준설계를 채용함으로써 원전을 건설할 때 인허가 리스크와 공사기간을 줄일 수 있게 되었다. 3세대+ 원전은 3세대 원전을 한층 개량한 것으로 개량형 3세대 원전이라고 부른다. 개량형 3세대 원전은 3세대 원전에 비해 일반적으로 전기출력이 높고, 설계수명은 처음부터 60년으로 정한다.

4세대 원전은 3세대 원전에 비해 설계 개념이 다른 원자로를 채용하고 있다. 4세대 원전은 경제성·안전성·지속가능성(연료자원 절약, 폐기물 최소화)·핵확산저항성 등에서 뛰어난 성능을 가지는 것이 목표이다[OECD/NEA, 2014].

한편, 최근 원자로시설에 자본비용을 낮추고, 분산형 전력망에 전력을 공급하거나 지역 열 이용 등을 목적으로, 소형모듈원자로Small Modular Reactor: SMR 개발이 확대되고 있다. 특히 미국, 영국, 캐나다에서는 적극적으로 SMR 개발에 힘쓰고 있다. 기존의 경수로 기술을 기반으로 한 SMR과 4세대 원자로를 기반으로 한 SMR이 동시에 개발되고 있다.

2. 원자력 안전 확보를 위한 진전

원자력 안전 확보를 위한 기반 구축

서방국가에서의 경수로 원전 개발은 미국 주도로 이루어졌다. 많은 서방 국가들이 미국과의 협력을 통해 자국의 원전을 개발했다. 각국의 사정에 따라 형성된 원자력 행정체계와 기술 역량에 차이가 있었지만, 원자력 안전에 대한 기본 개념은 미국 방식을 따랐거나 참고했다. 따라서 미국을 중심으로 원자력 개발 초기에 원자력 안전을 위한 기반이 어떻게 구축되었는지를 소개한다.

미국에서는 1946년에 원자력법이 제정되고, 이 법에 따라 원자력위원회 U. S. Atomic Energy Commission: USAEC가 설립되었다. USAEC는 원자력의 군사 이용에 중점을 두면서 원자력의 평화적 이용을 위한 준비도 진행했다. 1954년 원자력법이 개정되어 원자력에 관한 정보와 핵물질 사용이 민간에게 허용되었다. USAEC는 원자력 이용을 증진시키는 기능과 함께 원자력 이용에 따른 안전에 관한 사항을 규제하는 기능을 함께 가지게 되었다.

원자력 안전을 확보하려면 가장 먼저 원자력의 이용에 어떤 위험이 어느 정도 영향을 줄 것인지를 추정해야 했다. 원자력 이용의 초창기에는 사용 경험도 적었고 미지의 영역도 많았기 때문에, 그 이용에 수반되는 위험을 추정하고 그 대응책을 구상하는 일은 매우 어려웠다. 원전 안전성과 관련해서 가장 큰 현안은 부지선정과 안전설계의 기본원칙을 확립하는 것이었다.

부지문제는 방사선안전과 자연환경의 관점으로 대별된다. 방사선안전은 원전에서 사고가 발생했을 때 방사선 피폭과 방사능 오염으로부터 공중과 환경을 방호하는 것이다. 근본적으로 사고의 발생 가능성을 줄이려면 원전 은 지진, 태풍 등과 같은 자연현상이 큰 위협이 되지 않는 곳에 건설되어야 한다.

USAEC는 처음에는 '원격부지Remote Siting' 개념, 즉 공중으로부터 멀리 떨어진 곳에 원자로를 설치함으로써 방사선안전을 달성할 수 있다고 생각 했다[USAEC, 1950]. 원격부지 개념은 점차 격납Containment [4] 개념을 중시하 는 쪽으로 바뀌게 된다. 1956년, USAEC는 원전은 원격부지 대신 격납 개념 에 더 의지하되, 인구밀집지로부터 적절히 떨어진 곳에 설치해야 한다는 입 장을 밝혔다[USNRC, 2002].

최종적으로 부지문제는 원전에서 일어날 수 있는 사고 중에서 가장 위해 가 큰 사고를 최대가능사고Maximum Credible Accident로 설정하고, 이 사고를 방지하는 공학적안전설비Engineered Safety Feature의 성능과 인구밀집지로부 터의 이격거리를 종합적으로 고려하는 것으로 정리되었다[USNRC, 1978]. 이렇게 정리된 방사선안전 관점에서의 부지기준은 1962년에 미국 연방규

---

[4] '밀폐용기 안에 가둔다'는 뜻이다. 일반 사전적 의미와는 차이가 있으나 원자력 분야 에서 사용하는 의미를 차용한다.

칙 10 CFR 100Reactor Site Criteria으로 제정되었다.

원전은 지진, 태풍, 해일 등의 자연현상을 가급적 피할 수 있는 곳에 설치해야 한다. 그러기 위해서는 원전을 설치하려는 곳에서 발생한 자연현상에 대한 충분한 조사와 분석이 요구되었다. 당시에는 설치하려는 부지에서 자연현상이 미칠 수 있는 최대의 위험을 경험에 기초해서 정하는 것이 최선이었다. 이미 경험한 최대의 위험에 보수성을 더해 자연조건을 정하고, 이렇게 정해진 자연조건에 안전여유를 추가해 원전을 설계하는 방식이 취해졌다.

USAEC는 1962년 제정한 10 CFR 100에 자연환경의 조사와 평가에 대한 요건도 함께 규정했다. 당초에는 지진 및 지질에 관한 규정이 원론적이고 간단했다. 그 후, 캘리포니아를 중심으로 한 미국 서부지역에 원전 건설이 계획되고 지진학, 지질학이 발전함에 따라 지진과 지질조사에 관한 상세한 규정이 필요해졌다. USAEC는 지진 및 지질에 관한 상세한 규정을 1973년에 연방규칙 10 CFR 100 Appendix ASeismic and Geologic Siting Criteria for Nuclear Power Plants로 제정했다. 참고로, 부지기준은 그동안 축적된 연구결과와 부지 조사 자료 및 규제경험 등을 반영하여 1996년에 큰 폭으로 개정되었다.

안전설계의 기본원칙으로는 방사성물질이 방출되는 사고가 일어나도 환경으로의 방출을 차단하는 '다중방어선multiple lines of defense' 개념을 채용하기로 결정했다. 1967년, USAEC는 의회에 제출한 보고서에서 원자력시설의 설계에 적용하는 3개의 기본 방어선을 나타냈다[USNRC, 2016a]. 제1차 방어선은 원자력시설의 설계, 건설, 운영에 높은 품질을 유지해 고장이나 사고에 충분한 여유를 갖게 하는 것이다. 제2차 방어선으로 안전계통을 설치해 비정상 상태나 고장이 사고로 진전되는 것을 방지하고, 제3차 방어선에 특별한 안전설비를 설치해 사고로 방사성물질이 환경으로 누출되는 것을 막거나 그 영향을 억제한다. 이후 이 다중방어선 개념은 현재 원자력 안전을 확보하는 기본전략인 '심층방어Defense in Depth'([기초지식-7])로 발전하게 된다.

원자력의 이용에서는 해결해야 할 안전문제 외에도 제도상의 정비가 필요했다. 제도는 나라마다 차이가 있지만, 미국의 원전을 수입한 많은 나라들은 미국의 제도를 따르거나 참고했다.

미국은 1954년 원자력법을 개정하면서 원자력 이용에 민간기업의 자유경쟁을 보장하도록 법에 규정했다.[5] 민간기업의 자유경쟁은 독점을 금지하는 것에서 출발한다. 원자력법이 개정될 때 미국 법무부Department of Justice와 전기협동조합Electric Cooperatives은 독점금지의 관점에서 20년의 운전면허(운영허가) 기간을 주장했다. 한편 전기사업자는 원전의 감가상각, 즉 비용 회수의 관점에서 이 보다 더 긴 허가기간이 필요하다는 입장이었다. 미국 의회는 독점금지와 경제성의 관점에서 최초 운영허가를 줄 때 그 허가기간을 40년으로 제한하되, 그 후 허가를 갱신하는 것을 인정했다[USNRC, 1991].

미국과 달리 대부분의 나라에서는 운영허가 기간을 법령으로 정하지 않는다[IAEA, 2002]. 예를 들면, 미국의 원자력 기술을 수입했던 나라들은 원전을 수입할 때 미국의 설계수명과 해외 차관을 갚는 데 필요한 기간 등을 고려해 설계수명을 정했지만, 운영허가 기간을 법령에 적시하지는 않았다.

원자력 이용에 대한 허가절차와 규정도 필요했다. 1956년 USAEC는 원전의 허가절차와 규정을 연방규칙 10 CFR 50Domestic Licensing of Production and Utilization Facilities으로 제정했다. 제정 당시 원전에 대한 허가절차는 임시건설허가Provisional Construction Permit와 운영허가Operating License로 구성되었다. USAEC는 원전사업자가 신청한 원전의 기본설계를 검토해 임시건설허가를 주고, 설계와 건설이 진행될 때마다 임시건설허가를 갱신했다. 당시는 한창 원자력 기술이 개발되는 상황이었으므로 USAEC로서는 이 방식

---

5 미국 원자력법 '§2011. Congressional declaration of policy'에서 원자력 이용의 국가 정책의 하나로 "민간 기업의 자유경쟁의 강화strengthen free competition in private enterprise"를 선언하고 있다.

을 택할 수밖에 없었다. 경험이 쌓이면서 1970년 USAEC는 임시건설허가를 건설허가Construction Permit로 변경했다.

1957년 미국에서 원자력법의 수정법으로 원자력손해배상법Price-Anderson Act이 제정되었다. 이 법에서는 원자력시설에 사고가 발생했을 때 원전사업자는 무과실책임을 가지며 배상책임은 유한으로 정했다. 원자력시설을 개발하던 다른 국가에서도 차례차례 원자력손해배상법이 제정되었다. 원자력 기술을 수입하는 국가에서는 수출국의 요구가 원자력손해배상법을 만드는 동기로 작용하기도 했다.

격납용기라는 안전설비를 신뢰하게 되면서 점차 원전의 입지도 대중의 생활권에 가까워졌다. 그러면서 원전의 안전성에 대한 대중의 관심과 우려 역시 점차 높아져갔다. 게다가 원전이 급속하게 늘어나면서 잦은 고장이 있었고, 원전을 포함한 원자력시설에서 사건·사고가 잇달았다. 지상 핵실험에 의한 낙진 문제, 환경운동의 고조 역시 원전에 대한 대중의 인식에 영향을 미쳤다.

이런 분위기는 정부의 안전규제에 대한 불신으로 나타났다. USAEC는 원자력 이용의 추진과 규제를 동시에 관할한다는 강한 비판에 몰리게 되었고, 결국 원자력 안전규제기관의 독립성과 중립성의 강화로 이어지게 된다. 미국은 1974년 에너지개편법Energy Reorganization Act을 제정해 USAEC가 하던 추진업무는 에너지연구개발관리청[6]에서, 규제업무는 원자력규제위원회U.S. Nuclear Regulatory Commission: USNRC에서 담당하게 되었다.

이상과 같이 1950년 후반부터 원전의 개발과 안전규제에 많은 진전이 이루어졌다. 그리고 대부분의 가동 원전은 운전을 시작한 이후 다양한 안전대책으로 안전성이 개선되었다. 예를 들어, 1976년 USNRC는 이전에 허가를

---

6 Energy Research and Development Administration. 1977년, U. S. Department of Energy^{USDOE}가 된다.

받은 원전이 현재의 안전기준을 충족하는지 여부를 체계적으로 평가하는 프로그램을 시행했다. 새로운 안전기준을 기존에 허가된 원전에 적용하는 방식은 각국의 규제제도에 따라 차이가 있지만, 기존에 허가된 원전의 안전성을 재평가하고 필요한 경우에는 그에 상응하는 안전대책을 부과했다.

TMI 원전사고의 영향

1979년 3월 28일, 미국의 TMI 2호기에서 노심이 용융되는 사고가 발생한다. 이 사고의 직접적인 원인은 운전원이 부적절하게 설비를 조작한 것이었지만, 많은 배후 요인이 중첩되어 발생했다. 이 사고는 원자로 노심이 용융되는 일이 이론적이 아니라 실제로 발생할 수 있는 일이라는 사실을 명확히 인식시켰다.

정부와 의회 등에 설치된 여러 사고조사위원회는 이 같은 사고의 재발을 막으려면 USNRC와 산업계에 개혁이 필요하다고 지적했다. 특히 USNRC에 대해서는 조직과 운영 면에서 전반적인 개편을, 산업계에 대해서는 운전원 훈련을 강화하고 안전에 대한 자세를 근본적으로 바꿀 것을 요구했다 [Kemeny, 1979].

TMI 원전사고는 심층방어 전략의 효과를 확인하는 동시에 그 전략의 확장을 요구하는 계기가 되었다. TMI 원전사고 전에는 심층방어가 공중과 환경에 심각한 방사선 영향을 미치는 사고를 방지하는 데 초점이 맞춰져 있었다. 그런데 TMI 원전사고를 체험하면서 종래와 같은 심층방어 전략으로 중대사고를 방지할 수 있다는 믿음은 사라졌다. 따라서 중대사고가 발생할 수도 있다는 것을 인식하면서, 한층 더 중대사고 예방에 노력하는 동시에 그런 사고가 발생해도 피해를 최소화하는 전략으로 심층방어가 강화되고 확대되었다. 즉, 종래 3개 방어선으로 이루어졌던 심층방어에 2개의 방어선이 추가되었는데, ① 중대사고로의 진전을 방지하거나 중대사고의 영향을 완화하는 대책과 ② 비상계획의 충실화 및 대상구역의 확대가 그것이었다.

또한 USNRC가 외부에 설치한 독립적인 사고조사위원회는 안전규제에서 확률론적 안전성 평가Probabilistic safety assessment: PSA의 개발·이용을 확대하고, 그로부터 얻은 리스크Risk 정보를 활용하도록 강하게 권고했다[Rogovin, 1980]. 이 권고에 따라 USNRC는 안전규제의 패러다임을 전환했다. USNRC는 기존의 결정론적 규제방식을 보완하기 위해 안전목표와 리스크 정보를 적극적으로 규제에 활용하기로 방침을 세웠다. USNRC는 1980년부터 중대사고와 안전목표를 사회 각층과 광범위하게 논의한 후, 1985년과 1986년에는 중대사고와 안전목표에 관한 정책성명을 각각 발표했다. 그러면서 종래 설계기준사고에 한정했던 법적 규제의 대상을 확장했다. 중대사고로 진전될 가능성이 큰 사고에 대한 규제요건을 연방규칙으로 정했는데, 교류전원 완전상실Station Blackout에 대한 규제가 대표적인 예이다.

USNRC는 모든 원전사업자에게 PSA[7]를 이용해 자신의 원전에서 중대사고에 취약한 부분을 특정하고, 중대사고의 리스크를 적절한 수준으로 관리하도록 요구했다. 또한 PSA 결과와 최신의 안전연구 결과를 반영하여 중대사고에 대비하기 위한 사고관리Accident Management 프로그램을 갖출 것을 요구했다.

TMI 원전사고는 국제적인 관심을 불러일으켰다. IAEA와 OECD/원자력기구Nuclear Energy Agency, OECD/NEA에서는 전문가 회의 등을 개최하고 국제적인 안전기준의 책정과 원자력사고에서 긴급 지원체제를 정비하는 활동에 착수했다. 프랑스, 영국, 서독, 캐나다, 일본 등 원자력 주요국은 독자적으로 사고를 조사해 자국 원전에 대한 안전대책을 마련해 실행했다. 한국도 마찬가지였다[과학기술처, 1984].

---

7 미국에서는 확률론적 리스크 평가Probabilistic Risk Assessment; PRA라는 용어를 쓴다. 실제 방법론이나 활용에서는 PSA나 PRA 사이에 차이점은 없다. IAEA와 한국을 포함해 많은 나라에서 PSA를 사용하기 때문에 여기서도 PSA로 통일해 사용한다.

체르노빌 원전사고의 영향

1986년 4월 26일, 옛 소련 우크라이나의 체르노빌 원전 4호기에서 노심이 폭발하는 사고가 발생했다. 체르노빌 원전사고에서는 원전에 격납용기가 없었을 뿐만 아니라 화재가 오래 지속되어 다량의 방사성물질이 환경으로 방출됐다. 방사능 오염은 국경을 넘어 이웃 나라뿐만 아니라 전 세계에 영향을 미쳤다.

냉전체제가 계속되던 상황에서 발생한 이 사고는 서방국가의 원전에 비해 체르노빌 원전의 원리와 설계 그리고 운영 방식에 많은 문제들이 있었다. 이 때문에 서방국가의 원전 설계나 운영에 미친 영향은 그리 크지 않았다. 심지어 체르노빌 사고는 사회주의 국가라서 일어났고, 서방 선진국에서는 그와 같은 사고는 일어날 수 없다는 인식이 널리 유포되기도 했다. 하지만 이 사고는 유럽 전역을 방사능에 광범위하게 오염시켰고, 원전사고가 국경을 넘어 광범위한 피해를 준다는 사실을 사람들에게 각인시켰다.

이 사고를 계기로, 원자력 안전을 확보하려면 나라마다 잘해야 하는 것은 물론이고 원자력 안전에 대한 공동의 원칙과 규범을 설정해 개별 국가의 활동을 국제적으로 지원하고 감시할 필요가 있다는 공감대가 국제사회에 형성된다. 이러한 공감대를 가지고, IAEA를 중심으로 국제원자력안전체제Global Nuclear Safety Regime(그림 9.3)가 구축되게 되었다.

IAEA는 먼저 원자력 안전에 관한 국제공동의 인식을 정리할 필요가 있었다. 이 일을 주도한 것은 IAEA의 국제원자력안전자문그룹International Nuclear Safety Advisory Group: INSAG[8]이었다. INSAG은 TMI과 체르노빌 원전사고는

---

8 IAEA 사무총장은 1985년에 원자력 안전 분야에서 IAEA에 대한 자문위원회의 필요성을 확인하고 INSAG을 설립했다. 2004년 INSAG의 역할이 IAEA는 물론 원자력 안전에 관한 모든 이해관계자에게 원자력 안전문제에 대해 권고와 의견을 제공하는 것으로 확대되었다. 명칭에서 'Advisory'가 삭제되었으나, 약어는 INSAG으로 유지되었다.

국제기구

규제기관
국제
네트워크

대중
뉴스 매체,
NGO 등

국제안전기준

행위준칙

국제협약

개별 국가
원자력
인프라

공동연구

동료검토

전문가,
표준개발기관
국제
네트워크

정보교환
(국제회의, 워크숍)

운전경험
공유

운영자
국제
네트워크

국제
원자력
산업계

그림 9.3_ 국제 원자력 안전 체제 Global Nuclear Safety Regime

자료: INSAG(2006).

물론 그 전에 있었던 크고 작은 원자력사고의 원인과 교훈들을 감안해서, 국제사회가 공유해야 할 보편적인 원자력 안전의 철학, 개념, 원칙 및 달성 전략 등을 순차적으로 정리해 보고서로 발간했다. 안전문화Safety Culture를 처음 제기한 것도 INSAG이었다[INSAG, 1986]. INSAG은 체르노빌 원전사고의 "근본원인은 소위 인적요인에 있으며 안전문화 결여에 있다"라고 처음으로 안전문화라는 용어를 사용했다.

INSAG의 입장이나 권고·제언이 IAEA를 대표하지는 않지만, IAEA는 그것들을 참고해 안전기준Safety Standards[9] 등을 개발한다. 따라서 INSAG이 정리한 원전의 기본안전원칙, 안전목표, 안전문화, 심층방어, PSA 활용, 가동 원전의 안전성 재평가, 규제 의사결정의 독립성, 운전경험의 활용 등은 IAEA가 안전기준을 설정하는 데 탄탄한 기초를 제공했다.

IAEA는 INSAG이 밝힌 취지와 내용을 IAEA 안전기준에 반영하면서, 기준체계를 전체적으로 정비하는 작업도 진행했다. 1996년, IAEA는 안전기준 관리구조를 개편해 한층 일관성 있게 안전기준을 정비하는 체계를 갖췄다. IAEA는 2006년에 원자력 안전, 방사선 안전, 폐기물 안전 모두를 포괄하는 '기본안전원칙Fundamental Safety Principles' [IAEA, 2006]을 발표했다. 이어 2008년에는 안전기준을 하향식 접근방법(그림 9.4)으로 다시 정비함으로써, 현재와 같은 안전기준 체계를 갖추게 되었다.

이상의 과정을 거쳐 IAEA는 국제적으로 공통이해를 가져야 하는 원자력 안전의 목표와 원칙, 그리고 그것들을 달성하는 안전기준을 내용과 체계 면에서 모두 정비함으로써 원자력 안전의 국제규범 기반을 마련했다.

국제 원자력 안전 체제 구축에 가장 주목할 점은 1996년 10월에 국제법적 구속력을 가진 원자력안전협약Convention on Nuclear Safety: CNS의 발효이다. CNS는 육지 위에 설치된 민간용 원자로시설의 안전을 보장하기 위해 체약국들을 법적으로 구속하는 최초의 국제협약이다. 한국은 1994년 9월에 이 협약을 비준했다.

CNS 체약국은 동 협약에서 규정하는 의무를 이행하기 위한 조치를 취하고, 그 내용과 현황을 3년마다 개최되는 검토회의에 보고해야 한다. 각국은

---

9 IAEA는 IAEA가 발간하는 안전원칙Safety Principles, 안전요건Safety Requirement, 안전지침Safety Guide 등을 통칭해서 안전기준Safety Standards이라고 한다. IAEA 안전기준 중에 안전요건Safety Requirement은 무엇을 해야 하는지를, 안전지침Safety Guide은 그것을 어떻게 달성하는지를 제시한다. 안전요건은 다시 일반안전요건과 특정안전요건으로 구분된다. 일반안전요건은 모든 시설과 활동에 공통적으로 적용하는 요건이다. 특정안전요건은 특정 시설 또는 활동에만 적용하는 요건으로 일반안전요건을 보완한다. 기본안전원칙과 안전요건을 발간하기 위해서는 이사회의 승인이 필요하며, 안전지침은 IAEA 사무총장의 승인하에 발간된다.

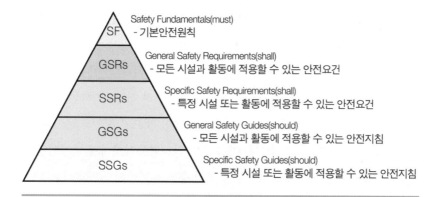

SF	Safety Fundamentals(must) - 기본안전원칙
GSRs	General Safety Requirements(shall) - 모든 시설과 활동에 적용할 수 있는 안전요건
SSRs	Specific Safety Requirements(shall) - 특정 시설 또는 활동에 적용할 수 있는 안전요건
GSGs	General Safety Guides(should) - 모든 시설과 활동에 적용할 수 있는 안전지침
SSGs	Specific Safety Guides(should) - 특정 시설 또는 활동에 적용할 수 있는 안전지침

그림 9.4_ IAEA 안전기준의 계층 구조

원자력 안전규제기관이 중심이 되어 CNS 보고에 필요한 검토를 수행하고, 3년마다 개최되는 검토회의에 앞서 국가보고서를 IAEA에 제출한다. IAEA에 제출된 국가보고서는 체약국 간의 동료검토Peer Review를 통해 사전에 서면으로 질의·응답이 이뤄진다. 검토회의에서는 국가별 또는 전체에 대해 '과제', '양호사례', '권장사항' 등을 특정하게 된다. 공식적인 회의 결과는 요약보고서로 발간된다. 체약국은 요약보고서에 기술된 관찰 및 권고사항을 이후 다음 검토회의 전까지 반영하여 안전성 개선에 노력을 기울이게 된다. CNS 검토회의에서 이루어지는 국가별 평가는 각국의 원자력 안전 수준에 대한 국제적 신인도와 자국 국민의 신뢰성 확보에 지대한 영향을 미친다. 다시 말해서, CNS의 작동 방식은 직접적인 강제가 아니라 동료검토를 통한 동료압박Peer Pressure이다.

9·11 테러 등의 영향

2001년 9월 11일, 미국에서 발생한 동시다발 테러도 원자력 안전에 큰 영향을 미쳤다. 그전에도 항공기 등 비행물체의 우발적 낙하는 안전규제에서 고려하고 있었다. 그러나 악의적으로 대형 항공기를 원전에 충돌시키는 상황은 안전규제의 대상이 아니었다. 9·11 테러 이후 USNRC는 즉시 대형 상용 항공기로 원자력시설을 공격할 가능성과 그때의 원전 안전성에 대한 영향을 평가했다. 그 결과 원자로가 손상되어 공중의 건강과 안전에 영향을 미칠 정도로 방사성물질이 방출될 가능성은 낮은 것으로 확인되었으나, 리스크를 더욱 줄이기 위한 대책을 세우도록 원자력사업자에게 행정명령을 내렸다. 그 취지는 대형 항공기의 의도적인 충돌을 포함해 원자로시설 부지에 광역의 피해가 발생하더라도 그 영향을 완화할 수 있는 시설과 절차를 마련하라는 것이었다.

2000년대에 들어 사이버보안 역시 직접적인 사례를 통해 새로운 위협으로 떠올랐다. 2003년에 SQL 슬래머 웜이 미국 데이비스 베시Davis-Besse 원전의 감시계통 컴퓨터를 오염시켜 5시간 동안 작동을 멈추게 했다. 2010년 7월에는 이란에서 스턱스넷Stuxnet 컴퓨터 웜이 주요 기간시설의 제어시스템을 공격했다. 각국은 원자력시설의 안전·보안·비상대응이 악영향을 받지 않도록 사이버보안 대책을 세우고, 사업자에게 그 실시를 요구했다.

원자력 안전과 보안은 사람, 사회, 환경의 보호라는 공통의 목적을 가지고 있으나, 상호 충돌하는 부분이 있다. 예를 들어, 보안상의 이유로 테러범들이 주요 안전설비에 쉽게 접근할 수 없도록 물리적 방벽을 설치하면, 안전에 영향을 미치는 사건에 대응하려 할 때 운전원의 신속한 접근을 제한할 수 있다. 따라서 원자력 안전과 보안이 서로 조화를 이루게 하는 통합적 접근법이 필요하게 되었다[INSAG, 2010].

체르노빌 원전사고 이후 원자력 안전을 한층 강화하기 위한 각국의 노력과 국제적인 공조는 원자력시설의 안전성능에 괄목할 만한 향상을 보여주었다. 이를 바탕으로 온실가스를 발생시키지 않는 원자력의 장점은 크게 부각되고, 세계는 다시 원자력 이용을 확대하려는 움직임을 보였다. IAEA는 전 세계가 에너지안보와 온실가스 저감을 정책의 우선순위로 한다면 원자력이 가장 매력적인 에너지원이 될 것으로 전망했다.[10] IAEA는 원자력 안전에 대한 국제적 인식과 공조체제가 강화되면서 다시 대형 원전사고를 발생할 우려는 적절히 관리되고 있다고 판단했다. 동시에 그런 사고가 다시 발생한 다면 '원자력 르네상스'는 물거품이 될 것이라는 경고도 잊지 않았다.

3. 후쿠시마 원전사고의 원인과 교훈

2011년 3월 11일, 일본 동북부 태평양 해역에서 발생한 거대 지진과 이에 동반된 거대 쓰나미로 후쿠시마 제1원전 1~3호기에 노심이 녹아내리는 중대사고가 발생했다. 이 책의 제2부에서는 동일본대지진과 후쿠시마 원전사고에 대해 다루고 있다.

후쿠시마 원전사고 후 세계 각국은 즉각적으로 반응했다. 원전을 운영하는 국가에서는 자국의 원전 안전성에 대해 다시 들여다보는 계기가 되었다. 원전을 가진 대부분의 국가에서는 사고 직후 극한 자연재해 상황에서도 원전의 안전성 확보에 필요한 대책을 수립하기 위해 특별안전점검을 실시했다. 국가마다 사정은 달랐지만 후쿠시마 원전사고를 교훈 삼아 자국의 원전 안전성을 강화시키기 위한 다양한 조치가 이루어졌다.

동시에 여러 나라의 정부와 국제기구 및 원자력 관계 기관에서 후쿠시마 원전사고의 원인을 분석하고 교훈을 제시하는 보고서가 무수히 발표되었다. 여기에서는 이들 보고서 가운데 일본 정부와 국회에 설치된 사고조사위원회의 보고서 및 한국원자력학회의 보고서의 내용을 요약해서 소개한다[政

---

10 2008년, IAEA는 2007년 대비 원자력발전은 2020년까지 15~45%, 2030년까지 25~
   95% 증가할 것으로 예측했다[IAEA, 2008].

府事故調, 2011, 2012; 国会事故調 2012; 한국원자력학회 후쿠시마위원회, 2013].

일본 국회는 '도쿄전력 후쿠시마 원자력발전소 사고조사위원회법'을 제정했다. 이 법에 근거해 국회에 설치된 '도쿄전력 후쿠시마 원자력발전소 사고조사위원회'(국회조사위)는 2011년 12월 8일부터 사고조사에 착수했다. 이에 앞서 2011년 5월 24일, 일본 정부는 '후쿠시마 원자력발전소의 사고조사·검증위원회'(정부조사위)를 설치하기로 결정했다. 정부조사위는 정부에 설치되었지만 기존 원자력행정과는 독립된 입장에서 조사·검증을 실시했다.

국회조사위는 면담과 현지 시찰, 타운미팅 등을 통해 조사의 결론으로 10개 항목을 정리하고 7개의 제언을 담은 보고서를 2012년 7월 5일에 양원 (중의원, 참의원) 의장에게 제출했다. 국회조사위는, 규제당국과 규제받는 입장인 도쿄전력의 관계가 역전되어, 원자력 안전에 대한 감시·감독기능이 붕괴되었던 점이 사고의 근본 원인이라고 지적했다. 그리고 "이번 사고는 '자연재해'가 아니라 분명히 '인재'이다"라고 결론지었다. 국회조사위의 7개 제언을 표 9.1에 정리했다.

정부조사위는 2011년 12월 26일에 중간보고서를, 2012년 7월 23일에 최종보고서를 총리에게 제출했다. 정부조사위는 "이번 사고는 직접적으로는 지진·쓰나미라는 자연현상에 기인한 것이지만, … (중략) … 매우 심각하고 대규모 사고가 된 배경에는 사전의 사고방지대책과 방재대책, 사고 발생후의 발전소의 현장 대처, 발전소 부지 밖의 피해 확대 방지책에서 다양한 문제점이 복합적으로 존재했다"라고 결론을 내렸다. 정부조사위는 일곱 가지 관점(표 9.1)으로 문제점을 분석해 총 25개의 제언을 정리했다.

한국에서는 한국원자력학회에서 후쿠시마 원전사고의 원인, 진행, 결과, 교훈 등을 객관적으로 조사·분석하기 위해 2011년 11월에 후쿠시마위원회를 발족시켰다. 한국원자력학회는 2013년 3월 11일에 후쿠시마 원전사고에 대한 사고내용, 결과, 원인 및 분석을 담은 축약본 최종보고서를 발간했

표 9.1_ 일본의 국회조사위, 정부조사위 및 한국원자력학회의 제언

조사기관	제언
일본 국회 사고 조사 위원회	① 규제당국에 대한 국회의 감시(국회 상설 위원회 설치) ② 정부의 위기관리체제의 재검토(정부와 사업자 책임과 역할분담의 명확화) ③ 재해 주민에 대한 정부의 대응(주민의 건강조사, 제염활동 등) ④ 전기사업자의 감시(국회의 감시도 실시) ⑤ 새로운 규제조직의 요건(독립성, 투명성, 전문성, 책임감, 일원화, 자율성 등) ⑥ 원자력 법규제의 재검토(국민의 건강과 안전을 첫째로 하는 원칙, 기존 원자로에도 소급 적용) ⑦ 독립조사위원회의 활용(미해명 부분의 사고원인 규명작업과 이번 조사대상 외의 과제(사용핵연료 문제 등)를 조사할 독립위원회를 국회에 설치)
일본 정부 사고 조사 위원회	① 안전·방재대책의 재정립(복합재해의 고려, 리스크 인식으로의 전환, 피해자의 관점에서 리스크 요인 분석, 방재계획에 새로운 지식을 도입) ② 원전의 안전대책(사고방지, 종합적 리스크 평가의 필요성, 중대사고 대책) ③ 원자력재해에 대한 대비(위기관리 태세의 재구축, 원자력재해대책본부·오프사이트센터의 기능과 관계 자치단체의 역할) ④ 피해의 방지·경감 대책(리스크 커뮤니케이션, 모니터링·SPEEDI 개선, 주민대피와 비상시 피폭의료의 정비, 외국과의 정보공유 등) ⑤ 국제적 조화(IAEA 기준과의 국제적 조화) ⑥ 관계기관의 방향(규제기관과 도쿄전력의 개혁, 안전문화의 재구축) ⑦ 계속적인 원인 규명·피해의 전모 조사 실시
한국 원자력 학회 (후쿠 시마 위원회)	① 후쿠시마 사고 후 발표된 안전성 개선대책을 포함하여 가동 원전의 안전성 향상을 적극적으로 추진 ② 2011년 10월, 새롭게 출범한 원자력안전위원회를 중심으로 안전규제의 독립성·전문성·효과성을 지속적으로 강화 ③ 국제기준과의 조화와 함께 독자성을 갖는 안전철학·목표·원칙·기준을 발전 ④ 원전 안전과 관련하여 운영기관이 더 주도적인 역할을 담당 ⑤ 후쿠시마 사고의 교훈과 최근의 연구 성과들을 반영하여 안전성이 더욱 향상된 신형 원전을 개발 ⑥ 안전연구를 강화하고 최상의 지식에 기반을 둔 의사결정 ⑦ 원자력 안전문화가 모든 기관과 종사자에게 확고하게 정착 ⑧ 원전 개발과 운영에서 리스크 정보의 활용을 확대 ⑨ 국제협력을 더욱 강화하고 실효성을 제고

다. 한국원자력학회 보고서는 사고를 일으킨 근저에, ① 일본 고유의 자연 재해 특성을 제대로 고려하지 못했고, ② 최상의 지식에 기반을 두고 의사 결정을 하지 않았으며, ③ 제도·조직과 규제의 실패와 ④ 안전문화에 문제가 있었다고 결론을 내렸다. 한국원자력학회는 다섯 가지 분야에 총 22개 항목의 교훈을 도출하고, 한국의 원전 안전성 향상을 위한 9개 제언(표 9.1)을 했다.

후쿠시마 원전사고의 원인과 교훈에 관한 수많은 보고서를 종합해보면 이 사고의 발생·악화에 관한 기술적 원인에 대해서는 큰 맥락에서 거의 비슷하다. 즉, 심층방어 전략은 유효하며 그 이행을 철저하게 해야 한다는 것으로 집약할 수 있다. 한편 인적·조직적 요인 측면에서는 평가가 일부 엇갈리는 부분도 있으나, 규제기관의 독립성과 역량을 강화하고 안전문화를 철저히 실행해야 한다는 점에서 공통점이 있다.

2015년 9월, IAEA는 후쿠시마 원전사고 이후 IAEA가 중심이 되어 수행한 사고조사와 분석, 그리고 전문가 회의 등 실적들을 정리해 보고서로 발간했다. 조사보고서는 IAEA 사무총장이 주도한 보고서와 5개 실무그룹이 주도해 작성한 기술보고서 5권으로 구성된 패키지이다[IAEA, 2015a; 2015b]. 이들 보고서는 42개 회원국의 180여 명의 전문가들이 참여하고, 다른 국제 기구들과도 광범위한 국제적 협업을 한 결과물로서, 후쿠시마 원전사고에 관한 폭넓은 견해와 지식을 담고 있다. 아직 후쿠시마 원전사고의 진상에 대해 해명되지 않은 부분들이 있지만, 이들 보고서에서 밝힌 핵심내용과 제언이 바뀌지는 않을 것으로 본다.

IAEA 보고서의 공표는 후쿠시마 원전사고 이후 취해진 개별 국가 및 국제적 대응이 어느 정도 마무리 단계에 들어섰음을 시사한다. 그렇지만 교훈들과 그에 대한 대응의 방향성이 정리되었다는 뜻이며, 후쿠시마 원전사고에 대한 후속조치가 마무리되었다는 의미는 아니다.

제10장

일본에서의 사고 교훈의 반영과 영향

1. 원자력 안전규제의 개혁

'원전제로原発ゼロ'가 되다

동일본대지진에 의한 재해와 후쿠시마 원전사고에 대한 대처로 혼란이 가중되는 가운데 경제산업성은 또 다른 큰 문제에 직면해야 했다. 전력공급의 부족이었다. 동일본대지진에 영향을 받아 원전뿐만 아니라 많은 화력발전소와 수력발전소도 운전을 정지했다. 송전제한에 따른 계획정전이 불가피했다. 전력인프라 복구가 지연되면서 지진 발생 전에 가동을 중단했던 화력발전소를 재가동해 인근 지역에서 전력을 조달하는 등 비상조치를 취했지만 여름 최대 수요량에는 25%가 부족한 상황이었다.

또한, 경제산업성은 후쿠시마 원전사고 후에도 계속 운전 중인 다른 원전을 정지시켜야 한다는 여론에 직면했다. 경제산업성은 후쿠시마 원전사고에 입각한 긴급안전대책을 정리하고, 2011년 3월 30일에 원전사업자에게 그 시행을 요구했다. 긴급안전대책을 실시하는 것으로 원전을 계속해서 운전하거나 재가동을 인정할 것인가에 대해서는 의견이 분분했다. 후쿠시마 원전 사고라는 엄청난 사고가 발생했는데 근본적인 법적 조치 없이 응급처방만으로 원전의 계속운전과 재가동을 인정해서는 안 된다는 의견도 강했다.

경제산업성은 6월 7일에 추가 대책을 발표한다. 경제산업성은 긴급안전 대책으로 중대사고를 예방하는 데 필요한 안전은 확보되었지만, 그래도 중대사고가 발생했을 경우에 필요한 조치를 신속히 이행하고 보고할 것을 원전사업자에게 요구했다. 경제산업대신은 6월 18일에 그 결과를 기자회견을 통해 발표하면서, 전력공급 저하에 따른 산업의 침체와 국민생활의 불안을 해소하기 위해 안전이 확인된 원전을 재가동할 수 있도록 국민의 협조를 요청했다. 경제산업대신의 기자회견으로 재가동에 대한 국가로서의 의사가 명확해졌다고 판단한 시가滋賀현 지사는 겐카이 원전의 재가동에 대해 긍정적인 입장을 표명했다. 다만, 겐카이 원전의 재가동을 최종 결정하려면 총리가 직접 재가동에 대한 입장을 밝히라는 요청을 했다.

그렇지만 당시 총리는 재가동을 인정하지 않고, 7월 6일에 새로운 절차로 EU 스트레스 테스트(제12장 1절에서 자세히 다룬다)를 한다고 발표했다. 안전을 충분히 확인하기 위해서 EU 스트레스 테스트를 해야 한다는 입장이었고, 결국 스트레스 테스트 결과가 원전의 재가동 여부를 결정하게 되었다.

스트레스 테스트가 원전을 재가동 여부를 판단하는 수단이 될 수 있는가에 대해서는 처음부터 논란이 있었다. 이후 원전이 위치한 지자체를 포함한 대부분의 여론에서는 스트레스 테스트는 재가동과 무관하며, 정부에게 재가동에 필요한 판단기준을 제시하라고 요구했다[市村知也, 2017]. 이런 가운데 오히 3·4호기에 대한 스트레스 테스트 평가가 완료되었다. 하지만 이런 정부의 노력에도 지자체의 반발과 추가 요구로 오히 3·4호기를 바로 재가동할 수 없었다. 2012년 5월 4일, 유일하게 가동 중이던 도마리 원전 3호기가 정기검사에 들어가기 위해 정지함으로써, 일본에서는 '원전제로'가 되었다. 그 후 오히 3·4호기는 우여곡절 끝에 2012년 7월 1일에 운전을 재개하게 된다.

원자력 안전규제의 개혁

일본 국회조사위와 정부조사위가 후쿠시마 원전사고의 조사·검증에서 제기한 가장 두드러진 교훈은 원자력 안전에 관한 규제행정과 규제제도의 문제였다. 그리고 '원전제로'가 되는 과정에서 원전이 위치한 지자체를 포함해 국민들 역시 독립성이 강한 규제기관을 만들어 후쿠시마 원전사고와 같은 일이 다시는 일어나지 않게 안전기준을 강화해야 한다고 강력히 요구했다.

일본 정부는 2012년 1월 31일에 '원자력 안전의 확보에 관한 조직 및 제도를 개혁하기 위한 환경성설치법 등의 일부를 개정하는 법률안'과 '원자력안전조사위원회 설치법안'을 국회에 제출했다. 규제기관인 원자력안전·보안원과 원자력안전위원회를 폐지하고 원자력규제청을 신설해 안전규제를 일원화하려는 것이었다. 또한, 원자력 이용에서 안전을 확실히 확보하기 위해 원자력규제청에 원자력안전조사위원회를 설치하기로 했다. 원자력안전조사위원회는 5인의 위원으로 구성되며 국회의 동의를 얻어 환경대신이 임명한다는 구상이었다.

정부안은 후쿠시마 원전사고 이전의 규제체계에 비해 책임소재와 역할 분담이 보다 분명해졌지만 개혁이라고 할 수준은 아니었다. 정부안에서는 여전히 원자력 안전규제 행정을 담당하는 원자력규제청을 행정부 내의 조직으로 하려고 했다. 원자력안전조사위원회는 원자력의 안전확보에 관한 시책 등의 실시상황이나 원자력 사고 등의 원인에 대해 조사하고, 필요하다고 인정하는 경우에는 환경대신, 원자력규제청 장관, 관계 행정기관의 장에 대한 권고를 하는 기능을 갖는다. 그렇지만 이 조사위원회는 과거의 안전위원회와 유사한 기능을 하면서 오히려 위상은 낮아졌다고 볼 수 있었다.

정부안은 원자력 안전 행정을 근본적으로 개혁해야 한다는 국민의 요구나 IAEA에서 요구하는 국제규범을 충족시키기에는 미흡했다. 일본 자유민주당(자민당)은 정부안이 안전규제 조직의 독립성과 규제의 일원화의 관점에서 매우 미흡하다고 판단했다[自由民主党, 2012]. 자민당은 대안을 검토한 후, 2012년 4월에 정부안과 다른 법률안을 만들었다. 한편, 공명당에서도 대안을 검토하고 있었기 때문에 자민당과 공명당 사이에서 조정이 이루어 졌다. 그 결과, 4월 20일 양당이 합동해서 '원자력규제위원회 설치법안'을 국회에 제출했다. 양당 합동 법률안의 기본 취지는 IAEA 안전기준에 따라 규 제기관은 정부에 속한 행정청이 아니라 독립성을 보장받는 행정위원회로 설 치하는 것이었다.

이후 국회에서는 제출된 두 법률안을 하나로 조정하기 위한 협의가 진행 되었다. 6월 15일에 환경위원회에서 자민당·공명당의 법률안을 중심으로 조정된 '원사력규제위원회 설치법안'을 법률안으로 제출하기로 결정했다. 이 법률안은 같은 날 중의원 본회의에서 가결되고, 6월 29일 참의원 본회의 에서 가결되어 성립한다.

'원자력규제위원회 설치법(규제위설치법)'의 골자는 환경성 외청으로 독 립행정위원회인 원자력규제위원회를 설치하는 것이다[金子和裕, 2012]. 규제 위원회는 국회의 동의를 얻어 총리가 임명하는 위원장과 위원 4인으로 구 성한다. 규제위원회는 사무국으로 원자력규제청을 두며, 규제청의 전 직원 에 대해 원자력 추진관청 간의 '노리턴No Return' 규칙을 적용한다. 규제위 원회는 기존에 여러 부처로 분산되어 있던 원자력과 방사선에 관한 규제를 일원적으로 담당한다. 또한 이러한 안전규제 외에 원자력방재, 핵확산 방지 를 위한 핵물질 통제 및 핵물질방호에 관한 사무를 담당하며, 원자력사고 조사를 실시하고 필요에 따라 관계 행정기관의 장에게 권고를 할 수 있다.

이 외에도 규제위설치법 부칙에 따라 그간 규제기관인 원자력안전·보안 원을 기술적으로 지원했던 원자력안전기반기구Japan Nuclear Energy Safety Organization: JNES를 원자력규제위원회로 통합시키게 되었다. 2013년 11월 에 '독립행정법인 원자력안전기반기구의 해산에 관한 법률'이 공표되고, 2014년 3월에 시행되면서 경제산업성 산하 독립행정법인이던 JNES는 규

표 10.1_ 일본 원자로 등 규제법의 주요 개정 내용 및 이행 단계

단계 구분	시행 내용
제1단계 (법률의 공포 일부터 3월 이내에 시행)	• 법률의 목적 개정 • 목적의 개정에 따라 원자로 설치허가 등의 기준 중 원자력의 이용 등의 계획적인 수행에 관한 것의 삭제 • 원자력 이용에서 안전확보를 위한 규제에 관한 소관을 경제산업성 등에서 원자력규제위원회로 일원화 • 재해가 발생한 특정 원자력시설에 대한 안전규제 조치의 도입
제2단계 (2013년 4월 1일 시행)	• 국제약속에 기초한 보장조치의 실시를 위한 규제 기타 원자력의 평화적 이용의 확보를 위한 규제의 소관을 문부과학성에서 원자력규제위원회로 일원화
제3단계 (법률의 시행 일부터 10월 이내에 시행)	• 중대사고대책 강화를 위해 목적의 개정 외에도 발전용 원자로 설치자가 강구하는 보안조치에 중대사고대책(사고관리)을 포함하는 것 명확화 • 허가된 발전용 원자로시설에 대해 최신 안전정보(연구결과, 운전경험 등)를 바탕으로 새로운 기준이 정해질 경우 새 기준에 적합하도록 해당 시설 등을 개조하는 백피트 제도 도입 • 발전용 원자로의 운전기간을 원자력규제위원회의 사용전검사에 합격한 날부터 기산하여 40년으로 제한하는 제도의 도입(다만 20년을 넘지 않는 기간을 한도로 1회에 한하여 연장허가가 가능) • 안전성 증진을 위한 발전용 원자로시설의 설비 등에서 재해방지에 지장이 없는 것이 분명한 변경에 대한 신고제도의 도입 외에도 인허가 심사의 중복 제거를 위한 설비형식승인 제도의 도입
제4단계 (일부를 제외 하고, 법률의 시행일부터 1년 3월 이내 에 시행)	• 중대사고대책 강화 및 백피트 제도의 대상에 가공시설 등 추가 • 발전용 원자로 설치자 등이 발전용 원자로시설 등의 안전성에 대해 스스로 평가하여 그 결과 등을 원자력규제위원회에 신고하고 평가의 내용에 대해서 공표하는 제도의 도입

자료: 金子和裕(2012).

제위원회로 통합되었다.

규제위설치법에 따라 규제행정체계가 개정된 것과 동시에 관련 법령 및 규제제도도 개정되었다. '핵원료물질, 핵연료물질 및 원자로의 규제에 관한 법률'(원자로 등 규제법)이 개정되고, 그 목적에 국민의 건강보호와 환경보호가 추가되었다. 안전규제의 강화를 위한 개정의 골자는 △중대사고 대책 강화, △백피트Backfit 제도[1] 도입, △운전기간 연장허가제도 도입,[2] △발전용 원자로시설에 관한 규제를 원자로 등 규제법으로 일원화[3]하는 것이다. 원자로 등 규제법이 대폭 개정됨에 따라, 개정사항은 현실을 감안해 네 단계로 나뉘어 시행되었다. 표 10.1은 원자로 등 규제법의 주요 개정 내용과 이행 단계를 보여준다.

원자로 등 규제법의 개정에 무조건 규제를 강화한다는 입장만 담은 것은 아니다. 안전성 증진으로 재해방지에 지장이 없는 것이 분명한 변경은 신고로 전환하고, 심사의 중복을 제거해 안전규제의 효율성도 높였다. 또한 원전사업자의 사주적인 안선성 향상을 위한 제도도 마련했다. 원전사업자가 규제기준을 충족시키는 데 머물지 않고, 스스로 최신 안전정보를 반영해 원전의 안전성을 향상시킬 것을 법령으로 정했다.

2. 원자력규제위원회의 발족과 규제기준·원자력방재의 강화

원자력규제위원회의 발족과 새로운 규제기준

규제위설치법 제7조는 위원장과 위원은 "인격이 고결하며 원자력 이용의 안전확보에 대해 전문적인 지식과 경험 및 높은 식견을 갖춘 자" 중에서

---

1 최신 지식에 의해 규제기준이 제정 또는 개정될 경우 이미 허가된 원자력시설에 대해서도 최신 규제기준에 적합하도록 요구하는 규제조치이다.
2 운전 가능 기간은 처음 사용전검사에 합격한 날부터 기산하여 40년인데, 원자력규제위원회가 승인한 경우에는 1회에 한하여 20년을 한도로 연장 가능하다.
3 후쿠시마 원전사고 전에 원자로 등 규제법과 전기사업법으로 병행 규제되던 문제를 규제기관의 일원화와 함께 규제법령도 일원화한 것이다.

양원의 동의를 얻어 총리가 임명하도록 규정했다. 일본 정부는 법률상의 결격요건 외에, 취임 전 최근 3년간 원자력사업자 등과 그 단체의 임원 또는 직원이었거나 취임 전 최근 3년간 동일한 원자력사업자 등으로부터 개인적으로 일정 금액 이상의 보수를 수령했던 사람을 결격요건으로 추가했다.

2012년 9월 19일, 원자력규제위원회와 그 사무국인 원자력규제청이 발족한다. 원자력규제위원회는 무엇보다 중립성과 투명성을 한층 강화하여 원자력 규제행정에 대한 국민의 신뢰를 회복하는 데 중점을 두었다. 규제위원회가 출범하면서 최우선 임무는 후쿠시마 원전사고의 교훈을 반영해 새로운 규제기준을 만드는 일이었다. 그다음은 새로 만들어진 규제기준을 적용해 원전의 안전성을 평가해야 한다. 또한, 규제위원회는 정보공개 관계 법령에 저촉되지 않는 이상, 정보공개 청구가 없어도 위원회에서 결정한 문서는 물론 원자력사업자가 위원회에 제출한 규제 관련 문서는 인터넷에 자동 공개를 원칙으로 했다. [4]

원자력규제위원회는 최신의 기술적 지식과 IAEA 안전기준을 포함한 각국의 규제동향 등을 검토하여, 2013년 7월에 원전에 적용하는 새로운 규제기준을 시행하게 되었다. 새로운 규제기준은 지진이나 쓰나미 등의 자연재해나 화재방호 대책을 강화하는 한편, 만일 중대사고가 발생했을 경우에 대비해 충분한 준비를 요구하고 있다. 또한 고의적인 항공기 충돌 등의 테러에 대비하기 위한 특정시설에 관한 규정도 신설되었다(그림 10.1).

원전사업자는 새로 정한 규제기준을 충족시키는 데 필요한 비용 등을 고려해 계속운전을 하거나 영구정지를 결정해야 했다. 특히 운전기간이 40년

---

4   일본의 행정기관은 '행정기관이 보유하는 정보의 공개에 관한 법률'(2001.4.1 시행)에 따라 행정문서의 관리와 청구에 따른 정보공개가 의무화되어 있다. 이 법의 목적(제1조)은 행정기관이 "국민에게 설명하는 책무"를 완수한다는 취지인 데 대해, 규제위설치법 제25조에서 요구하는 정보공개는 국민의 '알 권리知る權利' 보장에 이바지한다는 차이가 있다.

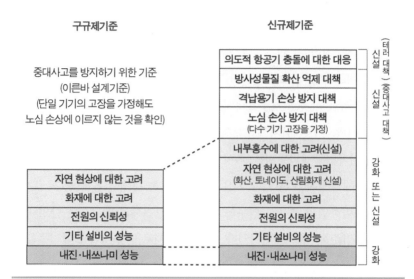

신규제기준

	의도적 항공기 충돌에 대한 대응
중대사고를 방지하기 위한 기준	방사성물질 확산 억제 대책
(이른바 설계기준)	격납용기 손상 방지 대책
(단일 기기의 고장을 가정해도	노심 손상 방지 대책
노심 손상에 이르지 않는 것을 확인)	(다수 기기 고장을 가정)
	내부홍수에 대한 고려(신설)
	자연 현상에 대한 고려
	(화산, 토네이도, 산림화재 신설)
자연 현상에 대한 고려	
화재에 대한 고려	화재에 대한 고려
전원의 신뢰성	전원의 신뢰성
기타 설비의 성능	기타 설비의 성능
내진·내쓰나미 성능	내진·내쓰나미 성능

(테러 대책) 신설

(중대사고 대책) 신설

강화 또는 신설

강화

그림 10.1_ 일본의 옛 규제기준과 새로운 규제기준과의 비교

자료: 原子力規制委員会(2013).

을 넘어섰거나 근접하는 원전에 대해서는 시급히 판단해야 했는데, 가동 연수가 오래되고 전기출력이 낮아 채산성이 낮은 원전은 영구정지하기로 결정했다. 2021년 5월 말 현재, 후쿠시마 원전사고 이후 영구정지로 결정된 원전[5]은 BWR이 후쿠시마 제1원전 6기, 제2원전 4기를 포함해 모두 13기, PWR이 8기에 이른다. 후쿠시마 제1원전과 제2원전을 제외하고는 모두 전기출력이 600MWe 이하인 원전들이다. 2021년 10월 현재, 40년 이상의 운전기간 연장을 신청하고 설치변경허가를 받은 원전은 모두 4기이다.

새로운 규제기준의 시행일에 맞춰 여러 원전사업자가 원전을 재가동하기 위해 규제기준에 적합함을 보이는 원자로 설치변경허가, 공사계획인가, 보안규정변경인가 신청서를 규제위원회에 제출했다. 이런 일련의 신청에

---

5 전기출력 280MWe를 가진 고속증식원형로 몬주もんじゅ를 제외했다. 참고로 몬주는 폐지가 결정되어 2017년 12월 영구정지에 들어갔다.

대해 규제위원회에서 실시하는 심사를 '신新규제기준 적합성 심사'(규제기준 적합심사)라 한다. 규제기준적합심사는 사실상 원자로 설치허가를 다시 하는 것이라고 이해하면 된다.

최초로 규제기준적합심사를 마치고 상업운전을 재개한 원전은 규슈전력의 센다이 1호기이다. 규슈전력은 센다이 1·2호기에 대해 2013년 7월 8일에 규제기준적합심사를 신청했다. 규제위원회는 센다이 1호기에 대해서 2014년 9월에 설치변경허가, 2015년 3월에 공사계획인가, 2015년 5월에 보안규정변경인가를 발급했다. 지자체의 동의 등 후속 절차를 거쳐 상업운전을 재개한 것은 2015년 9월이었다. 2021년 10월 현재, 규제기준적합심사를 통과해 상업운전을 재개한 원전은 모두 PWR 10기이다. 이 중 미하마 3호기는 2021년 7월에 새로운 규제기준하에서 처음으로 40년 기간을 넘는 운전에 들어갔다.

후쿠시마 제1원전과 같은 BWR 원전으로 규제기준적합심사에서 처음 설치변경허가를 받은 원전은 도쿄전력의 가시와자키 가리와 6·7호기이다. 원자력규제위원회는 2017년 12월에 이 원전에 대해 설치변경허가를 발급했다.[6] 이 외에 BWR 원전으로, 규제위원회는 도카이 제2원전에 대해 2018년 9월, 오나가와 2호기에 대해 2020년 2월, 시마네 2호기에 대해 2021년 9월에 각각 설치변경허가를 발급했다. 2021년 10월 현재 이들 5기 원전에 대해서는 재가동에 필요한 공사계획인가와 보안규정변경인가를 위한 심사가

---

6   가시와자키 가리와 7호기에 대해서는 2020년 10월에 규제기준적합심사의 마지막 단계(규제검사는 남아 있다)인 보안규정변경이 인가되었다. 그런데 2020년 9월에 도쿄전력 직원이 타인 ID카드를 사용해 출입한 사건과 2021년 1월에 협력기업 직원이 실수로 핵물질방호설비인 침입검지기를 손상시키는 사건이 발생했다. 도쿄전력으로부터 이들 사건의 보고를 받은 원자력규제위원회는 핵물질방호에 관한 규제검사를 실시하고, 사건의 방지와 대응조치에 문제가 있었다고 지적했다. 2021년 4월, 규제위원회는 도쿄전력에 이런 문제들이 해소되었다고 확인되기까지 가시와자키 가리와 원전에서 특정핵연료물질을 이동해서는 안 된다는 명령을 내렸다.

진행 중에 있다.

규제기준적합심사를 통과했다고 해도 규제기준을 모두 충족시키기 위해서는 공사계획인가를 받은 날로부터 5년 이내에 고의적인 항공기의 충돌 등에 대비하는 특정시설의 설치를 완료해야 한다. 5년이라는 기간에는 규제위원회의 사용전검사에 필요한 기간도 포함되어 있으므로, 원전사업자로서는 조치기간 만료일 전 최소한 2~3개월 전에 이 시설의 설치를 완료해야 한다.

규제기준적합심사를 처음 통과한 규슈전력의 센다이 1호기는 2015년 3월 18일에 공사계획인가를 받았기 때문에 2020년 3월 17일까지 이 시설에 대한 규제위원회의 사용전검사까지 마쳐야 한다. 2019년에 들어서면서 센다이 1호기에 조치기간 만료일까지 이 시설을 완성할 수 없다는 것이 분명해졌다. 2019년 6월, 규제위원회는 조치기간 만료일 약 6주 전까지 이 시설에 관한 사용전검사에 합격하지 않은 원전에 대해서는 사용정지 명령을 내리기 위한 절차를 밟기로 결정했다. 규슈전력은 2019년 10월에 조치기간 만료일 하루 전에 원전을 정지하고 정기검사에 들어간 후, 이 시설에 대한 규제기관의 사용전검사에 합격한 다음에 원전을 재가동하겠다고 규제위원회에 보고했다. 규제위원회는 규슈전력의 입장을 받고 사용정지 명령은 하지 않기로 했다. 간사이전력의 다카하마 3·4호기 역시 같은 이유로 각각 2020년 8월과 10월에 정기검사를 위해 운전정지에 들어갔다. 센다이 1·2호기는 특정시설의 설치와 사용전검사를 마치고, 각각 2020년 12월과 2021년 1월에 상업운전을 재개했다.

규제검사 제도의 개혁과 규제역량의 강화

원자력규제위원회가 설치된 이후 규제기준의 강화와 병행해 추진된 규제검사 제도의 개혁과 규제역량의 강화 노력에 대해서도 주목할 필요가 있다.

일본에서 규제검사 제도를 개선하려는 노력은 꽤 오래전부터 있어왔다

[김인구, 2020]. 그러나 그 기본 골조는 1957년 원자로 등 규제법이 제정될 당시와 거의 달라지지 않았다. 규제검사 제도의 가장 큰 문제는 하드웨어 중심이었고, 사업자가 스스로 확인하고 보증해야 할 부분까지 규제기관이 검사했기 때문에 오히려 사업자의 책임감을 경감시키는 부작용을 내포하고 있었다는 점이다[原子力規制委員会, 2016]. 또한 법령에서 복잡하면서 세분화된 검사의 내용과 방법까지 규정하고 있어 규제검사의 실효성을 높이는 데 방해가 되었다.

2016년 일본에서 수행된 통합규제검토서비스Integrated Regulatory Review Service: IRRS[7]에서는 이처럼 규범적인 검사제도에서 성능과 리스크 정보를 활용해 보다 간소하고 유연한 검사제도로 전환하고, 검사와 관련된 규제기관의 역량을 향상시킬 것을 권고했다[IAEA, 2016].[8] IRRS 권고를 받고 규제위원회는 원자력시설의 안전확보에 사업자가 궁극적인 책임을 가진다는 원칙을 전제로 규제검사 제도에 관한 검토를 거듭했다.

그 결과, 2017년 4월에 원자로 등 규제법이 개정되어 새로운 규제검사 제도가 성립했다. 새로운 규제검사 제도는 USNRC의 원자로감시 프로그램Rector Oversight Program; ROP을 상당 부분 참고했다. ROP에서는 원자력시설의 안전성에 대해 7개의 안전초석Cornerstone을 정하고, 각각의 초석에 대해 사업자는 성능지표에 대한 이력과 등급을 공표한다. 또 USNRC는 규제검사에서 발견한 문제들의 심각도와 성능지표 등급 등을 종합적으로 평가해 개별 가동 원자력시설에 대해 취해야 할 규제조치를 결정한다. USNRC의 종

---

7   Integrated Regulatory Review Service[IRRS]는 회원국의 요청에 따라 IAEA가 원자력 안전규제의 제도, 역량, 활동을 종합적으로 검토하는 서비스이다.

8   2015년 7월에 있었던 IRRS 준비회의에서 규제위원회의 제안으로 IRRS 검토에서 규제검사, 원자력 안전의 지속적 개선, 안전연구 역량 강화 및 인재 육성에 초점을 맞추기로 합의했다. 즉, 규제위원회는 IRRS 전부터 규제검사 제도를 재검토하고 필요한 개선을 취하려는 적극적인 자세를 가지고 있었다.

합적인 평가에는 리스크 정보를 활용하고 성능(사업자의 관리 능력 포함)에 기반을 둔다.

새로운 규제검사 제도에서는 미국의 ROP와 같이 규제검사의 초점을 개별 설비의 성능이나 절차의 준수보다도 사업자 활동이 적절하게 이루어지고 있는가에 둔다. 또한 설비의 중요도 등급, 시설의 성능, 운전경험 및 정량적 리스크 평가 등의 정보를 종합해서 해당 시설의 안전성을 평가한다. 규제위원회는 평가 결과에 따라 해당 시설에 대한 규제검사의 규모와 빈도를 조정하게 된다.

참고로, 새로운 규제검사 제도를 도입함에 따라, 일본의 안전규제는 원자력시설의 안전성 평가에 리스크 정보를 활용하고 성능에 바탕을 둔 방향으로 한 발 더 나아갔다. 그렇지만 미국과 같이 리스크 정보를 활용하는 규제제도로 전환된 것은 아니다. 리스크 정보를 활용한 규제제도가 성립하기 위해서는 사회가 수용할 수 있는 정량적인 안전목표가 설정되어야 한다. 규제위원회는 안전목표에 대해 논의한 바 있지만[原子力規制委員会, 2018a], 아직 공식적으로 안전목표를 공표하지 않았다. 원전 사업자 측은 리스크 정보를 적극 활용한다는 입장이며[電気事業連合会, 2018], 일본원자력학회를 중심으로 그러한 규제제도로의 전환을 바라는 목소리도 강하다[日本原子力学会, 2021]. 규제위원회로서도 리스크 정보의 활용을 확대할 필요가 있다는 점은 인정하지만, 리스크 정보의 질과 양을 고려하면서 점진적으로 그 활용을 확대해갈 것으로 보인다[原子力規制委員会, 2018b]. 새로운 규제검사는 그런 취지에서의 진전이라 볼 수 있다.

위와 같이 규제검사의 목적과 내용, 검사방식 및 개별 원자력시설의 안전성 평가가 기존에서 크게 변경됨에 따라 그 시행에는 공포일로부터 3년 이내의 경과기간을 두었다. 새로운 규제검사 제도는 시범운용을 통해 필요한 규칙과 지침을 정비하고, 2020년 4월 1일부터 본격 시행되고 있다.

한편, 규제위원회는 발족하면서부터 원자력규제청 직원의 역량 확보를 우선순위가 높은 과제로 인식하고 있다. 후쿠시마 원전사고 전부터 정치권에서도 여야를 불문하고 규제기관의 전문역량에 대해 많은 관심과 우려, 그리고 지원을 표방해왔었다. 국회에서 규제위설치법안을 심의할 때도 뜨거웠던 논쟁점 중 하나가 안전규제를 행하는 전문인력의 확보·육성이었다. 규제위설치법 부칙 제6조는 원자력규제청 직원으로서 우수하고 의욕적인 인재를 확보하는 데 필요한 조치, 예컨대 처우개선, 유학, 연수체계의 정비 및 재원 확보를 규정하고 있다. 특히 제6조 제4항에서 JNES가 실시하는 업무를 규제위원회에 이관하고, 되도록 빨리 JNES를 규제위원회에 통합하도록 정했다.

2014년 3월, 규제위원회는 JNES와의 통합을 계기로 직원의 역량 강화를 위한 기본방침을 정하고, 원자력규제청의 원자력안전인력육성센터가 주도해 연수체계를 구축해 운영하고 있다. 2017년 7월에는 고도의 전문지식과 경험이 요구되는 직책에 대해 임용자격을 정했다. 임용자격을 5개 부문으로 구분하고, 각 부문별로 기본·중급·고급으로 나누어 해당 자격요건을 정했다. 자격취득을 위한 교육·훈련 시스템은 USNRC를 참고해 대폭적으로 확충·강화했다. 그렇지만 안전규제에 요구되는 적합한 역량은 단시간에 달성되지 않는다. 또한 안전규제 체제와 제도가 큰 폭으로 변했기 때문에, 과거에 안전규제 경험이 많았던 원자력규제청 직원이라 해도 새로운 환경에 요구되는 새로운 지식과 기술을 습득해야 하는 상황이 되었다. 충분한 규제역량의 육성, 유지 및 향상에 관해서는 규제위원회에서 계속해서 우선순위가 높은 과제로 다뤄지고 있다.

원자력방재체계의 강화

후쿠시마 원전사고 이후 각종 사고조사보고서의 제언 등을 바탕으로 원자력재해대책에 대한 근본적인 검토와 개선이 이루어졌다. 2012년 6월에 규제위설치법의 제정, 원자로 등 규제법의 개정과 함께 '원자력재해특별조치법(원자력재해법)'도 개정되었다. 동시에 '원자력기본법'이 개정되어, 총리를 위원장으로 원자력방재대책을 종합 조정하는 원자력방재회의가 상설 방재조직으로 내각부에 설치되었다.

원자력재해법 개정의 주요 내용은 다음과 같다. 원자력재해 예방대책을 확충하기 위해 원전사업자가 방재업무계획을 협의하는 대상 지자체가 확대되었다. 원전사업자는 방재훈련의 결과를 원자력규제위원회에 보고하는 것이 의무화되었다. 원자력재해대책본부를 강화하기 위해 주무대신뿐이었던 부본부장에 내각관방장관, 환경대신과 원자력규제위원회 위원장을 임명하고, 본부 인원도 확충했다. 원자력비상사태 시 지자체 장이 지역주민에게 피난을 지시할 수 있게 하고, 원자력비상사태 해제 후에도 사후대책 강화를 위해 계속 원자력재해대책본부를 존치하도록 했다. 아울러 원자력규제위원회가 법정화된 「원자력재해대책지침」(원재지침)[9]을 정하는 것으로 했다.

원자력규제위원회는 발족과 함께 원재지침을 정하기 위한 검토에 착수했다. 규제위원회는 2012년 10월에 원재지침을 결정하고, 추가 논의가 필요했던 사전대책, 비상시 의료 및 모니터링에 대해서는 계속 검토를 진행했다. 2013년 2월, 규제위원회는 전체적으로 검토과제를 정리해 원재지침을 전면 개정했다. 규제위원회는 새로운 지식과 방재훈련의 결과 등을 반영해 계속해서 원재지침의 개선을 도모하고 있다.

원자력방재에서 특기할 점으로, 평상시에도 원자력방재를 준비하는 체제를 갖추고 지자체에 대한 재정적·기술적 지원을 확대하는 동시에 지역방재계획과의 연계를 강화했다는 점을 들 수 있다. 원자력방재에 대해서는 평상시에는 원자력방재회의에서, 비상시에는 원자력재해대책본부에서 종합

---

9 원자력재해대책지침에는 원자력재해대책의 수립과 이행에 필요한 기술적·전문적 사항들이 정리되어 있다.

조정한다. 원자력방재회의 위원장과 원자력재해대책 본부장은 모두 총리가 맡는다. 2013년 9월, 원자력방재회의에서는 범정부 차원에서 지역방재계획을 지원하기로 결정하고, 원전이 있는 지역마다 문제해결을 지원하는 워킹팀을 설치했다. 2015년 3월에는 워킹팀을 지역원자력방재협의회로 개칭하고, 보다 실효적인 지역방재계획과 피난계획이 되도록 노력하기로 했다. 이 방재협의회에서 확인한 지역방재계획과 피난계획은 원자력방재회의에 보고되고 승인된다.

다음으로는 원자력재해를 포함한 대규모 복합재해에 대한 대응을 강화한 것이다. 일본에서는 대규모 자연재해가 발생하면 '재해대책기본법'에 따라 긴급재해대책본부가 설치된다. 이때 대규모 자연재해에 동반해 원자력재해가 발생하게 되면, 원자력재해법에 따라 원자력재해대책본부도 설치된다. 총리는 두 본부의 본부장을 맡는다. 복합재해가 발생하면 두 본부 사이에 상호 연락관을 파견하고, 정보수집 시스템을 공유하는 한편 현지대책본부에서도 지역별 연계체제를 구축하게 되었다. 또한 초동대응 단계부터 두 본부의 합동회의를 개최하여 의사결정이나 지시와 조정을 일원화하기로 했다. 피해 주민의 생활지원에 대한 사무는 두 본부가 합동해서 수행한다.

후쿠시마 원전사고로 방사선피폭에 의해 사망한 사람은 없었지만, 피난을 하는 과정에서 많은 희생자가 발생했다. 후쿠시마 원전사고 당시 정부와 지자체에서는 피난지시를 이행하면서 위독한 환자조차 무리하게 피난을 시켰다. 결과적으로 2011년 3월 말까지 최소 60명, 4월 말까지 150명이 넘는 희생자가 발생한 것으로 전해진다. 원자력규제위원회는 이 교훈을 반영해 피난계획을 충실히 준비하는 데 역점을 두고 있다. 규제위원회는 피난으로 오히려 건강을 해칠 우려가 높은 사람들에게는 차폐 기능이나 공기정화시설을 갖춘 시설로 대피할 것을 권장한다. 복합재해가 발생하면 방사선피폭을 감소시키는 것보다 생명과 관련되는 다른 재해의 위험을 감소시키는 것을 우선하기로 했다. 예를 들어, 쓰나미 경보가 나오면 방사선피폭을 줄이기 위해 옥내대피를 하는 것이 아니라 생명을 지키기 위해 높은 곳으로 피난하도록 지도하고 있다.

후쿠시마 원전사고 후 원자력방재에 대한 원전사업자 간의 협력체제도 구축되었다. 원전사업자간 협약을 통해 미하마정美浜町에 설치된 원자력긴급사태지원센터는 2016년 12월부터 본격 운용을 시작했다. 이 센터는 어떤 원전 부지에 대규모 원자력재해가 발생했을 때 신속히 그 원전 부지로 기자재와 요원을 파견하여 높은 방사선 환경하에서의 원자력재해에 대응한다. 평상시에는 원자력재해 대응용 원격조작 로봇 등을 집중 배치·관리하고, 원전사업자 요원을 대상으로 조작훈련을 실시한다. 지리적 근접성을 바탕으로 한 상호협력과 노형(PWR, BWR, ABWR)에 따른 상호 기술협력 협정도 체결했다.

이와 같이 후쿠시마 원전사고 이후 일본에서는 원자력재해 관련 법령과 정책을 보완하여 원자력재해는 물론 복합재해에 대한 대비를 한층 강화했다. 그러나 아무리 제도나 서류상으로 비상계획을 개선했다고 해도 그 개선의 유효성은 실제 해보지 않으면 제대로 측정할 수 없다. 따라서 원자력방재계획에서 방재훈련의 실효성을 높이고, 훈련에서 발견된 미흡한 점들을 계속해서 개선해나가는 것이 중요하다.

원자력재해법에 따라 원전사업자는 원전 부지 내에서 방재훈련을 실시하고, 그 결과를 원자력규제위원회에 보고해야 한다. 규제위원회는 그 결과가 원자력재해의 발생 또는 확대를 방지하는 데 부족하다고 판단할 때는 방재훈련에 대해 개선조치를 취하도록 요구할 수 있다.

원자력재해 발생 시의 대응체제를 검증하는 것을 목적으로 원자력재해법에 따라 비상사태를 가정하여 정부, 지자체, 원전사업자 등이 합동으로 매년 원자력종합방재훈련을 하고 있다. 통상 원자력종합방재훈련은 자연재해와 원자력재해가 복합된 상황을 가정한 훈련 시나리오하에서, 총리를 포함해 많은 관계 부처, 기관 및 관계자가 참가해 2일 정도 진행된다.

3. 원자력 및 에너지 정책의 변화

후쿠시마 원전사고 전, 일본의 원자력정책은 기후변화 대책과 맞물려 원자력 이용을 확대한다는 것이었다. 2005년 10월, 정부에서 결정한 '원자력정책대강'에서는 ① 2030년 이후에도 전력생산에서 차지하는 원자력발전 비중은 30~40% 이상, ② 사용후핵연료의 재처리와 플루서멀Pluthermal[10]의 착실한 추진, ③ 고속증식로는 2050년경부터 상업화 등의 목표가 명시되었다. 2010년 6월에 책정된 제3차 에너지기본계획에서는 2020년까지 9기, 2030년까지 14기 이상의 신규 원전을 건설하고, 가동 원전의 설비이용률 90% 달성을 목표로 정했다.

한편 원전을 포함한 원자력 기술을 해외에 수출하는 데 주력한다는 방침도 정해졌다. 미쓰비시중공업은 2007년 12월에 USNRC에 PWR 원전 US-APWR의 설계인증Design Certification: DC을 얻기 위한 신청서를 제출했다. 2009년 12월에 한국이 PWR 원전APR1400 4기를 아랍에미리트연방UAE에 수출하는 계약이 체결되었다. 일본 정부는 UAE 원전 수주 경쟁에서의 실패를 경험 삼아 설계·건설·운영 등 종합적인 지원이 가능한 총력체제를 구축했다. 2010년 10월, 원전사업자를 주축으로 관계 사업자와 정부 투자기관이 참여하는 국제원자력개발주식회사International Nuclear Energy Development of Japan Co., Ltd.가 설립되었다.

2011년 3월 11일, 후쿠시마 원전사고는 '원자력 르네상스'를 실현하기

---

10 플루서멀은 Plutonium Thermal Use에서 유래된 일본식 영어이며, 사용후핵연료를 재처리하여 회수된 플루토늄을 경수로에서 이용하는 것을 말한다. 플루서멀에서 사용하는 연료는 우라늄 산화물과 사용후핵연료에서 회수된 플루토늄을 혼합한 것이라는 의미로 Mixed Oxide 연료(통상 MOX 연료)라고 부른다. 미국과 유럽에서는 1960년대 중반부터 MOX 연료를 사용하기 시작했다. 그 후 사용후핵연료 재처리 정책의 변화와 핵 비확산 정책의 강화 등에 따라 MOX 연료 사용을 중단한 나라들이 많다.

위해 총력을 모아 국내외로 원자력 이용을 확대한다는 일본의 원자력정책을 원점으로 돌려세웠다.

후쿠시마 원전사고 후, 당시 총리는 2011년 7월 13일의 기자회견에서 향후 에너지정책에 대해서 원전에 의존하지 않는 사회를 지향해야 하며, 에너지기본계획을 백지화한다고 발표했다. 에너지정책을 재검토하는 작업은 종전처럼 경제산업성에 맡길 수 없다는 정치적 판단에 따라, 2011년 6월에 관계 각료로 구성한 '에너지·환경회의'에서 주도하는 형태로 진행되었다.

에너지·환경회의는 각 발전원의 비용을 다시 검증하는 것을 포함해 원자력발전, 핵연료주기, 온실가스 저감, 에너지 절약과 재생에너지에 관한 사항을 종합적으로 검토하고, 2012년 6월에 '에너지·환경에 관한 선택지'를 결정했다. 이 선택지는 여러 에너지원의 조합(에너지 믹스Energy Mix)을 가진 3개의 시나리오이다. 첫 번째, '제로(0) 시나리오'는 2030년까지 가능한 한 조기에 원자력발전 비율을 제로로 하는 것이다. 이 시나리오를 선택한다면 사용후핵연료는 직접 처분하고, 재생에너지를 현재의 약 10%에서 약 30%로 확대해도 화석연료에 의한 발전비율은 현재의 65%에서 70% 정도로 높아진다. 두 번째, '15 시나리오'는 2030년까지 원자력발전 비율을 15% 정도로 하는 것이다. 이 시나리오를 선택하면 사용후핵연료에 대해서는 재처리를 할 수 있으며, 화석연료에 대한 의존도는 현재에 비해 약 10% 줄어든다. 세 번째, '20~25 시나리오'는 2030년에도 원자력발전 비율을 20~25% 정도로 유지하는 것이다. 이 시나리오를 채택하면, 원전의 신설이나 교체가 필요하고 화석연료에 의한 발전비율이 현재에 비해 약 15% 줄어든다. 제로, 15, 20~25 시나리오 각각에서 온실가스 배출량은 현재에 비해 16%, 23%, 25% 정도 감소하고, 화석연료의 수입액은 17조 엔, 15조 엔, 14~15조 엔으로 평가되었다[エネルギー·環境会議, 2012a].

일본 정부는 에너지기본계획에 들어갈 선택지를 결정하는 데에서는 국민적 논의가 필요하다고 판단했다. 2012년 7월부터 2개월간 다양한 형태의

의견모집에 들어갔다. 이 중에는 '토론형 여론조사'도 포함되었다. 각종 여론조사에서는 '제로 시나리오'와 '15 시나리오'에 대한 지지가 30~50%로 거의 같은 비율을 차지했다. '토론형 여론조사'에서는 참여자의 약 50%가 '제로 시나리오'를, 약 20%가 '15 시나리오'를 지지했다. 이상의 경과를 거쳐 에너지·환경회의는 2012년 9월에 '혁신적 에너지·환경전략'을 결정했다. 이 결정에서 원자력발전에 대해서는 "2030년대에 원자력발전소 가동 제로를 가능하게 하도록 모든 정책 자원을 투입한다. 그 과정에서 안전성이 확인된 원자력발전소는 이것을 중요 전원으로서 활용한다"라는 입장을 제시했다[エネルギー·環境会議, 2012b].

'혁신적 에너지·환경전략'이 발표된 후 이 전략을 반대하는 움직임이 커졌다[市村知也, 2017]. 대표적으로 많은 원전이 있는 후쿠이현福井県에서는 전기요금 상승, 고용 상실, 원자력 인력 확보에 대한 악영향을 거론하며 정부의 결정에 강하게 반대했다. 미국에서도 핵 비확산에 중요한 파트너인 일본이 원전을 그만두면 목적을 공유하지 않는 나라들의 영향력이 커질 것을 우려했다. 일본의 사용후핵연료를 위탁받아 재처리하는 프랑스와 영국은 재처리 후에 발생하는 고준위 방사성폐기물의 수용 약속을 이행하도록 일본에 요구했다. 이 전략의 부작용과 과제가 국내외에서 지적되면서 민주당 정권에서는 이 전략을 정부결정으로 하는 것을 보류했다. 2012년 12월에 민주당에서 자민당으로 정권이 바뀌면서 원자력과 에너지정책을 다시 원점에서 검토하는 상황이 되었다.

일본 정부는 2014년 4월에 제4차 에너지기본계획을 결정했다. 이 계획에서는 중장기(향후 20년 정도) 에너지 수급구조를 염두에 두고 에너지정책의 기본방침을 나타냈다. 원자력발전의 이용과 관련하여 "원자력발전소의 안전성에 대해서는 원자력규제위원회의 전문적인 판단에 맡기고 원자력규제위원회가 세계에서 가장 엄격한 수준의 규제기준에 적합하다고 인정하는 경우에는 그 판단을 존중해 원자력발전소의 재가동을 추진"한다는 입장을 밝혔다. 원자력발전의 의존도에 대해서는 "에너지 절약 및 재생에너지의 도입과 화력발전소의 효율화 등을 통해 최대한 감소"시킨다는 방향성을 보였다.

2018년 7월에 제5차 에너지기본계획이 발표되었다. 이 계획에서는 2030년에 달성해야 할 에너지 믹스가 제시되었다. 전력의 구성 비율을 보면, 재생에너지는 22~24%, 원자력발전은 20~22%, 화석연료는 56%를 목표로 하고 있다. 전체적으로 에너지 소비를 줄여나가기로 하고, 에너지 소비효율을 2013년도를 기준으로 35% 정도 개선한다는 목표를 제시했다. 제5차 기본계획에서 제시한 에너지 믹스는 2012년 원자력·환경회의에서 제시한 세 가지 선택지 가운데 '20~25 시나리오'와 유사하다.

제5차 기본계획에서는 '2050년까지 온실가스 80% 감축'을 달성하기 위한 에너지전환과 탈탄소화를 위한 기본방침을 제시하고 있다. 원자력 이용에 대해서는 이전의 제4차 기본계획과 동일하게 정책 방향을 설정했다. 다만, "2030년의 에너지 믹스의 전원 구성 비율의 실현을 목표로 필요한 대응을 꾸준히 진행"하는 것을 추가했다. 온실가스 저감과 에너지 자급에서 원자력에 거는 기대는 더욱 분명해졌다. 2013년도의 온실가스 제로배출 비율은 재생에너지 11%와 원자력 1%를 합쳐 12% 정도였다. 2030년도에는 재생에너지의 도입을 촉진하고 원전을 재가동함으로써 그 비율이 44% 정도 될 것으로 전망했다. 한편 2013년도의 에너지 자급률은 동일본대지진 이후 크게 감소해 6%였지만, 2030년에는 재생에너지의 도입 촉진과 원전의 재가동을 통해 24% 정도로 전망했다.

이전 계획과 비교해 제5차 기본계획에서 주목할 부분은 원자력 기술개발이다. 원전의 리스크 억제, 폐로 및 폐기물 처리·처분 등의 후행 핵주기 문제에의 대처 등에 관련된 기술개발과 함께, 안전성·경제성·기동성이 뛰어난 원자로를 추구하는 기술개발을 진행시켜나간다는 방침을 세웠다. 특히, 재생에너지와의 공존, 수소 제조나 열 이용과 같은 다양한 사회적 니즈

needs를 전망하면서 원자력 관련 기술의 이노베이션innovation을 촉진한다는 관점이 중요하다고 강조했다. 원자로 개발에서는 수소 제조를 포함한 다양한 산업 이용이 전망되며, 고유의 안전성을 가진 고온가스로 기술개발에 중점을 두었다. 그리고 혁신적인 원자로 개발을 진행시키는 미국과 유럽의 대응도 살피면서, SMR과 4세대 원자로의 장기적인 개발비전을 내걸고 민간의 창의성을 적극 활용하면서 진행한다는 방침을 세웠다.

제5차 에너지기본계획에 근거해 2019년도부터 자원에너지청과 문부과학성은 공동 대응으로 원자력 이노베이션을 추구하고 있다. 양측은 개발에 관여하는 주체가 유기적으로 연계하여 기초연구에서 실용화에 이르기까지 연속적으로 이노베이션을 촉진하는 것을 목표로 'NEXIPNuclear Energy × Innovation Promotion 이니셔티브'를 개시하고, 민간 기업 등에 의한 혁신적인 원자력 기술개발 지원을 시작했다. 아울러 원자력에 관한 연구기반의 제공, 인재육성 및 규제기관과의 소통 활성화도 기본방향으로 설정했다[資源エネルギー庁·文部科学省, 2019].

일본 정부는 2020년 말부터 제6차 에너지기본계획 수립에 착수했다. 코로나19의 영향, 2020년 10월에 있었던 총리의 '2050년 탄소중립' 선언, 전력자유화에 따른 영향 등이 에너지정책을 수립하는 데 주요 인자로 고려될 것으로 보인다. 2020년 12월, 경제산업성은 관계 부처와의 연계 작업을 통해 '2050년 카본뉴트럴에 따른 그린성장전략'을 책정했다. 이 전략에서 원자력산업 부문에 대해서 "2050년의 카본뉴트럴 실현을 위해서는 원자력을 포함한 모든 선택지를 추구하는 것이 중요하며, 기존 경수로의 안전성 향상과 함께 혁신적 기술의 원자력 이노베이션을 지향한 연구개발도 추진해나갈 필요"가 있다고 밝혔다[成長戰略會議, 2020]. 구체적으로, ① 2030년까지 국제협력을 통한 소형모듈로 기술의 실증, ② 2030년까지 고온가스로에서의 수소 제조와 관련한 요소기술 확립, ③ 국제열핵융합로ITER 계획 등의 국제협력을 통한 핵융합 연구개발의 착실한 추진을 목표로 내세웠다.

제6차 에너지기본계획을 수립하는 데 2050년도에 전체 발전량의 약 50~60%를 재생에너지로, 약 30~40%는 원자력과 화석연료 발전으로, 약 10%를 수소·암모니아 발전으로 조달하는 참고 시나리오가 제시되었다[資源エネルギー庁, 2021a].

논의에서는 SMR, 고온가스로 및 핵융합로 개발에 대한 대응도 참고가 되고 있다. SMR에 대해서는 현재도 일본 기업이 자체 개발하거나 해외 기업과 실증 프로젝트를 진행하고 있다. 2020년대 말 SMR 운전이 개시될 것으로 예상하면서, 안전성·경제성·공급망 구축과 규제 대응을 염두에 두면서 지원한다. 일본은 세계적으로 앞선 기술력을 가지고 있는 고온가스로에 특히 기대를 걸고 있다. 고온가스로가 2030년까지 경제성 높은 수소 제조를 하는 데 필요한 기술개발을 지원하기로 했다. 국제공동사업으로 개발하고 있는 핵융합로 ITER에 대해서는 미국과 영국의 벤처기업 간의 협력을 지원하고 있다.

한편, 에너지정책 상의 주요 과제로서 탈탄소화·회복성Resilience 강화를 위해 전력 인프라를 획기적으로 재구축하는 방안이 논의되고 있다. 2018년에 두 차례 태풍과 지진으로, 2019년에도 태풍으로 대규모 정전이 발생했다. 따라서 향후 더 극심해질 가능성이 있는 자연재해 발생 시에도 전력의 안정적 공급이 요구되는 상황이다. 또, 전력망 구성이 재생에너지 개발 잠재력을 바탕으로 만들어진 것이 아니기 때문에 재생에너지로 생산한 전력을 전력망에 연결하는 데 여러 제약이 있다[持続可能な電力システム構築小委員会, 2019]. 더구나 원전과 같이 전원이 대형화되고 생산지와 소비지가 달라짐에 따라 사회적 문제가 심화되어왔다. 이런 과제들을 해결하는 데 분산형 전원의 도입을 추진하는 등 차세대 전력망으로의 전환을 위한 준비와 투자환경 조성에 많은 검토가 진행되고 있다. 이와 같은 차세대 전력망 구축의 기본 방향에는 코로나19 사태로 에너지 수급에 미치는 영향의 대응 관점도 포함되어 있다.

최근 고준위 방사성폐기물의 최종처분에서도 주목할 만한 변화가 있었다. 일본에서는 사용후핵연료의 재처리로 발생하는 고준위 방사성폐기물의 최종처분을 지층처분하기로 하고, 2000년 5월 '특정 방사성폐기물의 최종처분에 관한 법률'을 제정했다. 이 법에 따라 지층처분 사업을 수행하는 특별법인으로 원자력발전환경정비기구가 설립되었다. 지층처분 사업은 세 단계로 진행되는데,[11] 그 첫 번째가 문헌조사이다.

2020년 10월에 홋카이도 슷쓰정寿都町과 가모에나이촌神恵内村에서 문헌조사를 수용하기로 결정했다. 슷쓰정은 정장이 문헌조사에 응모했고, 가모에나이촌은 경제산업성의 건의에 촌장이 수락하는 방식으로 문헌조사를 수용했다. 2020년 11월, 경제산업성이 두 지자체의 사업계획을 인가함으로써, 문헌조사가 시작되었다.

두 지자체에서 문헌조사가 시작되었다고 해도 지층처분에 대한 사회적 합의가 충분히 이루어지려면 아직도 요원한 상황이다[澤田哲生, 2021]. 그렇지만 관련 법 제정 후 20년 만에 첫 발걸음을 내딛었다는 점에서 의의가 크다.

2021년 9월, 자원에너지청은 제6차 에너지기본계획(안)[資源エネルギー庁, 2021b]을 공표하고 한 달간 의견 공모에 들어갔다. 에너지 절약을 포함해 야심찬 전망으로 수립된 2030년의 발전원 구성에서 재생에너지가 36~38%, 원자력은 20~22%를 차지한다. 그 외 LNG가 20%, 석탄이 19%, 석유 및 수소·암모니아 등이 3%를 차지한다. 이렇게 하면 에너지 자급률은 현행

---

11 문헌조사를 수용한 지자체에서 4~5년에 걸쳐 시추조사 등의 조사를 한다. 조사결과, 안전한 처분이 가능하다고 판단되는 지역에 실제로 지하갱도를 굴착하여, 그 지질 환경 특성을 자세하게 조사하는 정밀조사를 10년 정도 걸려 실시하는데, 만약 그 사이에 지자체가 이 사업을 중단하겠다고 결정하면 사업은 중단된다. 계속해서 사업이 진행되면 지층처분 시설이 만들어진다. 지상시설은 수송로, 폐기물(유리고화체 패킹 등) 작업장, 지하시설을 관리하는 관리동 등으로 구성된다. 지하시설은 지하 300m보다 깊은 곳에 폐기체를 매설하는 처분 갱도를 굴착하여 매년 1,000체 정도를 매설하여 순차적으로 갱도를 다시 메우는 작업을 수십 년에 걸쳐 계속해나간다.

약 25%에서 약 30%, 온실가스 저감목표는 25%에서 45%로 높아질 것으로 전망했다. 원자력과 경제 관련 단체 등에서 원자력의 이용 확대와 (기존 원전을 대체할) 신규 원전 건설이 필요하다는 목소리가 높았지만, 총론적으로 원자력에 관해 이전 계획에 비해 크게 달라진 점은 눈에 띄지 않는다. 다만, 정부 차원에서 보다 적극적으로 원전 재가동을 추진하고, 국제협력을 통한 SMR 기술의 실증 및 고온가스로에서 수소 제조에 관한 요소 기술을 확립한다는 방침을 나타냈다.

이와 같이 후쿠시마 원전사고 이후에도 일본의 에너지정책은 에너지안보와 기후변화 대책에서 여전히 원자력의 역할을 중시하며, 조금씩 진전되는 모습을 보인다. 하지만 이러한 일본 정부의 움직임과는 달리 원자력발전에 대한 여론은 회복되지 않고 있다. 일본 정부는 원자력에 관한 국가정책과 여론과의 괴리에 대해서는 국민 각계각층과의 소통을 통해 신뢰를 회복하는 데 정책적 최우선 순위를 두고 있다.

제11장
한국에서의 사고 대응과 영향

1. 후쿠시마 원전사고를 감안한 한국의 원자력 안전 강화

후쿠시마 원전사고를 고려한 안전점검

후쿠시마 원전사고 초기에는 원자력 안전 측면에서의 주요 교훈으로 △ 안전규제기관의 독립성과 전문성 제고, △원전 중대사고 예방 및 대처설비 보강, △단일 부지에서 다수기 사고에 대한 대비, △노후 가동 원전의 수명 연장에 따른 안전성 재평가, △인접국 원전사고에 대한 정보교류 및 협력 체제 확립 등이 제시되고 있었다. 이러한 교훈은 한국의 원전 안전점검을 계획하고 이행하는 과정에서 활용되었다.

후쿠시마 원전사고의 발생 원인과 사고 진행을 토대로, 대형 자연재해로 발생할 수 있는 최악의 원전사고 시나리오를 가정해 안전점검의 분야와 대상을 정했다. 선정한 시나리오에 대해 순차적으로 아래와 같이 네 단계를 확인하기로 했다.

• 대형 지진이나 해일이 발생했을 때 대비책을 마련해 원전에 사고 발생

을 방지할 수 있는가?

- 지진으로 발생한 기기 손상이나 원전 부지의 침수를 가정했을 때 전력 공급, 냉각기능을 확보해 중대사고로 진전되는 것을 방지할 수 있는 가?
- 중대사고로 진전되었다고 가정했을 때, 중대사고 대응전략 및 비상대 응을 통해 사고의 확대를 방지할 수 있는가?
- 최악의 경우 다량의 방사성물질이 방출되더라도 비상대응을 통해 피 해를 최소화할 수 있는가?

각 단계에서 사고 발생을 방지하거나 사고 진전을 차단할 수 있는지 여부를 확인하고, 필요한 개선사항을 찾는 것이 목적이었다.

안전점검은 2011년 3월 21일부터 4월 30일까지 전 원자력시설(원전, 연구로, 핵주기시설)을 대상으로 수행되었다. 안전점검을 실시한 결과, 점검단은 그동안의 조사연구를 통해 예측되었던 최대 지진과 해일의 규모에 대해서는 국내 원전이 안전하게 설계·운영되고 있음을 확인했다. 다만, 후쿠시마 원전사고를 계기로 국내 원전의 안전성을 한층 더 강화하기 위해 극한 자연재해가 발생하더라도 원전이 안전하게 관리될 수 있도록 총 50개의 장단기 개선사항을 도출했다. 정부(당시 교육과학기술부)는 50개 개선대책에 대하여 해당 시설의 운영자가 이행계획을 수립해 이행하도록 요구했다.

이상과 같이 극한 자연재해에도 원전이 안전성을 확보하도록 취해진 주요 조치 가운데 주요 사항을 간단히 소개한다.[1] 우선, 가동 원전의 설계지진 수준(0.2g)의 약 90% 정도의 지진이 발생하면 원자로를 자동으로 정지시키도록 설비를 보강하게 했다. 또 가동 원전의 안전정지를 유지하는 데 필수

---

[1] 상세한 내용은 원자력안전위원회가 2013년부터 매년 발간하는 『원자력안전연감』에서 찾을 수 있다. https://www.nssc.go.kr/ko/cms/FR_CON/index.do?MENU_ID=1580.

적인 계통의 내진성능을 재평가하여 신형 원전의 설계지진 수준(0.3g)으로 높이도록 요구했다. 이와 함께, 국내에서 발생 가능한 최대 지진에 대해 전면 재검토하는 연구가 수행되었다. 이와 같은 개선사항을 이행하는 데 요구되는 조치들은 2019년 상반기에 모두 완료되었다.

한국은 TMI 원전사고 후속조치, 중대사고 정책성명 등에 따라 중대사고 대처 설비와 절차를 지속적으로 보완해왔다. 그렇지만 중대사고관리는 후쿠시마 원전사고와 같이 장기간에 걸쳐 모든 교류전원이 상실되고 최종 열제거원이 상실되는 상황까지는 고려하지 않았다. 극한 자연재해 상황에서도 원전의 안전성을 확보하기 위해 기존의 중대사고 설비와 절차를 개선할 필요가 있었다. 전원공급이 필요하지 않은 최신 피동형 수소가스 제거설비, 중대사고 시 격납건물 내 과도한 압력 상승을 방지하기 위한 배기 또는 감압설비, 격납건물 외부에서 냉각수를 주입하는 유로의 설치 등 설비를 개선하도록 요구했다. 아울러 중대사고 시 운전원의 대응능력 향상을 위해 교육훈련을 강화했다.

극한 자연재해 상황이나 다수기에서 동시에 사고가 발생했을 때의 비상대응에서도 개선이 필요한 것으로 나타났다. 원전 인근 주민보호용 갑상선 방호약품(아이오딘화 칼륨)은 중대사고에 대비해 적정량을 추가 확보하도록 했다. 다수기 동시 원자력비상에 대비해 비상대응조직을 구성하고, 해일 발생을 고려한 비상발령기준 등을 반영해 방사선비상계획서를 개선하게 되었다. 또한 비상상황이 장기화되는 것에 대비해 원전사고 수습용 방호복, 방독면 필터, 방사선 계측장비 등을 현행보다 200% 이상 추가 확보했다.

안전검검에서 도출된 50개 개선대책에 추가해, 원자력안전위원회는 안전점검 시행 이후에 밝혀진 후쿠시마 원전사고의 교훈과 국내외 규제경험을 반영해 추가 개선대책을 세웠다. 2014년 3월, 원자력안전위원회는 극한 재해 대응 설비의 보강, 내진기능을 갖춘 비상대응거점의 확보, 비상대응 역량강화 등 3건에 대해 한국수력원자력주식회사(한수원)에게 이행계획을 수립해 이행하도록 요구했다. 비상대응 역량강화는 2018년에 필요한 조치가 완료되었다. 극한재해 대응 설비는 상당히 보강되었는데, 뒤에서 설명하는 사고관리계획과 연결되어 있으므로 필요한 경우 추가 보강이 이루어질 예정이다. 내진기능을 갖춘 부지 내 비상대응거점 확보는 2023년까지 완료를 목표로 이행 중이다.

스트레스 테스트

스트레스 테스트Stress Test: ST는 월성 1호기와 고리 1호기의 계속운전 여부를 EU 방식의 ST를 거쳐 결정하겠다는 대통령 공약에 따라 추진되었다. 원자력안전위원회와 한국원자력안전기술원KINS은 EU ST 지침, 수행방식, 결과들을 검토하고, 후쿠시마 원전사고 후 약 2년 동안의 국내·외 규제경험을 수집·분석해 국내에 적용할 ST 수행지침을 마련했다. 2013년 4월 30일, 원자력안전위원회는 ST 수행지침에 따라 월성 1호기와 고리 1호기에 대한 평가결과를 제출하도록 한수원에게 요구했다.

한수원은 월성 1호기와 고리 1호기에 대한 ST 수행보고서를 각각 2013년 7월과 12월에 원자력안전위원회에 제출했다. 안전위원회는 한수원의 수행보고서에 대한 안전심사를 KINS에 요청했고, KINS는 기술검증단을 구성해 독립검증을 수행했다. 월성 1호기의 경우, 검증과정의 투명성과 결과의 객관성을 높여 대국민 수용성을 제고할 목적으로 지자체와 시민단체로부터 추천받은 전문가로 구성된 민간검증단을 기술검증단에 포함시켜 운영했다.

2015년 9월, 원자력안전위원회는 ST를 전체 가동 원전에 확대 적용하여 2020년까지 수행한다는 기본방침을 의결했다. 이어서 2016년 10월, 안전위원회는 세부 추진계획과 그동안의 규제경험을 반영하여 개정된 ST 수행지침을 확정했다. 한수원은 가동 중인 22기 원전에 대해 2019년 6월 말까지 ST 수행보고서를 순차적으로 안전위원회에 제출했다. 안전위원회로부터 수행보고서의 검증을 요청받고 KINS는 관련 분야 80여 명의 전문가가 포함된 ST 검증단을 구성해 검증을 수행하고 있다. 2021년까지 전체 원전에 대해 검증을 완료할 예정이다.

원전 중대사고 규제의 법적 기반 마련

한국에서 원전의 중대사고에 대한 안전규제는 TMI 원전사고 후속조치를 국내 원전에 적용하도록 요구하면서 시작되었다. 이후 2001년 8월, 당시 과학기술부 자문기관인 원자력안전위원회에서 중대사고 정책이 의결됨에 따라 후속 행정조치를 통해 가동 및 건설 원전에 대한 중대사고 및 확률론적 안전성 평가PSA에 관한 안전규제가 시작되었다. 중대사고 정책에 기초한 안전규제는 법적 근거가 미비한 행정조치에 근거했기 때문에, 후쿠시마 원전사고 이후 중대사고에 대한 법규제화의 필요성이 제기되었다.

2011년 10월에 발족한 원자력안전위원회는 그동안 정책성명과 행정조치에 근거해 이행해오던 중대사고 관련 규제사항을 법제화하는 작업에 착수했다. 법령에서 중대사고 평가 결과와 PSA 결과를 인허가 서류로 제출하도록 하고, 하위 법령과 고시에서 세부 사항을 정하는 법률 개정안을 마련했다. 한편, 국회에서도 중대사고관리를 포함한 사고관리의 책무와 규제요건을 명확히 규정하기 위해 2014년 3월부터 여러 의원들이 '원자력안전법 일부개정법률안'을 발의했다. 여러 개정법률안의 내용은 대체로 유사하여 당시 국회의 미래창조과학방송통신위원회에서 총 5건의 개정 법률안을 통합·조정한 위원회안을 2015년 2월에 의결했다. 그 후 국회 법사위 의결과 국회 본회의 의결을 거쳐, 2015년 6월 22일에 개정 '원자력안전법'(2016.6. 23 시행)이 공포되었다.

개정 '원자력안전법'에서는 사고관리와 중대사고에 대한 용어 정의가 추가되었으며,[2] 원전의 운영허가 신청서 첨부서류에 사고관리계획서를 추가하고 안전위원회가 이 서류에 대한 허가기준을 마련하도록 정했다. 사고관리계획서는 중대사고를 포함하여 원전에서 발생 가능한 모든 사고에 대응하는 전략과 절차를 총괄하는 문서이다. 한수원은 사고관리계획서에 근거해 필요한 설비를 확보하고 세부 절차를 수립하게 된다. 기존 원전(운영 원전 및 시행 당시 운영허가를 이미 신청한 원전)은 시행일로부터 3년 이내 사고관리계획서를 제출하도록 경과조치를 두었다.

원자력안전위원회는 사고관리계획서 작성과 제출에 관한 사항을 반영해 '원자력안전법 시행규칙'을, 사고관리계획서의 허가기준을 반영해 '원자로시설 등의 기술기준에 관한 규칙'을 각각 개정했다. 사고관리계획서 작성방법에 관한 규정과 사고관리 범위 및 사고관리 능력평가의 세부기준에 관한 규정은 고시에서 정했다.

2019년 6월 21일, 한수원은 원자력안전위원회에 모두 28기 원전에 대한 사고관리계획서를 제출했다. 사고관리계획서는 원전마다 2만여 쪽에 달하며, 3.5톤 트럭 1대 분량이다. 사고관리계획서에는 모든 사고에 대해 예방·완화를 위한 설비를 적시하고, 사고의 영향을 평가하고 있다. 후쿠시마 원전사고 이후 수행된 안전점검, 스트레스 테스트 등 다양한 후속조치도 사고관리계획서 안에 반영되었다. 원자력안전위원회는 KINS에 사고관리계획서의 심사를 위탁했으며, 총심사기간은 약 3년이 소요될 것으로 예상된다.

---

2 사고관리는 원자로시설에 사고가 발생했을 때 사고가 확대되는 것을 방지하고 사고의 영향을 완화하며 안전한 상태로 회복하기 위하여 취하는 제반조치를 통칭한다. 중대사고는 안전위원회에서 정하는 설계기준을 초과해 노심의 현저한 손상을 초래하는 사고를 말한다.

2. 원자력 안전규제체제 변화와 규제제도 개선

원자력 안전규제체제의 변화

한국의 원자력 안전규제체제의 변화는 후쿠시마 원전사고 전부터 진행된 것이었지만, 후쿠시마 원전사고가 그 변화를 가속화시켰다. 한국에서는 원자력 안전규제를 담당하는 부처가 원자력발전 담당 부처와는 독립되어 있었지만, 원자력 진흥정책 수립, 연구 및 이용개발 업무를 동시에 담당했다. 이 때문에 후쿠시마 원전사고 전부터 안전규제의 독립성이 미흡하다는 지적이 있었다.

후쿠시마 원전사고 발생 직후인 2011년 3월 18일, 국내 원자력 안전 강화와 국민 불안을 해소하기 위한 방안을 논의하기 위해, 대통령 주재로 관계기관 특별대책회의가 개최되었다. 동 회의에서 원자력 안전 강화대책의 하나로서 안전규제를 전담할 독립행정기관인 원자력안전위원회를 가능한 조속히 신설하기로 결정되었다. 국회와 정부 간의 당·정 협의를 통해 안전위원회 신설에 관한 세부적인 사항이 조율되었고, 4월에 국회에서 법안을 통과시켜 7월에 발족하는 것에 합의가 이루어졌다. 후쿠시마 원전사고에 대한 분석이 진행되는 상태였기 때문에 관련 법안 심사에 예상보다 많은 시간이 걸렸다. 관련 법안은 2011년 6월에 열린 임시국회에서 심사가 진행되어, 6월 29일에 국회 본회의에서 최종 통과되었다. 원자력 안전규제 행정개편과 관련하여 당시 국회에서 통과된 법률안은 '원자력안전위원회의 설치 및 운영에 관한 법률안'(제정), '원자력안전법안'(제정) 및 '한국원자력안전기술원법 일부 개정법률안' 등이다.

정부는 국무회의 의결을 거쳐 국회로부터 이송받은 법률안들을 7월 25일자로 공포했다. 이들 법률의 발효일인 10월 26일자로 원자력안전위원회가 공식 발족하게 되었다. 안전위원회는 위원장 및 부위원장 각 1인을 포함한 7인 이상 9인 이하의 위원으로 구성하며, 위원장 및 부위원장은 상임위원으로 한다. 위원은 원자력 안전에 관한 식견과 경험이 풍부한 사람 중에서 임명하거나 위촉하되, 위원장과 부위원장은 국무총리의 제청으로 대통령이 임명한다. 그 밖의 위원은 위원장의 제청으로 대통령이 위촉한다. 이경우 위원에는 원자력·환경·보건의료·과학기술·공공안전·법률·인문사회 등 원자력 안전에 이바지할 수 있는 관련 분야 인사가 고루 포함되어야 한다. 또한 안전위원회는 소관 사무의 실무적인 자문이나 심의·의결 사항에 관한 사전검토 또는 위원회로부터 위임받은 사무를 효율적으로 수행하기 위해 필요하면 위원회 소속으로 전문위원회를 둘 수 있다. 한편, 원자력 안전과 핵물질 통제 분야의 전문기관인 KINS와 한국원자력통제기술원은 교육과학기술부 소속에서 원자력안전위원회 소속으로 이관되었다.

2013년에는 새 정부 출범과 함께 새로운 정부조직을 반영하는 변화가 있었다. 2013년 3월 23일자로 원자력안전위원회는 대통령 소속에서 국무총리 소속으로 변경된다. 안전위원회는 위원장을 포함한 9인의 위원으로 구성하고, 기존에 있었던 부위원장을 폐지하는 대신 상임위원 1인을 두어 사무처장직을 겸임하도록 했다. 위원장은 국무총리의 제청으로 대통령이 임명하고, 상임위원을 포함한 4인의 위원은 위원장이 제청하여 대통령이 임명 또는 위촉하며, 나머지 4인의 위원은 국회에서 추천하여 대통령이 임명 또는 위촉한다.

원자력안전위원회는 원전과 방사성폐기물 관리시설 및 현장방사능방재지휘센터에 소속 공무원을 주재해 현장의 안전규제와 방사능방재 등에 관한 사무를 수행해왔다. 2012년 3월, 원자력안전위원회는 2012년 2월에 있었던 고리 1호기 전력공급 중단사건에 대한 재발방지 대책의 하나로 현장규제를 지역사무소 체제로 운영하기로 했다. 2013년 10월, 안전위원회는 직제규칙을 개정해 소속기관으로 고리지역사무소를 신설했다. 이어 2014년 5월에는 다른 원전 부지에도 지역사무소가 설치된다. 이때 지역사무소의 관할 구역은 '원자력안전법'에 따른 원자로 및 관계시설의 소재지와 '원자력시설 등 방호 및 방사능 방재 대책법'에 따른 방사선비상계획구역으로 정해졌다. 2020년 8월에 대전지역사무소가 신설된다.

원자력 안전규제제도의 개선

규제기관이 규제제도를 계속해서 재검토하여 원자력 안전을 향상시키는데 필요한 조치를 취하는 것은 본연의 업무이다. 원자력안전위원회가 발족한 이후 여러 분야에서 규제제도가 변경되었다. 규제제도에 변화를 준 요인은 크게 세 가지로 나눌 수 있다. 첫 번째는 후쿠시마 원전사고의 교훈을 반영해 원전의 안전성을 강화하기 위한 것이다. 두 번째는 고리 1호기 영구정지나 정보공개 확대와 같은 정책 환경의 변화에 대응하기 위한 것이다. 마지막은 국내에서 발생한 안전문제들에 대한 대응이다. 대표적으로 2012년에 고리 1호기 전력공급 중단사건과 은폐, 납품계약 비리, 품질서류 위조 등의 사건이 연이어 발생했다. 이들 사건은 정부 주도의 원자력산업이 성장기를 거치면서 안전보다는 효율성에 중점을 두어 원자력산업의 안전문화가 상대적으로 미흡했음을 보여준 것이다[관계부처 합동, 2013]. 이들 문제로 원자력 안전에 대한 국민의 신뢰는 급격히 추락하게 되었다. 따라서 안전위원회는 사업자의 자율적인 안전관리에 위임되었던 부분들을 안전규제에 포함시키게 되었다.

크게 보면 규제제도는 관련 법률, 정책, 행정조치 및 제도의 세부 운용 등을 포함하는데, 여기서는 '원자력안전법'의 개정과 원자력 안전 정책의 변화에 초점을 두고 규제제도의 변화를 소개하기로 한다.

공급자 등 검사제도의 신설

2014년 5월에 '원자력안전법'이 개정되어(2014.11.22 시행) 원전부품을 포함해 원전사업 전 과정에 걸쳐 규제범위가 확대되었다. 법정검사의 대상자를 원전사업자뿐만 아니라 원전의 안전관련설비 설계자 및 제작자와 성능검증기관까지로 확대하는 공급자 등[3] 검사제도를 시행하게 되었다. 또한 안전관련설비의 안전성과 부품의 성능을 담보하기 위한 안전관련설비 계약의 신고의무 및 부적합사항 보고의무가 제도화되었다. 아울러 안전위원회가 지정하는 성능검증관리기관에 원전부품·기기에 대한 성능검증기관의 인증 및 취소 권한을 부여함으로써 성능검증기관의 관리업무에 공신력을 확보하게 되었다. 한편, 원자력 안전과 관련한 원전사업자, 공급자 등의 비리제보 창구로 운영하던 '원자력안전신문고'를 확대 개편하여 '원자력안전옴부즈만' 제도를 운영하게 되었다.

주기적 안전성 평가의 항목 확대

당초 주기적 안전성 평가는 1994년에 만들어진 IAEA 안전기준[IAEA, 1994]을 반영해 제도화되었다. 주기적 안전성 평가는 원자로시설의 평가 당시의 물리적 상태에 관한 사항, 안전성 분석에 관한 사항, 조직 및 관리체계에 관한 사항 등 모두 11개 분야에 대해 이루어졌다.

2003년, IAEA는 해당 안전기준을 개정하면서 평가분야를 14개로 개정했다. 새로운 분야가 추가된 것이 아니라 기존의 평가분야를 세분화·구체화한 것에 가깝다. 예를 들어, 원자로시설의 평가 당시의 물리적 상태에 관한

---

3 '공급자'란 설계자와 제작자를 의미하며, '공급자 등'은 공급자와 성능검증기관을 포함한다.

사항은 ① 원자로시설의 설계에 관한 사항과 ② 안전에 중요한 계통·구조물·기기의 실제 상태에 관한 사항으로 나누어졌다. 안전성 분석에 관한 사항도 ① 결정론적 안전성 분석, ② 확률론적 안전성 평가 및 ③ 위해도 Hazard 분석에 관한 사항으로 세분화되었다. 2013년, IAEA는 다시 주기적 안전성 평가에 관한 안전기준을 개정했다[IAEA, 2013]. 조직 및 관리체계에 관한 사항이 조직, 행정 및 안전문화에 관한 사항으로 변경되었다.

2012년 9월, 원자력안전위원회는 제1차 원자력안전종합계획(2012~2016년)을 의결했다. 원자력안전종합계획은 '원자력안전법' 제3조에 근거해 원자력 안전 관련 중장기 정책방향을 제시하는 최상위 국가계획이다. 이 종합계획에서 장기 가동 원전의 안전성 확인을 강화하기 위해 주기적 안전성 평가의 항목을 확대하기로 방침을 세웠다. 2014년 11월, 2013년의 IAEA 안전기준을 반영해 주기적 안전성 평가의 평가분야를 11개에서 14개로 확대하는 것으로 '원자력안전법 시행령'이 개정되었다.

원전 해체에 대한 규제기반 구축

원전 해체에 관한 절차나 사회적 합의, 기술개발 등이 당면 과제로 부각되었다. 원자력안전위원회는 제1차 원자력안전종합계획에서 가동 원전에 대해 예비해체계획 수립을 의무화하고, 신규건설 원전은 건설허가 신청 시 예비해체계획 제출을 규제요건으로 한다는 방침을 정했다.

2015년 1월, '원자력안전법'이 개정(2015.7.21 시행)되어 원전 해체에 관한 규제기반이 정비되었다. 신규 원전 등의 건설허가 신청서 첨부서류에 예비해체계획서를, 운영허가 신청서 첨부서류에 해체계획서를 각각 추가하게 되었다. 또한 운영허가를 받은 후에도 해체계획서를 주기적으로 갱신하여 원자력안전위원회에 보고해야 한다. 원전을 해체하려고 할 때에는 해체계획서의 개정 초안에 대해 주민의견을 수렴하도록 했으며, 주민의견 등을 반영한 해체계획서의 개정은 안전위원회의 승인을 받아야 한다.

원자력 안전 정보의 적극적 공개

제1차 원자력안전종합계획에서는 안전규제의 투명성을 제고하고 국민과의 소통을 강화해나간다는 방침이 정해졌다. 안전규제의 투명성을 한층 높이기 위해 원전의 안전심사 과정과 결과에 관한 정보공개를 적극 추진하기로 했다.

2015년 5월, 중대사고에 관한 법적 근거를 명확히 규정하는 것과 함께 원자력 안전 관련 정보를 적극적으로 공개하도록 '원자력안전법'이 개정되었다. 신설된 제103조의 2(정보공개의무)에 원자력안전위원회가 원전의 건설허가 및 운영허가 관련 심사결과와 원전의 안전관리에 관한 검사결과 등을 적극적으로 공개하도록 규정했다. 2016년 6월에는 적극적인 정보공개의 대상 및 방법을 정하기 위해 '원자력안전법 시행령'이 개정되었다. 적극적인 정보공개의 대상 정보를 원전 등의 건설허가 및 운영허가 신청 시 제출하는 서류, 원전 운영자가 원전의 설계수명 기간이 만료된 후에 그 시설을 계속하여 운전하려는 경우 제출하는 주기적 안전성 평가 보고서 등으로 정하고 있다. 해당 정보를 공개할 때 공공기관의 비공개 대상정보가 포함되는 경우에는 해당 부분을 제외하고 공개해야 한다. 안전위원회는 누구나 원자력 안전 정보를 열람할 수 있도록 정보공개포털(http://nsic.nssc.go.kr)을 운영하고 있다.

2021년 6월에는 '원자력 안전정보 공개 및 소통에 관한 법률'이 공포되었다. 이 법률은 본칙 21개조와 부칙 2개조로 구성되며, 2022년 6월 9일에 시행된다. 이 법률에 따라 원자력안전위원회는 원자력안전정보공유센터를 설치·운영해야 하며, 법률에서 정한 지역을 관할하는 지자체 및 지역 주민에게 원자력 안전 정보의 공개 및 이들과의 의사소통을 위해 원자력안전협의회를 조직·운영해야 한다.

제2차 원자력안전종합계획과 원자력 안전기준 강화 종합대책

원자력안전위원회는 관계기관 협의와 공청회, 관계부처 협의 등 다양한 의견수렴 과정을 거쳐 2016년 2월에 제2차 안전종합계획(2017~2021년)을 확정했다. 제2차 종합계획은 '국민이 공감하는 원자력 안전, 방사선 위험으로부터 안전한 사회'를 비전으로 원자력, 방사선 및 핵안보 등 분야별 안전강화를 위한 7대 전략과 21개 중점 추진과제를 정하고 있다.

원자력 안전에 관해서는 '정상운전부터 중대사고까지 원전의 안전관리 강화'를 전략으로, 중대사고를 포함한 사고관리체계 구축, 원전의 안전한 운전을 위한 종합분석·평가체계의 도입, 주요 구조물·계통·기기의 전주기적 안전관리 강화를 추진과제로 선정했다. 정보공개와 소통의 확대·활성화를 위해서 한층 더 노력하겠다는 의지도 나타냈다.

2016년 9월에 경주지진(규모 5.8), 2017년 11월에 포항지진(규모 5.4)이 발생하면서 다시 원전 안전성에 대한 국민들의 우려가 높아지게 되었다. 안전위원회는 2019년 3월에 '원자력 안전기준 강화 종합대책'을 수립했다. 이 종합대책은 제2차 종합계획에서 설정한 비전과 정책방향을 구체화하는 세부 실행분야를 나타낸 것이다.

방사능재난 관리체계의 강화

방사능재난에 관한 사항은 '원자력안전법'이 아니라, '원자력시설 등의 방호 및 방사능 방재 대책법'(방사능방재법)에 규정되어 있다. 방사능방재법에 따라 정부는 국가방사능방재계획을, 지자체의 장은 지역방사능방재계획을 수립해야 한다. 원자력사업자는 방사선비상계획을 수립하고 재난에 대비하는 제반 조치를 이행할 의무가 있다.

방사능재난 시 신속하고 체계적인 대응을 위한 국가방사능방재체계는 관련 중앙행정기관, 지자체, 원자력사업자, 군·경·소방기관, 원자력안전·방사선의료전문기관 등으로 구성되어 있다. 방사능재난 발생 시에 각 기관은 방사능방재법과 매뉴얼 등에 규정된 임무와 역할을 수행한다. 방사능방재법 제25조에 근거해 원자력안전위원회 소속으로 설치되는 중앙방사능방재대책본부에서는 방사능재해가 발생한 지역에 대한 조치 및 주민보호를 위한 지원결정 등 방사능방재에 관한 대응을 총괄한다. 현장방사능방재지휘센터는 방사능재해 현장을 지휘하고 상황을 관리하며, 지자체가 설치하는 지역방사능방재대책본부는 주민 보호조치 이행 등의 대응활동을 수행한다.

후쿠시마 원전사고의 교훈을 반영해 방사능재난 관리체제를 강화하기 위해 방사능방재법이 개정되었다. 2014년 5월, 방사선비상계획구역[4]을 확대하기 위해 방사능방재법이 개정되었다. 종래 원전의 경우 반경 8~10km 범위에서 방사선비상계획구역을 설정했던 바 있다. 후쿠시마 원전사고에 따른 광범위한 피해상황에 비추어, 기존의 방사선비상계획구역은 방사능재난에 대비하기에 미흡하다는 지적이 제기되었다.

IAEA는 방사선비상계획구역을 구분·관리할 것을 권고해왔다[IAEA, 2007]. 원자력시설에서 방사선비상이 발생할 경우, ① 사전에 주민을 피난시키는 등 예방적으로 주민 보호 조치를 실시하는 구역Precautionary Action Zone: PAZ 과 ② 방사능 영향평가 등을 기반으로 주민에 대한 긴급보호 조치를 위하여 정하는 구역Urgent Protective Action Planning zone: UPZ으로 구분해 관리해야 한다는 것이다.

개정 방사능방재법에서는 IAEA 권고를 받아들여 방사선비상계획구역의

4　방사선비상계획구역이란 원자력시설에서 방사선비상 또는 방사능재난이 발생할 경우 주민 보호 등을 위해 비상대책을 집중적으로 마련할 필요가 있는 구역을 말한다.

범위를 확대하는 동시에 구역을 둘로 나눴다. ①에 해당하는 '예방적보호조치구역'은 원전에서 반경 3~5km로, ②에 해당하는 '긴급보호조치계획구역'은 20~30km로 정하도록 했다. 2015년 5월, 원자력안전위원회, 지자체 및 원자력사업자는 하위 규정의 정비와 관계기관 협의 등을 거쳐 방사선비상계획구역을 개정 법률에 맞게 재설정했다. 이어 변경된 방사선비상계획구역을 반영해 원자력사업자의 비상계획서와 지자체의 매뉴얼의 정비가 이루어졌다.

2015년 1월에는 방사선재난에 대한 범부처 대응체제를 강화하기 위해 방사능방재법이 개정되었다. 이전에는 국민의 생명과 안전을 담당하는 일부 정부 부처가 중앙방사능방재대책본부에 참여하도록 규정되어 있지 않아 긴급대응조치가 원활하게 이루어지지 않을 우려가 있었다. 따라서 방사능재해에 범부처적으로 통합적인 대응능력을 강화하기 위해 국민의 생명과 안전을 담당하는 정부 부처는 중앙방사능방재대책본부에 반드시 참여하도록 법률로 규정했다.

3. 에너지 및 원자력 정책의 변화

한국의 에너지정책은 법에 따라 20년을 계획기간으로 하여 5년마다 수립·이행되는 에너지기본계획에 따른다. 제1차 에너지기본계획(2008~2030년)은 2006년에 제정된 '에너지기본법'에서 근거해 만들어졌다. 2010년에 '저탄소 녹색성장 기본법'이 제정되면서, 이후의 에너지기본계획의 수립·이행은 이 법에 근거하게 된다. 원자력발전에 관한 구체적인 정책은 '전기사업법'에 따라 15년을 계획기간으로 2년 주기로 수립·이행되는 전력수급기본계획에서 정해진다.

원자력정책은 '원자력진흥법'에 따라 원자력 이용을 위해 5년마다 수립되는 원자력진흥종합계획에서 정해진다.[5] 원자력진흥종합계획에서는 원자력발전, 원자력 및 방사선 개발·연구 등의 부문별 과제의 추진에 관한 사항과 소요재원의 투자계획 등을 다루고 있다. 원자력발전에 관한 사항은 에너지기본계획과 전력수급기본계획을 착실하게 이행하는 데 중점을 두고 있다. 원자력 개발·연구에서는 새로운 원자로 설계 및 관련 기술개발에 초점이 맞춰져 있으며, 원자력 이용에서는 안전에 관한 연구와 기술개발에 관한 사항도 포함되어 있다. 원자력진흥종합계획과 과학기술기본계획('과학기술기본법'에 따라 수립) 등을 토대로 원자력연구개발 5개년 계획이 수립된다.

이 절에서는 에너지기본계획, 전력수급기본계획 및 원자력진흥종합계획 등 국가계획을 중심으로 후쿠시마 원전사고의 여파와 에너지안보 환경의 변화 등이 한국의 에너지정책과 원자력정책, 특히 원자력발전에 어떤 영향을 미쳤는지를 개관한다.

에너지정책의 변화

2008년에 수립된 제1차 에너지기본계획(2008~2030년)에서는 에너지안보와 온실가스 배출감축의 관점에서 원전의 이용을 확대하기로 했다. 당시 대외 여건으로 고유가 시대가 지속되었고,[6] 에너지 자원의 높은 해외 의존

---

5   원자력 이용과 관련하여 진흥과 안전에 관한 법령이 구분되기 전, 즉 1995년에 개정된 '원자력법'에 근거해 1997년에 제1차 원자력진흥종합계획(1997~2001년)이 수립되었다. 당시 원자력진흥종합계획은 원자력 이용과 안전관리에 대한 현황과 전망을 토대로 정책 목표와 기본 방향을 제시하고 원자력에 관한 과제를 망라하는 국가계획이었다. 2011년에 원자력법이 '원자력진흥법'과 '원자력안전법'으로 나뉘면서, 그간 원자력진흥종합계획에 포함되었던 안전관리에 관한 사항은 '원자력안전법'에 따라 5년마다 수립되는 원자력안전종합계획에서 다뤄진다.

6   2000년대에 들어 세계 경기 호황과 함께 국제유가는 2005년에 배럴당 50달러대로 올라선 후 2006년 65달러, 2007년 72달러로 계속 올라갔다. 2008년 9월 리먼브라더스

도를 벗어나 자주적인 공급역량을 확보하는 것이 무엇보다 중요한 과제였다. 또한 온실가스 배출을 줄이기 위해서 석탄·석유 등 화석에너지에 대한 의존도를 낮추고, 원자력과 재생에너지 등 청정에너지의 비중을 대폭 확대하기로 했다. 제1차 에너지기본계획의 전력수급 목표는 2008년 수립된 제4차 전력수급계획(2008~2022년)과 2010년 수립된 제5차 전력수급계획(2010~2024년)에서 구체화되었다. 제5차 전력수급계획에서는 설비기준으로 원자력, 재생에너지의 비중을 각각 2010년 24.8%, 2.8%에서 2024년까지 31.5%, 4.2%로 높이기로 했다. 한편, 에너지안보 관점에서 수입에 의존하는 천연가스 발전의 설비 비중은 2010년 25.8%에서 2024년까지 20.9%로 낮추기로 했다.

아울러, 제1차 에너지기본계획에서는 원전의 핵심기술을 자립화하고, 원전 및 관련 기술의 해외수출을 적극 지원하기로 했다. 2007년에 수립된 제3차 원자력진흥종합계획(2007~2011년)에서도 원자력의 국제 경쟁력 확보를 통해 수출 산업화를 추진하는 것이 정책 목표의 하나였다. 2009년 12월, 한국은 신고리 3·4호기와 같은 설계인 APR1400 4기를 UAE에 수출하게 되었다. 한국은 UAE 원전 수출을 계기로 후쿠시마 원전사고 전까지 전 세계로부터 주목을 받으며 국내외로 활발하게 원자력 사업을 전개했다.

후쿠시마 원전사고 이후 2011년 11월에 책정된 제4차 원자력진흥종합계획(2012~2016년)에서 원자력 관련 국가계획으로는 처음으로 이 사고의 영향과 향후 원자력 이용에 관한 전망이 제시되었다. 후쿠시마 원전사고 이후 세계 각국은 원자력 안전을 더욱 강화하고 있으며, 단기 침체의 상황에서도 중장기적으로는 원자력 이용이 확대될 것으로 진단했다. 그러나 2012

사건으로 세계 경제가 침체되기 전인 2008년 7월 평균 배럴당 가격은 당시 135달러를 기록했다. 역사상 원유가격이 가장 높았던 시기였다. 골드만삭스는 향후 2년 내 배럴당 최고 200달러까지 급증할 수 있다고 전망했다. 참고로, 제1차 국가에너지기본계획은 2008년 8월 27일 국가에너지위원회 심의를 거쳐 확정되었다.

년이 되면서 국내 원자력 분야는 엄청난 변화의 소용돌이에 들어가게 된다. 2012년에 고리 1호기 전력공급 중단사건과 은폐(2012.3), 납품계약 비리 (2012.7), 품질서류 위조(2012.11) 등의 사건이 연이어 발생했다. 이들 사건 은 원자력 안전에 대한 국민의 불신을 초래한 것은 물론 전력공급에도 영향 을 미쳤다. 품질서류 위조 부품을 교체하기 위해 해당 원전이 장기간 정지 하게 되었기 때문이다. 원전의 연간 평균 가동률은 2011년 90.3%에서 2012년 82.3%로 떨어졌고, 2013년에는 75.7%까지 떨어졌다. 2011년 9월 15일에 전국적으로 발생한 정전 사태로 전력수급에 어려움을 겪고 있었는 데, 원전 가동률마저 떨어져 2013년 전력수급 상황은 그 어느 때보다 힘들 었다. 전력상황은 2013년 말이 되어서야 차츰 좋아지게 되었다.

후쿠시마 원전사고, 국내에서 다발한 안전문제 및 9·15 정전의 영향은 제6차 전력수급기본계획(2013~2027년)을 수립하는 데 고스란히 반영되게 된다. 원전에 대한 사회적 수용성이 저하된 점을 반영하는 동시에 안정적 전력공급에 필요한 충분한 예비력 확보가 주요 과제였다. 제6차 전력수급 기본계획에서는 설비기준으로 원자력의 비중을 2012년 25.3%에서 2027년 까지 22.7%로 낮춰 잡았다. 제2차 에너지기본계획(2014~2035년)이 확정될 때까지 이미 건설이 확정된 원전을 제외한 신규 원전 건설은 유보되었다.

2014년 1월, 제2차 에너지기본계획(2014~2035년)이 정해졌다. 제1차 기 본계획을 정할 때에 비해서 국내 여건의 변화가 에너지정책에 많은 영향을 주었다. 제2차 기본계획을 수립할 때는 최종단계에서 공청회 위주로 국민 의견을 수렴했던 이전 방식과 달리, 초안 작성단계부터 시민단체 등 모든 이 해관계자들이 직접 참여했다. 에너지정책에 대한 사회적 갈등과제들이 표출 되면서, 정부는 민간 전문가로 구성한 워킹그룹의 논의를 통하여 모아진 의 견을 바탕으로 에너지정책을 결정했다. 5개 워킹그룹 중 하나인 원전워킹그 룹은 전력수요·국민수용성·계통안정성 등의 변화를 감안해, 2035년 원전의 설비 비중을 22~29% 범위에서 결정해줄 것을 권고했다. 정부는 에너지 수입의존도가 96.4%에 달하는 상황에서 에너지안보, 산업경쟁력, 온실가스 감축 등에서 원전 비중을 급격히 축소하는 것은 바람직하지 않다고 판단하고, 워킹그룹 권고를 존중해 원자력의 설비 비중을 29% 수준으로 결정했다.

제2차 에너지기본계획에 근거해 2015년 7월에 제7차 전력수급기본계획(2015~2029년)이 수립되었다. 제6차 계획에서 건설기간이 짧은 천연가스와 석탄 등 화력발전 중심으로 발전설비가 확충되었다. 이로 인해 온실가스 감축 측면에서는 부정적인 영향이 나타났다. 제7차 계획이 정해지기 한 달 전에 '에너지법'(옛 '에너지기본법')에 따라 설치된 에너지위원회의 권고를 받고 한수원은 이사회를 통해 고리 1호기 영구정지를 의결했다. 따라서 적정 설비 규모의 산정 시 고리 1호기의 영구정지가 반영되었다.

2017년 6월 19일, 대통령은 고리 1호기 영구정지 기념행사에서 원전 중심의 발전정책을 폐기하겠다고 선언했다. 2017년 6월 27일, 정부는 신고리 5·6호기 공사를 일시 중단하고 건설 재개 여부에 사회적 합의를 도출하기 위해 공론화위원회를 구성하기로 결정했다. 이어 7월 17일, 국무총리훈령으로 '신고리 5·6호기 공론화위원회의 구성 및 운영에 관한 규정'을 제정함으로써 공론화위원회가 정식으로 설치되었다. 공론화위원회는 9월 13일, 시민참여단 500명을 선정하고, 이들을 대상으로 한 달 동안의 숙의과정을 거친 뒤 신고리 5·6호기 건설 중단 여부에 관해 시민참여단의 뜻에 맞는 정책을 정부에 권고하기로 했다. 10월 20일, 신고리 5·6호기 공론화위원회는 찬성 59.5%, 반대 40.5%로 '신고리 5·6호기의 건설 재개'를 결정했다.

10월 22일, 대통령은 '신고리 5·6호기 공론화 결과에 대한 대통령 입장'에서 공론화위원회 결과를 수용할 뜻을 밝혔다. 이어 10월 24일에 개최된 국무회의에서는 공론화위원회 권고를 이행하기 위한 정부대책으로 '신고리 5·6호기 공론화위원회 권고내용 및 정부방침(안)'과 '신고리 5·6호기 공론화 후속조치 및 에너지전환(탈원전) 로드맵'이 보고되었다. 신고리 5·6호기는 공사를 재개하되 신규 원전 건설계획은 백지화하고, 노후 원전은 수

명연장을 금지하며 월성 1호기는 전력수급 안정성 등을 고려해 조기 폐쇄해 원전을 단계적으로 감축하기로 결정했다. 재생에너지는 2017년 현재 7%인 발전량 비중을 2030년 20%로 확대하기로 했으며, 에너지전환에 따라 영향을 받게 되는 지역과 산업이 연착륙할 수 있도록 보완대책을 강구하기로 했다.

에너지전환 로드맵에 따른 부문별 계획으로, 2017년 12월에는 '재생에너지 3020 이행계획'과 제8차 전력수급기본계획(2017~2031년)이 발표되었다. 제8차 계획에서는 그동안 경제성 중심의 전원믹스(발전원 구성)에서 환경·안전에 보다 비중을 두었다.

2019년 6월에는 제3차 에너지기본계획(2019~2040년)이 수립되었다. 제3차 기본계획은 현 정부의 에너지전환 정책을 전면에 내세웠다는 점에서 이전 계획과 차이가 있다. 파리협정에 따른 신기후체제의 출범과 재생에너지와 수소에너지의 투자·보급 확대 등 대외 정책 환경이 변화하고, 깨끗하고 안전한 환경을 원하는 국민적 요구에 부응하기 위해서 에너지전환은 불가피하다고 보았다.

재생에너지는 2040년에 발전비중을 30~35%로 확대하고, 천연가스도 발전용 에너지원으로서 역할을 확대하기로 했다. 에너지안보를 강화하기 위해 동북아 천연가스 협력을 확대하고 '동북아 슈퍼그리드'(남-북-러 노선, 한-중-일 노선)를 구축하는 구상도 나타냈다. 원자력에 대해서는 에너지전환 로드맵에 따라 원전 비중을 점진적으로 감축하고 사용후핵연료 문제는 관리정책을 재검토하여 사회적 합의를 도출하기로 방침을 정했다. 이와 함께 원전 생태계를 유지하고 원자력 관련 유망분야의 육성 및 산업구조의 전환도 주요 과제로 정했다. 대형 및 중소형 원전, 기자재, 운영·엔지니어링 등 관련계약 수주를 통한 전 세계 공급망 참여를 지원하고, 원전의 안전 운영을 위한 산업 인력의 핵심 생태계 유지를 지원하는 것이 주요 골자이다. 원전해체, 핵융합, 중소형 원자로, 우주·해양 등 극지 동력원, 방사선 등이 유망분야로 선정되었다.

제3차 에너지기본계획은 발전용 에너지의 주요 에너지원을 석탄·원자력에서 재생에너지·천연가스로 바꾸겠다는 것이다. 향후 수립할 제9차 전력수급기본계획 등을 통해 발전 비중 목표를 구체화하기로 했다.

제9차 전력수급계획(2020~2034년)이 2020년 12월 말에 확정 공고되었다. 그런데 제3차 에너지기본계획이 수립되고 제9차 전력수급계획이 확정되기까지 에너지정책 환경에 큰 변화가 생겼다. 예기치 않은 코로나19 사태가 그것으로, 코로나19로 인한 극심한 경기침체를 극복하고 구조적인 대전환에 대응해야 하는 과제에 직면하게 된 것이다. 이에 정부는 2020년 7월, 관계부처 합동으로 '한국판 뉴딜' 종합계획을 발표했다[관계부처 합동, 2020]. 코로나19 사태를 계기로 기후변화 위기의 파급력과 시급성이 재평가되면서, 저탄소·친환경 경제, 즉 그린경제로의 전환이 강력히 요구된다고 진단했다. 그린경제를 촉진함으로써, 국민 삶의 질을 개선하는 동시에 전 세계적 투자 확대 등에 따라 일자리와 신산업 창출의 기회를 만들어야 한다는 방향을 제시했다. 에너지 부문에서는 저탄소·분산형 에너지를 확대한다는 목표하에, ① 에너지관리 효율화 및 지능형 스마트 그리드 구축, ② 신재생에너지 확산기반 구축 및 공정한 전환 지원, ③ 전기차·수소차 등 그린 모빌리티 보급 확대 등을 과제로 내세웠다. 2020년 12월 10일, 대통령은 '2050년 대한민국 탄소중립 비전'을 마련하고, 산업과 경제, 사회 모든 영역에서 '탄소중립'을 강력히 추진해나갈 것을 선언했다.

제9차 전력수급기본계획에는 이전 계획 이후의 정책 환경 변화가 고려되었다. 설비계획으로는 안정적 전력수급을 전제로 친환경 전원으로의 전환을 가속화하고, 2030년 전환부문 온실가스 배출량 목표 달성방안을 구체화했다. 전원별 설비(정격용량 기준) 구성에서 2020년 대비 2034년까지 원전과 석탄은 각각 18.2% → 10.1%, 28.1% → 15.0%로 감소하고, 신재생에너지는 15.8% → 40.3%로 증가하며, LNG 발전은 32.3% → 30.6%로 다소 감소할 것으로 전망했다. 이와 함께 정책목표를 달성하기 위해, 분산형 전원 활성화 촉진, 재생에너지 확대에 대비한 인프라 보강·확대, 전력시장 제도 등의 과제에 대한 대응방침을 표방했다. 아울러, 동북아 슈퍼그리드 구축을 위해 2022년까지 한-중 사업화 착수, 한-일, 한-러 사업 타당성 조사를 완료해 나갈 계획을 밝혔다.

원자력정책의 변화

후쿠시마 원전사고가 발생한 후, 2011년 11월에 수립된 제4차 원자력진흥종합계획(2012~2016년)에서는 단기 침체 상황에서도 중장기적으로는 원자력 이용은 계속 확대될 것으로 전망하면서, 후쿠시마 원전사고 교훈을 반영해 중대사고 등에 대한 안전성 향상 연구를 강화한다는 방침을 정했다. 후쿠시마 원전사고의 교훈을 반영해 극한 자연재해 및 다수기 동시 사고에 대한 확률론적 안전성 평가PSA 기술과 같은 안전연구가 강화되었다. 또한 한국형 원자로의 경제성·안전성 향상과 더불어 국가별로 차별화된 수출전략을 전개하고, 효율적으로 미래 원자력시스템을 개발하기로 했다. 표준설계인가 획득을 목표로 1,500MWe급 원전과 다목적 중소형로인 SMART[7]를 개발하고 연구용 원자로의 수출도 가속화한다는 방침을 세웠다. 방사성폐기물 관리에서는 중저준위폐기물 처분장을 적기에 완공하는 것과 함께 합리적인 사용후핵연료 관리방안을 마련하기로 하고, 사용후핵연료 재활용 기술인 고속로 순환 핵연료주기 시스템 개발도 지속하기로 했다. 또 방사선 기술의 이용을 다변화하고 관련 산업을 지속적으로 확대해나가기 위한 투

---

7 SMART Syetem-integrated Modular Advanced ReacTor는 열출력 330MWt으로, 가압기, 증기발생기 등이 원자로용기 내에 설치되는 일체형 가압경수로이다. 2010년 12월에 한국원자력연구소와 한국전력공사가 '원자력안전법' 제12조에 따라 SMART 표준설계인가를 신청하고, 2012년 7월에 원자력안전위원회가 그 표준설계를 인가했다.

자와 기술개발에도 주력한다는 방침도 정했다.

2017년 1월, 제5차 원자력진흥종합계획(2017~2021년)에서는 제4차 종합계획의 성과를 대체로 긍정적으로 평가했다. 정책 환경에서는 파리협정에 따른 새로운 기후체제의 출범, 원전 안전성의 지속적인 강화, 사용후핵연료 관리, 원전 해체 등이 고려되었다. 새로운 정책 환경을 반영해서 전체적인 흐름에서는 제4차 계획과 거의 비슷한 방향으로 제5차 진흥종합계획이 수립되었다. 그러나 2017년 10월, 정부에서 탈원전을 전제로 한 에너지전환 로드맵을 책정함에 따라 제5차 진흥종합계획은 원자력정책의 방향타 역할을 하지 못하게 된다.

산업자원부에서 담당하는 원자력정책은 주로 원전의 이용에 관한 사항에 초점을 두고 있다. 산업자원부는 에너지전환 정책을 추진하는 과정에서 원전 이용에 관한 원자력정책도 함께 정했다. 앞서 소개했듯이, 에너지전환 로드맵이 결정된 이후, 제8차 전력수급기본계획, 에너지전환(원전부문) 보완대책, 제3차 에너지기본계획 등에 원전의 이용과 관련한 원자력정책이 제시되었다.

한편, 과학기술정보통신부(과기정통부)는 원자력과 방사선 이용 관련 연구·개발 등에 관한 기본시책의 수립·시행을 담당한다. 2017년 8월, 과기정통부는 원자력시스템 발전, 원전 성능 개선 등 경제성장을 지원하는 데 중심을 두었던 원자력 연구를 국민의 생명과 안전을 중심으로 한 미래지향적 연구개발로 전환·추진하겠다는 입장을 밝혔다. 이후 과기정통부가 원자력과 방사선 연구·개발에 관해 책정한 일련의 정책들은 다음과 같다.

2017년 12월, 과기정통부는 원자력 R&D 추진방향을 제시하는 '미래원자력 기술 발전전략'을 발표했다. 주요내용은 원자력 안전 및 해체에 관한 연구를 강화하고, 방사선 기술 등의 활용을 확대하며, 원자력 기술의 해외 수출 지원을 강화해나가는 것 등이다.

같은 시기에 과기정통부는 사용후핵연료를 재활용하기 위해 개발해왔던

파이로프로세싱과 소듐냉각고속로 연구개발 사업을 재검토하기로 결정했다. 국회에서 해당 사업의 예산을 심의할 때 전문가와 국민의 의견수렴 등을 거쳐 사업의 지속 추진 여부와 방향을 재검토하여 관련 예산을 집행하라는 부대의견이 있었기 때문이다. 재검토는 '사용후핵연료 처리기술 연구개발사업 재검토위원회'에 맡겨졌고, 2018년 5월 과기정통부는 재검토위원회의 최종 권고안을 바탕으로 이 사업을 핵심기술 개발 중심으로 2020년까지 지원하기로 결정했다. 향후 연구 방향은 2021년 6월 현재 최종보고서의 승인 절차가 진행 중인 한·미 공동연구 결과를 검토하여 결정될 것으로 예상된다.

2018년 12월, 과기정통부는 국내 원전의 안전성을 극대화하고, 기존 원자력 분야 혁신역량의 활용을 확대하는 '미래원자력 안전역량 강화방안'을 수립했다. 이는 탈원전을 전망한 에너지전환하에서도 앞으로 최소 60년간 운영될 국내 가동 원전의 안전성을 확보하려는 목적에서 마련한 것이다.

2019월 11월, 원자력진흥위원회는 '미래 방사선 산업창출 전략'과 '미래 선도 원자력 기술역량 확보방안' 등 원자력 분야의 핵심 기술역량을 유지·발전시켜나가기 위한 정책을 의결했다. '미래 방사선 산업창출 전략'은 의료·환경과 같은 생활 밀접 분야에서부터 반도체·에너지 등 첨단 산업 분야까지 다양하게 활용될 수 있는 방사선 기술을 개발해 신산업을 창출해나간다는 전략이다. '미래선도 원자력 기술역량 확보방안'은 장래 세계시장에서 새롭게 창출될 것으로 예상되는 혁신 원자력 기술 분야에서 선도적인 기술력을 확보하기 위한 방안이다. 원자력 분야에서는 세계적으로 소형화, 안전계통 단순화, 출력 유연성 등의 특성을 갖춘 혁신 원자력시스템 시장이 확대될 것으로 전망했다. 이 방안에서는 소형 원자로(차세대 SMART와 다목적 활용이 가능한 초소형 원자력시스템 등) 분야의 혁신 원자력시스템과 방사성 폐기물 관리, 가동 원전의 안전운영, 원자력시설 해체에 관한 혁신 기술개발을 추진한다는 방침이 포함되어 있다.

한편, 정부는 중소형, 다목적 원자로인 SMART 수출을 위한 한-사우디 협력을 강화해왔다. 2015년 3월에 당시 미래창조과학부 장관과 사우디 왕립원자력재생에너지원King Abdullah City for Atomic and Renewable Energy: K. A. CARE[8] 원장(장관급)이 SMART 공동 상용화를 위한 '한-사우디 SMART 파트너십 추진각서'를 교환했다. 같은 해 9월, 한국원자력연구원KAERI과 K. A. CARE 사이에 'SMART 건설 전 설계 협약'이 체결되었다. 이 협약에 따라 한국과 사우디가 총 1.3억 달러(사우디 1억 달러, 한국 0.3억 달러)를 투자한 공동개발사업(2015. 12~2018. 11)이 성립되었다. 이 사업의 목표는 사우디에서 건설할 SMART 1·2호기의 예비안전성분석보고서를 작성하고 건설제의서를 작성하는 것이다. 공동사업은 KAERI를 비롯해 국내 여러 기업이 참여해 성공적으로 완료되었다.

2020년 1월, KAERI와 K. A. CARE는 'SMART 건설 전 설계 협약'을 개정하여 사우디 내 SMART 건설 및 수출을 전담하기 위해 한국 기업과 사우디 기업이 참여하는 법인체를 설립하기로 합의했다. 협약 개정은 사우디에서 SMART 첫 호기 건설사업 리스크를 감소시키기 위해 한수원의 사업 참여를 요청함에 따라 이루어졌다. 개정 협약에 따라 향후 한수원이 SMART 인허가, 사업모델, 건설 인프라 구축, 제3국 수출 등을 위한 협의를 진행해나갈 예정이다. 양국은 SMART의 사우디 건설허가 심사 부담을 경감하고 해외 수출 촉진을 위해 'SMART 표준설계인가 공동추진 협약'을 새로 체결했다. 이 협약에는 SMART 건설 전 설계에 대한 국내 표준설계인가 획득을 위해 한수원, KAERI, K. A. CARE의 역무범위, 재원 분담 방안 등이 포함되어 있다. 2019년 12월 30일, 한수원, KAERI 및 K. A. CARE는 3자 공동으로 '스마트100 SMART100' 원자로 표준설계인가 신청서를 원자력안전위원회에 제출했다.

2020년 12월, 제9차 원자력진흥위원회가 개최되어 향후 원자력정책에

---

8 K. A. CARE는 사우디의 원자력 및 재생에너지 관련 정책·집행을 전담하는 정부기관.

큰 그림을 보여주는 안건들이 심의 또는 보고되었다.

첫 번째, '중·저준위 방사성폐기물에 대한 관리 기본계획'[9]에는 에너지전환과 원전 해체 등의 변화를 반영하여 방사성폐기물 처분에 필요한 인프라를 확충하고, 안전 중심의 관리시스템 정립에 중점을 두었다.

두 번째, 과기부와 산자부 합동의 '원자력진흥정책의 추진현황과 앞으로의 과제'에서는 2022년 이후 5년간의 원자력정책을 나타내는 제6차 원자력진흥종합계획(2022~2026) 수립의 기본방향이 제시되었다. 제6차 원자력진흥종합계획의 기본방향으로 ① 가동 원전 안전 및 방사성폐기물 환경부담 저감, ② 해체·SMR 신新시장 개척과 원전 수출시장 확장, ③ 원자력·방사선 융합기술을 활용한 혁신성과 창출, ④ 국민과 함께 국가 위상을 높이는 정책을 추진하기로 했다.

세 번째, '원자로 기술개발의 현황과 향후 추진전략'에서 과기부·산자부는 합동으로 향후 원자로 개발에 대한 진단과 함께 앞으로의 대응 방향을 제시했다. 후쿠시마 원전사고 이후 대형 원전 시장은 정체되는 반면에 초기투자 비용이 저렴하고 다목적 활용과 안정성이 강화된 소형 원자로 시장이 세계적으로 확대될 것으로 진단했다. 따라서 한국도 소형 원자로 기술개발에 적극 나서야 한다며, ① SMART 고도화 및 수출, ② 'i-SMR' 개발 사업(KAERI-한수원 공동주관으로 8년간 4,000억 원 규모)에 대한 예비타당성조사 추진, ③ 4세대형 미래 원자력시스템 개발 등의 실행계획을 수립하기로 했다.

최근 한국에서도 SMR에 대한 관심이 높아지고 있다. 2021년 4월 14일, 여야 국회의원 11명이 참여한 '혁신형 SMR 국회 포럼'이 출범식을 가졌다. 이 자리에서 KAERI와 한수원은 양 기관이 함께 혁신형 소형모듈로인 'i-SMR'을 개발 중이라고 경과를 소개했다. 'i-SMR' 표준설계를 2025년까

---

9   향후 30년간 중·저준위 방사성폐기물 관리정책의 방향을 제시하는 기본계획.

지 마치고, 2026년부터 원자력안전위원회의 표준설계 승인을 얻기 위한 인허가 과정에 들어간다는 계획이다. 2028년까지 표준설계 승인을 얻고, 2030년에 본격적으로 원전 수출시장에 뛰어든다는 것이 'i-SMR' 개발의 최종 목표이다.

제12장

국제기구와 주요 국가에서의 대응

1. 국제기구와 유럽연합의 대응

국제원자력기구IAEA

IAEA는 후쿠시마 원전사고의 교훈을 반영해 원자력 안전에 대한 국제규범을 강화하고, 국제 원자력 안전체제를 더욱 공고히 하는 활동을 전개하면서 안전기준을 개정하는 작업에 착수했다. IAEA는 2016년 2월까지 후쿠시마 원전사고의 교훈에 관련된 안전기준을 모두 개정했다. 후쿠시마 원전사고의 교훈으로 IAEA 안전기준에 반영된 주요 사항은 ① 심층방어의 강화(외부사건과 다수기 부지에 대한 안전대책 등), ② 규제기관의 독립성과 역량 강화, ③ 안전문화의 조성, ④ 피폭관리에 국제방사선방호위원회ICRP가 2007년 새로 권고한 사항들의 반영 등을 들 수 있다.

새로 개정된 안전기준은 후쿠시마 원전사고를 교훈 삼아 각 회원국에서 원전의 안전성 향상 대책에 이미 반영된 것이 대부분이었다. 따라서 IAEA 안전기준의 개정에 따라 각 회원국이 새로 조치해야 할 것은 거의 없었지만, 후쿠시마 원전사고 이후 각 회원국에서 수립한 안전대책에서 공통분모를 찾아 이를 국제규범으로 확정한 것은 큰 의의가 있다. 원자력안전협약 CNS에 따라 3년마다 이루어지는 동료검토에서 IAEA 안전기준은 평가의 잣대로 작용하므로, 체약국이 개정된 안전기준을 잘 반영해 실시하는지 여부는 3년마다 주기적으로 확인하게 된다.

후쿠시마 원전사고는 IAEA가 중심이 되어 구축한 국제 원자력 안전체제가 제대로 작동하고 있는가에 대해 의문을 던졌다. 예를 들어, 그간 해왔던 CNS에 따른 체약국 간의 동료검토와 통합규제검토서비스IRRS가 실효성을 가지고 있었는지 검토하고, 부족한 점이 있었다면 이를 보강해야 한다는 의견들이 있었다.

2015년 2월, IAEA 본부에서 개최된 외교회의에서 '원자력 안전에 관한 비엔나 선언Vienna Declaration on Nuclear Safety'이 최종 합의에 이르렀다. 비엔나 선언의 요지는 ① 신규 원전에서는 사고가 발생하더라도 방사성물질이 조기에 방출되거나 소외 비상대응이 요구되는 대량 방출을 배제할 수 있도록 하고, ② 가동 원전에 대해서는 신규 원전의 안전목표를 달성한다는 자세로 지속적으로 안전을 향상시켜야 한다는 것이다. 비엔나 선언은 체약국에 대한 구속력은 없지만 대부분의 체약국은 이를 고려해 원자력 안전정책을 정하고 있다. 2017년 3월, 비엔나 선언이 나온 후 처음 개최된 제7차 CNS 검토회의에서는 국가보고서에 제시된 각 체약국의 비엔나 선언의 이행 상황, 주요 안전성 증진사항, 모범사례의 적용 등을 상호 검토했다.

IAEA는 IRRS와 같이 IAEA가 회원국에 제공하는 동료검토의 실효성을 높이고, 또 그 대상을 확대하기로 했다. 예를 들어, IRRS 프로그램에 사고관리, 비상대책을 표준검토항목에 포함시켰고 안전문화를 선택항목에 추가했다. 또한 IAEA는 회원국에게 주기적으로 IRRS를 받도록 권장하고 있다. IRRS를 통해 회원국 안전규제의 체계와 역량을 지속적으로 향상시키는 한편, 원자력 안전에 대한 회원국 간의 상호 작용도 증대될 것으로 예상된다.

경제협력개발기구/원자력기구 OECD/NEA

OECD/NEA는 선진국 중심의 회원국들 간에 원자력정책, 안전, 과학·기술, 환경, 법과 관련한 교류협력을 통한 수월성을 추구하고, 원자력 안전 등에 관한 국제 공동연구사업도 주관하고 있다. 후쿠시마 원전사고 이후 OECD/NEA에서도 사고의 원인 규명, 교훈의 도출, 회원국 간의 정보 교환 등에 많은 역할을 했다[OECD/NEA, 2016a; 2021a].

OECD/NEA는 후쿠시마 원전사고의 교훈으로 특히 인적·조직적 요소와 안전문화 조성에 초점을 맞추고 있다. 2014년, OECD/NEA는 효과적인 규제기관이 갖추어야 할 특성을 역할과 책임, 원칙 빛 역량의 관점에서 정리한 보고서를 발간했다. 또 규제기관의 안전문화를 검토할 실무그룹을 설치해, 2016년 2월에 효과적인 규제기관이 가져야 할 안전문화에 관한 보고서[OECD/NEA, 2016b]를 발간했다. 이 보고서에는 안전문화에 '국가나 민족의 문화National Culture'가 영향을 미친다고 지적했다. 국가나 민족의 문화에 대한 우열이나 바람직한 특성을 논하자는 것은 아니다. 전 세계에서 높은 안전문화를 가진 조직은 공통적인 특성을 가지고 있는데, 이 특성을 조성하고 강화하기 위해서는 그 특성을 그 조직의 고유한 문화에 맞게 설계해야 한다고 하면서, 이때 그 나라의 문화가 조직문화에 미치는 영향을 평가해야 한다고 했다.

후쿠시마 원전사고 후 OECD/NEA의 활동은 안전연구 분야에서 그 독보적인 면모를 보인다. TMI 원전사고 이후 수많은 연구를 통해 중대사고에 대한 이해가 괄목할 수준에 도달했다. 그래서 후쿠시마 원전사고 후 비교적 단시간에 사고의 진전이나 결과에 대해 어느 정도 예측할 수 있었다. 해석을 통해 상당히 해명된 부분들도 있지만 사고 진전에서 여전히 명확하지 않은 부분들이 남아 있다. 또 후쿠시마 제1원전 현장에서 충분한 조사가 이루어지기 어려운 환경이 아직 남아 있기 때문에, 해석에서 밝혀진 부분들도 충분히 검증되었다고는 볼 수 없다. 원자로용기와 격납용기에 존재하는 용융핵연료 잔해물의 실태에 대해서는 해체작업이 본격적으로 진행되는 과정에서야 알 수 있을 것이다. OECD/NEA는 각국의 관계기관이 참여해 중대사고에 관한 현상 및 사고예방·완화에 관한 국제 공동연구사업을 수행해 왔다. 후쿠시마 원전사고 이후, 기존의 공동연구사업에 추가해 이 사고의 검증과 제1원전 해체에 관한 국제 공동연구사업을 진행하고 있다.

　OECD/NEA에서 진행 중인 대표적인 국제 공동연구사업으로 BSAF[1]와 PreADES[2] 프로젝트가 있다. BSAF 프로젝트에서는 후쿠시마 원전사고 때 취득한 데이터를 각종 중대사고 해석코드의 결과와 비교·검증하고 있다. PreADES 프로젝트에서는 원자로건물과 격납용기 내부의 융융핵연료 잔해물에 대한 예비 분석을 수행하고 있다.

유럽연합EU

　후쿠시마 원전사고가 발생했을 때 유럽 각국에서 원전에 대한 입장은 다양했다. 프랑스와 같이 원전을 계속 이용하자는 입장과 독일과 같이 가능한 빨리 원전을 폐지해야 한다는 입장이 상존하는 가운데, 원전을 가진 국가와 그렇지 않은 국가, 또 원전을 가진 국가들 사이에서도 온도차는 컸다. 그렇지만 후쿠시마 원전사고를 목격한 EU에서 권역 내 원전의 안전성에 대한 대응이 급선무라는 점에 의견차는 있을 수 없었다.

　2011년 3월 15일, EU 회원국의 에너지 장관과 원자력 안전규제기관장, EU 역내 원전사업자 및 설계·설비의 공급자 사이에 긴급회의가 개최되었다. 이 회의에서 대응책이 논의된 결과 스트레스 테스트Stress Test: ST가 거론

1　The Benchmark Study of the Accident at the Fukushima Daiichi Nuclear Power Station.

2　Preparatory Study on Analysis of Fuel Debris.

되고, EU 공통의 엄격한 기준에 따라 후쿠시마 원전사고를 바탕으로 원전의 안전성을 종합적으로 점검하기로 했다.

2011년 5월, 유럽원자력안전규제자그룹European Nuclear Safety Regulators Group: ENSREG[3]은 EU ST의 세부사항을 정리해 발표했다. ENSREG는 ST를 "후쿠시마 제1원전에서 발생한 것같이 원전의 안전기능을 위협하고 중대사고에 이르게 할 수 있는 극단적 자연현상을 고려한 원전의 안전 여유도의 재평가"라고 정의했다. ST의 대상은 ① 지진과 홍수 등에 의한 자연현상에 대한 내성耐性의 평가, ② 안전계통의 고장 등으로 안전기능을 상실한 경우의 영향 평가, ③ 중대사고관리의 실효성 평가 등 세 가지 분야였다.

각국의 원전사업자는 ST를 수행하여 8월 15일까지 진행보고서를, 10월 31일까지 최종보고서를 자국의 규제기관에 제출했다. 또한 각국의 규제기관은 사업자로부터의 보고를 근거로 9월 15일까지 진행보고서Progress Report를, 12월 31일까지 최종보고서Final Report를 유럽집행위원회European Commission: EC와 ENSREG에 제출했다.

2012년 3월에는 국가보고서에 대한 동료검토가 진행되었다. ST에 대한 각국의 최종보고서는 2012년 4월에 ENSREG에 의해 승인되었다. ENSREG는 ST에 참여한 모든 나라가 원전의 안전성 향상에 큰 걸음을 내디뎠다고 평가하면서, 원전의 안전성을 개선하기 위해 EU 각국의 규제기관이 고려해야 할 사항 네 가지를 권고했다. 그것은 ① 설계기준을 초과하는 사고에 대한 안전 여유도를 통일할 것, ② 2021년에 주기적 안전성평가의 실시를 계획할 것, ③ 즉시 격납용기의 건전성 방호대책을 실시할 것, ④ 자연재해에 대한 방호대책을 향상시킬 것 등이었다.

2012년 10월, ENSREG는 공청회와 의견수렴 등을 거쳐 EU ST에 대한 최

---

3   ENSREG는 원자력 안전, 사용후핵연료, 방사성폐기물 관리에 관한 제반 문제를 검토하는 조직으로, 회원국의 원자력 안전규제기관의 대표로 구성된다.

종보고서를 발행했다. EC는 ST 결과를 발표하면서, 유럽 원전의 안전성은 전반적으로 양호하지만 거의 모든 원전에 개선의 여지가 있음을 지적했다 [EC, 2012]. 즉, 안전상의 이유로 즉시 중단해야 할 원전은 없지만, 각 원전의 기술적 개선사항을 특정한 것이었다. 다수의 원전에서 지적된 점은 지진과 리스크 평가에 관해 엄격한 기준을 적용하고, 필터를 가진 배기계통이 없는 격납용기에 그 계통을 설치하며, 극한 자연재해에 대응할 설비는 그 재해에도 기능이 유지되는 장소에 보관해야 한다는 것이었다. 또 원전사고로 인해 주제어실이 그 기능을 상실했을 때를 대비해 비상제어실을 정비할 것도 요구했다. 이후 EU 회원국은 후속조치 이행계획을 수립하여 그해 12월 ENSREG에 제출했고, 그 후 ENSREG는 정기적으로 각국의 이행 실적을 점검하고 있다.

EC는 2013년 1월, EU ST에서 얻은 교훈을 조속히 실시하도록 권고하는 결의를 했다. 같은 해 6월, EC는 ST 결과에 따라 리스크를 크게 줄이고 사람과 환경을 보호하는 것을 목적으로 EU 전체에 적용되는 안전목표를 제시했다. 이 안전목표는 원자력시설에서 방사성물질이 누출되는 사고를 실질적으로 배제할 수 있도록, 부지선정, 설계, 건설, 시운전, 운전 및 해체의 모든 과정에 각국의 원자력 안전체계가 작동해야 한다는 것이다.

후쿠시마 원전사고는 EU의 에너지정책과 원자력정책에도 상당한 영향을 미쳤다.

EU의 에너지정책은 기후변화 대책 등의 관점에서 지속 가능한 에너지의 안정공급을 목표로 하여 에너지 관련 산업의 경쟁력을 유지·향상해나가는 것이다. 2011년 2월, 유럽정상회의 최초로 '에너지에 관한 회의'가 개최되었다. 이 회의에서는 안전하고 지속 가능한 에너지가 유럽의 경쟁력에 기여한다는 입장을 확인했다. 2011년 3월 8일, EC는 2050년까지 경쟁력 있는 저탄소 경제를 향한 로드맵을 발표했다. 이 로드맵은 원자력을 포함한 모든 주요 에너지원에 대해 저탄소 에너지시스템으로의 전환을 통해 에너지의 지속 가능성, 에너지안보 및 산업경쟁력을 개선하는 것을 목표로 한다.

이런 EU의 움직임은 후쿠시마 원전사고의 발생으로 일순간 멈추게 되었고, 원자력정책은 각국의 사정에 따라 큰 차이를 보이게 되었다. 영구정지 시기를 연장해 원전을 최대한 활용하려고 했던 독일은 원전을 순차적으로 폐지해 2022년 말까지 탈원전을 달성한다는 결정을 내렸다. 체르노빌 원전사고 이후 동결된 원자력 이용을 재개하려고 준비 중이던 이탈리아는 2011년 6월 국민투표를 거치며 다시 원자력 이용에 반대하는 입장으로 돌아섰다. EU 회원국은 아니나 스위스도 탈원전을 결정했다. 한편, 프랑스는 원전의 설비용량을 현재의 수준으로 제한하기로 결정했다. 영국, 핀란드, 체코, 헝가리, 루마니아 등은 원자력 이용을 확대하는 정책을 펴고 있다. 또한 폴란드는 최초 원전 건설을 추진하고 있다. EU 회원국 가운데 옛 소련에 속했던 동유럽권 국가에서는 대체로 원자력 이용을 지지하는 입장이다.

후쿠시마 원전사고의 여파가 어느 정도 수습된 2011년 12월에 EC는 '에너지 로드맵 2050'을 발표했다. 여기에는 2050년까지 1990년 대비 온실가스 방출량을 80~95% 절감한다는 구상과 네 가지 탈탄소 방법을 일곱 가지 시나리오로 분석한 결과가 나타나 있었다. 재생에너지의 점유율은 일곱 가지 시나리오 모두에서 크게 증가하며, 원자력발전은 계속 주요 저탄소 전원의 지위를 가진다는 것이었다.

2019년 11월, EU의 입법기관인 유럽의회European Parliament: EP는 2019년 12월에 개최되는 UN 기후변화협약 당사국총회에 앞서 유럽의회의 '결의안 Resolution'을 통과시켰다. 즉 유럽의회는 EU 국가의 온실가스 배출량을 2030년까지 55%로 줄이고 2050년까지 제로(0)로 한다는 목표에 합의했다. 2020년 7월에는 이 목표를 달성하기 위해 어떤 투자가 친환경적인지를 결정하는 이른바 '텍소노미규칙Taxonomy Regulation'[4]이 발효되었다. '텍소노미규

---

4 텍소노미규칙은 환경 공헌도가 높은 투자분야에 투자자의 자산 운용이나 기업의 설비

칙'에서는 석탄, 갈탄과 같은 고체상의 화석연료를 제외하고는 친환경 활동에서 배제해야 할 특정 부문이나 기술을 적시하지 않았다. 고체상 화석연료 외의 에너지원이 녹색인가 아닌가는 위임규칙에서 별도로 정하기로 했다.

녹색 에너지 유무를 판별할 때는 해당 에너지원을 사용하는 데 '심각한 손해방지Do No Significant Harm: DNSH' 원칙이 중요 기준이 된다. 원자력에 대해서는 온실가스를 배출하지 않고 유럽의 전력공급에 상당한 기여를 한다는 점에서 친환경 에너지로 평가했다. 그러나 폐기물 처리문제로 인해 지속 가능성을 향상시키는 데 중·장기적인 전략을 고려해야 한다는 단서가 붙었다.

2021년 4월, EU는 '텍소노미규칙'에 부합하는 기업활동을 명시한 위임규칙을 공표했다. 이번에 발표된 위임규칙은 6개 분야 중 △기후변화 리스크 완화와 △기후변화 리스크 적응의 두 부문이다. 천연가스와 원자력을 녹색으로 분류할지 여부는 쟁점이었다. 녹색분류기준을 설정하는 EC의 '지속 가능한 금융에 관한 기술전문그룹Technical Expert Group on Sustainable Finance: TEG은 2020년 3월에 최종보고서[TEG, 2020]를 발표했지만, 원자력에 대해서는 입장을 정리하지 못했다. 따라서 EC는 EU 정책에 대해 독립적으로 과학적 조언을 제공하는 공동연구센터Joint Research Center: JRC에 DNSH 원칙의 관점에서 원자력을 평가하도록 요청했다. 2021년 3월에 언론을 통해 알려진 JRC 보고서[JRC, 2021]에는 원자력이 수소, 풍력, 태양광 등 다른 재생에너지원과 비교해 인류의 건강이나 환경에 더 위험하다는 과학적 근거가 없다는 결론을 내렸다. 따라서 EC는 위임규칙을 공표하면서, 보완위임규칙에서 원자력을 포함시킬 수 있다고 밝혔다. 2021년 5월 현재 유럽원자력공

투자를 집중시키자는 목적이다. 또한 단기적으로는 기후변화에 도움이 되는 것 같아도 장기적으로는 탄소중립에 공헌하지 않는 '그린워싱'을 막는 목적도 있다. '텍소노미규칙'에서는 6개 분야(△기후변화 리스크 완화, △기후변환 리스크 적응, △수자원 및 해양 생태계 보호, △자원순환 경제로 전환, △오염물질 방지 및 관리, △생물 다양성 및 생태계 복원)에 대해 녹색분류를 하도록 되어 있다.

동체European Atomic Energy Community: EURATOM 조약에 따라 2개의 독립적인 전문가 그룹에서 JRC 보고서에 대한 검토가 진행되고 있다. JRC 보고서와 함께 두 전문가 그룹이 작성한 평가보고서를 모두 고려해서, 원자력을 녹색으로 분류할지 최종 판단이 내려질 전망이다.

택소노미 문제를 떠나서, 원자력이 온실가스를 배출하지 않는 친환경적이고 안정적인 에너지라는 점에 EU가 공통인식을 보인 점은 주목할 점이다. 그리고 안전하고 지속 가능한 에너지가 유럽의 경쟁력에 기여한다는 것도, 회원국이 에너지 믹스를 자주적으로 결정할 권리를 존중하는 것도 EU의 기본적인 입장이다.

EU에서 원전을 보유한 각국의 규제기관은 후쿠시마 원전사고 직후부터 그 사고를 바탕으로 자국 원전의 안전성을 점검하는 작업에 착수했다. EU ST 수행이 의무화되는 6월부터 대부분의 국가에서는 EU ST와 자국의 점검작업을 통합하거나 혹은 양자를 병행하여 실시했다. 따라서 EU 회원국 내에서도 후쿠시마 원전사고 후의 대응과 원자력정책은 각국의 사정에 따라 차이를 보인다[OECD/NEA, 2017]. EU 회원국 가운데 프랑스와 독일, 그리고 2021년 1월부터 EU와 완전히 결별한 영국에 대해서는 2절에서 보충해서 소개한다.

2. 원자력 주요 국가의 대응

미국

후쿠시마 원전사고 이후 USNRC는 이 사고에서 얻어진 정보를 바탕으로 미국의 전체 원전에 대한 안전점검에 들어갔다. 2011년 5월, USNRC는 점검 결과 원전의 운전을 즉시 정지해야 할 문제는 없으며, 후쿠시마 원전사고를 교훈으로 개선이 필요한 부분은 모두 수정이 가능하므로 안전운전이 가능하다고 발표했다.

2011년 3월, USNRC는 내부에 단기태스크포스Near Term Task Force: NTTF를 설치했다. NTTF는 독립적으로 후쿠시마 원전사고에 대해 조사·분석하고 안전규제상의 교훈을 도출하는 것을 목적으로 90일간 활동했다. NTTF가 2011년 7월에 규제위원회에 보고한 보고서에는 향후 고려해야 할 안전성 강화 대책으로 12개 권고사항이 제시되었다.

권고사항은 크게 규제체계의 명확화, 심층방어의 강화 및 규제 프로그램의 재검토 등 세 가지로 구분할 수 있다. 규제체계의 명확화에 관해서는 기존의 USNRC 규제가 '패치워크Patchwork 형태'(상황에 따라 부분적으로 보완·확립된 방식)로 되어 있으므로, 보다 일관되고 알기 쉬운 규제체계로 개선할 것을 검토해야 한다는 권고이다. 심층방어 관점에서는 외부사건에 대한 방호의 강화, 중대사고 완화 기능의 강화 및 비상대응의 강화로 나누어 10개 항목을 권고했다. 그리고 규제 프로그램의 재검토에 대해서는 USNRC가 원전에 대한 감시를 강화할 것을 권고했다. 이 12개 권고 중 5개는 장기적인 검토가 필요한 사항이었다. 2011년 10월, USNRC는 태스크포스의 12개 권고사항과 그 후에 추가된 6개 개선사항에 우선순위를 정하고, 긴급성과 효과성을 고려해 단계적으로 시행하기로 결정했다. 시급성이 요구되는 권고사항은 1단계로, 심층적인 검토와 시간이 소요되거나 연구개발이 수반되는 권고사항·개선사항은 2단계나 3단계로 분류했다.

2012년 2월, USNRC는 1단계에서 요구되는 개선조치에 대해서는 속히 시행하도록 행정명령을 내렸다. 행정명령은 ① 설계기준을 초과하는 자연재해에도 비상전원과 최종 열제거원이 상실되지 않도록 대책을 세울 것, ② BWR 원전의 격납용기에 신뢰도가 높은 배기설비를 설치할 것, ③ 사용후핵연료저장조에 신뢰도 높은 계측설비를 설치할 것 등 세 가지였다.

USNRC가 행정명령을 결정하기 전부터 1단계 조치에 대해 원전사업자와의 의견 교환이나 공청회에서 토의가 진행되었다. 2011년 12월, 원전사업자를 대표하는 원자력협회Nuclear Energy Institute에서 FLEXDiverse and Flexible Mitigation Capability로 이름을 붙인 대책을 제안했다. FLEX 대책은 9·11 테러 이후 취해진 행정명령에 따라 이루어진 조치에 극한 자연재해와 다수기 사고 등에 대응하는 안전설비(이동형발전기, 이동형펌프 등)와 절차를 추가해 심층방어를 강화하는 것이다. FLEX 대책은 사고 발생 후 시간의 흐름에 따른 세 단계로 구성된 시나리오에 따라 대응한다. 사고가 발생하면 핵심 안전기능을 수행하도록 원전에 설치된 고정형 설비를 이용한다. 그것으로 안 되면 외부로부터의 설비나 지원이 가능할 때까지 원전 부지 내에 준비한 이동 가능한 설비를 가지고 안전기능을 유지한다. 마지막으로는 외부로부터 설비와 인력을 지원 받아 원전 상태를 장기적으로 안정화시킨다. 외부 지원을 위해 원전사업자는 애리조나주 피닉스와 테네시주 멤피스 두 곳에 비상대응지원센터를 설치하여 운영 중이다. 상황이 발생하면, 4시간 내 미국 전역에 있는 원전에 디젤발전기, 보조발전기, 축전지, 펌프, 계측기 등을 지원할 수 있는 설비와 운영인력의 보급이 가능하다.

현재 후쿠시마 원전사고의 교훈과 관련된 권고사항들은 모두 종결되었다. 행정명령으로 취해진 규제상의 요구는 2019년 8월에 연방규칙 10 CFR 50.155Mitigation of Beyond Design Basis Event가 제정되면서 법규제화되었다.

다음은 원자력과 에너지 정책에서의 변화를 살펴본다. 2005년, 부시 행정부는 '에너지정책법Energy Policy Act of 2005'을 제정하고, 신규 원전의 건설을 지원하는 정책을 폈다. 2009년에 출범한 오바마 행정부도 청정에너지의 하나로 원자력 이용의 확대를 지지했다. 오바마 대통령은 2010년 2월에 신규 원전 건설에 연방정부가 80억 달러 규모의 대출보증을 지원하겠다는 계획을 발표했다. 2007년 이후 미국의 원전사업자는 USNRC에 18개의 통합운영허가Combined License: COL[5] 신청을 하고 있었다.

---

5 미국에서 원전의 허가제도는 처음부터 운영해온 건설허가, 운영허가의 2단계 허가제

후쿠시마 원전사고 이후 당시 에너지부USDOE 장관은 미국은 전력을 생산하는 다양한 에너지원을 가져야 한다며, 일본에서 원전사고가 일어났음에도 미국은 원자력발전에 대한 정책을 유지하겠다고 밝혔다[The Christian Science Monitor, 2011]. 그러나 미국은 시장 논리에 의한 자유경쟁을 원칙으로 하므로 정부의 정책이 가지는 효력에는 한계가 있다.

2013년에 미국에서는 COL을 받은 VC섬머VC Summer 2·3호기(AP1000)와 보글Vogle 3·4호기(AP1000)의 건설이 시작되었다. 그러나 VC섬머 2·3호기의 경우, 원전사업자는 2017년 7월에 원전 건설을 영구히 중단하기로 결정했고, USNRC에 요청해 COL을 철회했다. 이 외에도 COL을 받은 여러 원전사업자가 그 허가를 철회하기로 결정한다. 조지아 주에 있는 보글 3·4호기는 각각 2022년, 2023년에 완성을 목표로 건설이 진행되고 있다. 2021년 4월 말 현재 보글 3호기는 고온기능시험에 착수했으며, 4호기는 격납용가 상단 피동안전계통 설비(탱크)를 설치했다.

가동 원전에서도 상황은 비슷하다. 미국은 2021년 10월 현재[6] 93기의 원자로가 운전 중이며, 전체 전력의 약 20%를 공급한다. 후쿠시마 원전사고의 교훈을 반영해 안전대책을 이행하는 비용이 늘어나 가동 원전을 운영하는 데 채산성이 떨어졌다. 더구나 셰일혁명에 따라 석유와 천연가스 가격이 하락하면서 원전의 경쟁력은 더욱 낮아지게 되었다[河內信幸·福島崇宏, 2015]. 그 영향은 특히 전기출력이 낮은 노후 원전에 더 크게 작용한다. 2011년 이후 2020년까지, 모두 11기의 원전이 허가받은 운전기간을 채우지 못하고

도(연방규칙 10 CFR 50)와 1989년에 제정된 건설·운영을 통합한 허가제도(10 CFR 52) 두 가지 방식에 따른다. 통합허가의 영어명은 'Combined License'인데, 규칙에서 약칭은 CL이 아니라 COL을 사용한다. 두 가지 허가제도 중 어떤 것을 택할지는 신청하는 사업자가 결정한다.

6 2021년 10월 8일 업데이트된 IAEA PRIS(https://pris.iaea.org/PRIS/home.aspx) 데이터를 참고했다. 이하 다른 나라의 원자력발전 현황에 대해서도 같다.

영구정지에 들어갔다.

이와 같은 조기 폐쇄의 움직임과 함께 주목할 점은 운전기간 연장이다. 미국에서는 원자력법에 근거해 원전의 첫 운전허가 기간은 최대 40년간이며 갱신이 가능하다. 운영허가 갱신을 통한 허가기간 연장은 최대 20년 단위로 가능하며, 갱신 운영허가 기간은 현행 운영허가의 잔존 기간에 더해 연장된다. 원자력법이나 USNRC 규칙에는 운영허가 갱신 횟수를 제한하는 규정은 없다. USNRC는 지금까지 90기가 넘는 원전에 대해 첫 번째 운전기간 연장을 허가했으며, 미국에서 원전의 60년간 계속 운전을 허가하는 것은 보편화된 상황이다.

2013년 이후부터 두 번째 운전기간 연장 대상이 되는 원전이 있었기 때문에, 2009년에 USNRC는 운전허가 재갱신 신청과 심사를 위한 규칙 제정 등의 준비를 공식화했다[USNRC,2009]. 이후 USNRC는 운전허가 재갱신 신청에 관해 사업자와 소통하면서 관련된 지침의 개정과 심사과정의 최적화 등에 대해 논의했다. USNRC는 이 준비과정에서 일반대중의 관여가 중요하다고 보았다. USNRC는 2012년에 모두 네 차례 회의를 개최해, 일반대중이 운전허가 재갱신에 대한 의견을 말할 기회를 제공했다. 또 관련 규제문서에 대해서도 일반대중으로부터 의견을 수집하고, 각각의 의견에 대응했다. 다만 USNRC는 원자력법과 규칙에 의거해 운전허가 재갱신을 추진하는 데 고려해야 할 사항이나 개선점에 관한 의견을 구했으며, 원자력발전의 시비 등에 관한 논의는 범위 외로 했다. 이런 과정을 거치고, USNRC는 관련 규제문서의 개정 등 운전허가 재갱신 신청과 심사에 필요한 준비를 2017년에 모두 마쳤다[USNRC, 2017a; 2017b; 2017c].

2019년 12월, USNRC는 터키포인트Turkey Point 원전 3·4호기에 대한 두 번째 운전기간 연장을 승인했다(2018년 1월에 운전허가 재갱신 신청). 두 원전은 1972년과 1973년에 각각 상업운전을 시작했다. 2002년에는 당초 허가된 운전기간인 40년에 추가해 20년을 더 운전할 수 있게 USNRC로부터 허가를 받았다. 이번에 20년이 추가되어 각 원전의 운영허가 기간이 미국에서 처음으로 80년으로 연장된 것이다. 2020년 3월에는 피치보텀Peach Bottom 원전 2·3호기가, 2021년 5월에는 서리Surry 원전 1·2호기가 두 번째 운전기간 연장허가를 받았다. 이 외에 2021년 10월 현재 9기 원전에 대한 두 번째 운전기간 연장허가 심사가 USNRC에서 진행 중이다.

한편, 2017년 1월에 출범한 트럼프 행정부도 원자력을 청정 에너지원으로 자리매김하고, 원자력 개발을 적극적으로 지원했다. USDOE를 중심으로 전력계통의 신뢰성과 탄력성, 국가 안보의 관점에서 원전의 조기 폐쇄를 방지하는 데 힘을 모으고 있다. 또한, USDOE는 '원자력 기술혁신을 가속화하는 관문Gateway for Accelerated Innovation in Nuclear: GAIN' 프로그램을 통해 신형 원자로와 SMR 개발을 지원하고 있다.

2018년 9월에 '원자력혁신역량법Nuclear Energy Innovation Capabilities Act'이, 2019년 1월에 '원자력혁신·현대화법Nuclear Energy Innovation and Modernization Act'이 각각 발효되었다. '에너지혁신역량법'에 따라 USDOE는 선진원자로 실증 프로젝트 진행 시 부지를 제공하고, 신형로 인허가를 취득하기까지 소요 비용의 일부를 보조하게 된다. '원자력혁신·현대화법'에서는 USNRC에 대해 예산·수수료의 적정화와 선진원자로Advanced Nuclear Reactor[7]에 대한 인허가 프로세스를 확립할 것을 요구하고 있다. USNRC는 기존 원자로에 대한 연간 징수 수수료에 상한선을 마련하고, SMR과 같은 선진원자로에 맞는 효과적·효율적 인허가 프로세스를 구축해야 한다. 아울러 이 법은 USNRC에게 선진원자로에 대해 설계개발자에게 기술 혁신을 장려하는, 기술적 측면을 포괄하는 인허가 구조를 2027년까지 완성시킬 것을 요구하고 있다.

---

7   법에서는 선진원자로Advanced Nuclear Reactor를, 제9장 1절에서 소개한, 4세대 원자로의 일부 특징을 가진 원자로라고 정의하고 있다. NRC는 NuScale을 포함한 다양한 형식의 SMR을 선진원자로에 포함시키고 있다.

이러한 정부와 의회의 정책적·법률적 지원에 힘입어 미국에서는 경수로 기술에 기반한 SMR과 4세대 원자로 개발이 활발하게 진행되고 있다. 2020년 8월, USNRC는 뉴스케일파워사NuScale Power, LLC가 제출한 50MWe급 경수로 SMR인 NuScale 설계에 대한 최종 안전평가보고서를 발행해, 실질적으로 최초의 SMR 설계의 안전성을 인증했다. 이 외에 4개의 경수로 SMR이 설계인증 신청에 앞서 USNRC에서 검토되고 있다.

USNRC는 비경수로(경수로가 아닌 원자로) 안전규제에 대해서도 착실히 준비해오고 있다. 2016년 12월, USNRC는 비경수로 원전에 대해 효과적·효율적 규제를 달성하기 위한 비전과 전략을 표명했다[USNRC, 2016b]. 필요한 기술의 확보, 규제의 최적화, 커뮤니케이션의 최적화라는 세 가지 전략목표를 설정하고, 각 전략목표에 대해 단기(0~5년)·중기(5~10년)·장기(10년 이상) 전략을 책정한 것이다. 커뮤니케이션의 최적화는 비경수로 기술에 관심을 가진 이해관계자와의 소통전략의 수립·이행에 초점이 맞춰져 있으며, 시기는 단기로 잡혀 있다.

2020년 6월, USNRC는 오클로파워사Oklo Power LLC가 비경수형 원자로 오로라Aurora를 아이다호 국립연구소 부지 지하에 설치·운영하기 위한 COL 신청을 접수했다[USNRC, 2020]. 오로라는 마이크로 고속로(열출력 4MWth, 전기출력 약 1.5MWe)이며, 노심에서 발생한 열을 히트파이프로 전달하고, 초임계 CO_2 발전시스템으로 전력을 생산한다. 오클로파워사는 오로라의 COL 신청에 앞서 2016부터 USNRC와 협의를 해왔다. USNRC는 '원자력혁신·현대화법'에 따라 36개월 내에 심사를 완료하기 위해 가장 효과적·효율적인 계획을 수립하고, 심사를 진행하고 있다.

2021년 1월, 바이든 행정부 출범을 앞두고 USDOE 원자력국은 '전략비전'을 발표한다. '전략비전'에는 ① 미국에서 기존 원자로의 운전 지속을 가능하게 한다, ② 선진원자로의 전개를 가능하게 한다, ③ 선진 핵연료주기를 개발한다, ④ 원자력 기술에 대한 미국의 리더십을 유지한다, ⑤ 우수한 조직을 실현한다는 다섯 가지 목표가 제시되어 있다. 또한, 각 목표를 달성하기 위한 시책의 설명과 실적지표가 담겨 있다. 선진원자로에 관한 주요 실적지표를 몇 개 소개하면 다음과 같다.

- 2022년까지 확대 가능한 수소 제조 파일럿 플랜트를 실증한다.
- 2025년까지 미국의 상업 마이크로 원자로의 실증을 가능하게 한다.
- 2026년까지 다목적시험로VTR[8]를 건설한다.
- 2028년까지 산업계와의 비용분담 파트너십을 통해 미국의 2개 선진원자로 설계를 실증한다.
- 2029년까지 미국 최초의 상업 소형모듈로의 운전을 가능하게 한다.

새로 취임한 바이든 대통령은 취임 직후 파리협정 복귀를 위한 행정명령에 서명함으로써, 기후변화 대응에 적극적인 행보를 시작했다. 바이든 행정부가 추진하는 2조 2,500억 달러의 초대형 인프라 투자계획은 2035년까지 탄소배출 제로(0)를 목표로 한 공격적인 계획이다. 이 계획에는 청정에너지 개발·이용을 통해 일자리를 창출하겠다는 바이든 행정부의 의도가 깔려있다. 즉, 이 투자계획은 지구온난화 대책, 에너지 안보, 경세 발전이라는 세 마리 토끼를 한꺼번에 잡으려는 것이다. 청정에너지 개발에는 풍력, 수력 및 태양광 등 이른바 재생에너지원을 구축하는 것과 함께 원자력을 지속적으로 활용한다는 계획도 포함되어 있다. 미국 원자력산업계는 바이든 행정부의 인프라 부양안에 환영을 표명하는 동시에 SMR 등 첨단 원자로 개발·이용을 통한 일자리 창출을 약속했다.

위와 같이 바이든 행정부의 원자력정책은 탈탄소화를 지향하는 정책 안

---

8 다목적시험로VTR는 미국 에너지부가 2026년까지 고속 중성자 시험 원자로를 건설하기 위해 현재 개발 중인 프로젝트이다. 2017년 '원자력혁신대응법'에 에너지부가 고속 중성자 선원에 대한 계획을 개시하도록 요구하는 조항이 들어갔으며, 의회는 매년 이를 지원하는 예산(2019년 6,500만 달러)을 책정하고 있다.

에서 구체화되어 있고, 여당인 민주당이 그 뒷받침을 하고 있다. 민주당은 2020년 8월 전당대회에서 '2020 민주당 정책강령Platform'을 채택했다. 약 50년간 원전에 대해 비판적이었던 민주당은 이 정책강령에서 입장을 바꿔, 원전이 기후변화 대책에 유용한 역할을 한다는 인식을 표명했다. 민주당은 2050년까지 탄소중립을 위해 필요한 청정에너지를 확보하기 위해 태양광·풍력·수력 발전 등 재생에너지 개발·이용에 역점을 두는 동시에 원자력을 '탄소중립기술'에 포함시킨 것이다. 특히 선진 원자력 기술에 대한 기대와 함께, 탈탄소 사회를 향해 관련 기술의 이노베이션에 나서야 한다는 점을 명시했다.

바이든 대통령은 2021년 4월 22일과 23일 이틀간 40개국·지역의 정상들을 초청하여 기후변화 정상회의를 온라인으로 개최했다. 이 회의에서 바이든 대통령은 'FIRST[9] 프로그램'을 처음 소개했는데, 이것은 청정에너지 증산을 위한 기술혁신과 전례가 없는 글로벌 국제협력 체제 구축을 위한 미국의 주요 노력의 하나가 될 것이라고 설명했다. 4월 27일, 미국 국무부는 'FIRST 프로그램'을 시작한다고 발표하면서, 이 프로그램의 목적과 전략 등을 제시했다. 'FIRST 프로그램'의 목적은 미국이 보유한 SMR 등 선진 원자력 기술을 파트너 국가에 지원하는 것이다. 이 프로그램에는 책임 있는 원자력 프로그램을 실행하기 위해 IAEA의 '마일스톤 어프로치Milestone Apporach'[10]와 일치하는 방식으로 SMR을 포함한 첨단 원자력 기술의 지원이 포함된다. IAEA는 회원국에서 건전한 원자력 프로그램이 개발되도록 단

---

9 Foundational Infrastructure for Responsible Use of Small Modular Reactor Technology.

10 IAEA는 원자력발전을 도입하려는 회원국들에게 필요한 원자력 프로그램의 단계로서 3개의 이정표(마일스톤)를 제시했다. 첫 번째 이정표는 원자력 프로그램에 필요한 지식을 갖추고, 관련된 국내 및 국제사회와의 약속을 할 준비를 완료하는 것이다. 다음 이정표는 첫 원전의 입찰·계약을 체결할 준비를 완료하는 것이고, 마지막 이정표는 첫 원전을 가동할 준비를 마치는 것이다[IAEA, 2015c].

계별로 IAEA가 평가하여 권장사항을 제시하고, 또한 그 추적조사도 수행하게 된다. 미국 국무부는 초기 예산으로 530만 달러를 투입할 방침이다.

2021년 5월, 바이든 행정부는 10월부터 시작되는 2022년도 예산편성 방침을 담은 예산교서를 공표하고 의회에 제출했다. USDOE 예산은 총 약 462억 달러로, 코로나19 사태 이후의 경제 부흥과 청정에너지에 의한 경제 기반 구축에 주안점을 두었다[USDOE, 2021]. USDOE 예산 중 원자력국의 예산은 사상 최대인 18억 5,000만 달러가 계상되어 있다. 이는 전년도 예산액에 비해 23% 증가한 것이며, 이 중 10억 달러 이상이 원자력 기술의 연구개발 및 실증 프로그램에 할당되어 있다.

프랑스

후쿠시마 원전사고 후, 프랑스는 EU 스트레스 테스트ST 전부터 안전점검에 착수했다. EU ST가 가동 원전의 시설 측면에 국한된 것에 비해, 프랑스의 안전점검에는 건설 원전과 재처리시설 등까지 포함되고 사회적·조직적·인적인 요소도 포함된 것이 특징이다.

2012년 1월, 규제기관인 원자력안전청Autorité de Sûreté Nucléaire: ASN은 ST를 수행한 결과, 원전 가동을 중단할 정도의 긴급한 문제점은 없으나 극한 자연재해에 대비한 다수의 안전강화 조치가 필요함을 확인했다고 발표했다. 안전성 강화의 주요 대책으로, 극한 자연재해 조건에서도 핵심 안전기능을 확보하기 위한 시설을 갖출 것을 요구했다. 이는 주제어실, 비상발전기 등의 핵심 안전설비가 극한 자연재해 조건에서도 그 기능이 확실히 확보되도록 소위 벙커Bunker 개념의 방호조치를 취하는 것이다. 그리고 노심용융을 방지할 수 있는 디젤발전기와 비상급수계통을 설치하고, 설치완료 전까지는 임시적인 비상전원과 냉각수단(이동형 발전차량 등)을 갖추도록 요구했다. 또한, 원전에서 사고가 발생하면 24시간 이내에 사고가 발생한 원전 부지에서 설비와 운영인력을 지원할 수 있는 원자력신속대응팀을 만들 것을 요구했다. 2012년 6월, ASN은 세부적인 사항을 정해 사업자에게 36개 분야의 900여 개 조치를 전달하고, 전체 원자력시설에 대해 2018년까지 완료할 것을 요구했다.

ASN의 규제요구에 대해 프랑스전력공사Électricité de France S.A.: EDF는 세 단계로 대응했다. 1단계(2012~2015년)는 최종 열제거원과 전원이 상실되는 사고에 대응을 강화하는 임시조치 또는 이동형설비를 구비하는 것이다. 2단계(2015~2020년경)에서 극한 자연재해에 대해 견고하고 신뢰할 수 있는 설계와 조직적인 방법을 실행하고, 3단계(2019년)에서는 새로운 정보나 잠재적인 사고 시나리오를 반영해 2단계의 대응을 보완하는 것이다.

ST에서 다양한 평가가 이루어진 후, ASN은 사업자의 인력과 기술의 향상, 협력업체의 조직, 안전문화에 대한 조사연구를 인적·조직적 요인의 우선순위에 두었다. ASN은 원자력시설의 안전에 대한 인적·조직적 요인의 개선에 필요한 과제를 해결하기 위해 위원회를 설치하고 체계적으로 대응하고 있다. 2016년 2월에는 안전규제에 관한 법령이 개정되었다. 이에 따라 원자력시설에 대한 ASN의 규제감독의 효율성이 향상되고 중대한 위반을 한 사업자에 대한 처벌이 강화되었다.

2021년 10월 현재 프랑스에서는 56기의 원자로가 가동 중이다. 에너지자원이 부족한 프랑스는 총발전량의 약 70%를 원자력발전으로 충당한다. 원자력발전 설비용량에서는 미국에 이어 세계 2위를 기록하고 있다. 건설 중인 원전으로는 2007년 12월에 착공한 PWR 원전European Pressurized Reactor: EPR인 플라망빌 3호기(1,600MWe)가 있다.

프랑스는 8개월에 걸친 국민 대토론을 통해, 2015년 8월에 원자력발전 비율을 2025년까지 50%로 낮추고 설비용량을 현재 수준(63.2GWe)으로 제한하는 '녹색성장을 위한 에너지 전환에 관한 법률'(에너지전환법)을 제정했다. 폐센하임Fessenheim 1·2호기의 폐쇄는 플라망빌 3호기의 운전과 동시에 효력이 발생하며, 페센하임 1·2호기를 폐쇄하는 데 따른 EDF의 손해에 대해서는 프랑스 정부가 보상하기로 되었다. 폐로가 결정된 페센하임 1·2호기 이외에 추가로 폐쇄할 원전에 대한 발표는 다음 대통령 선거가 예정된 2017년 4월까지 미루기로 결정했다.

2017년 5월에 새로 출범한 정부도 기본적으로 이전 정부의 정책을 답습했다. 다만, 2025년까지 원자력발전 비율을 50% 감축하려면 온실가스 배출량이 증가할 가능성을 고려해 목표의 달성 시기를 연기했다. 2018년 11월에 정부가 발표한 다년간 에너지 계획에서 원자력발전 감축 목표의 달성 시기를 2035년으로 10년 연기하고, 최대 14기의 900MWe급 원전을 영구정지할 방침이 정해졌다. 플라망빌 3호기 건설이 지연되면서 이 원전의 운전을 기다리지 않고 페센하임 1호기는 2020년 2월에, 페센하임 2호기는 2020년 6월에 영구정지에 들어갔다.

2020년 4월, 프랑스 정부는 2019년부터 2028년(제1기: 2019~2023년, 제2기: 2024~2028년)을 대상으로 한 다년간 에너지 계획을 발표했다. 이 계획은 에너지전환법에 있는 장기목표에 대해 향후 10년의 에너지정책과 전략적 우선사항·시책을 규정한 것이다. 이 계획에서는 방사성폐기물 문제와 원자력에 대한 높은 의존에 따른 전력시스템의 과제를 개선하기 위해 2035년까지 전력량에서 원자력 비율을 50%까지 낮추는 목표를 정식으로 정했다. 이 목표를 달성하기 위해 전력의 안정공급을 전제로, 2035년까지 90만 kWe급 원자로 14기(페센하임 원전 2기 포함)를 영구정지한다는 방침을 유지했다. 폐쇄 일정에 대한 기본계획도 제시했다. 페센하임 원전 2기에 추가해 2027~2028년에 2기를 영구정지하고, 10기는 50년간 운전한 후 영구정지한다고 밝혔다. 원전의 신설에 대해서는 2035년경까지 추가 설비가 필요하지 않을 것으로 전망하면서, 그 이후의 신설에 대해서는 의사결정의 선택지로서 유지하기로 했다. 프랑스 정부는 원전의 경제성, 다른 저탄소 전원과 비교했을 경우의 장·단점, 대중과의 협의, 방사성폐기물의 저장 등을 검토해 2021년 중반에 신규 원전에 대해 최종 판단하겠다고 밝혔다. SMR에 대해서는 다음 다년도 에너지 계획을 개정하기까지 SMR 기술에 대해 평가하기로 했다.

2021년 2월, 프랑스 ASN은 900MWe급 원전 32기에 대해 설계에서 고려한 40년 운전기간에 10년간 연장 운전을 허용할 수 있다는 입장을 결정했다[ASN, 2021]. 프랑스에서는 운전기간에 제한이 없고, 운전을 시작한 후 사업자가 10년마다 수행하는 주기적 안전성 평가에 따라 다음 10년간의 계속 운전에 과제가 되는 안전대책을 평가한다. ASN은 2018년 9월부터 사업자인 EDF가 900MWe급 원전의 계속운전을 위해 제안한 안전대책을 검토했다. 또한, ASN은 2018년 9월부터 7개월간 '원자력 안전에 관한 투명화 및 정보에 관한 고등평의회'[11]를 통해 제기된 의견들을 검토하고, 공공의견 모집을 거쳐 위와 같은 결정을 내렸다.

2021년 10월, 다음 해 4월 대선을 앞두고 마크롱 프랑스 대통령은 프랑스의 재산업화Re-industrialisation를 위한 'France 2030' 계획을 제시했다[WNN. 2021b]. 'France 2030' 계획에 필요한 투자액은 총 300억 유로에 달하며, 이 중 에너지 부문에 80억 유로가 투입되게 된다. 이 계획에서 특히 주목을 받은 것은 원자력에 대한 정책적 변화이다. 마크롱 대통령은 이 계획의 첫 번째 목표로 내건 '원자력 재발명Reinventing Nuclear Power' 프로젝트에 소형 원자로 기술 실증을 위해 10억 유로를 배정했으며, 이는 매우 신속하게 시작될 것이라 밝혔다. 또 최대 6기의 대형 원전 건설 가능성을 '앞으로 몇 주 안에' 결정할 수도 있다고 말했다. 이 계획의 두 번째 목표 또한 원

---

11 '원자력 안전에 관한 투명화 및 정보에 관한 고등평의회Haut Comit pour la trans-parence et l'information sur la securit nuclaire'는 '원자력 에너지 분야에서의 안전과 투명성에 관한 2006년 6월 13일법(일명 TSN법)'에 근거해 설치되는 기구이다. 상·하원 의원(양원 2인씩), ASN, 지역정보위원회, 환경보호단체, 원자력산업, 노조, 전문가, 관련 정부기관 및 방사선방호 및 원자력안전연구소 대표들로 구성된다.

자력과 밀접한 관련이 있다. 마크롱 대통령은 프랑스가 수소 부문에서 리더가 되어야 한다며, 원자력발전은 그것을 위해 프랑스가 가진 1차 자산이라고 평가했다. 프랑스에서는 최근 천연가스 가격 급등에 따른 에너지 안보에 대한 우려가 높아지는 가운데 원자력에 대한 여론도 점차 우호적으로 변하고 있다. 대선을 앞둔 마크롱 대통령이 제시한 원자력 이용 확대 정책에는 이런 정치권과 여론의 변화가 반영된 결과라는 지적이 있다[Financial Times, 2021].

중국

후쿠시마 원전사고는 원전 안전성에 대한 국민의 신뢰를 크게 흔들어, 중국의 원자력 개발에 중대한 영향을 미쳤다. 2011년 3월 16일, 당시 총리가 주재한 국무원 상무회의에서는 원자력발전에서 안전을 최우선으로 할 것을 강조하면서 네 가지 결정을 내렸다. ① 모든 원자력시설에서 포괄적인 안전점검을 즉각 실시할 것, ② 원자력시설의 안전관리를 강화할 것, ③ 원자력안전계획을 공표할 때까지 신규 원전 프로젝트의 착수를 동결할 것, ④ 제12차 5개년 계획 기간(2011~2015년)은 내륙지방의 원전 신설 승인을 동결할 것 등이 그것이다.

국무원의 결정에 따라 규제기관인 국가핵안전국National Nuclear Safety Administration: NNSA을 중심으로 원자력 안전 점검 태스크포스가 구성되었다. 태스크포스는 중국 전역에서 가동, 건설 중인 원전을 대상으로 지진, 해일 등의 외부사건에 대한 원전의 안전성에 대해 9개월 동안 안전점검을 실시하고, 그 결과를 2012년 2월에 국무원에 보고했다. 태스크포스는 총론적으로 중국에서 가동 중인 모든 원전은 안전하며, 건설 중인 모든 원전도 현행 규제기준에 적합하고 기술 품질도 적절하게 관리되고 있다고 결론을 내렸다. 세부적으로는 모든 원전에 대해 대규모 자연재해에 대한 안전성을 재평가하고, 그 재평가 결과를 토대로 기한 내에 필요한 시정조치를 강구하도록 요구했다. 그 대책의 방향성은 다른 나라에서와 거의 같았다.

2012년 5월, 국무원 상무회의에서는 제12차 5개년 계획기간(2011~2015년)의 원자력안전계획을 승인했다. 원자력안전계획은 원자력 안전과 방사능 오염 방지에 관한 계획으로, '안전제일·품질제일'을 근본방침으로 삼아 심층방어, 최신 기술로 지속적 개선, 엄격한 감독, 공개성·투명성 확보 등을 기본원칙으로 세웠다. 또한 제12차 5개년계획의 지침을 '대대적인 개발'에서 '안전하고 효율적인 개발'로 수정했다. 2020년 원자력발전 설비용량 목표도 70~80GWe에서 60~70GWe로 하향 조정했다. 이어 같은 해 10월에 국무원은 신규 원진 계획과 건실 전 준비공사의 심사를 재개하기로 결정했다.

중국 정부는 원자력발전을 확대하기 위해서는 원전의 안전성이 전제되어야 한다며, 이를 엄격하고 투명하게 확인하기 위해 원자력 안전에 대한 국가의 감독능력, 즉 안전규제의 강화에 대책을 마련했다. 안전관리체제를 강화하고 규제인력을 확충하는 것과 함께 NNSA를 기술적으로 지원하는 기관의 인력을 확충하고 재정적인 지원을 확대하기로 했다. 원자력 안전에 관한 법률을 제정하고 안전기준을 강화하며, 안전연구와 안전설비 투자도 확대하기로 했다. NNSA는 제13차 5개년 계획 이후의 신규 건설에는 비엔나 선언의 안전목표를 부과하기로 했다. 2014년 말에는 원자력 안전문화에 관한 정책을 공표하고, 국민이 참여할 수 있는 구조를 마련함으로써 소통과 정보의 공개도 확대해나가고 있다.

2017년 9월, 전국인민대표대회에서 원자력 안전에 관한 법안이 통과되고, '중화인민공화국핵안전법中华人民共和国核安全法(핵안전법)'으로 공포되었다. 핵안전법은 2018년 1월 1일부터 시행되었다. 핵안전법에 따라 정부는 국가 안전계획을 책정하고 실시해야 한다. 원자력사업자에게는 안전문화 체계를 육성하고, 그 상황을 정기적으로 평가하는 의무가 부과되었다. 초·중학생을 대상으로 원자력 안전에 대해 교육하게 하고, 공중에게 원자로시설을 개방하기로 하는 등의 특색이 있다. 또한 원자력사업자에게 비상대응능력과 원자력손해배상 능력을 갖출 것을 요구했다. 원자력 안전에 관한 최상위 법이 제정됨에 따라, 규제기준과 관련 지침들의 정비, 그리고 원자력 안전에 대한 감독·관리를 보다 체계적으로 구축해나가는 것이 한층 탄력을 받게 되었다.

2021년 10월 현재 중국은 51기 가동 원전에서 전체 전력의 약 5%를 공급하고 있으며, 14기 원전이 건설 중이다. 중국은 원전 설비용량에서 총 50GWe를 초과하여 미국, 프랑스에 이은 세계 3위의 원자력 대국이 되었다.

중국은 '일대일로一帶一路' 구상의 일환으로 원자력 수출에 적극적인 행보를 보이고 있다. 중국이 영국에 원전을 수출하려는 의지와 실적은 이를 잘 대변한다. 2015년 10월, 영국에서 발전사업을 하는 EDF와 중국광핵집단유한공사China General Nuclear Power Croup는 총 5기의 원전을 건설하는 3개 원전 건설 프로젝트에 공동으로 투자하는 계약을 맺었다.

중국의 주력 수출 원전은 '화롱華龍 1호(HPR1000)'이다. 2021년 2월 2일, '화롱 1호' 설계를 처음 채용한 후칭福清 원전 5호기가 영업운전을 개시했다. '화롱 1호' 외에도 중국은 다양한 형식의 원전을 보유하고 있다. 그 이유는 중국은 다른 나라의 원전을 도입하면서 그 기술을 토대로 자국의 독자적인 원전을 개발하는 전략을 취했기 때문이다.

중국은 어떤 발주자의 요구도 받아들일 수 있는 다양한 형식의 원자로에 관련된 기술을 가지고 있다. 가격 경쟁력이 뛰어나고, 자금력도 풍부하며, 핵주기 기술까지 보유했기 때문에 입체적인 원자력 수출 전략을 짤 수 있다는 강점을 가지고 있다. 거기에 국가 차원에서 원전 수출을 전폭적으로 지원하고 있다. 중국이 안전기준을 강화하고, 안전문화와 품질관리에 역점을 두고 있는 것도 원자력 수출과 무관하지 않다.

중국은 신형 원자로 개발에도 힘을 쏟고 있다. 2016년 12월에 발표된 '에너지발전 제13차 5개년 계획(2016~2020년)'에서는 신형 원자로 개발에 관련된 기술로서 스마트 소형로, 상용 고속로, 600MWe급 고온가스로 등의 자주적이고 독창적인 원자로를 적시에 개발해 원자력을 종합적으로 이용한다는 방침을 세웠었다. 2021년 3월에 결정된 제14차 5개년 계획(2021~2025년)에서는 2060년까지 탄소중립을 달성한다는 목표를 세우고, 2025년까지 원자력발전 설비용량을 2020년 말의 51GWe(계획은 58MWe)에서 70GWe로 높이기로 했다. 이와 함께 SMR, 고온가스로, 해상부유식 원자로를 실증하고, 재처리시설과 중저준위 폐기물 처분장을 건설할 계획도 밝히고 있다[CSET, 2021].

2019년 7월, 중국핵공업집단유한공사China National Nuclear Corporation: CNNC는 하이난성海南省에 경수로형 SMR 건설 시범 프로젝트를 착수한다고 발표했다. 건설되는 SMR은 '링룽玲龍 1호'(전기출력 100MWe)이다. '링룽 1호'는 CNNC가 2010년부터 개발해왔던 ACP100의 새로운 이름이다. 2021년 6월, CNNC는 국가발전개혁위원회National Development and Reform Commission: NDRC가 '링룽 1호'의 실증로 건설계획을 승인했다고 발표했다. 최초 '링룽 1호기'는 하이난성 창장昌江 원자력발전소 부지에 건설될 예정이나, 착공 및 준공 일정은 아직 미정이다. 한편, 2012년 12월에 산둥성山東省 시다오완石島湾 원자력발전소에서 1기의 고온가스로(시다오완 1호기, 전기출력 211MWe) 건설이 착수되었다. 시다오완 1호기는 2개의 원자로 모듈과 하나의 증기터빈-발전기로 구성되어 있으며, 4세대 원자로의 주요 특징을 갖추고 있다. 당초 2019년에 운전을 개시할 계획이었지만, 아직 건설이 진행 중이다. 고속로 개발에서 중국은 2011년부터 베이징 근교 중국원자력연구소China Institute of Atomic Energy: CIAE에 중국실험고속로China Experiment Fast Reactor: CEFR(전기출력 25MWe)를 건설해 운전하고 있다. 고속로 개발을 위한 다음 단계로, 2017년 12월부터 푸첸성福建省에서 고속실증로 샤푸霞浦 1호기(전기출력 682MWe)가 건설 중이다.

중국은 남중국해 연안 지역과 발해만 석유시설에 전기와 열을 공급하고 해수담수화도 할 수 있는 해상부유식 원자로 개발에 나서고 있다. 2016년, 중국광핵집단유한공사China General Nuclear Power Corporation: CGN와 CNNC 는 해상부유식 원자로 개발 계획을 수립했고, NDRC는 제13차 5개년 계획 의 일환으로 이 계획을 승인했다. CGN은 선박에 탑재될 원자로의 실증로 ACPR50S(열출력 200MWt, 전기출력 60MWe) 건설을 2020년에 완료, CNNC 는 ACP100에서 변형한 ACP100S를 2019년 완료한다는 계획이었는데 [WNN, 2016], 실상은 잘 알려져 있지 않다. 해상부유식 원자로는 부지 문제 와 연안이나 해상 고립 지역에의 에너지 공급 문제를 해결하고, 해양 물류 에서 나오는 온실가스 저감에 기여한다는 장점이 있다. 그렇지만, 사고가 났을 때의 환경 문제, 책임소재와 피해보상에 관한 문제 등에 관한 국제법 적 골조 마련이 필요하다[OECD/NEA, 2021b]. 또 현재 원자력안전협약CNS 은 명시적으로는 육상 민간 원전만이 대상인 데, 다목적 해상부유식 원자로 의 안전성을 어떻게 CNS에서 다룰지도 과제가 된다. 아울러 해상부유식 원 자로에는 육상과는 다른 테러 위협이 있다는 점에도 유의해야 한다.

러시아

후쿠시마 원전사고 후, 당시 총리는 로사톰ROSATOM[12] 사장에게 관련 기 관의 전문가를 모아 상황을 분석하고, 러시아 원자력시설의 안전을 총점검 하도록 지시했다. 2011년 10월, 당시 대통령이 주재한 환경안전보장에 관한 국가회의에서는 후쿠시마 원전사고 이후 러시아 정부가 실시한 조사결과에 대해 검토가 이루어졌다. 이 조사결과가 공개되지는 않았지만, 러시아 원전 의 안전성에 대해 몇 가지 문제점이 지적되었다고 한다[岡田美保, 2012]. 예를 들면 설계기준 지진이 과소평가되었고, 극한 자연재해에서 발생하는 하중에

12　로사톰은 민생·군사 모든 원자력 이용을 담당하는 국영기업이다.

대해 규제기준을 충족시키지 못하고 있다는 것이었다. 또한 수소가스를 제어하고 그 폭발을 방지하는 설비가 규제기준을 충족시키지 못하고 있는 것과 후쿠시마 원전사고와 같은 장기간 정전에 대한 실질적인 규제조건이 없는 것도 지적되었다.

로사톰은 원전에 대해서 추가로 본격적인 점검과 이에 더해 IAEA에 의한 점검결과를 통해 모든 러시아의 원전은 국제적인 안전기준을 충족하고 있다고 평가했다. 다만, 후쿠시마 원전사고에서 문제가 되었던 장기간 정전에 대비해 기존 원전에 비상전원을 추가해 72시간 필수 전원을 유지할 필요가 있다고 밝혔다. 그 뒤 로사톰은 비상전원의 유지 능력을 향상시키는 것을 중심으로 사고 후의 안전대책을 실시했다.

러시아에서는 2021년 10월 현재 38기 원전이 운전 중이며 총발전량의 약 20%를 공급하고, 3기가 건설 중에 있다. 후쿠시마 원전사고가 발생한 후 곧바로, 당시 총리는 이 사고가 러시아의 원자력발전계획에 영향을 미치지 않는다는 입장을 밝혔다. 또한 전력 생산에서의 원자력발전 비중을 당시 16%에서 25%로 끌어올리는 기존방침에 변경은 없다고 말했다. 러시아 정부는 자국에서 생산하는 천연가스를 최대한 수출하는 것으로 재정수입 확대를 도모해왔다. 이와 병행해서, 러시아는 자원 수출에 기반을 둔 경제로부터 벗어나기 위해 국제적으로 기술 경쟁력을 가진 원자력산업을 육성, 강화해왔다. 또 이를 통해 산업구조 다각화, 에너지안보 강화, 온실가스 배출량 삭감에 대응할 수 있다. 이러한 정책 아래 러시아는 원자력발전을 계속해서 확대해왔고, 앞으로도 그 노선을 계속 유지할 것이다.

러시아도 자국의 원자력발전 규모를 확대하면서 동시에 원자력 기술을 해외에 수출하는 정책을 적극적으로 전개해왔다. 냉전시대에 러시아는 옛 소련에 속한 국가에 원전을 수출했다. 현재도 원전 수출과 관련하여 옛 소련 지역에서 러시아의 입지는 무시할 수 없다. 이에 머무르지 않고 러시아는 세계 각국에 다양한 방식으로 원자력 기술을 수출하거나, 수출을 위한 협력을 진행하고 있다. 경쟁이 치열한 국제 원전 시장에서 상당한 실적을 내고 있기도 하다.

러시아는 신형 원자로 개발에도 역점을 두고 있다. 개량형 3세대 원전인 VVER-1200을 기반으로 표준설계 원전인 VVER-TOITyptical Optimized & Informatized를 개발하고 있다. 소형 원자로, 해상부유식 원전, 원자력 추진 대형 쇄빙선, 전력과 열을 동시에 공급하는 다목적 원자로 개발 등 원자력 이용의 다각화도 진행하고 있다.

특히 VVER과 고속로를 조합한 원자력시스템을 지향하는 러시아는 고속로 개발에서 앞서가고 있다. 나트륨 냉각 고속로의 원형로인 벨로야르스크Beloyarzk 3호기(600MWe)가 1981년부터 상업운전을 하고 있는데, 2016년에는 실증로인 벨로야르스크 4호기(885MWe)가 상업운전을 시작해 고속로의 상용화에 한 발 더 다가섰다. 이에 더해 러시아는 2021년 6월, 시베리아 서부 톰스크Томск주 세베르스크Северск에 납 냉각 고속로의 실증로인 BREST-300(전기출력 300MWe) 건설을 시작했다[WNN, 2021]. BREST-300의 건설허가는 2021년 2월에 발급되었다. 이 프로젝트에서는 BREST-300 외에 이 원자로에서 사용하는 핵연료를 제조하는 시설과 이 원자로에서 나오는 사용후핵연료를 재처리하는 전용 시설이 함께 건설된다. 즉, 향후 이 복합시설에서 핵연료의 제조, 운전, 재처리를 포괄하는 순환형 핵연료주기가 완성되게 된다.

원자력쇄빙선과 해상부양식 원전 분야에서도 러시아는 세계를 리드하고 있다. 선박용원자로(전기출력 35MWe) 두 기를 탑재한 해상부양식(바지형) 원전 '아카데믹 로모노소프Академик Ломоносов'는 러시아 북극해 동쪽 추코카Чукотский반도의 페벡Певек에 정박해, 2020년 1월부터 해당 지역 전력 수요의 20%를 공급하고 있다[三菱総合研究所, 2020].

캐나다

2011년 3월 18일, 캐나다 규제기관인 원자력안전위원회Canadian Nuclear Safety Commission: CNSC는 자국 원자력시설에 대한 전면적인 안전점검을 지시했다. CNSC는 원자력사업자에게 원자력 안전과 보안에 대해 정밀 안전 진단을 지시하고, 자연재해를 포함한 돌발사태 발생 시 취할 수 있는 비상조치를 요구했다. 또한 CNSC는 후쿠시마 원전사고에서 교훈을 도출하기 위해 설계, 안전성 평가, 비상대책 분야의 전문가로 이루어진 태스크포스를 구성했다. 이 태스크포스에서는 운전 중인 CANDU형 원전과 앞으로 있을 수 있는 신규 원전에 대한 CNSC의 규제요건, 검사 프로그램, 정책 등에 개선이 필요한 점이 있는지도 검토했다.

2011년 9월에 CNSC 태스크포스는 13건의 개선사항을 담은 안전점검 결과를 발표했다. 개선사항들은 심층방어, 비상대응, 규제체계와 프로세스를 개선하기 위한 것이었다. 2012년 3월, CNSC는 공청회 등 의견수렴을 거쳐 13개의 개선사항과 33개로 구성된 세부 후속조치를 확정했다. 2013년 8월, CNSC는 33개의 후속조치를 체계적이고 확실히 실시하기 위한 종합실행계획Integrated Action Plan을 수립했다. 33개 후속조치는 단기(12개월), 중기(24개월), 장기(48개월)로 구분되어 단계적으로 이행되었다. 후속조치는 2016년 상반기에 모두 완료되었다.

캐나다에서는 2021년 10월 현재, 19기 가압중수로 원전이 가동 중이며, 국내 총발전량의 약 15%를 공급하고 있다. 후쿠시마 원전사고 후 캐나다 연방정부의 공식 입장은 원전 건설 계획을 유지하는 것이었다. 그러나 각 주정부와 원전사업자는 원전을 새로 짓기보다는 기존 원전을 계속 사용하는 쪽을 택하고 있다. 전기 수요의 증가가 둔화되고 경제 상황이 좋지 않아 원전 건설이 경제적이지 않다고 판단한 것이다. 2015년과 2016년에 각각 브루스Bruce 원전 6기와 달링턴Darlington 원전 4기는 계속 운전을 결정하고,

2033년까지 보수 등에 필요한 일정과 대대적인 투자가 예정되어 있다. 한편, 온타리오주와 앨버타주에서 원전을 건설하려는 계획은 보류되었고, 뉴브런즈윅주에서 원전 1기가 운영 중인 포인트레프루Point Lepreau 부지에 원전 1기를 증설하려는 계획은 중지되었다.

캐나다 역시 SMR 개발에 주력하고 있다. 2018년 11월에는 연방정부 주도로 SMR 실용화를 위한 로드맵을 수립했다. 캐나다 연방정부는 SMR과 같은 선진 원자력 기술이 저탄소 경제의 에너지 수요를 충족시키며, 더욱 깨끗하고 안전한 사회를 만드는 데 기여한다는 인식을 가지고 있다. 새로운 산업부문을 만들어 일자리 창출과 경제 활성화에 기여할 것으로 전망하면서, 향후 세계 SMR 시장에서 선도적인 입장에 서는 것을 목표로 한다. 주정부 차원에서 SMR을 개발, 건설하려는 움직임도 활발해지고 있다. 2019년 12월에 온타리오, 뉴브런즈윅, 사스쿼천의 3개 주정부는 캐나다에서 SMR을 개발, 건설하는 데 서로 협력하기로 협정을 체결했다. 이 협정은 1년 전 연방정부가 수립한 로드맵이 주정부 차원에서 행동으로 나타나고 있음을 보여준다. 2020년 12월에 캐나다 정부는 2050년까지 온실가스 배출량의 실질적 제로화에 기여할 것이라는 전망과 함께, SMR 개발을 위한 국가실행계획을 공표했다.

2021년 4월, 온타리오, 뉴브런즈윅, 사스쿼천의 주지사는 3개 주 전기사업자가 공동으로 실시한 SMR 개발 실행가능성조사 결과를 발표했다. 이 조사결과에 따르면, SMR은 캐나다의 에너지 수요를 충족시키는 데 도움이 될 뿐 아니라 온실가스 배출량을 줄이고 SMR 기술로 캐나다를 세계 리더로 끌어올릴 수 있을 것으로 결론 내리고 있다[Feasibility Report, 2021].

CNSC는 사전설계심사Pre-licensing Vendor Design Review 제도를 운용하고 있다. 이는 법적인 제도가 아니라 일종의 규제 서비스이다[CNSC, 2012]. 원자로 공급자가 개발한 원자로 설계에 대해 허가 신청에 앞서 규제기준에의 충족성을 평가하고, 새로운 기술이나 설계방식에 대한 규제기준의 제·개정 여부를 판단한다. 사전설계심사는 실제 인허가 프로세스를 구속하지 않는다. 이 제도는 기술적인 부분에 대해 규제자와 신청 예정자가 소통을 통해 서로의 부족한 부분을 인허가 신청 전에 준비할 수 있으므로, 양쪽 모두에게 유익하다. 2021년 1월 현재, CNSC에 사전설계심사로 신청된 SMR은 경수로가 3개, 4세대 원자로에 가까운 비경수로가 7개이다. 원자로 형식에 따라 전기출력도 3~300MWe로 다양하다.

한편, 캐나다에서는 미국과 캐나다 기업의 컨소시엄이 캐나다원자력연구소Canadian Nuclear Laboratories의 초크리버 부지에 2026년까지 제4세대 고온가스로(열출력 15MWt, 전기출력 5MWe)를 완성하려는 프로젝트가 진행 중이다. 2019년 3월, 이 컨소시엄은 CNSC에 이 SMR 실지를 위한 사전부지허가를 신청했다. 이 부지사전허가 심사는 캐나다 SMR 개발 프로젝트의 정식 인허가 절차로는 최초이다.

영국

영국에서는 2000년대에 들어 북해유전에서의 원유와 천연가스 생산량이 줄어들면서 에너지안보와 기후변화 문제에 대한 문제의식이 높아지게 되었다. 영국 정부는 2008년에 발표한 '원자력백서'에서 원자력 추진을 위한 법령과 규제를 정비하겠다는 방침을 밝혔다. 이 정책에 따라 신규 원전 건설을 위해 '에너지법Energy Act' 등 관련 법령 정비에 착수했다. 이와 함께 영국 정부는 2008년부터 원자력 안전규제를 담당할 독립된 법정기관 신설을 추진했으나 의회에서 관련 법률안 통과가 지연되고 있었다. 2011년 2월, 영국 정부는 앞으로 법정기관으로서 원자력규제원Office for Nuclear Regulation: ONR을 설립할 것을 발표하고, 그 임시적인 조치로 4월 1일에 노동연금부 Department of Work and Pension 소속기관인 보건안전청Health and Safety Excutive: HSE 산하에 독립기관으로서 ONR을 발족시키기로 결정했다. 그때까지 HSE

내의 원자력국Nuclear Directorate에서 원자력 안전규제를 담당하고 있었다.

후쿠시마 원전사고 이후 4월 1일에 독립기관으로 발족된 ONR은 HSE 지원을 받으며, 직원은 공무원 신분을 그대로 유지했다. 영국에서도 자국의 원자력시설에 대한 스트레스 테스트ST가 수행되었다. ONR은 ST 결과, 자국 원전은 안전하고 신뢰할 수 있으며 근본적으로 구조를 변경할 필요가 없다는 입장을 밝혔다. 다만, 후쿠시마 원전사고의 교훈을 바탕으로 원자력시설의 안전성 향상을 위한 대책을 제시했다. 그 대책은 다른 나라에서와 마찬가지로 설계기준을 초과하는 자연재해에 대해서도 원전의 안전성을 확보하기 위한 것이다.

2013년에 '에너지법'이 개정되고, 2014년 4월 1일부터 ONR은 법정기관으로 다시 태어났다. ONR은 노동연금부 장관의 감독을 받지만, 독립기관으로 활동함으로써 안전규제의 독립성과 일관성을 가지게 되었다. 직원은 공무원 신분에서 벗어나게 되어 안전규제에 요구되는 전문성을 가진 인재를 확보하는 데 보다 유연한 대처가 가능해졌다. 즉, ONR은 필요한 자원과 적기 대응력을 확보하는 데 한층 유리한 위치를 가지게 되었다. 후쿠시마 원전사고의 교훈은 영국의 원자력 안전규제기관의 역할과 투명성을 강화하는 데 반영되었다.

영국에서는 2021년 10월 현재 13기 원전이 가동해 총발전량의 약 15%를 공급하고 있으며, 2기가 건설 중에 있다. 영국은 후쿠시마 원전사고 이후에도 원자력 개발을 추진하는 정책을 확고히 유지하고 있다. 2017년 11월에 공표한 산업 전략에서는 영국의 생산성 향상에 원자력은 필수적이라고 밝혔다. 영국에서 현재 가동 중인 13기 가운데 5기가 2030년까지 운전기한을 맞아 영구중지될 예정이며, 현재 건설 중인 힝클리포인트Hinkley Point C-1, C-2 원전 이외에 추가적으로 최소 4기 이상의 원전 건설이 계획되어 있다.

영국 정부는 신규 원전 건설을 추진하는 것과 함께 SMR 개발 및 이용에도 정책적·재정적으로 지원하는 데 적극 나서고 있다. 이는 영국 정부가 선진 원자력 기술을 산업 전략과 녹색성장 전략의 중요한 요소로 보고 있기 때문이다. 영국 정부는 경수형 SMR과 4세대 원자로가 미래의 주력 원자로가 될 것으로 판단하고, 재정과 규제의 준비, 공급망 프로그램의 개발, 부지 선정 등에 관해 지원하고 있다. 2018년 6월, 영국 정부는 원자력산업계와 장기적인 전략적 동반 관계를 맺고, 에너지 믹스의 다양화와 원자력발전 비용을 절감을 위해 산업계의 투자를 포함해 2억 파운드의 기금을 확보했다. 이 기금을 활용해 영국 정부는 SMR을 포함한 선진모듈원자로Advance Modular Reactor 연구 및 개발에 임하고 있다. 영국에서 SMR 개발 컨소시엄을 이끄는 롤스로이스사는 2020년 1월 24일 BBC와의 인터뷰에서 2029년까지 SMR을 완성한다는 목표를 밝히기도 했다.

2021년 5월, 비즈니스·에너지·산업전략부Department for Business, Energy & Industrial Strategy: BEIS는 일반설계평가General Design Assessment: GDA[13]의 대상을 SMR와 그 밖의 선진원자로(영국에서는 4세대 기반 모듈원자로를 3세대 기반 SMR과 구분한다) 설계로 확대한다고 표명하고, 그것을 위한 신청 지침을 공표했다. ONR이 대상 원자로 설계의 안전과 보안 측면에 대해, ONR과 비슷한 위상(즉, 비정부기관)을 가진 환경원Environment Agency이 환경보호와 방사성폐기물 관리 측면에 대해 영국 기준을 충족하는지 약 5년(특정 설계에 따라 유동적)에 걸쳐 평가한다. 종래 대형 원전에 대해서만 이루어졌던 GDA

---

13 영국에서는 '원자력부지허가'가 원자력시설에 대한 유일한 허가가 된다. '원자력부지 허가'는 부지의 사용에 관하여 무기한으로 교부되며, 부지 수명의 전 과정, 가동, 폐지 조치 및 부지의 복구를 모두 포괄한다. GDA는 법령에 근거하지 않은 정책적 절차로 서, 미국과 캐나다의 인허가 신청 전의 사전설계심사의 성격을 가진다. GDA 신청 시 제출된 자료를 바탕으로 할 때 특정 원자로의 일반설계가 영국 내에서 건설되고 운영 될 수 있을 것이라는 점을 ONR이 확인해준다는 의미가 있다. GDA는 허가 결정에 구 속력을 갖지 않지만, 원자력시설을 건설하려는 사업자가 사업에 수반되는 인허가 리 스크를 관리하는 데 중요한 역할을 한다. 사업자는 GDA를 신청하지 않거나 그 절차를 마치지 않아도 '원자력부지허가'를 신청할 수 있다.

의 대상 시설이 확대됨에 따라, 앞으로 SMR이나 선진원자로의 인허가 예측성이 한층 높아지게 되었다. ONR은 SMR과 선진원자로가 GDA에 포함될 것에 대비해, 2019년 10월에 관계 규제문서[ONR, 2019]를 제정하고 정부의 입장 정리를 기다리고 있었다.

2019년 6월, 영국 정부는 국내 모든 온실가스 배출량을 2050년까지 실질적으로 제로(0)로 하는 것을 목표로, 법적 구속력을 가진 법안이 가결되었다고 발표했다. 이 목표를 달성하기 위해서는 전력의 38%를 안정적인 저탄소 에너지원으로 공급해야 한다. 영국 정부는 원전을 안정적인 저탄소 에너지원으로 규정하고 있어서, 영국 원자력산업계는 이 법안 가결을 매우 긍정적으로 받아들이고 있다.

2020년 11월, 영국 정부는 기후변화 대책으로 그린산업 혁명을 향한 새로운 정책으로 '10-Point Plan'을 발표했다[HMG, 2020a]. 새로운 정책에서는 청정에너지(해상풍력, 수소, 원자력)와 전기자동차 이용의 확대, 육상교통이나 항공·선박의 탈탄소화, 주택의 그린화, 탄소의 회수·이용·저장, 자연환경 보호 및 그린금융 등의 10개 항목에 120억 파운드를 들여 25만 명의 고용 창출을 도모한다. 이어 2020년 12월, 영국 정부는 '10-Point Plan'에 근거해 2050년까지 온실가스 배출량의 실질 제로화를 향한 장기전략을 담은 「에너지백서」를 발표했다[HMG, 2020b]. 이 백서에서는 2050년까지 전력수요가 두 배로 증가할 것으로 전망하면서, 전력부문에서 해상풍력과 원자력을 중시하는 자세를 표명했다. 원자력에서는 대형 원전 건설, SMR 및 선진원자로 개발, 핵융합 기술 등을 지원할 방침을 밝혔다.

독일

후쿠시마 원전사고는 독일에서 1975년부터 시작되었던 원자력 분쟁에 종지부를 찍었다[本田宏, 2014]. 1975년 2월에 독일 남부에 위치한 빌Wyhl에서 있었던 원전 건설 반대시위를 기점으로 독일에서 반원전운동은 그 범위와 세력을 넓혀갔다. 이후 독일 연방정부는 다양한 형태로 여러 이해관계자와 원자력에 관한 정책대화를 계속해서 진행했다. 이 과정에서 원자력 개발은 정책적인 동력을 잃고 차츰 축소되어갔다. 1982년 11월에 착공된 네카르베스타임Neckarwestheim 2호기를 마지막으로 원전 건설은 막을 내렸다. 독일은 1990년대에 이미 탈원전 국가로 들어갔다고 해도 무방한 상황이었다. 문제는 가동하는 원전을 언제 폐쇄해 탈원전을 완성하는가에 있었다. 2002년에 원자력법이 개정되어, 당시 19기였던 원전에 평균 32년의 운전기간이 설정되어 2022년까지 순차적으로 영구정지에 들어가기로 결정되었다.

2009년 9월 연방의회 선거를 거치고 새로운 연립정권이 탄생했다. 연립정권을 구성한 정당은 모두 원자력 이용을 옹호하는 입장이었다. 2010년 10월, 원전의 운전기간을 평균 12년 더 연장하는 연방정부의 법안이 야당인 사회민주당, 녹색당, 좌파당의 반대를 무릅쓰고 연방의회에서 통과됐다. 원전 운전기간을 연장하는 개정 원자력법이 성립되는 과정은 순탄하지 않았다. 이 법안은 반원전운동에 다시 불을 붙여 2010년 9월 18일의 베를린 시위에는 5만 명 이상이 참가했다. 2011년 2월에는 사회민주당이 득세한 5개 주가 개정 원자력법에 불복하고 연방헌법재판소에 제소했다.

원자력을 둘러싼 분쟁이 다시 촉발된 상황에서 후쿠시마 원전사고가 발생했다. 사고 발생 4일 후 연방정부는 3개월에 걸친 '원자력 모라토리엄'을 발령하고, 당시 17기 모든 원전에 대한 안전점검을 지시했다. 지방분권화가 정착된 독일에서는 개별 원전의 인허가 권한을 주정부가 가지고 있다. 원전을 가진 주정부는 연방정부의 발령을 받고 1980년 이전에 운전을 개시한 7기의 원전을 즉시 중단시켰다.

연방환경·자연보전·원자력안전부Bundesministerim für Umelt, Naturschultz und nukleare Sicherheit: BMU 자문기관인 원자로안전위원회Reaktor-Sicherheitskommission: RSK가 안전점검을 총괄했다. 5월 17일, RSK는 안전점검 결과를 발표했다. RSK는 "독일의 원전은 정전과 홍수에 대해 후쿠시마 제1원전보다 높은 안전조치가 강구되고 있다"라고 결론을 내렸다[RSK, 2011]. 이는 독일에서 원전을 즉시 정지해야 할 기술적인 이유는 없다는 취지이다.

원전의 안전점검을 지시하는 한편, 총리는 철학자, 사회학자, 교회 관계자 등 지식인 17명으로 구성된 '안전한 에너지 공급을 위한 윤리위원회Die Ethikkommission für eine sichere Energieversorgung'(윤리위원회)를 설치했다. 윤리위원회는 2011년 4월 4일부터 2011년 5월 28일까지 8주간 활동하고, 2011년 5월 30일에 최종보고서를 총리에게 제출했다. 윤리위원회는 보고서에서 "탈원전은 리스크가 보다 적은 대체수단이 있으므로 가능하다"라며, 탈원전을 에너지전환과 기술혁신에 의한 독일 발전의 기회로 삼아 신속히 시행할 것을 제언했다[Ethics Commission, 2011].

6월이 되기 전에 총리 앞으로 원자로안전위원회 보고서와 윤리위원회 보고서가 모두 올라가게 되었다. 6월 6일, 연방정부는 2022년까지 현재 17기 있는 원전을 전폐하고 대체 에너지로 전환하기로 결정했다. 7월에는 이에 따라 원자력법이 개정되었다. 이로써 독일에서 원자력을 둘러싸고 40년 넘게 이어져온 정치과정에 마침표를 찍었다. 원자력법 개정에 따라 17기의 원전 중에 8기가 2011년 8월 6일자로 일제히 영구정지에 들어갔다. 그 후 2015년에 1기, 2017년에 1기, 2019년에 1기가 영구정지되었다. 2021년 10월 시점에 독일에는 6기의 원전이 가동해, 총발전량의 약 11%를 공급하고 있다.

독일의 탈원전에 대해서는 의문을 가지는 시각도 있지만 예정대로 진행될 것은 거의 확실해 보인다.[14] 탈원전을 둘러싼 오랜 정치과정 속에서

---

14 2021년 3월 5일, 독일 연방정부는 후쿠시마 원전사고에 따라 탈원전의 달성시기를 앞당긴 것 등에 대한 보상금으로 총 24억 2,800만 유로를 지불하는 것에 원전을 보유하고 있는 전기사업자 4개 사와 합의에 도달했다고 발표했다. 또한 이들 4개사는 이 합

2002년 개정된 원자력법에 따라 원자력발전 비중이 저감되어왔고, 전력 수출량이 수입량을 상회하는 '순수출국'이기 때문이다. 발전비율에서 재생에너지는 2011년에 원자력을 제쳤고, 2014년에는 처음으로 재생에너지의 비율이 갈탄을 제치고 최대를 기록했다. 2020년에는 자국 내에서 소비되는 전력의 약 45%를 재생에너지로 충당하고 있다.

재생에너지의 확대와 함께 전력요금이 상승하고 있다.[15] 독일 전기요금의 절반가량은 에너지정책과 환경정책에 따른 세금이나 부과금이 차지하고 있다. 전기요금의 상승은 특히 저소득층에게 큰 타격을 준다. 독일 정부는 2014년 '재생에너지법Erneuerbare Energien Gesetz: EEG'을 개정하고, 재생에너지의 법정 매입가격을 평균 17센트/kWh에서 2015년 신규사업자부터 12센트/kWh로 낮췄다. 또 태양광과 육상풍력에 대해서는 매년 신규 설치 용량을 각각 2.4~2.6GWe까지로 제한하기로 정했다. 2016년에 '재생에너지법'을 개정해, 재생에너지에 대해 정부가 확정된 보상금을 주지 않고 시장경쟁을 통해 가격을 결정하도록 했다. 독일의 재생에너지 시장이 성숙해지면서 재생에너지를 개발·보급하는 데 정부의 역할보다 시장의 역할이 점점 더 우세해지고 있다[송용주, 2016].

2020년 12월, '재생에너지법'이 다시 개정되어 2021년 1월 1일자로 발효되었다. 법 개정의 취지는 2050년까지 독일의 탄소중립화를 목표로, 침체된 재생에너지 발전설비 건설 확대를 촉진하는 것이 핵심이다. 2030년까지 전력의 65%를 재생에너지로 생산하기 위해, 육상풍력, 해상풍력 및 태양광

의에 따라 연방정부를 상대로 분쟁 관계 소송을 모두 취하하기로 약속했다. 참고로, 후쿠시마 원전사고 이후 2022년까지 모든 원전을 폐쇄하기로 한 연방정부의 결정에 대해 연방헌법재판소는 2016년 12월과 2020년 9월에 전기사업자에게 보상이 필요하다고 판결한 바 있다.

15 가정용 전기(1.0~2.5kWh)의 kWh당 요금을 보면, 2010년 약 26.6센트(유로, 이하 같다)에서 2020년 약 33.9센트로 약 27% 상승했다.

각각의 설비규모를 현재 55GWe, 12GWe, 52GWe에서 2030년까지 71GWe, 20GWe, 100GWe로 늘리기로 정했다.

한편, 재생에너지를 확대하는 데 전기요금의 증가 외에 여러 난제와 마주하고 있다. 먼저 고압송전선 건설이 지연되는 점을 들 수 있다. 독일은 육상 풍력 발전 설비가 북부에 많고, 발트해와 북해에서는 해상 풍력발전기지 건설이 진행되고 있다. 그러나 전력의 주요 소비지는 남부에 소재하고 있다. 따라서 북부에서 만들어진 전력을 남부로 보내기 위한 고압송전선이 필요하다. 2013년 6월에는 2022년까지 전체 길이 2,800km의 송전선을 신설하는 법안이 통과되었다. 그런데 송전선이 통과하는 지역의 주민들이 경관 파괴와 부동산 가격 하락을 이유로 거세게 반대하고 주정부도 주민의 항의에 동조하면서, 연방정부 차원에서 진행되는 고압송전선 건설사업은 차질을 빚고 있다[熊谷徹, 2015].

독일은 탈석탄 문제에도 진지하게 임하고 있다. 독일 정부가 장기적인 탈석탄 정책을 수립하기 위해 설치한 탈석탄위원회Coal Exit commission[16]는 2019년 1월에 2038년까지 자국 내 84기 석탄 화력발전소를 모두 폐쇄할 것을 정부에 제언했다[박시원·김승완, 2019]. 이렇게 되면 독일이 온실가스 배출량을 1990년 대비 2030년까지 45%, 2050년까지는 20%까지 감축한다는 목표를 달성할 수 있을 것으로 전망했다. 2019년 12월, 제정된 '기후행동법 Climate Action Law'에는 1990년 대비 2030년까지 온실가스 55% 감축, 2050년까지 탄소중립을 추구한다는 목표가 설정되어 있다.

---

16 공식 이름은 '경제성장, 구조변화 및 고용 위원회Commission on Growth, Structural Change and Employment'이다. 탈석탄위원회에는 의회, 연방정부, 주정부, 산업계, 환경단체, 노동단체 각계 전문가 31인(발언권만 있고 투표권이 없는 3인 포함)이 참여해, 2018년 7월부터 7개월간 활동했다.

제4부

더 안전한
세상을 위하여

◆

제13장

원자력의 안전한 사용

올바른 일을 제대로

백 원 필

1. 후쿠시마 원전사고의 원인과 교훈

후쿠시마 원전사고는 일반인뿐만 아니라 원자력 전문가들에게도 충격이었고, 사고로 인해 원자력 분야는 많은 변화를 겪었다. 무엇보다 원전의 안전성에 대한 의구심이 확산하면서 '원자력 르네상스'의 기운이 사라지고, 독일, 스위스, 벨기에 등은 단계적 탈원전 정책을 채택한 점이 가장 큰 변화일 것이다. 가동 중인 원전에 대해서는 안전성 재평가와 향상 조치가 취해졌고, 신규 원전 건설도 안전성을 더욱 강화하지 않으면 어려워졌다.

사고의 충격에도 대부분 국가는 안전성을 강화하면서 원전을 계속 이용하고 있다. 현재 중국, 인도, 러시아 등에서 원전을 적극적으로 건설하고, 미국과 영국이 수십 년 만에 원전 건설을 재개했을 뿐만 아니라, UAE나 터키, 방글라데시와 같이 새롭게 원전을 건설하는 국가도 있다. 그러나 후쿠시마 원전사고가 없었더라면 세계적으로 원전 건설이 훨씬 더 활발했을 것이다. 인접국인 한국에서는 다른 요인들과도 맞물리면서 적극적 원전 이용 국가에서 탈원전 추진 국가로 방향을 전환하여 세계를 놀라게 하였다.

후쿠시마 원전사고 당시 정부 차원의 공식 대응과 대국민 소통은 당시 원자력 안전규제를 담당하던 교육과학기술부(이후 '교과부')와 산하 안전규제 전문기관인 한국원자력안전기술원(이후 '안전기술원')이 주로 수행했다. 특히 안전기술원은 비상대응조직을 운영하고 원장이 매일 정기적으로 브리핑을 계속하는 등 국민과 언론의 궁금증과 우려를 해소하는 데 크게 기여했다. 한편, 교과부는 안전기술원과 대학·연구기관의 전문가 73명으로 안전점검단을 구성하여 3월 하순부터 5월 초까지 국내 원자력시설의 안전성을 긴급 점검했다. 점검단은 국내 원자력 시설에 긴급한 안전 문제가 없음을 확인하면서도, 단기 또는 중장기적으로 추진할 6개 분야 50개 항목의 안전성 개선대책을 도출했다. 이러한 안전성 개선대책은 2011년 하반기에 원자력 안전규제기관으로 출범한 원자력안전위원회(이후 '원안위')에 의해 계속 추진된다. 지식경제부, 식품의약품안전청, 기상청 등도 소관 분야에서 역할을 했다.

원자력학계나 연구계의 역할은 전문가로서 정부에 조언하고, 언론 보도나 기고, 설명회, 토론회 등을 통해 국민의 궁금증을 해소하는 것이었다. 한국원자력연구원(이후 '원자력연구원')은 2011년 3월 28일 후쿠시마 원전사고와 관련한 정보들을 수집하고 분석하여 '후쿠시마 원전사고 중간 분석'이라는 비공식 보고서를 작성하여 전문가들과 공유했다. 특히, 방사성물질의 대기 중 확산을 사실적으로 모의하는 시스템을 막 개발한 시점이어서 이를 이용한 예측 결과를 정부와 주요기관에 제공했고, 뒤이어 해양을 통한 확산을 예측하는 시스템도 개발하여 활용했다. 2011년 4월 중순에는 한국과학기술원KAIST에서 공개한 「일본 후쿠시마 원전사고: 경과와 영향 그리고 교훈」[한국과학기술원, 2011]이 사태를 이해하는 데 큰 도움이 되었다. 이후 안전기술원, 한국수력원자력(주)(이후 '한수원')을 포함한 여러 기관에서 후쿠시마 원전사고와 관련하여 다양한 보고서를 발행했는데, 외부에 제한 없이 공개된 것은 많지 않다.

2011년 10월에는 한국원자력학회에서 50여 명의 전문가로 후쿠시마위원회를 구성하였고, 이 위원회에서 사고의 내용과 결과, 원인 및 교훈을 분석하여 2012년 8월 중간보고서를, 2013년 3월 최종보고서(이후 '원자력학회 보고서')를 발행했다. 그래서 이 장에서는 한국 전문가의 관점에서 작성되었고 필자가 위원장으로서 작성을 주도한 원자력학회 보고서를 주로 참고하면서 후쿠시마 원전사고의 특징과 발생 원인 및 교훈을 살펴보기로 한다.

후쿠시마 원전사고의 특징과 발생 원인

후쿠시마 원전사고는 핵심적인 특징을 다음 세 가지로 요약할 수 있다[백원필, 2011; 한국원자력학회 후쿠시마위원회, 2013].

- **극한 자연재해로 인한 최초의 원전 중대사고**: 1979년의 TMI 사고(미국)와 1986년 체르노빌 사고(옛 소련)는 원전 내부의 설비 문제 및 인적 실수에서 비롯되었으나, 후쿠시마 원전사고는 외부 사건, 즉 극한 자연재해에서 비롯된 사고이다. 애초에 미흡했던 안전 설비와 사고관리 대책이 쓰나미에 의해 무력화되어 대형 중대사고로 진행된 것이다.

- **붕괴열 제거의 실패로 다수기에서 동시에 중대사고가 발생하여 장기간 지속**: 원자로 정지(핵분열 반응의 중단)는 신속하게 이루어졌으나 지속적으로 생성되는 붕괴열의 냉각에 실패하여, 원자로 3기에서 핵연료가 대량으로 녹아내리고 원자로용기와 격납용기가 손상되었다. 또한 3기의 원자로건물이 수소가스 폭발로 크게 손상되었고, 안정적인 원자로 냉각시스템을 갖추기까지 수개월이 걸렸다.

- **방사성물질의 대량 방출로 광범위한 토양 및 해양 오염**: 체르노빌 사고의 10~20% 수준의 방사성물질이 환경으로 누출되어 심각한 토양 및 해양 오염을 일으켰다. 비상 대피가 비교적 신속하게 이루어져서 방사선 피폭으로 인한 사망자는 발생하지 않았으나, 광범위한 환경오염과 많은 수의 이재민 발생으로 국가·사회적 위기가 유발되었다.

후쿠시마 제1원전은 규모 9.0의 대지진으로 인한 진동은 이겨냈지만, 높이 15m의 쓰나미를 견디지 못해 원자로 정지 후에도 핵연료에서 계속 생성되는 붕괴열([기초지식-6]) 냉각 기능을 상실했다. 그 결과 핵연료가 대량으로 녹아내려서 원자로 밖으로 빠져나오고, 수소가스 폭발 등으로 원자로건물이 파손되어 많은 양의 방사성물질이 환경으로 누출되었다. 방사선 피폭에 의한 직접적인 인명피해는 확인되지 않았으나, 원전사고의 사회·경제적 파장은 지진·쓰나미에 의한 직접 피해보다 훨씬 더 크고 오래 지속되고 있다. 원전사고로 인해 십 수만 명이 주거지를 떠나 대피했고, 10년이 지난 지금까지도 3만 5,000여 명이 장기 대피 상태에 있다. 사고 지역이 완전히 정상적인 모습을 갖추려면 수십 년이 더 필요할 것이다.

원자력학회 보고서는 사고가 발생하게 된 근본적인 원인으로 '일본 고유의 자연재해 특성에 대한 고려 미흡', '최상의 지식에 기반하지 않은 의사결정', '제도·조직 및 규제의 실패', '안전문화 미흡 및 유착문화' 등 네 가지를 제시했다. 가장 직접 원인은 미국에서 개발된 원전을 일본에 건설하면서 지진과 쓰나미가 빈발하는 일본 고유의 지질학적 특성을 제대로 반영하지 못한 데 있다고 보았다. 후쿠시마 제1원전에 대한 최초의 설계기준 지진가속도가 0.18g(g는 중력가속도), 설계기준 쓰나미 높이가 3.1m였다. 0.18g는 일본에 비해 지진 발생 빈도나 규모가 월등하게 작은 한국 고리원전의 0.20g보다도 낮은 값이다.

후쿠시마 원전사고 후 살펴본 바에 따르면, 일본에서 15m 이상의 쓰나미 발생 기록[Mori et al., 2005]이 있는 지역에 건설된 원전들조차 쓰나미 설계기준이 5~10m에 지나지 않았다. 이는 원전 건설 당시 부지 환경에 대한 지식이 부족한 상태에서 사전조사가 충분히 이루어지지 않았기 때문이라 할 수 있다. 동일본대지진과 비슷한 위치에서 발생하여 대규모 쓰나미 피해를 일으킨 것으로 해석되는 869년의 조간지진貞観地震도 1990년대 이후에야 본격적으로 연구되었다. 원전을 운영하면서 내진설계는 꾸준히 보강하여 대지진 후에도 필수적인 안전기능을 유지할 수 있었으나, 상대적으로 소극적으로 대비한 쓰나미로 인해 돌이킬 수 없는 재앙을 맞은 것이다.

이렇게 된 것은 안전에 중요한 의사결정이 최상의 과학기술 지식에 근거하지 않고 안전에 대한 막연한 믿음이나 정치·경제적인 이해관계에 따라 이뤄지는 경우가 있었기 때문이다. 안전에 대한 최신 지식과 운전 경험을 성실하게 반영하지 않으면서도 '우리 원전은 안전하다'라는 잘못된 믿음을 가졌던 것이다. 특히 경제산업성 자원에너지청이 원자력 발전 산업을 담당하고, 여기에 소속된 원자력안전·보안원이 안전규제를 담당하면서 인력 교류가 활발하게 이루어지는 체제였으므로, 보이지 않는 유착문화가 형성되어 엄격한 안전규제를 기대하기 어려웠다. 아울러 정부부터 원자력 산업계에 이르기까지 적절한 안전문화가 정착하지 못했음을 후쿠시마 원전사고 전에 일본에서 발생했던 여러 사건에서도 확인할 수 있다. 사고 후 일본 국회에 설치됐던 사고조사위원회에서도 사고의 근본 원인이 원자력 안전에 대한 감시·감독 기능의 붕괴이며, 후쿠시마 원전사고는 분명한 '인재人災'라는 결론을 내린 바 있다[国会事故調, 2012].

원자력학회 보고서는 사고가 조기에 수습되지 못하고 대형화된 구체적인 기술적 원인을 다음과 같이 언급하고 있다.

- 초대형 쓰나미에 대한 무방비: 비상전원계통과 냉각시스템의 설치 위치 등
- 중대사고 완화 대책의 미흡: 미흡한 설비 보강 및 형식적 지침서 등
- 지진과 쓰나미에 의해 악화된 작업 환경: 도로 및 통신망 파손, 정전 등
- 사고 진행 과정에서의 부적절한 대응: 격리응축기 상태 오판, 고압냉각수주입계통 정지, 배기밸브 개방 지연 등
- 원자로 내부 상태에 대한 정보 부족: 정전, 계기 고장, 높은 방사선량률에 따른 현장 접근의 어려움
- 여러 원자로에서의 중대사고 동시 전개: 인력 투입 한계, 상호 악영향 등

한국에서는 사고 진행 과정에서의 대처가 미흡했다는 비난이 많지만, 대처 과정의 잘못보다는 초대형 쓰나미에 대한 사전 대비가 부족했던 것이 더 큰 원인이라고 할 수 있다. 발전소가 완전히 정전되고 많은 안전설비가 물리적으로도 손상된 상황에서 더 잘 대응하기는 어려웠다고 판단한다.

후쿠시마 원전사고의 교훈

후쿠시마 원전사고의 원인과 교훈 및 이를 반영한 각국의 후속조치들은 제3부에서도 다룬 바 있다. 사고의 교훈에 대해서는 간단한 구글 검색만 하더라도 다양한 자료를 찾을 수 있다. 여기에는 국제원자력기구, OECD 원자력기구 등 국제기구, 정부조사위원회, 국회조사위원회 등 일본의 여러 기구와 단체, 미국 원자력규제위원회 등 각국 원자력 안전규제기관, 한국원자력학회, 미국원자력학회, 미국과학원 등 학술단체, MIT, KAIST 등 주요 대학, 카네기국제평화기금, 그린피스, 참여과학자모임Union of Concerned Scientists 등 비정부기구 등이 포함된다.

한국과학기술원KAIST은 사고 후 1개월 만에 발표한 보고서에서 기술적 측면과 제도적 측면의 다음 열 가지 교훈을 제시하여 주목을 받았다[한국과학기술원, 2011; Chang, 2011].

- **기술적 측면**: 비상 전기공급 등 비상냉각시스템 강화, 사용후핵연료 관리에 대한 안전성 강화, 수소 제거 시스템의 점검 및 보완, 확률론적 안전성 평가 등을 통한 기존 원전 안전성 재점검, 피동 안전계통 강화 등을 통한 신규원전 안전성 향상 등 다섯 가지
- **제도적 측면**: 중대사고 시 대응할 수 있는 매뉴얼의 확립, 비상지휘체계의 기능 강화 및 고급인력 양성, 중대사고를 포함한 안전 연구를 증진하고 매뉴얼에 반영, 국제 협력 및 산학연 협력을 통한 정보 및 지식 교류, 안전문화 확립 및 국민 이해 증진 등 다섯 가지

표 13.1_ 한국원자력학회 후쿠시마위원회(2013)에서 도출한 사고의 교훈

분야	교훈
① 안전 철학 및 확보체계	• 원전 안전을 위한 심층방어 전략을 보완하고 강화해야 한다. • 원전 안전목표에 인명 손실 측면과 사회적 위기 측면이 함께 고려되어야 한다. • 방사선안전기준, 비상대피기준 등의 정비와 국제적 조화가 필요하다. • 규제기관의 독립성과 전문성이 매우 중요하다. • 안전에 대한 운영기관의 책임이 더 강조되고 관련 인프라가 강화되어야 한다.
② 중대사고 예방을 위한 설계 안전성	• 자연재해에 대한 설계기준을 재검토하고 대응능력을 향상시켜야 한다. • 전원공급계통의 다양성과 신뢰성을 강화해야 한다. • 피동 안전성 및 최종 열제거기능 강화를 통해 붕괴열을 신뢰성 있게 제거해야 한다. • 원전 설계 및 운영에서 리스크 정보를 더욱 적극적으로 활용해야 한다. • 사용후핵연료저장조의 안전 특성을 재확인하고 강화할 필요가 있다.
③ 중대사고 대처능력	• 원전의 중대사고를 가정하고 현실적인 대응능력을 갖추어야 한다. • 극한적 중대사고 대응까지를 포함하여 원전 절차서들이 개선되어야 한다. • 사고 대응에 중요한 계측기 등 원전 상태 감시설비가 보강되어야 한다. • 사고 대응은 최상의 매뉴얼 구비와 함께 인간의 창의성에도 의존해야 한다.
④ 비상대응 (방재) 체계	• 비상대응시설을 포함하여 대형 사고에 대비한 비상대응시스템을 강화해야 한다. • 방사선 감시체계, 신속한 방사능 확산·영향 평가, 작업자 선량 관리가 강화되어야 한다. • 원자력시설 사고에 대비한 의료대응체계가 준비되어야 한다. • 원전사고에 대비한 소통체계가 강화되어야 한다. • 인접 원전 정보를 확보하고 사고 영향을 평가할 수 있어야 한다.
⑤ 원자력 안전 기반	• 원자력 안전문화를 체질화하고 독립적으로 평가해야 한다. • 원자력 안전연구가 강화되고 성과가 공유되어야 한다. • 방사선에 대한 이해를 증진하기 위한 노력이 강화되어야 한다.

한국원자력학회 후쿠시마위원회(2013)는 표 13.1과 같은 5개 분야 22개 항목의 교훈을 제시했으며, 후쿠시마 원전사고에서 얻을 수 있는 교훈을 전반적으로 잘 정리했다고 판단한다. 이 밖에 국제원자력기구[IAEA, 2015], OECD 원자력기구[OECD/NEA, 2016; 2021], 일본 국회조사위원회[国会事故調, 2012], 미국 국립과학원[US NAS, 2014; 2016], 그린피스[Greenpeace,

2012], 카네기국제평화기금[Acton & Hibbs, 2012], MIT[Buongiorno et al, 2011] 등의 보고서도 함께 읽으면 좋다.

2. 원자력 안전 강화 방향

대형 사고는 안전 혁신의 기회

인류 문명은 실패의 교훈을 반영하면서 발전해왔다. 원자력발전소도 1950년대 이후 주요 사고들의 교훈을 반영하면서 안전성을 꾸준히 강화해왔다(표 13.2 참조). 1979년의 TMI 사고와 1986년의 체르노빌 사고 후 20~30년간 큰 원전사고가 발생하지 않았던 것도 사고의 교훈을 반영하여 안전성을 크게 향상시켰기 때문이다. 마찬가지로 후쿠시마 원전사고의 교훈을 냉철하게 분석하여 원전의 설계와 운영에 반영함으로써 중대사고의 발생 가능성을 극소화하고, 중대사고 시에도 피해 규모를 최소화할 수 있을 것이다.

한국은 후쿠시마 사고 직후 안전점검 등을 통해 50여 개의 안전성 향상 조치를 도출하여 지진, 쓰나미 등 자연재해에 대한 대응능력을 강화하고 사고 시 방사능 누출을 최소화하기 위한 설비개선을 적극적으로 추진했다. 아울러 원자력안전위원회를 독립 행정기구로 설치하여 규제 독립성을 강화했다. 그 후에도 설비 개선사항의 보완, 스트레스 테스트 수행, 방사선비상 계획구역 확대, 원안위 회의 및 자료 공개 확대, 중대사고 관리대책 강화 등을 지속해서 추진해왔다. 제3부에 상세하게 소개된 이러한 후쿠시마 사고 후속조치들은 극한 자연재해와 중대사고에 대비 능력 등 국내 원전의 실체적 안전성을 크게 강화할 것으로 기대한다.

특히 필자는 최악의 자연재해와 중대사고 시에도 기능을 유지할 수 있는 튼튼한 비상대응시설(비상대응거점), 즉 후쿠시마 제1원전의 면진건물과 같

표 13.2_ 주요 원자로 사고와 안전성 향상 조치

사고	안전 시사점 및 안전성 향상 조치
실험용 원자로 사고(1950년대)	• 원자로 정지계통의 신뢰도 향상 • 설계기준사고 및 심층방어 개념과 격납용기 요건 도입
TMI 사고 (1979)	• 중대사고 발생 가능성을 확인하여 관련 연구 및 대처설비 개발 • 확률론적 안전성 평가PSA, 인적 실수, 격납용기의 중요성 확인 • TMI 사고 후속조치가 이행되어 세계 원전의 중대사고 발생 확률이 1/10 이하로 낮아진 것으로 평가
체르노빌 사고 (1986)	• 원자로 정지능력과 격납용기의 중요성 재확인 • 안전문화Safety Culture의 중요성 대두 • 다만, 폐쇄된 국가의 특정 원자로에서 발생한 사고로 인식되어 교훈 반영에 소홀
후쿠시마 사고 (2011)	• 극한 자연재해 등 외부사건 대응 강화 • 대수기 동시 중대사고 등 사고관리 범위 확대 • 조직문화, 안전문화 등

은 시설을 원전 부지마다 구축하자고 주장했다[백원필, 2013]. 어떤 상황에서도 핵심 대응인력은 원자로 가까이에 머무르면서 대응해야 최악의 사고로 진행하는 것을 막을 수 있다고 판단했기 때문이다. 이에 대해 처음에는 필요성에 대한 공감대 부족과 수천억 원의 소요비용 때문에 부정적인 반응도 있었으나, 많은 토론과 협의를 거쳐 후쿠시마 사고 후속대책에 추가된 것을 다행으로 생각한다.

안전성 확보의 기본 방향

후쿠시마 원전사고의 교훈과 한국의 상황을 고려할 때, 기술적인 관점에서는 세 가지가 중요하다[백원필, 2017]. 첫째, 최상의 지식과 정보에 근거한 의사결정의 필요성이다. 이를 위해서는 원자력 안전 관련 기관과 직원들이 대내외적으로 적극 소통하고 정보를 교류해야 하며, 안전 연구에서도 협력이 필요하다. 임직원이 최상의 지식과 정보에 접근하고 체득하려면 교육·훈련 시스템이 체계적으로 운영되어야 한다. 국제 수준의 전문가 그룹을 육성하고 세계적 시야를 갖도록 유도해야 하며, 안전 정책의 수립과 이행에서는 전문가 의견을 적극 반영해야 한다.

둘째, 중대사고 예방대책과 완화대책을 균형 있게 추진하는 것이다. 후쿠시마 원전사고 이후 중대사고 완화대책이 강조되는 것은 자연스럽고, 지금까지 상대적으로 소홀했던 부분을 보강한다는 측면에서도 중요하다. 그러나 원자력시설에서는 어디까지나 중대사고가 발생하지 않도록 예방하는 것이 더욱 중요함을 잊어서는 안 된다. 일단 중대사고가 발생한 후에는 아무리 잘 대처하더라도 사회·경제적으로 큰 영향을 피하기 어렵기 때문이다. 후쿠시마 원전사고 후 특별히 강조되는 자연재해 대책도 중대사고 예방 관점에서 더욱 중요하다. 그럼에도 중대사고를 완벽하게 예방하는 것은 불가능하므로, 현실적 중대사고에 대해 충분히 대비하고, 발생 가능한 최악의 상황에서도 사회적으로 감당할 수 있는 수준으로 피해를 억제하기 위한 최후 수단을 갖추어야 한다. 최악의 환경에서도 사용할 수 있는 원전 부지 내 또는 인근의 비상대응시설은 이런 관점에서 중요하다.

셋째, 한국은 국토가 좁고 다수기가 밀집된 원전이 대도시 인근에 위치하므로, 방사성물질이 대량으로 누출될 가능성을 실질적으로 제거하겠다는 자세가 필요하다. 방사능 대량 누출을 유발할 수 있는 사고 시나리오들을 확인하여 실질적인 억제 대책을 이행해야 한다. 방사성물질의 대량 누출을 막는 최후의 보루인 격납건물의 건전성 확보는 당연하고, 격납건물이 손상되지 않더라도 방사성물질이 외부로 누출되는 사고 시나리오들에 대한 대책도 충분히 세워야 한다.

그림 13.1은 원자력시설의 사고를 예방하고 대응하는 3단계를 생각해본 것이다[Baek, 2013]. 첫 번째 단계는 하드웨어 차원의 안전성 확보이고, 두 번째 단계는 절차서와 인력 등 소프트웨어 차원의 대비이다. 이 두 단계가

최상의 설계 / 시설 안전성 확보 (입지, 건설, 유지보수 포함)	◆심층방어 개선하고 철저하게 이행 ◆최신 연구결과와 운전 경험을 반영하여 안전성을 지속적으로 향상
최상의 절차서 및 교육훈련 (EOP, SAMG, EDMG 등)	◆최상의 과학기술지식을 이용한 분석(해석) ◆발전소 내부 및 외부 자원을 최대한 활용 ◆실효성 있는 교육 및 훈련 ◆일어날 수 없을 것 같은 일까지 상상 (Imagine the unimaginable)
미리 대비되지 않은 사고에 대한 창의적 대응	◆훈련되고 경험이 있는 높은 수준의 인력 ◆원전 동작원리 및 설계 특성의 깊은 이해 ◆깊은 과학기술 지식과 발전소 현장지식을 겸비한 전문가 자문그룹 확보

"지식 기반 의사결정"
Knowledge[Based Decision Making
"최상의 과학기술지식에 기반한 심층방어 이행"
Knowledge-Based Imp;ementation of Defense-in-Depth

그림 13.1_ 원전사고 및 예방의 3단계

자료: Baek(2013).

잘 이루어지면 대부분의 사고는 예방하거나 피해를 최소화하며 대응할 수 있다. 따라서 대형사고 후에는 시설 개선과 절차서의 보강, 운전원 교육훈련 강화 등이 늘 뒤따르는데, 형식적이 아닌 실질적인 개선이 매우 중요하다. 더 어려운 문제는 사고가 전혀 예상하지 못한 부분에서 발생할 수도 있다는 점이다. 적절한 대응 설비나 절차서가 미리 준비되지 않았을 때는 운전조직과 자문조직의 창의적 대응에 의존할 수밖에 없다. 여기서는 시설의 동작원리와 설계특성을 정확하게 아는 현장 운전인력과 깊이 있는 과학기술 지식과 현장지식을 겸비한 외부 전문가의 역할이 매우 중요해진다.

그림 13.1의 3단계 사고 예방·대응은 지식을 존중하는 의사결정을 통해 실현될 수 있고, '최상의 지식에 기반한 심층방어 이행' 전략으로도 표현할 수 있다. 필자는 이를 더 단순화하여 '올바른' 일을 '제대로' 하자로 표현한다. 심층방어Defense-in-Depth: DID에 대해서는 [기초지식-7]에 자세히 설명했다.

'올바른' 일을 '제대로'

후쿠시마 원전사고의 원인을 분석하고 국내외 후속조치들을 보면서 특히 강조하고자 하는 것은 '최상의 과학기술을 기반으로 올바른 일을 제대로 해야 한다'는 것이다. 사고의 원인은 기술적·제도적·문화적 측면에서 매우 복합적이지만, 결국은 중요한 의사결정들이 과학기술 지식을 무시하면서 이루어진 데 있다. 놀랍게도 후쿠시마 제1원전 건설 당시 적용된 지진과 쓰나미 설계 기준이 한국의 고리 원전보다도 낮았다는 것이 사실이다.

원자력 안전과 관련하여 '올바른 일을 제대로 하자Do the Right Things Right!'라는 표현이 처음 사용된 것은 2013년 국제원자력기구 학술회의[1]에서였다. '올바른 일을 잘 찾아내는 것'과 '이를 제대로 해내는 것'이 모두 중요하다는 점을 나타내기에 안성맞춤이었기 때문이다. 처음에는 제대로 이행하는 것에 더 초점을 맞추었는데, 세계 각국의 후쿠시마 사고 후속조치들이 서로 유사하여, 실질적인 안전성 향상 효과는 실제로 어떻게 이행하느냐에 달렸다고 보았기 때문이다. 특히 무엇을 해야 하는지는 잘 찾아내지만 그 일을 해내는 과정에서는 대충대충 하는 경향이 있음을 경계하는 의미도 있었다. 그럼에도 원자력 안전에 대한 논의에서 '올바른 일'을 잘 찾아내는 것은 무엇보다 중요하다.

대표적인 과학기술 문제인 원자력 안전 문제는 기본적으로 최상의 지식을 활용하여 과학기술적으로 평가하고 해결해야 한다. 잘못된 지식에 근거한 의사결정은 실제로 필요한 일을 못하게 하고 엉뚱한 곳에 자원을 낭비하

---

1 2013년 10월 국제원자력기구 본부에서 개최된 "IAEA International Conference on Topical Issues in Nuclear Installation Safety: Defense in Depth — Advances and Challenges for Nuclear Installation Safety"에서 필자(백원필)가 기조강연을 할 때 이 표현을 처음으로 주장했다. 이후 경영 분야 등에서 유사한 표현이 이미 사용되어왔고 비슷한 제목의 책도 출간된 것을 뒤늦게 알게 되기도 했다.

Do the "Right" Things "Right"
for Securing a High Level of Safety
(안전성 확보를 위해 '올바른' 일을 '제대로' 이행)

by

Fully Utilizing the Available Scientific Knowledge,
Resources and Human Wisdom
(최상의 과학기술 지식, 자원 및 인간의 지혜를 최대한 활용)

in

Effective Communication with Stakeholders
(이해관계자들과의 효과적 소통)

그림 13.2_ 원자력 안전을 위한 '올바른 일을 제대로'

도록 만들기 때문이다. 잘못된 의사결정의 폐해는 바로 드러나지 않더라도 실제 문제가 생기면 엄청나게 커질 수 있다. 요즘은 "원자력 안전은 과학기술적 문제가 아니고 신뢰의 문제"라는 주장이 강한데, 이는 지나치게 강조되다 보면 안전 문제에 대한 실질적 해결보다 정치적 해법을 찾는 데 몰두하게 될 우려가 있다.

안전에 대한 논의에서 최상의 과학기술에 기반하고 정당한 절차를 거쳐 수립된 안전기준은 존중되어야 한다. 그러지 않으면 실제적인 안전 문제가 합당하게 다루어지지 않고, 소모적인 논쟁과 정치적 타협만이 중요해질 것이다. 특히 광범위한 자료와 과학적 연구 결과를 반영하여 확립되고 새로운 지식을 반영하여 지속적으로 보완되는 방사선 안전기준(선량한도 등)이 쉽게 폄훼되는 것은 안타까운 일이다.

그렇다면 올바른 일을 제대로 하는 데 필수적인 최상의 과학기술 지식은 어떻게 확보하여 활용할 수 있을까? 원자력 안전과 관련한 지식은 일반적으로 안전 연구와 원자력시설 운영경험 분석을 통해 확보된다. 잘못된 지식은 오히려 그릇된 판단을 유발하므로, 신뢰할 수 있는 높은 품질의 연구와 운영경험에 대한 심층적인 분석이 적극 장려되어야 한다. 여기서 원자력 안전 분야의 효과적인 국제 협력이 매우 중요하다. 한편, 확보된 최상의 지식은 쉽게 이해되고 응용될 수 있는 형태로 사용자에게 제공되고, 사용자는 정직하게 사용해야 한다.

'올바른 일을 제대로'는 원자력 안전뿐만 아니라 다른 안전 문제나 일상생활에도 적용될 수 있는 말이며, 그림 13.2에 기본 개념을 예시했다[백원필, 2013]. 우리 사회에서도 최상의 지식과 정보가 존중되고 합리적인 토론이 보편화되기를 기대하고 있다.

3. 함께 나누는 이야기

유해물질의 안전성: 존재 여부보다 노출량이 중요

원자력 안전이 특별한 이유는 방사선 때문이다. 원자로는 가동될 때 에너지와 함께 많은 양의 방사성물질을 생성한다. 방사성물질은 소중한 자원으로 사용되기도 하지만, 방사성물질이 방출하는 방사선에 생명체가 노출되는 경우 그 양에 따라서는 치명적인 장해를 입을 수도 있다. 즉, 사람이 많은 양의 방사선에 노출되면 단기간에 사망할 수 있고, 비교적 작은 양에 노출되더라도 시간이 지나면서 암 등이 발생할 수 있는 것이다([기초지식-6]). 이러한 방사성물질의 위험성은 사망이나 암 발생 관점에서 유해 화학물질의 위험성과 매우 유사하다는 특징이 있다.

우리는 수많은 유해물질과 함께 살아가고 있다. 봄철 야외활동을 방해하는 미세먼지와 초미세먼지가 대표적이다. 수백 명 이상의 사망자가 발생한 가습기 살균제, 몇 차례 사망사고를 일으킨 불산 등 다양한 유독성 화학물질도 있다. 석탄·석유·가스 등 화석연료 연소로 인한 대기오염물질과 원자력발전소 안전 문제의 핵심인 고독성 방사성물질, 최근 문제가 된 질소 과자, 폐암의 주요 원인인 담배 등 열거하기로 하면 끝이 없다.

유해물질에 의한 피해는 우리 인체가 그것에 얼마나 노출되는가에 따라 달라진다. 따라서 공기, 토양, 물속의 유해물질 농도나 인체 노출량을 관리함으로써 피해를 예방하거나 최소화할 수 있다. 이를 위한 기준과 절차는 사회가 요구하는 안전수준과 현재의 과학기술 지식을 기반으로 마련된다. 나아가 식품, 원자력 등 중요한 분야에 대해서는 식품의약품안전처, 원자력안전위원회와 같은 독립적인 규제기구를 통해 집중 관리된다.

문제는 상당수의 유해물질에 대한 지식이 아직 충분하지 않다는 점이다. 새로운 물질의 유해성을 규명하려면 오랜 기간이 필요하고, 합성 감미료 사카린의 사례처럼 유해성 여부에 관한 판단 자체가 바뀌는 경우도 드물지 않다. 그 결과 국제기구나 정부당국에서 정한 안전관리 기준에 대한 국민의 신뢰가 떨어질 때도 있고, 사이비 전문가의 비과학적인 선동이 대중의 믿음에 큰 영향을 주기도 한다.

그럼에도 유해물질로부터 우리의 생명과 건강을 지켜주는 가장 현실적인 잣대가 안전기준임은 분명하다. 특히 어떤 물질에 대해 유해성이 밝혀진 기간이 길고, 관련 연구가 활발하게 이루어진 경우에는 더욱 그렇다. 이 기준은 여러 불확실성을 고려하여 충분한 여유를 두고 설정된다. 노출량이 안전기준을 넘었다고 해서 곧 피해를 의미하는 것은 아니며, 기준에 비해 상당히 낮은 수준이라면 걱정할 필요가 없다.

후쿠시마 사고와 관련한 많은 논란이 저선량의 방사선 피폭에 대한 우려와 관계되어 있다. 후쿠시마 방사능과 관련한 다양한 의문을 제1부에서 다루었다. 이는 조건우·박세용(2021)도 알기 쉽게 설명하고 있다.

다양한 유해물질 가운데 가장 확실한 과학기술 지식에 근거해 안전기준이 설정된 대상은 아마도 방사선일 것이다. 세계 각국의 과학기술자들은 히로시마, 나가사키 원폭 피해자 추적 연구, 방사선생물학 연구, 다양한 원자력시설 운영 경험 등을 통해 100mSv(밀리시버트) 이하의 방사선 피폭은 단기간에 받더라도 인체에 미치는 영향이 없거나 미미함을 확인해왔다[조건우·박세용, 2021]. 이를 반영해 한국에서는 정상운전 중인 원자력시설의 작업자는 5년간 100mSv(연간 최대 50mSv), 일반인은 연간 1mSv를 선량한도로 정하고 있다. 미국에서는 작업자에 대한 연간 선량한도가 50mSv이다.

국가에 따라 자연방사선량이 연간 1.5~10mSv로 차이가 크고 연간 수십 mSv 이상의 선량을 보이는 지역들도 있지만, 이것이 암 발생률에 미치는 영향은 나타나지 않고 있다. 또한 비행기를 타고 미국을 한번 왕복하면, 우주방사선이 증가하여 약 0.2mSv의 자연방사선을 추가로 받는다. 일반인에 대한 연간 선량한도인 1mSv는 방사선 피폭 피해가 확인된 선량과 비교할 때 충분한 여유를 두어 설정된 값이며, 방사선량이 1mSv보다 낮아도 위험하다는 일부의 주장은 과학적 사실과 거리가 멀다. 낮은 방사선량은 오히려 생명을 연장시킨다는 호메시스Hormesis 이론을 뒷받침하는 연구결과도 꾸준히 발표되고 있고, 이와 관련하여 현재의 선량한도를 상향해야 한다고 주장하는 학자들도 있다[앨리슨, 2021].

우리는 위험 요인을 처음 대할 때 많은 시행착오를 겪지만, 지식과 경험이 쌓이면서 안전하게 관리할 능력을 갖추게 된다. 큰 사고를 일으킬 수도 있는 도시가스를 거의 모든 가정에서 사용하고, 버섯과 복요리를 안심하고 먹을 수 있게 된 것은 유해물질의 존재 자체를 없애서가 아니라 안전하게 관리할 수 있게 되었기 때문이다.

특히, 확고한 과학적 지식에 근거한 엄격한 기준에 따라 관리되는 방사선에 대해, 기준치의 10분의 1, 100분의 1도 위험하다는 주장은 대중에게 근거 없는 공포감만 유발할 뿐 아무런 도움이 되지 못한다. 유해물질의 위험성은 실제 노출량에 따라 결정된다는 것과 최상의 과학기술 지식에 근거하고 정당한 절차에 따라 수립된 안전기준이 무엇보다 중요하다는 점을 다시

한 번 강조한다.

원자력의 '안전'과 '안심'

언제부터인가 '안전安全을 넘어 안심安心'이라는 구호가 우리 사회에서 자주 사용되고 있다. 실질적인 안전성을 높이는 것은 물론, 올바른 소통과 신뢰를 주는 행동으로 국민이 안심하도록 해야 한다는 뜻이다. 구글에서 이 구호를 검색해보니 원자력과 식약품에 관련된 항목이 다수를 차지하는데, 원자력 안전과 식약품 안전에 우리 국민의 관심이 높고 불안해하기 때문일 것이다.

안전이 중요한 문제에서 실체적인 안전과 국민의 안심은 모두 중요하다. 신뢰기반이 튼튼하고 투명한 사회에서는 안전성이 향상되어 우수한 실적을 보이면 안심도 자연스럽게 따라가는 경향이 있다. 그래서인지 '안전을 넘어 안심'과 같은 구호는 거의 사용되지 않고, 마땅한 영어 표현을 찾기도 어렵다. 따라서 이 구호는 저신뢰 사회에서 힘을 갖는 정치적 구호라고 볼 수 있겠다. 일본에서는 '안전·안심'이라는 용어가 널리 사용된다.

'안전을 넘어 안심'이라는 구호는 기술적 안전뿐만 아니라 정서적 공감대까지 얻겠다는 뜻이지만, 실질보다 명분이 중시되는 한국 사회에서는 진정성 있게 사용되지 않을 가능성이 있다. 가장 큰 우려는 실체적인 안전성에 소홀히 하면서도 국민을 안심시키기 위한 활동을 중시할 가능성이다. 예컨대 후쿠시마 원전 지역주민들은 원전이 쓰나미에 그렇게 무력할 수 있다는 점을 몰랐을 것이다. 그들은 안전하지 않은 것을 안전하다고 믿어 안심하고 있다가 피해를 당한 것이다.

반대로 실체적인 안전성이 충분하고 정보가 투명하게 공개되는데도 '안심'을 빌미로 불합리한 요구가 빈발할 가능성도 있다. 자신이 이해하지 못하거나 믿지 못하니 안심하지 못하겠다는 것까지는 자연스럽다. 그러나 안전에 대한 과도한 문제 제기로 사회가 벌집 쑤신 듯 요란하다가 소리 없이 묻힌 일도 한둘이 아니다. 의도적이든 오해에 따른 것이든 이런 일로 막대한 사회적 낭비가 유발되고 기업이 망하더라도, 이에 대해 책임을 지는 경우는 거의 없다. 특히 과학기술적 지식에 기반하여 수립된 안전기준을 무시하고 안심을 주장하면 마땅한 대책이 없고, 때로는 안전을 오히려 저해할 가능성도 있다.

앞의 예에서 보듯이 안심을 지나치게 강조할 때 나타날 수 있는 폐해는 분명하다. 첫째는 안전시설 운영자들 스스로 실체적 안전성은 뒷전에 두고 국민을 안심시키기 위한 노력에 집중할 가능성이 크다. 둘째는 이해관계자들이 사소한 문제들을 계속 제기하면서 이루어질 수 없는 수준의 안심을 요구할 가능성이 상존한다. 이런 상황은 실체적 안전성 향상을 위한 의지를 앗아가고 자원을 낭비하게 하여 안전을 오히려 해칠 가능성이 크다.

안전과 안심이 모두 중요하지만, 그래도 더 중요하고 일차적인 것은 과학기술에 기반한 '실체적 안전'이라는 것을 우리 사회가 받아들이고, 이를 위한 실질적 노력을 진지하게 해나가면서 안심도 추구하는 것이 바람직하다.

지진과 원자력 안전

2016년의 경주 지진(리히터 규모 5.8)과 2017년의 포항 지진(리히터 규모 5.4)을 겪으면서 집이 무너지는 수준의 큰 지진은 다른 나라 이야기로 생각하던 한국인의 인식이 크게 바뀌었다. 한국이 현대적 지진계측시스템을 본격적으로 운용한 1978년부터 40년 동안 규모 5.0 이상의 지진이 총 10차례 발생했는데, 그중 절반이 2014년 이후에 집중되었다. 특히 경주 지진과 포항 지진은 도시 가까이에서 발생하여 위력을 체감할 수 있었다. 두 차례의 지진을 통해 한국의 건축물 상당수가 지진에 취약하다는 점을 확인했다. 동시에, 제대로 지은 건축물이라면 내진설계를 적용하지 않았더라도 규모

5.5 수준의 지진에 크게 손상되지 않는다는 점도 알 수 있었다.

한편, 포항 지진에 대한 정부와 국민의 대응능력이 한 해 전의 경주 지진 때보다 크게 향상되었음을 확인한 것은 큰 소득이다. 포항지진이 있자마자 긴급재난문자가 국민에게 발송되었으며, 포항에서 먼 지역에서는 진동을 느끼기도 전에 문자를 받을 정도였으니, 1년 전보다 대응이 크게 발전했음을 알 수 있다. 지진 규모에 비해 건물 파손이 크게 일어났음에도 인명피해가 작았던 것도 경주 지진에서 교훈을 얻어 신속하게 대응했기 때문이다. 정부가 지진 발생 1주일 후 예상되는 비난을 감수하면서도 정밀분석 결과를 반영하여 진원지 정보를 수정하여 공개한 것도 바람직했다. 이는 한국의 지진대응체계가 지속적으로 발전할 것이라는 희망을 보여준다.

지진은 과거에도 일어났고 앞으로도 계속 일어날 것이다. 이미 원자력발전소 등 일부 산업분야에서는 훨씬 더 큰 지진이 발생할 수 있다고 가정하고 내진설계를 해왔다. 한국의 일반 건축물에 대해서는 1988년 내진설계 규정이 처음 도입된 후 요건이 지속적으로 강화되어왔다. 그렇지만 지진을 진지하게 고려하지 않고 설계·시공되어 운영되는 시설물이 더 많을 뿐만 아니라, 일상생활에서도 지진을 거의 염두에 두지 않는 것이 사실이다. 따라서 경주와 포항지진을 우리 사회의 지진대응체계를 혁신하는 계기로 삼아야 한다. 지진의 위험을 과소평가해서도 안 되지만 가능성이 희박한 최악의 상황에만 치중하여 대응방안을 마련하는 것도 바람직하지 않다. 가장 중요한 것은 실효성 있는 대응방안 수립에 필수적인 지식과 정보를 체계적으로 확보하면서, 최상의 지식과 정보에 근거하여 사회 전체의 리스크를 최소화하도록 의사결정을 하는 것이다.

지진이 발생했을 때 우리 국민이 안전을 가장 우려하는 시설은 아마도 원자력발전소일 것이다. 규모가 작은 지진이 발생한 직후에도 원자력발전소에 문제가 없을까를 걱정하는 국민이 많고, 따라서 '원자력발전소는 안전하다'는 보도가 뒤따른다. 이는 후쿠시마 원전사고가 지진과 쓰나미에서 비롯되었기 때문에 당연하다고 할 수도 있겠으나, 반원전 진영에서 '원전은 지진에 위험하다'는 이미지를 꾸준히 만들어온 결과이기도 하다. 한국의 탈원전 정책에 크게 영향을 끼쳤다는 원전 재난 영화 〈판도라〉가 대표적이다.

그러나 1950년대부터 원전이 운영되는 동안 지진에 의한 진동이 직접 원인이 되어 위험한 상태로 간 적은 단 한 차례도 없었다. 진동의 크기가 설계기준을 넘은 경우는 일본과 미국에서 세 차례 이상 있었고, 일부 부대시설의 고장이나 손상이 생기기도 했으나, 모두 원자로가 필수적인 안전기능을 유지하여 우려할 만한 상황으로 전개되지 않았다. 이는 원전이 지진이 유발하는 진동에 대해 상당한 여유를 두고 안전하게 설계·건설되었고, 지진에 대비한 안전장치들을 갖추었기 때문이다. 후쿠시마 원전사고에서도 규모 9.0라는 대지진이 발생했음에도 높이 15m의 쓰나미가 닥치기 전까지는 원자로가 안전하게 정지되고 비상 디젤발전기들도 모두 작동하여 안전한 상태로 유지되고 있었다. 진앙에서 더 가까웠지만 쓰나미 대비가 잘 되어 있었던 오나가와 원전에서는 사고가 발생하지 않았고, 원전 시설이 오히려 주민 대피시설로 이용되었다. 사실 원전 인근 지역에서 살다가 큰 지진을 맞았다면, 원전보다는 주거시설이나 화학시설, 학교 등의 안전을 먼저 걱정하는 것이 합리적이다.

지진 대비에 필요한 지식 중에서 기본이 되는 것이 주요 시설을 건설하거나 대응 매뉴얼을 만들 때 가정해야 하는 최대 지진 규모와 진동 특성이다. 이는 1978년 이후 계기지진(지진계에 의해 관측된 지진) 기록으로부터의 통계적 예측, 삼국시대 이후의 역사지진(고문서 등 역사 기록에 나타난 지진) 기록 분석, 전 국토 정밀 단층조사 결과를 근거로 한 예측 등을 종합하여 결정할 수 있다. 그런데 계기지진 기록은 수집 기간이 너무 짧아서 활용에 한계가 있고, 전 국토 정밀 단층조사는 수십 년을 필요로 한다.

반면에 세계 최고의 기록문화를 지닌 한국의 역사지진에 대한 재평가는 비교적 짧은 시간에 할 수 있을 것이다. 지금까지도 일부 연구그룹이나 개인 연구자의 역사지진 평가가 있었지만, 편차가 크고 신뢰성에 한계가 있었다. 이제 포항과 경주의 지진 규모와 진동 특성, 이에 따른 건축물 피해에 대한 상세한 정보가 있으므로, 이를 바탕으로 최고 수준의 지질학자, 지진학자, 건축공학자, 토목공학자 등이 연합하여 역사지진을 재평가할 기반이 갖추어졌다고 생각한다.

역사지진에 대한 신뢰성 있는 평가 결과가 나오면, 지금까지 확인된 단층조사 결과 등과 결합하여 한국에 적합한 지진대응체계를 구축할 수 있다. 안전이 중요한 산업시설이나 다중이용시설은 당연히 발생 가능한 지진에 대해 합리적인 대응능력을 갖도록 설치하고 운영해야 한다. 기존 시설의 경우 하드웨어 보강의 한계는 대응절차서와 대응 훈련 등 소프트웨어 측면의 보강을 통해 극복해야 할 것이다.

지진에 대한 대응은 최상의 과학지식을 바탕으로 이루어져야 한다. 역사지진에 대한 신뢰성 있는 재평가가 시급하고 중요한 출발점임을 다시 강조한다.

원자력 안전규제의 독립성과 전문성

후쿠시마 원전사고를 계기로 일본과 한국의 원자력 안전규제체계가 크게 바뀌었다. 일본은 실질적인 권한이 거의 없던 원자력안전위원회와 원자력산업을 담당하는 경제산업성 자원에너지청 소속이었던 원자력안전·보안원NISA을 통합하여 독립적인 원자력규제위원회Nuclear Regulation Authority: NRA를 설치했다. NRA는 최고 의결기구인 5인 위원회와 이를 뒷받침하는 원자력규제청으로 구성되어 있다. 이는 미국의 원자력규제위원회NRC나 프랑스의 원자력규제청ASN과 매우 유사한 형태이다. 일본은 이어서 기술지원기관이던 일본원자력안전기반기구JNES까지 원자력규제청에 통합했다.

한국은 교육과학기술부(현 과학기술정보통신부)에서 원자력 정책과 연구개발 및 안전규제를 담당하고 지식경제부(현 산업통상자원부)에서 원자력산업을 담당하는 체제였으나, 후쿠시마 사고 후 안전규제 전담조직인 원자력안전위원회를 독립 행정기구로 출범시켰다. 원자력 정책과 연구개발 등 진흥 업무를 담당하는 부처에서 안전규제까지 담당하여 규제의 독립성을 훼손한다고 판단했기 때문이다. 한국의 원자력 안전규제체제는 **그림 13.3**과 같이 9인으로 구성된 원자력안전위원회와 이를 뒷받침하는 사무국 및 산하 전문기관인 원자력안전기술원이 핵심이다. 현재 원자력위원회는 150여 명, 한국원자력안전기술원에는 500여 명이 소속되어 있다.

2011년 10월 발족한 원자력안전위원회는 홈페이지를 통해 다음 다섯 가지의 핵심가치를 천명하고 있다.

- **전문성**Expertise: 국민이 신뢰할 수 있는 전문지식과 경험 축적
- **독립성**Independence: 국가와 국민만을 고려하는 흔들림 없는 업무 추진
- **투명성**Transparency: 안전규제 전 과정을 의혹 없이 수행
- **공정성**Impartiality: 치우침 없는(불편부당) 객관성 견지
- **신뢰성**Reliability: 원칙을 준수하고 명확성과 일관성 유지

원자력안전위원회 출범 이후 원자력 산업 및 진흥 분야와의 독립성이 강화되고, 위원회 회의 속기록 공개 및 의사결정 과정의 민간 참여 확대 등 안전규제 과정의 투명성도 크게 개선되었다. 그러나 전문성 등 다른 관점에서는 뚜렷한 진전을 보이지 못하고, 독립성 관점에서도 일부 문제가 드러나고 있다.

이러한 문제는 일차적으로 9인 위원회의 구성과 관련되어 있다. 위원 중에서 상임위원은 위원장과 사무처장뿐이고, 나머지 7인은 비상임위원이다. 임명 방식은 상임위원과 비상임위원 3인은 정부에서 임명하고, 나머지 비상임위원은 여당과 야당이 각각 2인씩 추천하여 국회 동의 절차를 거친다. 원자력안전위원회설치법에 '위원은 원자력 안전에 관한 식견과 경험이 풍

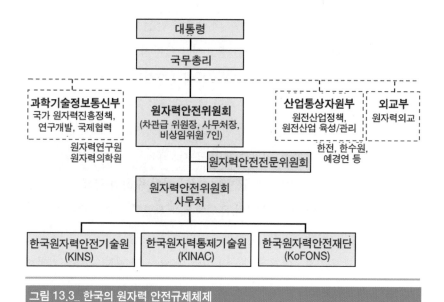

```
                    ┌─────────────┐
                    │   대통령     │
                    └──────┬──────┘
                    ┌──────┴──────┐
                    │   국무총리   │
                    └──────┬──────┘
┌ ─ ─ ─ ─ ─ ─ ─ ─ ─┌──────┴──────┐─ ─ ─ ─ ─ ─ ─ ─ ─ ─ ┐
```

┌─────────────────┐ ┌──────────────────┐ ┌────────────────────┐ ┌──────────┐
│ 과학기술정보통신부 │ │ 원자력안전위원회 │ │   산업통상자원부   │ │ 외교부 │
│ 국가 원자력진흥정책,│ │ (차관급 위원장, 사무처장, │ │   원전산업정책,   │ │원자력외교│
│ 연구개발, 국제협력 │ │   비상임위원 7인) │ │   원전산업 육성/관리 │ │   │
└─────────────────┘ └──────────────────┘ └────────────────────┘ └──────────┘
      원자력연구원   한전, 한수원,
      원자력의학원   예경연 등
                    ┌──────────────────────┐
                    │ 원자력안전전문위원회 │
                    └──────────────────────┘
                    ┌──────────────────┐
                    │   원자력안전위원회 │
                    │   사무처   │
                    └──────────────────┘
┌─────────────────┐ ┌──────────────────┐ ┌────────────────────┐
│ 한국원자력안전기술원 │ │ 한국원자력통제기술원 │ │ 한국원자력안전재단 │
│   (KINS)   │ │   (KINAC)   │ │   (KoFONS)   │
└─────────────────┘ └──────────────────┘ └────────────────────┘

그림 13.3_ 한국의 원자력 안전규제체제

부한 사람 중에서 임명하거나 위촉하되, 원자력·환경·보건의료·과학기술·
공공안전·법률·인문사회 등 원자력 안전에 이바지할 수 있는 관련 분야 인
사가 고루 포함되어야 한다'라고 되어 있으나, 실제로 원자력 안전에 대한
식견과 경험보다는 정치적 고려에 따라 위원이 추천되고 임명되는 경우가
많다. 정치적 고려에 따른 위원 구성은 정치적 이해관계로부터의 독립성을
저해하여, 공정성과 신뢰성을 훼손할 가능성이 있다. 특히 일부 위원은 원
자력안전위원회 위원으로 임명된 기간에도 반원전 활동을 계속하는 비정
상적인 모습을 보이기도 했다. 그리고 비교적 세부적인 기술적 사항까지 위
원회에서 논의되는 것에 비하여 비상임위원들의 전문적 판단을 지원하는
체계는 갖추어지지 않아서 비효율성이 노출되기도 한다.

　원자력 안전을 포함하여 모든 규제 활동은 어느 수준까지 리스크를 수용
할 것인지에 대한 공감대와 비용 대비 효과에 대한 판단에 근거하여 이루어
져야 한다. 리스크가 제로가 되도록 요구해서는 안 되며, 중요하지 않은 문

제에 과도한 자원이 투입되도록 하여 더 중요한 안전 문제가 소홀하게 다루어지게 해서는 안 된다. 안전에 대한 중요성은 일차적으로 최상의 과학기술에 근거하여 판단할 수 있으므로, 안전규제에서 핵심적인 역할을 하는 사람은 스스로 전문성을 갖추거나 전문가의 의견을 존중하는 것이 최소한의 미덕이라 생각한다. 이러한 관점에서 현재의 소수의 상임위원과 다수의 비상임위원으로 구성된 위원회, 원자력 사업 규모에 비해 소수인 공무원들로 구성된 원안위 사무처, 전문적 지원뿐만 아니라 상당 수준의 규제 실무를 수행하는 전문기관(KINS 등)의 수직적 운영체제가 적합한가에 대한 논란이 있다[김진국, 2012; 이상윤 2015].

현재 서구세계의 3대 원전 국가들인 미국, 프랑스 및 일본은 모두 위원회가 5인의 상임위원으로 구성되어 있다. 그리고 미국과 일본은 별도의 전문기관을 두지 않고 단일 규제기관에서 통합적으로 업무를 수행한다. 프랑스는 규제기관인 원자력안전청ASN을 방사선방호·원자력안전연구소IRSN가 기술적으로 지원하고 있으나, IRSN이 ASN 산하 기관이 아니고 직접적인 규제업무보다는 연구개발을 포함한 기술적 지원에 집중한다는 점이 KINS와 다르다. 원자력 안전규제의 독립성과 전문성을 실질적으로 확보하려면 원자력안전위원의 상임화, 원안위 사무처와 전문기관의 통합, 원자력안전전문위원회의 역할 확대 등을 적극적으로 고려할 필요가 있다.

그리고 새로운 규제요건을 도입할 때 이해관계자들의 충분한 토론이 이루어지고, 도입 배경과 기술적·비기술적 근거, 적용 시 유의점 등을 충실하게 기술하는 배경문서가 발행되어야 한다. 배경문서는 규제기관의 책임성을 강화하고 규제요건의 올바른 적용을 도울 뿐만 아니라, 요건에 대한 정확한 해석을 제공하여 분쟁이나 혼란을 최소화할 수 있다.

아무쪼록 원자력 안전규제가 실질적 안전성 확보와 향상을 위해 더 효과적으로 기여하기를 기대한다.

제14장
후쿠시마 원전사고와 사회 안전

양준언

1. 안전과 리스크의 차이

2011년 3월 11일에 발생한 동일본대지진과 이에 따른 대규모 쓰나미로 일본 동북부 지역에서 약 1만 6,000명의 사망자와 2,500명의 행방불명자 그리고 약 6,000명의 부상자가 발생했다[復興庁, 2020]. 사망자 중에는 쓰나미에 의한 익사가 압도적으로 많았고 지진에 의한 압사, 화재로 인한 사망 등 다양한 사망 요인이 포함되었다. 또한 지진과 쓰나미로 후쿠시마 제1원전의 3기 원자로에서 대량의 방사성물질이 누출되는 원전사고가 발생했다[IAEA, 2015a]. 후쿠시마 원전사고로 인하여 당시 16만 명이 넘는 피난민이 발생했으며 2021년 기준으로 약 3만 5,000명이 고향인 후쿠시마 지역으로 귀향하지 못하고 있다. 이는 자연재해인 초대형 지진과 쓰나미가 인공재해인 원전 중대사고를 촉발하여 일어난 대규모 복합재난이라고 할 수 있다. 후쿠시마 제1원전에서 발생한 수소가스 폭발 장면은 TV를 통해 전 세계에 실시간으로 중계되어 많은 사람이 이를 시청했다. 이 장면은 후쿠시마 원전 사고를 상징하는 장면이 되었으며 이를 통해 일반인에게 원전에 대한 공포를 각인시키는 계기가 되었다.

원자력 발전이 1950년대에 시작된 이후 2011년에 발생한 후쿠시마 원전사고 이전까지, 세계적으로 관심을 끈 원전 중대사고가 두 차례 있었다. 첫 번째는 1979년 미국의 TMI 원전 2호기에서(TMI 원전사고), 두 번째는 1986년 옛 소련의 체르노빌 원전 4호기에서(체르노빌 원전사고) 각각 발생했다[USNRC, 2010]. TMI 원전사고에서는 운전원의 실수 등으로 핵연료 냉각이 이뤄지지 않아서 핵연료가 녹아내렸지만 다행히 원전 외부로 방사성물질이 거의 누출되지 않았다. 그러나 이 사고로 원전에 대한 부정적 여론이 퍼지며 2000년대까지 미국에서 새로운 원전 건설이 착수되지 못하는 원인이 되었다. 체르노빌 원전사고 후에는 이 사고로 누출된 방사성물질의 오염을 직접 경험한 독일, 이탈리아, 스웨덴 등 몇몇 유럽 국가가 탈원전 정책을 선언했다[Schreurs, 2014; WNA, 2021a]. TMI 원전사고와 체르노빌 원전사고라는 두 중대사고 이후 전 세계 원자력계는 두 사고의 교훈을 반영하여 원전의 안전성을 향상하고자 꾸준히 노력했다. 따라서 전 세계 원전의 안전성은 두 사고 이전보다 훨씬 높은 수준으로 향상되었다. 이에 따라 체르노빌 사고 이후 탈원전을 선언했던 독일, 이탈리아 등 몇 개 국가가 2000년대 말에는 원전 조기 폐쇄 정책을 철회하거나[WNA, 2021b] 다시 신규 원전 건설을 천명하며 탈원전 정책의 철회를 표명하는 등 세계의 원자력계는 두 건의 중대사고의 영향을 벗어나 다시 활성화되고 있었다. 당시 세계 원자력계는 이를 '원자력 르네상스'라고 부르며 원자력 산업의 부흥을 기대하고 있었다[IEA, 2009]. 한국도 2009년 말 아랍에미리트에 원전을 수출하며 국내 원자력 기술 수준이 세계적 수준에 이르렀음을 과시했다.

그러나 2011년 3월 일본에서 발생한 후쿠시마 원전사고는 많은 것을 변화시켰다. 2011년 3월 11일 오후에 일본에서 발생한 대규모 지진 소식과 함께 후쿠시마 원전에서 화재가 발생했다는 뉴스가 보도되었으나, 당시 대다수의 국내 원자력 전문가들은 이 사건이 전 세계를 흔드는 중대한 사고로 발전할 것으로는 생각하지 않았다. 일본에는 대규모 지진이 자주 발생하고 이미 2007년 니카타현 앞바다 지진에 의해 일본의 가시와자키 가리와 원전의 변압기에서 화재가 발생한 사례도 있었다[IAEA, 2008]. 하지만 지진이 일본 원전에 심각한 안전 문제를 유발한 사례는 없어 후쿠시마 제1원전의 상황도 예전과 같이 안전하게 마무리될 것으로 예상했기 때문이다.

그러나 쓰나미에 의한 대규모 인명 피해 소식과 함께 후쿠시마 제1원전을 포함하여 일본 동북부 지역에 있는 원전들의 상황이 좀 더 상세히 알려지면서 전 세계는 물론 한국의 원자력 전문가들은 큰 충격을 받았다. 도쿄전력이 운영하던 후쿠시마 제1원전은 국내에서 가동되는 원전과는 다른 설계 개념을 가진 비등경수로BWR라고 불리는 원전이다. 국내 원자력 전문가들은 비등경수로의 설계와 운전 방식에 익숙하지 않은 상황이었고, 당시 후쿠시마 제1원전의 정확한 상태를 파악하기에는 정보가 너무 부족했다. 그러나 후쿠시마 제1원전 1~3호기의 전원이 전부 상실되었다는 정도의 정보만으로도, 핵연료를 냉각하는 냉각수가 증발하여 핵연료가 과열되어 녹는 상태까지 사고가 진행되었을 것으로 추정할 수 있었다. 반면 후쿠시마 제1원전 현장으로부터 입수되는 정보에 따르면 핵연료는 계속 냉각수에 잠겨 있는 것으로 되어 있어 혼란스러웠다(이는 이후 후쿠시마 원전의 핵연료 수위를 계측하는 계측기 고장으로 인한 잘못된 정보로 밝혀졌다)[TEPCO, 2012a].

더욱이 후쿠시마 원전사고 발생 당시 이미 원자로 안에는 핵연료가 없던 4호기에서 수소가스 폭발이 발생한 것은 전 세계의 원자력 전문가들 사이에서 후쿠시마 제1원전과 관련하여 가장 중대한 위험 요인으로 인식되며 큰 우려를 자아냈다. 후쿠시마 원전 4호기는 사고 당시 정기적인 정비를 위하여 운전을 정지하고 핵연료를 원자로에서 모두 빼낸 상태였다. 따라서 4호기에서 폭발한 수소가스는 사용후핵연료저장조의 냉각수 상실로 여기에 저장된 다량의 핵연료가 노출되면서 발생했다고 추정하는 것이 합리적이었다. 만약 4호기 사용후핵연료저장조에서 다량의 핵연료가 녹아내리거나 화재가 발생하면 막대한 양의 방사성물질이 누출될 것으로 예상되었기 때문에 이에 대해 우려하지 않을 수 없었다. 나중에 4호기의 수소가스 폭발은 3호기의 핵연료가 손상되며 발생한 수소가 3·4호기의 공용 배기관과 연결된 대기가스처리계통Standby Gas Treatment System의 배관을 통해 4호기 원자로건물로 흘러 들어가 발생한 것으로 밝혀졌다(제2부 그림 6.10 참조). 다행히 4호기 사용후핵연료저장조부터의 방사성물질 누출은 없었지만 결국 후쿠시마 제1원전 1~3호기에서는 체르노빌 원전사고 때 방출된 방사성물질 누출량의 10~20% 정도에 이르는 다량의 방사성물질이 원전 외부로 누출되었다.

후쿠시마 원전사고가 발생한 지 10년이 지난 2021년 현재에도 원전사고로 인한 오염 지역은 아직도 많이 남아 있으며, 피난을 떠났다가 아직 돌아오지 못하고 있는 사람도 많다. 후쿠시마 제1원전에 계속 쌓이는 오염수 처리 문제나 방사성물질에 오염된 수산물에 대한 우려도 계속되고 있다. 후쿠시마 제1원전을 해체하고 환경을 복원하는 작업이 과연 도쿄전력의 계획대로 잘 진행될지도 아직 불분명한 부분이 있다. 이런 측면에서 후쿠시마 원전사고는 아직도 진행 중이라고 할 수 있다.

후쿠시마 원전사고는 현대 사회에서 발생한 여러 대형 산업 사고 중 현대 사회에 가장 큰 영향을 준 사고로 기록될 것이다. 이 사고가 세계에 미친 영향은 사실 지금도 가늠하기 어렵다. 직접적으로는 전 세계 여러 나라의 원자력정책에 큰 영향을 미쳤고, 간접적으로는 탄소 배출과 관련된 기후 변화 문제, 경제성 있는 전력원의 감소에 따른 경제 성장 축소 문제 등 여러 분야에 많은 영향을 아직도 미치고 있다고 볼 수 있다. 일단 그 영향을 원자력계로 한정하여 살펴보면 독일, 스위스, 벨기에, 한국 등은 후쿠시마 원전사고의 영향으로 탈원전 정책을 채택했고[WNA, 2021b; 2021c; 2021d; 산업통산자원부, 2017a], 반면에 사고 발생 당사국인 일본은 현재도 지속적인 원전의 이용과 개발을 천명하고 있으며 원자력 발전의 종주국인 미국도 새로운 원전의 개발을 활발히 추진하고 있다. 아울러 영국, 사우디아라비아 등 오히려 후쿠시마 원전사고 이후 원전의 재도입 혹은 신규도입을 추진하는 나라도 있다[WNA, 2021e; 2021f; 2021g].

왜 똑같은 후쿠시마 원전사고를 보고서도 어떤 나라는 탈원전을 주장하고, 어떤 나라는 원전의 이용을 계속하거나 확대하고자 하는 것일까? 국가의 장기 에너지 정책이라는 중요한 문제에서 여러 국가 간에 이와 같은 큰 차이가 발생하는 이유는 무엇일까? 전기 에너지는 현대 사회를 유지하는 가장 기본적인 기반요소의 하나이다. 또한 각국의 전력 정책은 수립부터 최종 실현까지 많은 시간이 필요해 장기적인 고려가 필수적인 정책이다. 이처럼 중요한 에너지 정책을 결정하면서 각국이 원자력의 이용과 관련하여 서로 다른 에너지 정책을 선택하는 배경을 한 번 정도는 자세히 검토해볼 필요가 있다. 이와 같은 차이의 근간을 들여다보면 이 문제는 단순히 탈원전 혹은 친원전의 문제가 아니라 사회에 부과되는 어떤 위험에 대한 대처 원칙과 이와 관련된 의사 결정 체제와 연관되어 있다고 할 수 있다. 이 원칙과 체제는 결국 현대 사회에서 사회가 용인할 수 있는 위험 수준과 그에 대한 의사결정권자 및 대중의 위험 인식과 관련된 문제라고 하겠다.

자신의 안전을 도모하는 것은 사람의 본능이므로 우리는 위험에 민감할 수밖에 없다. 만약 우리가 바닥이 유리로 된 높은 전망대에 올라가 밑을 볼 때 우리는 그 바닥이 단단하다는 것을 알면서도 그 위에 서는 것에 공포를 느낄 것이다. 동물원에서 맹수를 볼 때도 맹수들이 우리를 해칠 수 없다는 것을 알면서도 우리는 두려움을 느낀다.

우리는 본능적으로 안전하고 안락한 삶을 원한다. 그러나 우리의 현실 세계는 안전하지 않다. 동일본대지진과 쓰나미로 사상자가 발생하지 않았으면, 또한 후쿠시마 원전사고로 주변 주민의 피해가 발생하지 않았으면 좋았겠지만, 불행히도 우리는 이런 재난과 사고가 발생하는 사회에 살고 있다.

이 세상이 위험이 전혀 없는 안전한 유토피아라면 좋겠지만 우리는 유토피아라는 말이 세상에 존재하지 않는다는 뜻이라는 것을 안다. 우리는 위험하고 불확실한 세상인 지구에서 살아가고 있다.

현대 사회에서 우리의 안전을 위협하는 위험 요소는 다양하다. 미국의 연방재난관리청Federal Emergency Management Agency: FEMA은 사회의 위험요인을 자연재난과 인공재해(고의 혹은 과실에 의한)로 구분을 한다[FEMA a]. 옛날부터 주요한 위험요소였던 지진, 태풍, 홍수, 가뭄 혹은 질병과 같은 자연적인 요소는 현대와 같이 과학기술이 발전한 사회에서도 여전한 위험요소이다. 2008년에 발생한 중국의 쓰촨 대지진으로 사망자가 7만 명에 육박했고 행방불명자 1만 8,000명, 부상자 37만여 명이 발생했다. 최근에는 코로나19 바이러스로 전 세계가 큰 어려움을 겪고 있다.

한편 현대에는 이런 자연재해만이 아니라 인공설비에 의한 재난도 발생한다. 1984년 발생한 인도 보팔 사고에서는 사고 현장에서 약 4,000명이 사망했으며 가스 누출로 인한 후유증으로 1만 6,000명 이상이 사망한 것으로 추정된다. 이는 아직도 역사상 최악의 산업재해로 기록되어 있다. 그리고 동일본대지진과 이에 따른 후쿠시마 원전사고처럼 자연재해와 인공설비의 재난이 동시에 발생하는 경우도 있다. 2021년 2월에 인도 북부에서 히말라야의 빙하가 떨어졌고, 이로 인해 리시강가 댐이 붕괴해 약 150여 명의 사망자와 실종자가 발생했다.

현대 사회에서 여러 인공설비에 의한 위험이 증가하는 것은 불가피한 상황이다. 과학과 기술의 발달에 따라 우리에게 편익을 제공하는 많은 인공설비나 제품이 개발되고 우리 가까이에서 사용되고 있다. 그러나 이런 설비나 제품이 현대 사회에 유익하기만 한 것은 아니다. 예를 들어 자동차나 항공기에 의한 교통사고, 화학 공장에서 유출되는 유독 물질, 수소 저장소의 폭발, 그리고 교량이나 댐의 붕괴에 의한 재난 등 우리가 만들어낸 인공설비가 우리에게 위험의 원인이 되어 돌아오는 경우도 많다. 한국은 다행히 대규모 지진이나 쓰나미와 같은 대형 자연재해가 발생할 가능성이 적은 지역이라 자연재해에 의한 피해가 비교적 크지 않다. 2019년도에 자연재해에 의한 한국의 사망자 수는 약 50명 수준이다[e-나라지표a]. 그러나 한국의 교통사고 사망자 수는 근래에 많이 줄었음에도 2019년에도 3,000명이 넘는 수준이다[e-나라지표b]. 같은 2019년도에 산업재해로 인한 한국의 피해자 수는 10만 명이 넘으며, 사망자 수는 2,000명이 넘는다[e-나라지표c]. 또한, 근래 우리 사회에 큰 문제가 되었던 가습기 살균제 문제로 사망한 사람은 1,500여 명에 달하는 것으로 평가된다[한국환경산업기술원].

현대 사회는 과학기술을 이용하여 다양한 자연재해나 인공설비의 위험을 줄이기 위해 노력하고 있다. 지진의 피해를 줄이기 위해 국토 곳곳에 지진계를 설치하여 지진의 영향을 정확히 계측하려 노력하며, 댐을 건설하여 홍수와 가뭄의 피해를 줄이려고 노력한다. 원전이나 화학 공장설비와 같은 인공설비에는 혹시 발생할지 모를 사고를 방지하기 위해 많은 안전장치를 추가하여 인공설비에 의한 잠재적 피해를 줄이고자 노력하고 있다. 우리가 일상에서 가장 가깝게 접하는 자동차에는 안전띠, 에어백에 이어 차량 간 거리가 좁아지면 자동으로 속도를 줄이는 안전장치까지 도입되고 있다. 그러면 이런 노력을 통해 재난이나 재해에 의한 피해를 '완벽'하게 없앨 수 있을까? 우리는 자연재해나 인공설비에 의한 피해가 전혀 없는 사회를 만들 수 있을까? 불행히도 이에 대한 답은 '불가능하다'이다. 자동차의 제동장치가 고장 나서 사고가 날 수도 있고, 예상치 못한 슈퍼 태풍으로 댐 높이보다 수위가 높아져 이로 인한 대규모 재난이 발생할 수도 있다. 근래에도 우리의 예상을 뛰어넘는 전염성을 가진 코로나19로 전 세계에서 많은 사망자가 발생하고, 경제도 큰 타격을 입고 있다.

자연은 예측하기 어렵고 기계는 고장이 나며, 인간은 자주 실수를 한다. 이런 상황에서 완전히 안전한 세상은 존재할 수 없다. 오늘도 우리는 일정 부분 위험과 같이 살아갈 수밖에 없는 것이다. 그러면 우리는 다양한 자연 혹은 인공설비로 인한 재난과 재해에 대해 어떻게 대처해야 할까? 지진이나 슈퍼 태풍이 발생하지 않도록 하는 것과 같이 자연재해를 우리의 의도대로 조절하는 것은 현재 우리의 과학기술 수준으로는 불가능하다. 반면에 자연 혹은 인공설비에 의한 피해규모는 우리의 선택과 대처 방안에 따라 크게 달라질 수 있다.

그러면 근래 들어 점점 비중이 커지는 인공설비에 의한 재난에 대해 우리는 어떻게 대처하는 것이 가장 최선의 방법인지 고민해볼 필요가 있다. 인공설비에 의한 재난을 줄이는 가장 간단하고 확실한 방법은 문제를 유발할 수 있는 인공설비를 아예 사용하지 않는 것이다. 좀 극단적이지만 예를 들어 자동차 사고에 따른 피해가 걱정되면 사회에서 자동차를 없애면 되고, 원전사고가 걱정되면 사회에서 원전을 없애면 된다. 실제 한국 사회에서도 아이에게 약을 사용하지 않겠다는 부모도 나오고 있다. 그러나 이와 같은 접근 방법은 실제적으로는 우리 사회의 안전 문제를 해결할 수 없다. 현재와 같은 인공설비가 없던 과거는 현재 사회보다 훨씬 더 평균 수명이 짧았고, 건강 상태도 좋지 못했다. 우리가 직시해야 할 부분은 위험 요소가 전혀 없는 인공설비는 없다는 점이다.

인류의 복지를 향상시키기 위해 개발되고 사용되는 모든 인공설비에는 그 규모에 차이가 있을지언정 부정적인 영향 역시 존재한다. 자연 친화적일 것 같은 태양광 발전이나 풍력 발전도 산림 파괴나 조류 피해 등 자연환경을 훼손하는 것이 불가피한 부분이 있다. 근래 가장 사람들이 관심이 많은 코로나19의 백신도 부작용이 있다. 그러면 이런 태양광 발전이나 풍력 발전 혹은 코로나19의 백신도 부정적인 영향을 고려하여 이런 모든 인공시설이나 제품을 사회에서 없애는 것이 인공물의 피해에 대처하는 올바른 태도일까? 근래 우리 사회에는 화학 물질에 대한 공포, 유전자 변형 식품에 대한 거부 운동, 고압 송전선 문제 등으로 인한 주민 갈등 그리고 약을 거부하는 부모들의 모임도 있다. 하지만 이런 접근 방식은 우리 사회에 부과되는 여러 위험 요소의 문제를 근본적으로 해결할 수 없다. 이제는 휴대전화가 없는 삶을 상상하기 어렵지만, 보이스 피싱 문제나 휴대전화와 관련된 많은 범죄도 발생하는 게 현실이고, 화력발전소의 탄소 발생이 중요한 사회적 현안이 되지만 전기가 없는 현대 사회는 상상할 수 없다. 만약 우리가 피해를 유발하는 모든 인공설비를 사용하지 않는다는 태도를 고수한다면 현대 문명사회는 존재할 수 없다.

결국, 우리 사회가 어떤 인공설비를 받아들일지 거부할지는 그 인공설비가 사회에 제공하는 편익과 잠재적 피해 규모에 따라 결정할 수밖에 없다. 예를 들어 요즘 화제인 코로나19 백신의 경우를 보자. 언론에 코로나 백신의 부작용이 보도됨에 따라 백신을 맞는 것에 대해 불안해하는 사람도 많다. 그렇다고 이런 부작용을 고려하여 백신을 맞지 않는 것이 올바른 태도일까? 백신이 발명되기 전 얼마나 많은 인류가 여러 질병으로 사망했는지를 생각한다면 이런 접근 방법은 현대 사회에 통용될 수 없다. 코로나19 백신이 완벽하다면 좋겠지만 백신의 부작용에 따른 피해보다는 백신을 맞음으로써 생명을 구할 수 있는 사람이 훨씬 많기 때문에 백신이 부작용이 있음을 알면서도 우리 사회는 백신을 도입하기로 한 것이다. 이처럼 우리가 어떤 인공설비나 제품을 사회에 도입하느냐, 배제하느냐는 그 설비와 제품이 우리 사회에 가져오는 편익과 부수적인 부작용 혹은 잠재적인 피해를 종합적으로 고려하여 결정하는 것이 어떤 위험 요인에 대처하는 가장 과학적이고 합리적인 방법이다.

그런데 이 접근 방법의 한 가지 문제점은 인공설비의 부수적인 부작용에 의한 피해를 어떻게 추정을 할 것인가 하는 것이다. 인공설비나 제품이 우리 사회에 이바지하는 이득은 상대적으로 평가하기 쉽다. 예를 들어 원전이 1년간 그 원전이 생산한 전기량이 해당 원전이 그 원전이 있는 사회에 기여하는 바가 된다. 그러나 인공설비에 의한 부수적 부작용 혹은 피해는 그 인공설비의 특성에 따라 평가가 쉬울 수도 있고 어려울 수도 있다. 자동차와 같이 매년 사상자 통계를 구할 수 있는 설비는 그 설비의 위해를 구하는 데 특별한 문제가 없지만, 원전이나 대규모 화학 공장 혹은 대형 여객기와 같이 사고 혹은 사건이 잘 발생하지 않는 설비는 그 설비가 얼마나 위험한지 평가하기 쉽지 않다. 왜냐하면 이런 설비에 의한 피해는 이미 발생한 것이 아니라 미래에 나타날 수 있는 잠재적 피해 혹은 손실이기 때문이다. 이와 같은 피해는 일찍 나타날 수도 있고 어떤 설비가 완전히 폐기될 때까지 나타나지 않을 수도 있다. 2017년에 40년간의 운전을 끝내고 영구 정지가 된 고리 1호기같이 큰 사고나 피해 없이 사회에 막대한 편익만을 제공하고 폐기되는 원전도 있는 것이다[산업통산자원부, 2017b].

공학에서는 어떤 설비가 가져올 수 있는 미래의 잠재적 피해와 손실을 평가하기 위해 '리스크 평가Risk Assessment'라는 방법을 사용한다. 우리는 안전이라는 말을 많이 사용하지만 사실 안전은 정량적으로 측정할 수 없는 개념이다. 어떤 설비에 대해 안전하다고 느끼는 것은 그 설비에 부수되는 위험에 관해 알려진 객관적 사실보다도 그 위험 요인에 대한 우리의 인식과 감성에 좌우되는 부분이 많다. 따라서 우리는 공학적으로 어떤 설비의 실질적인 안전 수준을 파악하기 위해서 안전 자체를 평가하는 것이 아니라 그 설비로 인해 유발될 수 있는 위험을 정량적으로 표현한 '리스크Risk(위험도)'[1]라는 개념을 사용한다. 이 관점에서는 어떤 사건의 리스크는 통상 다음과 같은 공식으로 정의된다.

(어떤 사건의) 리스크 = 어떤 사건의 발생 가능성×그 사고의 영향

어떤 인공설비의 리스크란 그 설비에서 발생할 수 있는 모든 사건 각각의

---

1   국내에서 Risk를 '위험도'로 번역하여 사용하기도 하나, 원뜻을 명확히 전달하지 못하는 관계로 이 책에서는 '리스크'라고 쓰기로 한다.

발생 가능성과 그 영향을 곱한 후, 이를 전부 더함으로써 얻어진다. 예를 들어 국내 자동차 사고에 의한 사망 리스크는 사고의 발생 가능성에 해당하는 연간 자동차 사고 발생 빈도 20만 회와 사고의 영향에 해당하는 자동차 사고당 사망자 수 0.015명을 곱하여 연간 3,000명으로 계산된다.

그러나 리스크라는 개념은 일반인이 수용하기 쉽지 않은 개념이다. 우리는 보통 상어는 무서워하고, 모기는 두려워하지 않는다. 만약에 바다에서 진짜로 상어를 마주친다면 생명을 보존하기 어렵겠지만 모기에 물리는 영향은 조금 가려운 정도라고 생각하기 때문일 것이다. 이런 경향은 우리가 개인의 생존을 위하여 어떤 사건의 확률보다는 그 사건의 결과에 민감하도록 오랜 기간에 걸쳐 진화해왔기 때문에 당연한 결과이다. 그러나 발생가능성이라는 관점에서 이 문제를 보면 우리 국민이 현대 사회를 살아가면서 상어를 마주칠 가능성은 매우 작은 반면 모기에 한 번도 물리지 않고 여름을 보내는 경우는 거의 없을 것이다. 즉, 사고의 영향이라는 측면에서는 상어가 훨씬 크지만, 사건의 발생 가능성 측면에서는 모기에 물릴 가능성이 훨씬 큰 상황이다. 따라서 종합적인 리스크 측면에서 보면 모기에 의한 리스크가 상어에 의한 리스크보다 훨씬 크다고 할 수 있다. 실제 현재도 사망자를 가장 많이 발생시키는 동물은 모기이다. 2020년에 전 세계에서 상어에 의한 사망자 수는 10명이지만 모기가 옮기는 질병에 의한 사망자 수는 2019년 한 해만에도 전 세계적으로 40만 명이 넘는다[Florida Museum; WHO, 2021].

우리의 일상은 곳곳에 위험 요소가 있다. 승강기는 추락할 수 있고, 자동차 사고가 날 수 있고, 더 나아가 성수대교나 삼풍백화점 사고처럼 교량이나 건물이 무너질 수도 있다. 이런 위험한 세상을 어떻게 살아갈 것인가? 옛날에는 가뭄이나 홍수 같은 재해가 발생하면 거북이 껍데기로 점을 치거나 하늘에 제사를 올리거나 하면서 여러 잠재적 위험이 자신을 비껴가기를 빌 뿐이었지만, 현재의 우리는 이제 미래의 위험, 즉 리스크를 정량적으로 평가하여 그에 대처할 수 있는 발전된 기술을 가지고 있다. 현대 사회에서 위험에 대처하는 가장 합리적인 방법은 여러 위험 요인에 의해 유발될 수 있는 리스크를 합리적으로 평가하고 그 평가 결과에 따라 그 위험에 대비하는 것이다.

인공설비의 다양한 위험 요인에 따른 리스크를 평가하는 기술은 현재 원자력 분야에서 가장 발달해 있다. 이는 사고의 피해 규모와 영향은 매우 크지만 사고가 잘 발생하지 않는 원전의 특성상 원전의 안전 수준을 파악하기 위하여 리스크라는 개념을 원자력 시설의 안전성 평가에 활발히 사용하고 있기 때문이다. 이제 다음 절에서 리스크라는 개념 아래에서 후쿠시마 원전사고는 과연 막을 수 없었는지를 살펴보고자 한다.

2. 후쿠시마 원전사고는 막을 수 없었나?

후쿠시마 원전사고를 보는 관점은 매우 다양하고 과연 후쿠시마 원전사고는 막을 수 없는 사고였는가에 대해서도 서로 다른 의견이 존재한다. 도쿄전력의 홈페이지에는 아직도 후쿠시마 원전사고는 예측 불가능한 대규모의 지진과 쓰나미라는 천재지변에 의한 사고였다고 기술하고 있다. 그러나 일본 국회 사고조사보고서는 후쿠시마 원전사고를 국민의 안전보다 각 기관의 이익을 우선한 규제기관과 원자력사업자로 인해 발생한 인재라고 규정한다[The National Diet of Japan, 2012]. 이제 사고가 발생한 지 10년이 지난 시점에서 되돌아볼 때 후쿠시마 원전사고가 우리에 끼친 영향은 방사성물질 누출과 이에 따른 오염과 같은 물리적인 측면만이 아니다. 후쿠시마 원전사고는 사회적인 측면에서 전 세계에 미친 영향이 더욱 크다고 할 수 있다.

후쿠시마 원전사고의 원인에 대해서는 2011년 사고 발생 이후 지금까지 많은 연구와 조사가 이루어져왔다. 그러나 세부적인 사항을 제외하면 후쿠시마 원전사고의 중요한 원인은 사실 발생한 후 얼마 지나지 않아 대부분 밝혀졌다고 볼 수 있다. 그런데도 지금도 우리가 이처럼 후쿠시마 원전사고 원인에 대해 많은 관심을 기울이는 이유는 결국 단 한 가지, 앞으로 이와 같은 원전사고를 어떻게 예방할 것인가 하는 것 때문이다. 충격적인 후쿠시마 원전사고 후에도 현재 34개국에서 440여 기의 원전을 운영 중이고, 원전 운영 국가와 기수는 앞으로도 더 늘어날 것으로 예상된다[WNA, 2021e; 2021f]. 한국에서 가까운 중국은 2030년경에는 미국을 제치고 세계에서 가장 많은 수의 원전을 보유한 국가가 될 것이 확실하다[WNA, 2021g]. 이런 상황에서 후쿠시마 원전사고의 원인을 명확히 밝혀 다시는 이런 사고가 일어나지 않도록 하는 것은 원전 보유국 공통의 과제이기도 하지만, 특히 대도시 가까이 여러 기의 원전이 가동되고 있고 중국과도 가까운 한국은 더욱 주의를 기울여야 할 부분이다.

후쿠시마 원전사고 당시에는 여러 이유로 사고 원인과 진행 상황을 파악하기 쉽지 않았다. 당시 언론에서는 사고 원인에 대해 많은 추측 기사가 나오고 있었다. 가장 먼저 제기되었던 사고 원인은 40년 이상 운영된 1호기를 비롯하여 후쿠시마 제1원전의 원자로들이 오래 가동된 노후 원전이기 때문이라는 것이었다. 그러나 1979년 TMI 원전사고와 1986년 체르노빌 원전사고는 각각 상업운전을 시작한 지 3개월 및 2년밖에 되지 않은 원전에서 발생했다. 이렇게 보면 후쿠시마 원전이 단지 오래된 원전이어서 사고가 발생했다는 주장도 사고 전체를 조망할 수 있는 원인은 아니다. 따라서 우리는 후쿠시마 원전사고가 후쿠시마 원전이 단지 오래된 원전이어서가 아니고 다른 어떤 원인에 의해 사고가 발생했다고 보는 것이 타당할 것이다.

원자력 발전이 시작되던 1950년대부터 안전성 확보는 가장 중요한 관심 대상이었고, 원전에는 항상 당시 세계 최고 수준의 안전 원칙과 기술을 개발하고 도입하여 사용하였다. 더욱이 1979년의 TMI 원전사고 이후 전 세계

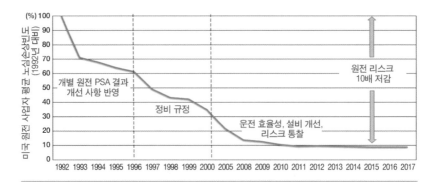

그림 14.1_ 미국 원전의 안전성 향상(1992~2017)
자료: NEI(2020).

원전은 TMI 후속 조치라고 부르는 많은 안전성 향상 조치를 했고, 체르노빌 원전사고 이후에는 그 무엇보다도 안전을 최우선으로 하라는 안전문화 Safety Culture를 원자력 관련 조직에 도입하기 위해 꾸준히 노력했다[IAEA, 2002]. 그 결과 체르노빌 원전사고 이후부터 후쿠시마 원전사고 전까지 전 세계의 원전은 안전성과 성능 측면에서 매우 좋은 실적을 보여주었다. 2019년에 나온 미국 원자력 산업체의 발표를 보면 미국 내 원전의 안전성 은 1990년대 초 이후 현재까지 많이 향상되어 후쿠시마 원전사고와 같이 핵연료가 녹는 사고의 예상 발생 빈도가 1990년대 초 이후 지난 20여 년간 약 10분의 1로 감소된 것으로 평가하고 있다[True and Butler, 2020](그림 14.1 참조).

그러나 2011년 발생한 후쿠시마 원전사고는 오랜 기간에 걸쳐 개발되고 발전된 원자력 안전 철학에 따라 설계하고 제작한 많은 안전 설비가 모두 기능을 상실함으로써 결국 원전 외부로 대량의 방사성물질이 누출된 것이 다. 따라서 우리는 후쿠시마 원전사고를 계기로 원전의 안전 원칙과 기술의 유효성에 대해 다시 돌아보아야 하는 상황이다. 원자력 안전 확보의 기본적 인 근간은 설계기준사고Design Basis Accident: DBA와 심층방어Defence-in-Depth

라고 부르는 개념이다[IAEA, 1996; IAEA, 2009].

설계기준사고란 원전을 설계, 건설을 할 때 고려되는 사고이다. 원전은 설계기준사고가 발생하더라도 원전의 안전을 유지하기 위한 기기, 계통 및 구주물의 손상이 없도록 설계 및 건설되어야만 한다. 따라서 현재 전 세계 원전의 안전규제에서는 설계기준사고가 발생해도 원전의 안전이 확보됨을 입증하도록 요구하는 것이 기본원칙이다. 이처럼 설계기준사고에 근거한 원전 안전규제를 결정론적 규제라고 부른다. 이는 미리 결정된 사고 시나리오의 분석 결과에 따라 원전의 안전성을 평가하기 때문이다. 설계기준사고 중 가장 대표적인 것은 '대형 냉각재상실사고'이다. 이 사고는 원자로에 냉각수를 공급하는 배관 중 가장 지름이 큰 배관이 완전히 파단되어 원자로에 냉각수를 공급하지 못하는 사고를 의미한다. 모든 원전은 이 경우에도 핵연료가 손상되지 않도록 다중성Diversity과 다양성Redundancy을 지닌 안전계통을 갖추어야 한다.

원전의 안전을 지키는 다른 기본 원칙은 심층방어라는 개념이다. 심층방어란 전쟁에서 적의 진격을 막기 위한 방어선을 하나만 만드는 것이 아니라 여러 겹의 방어선을 만드는 것처럼 원전의 안전을 지키기 위한 방어 체계를 여러 단계로 구성하는 것을 의미한다. 심층방어 개념에는 기계적인 측면, 조직적인 측면이 포괄되어 있다. 국제원자력기구IAEA는 원전의 안전을 지키기 위한 심층방어의 5단계를 표 14.1과 같이 정의한다[IAEA, 1996].

전문 용어로 기술된 표 14.1을 쉽게 유조차의 예를 들어 설명하면, 먼저 1단계는 유조차를 설계하고 제작하는 단계에서 브레이크나 에어백 같은 사고 예방 시스템을 설계하고 품질이 검증된 좋은 재료와 검증된 절차로 고장이 적은 안전한 유조차를 제작하는 단계라고 할 수 있다. 2단계는 유조차의 운전 중 이상 상태를 미리 감지하여 사고를 예방하는 단계이다. 즉, 자동차의 여러 경고등과 같이 유조차에서 문제가 발생한 부분을 미리 감지하여 사고를 예방하도록 하는 단계이다. 그런데도 옆 차선의 자동차가 갑자기 끼어

표 14.1_ 심층방어의 단계(IAEA)		
단계	목표	핵심 수단
1단계	이상 작동 및 고장 예방	보수적인 설계, 고품질 건설 및 운전
2단계	비정상 운전의 제어 및 고장 탐지를 통한 사고 예방	제어 및 보호 계통, 감시 설비
3단계	사고를 설계 기준 이내로 제어	공학적 안전설비 및 사고 관리
4단계	중대사고의 제어 (중대사고의 진행 억제와 결과 완화)	추가적 안전설비 및 사고 관리
5단계	방사성물질의 대량 누출로 인한 방사선학적 영향 완화	소외 비상조치

들면 브레이크와 같은 안전계통을 이용하여 자동차 간의 충돌을 막거나 충돌 사고가 발생해도 가벼운 접촉 사고 정도로 막도록 하는 것이 심층방어의 3단계이다. 그럼에도 어떤 이유로 결국 대형 사고가 발생하는 경우는 사람의 안전을 도모하고 유조차의 기름이 외부로 유출되지 않도록 유조차의 유조 탱크를 튼튼하게 만드는 것과 같은 방식으로 사고의 영향을 최소화하는 것이 심층방어의 4단계라고 할 수 있다. 마지막으로 심층방어의 5단계는 유조차의 기름이 사고로 인해 유출된 경우 이로 인해 화재가 발생하거나 환경을 오염시켜 주변 주민에게 영향을 주는 것을 막기 위한 단계이다. 이 단계는 주민을 대피시키거나 유출된 기름을 제거하여 환경오염을 막는 등의 과정이라고 할 수 있다.

또한, 원전은 한 단계의 방어선을 지키기 위해서도 다중성, 다양성이라는 개념이 사용된다. 다중성은 같은 기능을 하는 계통을 여러 개 설치하는 것이다. 예를 들어 동일한 기능을 하는 자동차 브레이크 계통을 여러 개를 설치하여 그중 하나가 고장이 나도 다른 브레이크 계통을 이용하여 차를 정지시키는 방식이다. 다양성iversity은 같은 기능을 하는 계통을 다른 원리로 작동하도록 하는 개념이다. 예를 들어 자전거에 림브레이크와 디스크 브레이크를 동시에 설치하는 개념이다. 원전의 안전계통은 다중성을 확보하기 위하여 같은 기능을 하는 부계통을 여러 개 가지고 있다. 예를 들어 신고리 3·4원전의 냉각수 안전주입계통은 원자로에 냉각수를 주입할 수 있는 상호 독립적이면서 동일한 기능을 하는 4개의 냉각수 유로가 있다. 또한, 다양성 확보를 위하여 증기발생기에 냉각수를 공급하는 펌프 중 어떤 펌프는 전기로 모터를 구동하는 반면 다른 펌프는 증기로 펌프를 돌리도록 하는 방식을 쓰기도 한다. 다중성과 다양성 이외에도 안전 설비를 물리적으로 다른 위치에 설치하여 독립적으로 운전이 가능하게 하는 독립성, 기기가 고장 날 때 원전의 안전에 유리한 방향으로 고장상태가 되도록 하는 고장 시 안전Fail Safe 개념 등 다양한 개념과 방법이 원전의 안전을 지키기 위해 사용되고 있다.

그러나 설계기준사고와 심층방어라는 안전 원칙은 1979년 TMI 사고 이후 큰 변화를 겪게 된다[USNRC, 2010]. TMI 원전사고 이전에는 심층방어를 통하여 원전의 설계기준사고를 안전하게 종결시킴으로써 원전의 안전성을 충분히 확보할 수 있다고 생각되었으나, TMI 원전사고는 기기 고장, 운전원의 실수 등 몇 가지 사건이 겹쳐지면 핵연료 손상이라는 중대사고를 유발할 수 있다는 것을 보여주었다. TMI 원전에서 발생한 사고 경위는 이미 1975년에 미국에서 발간되었던 세계 최초의 원전 리스크 평가 보고서인 WASH-1400 보고서에서 가장 리스크가 높은 사고 경위로 평가되었다[USNRC, 1975; 2016]. 이와 같은 사실로 인해 미국 원자력 안전규제체제가 적절했는가와 관련한 논란이 있었고, 이후 리스크 개념이 원자력 안전 확보를 위한 중요 개념으로 원자력계에 도입되었다. 이는 기존의 설계기준사고를 기반으로 하는 원전 안전 확보체계가 원전에서 발생 가능한 다양한 사고 시나리오의 영향을 모두 파악하는 데에는 한계가 있으므로 리스크 개념을 활용하여 그 한계를 보완하기 위한 것이다.

원자력계에서 원전의 리스크를 평가하기 위해 사용되는 방법은 확률론적 안전성 평가Probabilistic Safety Assessment: PSA[2]라는 방법이다. PSA 방법은 기계의 고장에 대한 내부사건 PSA와 지진, 화재, 침수에 대한 외부사건 PSA 등으로 구분을 한다. 지진 PSA란 지진의 발생 가능성과 지진이 발생할 때의 사고 시나리오와 영향을 평가하는 것이다. 내부화재 PSA란 원전 내부에서 화재가 발생했을 때의 사고 시나리오와 화재 영향을, 내부침수 PSA란 원전 내부의 배관, 탱크 등이 파손되어 기계, 계통 등이 물에 잠길 때의 사고 시나리오와 그 영향을 평가하는 방법이다[NEA, 2020]. TMI 원전사고 이후 미국의 규제기관은 원전의 리스크를 종합적으로 파악하기 위하여 미국 원전 사업자에게 내부사건, 내부화재, 내부침수 관련 PSA와 지진, 토네이도 등 자연현상에 기인하는 외부사건 PSA를 수행하도록 요구했다[USNRC, 1988]. 이후 한국을 포함하여 원전을 보유한 대부분 나라는 미국의 사례를 따라 유사한 범위의 PSA를 수행했다. PSA를 수행하는 목적은 PSA를 통해 원전의 리스크에 크게 영향을 미치는 요인을 파악하고 나아가 이에 대한 개선 방안을 도출함으로써 궁극적으로는 원전의 리스크를 줄이고자 하는 것이다. 원자력계에서는 리스크 평가 결과에 따라 원전의 리스크를 줄이는 일을 '리스크 관리Risk Management'라고 부른다.

일본에서도 TMI 원전사고 이후 일본 내 원전에 대한 중대사고 관리와 PSA가 시작되었다. 그러나 후쿠시마 원전사고 이전에는 일본과 한국을 포함하여 미국을 제외한 대부분의 나라에서 PSA의 수행은 법적 요건이 아니라 원자력 규제기관의 권고 사항이었다. 후쿠시마 원전도 PSA를 수행했지만, 후쿠시마 원전의 PSA 보고서가 공개되지 않아 그 결과를 상세히 알 수 없다. 그러나 미국이 후쿠시마 원전과 유사한 설계의 원전에 대해 수행한 PSA 결과는 공개되어 있다. 1990년에 미국 규제기관이 발간한 NUREG-

---

2 미국은 PSA 대신 PRAProbabilistic Risk Assessment라는 용어를 사용하지만, 그 기술적 내용은 같다.

1150 보고서에는 후쿠시마 원전과 거의 같은 설계인 미국의 피치바텀Peach Bottom 원전에 대한 PSA 결과가 나와 있다[USNRC, 1990]. NUREG-1150 보고서에 따르면 이 설계의 원전에서 노심용융사고(중대사고)를 일으키는 가장 중요한 원인이 후쿠시마 원전사고와 같이 원전의 전원이 모두 상실되는 교류전원 완전상실 사고Station Blackout: SBO였다. 또한 이 설계의 원전에서 노심 용융이 일어나면 격납건물이 파손될 확률이 90%에 이르는 것으로 나와 있다. 즉, 후쿠시마 원전의 설계는 SBO에 매우 취약하며 SBO가 발생할 시는 방사성물질 누출이 일어날 확률이 매우 높다는 것이다. 따라서 후쿠시마 원전의 설계는 기본적으로 동일본대지진 때 발생한 사고 시나리오에 취약한 설계 구조로 되어 있었다고 할 수 있음에도 후쿠시마 원전은 이에 대한 대비가 충분하지 않았다고 할 수 있다.

사실 어떤 일이 발생하고 난 후에 그 일과 관련된 잘못을 지적하는 것은 쉬운 일이지만, 정당한 일은 아닐 수 있다. 마치 축구경기에서 승부차기 중 어떤 선수가 실축을 하면 '그래, 내가 저 선수는 안 된다고 했지'라고 말하는 것과 같은, 사후확증편향의 결과일 수 있기 때문이다. 여기서는 일반적인 사례와 도쿄전력의 사례를 비교하여 그와 같은 오류를 피하기 위해 노력했다.

도쿄전력은 후쿠시마 원전의 PSA를 수행하면서 내부사건 PSA와 지진 PSA에 집중했으며 내부침수 PSA는 수행하지 않았다. 이는 한국이 TMI 사고 이후 미국에서 수행된 PSA 수행 범위와 동일하게 내부사건, 내부화재, 내부침수와 지진 PSA를 수행한 것과 대비해보아도 일본 PSA의 수행 범위가 제한적이었음을 알 수 있다. 일본은 지진이 자주 발생하는 나라로서 지진에 대비한 원전 안전성 확보에 세계 어느 나라보다도 지속적인 노력을 기울여왔다. 그 결과 2011년에 발생한 동일본대지진은 일본 지진 관측 역사상 최대 규모의 지진(규모 9.0)이었음에도 후쿠시마 원전을 포함하여 지진만으로 심한 손상을 입은 원전은 없었다[IAEA, 2012; 2015a]. 그러나 쓰나미로 인한 장기간의 전원 상실은 후쿠시마 원전을 포함하여 여러 원전에서 심각한 안전 문제를 유발했다.

도쿄전력의 쓰나미 대책과 관련된 문제는 제8장에서 이미 기술을 하였다. IAEA의 후쿠시마 원전사고 조사 보고서에는 도쿄전력이 내부침수 PSA를 수행했으면 2001년의 원전사고에 훨씬 잘 대처를 했을 것이라고 기술하고 있다[IAEA, 2015a]. 필자로서도 도쿄전력이 침수 PSA를 수행하지 않은 것은 의아스러운 부분이다. 특히 후쿠시마 제1원전 1호기는 이미 1991년도에 내부침수로 EDG가 기능을 상실하는 사건을 겪었음에도 내부침수 PSA를 수행하지 않았다[IAEA, 2015a].

미국과학아카데미는 "미국 원전 안전성 향상을 위한 후쿠시마 사고 교훈보고서에도 후쿠시마 원전이 가시와자키 가리와 지진과 관련된 문제 등은 신속히 대처를 하는 반면, 쓰나미 관련된 대책은 지연되었음을 지적한다[National Academies, 2014]. 국제적인 쓰나미 전문가도 후쿠시마 원전이 지진에 대비한 안전여유도에 비하여 쓰나미에 대한 안전여유도를 너무 작게 설정한 문제점을 지적하고 있다[Synolakis and Kânoğlu, 2015]. 후쿠시마 원전사고 이후 조사 과정에서 밝혀진 바에 따르면 이는 단순히 도쿄전력만의 문제가 아니라 일본 원자력 규제기관도 쓰나미 리스크를 간과하고 있던 것으로 나타났다. 일본의 원자력 규제기관도 후쿠시마 원전사고 이전에 도쿄전력이 규제기관에 제출한 쓰나미 재해도 분석 보고서를 제대로 검토하지도 않은 상황이었다[Acton and Hibbs, 2012]. 위와 같이 도쿄전력과 규제기관 모두 쓰나미 대비에 미흡했다는 지적들이 많다. 결론적으로 도쿄전력과 규제기관 모두 쓰나미의 리스크를 제대로 인지하지 못하고 있었다고 할 수 있다.

원전과 같은 어떤 인공설비에 본질적으로 내재하는 고유 리스크Inherent Risk를 분류하는 데는 여러 가지 관점이 있다. 여기서는 원전의 리스크 평가와 관리라는 관점에서 크게 다음과 같이 세 종류로 나누었다. 첫째는 우리가 이미 잘 알고 이에 대해 미리 대처하는 리스크, 둘째는 우리가 알고는 있지만 그 리스크가 매우 작다고 '판단'하여 무시하는 리스크, 셋째는 우리가 존재 자체를 아예 모르는 리스크라고 할 수 있다. 이 중 우리가 이미 아는 리스크(원전 냉각재 상실사고, 교류전원 완전상실 등)에 대해서, 우리는 원전에 이를 막기 위한 여러 안전계통을 추가함으로써 이 리스크를 배제하려고 한다. 원전에 있는 안전주입계통이나 EDG 같은 수많은 안전계통이 그예이다. 그러나 이와 같은 안전계통도 부품이 고장이 나거나 운전원이 실수함으로써 그 기능을 수행하지 못할 수도 있다. 그런 경우 우리가 알고 미리 대처하고자 했던 리스크지만 그 일부가 현실화하는 경우도 발생할 수 있다. 예를 들어 후쿠시마 원전사고에서 외부 전원이 끊겼음에도 EDG가 침수로 인하여 원전에 전원을 공급하지 못한 것 등이다. 이처럼 안전계통의 실패 때문에 우리가 이미 알고 있는 리스크를 예방하지 못하여 발생한 리스크를 '예방 실패 리스크'라고 한다면 어떤 설비로 인해 사회에 실제 부과될 수 있는 리스크는 ① 우리가 알지만 그 크기가 작다고 판단하여 제외한 리스크(제외 리스크), ② 우리가 모르는 리스크(미지 리스크), ③ 예방 실패 리스크의 합이라고 할 수 있다. 우리는 이들 세 가지 리스크의 합을 어떤 설비의 잔여 리스크Residual Risk라고 부른다. 이 개념이 **그림 14.2**에 나와 있다.

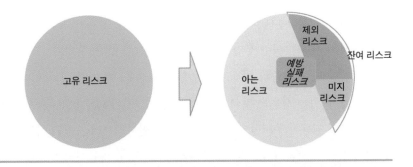

그림 14.2_ 인공 설비의 리스크 분류

표 14.2_ 후쿠시마 원전의 리스크 종류

리스크의 종류	후쿠시마 원전 사례	비고
아는 리스크	정전 사고	잔여 리스크에서는 제외
제외 리스크	복합 재해 대규모 쓰나미 장기 정전 사태 다수기 동시 사고 사용후핵연료저장조 손상	
미지 리스크	(1·2호기 수소 폭발) 4호기 수소 폭발	1·2호기 수소 폭발은 부분적으로 는 예방 실패 리스크 성격
예방 실패 리스크	쓰나미 피해 안전계통 및 계측제어 계통 기능 상실 운전원 오류 배기 지연	

　　우리는 여러 안전계통 및 다양한 안전 관련 조치를 통하여 이 잔여 리스크를 되도록 작게 줄여 설비의 잔여 리스크를 최대한 낮추려 노력을 한다. 이 관점에서 후쿠시마 원전사고 당시 발생한 여러 가지 사건을 리스크의 종류별로 표 14.2에 정리하였다[양준언, 2014].

　　이와 같은 리스크 분류 관점에서 후쿠시마 원전사고를 다시 한 번 살펴보면, 후쿠시마 원전사고는 우리가 이미 알고 있었지만 그 리스크가 작다고 '판단'하여 무시한 쓰나미가 후쿠시마 원전사고의 주요 원인이자 사고에 대해 적절히 대처하기 어렵게 만든 요인이라고 할 수 있다. 우리가 어떤 리스크를 무시할 만한 수준의 리스크로 분류하는 경우, 즉 어떤 리스크의 값이 매우 작을 수 있는 경우는 첫째 발생 확률이나 빈도가 아주 낮은 경우, 둘째 어떤 사건의 영향이 무시할 수준인 경우이다. 원자력에서는 일단 사고가 나면 그 영향을 무시할 수 없으므로 기본적으로는 발생 확률이나 빈도를 기준으로 어떤 리스크가 무시할 수 있는 수준인지를 판단한다. 이런 측면에서 후쿠시마 원전에서 대규모 쓰나미에 대한 대비를 충분히 하지 않은 것은 논란이 될 수 있다. 후쿠시마 지역에서 설계 기준을 넘는 대규모 쓰나미가 발생할 빈도는 도쿄전력의 주장을 따라도 10만 년 혹은 100만 년에 한 번 정도[TEPCO, 2012b]라고 해도 이것이 무시할 수준이었는지는 의문이다. 동일본대지진의 진앙에서 제일 가까웠던 오나가와 원전은 도쿄전력과 유사한 상황에서 쓰나미 대비용 방파제의 높이를 계속 높이는 등의 노력을 했다는 점에서는 도쿄전력의 쓰나미 대처 방식이 적절했는지는 의문이 든다[Wako Tojima, 2014].

마지막으로 우리가 어떤 리스크의 존재 자체를 아예 모르는 리스크가 있다. 예를 들어 후쿠시마 4호기에서 발생한 수소 폭발은 우리가 전혀 예상하지 못한 사고였다. 우리가 존재 자체를 알 수 없는 이런 리스크를 예방하는 것은 불가능하다. 즉 이런 리스크와 관련된 발생 빈도를 줄이는 것은 불가능하다. 이런 리스크를 줄이는 방법은 이 사고의 영향을 줄이는 방법뿐이다. 원전에서는 사고의 원인이 무엇이든 그 영향은 결국 방사성물질의 누출량으로 결정된다. 따라서 사고 발생 후 누출되는 방사성물질의 양을 줄이는 방안은 결국 우리가 알지 못하는 리스크조차 감소시킬 수 있다. 비엔나 선언에서는 원전의 사고 시에도 주변 주민의 대피가 필요한 사고를 '실제적으로 발생하지 않도록Practically Eliminate' 안전 조치를 할 것을 요구하고 있다[IAEA, 2015c]. 이런 안전 조치가 미지의 리스크를 줄이는 데 기여를 할 수 있다. 위와 같은 관점이 우리가 원전의 리스크를 종합적으로 판단하고 이를 감소시키는 리스크 관리의 기본 방침이다.

도쿄전력의 후쿠시마 원전은 위험 요인의 리스크 평가 및 관리 부분에서 실패한 사례라고 할 수 있다. 일본 원전은 PSA라는 리스크 평가 기술을 도입했으나 실제 리스크 평가를 하는 이유가 원전의 리스크를 줄이기 위한 것임을 간과하고 쓰나미와 같이 실제 원전에 매우 중요한 리스크 요인에 대한 평가 및 대처를 소홀히 한 것으로 보인다. 예를 들어 도쿄전력의 리스크 평가는 IAEA 기준을 만족하지 못하고 있었다. IAEA는 도쿄전력이 침수, 쓰나미 등의 외부사건 PSA를 수행하지 않았으며 격납건물의 파손 가능성을 평가하는 2단계(Level 2) PSA도 제한된 범위에서만 수행을 한 점을 문제로 지적하고 있다. 만약 쓰나미 PSA가 수행되었다면 도쿄전력이 평가한 내부사건에 의한 후쿠시마 원전의 노심손상빈도인 연간 1.39×10^{-8}보다 훨씬 큰 값이 나왔을 것이며, IAEA의 노심손상빈도 안전목표인 연간 1.0×10^{-4}보다도 큰 값이 나올 수 있었음을 지적하고 있다. IAEA는 배기와 같이 어려운 상황에서의 인간행위에 대해서도 인간행위 실패확률로 1.9×10^{-3}의 매우 낮은 값을 쓰는 등 후쿠시마 원전의 리스크는 매우 낙관적으로 평가되었다고 보았다[IAEA, 2015d]. 나아가 도쿄전력은 리스크 평가 결과를 오히려 소위 '안전신화'에 따라 낮은 확률의 사건을 무시하는 데 사용했다[Investigation Committee, 2012]. 결론적으로 후쿠시마 원전사고는 설계기준사고나 심층방어와 같은 원전의 안전원칙이나 전략과 설비의 문제라기보다는 도쿄전력이 후쿠시마 원전의 안전을 맹신하고 대규모 쓰나미에 대한 리스크 평가와 관리를 제대로 하지 못한 결과라고 할 수 있다. 일본 정부의 후쿠시마 원전사고 보고서도 규제체계 개선의 주요 항목으로 잔여 리스크 관리 체계의 구축을 제시하고 있다[Investigation Committee, 2012].

후쿠시마 원전사고 직후, 세계의 원전 보유국들은 각국의 원전 상태에 따라 사고에 대해 각기 다른 반응을 보였다. 미국 규제기관인 USNRC는 미국 내 원전에 이미 취해진 조치로 인하여 후쿠시마 원전사고와 같은 사고가 미국 원전에서는 발생하지 않을 것이라고 주장했다[NRC, 2011b]. 이와 관련하여 미국은 2001년의 9·11 사태 이후 비록 후쿠시마 원전사고와 같은 장기간 정전과 다수기 사고를 고려한 것은 아니지만 미국의 원전은 테러에 대비하여 발전 차량과 같은 별도의 전력공급원과 소방차와 같은 외부 급수원을 이미 갖추고 있다는 사실을 발표했다[USNRC, 2013]. 미국 원전은 후쿠시마 원전사고 이전에 세계 각국이 후쿠시마 사고 이후 안전성 강화를 위한 후속

조치로 도입한 별도의 전력공급원과 급수원을 이미 갖추고 있었다. 그동안은 보안상의 문제로 미국이 이와 같은 사실을 외부로 발표하지 않던 상황이어서 미국 이외의 다른 나라들은 이와 같은 미국 원전의 상황을 알 수 없었다.

후쿠시마 원전사고 이후 전 세계의 원전 보유국은 원전의 안전성 향상을 위해 '후쿠시마 후속 조치'를 수립해 이행했다. 후쿠시마 후속 조치는 매우 다양한 요소를 포함하고 있지만 가장 핵심적인 부분은 후쿠시마 원전사고와 같이 원전이 전원과 냉각수를 완전히 잃을 때도 원전에 냉각수를 안정적으로 공급할 수 있도록 기존 전원과는 독립된 전원 공급 수단, 외부로부터 원전에 냉각수를 공급할 수 있는 독립된 냉각수 공급 수단을 갖추는 것이다. 결국, 후쿠시마 원전사고가 안전계통을 가동할 전원과 핵연료를 냉각할 냉각수가 부족하여 발생했다는 점에서 미국처럼 이동형 전기차와 같은 별도의 전원, 그리고 소방차와 같은 별도의 원전 냉각수를 공급할 수 있는 수단을 갖추도록 한 것이라고 할 수 있다.

일본은 후쿠시마 원전사고 이후 원자력 규제의 독립성 강화를 위하여 원자력 산업 및 진흥 부처로부터 독립된 원자력규제위원회를 신설하고 규제 기준을 강화했다. 아울러 미국의 리스크정보활용규제Risk-informed Regulation 체제와 유사한 제도의 도입을 추진하는 등 원전 안전성 향상을 위해 노력하고 있다[規制庁, 2019]. 한국을 포함하여 다른 원전 보유국들도 물론 이와 유사한 노력을 기울이고 있다.

3. 얼마나 안전하면 충분히 안전한가?

원자력계는 원자력 발전이 시작되었던 1950년대부터 시작하여 후쿠시마 원전사고가 발생한 지 10년이 되는 현재까지도 원전의 안전성을 향상하기 위하여 지속적으로 노력하고 있다. 그러면 과연 앞으로 후쿠시마 원전사고와 같은 사고는 '절대' 발생하지 않을 것일까? 후쿠시마 원전사고 이후 전 세계의 가동 중인 원전에 대해 '후쿠시마 후속 조치' 등 많은 안전성 강화조치가 이루어졌지만 앞으로 후쿠시마 원전사고와 같은 사고가 '절대' 발생하지 않는다고 단언할 수는 없다. 그러면 앞으로 원전 문제를 어떻게 처리하는 것이 최선의 방법인지 고민할 필요가 있다. 절대 안전하지는 못한 모든 원전 가동을 당장 중지시켜야 할 것인가? 만약 우리가 원자력에 의한 매우 작은 위험도 받아들일 수 없다면 다른 인공설비의 이용도 정당화하기 어려울 것이다. 이 세상에 절대 안전한 것은 존재하지 않기 때문이다.

원전은 탄소 발생 측면에서 깨끗하면서도 상대적으로 저렴한 에너지를 사회에 공급한다는 장점이 있는 반면에 원전에서 사고가 발생하면 후쿠시마 원전사고와 같은 대규모 재난이 일어날 수 있다는 위험성을 갖는다. 그러면 우리 사회가 원전을 받아들여야 할 것인가 거부할 것인가에 대한 답은 우리 사회가 수용할 수 있는 수준의 잔여 리스크가 어느 정도인가에 따라 달라진다. 이런 경우 우리는 그 시설이 얼마나 안전하면 사회가 안전하다고 인정하는지에 대한 답을 구해야만 한다. 즉, 우리가 가지고 있는 원전과 같은 시설이 사회에 가하는 잠재적인 위험-잔여 리스크가 어느 정도여야 사회가 이를 용인할 것인가에 대한 사회적 논의와 합의가 필요하다. 결국 이 문제는 원전이 '얼마나 안전해야 충분히 안전한 것일까?How safe is safe enough?'라는 원자력계의 오래된 질문에 답을 구하는 문제이다.

앞서 이야기했듯이 리스크란 어떤 사건의 발생 확률과 그 사고의 영향을 곱함으로써 구해진다. 이 정의에 따르면 원전의 리스크가 제로(0)가 되기 위해서는 원전에서 발생하는 고장, 사건의 발생 확률이 0이 되어야 하지만 아무리 안전 기술이 발달해도 기기, 계통의 고장 확률 혹은 사건의 발생 확률이 0이 될 수는 없다. 더욱이 원전의 운전원이 실수할 확률도 0이 될 수 없다. 따라서 원자력계가 원전의 안전성을 향상하기 위하여 지금도 노력하고 있고 앞으로도 노력하겠지만, 원전의 리스크는 미래에도 0이 될 수 없는 것이 사실이다. 만약 어떤 설비의 잔여 리스크가 사회가 수용할 수 없는 수준이라면 그 설비는 우리 사회에 받아들여질 수 없으며, 반대로 사회가 수용할 수 있는 수준이라면 그 시설은 우리 사회가 수용할 것이다. 이는 원전만의 문제가 아니고 여러 인공설비를 이용하여 살아가는 현대 사회가 가진 불가피한 리스크에 대처하기 위해 우리사회가 사용할 수 있는 가장 합리적인 방안이라 할 수 있다. 자동차로 인한 사망자 수가 연간 3,000여 명에 이르러도 우리가 자동차를 계속 사용하는 것은 자동차를 이용함으로써 얻는 사회적 편익이 훨씬 크기 때문이다. 만일 자동차 사고로 인하여 국내에서 매일 1만 명의 사망자가 발생한다면 자동차 사고의 사망자 수를 획기적으로 낮출 방안이 없는 한 우리 사회에서 자동차를 퇴출하고 이를 대체할 다른 운송수단을 찾을 것이다.

'원전이 얼마나 안전하면 충분히 안전한가?' 하는 질문은 사실 원전이 도입되면서부터 제기된 문제였고, 원자력 발전을 가장 먼저 시작한 미국은 이미 1980년대에 이에 대한 한 가지 해결 방안을 제시했다. 미국은 이 질문에 답하기 위해 1980년대 중반에 안전목표Safety Goal라는 개념을 도입했다. 안전목표란 우리가 원전이 가지고 있는 본질적인 리스크를 심층방어를 통한 설계기준사고 대비 및 안전문화 등 다양한 방법을 통하여 원전의 리스크를 줄이고 난 후 남은 잔여 리스크가 사회가 용인할 정도로 낮은지 판단하는 기준이다. 미국의 규제기관인 USNRC가 원자력 안전에 리스크라는 개념을 도입한 것은 이 안전목표와 깊은 관계가 있다. 미국의 원자력 규제기관이 원자력 안전 문제를 다루기 위해 리스크 개념을 도입하는 기본 가정은 절대 안전-제로 리스크zero risk는 존재할 수 없다는 것, 즉 어떤 시설이든 위해가 전혀 없는 절대 안전한 시설은 없다는 것이다. 따라서 원전의 잔여 리스크를 얼마나 줄이는가 하는 것이 원전 안전성 판단의 기준이 된 것이다.

1986년에 미국 규제기관은 원전의 안전목표로 0.1% 규칙을 제안하였다

[USNRC, 1986]. 미국의 안전목표를 0.1% 규칙이라고 부르는 이유는 새로운 원전이 하나 가동됨에 따라 사회에 추가로 부과되는 리스크가 다른 모든 인공적 요인에 의해 사회에 부가되는 전체 리스크의 1,000분의 1 이하, 즉 0.1% 이하이기를 요구하기 때문이다. 즉, 원전 한 호기가 사회에 도입됨으로써 원전 주변의 개인(미국의 경우는 원전 반경 1.6km 내에 있는 개인)에게 추가로 부가되는 조기 사망의 리스크는 그 개인이 이미 여러 요인으로 인해 받는 전체 조기 사망Early Fatality 리스크의 1,000분의 1 이하여야 한다. 또한 원전 주변 주민의 암 사망 리스크도 미국 전체 암 사망 리스크의 1,000분의 1 이하여야 한다. 미국에서는 어떤 원전이 원자력 안전목표를 충족하면 그 원전은 사회가 용납 가능한 수준의 리스크를 갖고 있다고 본다. 즉, 원전 주변의 개인 혹은 주민은 해당 원전의 사고에 따른 리스크로 불안해하지 않고 살아갈 수 있는 기준이 사회가 가지고 있던 기존 리스크의 1,000분의 1 이하면 된다고 본 것이다. 이와 같은 미국의 원전 안전목표는 이후 IAEA나 다른 원전 보유 국가의 원자력 안전목표를 제정하는 데 참고기준이 되었다.

이런 안전목표는 과학적 근거만이 아니라 사회적 합의가 필요하다. 예를 들어 핀란드같이 미국보다 더 엄격한 원자력 안전목표를 요구하는 나라도 있고, 아직 원자력 안전목표를 도입하지 않은 나라도 있다. 한국은 지난 2016년도에 미국과 같은 0.1% 규칙이 원전 안전목표로 도입했고, 핀란드처럼 세슘-137이 일정량 이상 방출되는 사고의 빈도를 제한하는 미국보다 엄격한 안전목표를 도입했다[원자력안전위원회, 2017]. 현재 후쿠시마 원전사고 이후 도입된 여러 안전성 강화조치에 따라 한국을 포함한 전 세계 대부분의 원전은 0.1% 안전목표를 충분히 만족할 수 있는 수준에 이르렀다고 볼 수 있다. 대규모 지진과 같은 자연재해는 발생 확률을 예측하는 데 한계가 있어 정확한 잔여 리스크의 값을 말하기 어렵지만, TMI 원전사고와 같이 기기 고장에 의한 중대사고의 발생 빈도는 신고리 3·4호기의 경우 1,000만 년에 1회 수준까지 리스크가 줄어든 것으로 평가된다. 흔히 말하는 절대 안전은 아니지만, 현실적으로 중대사고가 발생할 가능성은 거의 없다고 보는 것이 타당할 것이다. 따라서 미국을 비롯하여 원전을 계속 운용하는 나라들은 정상적으로 가동되는 원전들의 안전성은 큰 사회적 현안이 되지는 않는다. 원전의 잔여 리스크는 0은 아니지만, 우리가 일상생활을 하며 우려할 수준은 아니라고 대다수의 사람이 생각한다는 것이다. 후쿠시마 원전사고 직후인 2012년도의 미국 여론조사에서도 미국 국민의 57%는 미국 원전이 안전하다고 생각했다[Gallup, 2012].

한국의 최근 여론조사에서도 원자력 이용의 확대를 지지하는 비율이 높아지고 있다[전국경제인연합회, 2021]. 그러나 동일한 리스크 수준을 갖는 시설에 대해서 어떤 사람은 안전하다고 생각하고, 어떤 사람은 안전하지 않다고 생각하는 것이 현실이다. 그 시설이 안전하지 않다고 생각하는 사람 중에는 리스크 평가 결과를 믿지 못하여 안전하지 않다고 생각하는 사람도 있고, 리스크 평가 결과를 믿어도 그 리스크를 수용할 수 없다고 생각하는 사람도 있다. 이런 문제는 리스크의 사회적 수용성 문제라고 할 수 있다. 이와 같은 문제를 해결하기 위해서는 이 문제의 원인을 좀 더 깊이 살펴볼 필요가 있다.

4. 합리적인 사회를 위한 리스크 개념의 이해

우리 사회의 안전성을 높이기 위해서는 여러 위험 요인의 리스크에 대한 우리의 이해 수준이 매우 중요하다. 이와 같은 문제는 단순히 원전의 리스크가 높은가 낮은가에 대한 문제만이 아니라, 어떤 인공설비를 사회가 수용하는 방식과 관련된 근본적인 문제이기 때문이다. 어떤 설비의 리스크에 대한 정확한 이해가 없이 그 설비나 제품에 대해 의사 결정을 내리는 것은 사실 사회의 전체 리스크를 증가시키는 것일 수 있다. 사회의 안전을 과학적이고 합리적으로 높이기 위해서는 가장 먼저 모든 것에는 위험이 따른다는 점을 이해해야 한다. 제로 리스크에 대한 환상을 버리고, 우리 사회에 내재할 수밖에 없는 리스크를 파악하고 그에 대한 대처 방법을 찾아야 한다.

후쿠시마 원전사고도 리스크 개념에 대한 이해가 부족하여 발생한 사고라고 할 수 있다. 도쿄전력은 일본 사회의 지진에 대한 과도한 공포를 진정시키기 위해 지진과 관련된 원전의 안전성 향상 조치에 치중하는 나머지 쓰나미의 리스크에 대해 적절히 대처하지 못한 부분이 있다. 일본에서 후쿠시마 원전사고 이전까지는 쓰나미는 언론 보도에서 거의 다루어지지 않았고 이에 따라 원전 주변 주민들의 관심사도 주로 일본에서 자주 발생하는 지진에 의한 원전의 안전 문제였다. 도쿄전력이나 일본 규제기관 모두 이에 따라 원전의 지진 대비 안전성 확보가 가장 큰 관심 사항이었다. 후쿠시마 원전사고 이전에 이미 IAEA는 쓰나미에 대한 대비를 강조하고 있었지만, 도쿄전력은 일본 동북부 지역의 쓰나미와 관련된 많은 증거가 있었음에도 쓰나미의 리스크를 적절히 평가하거나 관리하지 않았다고 볼 수 있다. 도쿄전력은 프랑스 원전의 침수 대비 대책 등 국제적인 안전성 강화조치를 받아들이는 데에도 적극적이지 않았다. 이는 단순히 도쿄전력의 문제만이 아니라 앞에서 언급했듯이 당시 일본의 원자력 규제기관도 쓰나미 대처에 적극적이지 않은 상황이었다. 일본은 큰 지진이 자주 발생하는 나라로서 도쿄전력은 지진에 의한 원전의 리스크를 낮추기 위해 많은 노력을 기울였지만, 쓰나미의 리스크 평가와 관리는 소홀히 함으로써 결과적으로 후쿠시마 원전사고를 방지하는 데 실패한 것이다. 즉, 후쿠시마 원전사고는 다양한 위험 요인의 리스크를 균형 있게 평가하지 못하고 일부 리스크 요인(지진)의 관리에 편중함으로써 다른 리스크 요인(쓰나미)이 과소평가되어 발생한 사고라고 볼 수 있다. 이처럼 언론이나 혹은 주민의 관심에 따라 원전의 안전성을 보는 것은 도리어 원전의 리스크를 증가시킬 수 있다.

우리는 원전의 리스크를 정확히 평가하려 노력해야 하며, 리스크 평가가 적절히 이루어졌다면 잔여 리스크 수준에 대한 리스크 평가 결과를 신뢰해야 한다. 물론 리스크가 미래의 잠재적 위험과 그에 따른 다양한 불확실성을 다루기 위하여 확률을 사용하는 만큼 확률의 본질적인 속성상 그 결과의 정확도가 100%가 될 수는 없다. 그리고 이런 부분에서 비록 원전 중대사고의 연간 확률이 100만 분의 1이라도 바로 내일 중대사고가 일어날 수 있지 않느냐는 공격을 받는 원인이기도 하다. 그러나 원전의 리스크 평가는 현재 인류가 사용 가능한 최고의 과학, 공학 기술을 이용하여 원전의 잠재적 위험 수준을 합리적으로 평가하는 것을 목표로 하고 있다.

이런 리스크 개념을 수용하지 못하거나 다양한 위험 요인의 리스크를 체계적으로 대응하지 못하면 원전사고를 미연에 방지하는 데 실패할 수 있다. WASH-1400에서 1975년도에 이미 TMI 원전사고에서 실제 발생한 사고 시나리오의 리스크가 가장 큰 것으로 예측을 했음에도 당시 미국의 규제기관은 그 리스크 평가 결과를 받아들이기를 주저했다. TMI 원전 사고의 주요 요인이 WASH-1400의 주요 결론이었던 인간 오류, 정비/보수 문제와 연관되었던 점을 감안하면 이는 아쉬운 부분의 하나이다. 만약 USNRC가 WASH-1400으로부터 얻을 수 있는 안전에 대한 다양한 통찰을 TMI 사고 이전에 미국 원전의 안전성 강화 방안으로 적극 도입했다면 TMI 같은 사고의 발생 확률을 많이 낮출 수 있었다고 생각된다. 따라서 우리는 원전의 실제적인 안전성 확보를 위해서는 리스크 평가 결과를 신뢰하고 이에 따라 원전의 리스크를 실제로 줄이기 위한 노력을 해야 한다. 물론 이와 같은 접근 방식에는 루이스 보고서에서 지적했듯이 원전의 리스크 평가가 적절히 이루어졌다는 전제가 필요하다[USNRC, 1978].

이런 공학적 리스크 평가를 일반 대중이 쉽게 이해하기는 쉽지 않다. 어떤 위험 요인의 리스크에 대해 일반인과 전문가 사이의 인식 차이는 이미 오래전부터 잘 알려진 문제이다. 예를 들어 똑같이 방사선이 관련된 엑스레이X-ray와 원전의 리스크에 대해 일반인과 전문가 사이의 인식 차이는 리스크 소통Risk Communication 분야에서 오래전부터 알려져온 문제이다[Slovic,

1987]. 안전 전문가들은 엑스레이에 과다 노출되는 것에 따른 안전성 문제로 우려를 하지만 원전의 안전성에는 그리 큰 우려를 하지 않는다. 전문가들의 이와 같은 판단은 앞서 말한 과학적·공학적 리스크 평가 결과에 따른 판단이다. 그러나 일반인들은 일상에서 친숙해진 방사선인 엑스레이보다는 이해하기 어려운 원전의 방사선 문제에 대한 우려가 훨씬 크다.

이처럼 일반인과 안전 전문가 사이에 리스크에 대한 인식 차가 나타나는 것은 각자 리스크의 크고 작음을 느끼는 기준이 다르기 때문이다. 일반적으로 안전 전문가들은 앞서 말한 바와 같이 리스크를 어떤 사건의 발생 확률과 그 사고의 영향을 곱한 공학적인 평가의 결과를 기반으로 인식하는 반면, 일반인들이 느끼는 리스크는 ① 재해의 규모, ② 재해에 대한 이해 수준, ③ 재해에 대처하는 기관에 대한 신뢰도, ④ 재해에 대한 언론의 관심과 같은 요소에 주로 영향을 받는다고 한다[USNRC, 2004]. 이와 같은 요소를 고려하면 많은 일반인이 원전의 리스크가 크다고 느끼는 것은 충분히 이해가 가능한 일이다. 후쿠시마 원전사고에서 보듯이 원전사고에 따른 재해의 규모는 매우 방대하다. 또한 일반인이 눈에 보이지 않는 방사선과 그 피해를 이해하기는 쉽지 않다. 아울러 국내 언론은 원자력에 대해 우호적이지 않다. 한국에서는 간단한 고장에 의한 원전의 불시 정지도 원전 안전에 큰 문제가 있는 것처럼 언론에 보도된다. 물론 2012년도의 고리 정전 사고 은폐사건과 같이 원자력계가 스스로 원자력 관련 기관에 대한 국민의 신뢰 저하를 자초한 면도 분명히 있다. 이와 같은 상황에서 원자력을 운영하거나 규제하는 기관에 대한 우리 국민의 신뢰도 높지 않다.

또한, 원자력 리스크를 일반적인 리스크와 일괄적으로 같이 비교하기는 어려운 부분이 있다. 일반적으로 사람들은 리스크 총량이 같더라도 발생 확률이 높은 위험요소보다는 영향(피해)이 큰 위험요소를 더 싫어해 그런 종류의 리스크를 회피하는 경향Risk Aversion이 있다. 예를 들어 사람들이 자동차사고보다 비행기 사고를 더 두려워하는 것은 이와 같은 특성에 따른 것이라고 할 수 있다. 원자력 리스크의 또 다른 특성 하나는 원자력 리스크는 자동차 운전 혹은 암벽등반 같은 스포츠 활동처럼 개인이 스스로 선택하는 자발적 리스크가 아니라 자신의 의지와 무관하게 부과되는 비자발적 리스크라는 점이다. 그리고 일반인은 자발적 리스크보다는 비자발적 리스크를 회피하려는 성향이 훨씬 크다[Starr, 1969; Slovic, 1987].

일반인의 리스크 인식은 언론이나 사회운동 등 다양한 분야에 영향을 미친다. 그러나 앞서 이야기한 바와 같이 사실과 괴리된 리스크 인식은 실제로는 리스크를 증가시키는 일의 원인이 될 수 있다. 이와 같은 문제는 단순히 원자력이 안전하다는 식의 홍보만으로는 해결되기 어렵다. 미국에서 안전목표를 정할 때 이와 같은 리스크 회피를 어떻게 안전목표와 연계할 것인가에 대한 논의가 있었다. 당시에는 리스크 회피는 개인별로 주관적 관점에 따라 차이가 크므로 이를 규제에 바로 반영하는 것은 문제가 있다는 의견이 주류였다. 따라서 미국의 원전 안전목표에 이 부분이 직접 반영이 되지는 않았지만, 당시 리스크 회피와 관련하여 설문 조사에 참여하였던 전문가의 의견은 원자력에 대한 리스크 회피는 이미 원전 설계, 운전의 보수성에 반영이 되어 있다는 것이었다. 예를 들어 원전의 안전목표를 다른 리스크의 0.1%로 제한한다는 점이나, 노심손상빈도와 방사성물질의 대규모 조기 방출 빈도 같은 안전 보조 목표를 정할 때 매우 보수적인 값을 사용한 점들은 이미 원자력에 대한 리스크 회피가 묵시적으로 안전목표에 반영이 되어 있다고 볼 수 있다 [USNRC, 1981].

우리가 어떤 설비에 대해 안심하고 있다고 해서 그 설비가 안전한 것도 아니고, 반대로 어떤 설비가 안전하다고 해서 국민이 안심하는 것도 아니다. 이런 경우 어떤 사람의 이해 방식이 과학적 사실에 기반을 두지 않았다고 그를 비난해서도 안 되지만, 그대로 내버려두는 것도 결과적으로는 많은 문제를 일으킬 수밖에 없다. 이 문제는 후쿠시마 원전사고 이후에도 발생했다. 당시 일본에서는 원전사고 시 피난구역과 해당 구역 방사선 관리상의 참고기준을 결정할 때 국제방사선방호위원회ICRP가 권고하는 연간 20~100mSv 중에서 가장 낮은 값인 20mSv가 사용되었다[ICRP, 2017].

후쿠시마 원전사고 이후 주민의 대피가 이 기준에 의해 이루어지며 최종적으로는 약 16만 5,000명에 달하는 후쿠시마현 주민이 대피했다. 피난민 중에는 고령층이 많았는데 이 중 4,000여 명에 가까운 사람이 피난에 따른 스트레스 등으로 사망을 했다[復興庁, 2020]. 만약 일본이 주민보호 참조 기준으로 연간 20mSv 대신 100mSv 혹은 50mSv를 사용했다면 고향을 떠나 돌아오지 못하는 사람 수가 훨씬 줄어들었을 것이며 이후 스트레스 등으로 인한 사망자 수도 줄었을 수 있다. 향후 20~30년 후에 나타날지 안 나타날지 모르는 방사선 피폭에 의한 암 발생을 우려하여 노인들에게 고향을 떠나 익숙하지 않은 곳으로 이주시킨 것이 정말 주민을 보호하는 절절한 조치였는지는 의문이 생긴다. 이 일 역시 방사선 피폭에 대한 일반인의 과도한 공포에 원자력 전문가들이 적절히 대처하지 못해 발생한 피해라고 할 수 있다.

한국도 후쿠시마 원전사고 이후 태평양의 수산물이 오염이 되었으므로 태평양에서 나오는 수산물은 앞으로 300년간 먹으면 안 된다거나, 삼중수소가 자연에 존재하지 않는 인공적인 동위원소라는 등 원자력에 대한 비과학적인 주장이 많이 나오고 있다. 이런 비과학적인 주장은 방사선 피폭에 대한 일반인의 과도한 공포를 조장하고 결국은 사회 전체의 안전성을 저하하는 결과를 나을 수 있다. 실질적인 안전은 우리의 신념 여부와 무관하게 물리적 법칙에 따라 결정되기 때문이다. 영국에서 웨이크필드란 의사가 개인적인 이익을 위하여 어린이의 자폐증이 홍역/볼거리/풍진 백신과 관련이 있을 수 있다는 논문을 1998년도에 발표했고, 이는 유럽 국가들에서 백신 접종 거부 운동으로 발전했다. 물론 웨이크필드의 논문은 전혀 과학적인 근거가 없는 논문이었고 그 논문은 결국 그 논문이 실렸던 학술지로부터 취소가 되었다. 하지만 이로 인해 시작된 백신 접종 거부 운동의 영향은 매우 컸다. 웨이크필드의 논문이 발표되던 당시 거의 무시할 수준이었던 유럽의 홍역 수준이 접종 거부 운동의 영향으로 2018년도에는 4만 명 이상의 환자가 발생했다.

근래에 코로나19 백신의 부작용에 대한 뉴스가 많이 나오고 있고, 이에 따라 백신을 거부하는 사람도 나오고 있다. 사회 전체의 리스크 측면에서는 백신의 부작용이 크게 우려할 만한 수준은 아니지만, 그 부작용이 개인에게 나타날 때는 다른 문제가 된다. 가장 중요한 것은 나의 안전이기 때문이다. 따라서 백신 접종을 개인에게 강요하기는 어렵지만, 백신 접종을 국가 정책으로 정하는 것은 이것이 사회 전체로는 코로나19의 리스크를 줄이는 방향이기 때문이다.

원자력의 리스크는 백신의 경우와 달리 자발적인 선택을 할 수 없는 특성이 있고, 또한 어떤 의사 결정이 단순히 리스크의 계산 값만이 아니라 다양한 역사적·사회적 요인에 영향을 받는 측면도 있다. 그러나 어떤 의사 결정이 리스크 개념에 대한 과학적인 이해가 없이 이루어지는 것도 결국은 사회의 리스크를 높이는 결과를 가져올 수밖에 없다.

따라서 우리는 현대 사회에 부과되는 리스크를 정확히 분석하고 이에 대한 이해를 높여야 한다. 이것만이 사회 전체의 안전성을 종합적으로 높일 수 있는 길이다. 노벨 경제학상 수상자인 맨큐N. Gregory Mankiw는 자신의 경제학 원론 책에 다음과 같이 쓰고 있다[Mankiw, 2011]. "인생은 도박으로 가득 차 있다. 스키를 타러 갈 때는 다리가 부러질 위험을 감수하는 것이다. 자동차로 출근할 때는 자동차 사고의 위험이 있다. 저축 일부를 주식에 투자할 때는 주가가 하락할 위험이 있다. 이와 같은 위험에 대한 합리적인 대응은 어떤 대가를 치르더라도 위험을 피하는 것이 아니라 당신의 의사 결정에 이런 위험을 적절히 고려하는 것이다." 이처럼 우리 사회의 안전 수준을 효과적으로 높이는 방법은 우리 사회의 여러 요소에 대한 리스크를 평가하여 그 결과에 따라 자원을 투자하여 사회 전체의 리스크를 최소화하도록 리스크를 관리하는 방법이다. 리스크 개념을 사회 전반의 문제에 적용하는 것은 새로운 시도가 아니다. 영국의 규제기관들은 원전만이 아니라 화학 공장 등 여러 산업 설비의 리스크를 평가하여 이에 기반을 둔 규제를 하고 있고, 미국의 연방재난관리청FEMA은 자연재해의 리스크를 평가하여 그에 기반을 둔 자연재해 대처를 하고 있다[HSE; FMEA, b].

2011년 3월 11일 후쿠시마 원전사고가 발생했을 당시 일본 동북부 지역에는 14기의 원전이 가동하고 있었다. 그중 중대사고가 발생한 원전은 후쿠시마 제1원전에 속한 3기였다. 다른 원전들은 강력한 지진과 대규모 쓰나미에도 원전을 안전하게 유지하는 데 성공했다. 특히 동일본대지진의 진앙과의 거리가 약 130km 정도로 후쿠시마 원전보다 진앙에 훨씬 가까웠던 오나가와 원전의 사례는 이후 원전의 안전성을 입증하는 사례로 많이 인용되고 있다. 다만 해당 원전의 다양한 리스크 요인을 정확히 평가하지 못하여 그에 대한 대비가 미흡했던 후쿠시마 제1원전에서만 사고가 발생했다.

우리는 어떤 설비를 사회에 도입하면 그 설비의 도입에 따른 잔여 리스크가 부수됨을 이해해야 한다. 그리고 한국 사회가 용인할 수 있는 리스크 수준에 대한 합의를 이뤄야 한다. 현재 국내 원전에서 중대사고가 발생할 확률은 매우 낮고, 따라서 원전의 리스크는 다른 위험 요인과 비교할 때 충분히 낮은 수준이지만 안전목표로 설정된 0.1% 규칙은 원전의 지속적인 안전성 향상을 요구한다. 0.1% 규칙은 1기의 원전으로 인해 추가로 부과되는 리스크가 사회 전체의 리스크에 비해 1/1,000 이하일 것을 요구한다. 그런데 과학과 기술의 발전에 따라 사회의 안전 수준은 계속 향상되고 있고 이는 0.1% 규칙을 충족하기 위해서는 원전의 잔여 리스크가 지속적으로 저감되어야만 한다는 것을 의미한다.

철학자 카를 포퍼Karl Popper는 『과학적 발견의 논리』에서 "극단적으로 개연성이 낮은 사건을 무시해야 한다는 규칙은 … 과학적 객관성에 대한 요구와 상통한다"라고 하였다[Karl Popper, 1959]. 원전의 잔여 리스크가 0은 아니지만 카를 포퍼의 말처럼 일상에서 무시해도 될 만큼 충분히 낮은 수준이라고 할 수 있다. 앞으로 한국도 이와 같이 합리성이 통하는 사회로 발전을 해야만 우리 사회의 안전성을 실제로 향상할 수 있을 것이다.

제15장
후쿠시마 원전사고가 남긴 과제와 극복을 향해

김인구

동일본대지진 피해의 규모나 성격은 종래의 재해와 달랐다. 피해가 막대하고 광범위했으며, 그 피해를 복구하는 데도 많은 노력과 시간이 필요하다. 일본 기상관측 사상 최대 규모의 지진으로, 일본 전역이 피해를 입었다. 이 지진에 수반된 쓰나미가 내습한 태평양 연안 지역은 2만 명에 가까운 인명의 손실과 엄청난 물적 피해를 입었다. 지역사회 붕괴와 정신적 피해 등 수치로 표현할 수 없는 피해도 컸다. 무엇보다 도쿄전력의 후쿠시마 제1원자력발전소에서 발생한 중대사고(이하 '후쿠시마 원전사고'라 한다)와 그로 인한 피해는 동일본대지진 그 자체보다 더 많이 알려졌고, 더 오래 기억되고 있다. 후쿠시마 원전사고는 복합재해이며, 다양하고 장기적인 피해를 끼쳤다. 그 피해의 복구는 아직도 진행형이다. 후쿠시마 원전사고로 일본의 광범위한 지역이 방사능에 오염되었다. 사고가 발생한 지 10년이 지난 지금도 4만 명 가까운 사람들이 피난생활을 강요받고 있고, 오염수나 방사선 피폭에 대한 우려가 여전히 가시지 않고 있다.

동일본대지진과 후쿠시마 원전사고는 우리가 당연히 여겼던 일상이나 정상의 모습 속에서, 바람직하지 않았던 경직된 사고방식과 관성이 있었음을 여실히 보여주었다. 동일본대지진 그 자체로부터도 성찰해야 할 점이 많지만, 여기서는 주로 후쿠시마 원전사고에 초점을 두기로 한다. 후쿠시마 원전사고의 핵심적인 교훈은 원전에서 중대사고가 일어날 수 있다는 경각심을 체화하지 않았고, 따라서 그런 가혹한 사고에 충실히 대비하지 못했다는 점이다. 후쿠시마 원전사고 후, 원자력시설을 보유한 모든 나라에서는 이 사고를 교훈 삼아 안전대책을 수립·이행함으로써 원자력 안전을 한층 향상시켜왔다. 국제규범으로서 심층방어 전략은 더욱 견고해졌다. 원자력시설에 발생빈도가 희박하고 현상학적 불확실성이 큰 사고까지 방지하도록 방어선이 확장·강화되었다. 또한 만약 그런 사고가 일어나도 시설 주변의 주민이나 환경에 미치는 영향을 억제하는 조치들이 취해졌다. 극한 자연재해에서도 원전의 안전기능 확보, 다수기 부지에서의 사고 방지·완화, 복합재해에 대한 방재의 강화 등을 위한 구체적인 대책이 수립·이행되었다.

우리는 가끔 '태권브이'가 아니라 '훈이'가 정의로웠다는 사실을 잊고 산다. '훈이'가 태권브이를 정의롭게 하듯이, 원자력 안전은 인간에게 달려 있다. TMI나 체르노빌 원전사고에서도 그 배경 요인에는 인적·조직적 문제가 있었다. 더 넓혀서 보면, 다른 산업 분야에서 일어나는 크고 작은 재해에서도 대부분 인적·조직적 문제가 원인으로 작용한다. 앞에서 나온 표 9.1에서 보이는 제언들은 결국 후쿠시마 원전사고에 관련된 인적·조직적 문제들을 바로잡기 위함이다. IAEA 사무총장은 이들 문제들에 대해 아래와 같은 견해를 밝혔다[IAEA, 2015].

후쿠시마 원전사고의 원인이 된 가장 주된 요인은 원자력발전소가 충분히 안전해서 이 같은 규모의 사고는 발생하지 않을 것이라는 생각이 일본 내에 전반적으로 만연했었다는 점이다. 원자력발전소 운영자는 이런 생각에 익숙해져 있었고, 규제당국이나 정부도 이런 생각을 바꾸려 하지 않았다. 그 결과, 일본은 2011년 3월에 발생한 심각한 원자력사고에 충분히 대비하지 못했다.

많은 권위 있는 사고의 조사·검증보고서에서 후쿠시마 원전사고 전에 성립된 원자력 안전에 관한 국제규범이 일본에서 제대로 이식되지 않았던 원인으로, 원자력 관계자들의 안전문화 결여와 규제기관의 기능부전이 지적되었다. 특히 일본 국회의 사고조사위원회는 사고의 근원적 원인으로 규제당국이 전기사업자에게 포획됨으로써 원자력 안전에 대한 감시·감독기능이 붕괴되었다는 점을 들어 "이번 사고는 '자연재해'가 아니라 분명히 '인재'이다"라고 결론지었다[国会事故調, 2012].

그렇다면 안전문화의 결여와 규제기관의 기능부전은 왜 생겼고, 사회로부터 경계하는 목소리가 있었음에도 왜 고쳐지지 않았을까? 다양한 기관의 보고서나 언론사의 기사에서 지적하듯이, 원자력 관계자들 사이의 유착문화, 더 나아가 일본 특유의 집단주의적 문화가 그 배경에 있다. 그리고 개인이나 일본 특유의 문제들을 넘어, 인간에 관련된 시스템적이고 보편적인 문제로 더 파고 들어갈 부분이 있을 것이다.

1. 원자력 안전신화:
전력 리스크, 국책민영 및 환경 변화에 대한 대응

후쿠시마 원전사고의 배후에는 원자력에 대한 안전신화가 있었다고 하는데, 그럼 원자력 안전신화란 무엇이고 왜 생기게 되었는가. 후쿠시마 원전사고 이후 안전신화에 관해 여러 주장이나 견해가 나오고 있지만, 실체가 분명하지 않은 개념이라 명확히 규정하기는 어렵다. 그러므로 여기서는 원자력 안전신화를 '일본 원전에서는 (TMI나 체르노빌 원전사고와 같은) 중대사고는 일어나지 않는다는 보편적인 믿음' 정도로 정리하고, 이 안전신화의 토양이 될 수 있는 제반 조건들을 제시해 독자 스스로 이 문제의 답을 찾는 방식을 택하기로 한다.

전력 리스크와 국책민영

먼저 용어 설명부터 하는 게 좋을 것 같다. 전력 리스크는 전력공급이 수요를 따라가지 못할 가능성을 의미한다. 여기서 사용하는 '리스크'는 정량적인 정의와 달리, 기대한 바를 달성하지 못할 가능성이라는 의미이다. 국책민영国策民營은 일본식 조어로, 국가가 정한 것을 바를 민간 기업이 운영한다는 뜻이다. 국책민영은 한때 일본의 고도 경제성장을 견인했다는 긍정적인 평가를 받기도 하지만, 정부와 전기사업자간의 유착을 낳았고 그것이 후쿠시마 원전사고를 막지 못한 한 원인으로 지목되기도 한다.

일본도 다른 나라와 마찬가지로 원자력 개발 초기부터 안전확보를 원자력 이용의 기본전제로 했다. 에너지 자원이 빈곤한 일본에서 에너지안보는 항상 우선순위가 높은 국가과제였다. 경제의 고도성장에 따라 산업용과 가정용 전력수요는 증대 일로에 있었다. 늘어나는 수요에 공급이 충분하지 않았기 때문에 늘 전기 부족에 시달렸고, 따라서 원자력발전의 이용에 전력 리스크가 중요한 고려사항이었다.

일본에서는 1957년에 '핵원료물질, 핵연료물질 및 원자로 규제에 관한 법률'(이하 '원자로 등 규제법')이 제정되었다. 이 법률에 의해 원자력 안전규제를 위한 제도와 체계가 정비된다. '원자로 등 규제법'의 특징 중 하나로, 원자로시설의 안전규제에서 단계에 따른 법령 구분과 그에 따른 규제행정 체제의 이원화를 들 수 있다. '원자로 등 규제법'은 원자로시설에 관해 기본 설계의 적합성을 확인하는 원자로 설치허가와 그 이후에 이루어지는 설계 및 공사, 운영 등에 관한 인가나 검사 등의 규제를 구분했다. 일본에서는 이를 '단계규제'라 하고, 흔히 원자로 설치허가를 '전단규제', 그 이후에 이뤄지는 규제활동을 '후단규제'라 한다. 또한, '원자로 등 규제법'에서는 원전에 대한 전단규제는 동 법에 따라, 후단규제는 '전기사업법'에 따라 규제하도록 했다. 이 때문에 원전에 대한 전단규제는 총리(실제로는 당시 과학기술청이 규제행정을 담당하고 안전심사는 원자력위원회가 수행)가, 후단규제는 당시 통상산업성(현 경제산업성)이 하는 이원적 규제행정이 만들어졌다.

원전의 안전규제가 '원자로 등 규제법'과 '전기사업법'에 의해 병행적(또는 이중적)으로 수행되게 된 배경에는 전력 리스크가 고려되었을 가능성이 크다. '원자로 등 규제법'은 재해 방지라는 측면에서 '전기사업법'보다 강력한 규제수단이지만, 전기의 안정공급을 목표로 하는 '전기사업법'에 비해 규제목표가 낮다는 견해가 있다[入江一友, 2011]. 이 점을 이해하기 쉽도록 다소 극단적인 사례를 들어본다. 체르노빌 원전사고는 4호기에서 발생했는데, 이 사고 후에도 1·2호기는 물론 4호기 바로 옆에 설치된 3호기가 거의 14년 동안 계속 운전되었다.[1] 전력이 부족했기 때문이다.

1950년대 일본의 전력수급 상황은 경기나 기후에 따라 변동은 있었지만, 전력 부족은 일본 경제나 가계에 늘 부담이었다. '원자로 등 규제법'이 제정되기 4년 전인 1953년에는 1월부터 3월까지 법적으로 전기사용이 제한되었다. '원자로 등 규제법'이 제정될 당시, 비록 전기사업자가 원자력발전을 향한 본격적인 행보를 취하지 않았지만, 정부로서는 원자력 리스크에 비해 전력 리스크에 대한 절박성을 더 크게 가졌을 수 있다. 원자력 안전을 소홀히 했다는 의미는 아니고, 다만 두 리스크를 저울질할 때 원자력 리스크에 비해 전력 리스크를 더 현실적인 문제로 체감했을 가능성을 제기하는 것이다.

일본에서 경제상황에 따른 원자력발전의 추이와 이를 둘러싼 여러 환경 변화를 그림 15.1에 나타냈다. 전원電源의 구성에서는 수력발전에 비해 화력발전이 점차 큰 비중을 차지하게 되었다. 1955년에 수력발전이 전체 발전설비의 66.2%를 차지했는데, 1970년이 되면 수력발전은 33.0%로 떨어지고 화력발전이 64.6%로 급증했다. 화력발전에 사용되는 연료비율은 석유

---

1 체르노빌 1호기는 국제적인 압박에 의해 1996년에, 2호기는 터빈건물에 화재가 발생해 1991년에, 3호기는 경제적 지원이 포함된 국제 협상이 마무리되어 마침내 1999년에 폐쇄되었다.

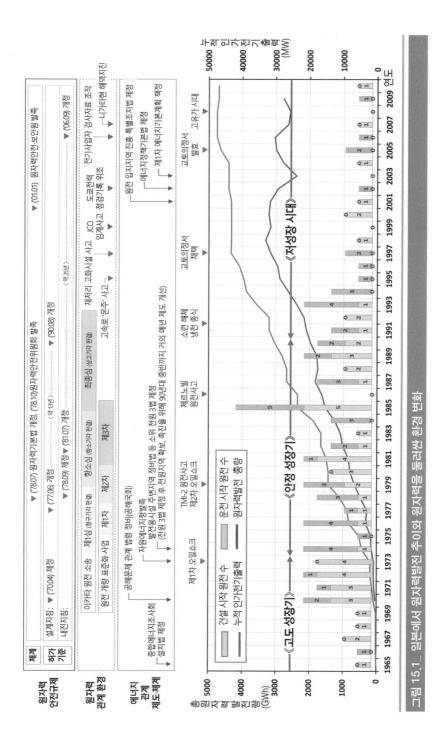

그림 15.1_ 일본에서 원자력발전 추이와 원자력을 둘러싼 환경 변화

가 41.4%, 석탄이 19.3%, LNG가 2.1%, 기타(LPG 등)가 1.8%였다. 1973년 제1차 오일쇼크가 발발하기 전까지 석유 가격이 낮게 유지되었기 때문에 전원개발의 추이는 수력에서 화력으로, 또 석탄화력에서 석유화력으로 비중이 옮겨지고 있었다. 1970년에 원전은 전체 발전설비의 2.3%를 차지했는데, 정부로서는 계속해서 원전의 구성비율을 높여간다는 입장이었다.

1970년대가 되어서도 전력 부족은 해소되지 않았다. 1970년, 전력 공급력은 4,914만 kW였는데 최대 수요는 4,753만 kW로서 공급 예비력이 충분하지 않았다. 따라서 철강·기계산업 등 전력수요가 큰 기업들에 수급조정계약에 따라 긴급하게 절전 요청을 하는 일이 잦았다[淸水修二, 1991]. 반면에 수요를 맞추기 위한 전원 개발, 즉 새로운 발전소를 건설할 부지를 찾기는 점점 더 어려워졌다. 공해문제와 원자력 안전에 대한 사회적 우려가 가장 큰 이유였다. 또한 발전소가 설치산업이기 때문에 소재 지역의 고용 창출 등 경제적 효과가 제한적이라서 발전소 유치가 지자체에게 그다지 매력적이지 않았다. 일부 지자체에서 발전소를 유치하려는 움직임이 나와도 지역 주민의 반대로 무산되는 일이 자주 있었다.

발전소 신설 부지를 구하기 어려운 데는 제도적인 문제도 있었다. 일본의 전기사업은 1951년 '전력재편성'[2]에 따라, 국가의 관리에서 민간 일반전기사업자 9사가 지역독점·발송배전 일관경영을 하는 체제(일본에서는 '9전력체제'라고 한다)가 되었다[冨田弘平, 1962]. 한편 전력사업은 '전기사업법'에 근거해 전기사업자에게 공급의무를 부여하고 전기요금을 인가제로 규제했다. 전기사업의 민영화는 민간 기업의 활력과 합리적 운영을 살린다는 장점이 있지만, 새로운 발전소 부지를 구하는 데는 한계를 보였다. 정부가 책정

---

2   1948년 2월, 일본발송전주식회사(일발) 및 9개 배전회사는 1947년 12월에 제정된 '과도경제력집중배제법'의 지정을 받게 되었다. 이에 따라 전기사업은 1938년 제정된 '전력관리법', '국가총동원법' 등 전시 입법에 따라 이루어진 일발도매, 배전소매라는 통제경제를 청산하고, 민유민영民有民營 및 독립채산의 새로운 기업체계로 재편성되었다.

하는 전원개발 목표의 달성률은 1971년 87%에서 1972년에 32%, 1973년에 44%로 낮아졌다. 이 중 원전의 목표 달성률을 보면, 1971년에 137%로 목표를 초과 달성했지만 1972년에는 28%, 1973년에는 0%로 짧은 기간 급격히 감소했다[張貞旭, 1998].

1973년 여름에는 본격적인 전력 위기가 있었다. 상황이 가장 어려웠던 간사이전력은 대형 수요자에게 반복해서 공급을 제한했다. 스모그 발생을 줄이기 위해 출력을 억제해달라는 지자체의 요구가 있었음에도 모든 화력발전소를 전출력으로 운전해야 했다[清水修二, 1991].

이런 상황에서 중앙 정부도 전원개발을 민간 기업에게만 맡겨둘 수 없었다. 전력 리스크에 대한 절박함이 강해지고, 정부 차원에서 타개책 마련에 부심하면서 정부와 전기사업자 사이의 거리가 점점 더 가까워지게 된다. 제1차 오일쇼크가 발발하기 전인 1973년 4월, 일본 정부는 '발전용시설주변지역정비법안'을 제71회 국회에 제출한다. 그러나 이 법안은 그 효과가 충분히 기대되지 않는다는 등의 이유로 국회 상공위원회에서 한 번도 심의하지 않은 채 다음 회기로 넘겨졌다.

그해 10월에 오일쇼크가 전 세계를 덮쳐 석유가격이 급등하고, 에너지안보에 대한 위기감이 일본 사회에 급격히 퍼졌다. 중동 산유국이 '에너지 자원'을 무기화했다는 점에서, 에너지 자원 빈국인 일본 국민이 받은 심리적 충격 또한 적지 않았을 것으로 보인다. 이런 분위기 속에서 원자력발전 비중을 높여야 한다는 발상은 합리적이었다. 자원 빈국인 프랑스와 한국이 원자력발전 비중을 높이는 정책을 편 것도 같은 이유에서였다. 석유를 원자력으로 대체하면, 외화 유출을 저감하면서 낮은 비용으로 전력을 공급할 수 있으므로 국가 경제에 이득일 뿐만 아니라 준국산 에너지이므로 에너지안보에 기여하기 때문이다.

1973년 12월, 일본 정부는 '발전용시설주변지역정비법안'을 수정하고, 재원 조달을 목적으로 하는 '전원개발촉진세법안'과 '전원개발촉진대책특별회계법안'을 추가한 소위 '전원 3법'안을 제72회 국회에 제출했다. 다음 해 6월에 제정된 전원 3법은 수력·화력·원자력 발전시설 모두를 대상으로 유치하는 지자체를 재정적으로 지원하는데, 원자력 개발에 중점을 두고 있었다. 전원 3법이 제정된 후에 일반전기사업자 9사는 일제히 원자력 개발에 나서게 된다. 1973년에는 도쿄전력과 간사이전력만 원전을 운영하고 있었는데, 1993년에는 일반전기사업자 9사 모두 원전을 운영하게 되었다.

위와 같이 에너지 자원의 부족과 전력 리스크에 대한 우려에 따라 원자력 개발·이용은 확대되었다. 전기사업자들이 전력의 안전공급이라는 의무를 다하려 해도 그들만의 힘으로는 늘어나는 수요를 따라갈 전원개발을 할 수 없었다. 이에 정부는 국가 차원에서 전기사업에 적극 개입하게 된다. 특히 원자력의 이용과 관련해서는 전원 3법과 정책 등으로 정부가 보다 적극적으로 나서게 되었는데, 그러면서 정부와 전기사업자의 거리는 더욱 좁혀지고 결과적으로 전기사업의 '국책민영國策民營'이 만들어지게 되었다[橘川武郎, 2002].

원자력을 둘러싼 환경 변화에의 대응

일본 정부는 환경 변화에 대응하면서 원자력 안전규제 행정체제를 개선해왔다. 일본에서 안전규제를 진흥과 분리해야 한다는 주장은 일본 최초인 도카이 원전 설치허가 심사 때부터 나왔고, 그 목소리는 시간이 지날수록 계속해서 높아졌다. 1974년, 원자력선박 '무쓰むつ'에서 발생한 **방사선 누출** 사건[3]을 계기로 정치·사회 여러 곳에서 원자력 안전에 대한 우려가 분출되

---

3 1974년 9월 1일, 일본의 원자력 제1선인 '무쓰'가 일본 동쪽 800km 시험해역에서 시운전시험을 할 때, 원자로 출력 1.4%에서 원자로 상부 차폐체 틈을 타고 미량의 고속 중성자가 누출되는 사건이 있었다. 인명 피해는 전혀 없었지만, 언론은 '원자력선 무쓰 **방사능 누출**'이라고 크게 보도했다. 또 현지 주민들은 무쓰의 안전성을 의심해 무쓰

었다. 1978년 '원자력기본법'이 개정되고, 원자력안전위원회(이하 '안전위원회'라 한다)가 발족된다. 안전위원회는 독립행정기관이 아니었기 때문에 안전규제에 실질적인 행정력을 가지지 못했다. 관계 행정청(원전은 당시 통상산업성(현 경제산업성) 자원에너지청, 연구로는 당시 과학기술청)은 여전히 원자력의 진흥과 안전규제 기능 둘 다 가지고 있었다. 안전위원회의 주된 역할은 원자로 설치허가의 심사에 필요한 지침을 책정하고, 관계 행정청의 안전규제에 대해 통일적으로 평가하는 일이었다. 그 후 2001년에 정부 부처 개편의 일환으로 자원에너지청의 특별한 기관으로 원자력안전·보안원이 신설된다. 원자력안전·보안원은 규제기관으로서 진흥을 담당하는 자원에너지청과 형식적으로 분리되었는데, 인사·예산까지 분리되지는 않았다.

정부와 전기사업자는 원자력시설의 안전을 확인하고 향상시키는 데 많은 자원을 투입했다. 1975년부터 원전의 주요 설비나 계통에 대한 실증시험과 성능시험이 이루어진다. 또 민관 대형 국책사업으로 개량 표준화 사업이 진행된다. 일본 실정에 맞는 비등경수로BWR와 가압경수로PWR 기술을 확립하고, 발전소 전반의 표준화를 통해 일본형 경수로를 보유하려는 것이 이 사업의 목적이었다.

전원 3법, 원자력 개발 중점화 정책, 원자력 안전 향상을 위한 정부·전기사업자의 노력 등에 힘입어, 1974년 이후 원자력발전은 증가세를 나타낸다. 전력량에 원자력발전이 차지하는 비율이 1975년 6.5%에서 1995년에 34%로 늘어나게 되었다. 반면, 석유는 1975년 62.1%에서 1995년 17.6%로 감소했다. 하지만 전원개발이 기대한 만큼 순조롭게 진행되지는 않았다. 전원 3법이 원전을 신설하는 데 상당히 공헌했지만, 그 효과는 제한적이었다. 1974년부터 1980년까지 원자력발전의 전원개발 목표 달성률은 평균해서 44% 정도에 머물렀다. 게다가 신규 원전이 정부 전원개발조정심의회가 책

는 한 달 넘게 모항에 돌아오지 못하고 해상에 머물러야 했다.

정하는 기본계획에 들어가서 운전을 시작하는 데까지 걸리는 기간이 1970년대에 평균 약 8년이었는데, 1980년대에는 약 17년, 1990년대가 되면 약 26년으로 더 늘어만 갔다[清水修二, 1997].

신규 원전뿐만 아니라 가동 원전에 대해서도 여러 난관에 봉착했다. 원자력 안전의 정치 쟁점화, 반원전운동의 조직화와 원자력 관련 소송, 일본 내외 원자력시설에서의 사고·고장 등이 주요 원인이었다.

정치적으로는 원자력 개발 초창기에 강력한 정치적 후원자였던 일본사회당의 입장 변화가 상징적이다. 일본사회당은 1972년 1월 제35차 당대회에서 원자력발전 반대 입장을 공식적으로 채택했다. 1955년에 제정된 '원자력기본법'이 여러 정치세력의 초당적 합작품이었던 만큼 일본에서 원자력 개발은 탄탄한 정치적 기반 위에서 시작되었다. 원자력에 대한 일본사회당의 입장 전환은 1970년대에 들어서 원자력 개발·이용의 정치적 기반이 상당히 약해졌음을 단적으로 보여준다.

원자력 개발 여명기에 일본에서는 '핵'과 '원자력'의 이분법적 인식과 언설이 지배했다[山本昭宏, 2014]. 히로시마·나가사키 원폭 피해의 참상을 경험했던 일본에서는 '핵'의 공포와 방사선 피폭에 대해 민감할 수밖에 없었다. 따라서 반핵운동은 일찍부터 조직화되고, 전국적인 규모로 활발하게 전개되었다. 이에 반해 '원자력'은 평화적 이용에 대한 기대가 더 컸다. 하지만 막상 원전 부지를 찾으려 할 때는 사정이 달랐다. 반원전운동은 주로 원전 유치 여부를 둘러싼 지역의 분쟁과정에서 나타났다. 지역의 분쟁에는 원자력에 반대하는 외부 세력이 가담하기도 했지만, 조직적이고 전국적인 반원전운동으로 연결되지는 않았다.

지역에서의 반대운동은 1973년 이카타伊方 1호기 설치허가 처분 취소를 요구하는 소송으로 이어진다. 이카타 1호기에 대한 반대 움직임은 이카타정町의 운동단체를 중심으로 1968년부터 시작되었다. 이후 주변 지자체의 여러 운동단체와 외부 지원이 더해지면서 반대운동의 기세가 높아져갔다.

이 반대운동이 복잡한 경위를 거쳐 설치허가 처분 취소 소송에까지 이르게 되고, 소송은 반원전운동의 법정투쟁이라는 성격을 가지게 된다[中川かおり, 1998]. 원전의 안전성 문제가 법정으로 옮겨지고, 이 다툼은 원전이 안전한가 아닌가를 가르는 이분법적 논쟁의 장이 되어갔다. 이렇게 소송의 결과에 따라 원전 운전이 정지되어 전력 리스크가 증대되는, 소위 '사법 리스크'가 만들어졌다. 이카타 1호기 소송을 시작으로 일본에서는 원자력에 관련된 소송이 줄을 이었다. 1992년, 최고재판소가 이 소송에 원고 패소를 확정할 때까지 원자력에 관련된 소송은 행정소송과 민사소송을 합해 약 20건에 근접했다.[4]

일본에서 원자력에 관련된 소송이 원자력 안전에 긍정적인 역할을 해온 측면이 있다. 소송이 아니면 접근할 수 없는 정보나 안전규제의 실태를 알게 되고, 그 과정에서 미흡한 점들이 드러나 안전규제에 개선을 압박하는 작용을 해왔다. 그렇지만 기본적으로 소송은 서로의 주장에 대한 다툼이다. 상대방의 주장을 경청하고 보다 건설적인 결론에 도달하려는 소통과정이 아니다. 이점에서 일본에서 원자력에 반대하는 법정투쟁의 성격을 가지는 소송은 정부, 원자력산업계 및 학계에서 "원자력은 안전하다"는 주장이나 자세를 더 완고하게 만드는 작용을 했다.

또, 전기사업의 국책민영이라는 구조 속에서 사법 리스크에 대응하기 위해 원자력 관계자들 사이의 결속력이 더 공고해져갔다[橘川武郎, 2002]. 법정에서의 주장에 반하거나 사법판단에 나쁜 영향을 줄 수 있는 의견을 말하는 것은 사법 리스크를 증가시킨다고 생각해, 정부(규제기관 및 규제 관계기관을

---

4 이 중에서 1985년 9월에 시작된 몬주에 대한 원자로 설치허가 처분 무효확인 소송에서는 2003년 1월의 나고야 고등법원에서 원자력 소송으로는 처음으로 원고의 주장을 인정해 무효확인 판결이 내려졌다. 또 2006년에는 가나자와 지방법원에서 일본에서는 처음으로 시가 2호기에 대해 운전금지 판결이 내려지기도 했다. 몬주의 무효확인 판결과 시가 2호기에 대한 운전금지 판결은 모두 상고심에서 뒤집어졌다.

포함), 원자력산업계 및 학계는 원자력 리스크에 대해 개방적이고 유연한 사고를 잃어갔을 가능성도 있었을 것이다[国会事故調, 2012; 民間事故調 2012]. 수많은 실증시험과 안전연구, 그리고 경수로 개량표준화 사업 등은 원전의 안전수준을 한층 높이는 데 기여했고, 그 실적과 함께 원자력 관계자 사이에는 원자력 안전에 대한 자신감도 높아졌을 것이다. 그 자신감은 소송 과정에서 안전신화의 울타리를 점점 더 공고히 만들었을 수 있다.

일본 내외 원자력시설에서의 사고·고장 등에 대한 대응에서도 안전신화의 기미를 찾게 된다. 원전을 운영하면서 여러 문제가 발생했다. 여기에는 운영관리 측면의 미숙함도 있었지만, 기술적인 문제들이 많았다. 일본 최초 원전인 노카이 원전부터 여러 기술적 과제에 직면했다. 미국 경수로 설계인 후쿠시마 1호기BWR와 미하마 1호기PWR에서도 예상하지 못한 기술적 과제들이 발생했다. 이런 문제들 때문에 원전이 불시에 정지되는 일이 잦았고, 작업자의 방사선 피폭이나 환경의 방사능 오염에 대한 우려도 높아졌다. 원자력 개발 초기 단계에서 발생한 기술적인 과제들에 대해서는 전기사업자 스스로도 심각하게 받아들였다. 그래서 미국 경수로 기술에 대한 과도한 믿음을 버리고, 일본 실정에 맞는 기술을 확립해야겠다고 관민 일체의 프로젝트가 만들어졌다. 실증시험과 개량표준화 사업 등에 의해 원전 운영에서 고장이 나거나 불시에 정지되는 횟수가 줄어들고, 가동률도 점차 높아지게 되었다.

그즈음에 미국에서 TMI 원전사고가 발생한다. 발족 후 6개월이 지나지 않은 안전위원회는 이 사고에 신속하게 대응했다. 안전위원회는 특별위원회를 만들어 미국에 사고조사팀을 파견하는 한편, 대응 방침을 마련하고 규제행정청을 통해 사업자에게 특별점검을 지시하게 했다. 안전위원회는 이 사고로부터 얻은 교훈을 52개 안전대책으로 정리했다.

안전위원회는『1981년판 원자력안전연보』에서 "TMI 사고는 일본의 원자력발전소 안전규제의 측면에 큰 경종이 되었다"라고 사고에 대한 입장을 밝혔다. 한편, 이 연보의 방재대책 관련 부분에서 "일본에서는 기존 원자력 시설을 설치하는 데 신중한 안전심사가 이루어지고 있으며 또한 운전 개시 후에도 정기검사, 주변 환경 모니터링 등 엄격한 안전관리체제가 마련되어 있어 현재까지 원자력시설의 안전성은 충분히 확보되어 있다"라고 밝혔다. 이와 같은 안전위원회의 입장은 TMI 원전사고를 교훈 삼아 원자력 안전을 한층 향상시켜야 하지만, 원자력 안전에 대한 기본 입장이나 규제행정 체제는 여전히 유효하다는 의미로 해석할 수 있다.

제9장에서 언급했지만, TMI 원전사고 이후 미국은 원자력 안전규제의 패러다임을 크게 바꿨다. 심층방어의 기본 전략에 중대사고의 예방과 완화를 위한 방어선을 추가했다. 그렇지만 일본에서는 심층방어 수단의 하나인 다중방호Multiple Barriers의 개념을 강조하면서, 중대사고를 안전규제의 대상에 편입시키지 않았다. 그동안 정부와 전기사업자가 진행시켜온 여러 안전대책은 일본 원전이 세계에서 가장 낮은 불시정지 횟수를 나타내는 실적으로 이어졌다. 또 1979년은 당시 베스트셀러였던 에즈라 보겔Ezra F. Vogel의 『일등국가 일본Japan as Number One: Lessons for America』의 논조를 토대로 일본 사회가 자국에 대한 자부심이 매우 높았던 시기였다. 이런 자신감이 일본에서 중대사고 대책을 적극적으로 받아들이지 않은 배경에 일정 부분 작용했을 가능성이 있다[近藤駿介, 2020].

1986년, 체르노빌 원전사고가 발생했을 때에서도 안전위원회는 특별조사회를 설치해 이 사고의 조사·분석에 임했다. 특별조사회는 1987년 5월, 조사보고서를 안전위원회에 보고한다. 이 보고를 받고, 안전위원회는 "이번 사고와 관련해 현행 안전규제나 관행을 조속히 고칠 필요는 없으며, 또한 방재대책에 대해서도 현재의 원자력방재 체제 및 제반 대책을 변경할 필요가 없다는 동 보고서의 결론은 타당하다"라고 결정했다. 체르노빌 원전사고는 서방 세계 원전의 설계나 관리에 비추어 미흡한 부분이 많았기 때문에, 일본만 이와 같은 입장을 보였던 것은 아니다.

체르노빌 원전사고는 유럽의 광범위한 지역을 방사능으로 오염시키고, 거의 전 세계에 직·간접적인 피해를 입혔다. 이 사고로 원전 이용에 반대하는 시민운동이 불같이 일어났고, 일본에서도 마찬가지였다. 식량의 대외 의존도가 높은 일본에서는 식탁 위에 방사능에 오염된 먹거리가 오를 수 있다는 불안이 특히 주부들을 자극했다[渡辺美紀子, 2007]. 체르노빌 원전사고를 계기로 종래와는 다른 성격과 기반을 가진 반원전운동이 나타나게 되었다.

체르노빌 원전사고 후 원자력 안전에 대한 국제규범화가 진행되는 가운데, 심층방어의 철학과 원리도 보편화되었다. 이로써 어느 나라든지 원전에서 중대사고를 방지하고, 중대사고에 이르더라도 그 영향을 완화하는 대책을 수립해야 했다. 1992년, 일본의 안전위원회는 원전에서의 사고관리를 중심으로 중대사고대책을 결정한다. "일본 원자로시설의 안전성은 … 이른바 다중방호[5]의 사상에 근거해 엄격한 안전확보 대책을 실시하는 것에 의해서 충분히 확보"되어 있으므로, 사고관리는 원자로 설치자의 자주적 대응으로 강하게 장려한다는 내용이었다.

위와 같이 TMI와 체르노빌 원전사고를 거치면서도 원자력 안전을 확보하는 철학이나 접근방식, 안전규제체제에 대한 입장이 본질적으로 달라지지 않았다. 이를 보여주는 대표적인 예를 원자로 설치허가에서 상세 허가기준을 나타내는 안전위원회의 심사지침에서 찾을 수 있다. 원자로시설의 기본설계에 대한 '설계지침'[6]이 1977년에 대폭 개정된 후 약 13년이 지난 1990년에 개정되었는데, 여전히 중대사고를 '설계지침'의 대상에서 제외했다. 지진과 내진설계에 대한 '내진지침'[7]은 1981년 개정된 후 약 25년이 지난 2006년에 개정되었다.

안전위원회가 이렇게 대응하게 된 이면에는 사법 리스크가 작용하고 있

---

5   당시 일본에서 다중방호란 대체로 [기초지식-7] 표 a.7.1의 3단계 방호까지를 의미했다.
6   '설계지침'의 제목은 '발전용 경수형 원자로시설에 관한 안전설계 심사지침'이다.
7   '내진지침'의 제목은 '발전용 원자로시설에 대한 내진설계 심사지침'이다.

었을지도 모른다. 원자력 관련 소송에서는 주로 설치허가 처분의 적법성을 따진다. 허가기준인 '설계지침'이나 '내진지침'의 내용이 크게 바뀌게 되면 소송에도 영향을 줄 수 있고, 더 나아가 전력 리스크에 나쁜 영향을 주기 때문이다.

1990년대에 들어서면서 원자력시설에서 큰 사고·사건이 계속 발생했는데, 이는 그 자체로도 문제였지만 원인이나 대응에 조직적인 은폐가 있었다는 점에서 원자력 안전에 대한 사회적 신뢰를 크게 손상시켰다. 정부는 각사고·사건에 대응해 강력한 재발방지대책을 내놓았고, 원자력에 대한 국민의 신뢰를 회복하기 위해 입장이 다른 이해관계자들의 목소리를 정책에 반영하는 다양한 소통 채널을 구축했다. 사고·사건을 일으킨 당사자들 역시반성과 함께, 조직 개혁 수준의 대책들을 마련했다. 2001년에는 규제행정체제가 변경되고, 원자력안전·보안원이 출범한다. 정부와 당사자들의 대책에서 공통적으로 강조한 것은, 안전신화의 반대말이라 할 수 있는, 안전문화의 고양이었다. 그렇지만 2000년대에 들어서도 원자력 안전을 우려하게만드는 사건들이 끊이지 않았고, 그때마다 안전문화가 재차 강조되었다.

한편, 1990년대부터 일본에 저성장 시대가 계속되면서 전력수요는 거의정체 상태가 되었다. 전력 리스크의 부담은 낮아졌지만, 전 세계적인 기후변화 리스크에 대응해야 하는 새로운 과제가 떠올랐다. 1997년에 지구 온난화 대책으로 교토의정서가 채택되고, 국제적으로 원자력의 이용을 확대하자는 입장이 서서히 강해지기 시작한다. 일본에서도 『1998년판 원자력백서』에서 원자력 이용이 지구온난화 대책에 필수라는 견해를 피력했다. 2005년 10월, 원자력위원회가 책정한 '원자력정책대강'[8]에서 원자력발전

8 1956년 1월 출범한 일본 원자력위원회는 1956년 9월에 '원자력개발이용장기계획'을 처음 책정했다. 원자력개발이용장기계획은 향후 20년을 내다본 원자력정책을 담고 있으며, 일본 정부는 그 취지를 존중한다는 입장을 취해왔다. 이후 약 5년 주기로 책정되어왔던 원자력개발이용장기계획은 2005년에 '원자력정책대강'으로 명칭을 바꿨다.

이 "2030년 이후에도 총발전량의 30~40% 정도 이상을 담당"한다는 기본 입장을 내놓았다. 2006년 8월에 종합자원에너지조사회에서 정리한 '원자력입국계획'에서는 2030년 전후부터 기존 원전의 교체를 포함해 원전의 신규 건설이 크게 늘어날 것으로 전망했다. 이 때문에 관민 일체가 되어 차세대 경수로를 개발하여 일본 내에 건설함은 물론 원전 수출시장에도 적극 나서기로 했다.

신규 원전 건설 계획에도 큰 진전이 있었다. 2008년과 2010년에 새로운 부지에 전원개발주식회사 오마 1호기, 도쿄전력 히가시도리 1호기가 각각 원자로 설치허가를 받았다. 2010년 말 현재 일본에서 원자로 설치(변경)허가를 신청한 원전은 3기, 준비 중이었던 원전은 8기였다. 이 중에는 새로운 부지 2곳에 3기의 신규 원전 건설계획이 포함되어 있었다. 신규 원전에 대한 원자로 설치(변경)허가 심사에서는 여전히 중대사고가 고려되지 않았다.

그리고 2010년 '에너지기본계획'에서 석탄과 석유, LNG와 같은 화석연료를 이용한 발전을 줄이고 그 삭감분을 원자력발전으로 대체하겠다는 정책이 확정되기에 이른다. 2030년까지 전원구성에서 차지하는 원자력 및 재생에너지의 비율을 약 70%까지 높인다는 목표도 제시했다.

내각부가 2009년에 실시한 여론조사[内閣府, 2009]에서 응답자의 78.4%가 일본에서 원전 설비의 유지 또는 증설을 지지했다. 2005년에 실시한 여론조사에 비해 약 3% 상승했으며, 특히 증설을 지지하는 비율이 55.1%에서 59.6%로 상승했다. 그럼에도 원자력 안전에 대해서는 여전히 국민 과반수 (53.9%)가 부정적인 견해를 보였다.

2009년 8월 중의원 총선에서 민주당은 '안전을 최우선으로 한 원자력행정'을 기치로, 독립행정기관인 원자력안전규제위원회를 창설하겠다고 공약했다. 민주당 주도의 정권교체가 이루어져 독립성 높은 원자력 안전 규제 기관이 만들어질 것이라는 기대도 높아졌지만, 그 기대는 후쿠시마 원전사고 전에 실현되지 않았다.

2. 신화의 조성: 한정된 윤리성과 합리성 및 집단사고

"원자력은 '절대로' 안전"하다고 누구에게도 말할 수 없다. 21세기에 첫발을 내디디면서 인류가 처음으로 원자력의 불을 손에 쥔 20세기를 되돌아보면 원자력의 이용은 전력의 공급이나 각종 방사선의 이용 등 막대한 혜택을 우리에게 가져다주는 한편, 안전확보를 위한 끊임없는 노력을 필수불가결한 것으로 계속 요구함을 알 수 있다.

원자력 안전의 확보를 위한 부단한 노력에는, '이것으로 끝났다, 이제 절대안전'이라고 하는 안주할 땅은 준비되어 있지 않다. 이것을 잊고 겸허함을 잃는 일이 있으면, 거기에는 새로운 사고·재해가 기다리고 있다.

위 내용은 후쿠시마 원전사고에서의 교훈으로 나온 말이 아니다. 1999년 9월에 발생한 JCO 임계사고를 겪은 후 안전위원회가 발간한『2000년판 원자력안전백서』제1편 '원점에서의 원자력 안전확보에 대한 대처'의 시작 부분에 있는 내용이다. 또 이 백서에는 원자력 안전신화가 만들어진 이유를 아래와 같이 설명하고 있다.

… JCO 사고 발생 후 '원자력은 절대안전'이라는 과신에 의존한 원자력 관계자의 자세가 사고의 배경에 있었다고 지적(이른바 '안전신화' 비판)이 이뤄졌다. 많은 원자력 관계자가 '원자력은 절대안전'이라는 추론을 실제로 가지고 있지 않음에도 이러한 잘못된 '안전신화'가 왜 만들어진 것일까. 그 이유는 다음과 같은 요인을 생각할 수 있다.

• 다른 분야에 비해 높은 안전성을 요구하는 설계에 대한 과도한 신뢰

• 장기간에 걸쳐 인명에 관련되는 사고가 발생하지 않았던 안전 실적에 대한 과신

• 과거의 사고 경험의 풍화風化(시간이 지나면서 점차 잊힘 — 필자 주)

- 원자력시설 입지 촉진을 위한 PAPublic Acceptance(공중에 의한 수용) 활동
  에서 알기 쉬운 설명의 추구
- 절대적 안전에 대한 소망

이러한 사정을 배경으로 어느덧 원자력 안전이 일상적인 노력의 결과로 확보
된다는 간단하지만 중요한 사실이 잊히고 '원자력은 안전한 것이다'라는 PA
를 위한 홍보 활동에 사용되는 캐치프레이즈만이 사람들에게 인식되어간 것
은 아니었는가.

이후 안전위원회를 포함한 규제행정청과 전기사업자 모두 계속해서 안
전문화의 중요성을 강조해왔다. 『2005년판 원자력안전백서』는 '안전문화
의 조성'을 특집으로 다루기도 했다. 이와 같이 오랜 기간 원자력 관계자 사
이에 안전신화를 경계하고 안전문화를 강조하는 분위기가 형성되어왔음에
도, 후쿠시마 원전사고와 관련해서 안전신화가 작동하고 있었다는 통렬한
비판이 나온 이유는 무엇인가.

한정된 윤리성과 합리성

비윤리적 행동이 나오는 것은 그 행위 주체가 윤리적이지 않기 때문이라
고 일반적으로 말할 수 있을까? 행동윤리학은 반드시 그렇지는 않다고 말
한다[베이저만·텐브룬셀, 2014]. 그리고 윤리적인 주체들이 의도하지 않게 비
윤리적 행동을 하는 이유로 인간이 가지는 '한정된 윤리성bounded ethicality'
을 지적한다. '한정된 윤리성'이 발현하는 데는 표 15.1에서 나타낸 여러 심
리적 기제mechanism가 작용한다고 한다.

표 15.1에 나타낸 심리적 기제들은, 재발방지대책을 취했음에도 개인이
나 조직의 비윤리적 불상사不祥事가 왜 근절되지 않는가를 설명해준다. 행동
윤리학은 개인이나 조직이 '한정된 윤리성'을 자각하는 일이 가장 중요하다

표 15.1_ '한정된 윤리성'이 생기는 심리적 기제

심리적 기제	특징
① 내 편 거들기	자신과 공통점이 있는 사람에게 편의를 도모하려고 한다.
② 일상적 편향Bias	정보를 처리할 때 무의식의 선입견이 영향을 준다.
③ 자기중심적 편향	공정성의 기준을 자신에게 알맞게 바꿈으로써 자신이 바라는 결과를 정당화하려고 한다.
④ 단기적 성과 중심 편향	즉각적인 보상을 과대평가하는 반면 장기적인 결과에는 가치를 과소평가한다('현재 편향' 또는 '미래 과잉할인 편향'이라고도 한다).
⑤ 예측의 오류	어떤 상황에 처한 자신의 행동을 잘못 예측한다.
⑥ 윤리의 퇴보	실제로 의사결정을 하는 일에서는 윤리의 문제가 아니라 비즈니스나 법률의 문제라고 생각하게 된다.
⑦ 회상에서의 편향	비윤리적 행동 후에 부정행위의 심각도를 경시한다.
⑧ 동기가 부여된 간과	자신이나 타인의 비윤리적 행동을 깨닫는 것이 자신에게 불이익이 되는 경우, 그것을 간과하려고 한다.
⑨ 간접성에 의한 간과	(자신과 관계되는 일에) 제3자를 통한 비윤리적 행동은 간과된다.
⑩ 단계적 상승효과	처음에 작은 윤리 위반을 허용하면 브레이크가 듣지 않게 되어, 윤리 위반의 정도가 서서히 상승해간다.
⑪ 결과편중의 편향	결과가 좋으면 그 과정에서 윤리에 반하는 일이 일어나도 그냥 지나쳐버린다.
⑫ 보수체계의 왜곡	비윤리적 행동을 촉진하게 되는 보수(또는 인센티브) 시스템 및 목표가 설정되어 있다.
⑬ 제재시스템의 부작용	규칙이나 벌칙이 도입되면 윤리의 문제가 아니라 비즈니스나 법률의 문제라고 간주하게 된다.
⑭ 선행의 면죄부 효과	세상에서 좋은 행동을 하는 대신에 조금 정도는 비윤리적인 행동을 해도 용서된다고 해석해버린다.
⑮ 조직문화의 영향	공식적인 윤리제도와는 다른 비공식적인 조직문화를 갖고 있다.

자료: 鈴木貴大(2018).

고 주장한다. 그래야 '한정된 윤리성'에서 기인하는 비윤리적 결정이나 행동을 통제할 수 있는 시스템을 만들어내기 때문이다.

또 개인이나 조직이 복잡·다양한 문제에 관한 의사결정을 하는 데는 '한정된 윤리성'과 맥을 같이하는 '한정된 합리성bounded rationality'의 함정이 있다. 지식은 항상 불완전하고, 모든 가능한 선택지를 다 비교·검토할 수 없을 뿐 아니라 선택한 결과를 완전히 예측할 수 없기 때문이다. 게다가 '한정된 윤리성'이 선택을 결정하는 과정에 개입한다. 이 때문에 개인이나 조직이 합리적이라고 선택한 의사결정이 반드시 합리성을 갖지 않는다는 것이다.

집단사고

한정된 윤리성과 합리성을 경계하지 않을 때 조직은 '집단사고Groupthink'의 덫에 걸릴 수 있다. 집단사고는 사람들이 집단 안에서 판단하고 결정을 내릴 때 오류를 일으키는 역기능 과정을 말하며, 일반적으로 부정적 의미로 사용된다[김홍회, 2000]. 집단사고는 그 구성원에게 자기기만, 강제동의, 집단적 관점과 결정에 순응하도록 만든다. 집단사고가 발생할 수 있는 선행요인에는 ① 집단 구성원의 강한 결속력, ② (고립이나 리더의 불공정과 같은) 조직의 구조적 결함, ③ 외부로부터의 강한 스트레스, ④ 자존심의 저하 등이 있다. 실패했던 경험, 어려운 의사결정이나 윤리적 문제에 봉착했을 때 자존심의 저하가 나타나며, 이럴 때 구성원은 남의 눈치를 보고 집단의 의사결정에 편승하는 경향을 보인다. 이런 선행요인이 갖춰지면 동조행동을 초래해 집단사고에 빠지게 된다. 집단사고에 빠지면 오류가 없는 결정을 내렸다는 환상, 내재된 윤리관에 대한 신념, 집단적 정당화, 외부자에 대한 고정관념, 자기검열, 만장일치의 환상, 반대자에 대한 압력, 스스로 검열자를 자처하는 등의 증상이 나타난다고 한다.

일본에서 원자력 안전신화의 형성에 집단사고의 문제가 있었는지를 구체적으로 밝히려면 더 조사·분석이 필요하겠지만, 집단사고가 만들어졌을 개연성은 높아 보인다[Kurokawa and Ninomiya, 2018; 松井亮太, 2020].

집단사고가 만들어지는 선행요인으로 ① 구성원의 강한 결속력이 전기사업자들뿐만 아니라 국책민영의 체제하에서 정부(규제기관 및 규제 관계기

관을 포함), 산·학·연 등 원자력 관계자들 사이에 형성되었을 가능성이 높다. ② 조직의 구조적 결함은, 정부와 전기사업자 모두 사회와의 소통을 중시했음에도, 원자력계의 폐쇄성을 지적하는 사회의 목소리가 잦아들지 않았다는 점에서 찾을 수 있다. 또 정치적·사회적으로 원자력 안전규제 행정의 독립성이 강하게 요구되어왔음에도, 안전규제에는 후쿠시마 원전사고 이후 드러난 여러 문제가 내포되어 있었다. ③ 외부로부터의 강한 스트레스로는 전력 리스크, 반원전운동, 사법 리스크, 사고·고장에의 대응 등을 들 수 있다. ④ 낮은 자존감은 일본의 '공기를 읽는다空気を読む'라는 소통문화와 관련지을 수 있다[야마모토, 2018]. 이렇게 보면 집단이 동조행동을 일으킬 선행요인은 충족되었다고 볼 수 있다.

원자력 안전신화를 한정된 윤리성과 합리성 및 집단사고와 연결해 살펴본 것은, 후쿠시마 원전사고에 관해서 일본 특유의 문제가 있지만, 이 사고의 해석에서 인간이 가지는 보편적 한계성에도 초점을 맞추고자 함이다. 한정된 윤리성과 합리성 및 집단사고 모두 특정 개인이나 조직에게만 해당되지 않는다. 모든 사람은 이와 같은 한계성을 가지고 살아간다. 후쿠시마 원전사고를 고찰하는 데 인간의 한계성을 대입함으로써, 이 사고로부터 다른 산업이나 사회·경제 분야에도 적용할 수 있는 보다 보편적인 교훈을 이끌어낼 수 있다. 예를 들면 듀폰사가 40년 넘게 은폐해온 과불화옥탄산Perfluoro Octanoic Acid (코팅제 '테프론' 속 화합물질) 사건[Rich, 2016]과 2008년 서브프라임 모기지 사태로 유발된 글로벌 금융위기에도 한정된 윤리성과 합리성 및 집단사고가 작용했다[安室憲一, 2010]. 게다가 이 두 사건은 순수하게 '인재'이다.

3. 원자력 안전규제의 특징과 후쿠시마 원전사고 후의 과제

TMI, 체르노빌 그리고 후쿠시마 원전사고에서 공통으로 지적된 문제는 '안

전규제의 실패'이다. 후쿠시마 원전사고에서 이 문제가 더욱 부각된 이유
는, 원자력 개발·이용의 선진국이며 첨단기술 국가라는 일본이 원자력 안
전에 관한 기성 국제규범을 제대로 반영하지 않았다는 사실에 국제사회가
받은 충격이 엄청나게 컸기 때문이다. 그래서 원자력 안전규제와 규제기관
에 대해 그 특징과 역할 및 앞으로의 과제를 살펴보기로 한다.

원자력 안전규제기관의 특징과 역할

후쿠시마 원전사고는 원자력 안전을 확보하는 데 역량을 갖춘 독립적인
규제기관의 중요성을 새삼 각성시켰다. 그리고 원자력을 이용하는 나라에
안전규제와 규제기관이 가져야 할 본연의 모습에 대한 성찰을 요구했다.

통상 바람직한 원자력 안전규제기관을 독립성, 중립성 및 전문성을 가지
고 설명한다. 하지만 규제기관의 성격을 규정하는 독립성, 중립성 및 전문
성의 개념을 명확히 정의하기는 쉽지 않다. 예를 들면 분명하다고 생각하는
독립성에 대해서, 막상 무엇과 독립해야 하는지, 무엇이 독립성을 구성하는
요소인지, 또 어떤 상태를 독립적이라고 하는지 등의 질문에 간결하고 명확
한 답을 내기 어렵다. '원자력안전협약Convention on Nuclear Safety'이나 IAEA
안전기준에서도 규제기관의 독립성은 명확하게 정의되어 있지 않다. '원자
력안전협약' 제8조 2항에 있는 '효과적인 분리an effective separation'나 IAEA
안전기준[IAEA, 2016][9]에서의 '효과적인 독립effective independence'이라는 표
현은 오히려 독립성의 의미를 더 불명확하게 만든다. 독립성뿐만 아니라 무
엇이 '효과적'인가도 따져야 한다. '원자력안전협약'이나 IAEA 안전기준에

---

9   이 안전기준 문서는 2010년 작성되고 후쿠시마 원전사고의 교훈을 반영해 2016년 개
     정되었다. 참고로 개정 전과 비교해 규제기관의 독립에 대한 일반요건은 동일하며, 세
     부요건에서도 각국의 규제기관에게 자국 안전정보와 경험의 국제적 공유를 요구한 것
     외에는 이전과 동일하다.

서 독립성에 대해 해석의 여지를 남긴 것은, 나라마다 특수성과 주권을 존중해야 한다는 정당한 사유 때문이다.

각국이 규제기관의 독립성에 대해 그 나름대로 명확한 정의를 내리고 있지도 않다. 여러 나라들은 원자력 안전규제기관을 포함해 독립행정기관이라는 정부 조직을 가지고 있다. 미국에서 독립행정기관의 역사는 19세기 후반으로 거슬러 올라간다. 미국에서 독립행정기관에 관해 많은 학술적 논의와 법정에서의 심판이 있었음에도, 아직 독립성에 대해 단일한 해석이 내려지지 않은 것으로 보이며, 다른 나라에서도 마찬가지이다.

이에 여기서는, 디테일이 손상되는 리스크를 각오하면서, 가능한 한 상식적인 수준에서 독립행정기관의 독립성, 중립성, 전문성에 대한 개인적 견해를 서술하고자 한다.

통상 민주국가에서는 헌법으로 법원의 독립성을 보장한다. 법원의 독립이 필요한 이유는 법관이 내리는 심판에서의 불편부당不偏不黨, Impartiality을 보장하기 위함이다. 독립행정기관이 나타나게 된 큰 이유 중 하나도 불편부당하지 않은 결정을 원하기 때문이다. 정권 교체에 따른 행정부의 정책 변화나 입법부의 정치적 영향으로부터, 원자력 안전에 대해 불편부당한 의사결정을 하려면 규제기관이 행정부와 입법부로부터 어느 정도 거리를 두어야 한다. 그렇다면 불편부당에 가장 가까운 의미를 가진 중립성은 목적에 가깝고, 독립성은 목적을 달성하는 수단에 상당하다고 볼 수 있다.

독립성이 중립성을 확보하는 수단이라고 했는데, 독립성을 달성하는 수단도 다양하다. 실제로, 원자력 안전규제기관을 독임제로 하는지 합의제(위원회 조직)로 하는지, 위원회인 경우에도 회의체의 구성(위원장과 위원들의 위상 부여를 포함)과 집행조직[10]과의 관계는 나라마다 차이가 있다. 그렇지만

---

10 한국과 일본에서는 통상 법적으로 독립행정위원회 조직을 회의체인 위원회와 사무조직('사무처' 또는 '사무국'으로 칭한다)으로만 나눈다. 원자력 안전규제에서 한국 원자력안전위원회와 일본 원자력규제위원회의 사무조직은 모두 집행기능도 가진다. 그렇

규제기관이 입법부가 정한 법률에 의해 설립된다는 점에는 차이가 없다. 따라서 규제기관에 요구되는 독립성은 법률의 취지에 근거해 해석하는 게 합당할 것이다. 성격은 같더라도 독립행정기관마다 독립성에 대한 해석이 설치법에 따라 달라질 수 있다는 뜻이다.

한편, 전문성은, 중립성을 확보하기 위해 요구되는 전문지식이라 하면, 규제기관이 필요한 이유와 기능에 관계된다. 3권 분립 원칙에 따라 입법부나 사법부가 행정부의 권한을 감시·견제하게 되어 있다. 그럼에도 전문성이 요구되는 특정 행정 분야에서는 적절성과 적시성을 가지고 입법부와 사법부가 직접적으로 감시·견제하기가 곤란하다. 입법부는 해당 분야를 상세히 법률로 정해 규율하기 어렵고, 사법부 역시 적시에 심판을 내리기 어렵다. 그래서 독립행정기관은 행정권뿐만 아니라 준입법권과 준사법권을 가진다. 이런 특징 때문에 1937년에 미국 루스벨트 대통령이 설치한 행정관리에 관한 특별위원회가, 독립행정기관은 "우두머리가 없는 정부의 제4부문a headless forth branch of the government"이라며 헌법의 3권 분립에 반한다는 보고를 했다. 3권 분립 원칙을 위협할 수 있음에도, 루스벨트 대통령의 임기 동안 독립행정기관의 수는 더 늘어났다. 그 배경에는 규제에서 특별화의 이점과 거기에 필요한 전문성을 획득하는 데 독립행정기관이 유리하다는 점이 영향을 미쳤을 것이다[黑野將大, 2006].

독립행정기관의 정통성을 전문성에 두는 입장에 대해 당연히 비판적 견해가 있다[正木宏長, 2005a; 2005b]. 대표적으로 전문가주의에 대한 비판, 더나아가 전문가에 대한 불신이다. 모든 의사결정이 전문지식에 의해서만 이루어지는 것이 아니며, 또 완전한 전문지식을 가진 전문가가 있을 수 없다.

지만 미국, 프랑스, 캐나다의 규제조직에서는 회의체 위원회 사무를 담당하는 사무조직(즉, 회의체 조직의 일부)과 규제업무를 실행하는 집행조직이 구분되어 있다. 이는 회의체 위원회와 집행조직 사이에 요구되는 독립성을 포함해 각각의 역할을 명확히 하기 위함이다.

오히려 좁은 영역의 전문적 판단에는 보다 넓은 식견과 균형이 요구되는 판단을 보장하지 못할 여지가 있다. 또한, 전문가가 가지는 전문지식과 선입견이 올바른 판단을 막는 편향으로 작용할 수 있다. 아울러 전문적 영역에서의 행정은 일반 행정에 비해 더 높은 수준의 재량을 부여받고, 내적 규범에 비춰 의사결정을 내린다. 따라서 특화된 전문 행정에서는 한정된 윤리성과 합리성 및 집단사고가 끼어들 가능성이 있고, 그 때문에 전문성을 독립행정기관의 정통성과 연결하는 데 비판적 견해가 나타난다. 비판적 견해를 갖는 측은 사법부가 필요한 전문성을 포기하지 말고 스스로 그 역할을 확대해야 한다고 주장하는 경향이 있다.

독립행정기관에서의 전문성 논란은 적정절차Due Process와 책무성 Accountability[11]을 그 기관에 의무로 부여함으로써 대체로 균형점을 찾는 것 같다. 원자력 안전규제에서도 적정절차와 책무성이 강조된다. 원자력 안전규제에서의 적정절차의 기본 원칙은 1978년에 독일 연방헌법재판소가 원자력법 제7조에 대해 내린 판단에서 잘 나타나 있다. 아래에서 관련 부분을 발췌해 소개한다[海渡雄一, 2014].

---

11 accountability는 '책임', '설명책임', '책무' 등으로 번역된다. 여기서는 일반적인 '책임'과 구별하기 위해 '책무성'으로 썼는데, 이조차 accountability의 의미나 용법을 담아낼 수 없다. accountability는 위탁받은 일에 대한 결과(문제가 있을 때는 그 이유도 포함)를 설명하는 의무로서, 회계분야에서 많이 사용되어왔다. 사회적 신뢰가 점차 낮아지게 되면서, 정부나 기업은 신뢰를 얻기 위한 방편으로 accountability를 강화하는 조치를 취해왔다. 그러면서 accountability의 개념이나 용법도 진화되고 있다. 한 예로 한국 감사원과 같은 미국 의회 소속기관인 GAO는 2004년 'GAO 인적자원개혁법 GAO Human Capital Reform Act'에 따라 회계감사원General Accounting Office에서 정부책임처Government Accountability Office로 명칭이 변경되었다. accounting에서 accountability로의 명칭 변경은 GAO의 역할이 회계감사를 넘어, 연방 사업이나 정책이 그 목적이나 사회의 수요를 충족시키고 있는지에 대한 평가로 전환되었음을 의미한다[국회예산정책처, 2015].

이것은 (원자력) 법 1조 2호에 규정한 보호라는 목적을 그 시점의 최선의 것으로 실현할 것을 촉구하는 것이다. 이에 대해 경직된 규정에 따라 어느 시점의 안전수준을 법률에 고정한다면, 기술의 새로운 발전과 기본적인 인권의 적절한 보호를 초래하기보다는 오히려 이를 방해하게 될 것이다. … 리스크 평가에 관한 사항을 최첨단 학식에 항상 적합하게 함으로써만 최고 수준의 위험 배제와 리스크 예방의 원칙은 충족된다. 행정은 입법자에 비해 필요한 적응을 도모하는 능력이 뛰어나고, 행정에 평가를 맡기는 것은 역동적인 보호에 이바지한다. 당연히 행정은 그때에 모든 학문적·기술적으로 대체 가능한 견해를 참조해 자의성이 없이 행동해야 한다(후략).

입법자에게 시설의 건설·운영에 의해 장래에 발생할지도 모르는 기본권의 침해를 절대적으로 배제하는 규정을 요구하는 것은 인간의 인식능력의 한계라는 것을 무시하는 것이며, 기술의 이용에 대한 국가의 허가의 대부분을 불가능하게 하는 것이다. 그러므로 사회질서의 구축에서는 예측 시점에서의 실천이성이 채택되어야 한다. … 즉 허가는 학문과 기술의 수준에 비추어 이러한 손해의 발생이 사실상 배제되어 있는 것처럼 보이는 경우에만 주는 것이 허용된다. 이러한 실천이성의 수준도 넘어선 불확실성은 인간의 인식능력의 한계에 기인하는 것이다. 이것은 피할 수 없는 것이며, 그만큼 사회적으로 적당한 부담으로 모든 시민이 짊어져야 한다(괄호와 고딕체는 필자가 가필, 강조).

책무성은 통상 국민과 정부기관 사이의 '위임자Principal ↔ 수임자Agency' 관계를 바탕으로 논의되어왔다. 그 기원은 고대 아테네까지 거슬러 올라간다[von Dornum, 1997]. 시민에 의해 선출된 행정관은 집정권한을 위임받는 대신에 자신이 행한 행위에 대해 시민에게 보고할 의무가 부과되었다. 그 후 사회·정치 시스템의 발전과 함께 책무성의 개념도 진화되어왔는데, 상식 수준에서 책무성을 '수임한 권한의 성실한 이행과 그 결과에 대한 보고의 의무'라고 표현해도 무리는 없을 것 같다. 다만, '보고'라는 말이 강조되면서 책무성을 '설명책임'으로 표현하기도 하는데 이는 뉘앙스에서 차이가 있다. '보고'는 수임한 권한을 정당하게 행사했음을 알리는 수단이며, 만약 권한 행사가 정당하지 않다면 위임자는 수임자로부터 권한을 회수할 수 있다. 따라서 공적기관이 가지는 책무성은, 정보의 공개나 설명책임뿐만 아니라 수임 권한의 보유라는 관점에서 해석할 부분이 있다.

다음에는 전문지식의 관점에서 전문성에 대해 살펴보자. 아마도 많은 사람들은 객관적 사실관계를 밝힌다는 점에서 전문지식(또는 전문가)에 큰 기대를 할 것이다. 특히 과학·기술적 증거는 그 기대를 충족시킨다. 그런데 이 기대를 완전히 충족시키지 못하는 근본적인 이유가 있다.

가장 큰 이유는 전문지식에는 항상 불확실성이 따라다니기 때문이다. 연구를 통해서 의사결정에 장애가 되지 않는 수준으로 불확실성을 줄일 수 있는 것들이 있는 한편, 본질적으로 의사결정에 불확실한 요소로 남아 있는 것들이 있다. 미국 핵물리학자 앨빈 와인버그Alvin M. Weinberg는 "과학적으로 논의할 수 있지만 과학으로는 답을 얻을 수 없는 문제"를 '트랜스사이언스Trans-Science'적이라 불렀다. 예를 들면 저선량 방사선 피폭, 전자파, 유전자변형식품 등이 대표적인 트랜스사이언스적 문제들이다. 그다음 이유는, 위에서 언급한 불확실성과 불가분의 관계를 가지는데, 전문지식에서도 가치판단을 완전히 배제할 수 없다는 점이다. 같은 문제를 바라보는 관계 전문가들 사이에 서로 다른 견해가 나타나는 상황은 흔히 접하는 일이다.

위와 같은 이유로, 원자력 안전규제기관의 전문성은 의사결정에 관련되는 불확실성에 대응하는 조직역량이라 표현할 수 있다. 규제기관은 적정절차와 책무성을 바탕으로 안전규제에 필요한 전문지식을 보유·개량해야 한다. 전문지식에서는 어디까지 알고 무엇을 얼마나 모르고 있는지를 분별해야 하며, 만일 전문지식만으로 답을 내기에 불확실성이 큰 문제와 만났을 때는 전문적 조언을 토대로 한 가치판단에 최종 결정을 맡겨야 할 수도 있다.

리스크 거버넌스Governance 이론에서는 다뤄야 하는 리스크에 대해 그 평가Assessment와 관리Management를 개념적으로 구분할 것을 권장한다[National Research Council, 2009]. 리스크 평가는 과학·기술에 근거해 실시하고, 사회적 맥락과는 거리를 두어야 한다. 한편, 리스크 관리는 리스크 평가에서 얻어진 정보를 토대로 사회경제적·정치적·윤리적 측면을 종합적으로 고려해 정책을 결정한다. 리스크 평가와 관리의 상호 유기적 관계는 유지하되 그 성격, 수행 주체 및 고려 요소 등의 구분이 필요하다는 취지이다.

앞에서 원자력 안전규제기관의 조직이나 역할이 나라마다 차이가 있다고 했는데, 그 차이를 리스크 평가와 관리를 구분하는 방식으로도 설명할 수 있다. 미국 원자력규제위원회USNRC에서는 집행조직인 규제총국이 리스크 평가를, (최대 5인의 위원으로 구성되는) 위원회가 리스크 관리를 담당한다. USNRC만큼은 분명히 구분하기 어렵지만, 규제기관을 위원회 조직으로 운영하는 나라들은 대체로 집행조직(지원 전문기관을 포함)이 리스크 평가를, 회의체 위원회가 리스크 관리를 주로 담당한다. 다만 리스크 관리에서 어느 정도 다양한 측면을 고려하는가에 따라 위원회의 구성이나 역할에 차이가 있다. 또한, 안전규제에서 한정된 윤리성과 합리성 및 집단사고를 통제하는 방식에서도 조직이나 제도에 나라마다 차이가 있다.

지금까지 규제기관의 중립성을 목적에 두고, 독립성을 목적 달성의 수단으로, 전문성을 규제기관의 필요성과 기능 완수라는 시각에서 서술했다. 이는 매우 단순화된 시각임을 강조하고자 한다. 학술적으로 들어가면 중립성·독립성·전문성은 개념적으로 서로를 뒷받침한다.

한편, 각각에 대한 이론적·제도적 측면보다 실제로 중요한 것은 규제기관에 대한 사회적 인식이라는 견해가 있다[Thomson, 2020]. 이해관계자들[12]과 특히 일반대중이 규제기관의 중립성·독립성·전문성에 대해 가지는 평가

---

12 IAEA INSAG은 원자력의 진흥과 관련된 정부 부처 및 원자력산업계를 포함하며, 개별 정치인과 정치단체, 비정부기구도 이해관계자에 포함시킨다[INSAG, 2003].

를 더 본질적 문제로 보는 시각이다. 오랜 시간 원자력 안전규제에 관한 일을 해온 필자로서는 이 견해에 공감이 간다. 규제기관이 출범할 때는 입장이 서로 다른 이해관계자들로부터 많은 기대를 받는다. 그렇지만 그 후 모든 이해관계자들은 규제기관에 대한 평가가 인색하다. 그 이유는 명쾌하다. 그들이 원하는 대로 규제기관이 결정하지 않기 때문이다. 규제기관이 이해관계자들 속에서 외롭게 서 있는 모습은 어느 나라에서나 보게 되는 현상이다. 규제기관이 본연의 모습을 확고히 하는 방법은 하나뿐이다. 그것은 널리 사회로부터 중립성·독립성·전문성에 대한 신뢰를 얻는 일이다.[13] 규제기관이 사회적 신뢰를 얻으려면, 스스로 일을 잘해야 함은 말할 필요도 없다. 그리고 하려는 일의 우선순위를 정하거나 한 일에 대한 책무성을 점검하려면, 규제기관 스스로 투명성을 높이고 사회로 향한 열린 소통 Communication에 적극 나서야 한다. 투명성과 열린 소통은 규제기관이 한정된 윤리성과 합리성 및 집단사고에 빠지지 않게 하는 데에도 기여한다.

후쿠시마 원전사고가 원자력 안전규제에 미친 영향과 대응 방향

'원자력안전협약'이 요구하는 규제기관의 '효과적인 독립'의 필요조건은 실질적De Facto 분리이다. 그렇지만 후쿠시마 원전사고 전에도, '원자력안전협약'에 따라 3년마다 개최되는 검토회의에서 규제기관의 독립성에 법적De Jure 분리가 필요하다는 논의가 자주 있었다. 통상 규제기관의 법적 분리는

---

13 재판에 비유해서 부연하자면, 법관의 판결이 자신에게 불리하면 원고나 피고, 즉 이해관계자는 판결에 불복하기 십상이다. 반면 일반 대중은 판사의 능력과 판결이 공정한 과정을 거쳐 이루어졌는지에 초점을 두는 경향이 있다. 사람이 의사결정자(또는 기관)를 신뢰하는 요인으로, 해당 사안이 직접적인 이해관계로부터 멀어질수록 가치판단보다는 의사결정자의 능력과 태도를 더 중시한다는 연구도 있다[中谷內一也·工藤大介·尾崎拓, 2014].

사회가 원자력 안전에 강한 우려를 표출함으로써 이루어진다. 미국에서는 1974년에 원자력 안전규제기관의 법적 분리가, 프랑스에서는 2006년에 법적 분리가 이뤄졌다. 후쿠시마 원전사고 전, 영국에서는 규제기관의 법적 분리를 결정했고, 한국에서도 법적 분리의 필요성이 국회에서 뜨겁게 논의되고 있었다.

후쿠시마 원전사고는 일본에서 법적 분리된 규제기관을 만들게 했고, 영국과 한국에서 규제기관의 법적 분리를 가속화시켰다. 법적 분리를 하지 않은 나라들에서는 규제기관의 실질적 분리를 강화하는 조치들을 취했다.

각 나라의 사정을 무시하고 법적 분리를 '원자력안전협약'에서 의무화하기는 앞으로도 어려울 것이다. 그럼에도 후쿠시마 원전사고를 반면교사로 삼아 규제기관의 실질적 분리를 담보하는 장치를 강화하거나 추가할 필요가 있다. 반대로 법적 분리가 반드시 규제기관의 실질적 분리를 보장하지 않기 때문에, 규제기관이 그 본연의 역할을 다하고 있는지 스스로를 주기적으로 점검해야 한다. 아울러 규제기관은 IAEA 종합규제검토서비스Integrated regulatory review service와 같은 동료평가Peer Review 등을 활용해, 외부로부터 평가를 받는 일에도 적극성을 보여야 한다.

다음에는 후쿠시마 원전사고 이후에 나타난 안전규제상의 주요 과제를 살펴보기로 한다. 제3부에서 이 사고가 미친 원자력 환경 변화를 보면, 몇 가지 주목할 점이 눈에 띈다.

먼저, 규제기관은 원자력 안전의 위협 요인을 더 다양하고 폭넓게 바라보고 대응해야 한다. 후쿠시마 원전사고는 규제기관에게 발생빈도는 희박하지만 발생하면 큰 영향을 미치는 잠재적 위험에 한층 상상력을 발휘하도록 요구하고 있다. 규제기관이 대응해야 할 불확실성은 더 다양해졌으며, 크기도 더 커졌다. 이를 검토·평가하는 전문지식의 함양도 과제이지만, 불확실성이 큰 리스크 평가와 관리에 대한 이해관계자와 일반대중의 수용성도 과제가 된다. '원자력안전협약' 체약국은 IAEA '기본안전원칙'[IAEA, 2006]을 준수할 의무가 있다. '기본안전원칙'은 "방사선의 해로운 영향에서 국민과 환경을 보호하는 것"을 기본안전목표로 제시하고, 이 목표는 "시설의 운전이나 방사선 리스크를 야기하는 활동의 수행을 과도하게 제한하지 않고 달성되어야 한다"라고 하고 있다. 합리적으로 성취될 수 있는 최상의 안전기준을 만들어내고, 사회가 그것을 합리적이라 받아들이는 데 더 많은 규제자원을 투입해야 한다.

극한 자연재해에 대한 대응은 제3부에서 자세히 다뤘기 때문에 반복하지 않는다. 새로운 위협 요인으로 코로나19로 인한 팬데믹Pandemic 상황이 더 좋은 예가 된다. 코로나19의 세계적인 대유행은 원자력시설에 물리적인 손상을 주지 않지만, 안전 운영이나 비상사태에서의 대응에 영향을 미칠 수 있다. 많은 직원이 장기 결근하거나 부품·기기의 공급이 중단된다면 원자력시설의 안전 운영이 위협받게 된다. 이 경우 원자력시설의 운전을 중단한다면 원자력 리스크 자체는 회피하게 되지만, 그런 조치를 취하기 어려운 상황이 있을 수 있다. 혹한이나 혹서에 원전을 정지시키면 전기가 부족해져서 생명을 위협받는 피해자가 발생한다. 따라서 이런 사태로 진전되지 않도록 해야 하며, 국민 생활과 건강에 대한 종합적인 리스크 관리의 맥락에서 안전규제의 역할을 찾아내야 한다.

"또 다른 바이러스 감염병은 도느냐 아니냐의 문제를 넘어 언제 어디서 터지느냐의 문제"라는 전문가의 말처럼[조선일보, 2021. 3. 6], 팬데믹으로 이어질 수 있는 신흥 감염증이 나타날 가능성은 항상 존재한다. 신형 코로나바이러스가 최근 20년 동안 세 차례(2002년 사스, 2012년 메르스, 2019년 코로나19) 유행했는데, 이는 원전의 설계기준에서 고려한 사고와 비교할 때 매우 높은 발생빈도이다. 원자력시설의 심층방어에서 직접적인 대상은 아니더라도, 규제기관은 팬데믹과 같이 안전 운영을 위협하는 잠재적 위험에 대해서 더 상상력을 발휘해야 한다. 팬데믹과 같은 사태에 대한 대책은 법규제화하기 어려울 수 있는데, 규제기관을 중심으로 그 대응계획을 세우고 행정지도 등을 통해 대응력을 확보해나가는 방법도 있을 것이다.

두 번째 과제는 장기 가동 원전의 안전성을 확보하는 일이다. 이 과제는 후쿠시마 원전사고 전에도 우선순위가 높은 과제였기 때문에 새로운 도전 과제는 아니다. 그렇지만 후쿠시마 원전사고는 기존 원전의 안전수준을 더 높여야 한다는 교훈을 주었다. 게다가 탄소중립을 통해 지속가능한 개발을 하는 데 가동 원전의 운전기간 연장이 필수적인 역할을 할 것이라고 강조하는 목소리가 높다[IAEA, 2021; IEA, 2021; OECD/NEA, 2021b; UNECE, 2021]. 참고로, 2021년 1월 현재의 전 세계 가동 원전 438기 중에서 운전기간이 30년 이상된 원전은 293기로 전체의 약 67%에 달한다[日本原子力産業協会, 2021]. 이 중에서도 운전기간이 30~40년이 되는 원전이 198기로, 전체의 약 45%를 차지한다.

신규 원전에 적용하는 안전기준을 그대로 적용하기 어렵기 때문에, 장기 가동 원전의 안전성을 보다 엄격히 재평가하여 신규 원전의 안전수준에 상당하게 만드는 기술적·정책적 대책이 필요하다[OECD/NEA, 2019]. 미국에서는 원전의 운전기간을 80년까지 연장하기로 했고, 더 나아가 100년까지 연장하려는 움직임도 나타난다[USNRC, 2021]. 2021년 1월, OECD/NEA는 스웨덴의 영구정지 원전 4기(BWR 3기, PWR 1기)를 활용해 재료 열화에 관한 5년간의 국제공동연구인 SMILE[14] 프로젝트를 출범시켰다. 이 프로젝트에서는 실제 기기에서 장기간 사용된 재료를 조사함으로써 경수로의 장기 운전(60년 초과 운전도 고려)을 지원하는 재료 열화에 관한 연구를 수행한다. 8개국에서 규제기관을 포함해 17개 기관이 이 프로젝트에 참여하고 있다.

세 번째는 원자력시설의 해체와 방사성폐기물에 대한 과제이다. 원자력시설의 해체에 대한 안전규제는 국제규범화가 상당 부분 이루어졌다. 후쿠

---

14 Studsvik Material Integrity Life Extension. Studsvik은 스웨덴 기업으로 SMILE 프로젝트의 운영을 주관한다.

시마 제1원전 1~4호기처럼 높은 수준의 방사선이 나오는 특수한 경우를 제외하면, 해체기술 역시 성숙되어 있다. 문제는 영구정지되는 원전들이 늘어나면 거기에 비례해 처리·처분해야 할 방사성폐기물의 양이 늘어난다는 점이다. 고준위 방사성폐기물(사용후핵연료 등)의 처리·처분까지 생각하면 문제는 더 심각해진다. 더구나 방사성폐기물의 처리·처분은 기술적 측면보다 사회적·윤리적 합의점을 찾기가 어렵다는 특징이 있다. 방사성폐기물의 처리·처분에서는 규제기관의 역할에 일정 경계선이 그어져 있다. 그래도 이 문제에 대한 사회적 합의과정에서 규제기관의 역할이 중요하며, 방사성폐기물의 안전에 대한 최종판단은 규제기관의 몫이다. 이 점에서 규제기관이 방사성폐기물의 처리·처분에서 적극적인 자세를 취할 필요가 있다. 방사성폐기물의 안전을 확보하는 대책을 마련하고 그 실효성을 확인하려면, 규제자원을 일찍부터 투입하는 게 바람직하기 때문이다. 다만 규제기관이 자의적으로 이런 자세를 취하기에는 부담이 따르고, 역효과를 불러올 수도 있다. 따라서 이 문제에 대한 규제기관의 역할은 법령으로 정하는 방법이 가장 바람직하다. 실제로 고준위 방사성폐기물 영구처분에 선도적인 나라들은 허가신청 전부터 규제기관이 개입하도록 법령으로 제도화하고 있다 [원자력안전위원회, 2018].

네 번째는 신형 원자로 개발에 대한 대응이다. 후쿠시마 원전사고가 없었다면 지금 세계 여러 곳에서 많은 대형 원전이 건설되고 있을 것이다. 필자는 2000년대 초에 4세대 원자로 개발 움직임을 보면서, 향후 원자력 이용에서 원전의 대형화 추세가 꺾일 것으로 예상했었다. 그런데 2000년대 후반에 '원자력 르네상스' 분위기가 고조되고, 대형 원전의 신규 건설 수요가 늘어났다. 그때 이런 분위기라면 4세대 원자로 개발 계획이 타격을 입는 게 아닌가라는 의문을 가졌던 적이 있다.

후쿠시마 원전사고의 영향으로 대형 원전 시장의 성장 추세는 과거에 비해 둔화될 것이다. 지금 신형 원자로 개발의 중심에는 경수로 기술 기반의 소형모듈원자로SMR와 4세대형의 다양한 소형 원자로(편의상 이들 원자로를 '선진원자로'라 한다)가 놓여 있다. 선진원자로의 과학적 원리나 기본설계 개념은 새로운 것이 아니다. 경제성에서 대형 원전에 밀려 어두운 곳에 있던 선진원자로가 대형 원전이 그 빛을 잃자 다시 모습을 드러냈다고 보아도 무리가 없다. 아이러니하게도 석탄·석유와의 경쟁에서 대형 원전이 득세했지만, 그 경쟁구도가 사라지면서 이런 다목적 선진원자로가 다시 각광을 받게되었다. 또 원자력 초창기 원전 개발에 리더 역할을 했던 미국, 영국, 캐나다가 대형 원전 시장에서 리더십을 회복하기는 사실상 불가능하다. 이들 나라가 선진원자로 개발을 통해 '원자력 기술에 대한 리더십 회복'을 지향하는 이유일 것이다.

선진원자로를 채용하면 대형 원전에 비해 규모의 경제성은 떨어지지만, 다른 많은 이점이 있다.

원자로가 커질수록 초기 건설비용이 많이 든다. 핵심 부품을 생산·공급하는 인프라는 수요·공급에 탄력적으로 대응하기 어렵기 때문에 건설 공기나 비용 상승의 리스크 요인이다. 원자로가 대형화될수록 실증시험이 어려워져 안전성을 확인하는 데 더 많은 노력이 필요하다. 이는 비용과 함께 인허가 리스크를 증대시킨다. 이런 리스크 요인들은 자연스럽게 대형 원전 시장에 참여할 수 있는 자격을 제약한다. 게다가 원전이 보유하는 방사성물질의 양도 커지기 때문에 방재 관점에서 사회적 비용이 높아지게 된다. 대형 원전은 부지를 구하기 어렵고 전력시스템의 분산화도 어렵게 만들어, 자주 사회적 갈등을 촉발시킨다. 예를 들면, 대형 원전에서 생산한 전력을 멀리 떨어진 소비지로 보내는 고압송전선 문제로 세계 곳곳에서 갈등을 빚고 있다. 전기 생산지와 그곳에서 멀리 떨어진 전기 소비지 사이의 리스크 부담이 공평하지 않은 윤리적 문제도 빼놓을 수 없다.

원자로를 소형화할수록 이런 문제들을 극복하기 쉽다. 장래의 시장성도 밝다. 기후변화 대책으로 화석연료를 사용하는 발전소가 없어진 자리를 선진원자로로 메꿀 수 있다. 온실가스를 배출하지 않으면서 지역난방, 열 공급, 담수 생산, 수소 제조 등 다양한 목적으로 선진원자로가 사용될 수 있다. 시장문턱이 낮아져 대기업이 아니어도 기술력을 가진 벤처기업이 원자로 개발에 참여할 수 있다. 원자로 설치에 필요한 투자와 인프라 구축에 드는 비용이 적기 때문에 새로 원자력발전을 도입하려는 개발도상국에 선진원자로는 매력적이다. 또한 선진원자로는 전력 생산의 집중을 해소하고, 재생에너지의 단점을 보완하는 데 기여한다. 여건이 되면 전기 소비지에 가까운 곳에 건설하는 것도 가능하다.

IAEA에 따르면 2020년 9월 현재, 한국을 포함해 17개국에서 다양한 목적과 설계를 가진 70종류가 넘는 선진원자로가 개발 중에 있다[IAEA, 2020]. 개발에 참여하는 기관도 대학교, (국립 또는 민간) 연구소, 대기업, 벤처기업 등 다양하다. 그렇다고 선진원자로에 장밋빛 미래만 있지 않다[OECD/NEA, 2021a]. 선진원자로가 가지는 여러 이점이 사회적 수용성 문제를 극적으로 해소할지는 미지수이며, 방사성폐기물의 처리·처분이라는 원자력 이용의 가장 근본적인 난제는 여전히 남아 있다. 선진원자로는 대형 원전에 비해 경제성이 떨어지고, 설계가 기존의 입증된 경수로 기술로부터 멀어질수록 인허가 리스크가 커진다.

장래 선진원자로가 실용화되고 그 이용이 늘어나면 대량생산 효과로 경제성 문제는 어느 정도 해소될 수 있을 것이다. 당장은 선진원자로 개발에서 가장 어려운 과제는 실용화에 이르는 긴 여정에서 '죽음의 계곡Valley of Death'을 넘어 건설·운영허가를 취득하는 일이다. 2020년 8월, USNRC로부터 설계를 승인받음으로써 SMR 실용화를 향해 가장 앞서간다는 평가를 받는 NuScale 원자로 개발에서 이 모습이 잘 나타나고 있다.

그림 15.2는 미국 뉴스케일파워사NuScale Power, LLC가 개발한 NuScale 원자로의 개발 경위를 보여준다. NuScale은 경수로 기술을 기반으로 개발된 일체형·모듈형 원자로로서, 원자로 1기(모듈)당 최대 50MWe(열출력으로는

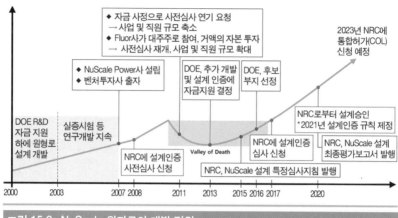

그림 15.2_ NuScale 원자로의 개발 경위

160MWt), 12기를 합쳐서 최대 600MWe의 전력을 생산할 수 있다.

미국 에너지부의 자금 지원하에 2000년부터 오레곤주립대학과 아이다호 국립연구소의 연구자들을 중심으로 NuScale 개발이 시작되었다.[15] 에너지부 자금 지원이 중단된 2003년부터는 오레곤주립대학 연구자들이 실증시험 등 연구개발을 계속했다. 그 실적을 이어받아 벤처기업으로 설립된 뉴스케일파워사가 NuScale의 실용화에 나서게 된다. 뉴스케일파워사는 USNRC에 NuScale 설계인증 사전심사를 신청하고, 규제상의 설계 적합성과 인허가 현안에 대응했다. 한편 USNRC는 사전심사를 통해 NuScale 설계에 대해 기존 규제기준이나 정책에 수정·보완해야 할 부분이 있는지 검토하고, 2015년에 NuScale 설계인증 심사에 적용할 특정심사지침을 발행했다.

사전심사는 순탄하게 진행되지 않았다. 2011년 3월, 뉴스케일파워사는 자금 사정으로 USNRC에 사전심사 보류Suspension를 요청한다. 다행히 원자력 개발 초창기부터 미국 원자력 산업에 참여해온 플루오르Flour사가 뉴스

---

15 당시 원자로 이름은 MASLWRMulti-Application Small Light Water Reactor이다.

케일파워사의 대주주로 참여함으로써, NuScale은 '죽음의 계곡'을 건널 수 있었다. 뉴스케일파워사가 2017년 1월에 USNRC에 NuScale 설계인증을 신청하고 약 45개월 후, USNRC는 NuScale 설계가 안전 요구사항을 충족한다는 평가결과를 내놓았다. 만약 뉴스케일파워사가 사전심사 없이 설계인증 신청을 했다면, USNRC는 NuScale 설계에 대한 심사지침부터 만들어야 했을 것이다.

제12장에서 캐나다 원자력안전위원회의 사전설계심사 제도에 대해 소개했듯이, 정식 인허가 신청에 앞서 규제기관이 신청 예정인 설계를 심사하는 데는 여러 장점이 있다. 다만, 사전설계심사 제도에서 주의해야 할 점이 있다. 설계가 미숙하거나 '죽음의 계곡'을 건널 수 없는 원자로 설계에 규제자원을 투입하는 것은 바람직하지 않다. 또 비록 법규제화되지 않았다고 해도, 사전설계심사 과정의 투명성과 정보공개는 본심사에 준하는 수준으로 해야 한다.

미국, 캐나다, 영국 등에서 사전설계심사 제도는 법령이 아니라 규제기관의 정책으로 마련되어 있다. 2020년 12월, 한국 정부의 관계 부처는 원자력진흥위원회에 선진원자로 개발의 추진전략을 보고했다. 아직 구체적인 계획이 수립되지 않았지만, 한국에서도 다른 나라의 사례를 참고해 규제기관의 사전설계심사를 제도화하는 방안을 검토할 필요가 있다.

마지막으로, 후쿠시마 원전사고에 대응하는 과정에서 드러난 여러 교훈들을 방재계획에 반영하는 일이다. 이 사고를 통해 모든 나라에서 원자력방재 체제가 강화되었고, 사고가 발생해도 비상대응이 요구되지 않는 수준으로 원전의 안전성을 높이자는 '비엔나 선언'도 나왔다. 그렇지만 원자력방재에 완벽이나 끝은 없다. 규제기관으로서 특히 새로운 시각으로 대응해야 할 과제로 피난계획과 원자력재해 후에 대한 준비를 들고 싶다.

후쿠시마 원전사고는 자연재해에 수반해 원자력재해가 발생한 복합재해이다. 후쿠시마 원전사고 후 일본 정부(원자력재해대책본부)가 내린 피난지시는 후쿠시마 제1원전 지역 주민의 방사선 피폭을 낮추는 데 기여했다. 방사선 피폭에 의한 사망자는 없었지만, 피난과정에서의 혼란과 의료기반 붕괴로 인해 다수의 사망자가 발생했다. 더구나 장기 피난이 이어지면서 생활·육체·정신적 피로가 겹쳐 생명을 잃은 사람도 많았다.

2020년 12월, 국제방사선방호위원회ICRP는 후쿠시마 원전사고 대응에서의 교훈·경험을 반영해 「대규모 원자력사고에 대한 사람과 환경의 방사선방호」('ICRP-146')[ICRP, 2020]를 발행했다. ICRP-146에서는 원자력사고 대응에서의 방호조치는 방사선방호는 물론 사회적, 환경적 및 경제적인 측면도 고려해야 한다고 권고한다. 방사선 피폭을 회피한다는 입장에서만 보면 피난이 가장 좋은 방호수단이다. 만약, 방사선 리스크를 피하려고 혹한의 겨울밤에 피난하게 되면, 중증환자나 고령자는 생명이 위태로운 상태가 될 수 있다. 따라서 피난계획을 수립할 때는 복합재해에서 발생할 수 있는 다양한 상황에서, 방사선 피폭의 영향뿐만 아니라 건강과 생활 전반에 미치는 방사선 이외의 요인까지 신중하게 고려해야 한다.

후쿠시마 원전사고를 통해 원자력재해는 해당 사고 자체는 수습되었다 하더라도 방사능 오염에 의한 피해와 후유증이 남는다는 사실을 체험했다. 이를 교훈 삼아 IAEA는 원자력재해에 효과적이고 적절한 복구 프로그램을 수립하기 위한 국가 전략과 대책을 사전에 개발하도록 제언했다[IAEA, 2015]. 복구 프로그램에는 법률·규제체계의 수립, 잔존 방사선량 및 오염수준에 대한 복원 전략과 기준 수립, 피해 원전 시설의 안정화 및 해체계획, 대량의 오염물질 및 방사성폐기물 관리를 위한 일반적 전략 수립 등이 포함된다. 복구 프로그램을 수립할 때는 영향을 받을 수 있는 지역사회의 참여가 중요하다. ICRP-146에서는 원자력사고 이후의 장기 국면을 관리하는 참조준위 Reference Level[16]를 선택하는 데 윤리적 프로세스의 중요성을 강조한다. 방

---

16 참조준위는 방사선방호를 최적화하기 위해 잠정적으로 결정한 개인선량수준이다. 참

사선방호의 최적화[17]는 사회적·윤리적 가치관이 근저에 있는 복잡한 판단이므로, 방사선방호 체계를 수립하는 데 주요 이해관계자를 참여시켜야 한다고 권고한다.

4. 개인의 합리성을 넘어 사회적 합리성의 추구로

영국의 역사학자 아놀드 토인비Arnold J. Toynbee는 『역사의 연구A Study of History』[토인비, 2016]에서 인류의 문명사를 '도전과 응전Challenge and Response'의 과정으로 분석했다. 그는 기후 변화와 홍수와 같은 혹독한 자연 환경을 도전으로 삼아, 여러 문명이 발생하는 과정을 인간의 응전으로 설명했다. 그에 따르면 변덕스러운 자연에 대한 응전으로서 어떤 선택을 했느냐에 따라 부족의 운명은 흥망을 달리했다. 즉 인류의 문명사는, 같은 조건이라면 같은 결과를 얻는 과학적 산물이 아니며, 예측할 수 없는 요소에 대한 인간의 반응에 결정된다. 달리 표현하면, '한정된 합리성'을 가진 인간의 선택은 과학적으로 평가할 수 없는 심리적 운동량에 의존한다고 할 수 있겠다.

현재의 인류는 아놀드 토인비가 『역사의 연구』를 저술하던 시기에 상상하기 어려웠던 재해와 마주하고 있다. 인간은 변덕스러운 자연을 정복하면서 문명을 발달시켜왔지만, 자연을 더 변덕스럽게 만들었다. 여기에 더해 기술에 잠재하는 위험은 새로운 재해의 가능성을 높이고 있다.

조준위를 초과한다면 계획·운용을 개선하고, 상황이 진전되면 방사선방호의 최적과 관점에서 참조준위를 재평가하여 그 값을 하향 조정하는 것이 바람직하다.

17 방사선방호의 최적화 원칙은 "피폭 발생 가능성, 피폭자 수 및 개인의 선량 크기는 경제적·사회적 인자를 고려해 합리적으로 달성할 수 있는 범위에서 낮게 유지되어야 한다"라는 것이다. 흔히 '알라라ALARA: As Low As Reasonably Achievable 원칙'으로 불린다.

지금 가장 뜨거운 글로벌 이슈는 기후변화와 코로나19에 대한 대응책을 마련하는 일이다. 세계 경제를 선도하는 나라들은 경제성장과 온실가스 배출량의 동조현상을 끊고, 소위 그린성장을 향해 모든 정책 수단을 동원하고 있다. 포스트 코로나19를 시야에 넣으면서, 그린성장을 경제 회복의 큰 흐름으로 삼는 특단의 대책들이 계속해서 나오고 있다. 기후변화에 대한 대응책은 결국 온실가스 배출이 없거나 낮은 에너지원으로의 전환이다. 파리협정에 따른 신新기후체제의 출범으로 앞으로 온실가스 배출량 감축목표가 기대에 못 미치거나, 목표 달성에 적극적이지 않은 나라는 국제사회에서 대접받기 힘들 것이다. 무엇보다 글로벌 자본이나 정책은 온실가스를 배출하지 않는 기업 쪽으로 움직이고 있기 때문에, 소위 탄소중립을 달성하지 못하는 기업은 살아남기 어려운 상황을 맞이하고 있다.

후쿠시마 원전사고가 없었다면, 원자력은 기후변화 대응에 보검으로 인정받아 그 이용은 확대일로로 치달았을 것이다. 이 사고는 원자력 안전을 확보하는 데 큰 경종을 울렸고, 세계 여러 나라에서 원자력정책을 재검토하는 계기가 되었다. 그럼에도 원자력이 기후변화 대응에 유효한 수단이라는 점은 여전히 인정받고 있다.

여러 나라의 원자력·에너지 정책을 보면, 후쿠시마 원전사고 전과 후를 비교할 때, 각론에서는 차이가 있어도 기본 방향이 크게 변한 나라는 많지 않다. 후쿠시마 원전사고가 '원자력 르네상스'의 거품을 깼다고 보면, 2000년대 초반과 비교해 지금 많은 나라의 원자력·에너지 정책은 대체로 일관된 경향을 가진다. 체르노빌 원전사고로부터 약 20년이 지나 만들어진 '원자력 르네상스' 자체가 허약한 기반을 가지고 있었다. 왜냐하면 지속적인 원자력 이용에서 해결해야 할 가장 본질적인 문제는 여전히 답을 찾지 못한 채 남아 있었기 때문이다. 후쿠시마 원전사고는 원자력 이용의 본질적인 문제를 다시 명확히 비추었다. 그것은 방사성폐기물의 처리·처분과 저선량 피폭에 대한 사회적 합의가 없다면 원자력의 이용은 한계에 부딪힌다는, 오래되었지만 새로운 문제이다. 그리고 이 문제가 내포하는 도전을 피하지 말고 응전하라는 메시지를 남겼다. 이 도전에 대한 응전은 탈원전을 선택한 나라에도 요구된다.

때때로 곤란한 문제에 봉착했을 때 피상적이거나 상황논리적인 해결책을 찾음으로써, 문제의 본질을 회피해가는 경우가 있다. 원자력 안전신화도 이 현상과 무관하지 않다. 다양한 이해관계와 사회적·윤리적 가치관이 얽혀있는 문제에서 이런 현상이 나타나기 쉽다.

신기후체제와 코로나19 사태 속에서, 현 세대는 지금 태어나지 않은 미래 세대의 삶도 고려하면서, 지속 가능한 사회를 만들기 위한 선택을 해야 한다. 그동안 원자력을 이용하는 모든 나라가 방사성폐기물의 처리·처분과 저선량 피폭 문제를 해결하기 위해 많은 노력을 기울여왔던 것도 사실이지만, 이 문제들을 더는 다음 세대에 넘겨서는 안 된다는 각오를 다지고, 그 해결책을 찾기 위해 개인의 합리성을 넘어 사회적 합리성을 추구할 필요성이 더욱 높아지고 있다.

원자력·방사선 기초지식

◆

[기초지식-1] 원자력발전소(원전)

원자력발전소Nuclear Power Plant(원전)는 원자력Nuclear Energy을 이용하여 전기를 생산하는 시설이다. 수력발전소는 높은 곳에 있는 물의 위치에너지를 이용하여 터빈을 돌려 전기를 생산하고, 전통적인 화력발전소는 석탄, 석유, 가스 등을 태워 생성되는 증기로 터빈을 돌려 전기를 생산한다(최신 가스 발전소는 고온의 연소가스로 직접 가스터빈을 돌려서 효율을 높이는 것이 일반적임). 원자력발전소는 원자로Nuclear Reactor에서 생성되는 열(원자력)로 증기를 만들어 터빈을 돌린다.

원자력에는 **핵분열**Nuclear Fission 에너지, **핵융합**Nuclear Fusion 에너지와 **방사선**Radiation 에너지가 있으며, 원자와 원자력에 대해서는 [기초지식-2]에서 다시 설명한다. 현재 핵분열은 원자력 발전, 핵무기, 항공모함, 잠수함 등에 다양하게 사용되고 있다. 핵융합은 1952년 수소폭탄의 형태로 실현되었으나 핵융합 발전기술은 아직 개발 중이다. 방사선은 의료, 농업, 공업, 과학 분야에서의 다양한 활용과 함께 우주선의 에너지원으로도 이용되고

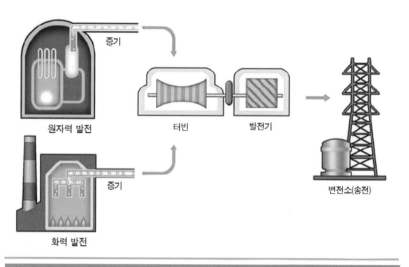

그림 a.1.1_ 원자력 발전과 전통적 화력 발전의 비교

있다. 현재의 원자력발전소는 모두 핵분열 에너지를 이용하는 발전소이다.

[기초지식-2] 원자와 원자력

원자력을 이해하려면 원자Atom와 관련한 기본적인 지식이 필요하다. 모든 물질의 기본요소인 원자는 중심부의 원자핵Nucleus과 그 주위를 매우 빠르게 회전하는 전자Electron들로 구성된다. 원자핵은 양(+)전기를 띠는 양성자Proton들과 전기적으로 중성인 중성자Neutron들이 강한 핵력으로 결합하여 있다. 양성자와 전자는 같은 크기의 양(+)전기와 음(-)전기를 띠고 있다. 일반적인 원자는 양성자와 전자의 개수가 같으므로 전기적으로 중성이다. 양성자와 중성자는 질량이 전자의 약 1,800배이므로, 원자핵의 질량이 원자 질량 대부분을 차지한다.

원자의 종류는 원자번호Atomic Number(양성자의 수; Z)와 질량수Mass Number

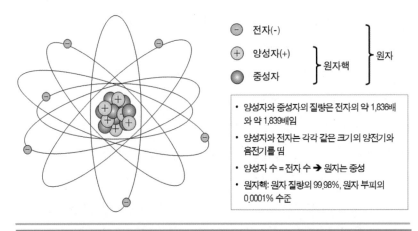

- 전자(-)
- 양성자(+) } 원자핵 } 원자
- 중성자

- 양성자와 중성자의 질량은 전자의 약 1,836배와 약 1,839배임
- 양성자와 전자는 각각 같은 크기의 양전기와 음전기를 띰
- 양성자 수 = 전자 수 ➔ 원자는 중성
- 원자핵: 원자 질량의 99.98%, 원자 부피의 0.0001% 수준

그림 a.2.1_ 단순화한 원자 구조

(양성자 수와 중성자 수의 합; A)에 의해 구분한다. **원소**Element는 원자의 종류를 양성자의 수, 즉 원자번호에 따라 구분하는 용어이다. 원소를 표시하기 위해 **원소기호**(화학기호)를 사용하며(예: 수소는 H, 산소는 O, 우라늄은 U), 같은 원소에 속하는 원자들은 화학적 성질이 같다. 원자번호는 같으나 질량수가 다른 원자들을 **동위원소**Isotope라 하며, 이들은 화학적 성질은 같지만 핵적 성질이 서로 다르다. 특정 종류의 원자를 여러 방법으로 표기하는데, '원소명-질량수'(탄소-12, 우라늄-235 등) 또는 '원소기호-질량수'(C-12, U-235 등) 형식이 편리하다. 원자의 종류를 구분하기 위해 **핵종**Nuclide이란 말도 사용되며, '방사성동위원소'와 '방사성핵종'은 같은 말이다.

원자력은 아인슈타인Albert Einstein(1879~1955)이 1905년 발표한 **특수상대성이론**Special Theory of Relativity과 관계가 있다. 이에 따르면, 물질의 질량과 에너지가 다음 관계식에 따라 서로 변환될 수 있다.

$E = m_0c^2$ [(에너지) = (정지 상태에서의 질량)×(광속의 제곱)]

즉, 물질의 질량이 소멸하면서 에너지가 생성되거나, 반대로 에너지가 소멸하면서 물질이 생성될 수 있다는 것이다. 원자핵이 반응하면서 줄어드는 질량이 에너지 형태로 나타나는 것이 바로 원자력이다.

원자력을 생성하는 반응에는 무거운 원자핵이 둘 이상으로 쪼개지는 핵분열Nuclear Fission, 가벼운 원자핵들이 결합하여 다른 원자핵으로 변환하는 핵융합Nuclear Fusion, 방사성물질이 방사선Radiation을 방출하는 방사성붕괴 Radioactive Decay 등 세 가지가 있다. 원자력을 발생시키는 장치를 원자로 Nuclear Reactor, 이를 이용하여 전기를 생산하는 시설을 원자력발전소(원전) 라 하는데, 현재 전 세계에서 가동 중인 450여 기의 원자력발전소들은 모두 핵분열 반응을 이용한다.

[기초지식-3] 방사선과 방사성붕괴

방사선Radiation이란 일반적으로 전리방사선Ionizing Radiation의 줄임말로 사용되며, 물질을 이온화(전리)시킬 수 있는 고에너지 입자(이온, 전자, 중성자, 양성자 등) 흐름과 고에너지 전자기파(감마선, 엑스선 등)를 포괄한다. 자연에 존재하거나 인공적으로 생성된 불안정한 원자핵은 방사선을 방출하면서 안정 상태로 변화하려는 성질을 지닌다.

방사능Radioactivity은 물질이 방사선을 방출하는 성질(또는 그 세기)이며, 방사능을 지닌 핵종을 방사성핵종Radionuclide 또는 방사성동위원소Radioisotope: RI라 한다. 방사성물질Radioactive Material은 원론적으로는 방사성핵종을 함유한 모든 물질이지만, 실용적으로는 방사능이 정해진 기준을 초과하는 경우에만 방사성물질로 구분한다. 그리고 방사선을 발생시키는 장치나 물질을 방사선원Radiation Source 또는 선원Source으로 총칭한다.

방사성핵종, 즉 불안정한 원자핵이 방사선을 방출하면서 좀 더 안정한 핵

방사선	설명	특성
알파선 α	알파입자, 즉 2개의 양성자와 2개의 중성자로 이루어진 헬륨 원자핵($_2He^4$)들의 흐름	상대적으로 무거운 하전입자로서, 전자기장에서 굴절하고 비정Range(이동 거리)이 매우 짧음(공기 중 수 cm). 보통의 종이에 의해 차폐되므로 외부피폭의 우려는 거의 없으나, 내부피폭의 영향은 중요함.
베타선 β	베타입자, 즉 전자들의 흐름. 음陰전자선β^-이 일반적이나 양陽전자선β^+도 가능	알파입자보다 훨씬 가벼워 비정이 더 길고(공기 중 수 m), 전자기장에서의 굴절은 더 심함. 얇은 금속판으로도 차폐 가능하므로 일반적으로 내부피폭이 중요하나, 에너지가 높으면 외부피폭도 중요해짐.
감마선 γ	들뜬 상태의 원자핵에서 방출되는 매우 짧은 파장의 전자기파	0.1~10MeV 수준의 에너지를 가지며, 물질을 통과하면서 에너지가 약해짐. 전자기장의 영향을 받지 않고 투과력이 강하며, 비중이 큰 납판이나 두꺼운 콘크리트 벽으로 차폐함. 외부피폭과 내부피폭이 모두 중요함. 전자에서 방출되는 X선도 성질이 유사함.
중성자선 n	핵반응이나 자발핵분열 등에서 방출되는 중성자들의 흐름	전자기장의 영향을 받지 않고 물질 내에서 비교적 자유롭게 이동함. 물, 흑연 등 원자번호가 낮은 핵종과의 산란작용Scattering과 붕소Boron 등의 흡수물질에 의해 효과적인 차폐가 가능함. 외부피폭과 내부피폭의 영향이 모두 중요함.

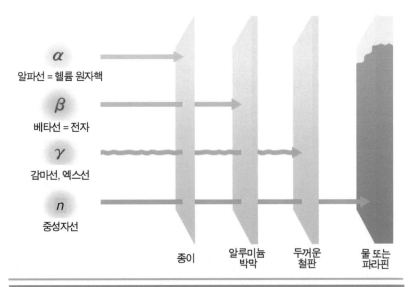

α
알파선 = 헬륨 원자핵

β
베타선 = 전자

γ
감마선, 엑스선

n
중성자선

종이　　알루미늄 박막　　두꺼운 철판　　물 또는 파라핀

그림 a.3.1_ 주요 방사선의 투과력

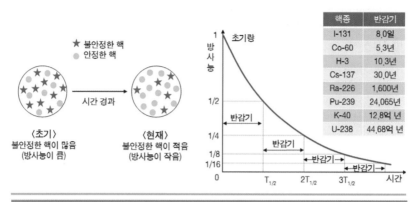

핵종	반감기
I-131	8.0일
Co-60	5.3년
H-3	10.3년
Cs-137	30.0년
Ra-226	1,600년
Pu-239	24,065년
K-40	12.8억 년
U-238	44.68억 년

그림 a.3.2_ 방사성핵종 반감기의 개념

종으로 변환하는 과정이 **방사성붕괴**|Radioactive Decay이다. 방사성붕괴에는 알파붕괴, 베타붕괴, 양전자방출, 핵이성체전이(감마선 방출) 등 다양한 종류가 있다. **반감기**|Half Life는 특정 방사성핵종의 수가 방사성붕괴에 의해 2분의 1로 줄어드는 데 걸리는 시간이다. 반감기의 10배가 지나면 해당 방사성핵종의 수가 2^{10}분의 1, 즉 약 1,000분의 1로 줄어든다.

[기초지식-4] 방사선의 단위

인체나 다른 생물체가 방사선에 쪼이는 것을 **방사선 피폭**|Radiation Exposure 또는 **방사선 노출**이라 하고, 그 양을 **방사선량**|Radiation Dose 또는 **선량**|Dose이라 한다. 방사능과 선량을 나타내는 방법은 다양한데, 핵심적인 것은 다음네 가지이다.

- **방사능**|Activity: 단위 시간당 방사성붕괴의 횟수를 가리키며, 1초에 하나씩의 방사선이 나올 때 1베크렐|Bq이라 한다. 재래 단위인 큐리|Ci는 라듐 1g의 방사능과 같으며, 370억 베크렐(3.7×10^{10}Bq)에 해당한다.

- **흡수선량**Absorbed Dose: 물질의 단위 질량당 흡수된 에너지의 양을 가리키며, 물질 1kg당 1줄J이 흡수될 때 1그레이Gy라 한다. 재래 단위는 라드rad로서, 1rad는 0.01Gy에 해당한다.

- **등가선량**Equivalent Dose: 흡수선량이 같더라도 방사선의 종류와 에너지 (특히 중성자인 경우)에 따라 생물학적 영향이 다르므로, 인체조직에 미치는 실제 영향을 잘 반영하도록 고안된 값이다. 흡수선량에 **방사선가중치**Radiation Weighting Factor(w_R)를 곱하여 구하며, 특정 조직이나 장기에 대해 평균하여 나타낸다. 방사선가중치는 엑스선, 감마선, 베타선은 1이고 중성자선, 양성자선, 알파선 등은 훨씬 큰 값이다. SI 단위는 시버트(Sv = J/kg)이고, 재래단위인 렘rem은 0.01Sv에 해당한다.

- **유효선량**Effective Dose: E: 인체 조직에 피폭이 균일하지 않을 때 각 조직의 등가선량에 **조직가중치**Tissue Weighting Factor(w_T)를 곱한 값들을 모두 합하여 종합적인 영향을 나타내는 지표이다. SI 단위는 등가선량과 같은 시버트(Sv = J/kg)이고, 재래단위는 렘rem이다. 조직가중치들의 합은 1이므로, 전신에 걸쳐 동일한 등가선량을 받았다면 그 값이 바로 유효선량이 된다.

여기서 방사능과 흡수선량은 실제 물리량이라 할 수 있지만, 등가선량과 유효선량 등은 방사선방호 체계와 연계된 추상적인 지표이다. 그리고 SI 단위인 베크렐은 너무 작은 양이어서 10^{12}Bq(1조 Bq)인 테라베크렐TBq 등의 단위가 흔히 사용되고, 반대로 시버트는 큰 양이어서 밀리시버트mSv(=1/1,000 Sv),

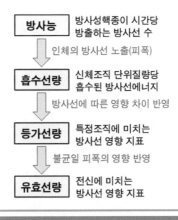

그림 a.4.1_ 방사능과 방사선량의 단위

마이크로시버트μSv(= 1/1,000,000 Sv) 등이 흔히 사용된다.

한편, 방사능에 대해서는 Bq/kg(kg당 베크렐), Bq/ℓ (ℓ당 베크렐), Bq/m^2 (m^{2}당 베크렐) 등과 같이 단위 질량이나 체적, 면적당 **방사능농도**Activity Concentration가 흔히 사용된다. 피폭선량에 대해서는 단위시간당 선량인 **선량률**Dose Rate이 흔히 사용되는데, 단위는 mSv/h(시간당 밀리시버트), μSv/h (시간당 마이크로시버트) 등이 자주 사용된다. 가장 자주 언급되는 선량률은 특정 위치에서의 감마선 외부피폭에 대한 **공간선량률**(또는 '공간방사선량률') 이다. 한국 대부분 지역에서 평상시 공간선량률은 0.05~0.30μSv/h 범위에 있다.

[기초지식-5] 핵분열 원자로

핵분열Nuclear Fission 반응은 무거운 원자핵이 둘 이상으로 쪼개지면서 질량 이 감소하고 에너지가 생성되는 현상이다. 자연계의 천연핵종 중에 스스로 분열하는 것도 있지만, 대용량으로 에너지를 얻으려면 중성자를 이용하여 우라늄(U)-235나 플루토늄(Pu)-239 등의 원자핵을 인위적으로 분열시킨 다. 핵분열을 가장 잘 일으키는 천연핵종은 우라늄-235이다.

U-235＋n → U-236* → X＋Y＋νn＋에너지(약 200MeV)

위 식에서 n은 중성자, U-236*은 불안정한 상태의 우라늄-236, X와 Y 는 핵분열 반응으로 생성되는 가벼운 핵종들, 즉 **핵분열조각**Fission Fragment 이다. ν는 핵분열 시 방출되는 **핵분열중성자**Fission Neutron의 개수로, 평균 적으로는 2~3개이다. 이들 중에서 하나 이상이 또 다른 핵분열을 일으켜야 연속적인 반응, 즉 **연쇄반응**Chain Reaction이 이루어진다. 한 번의 우라늄-

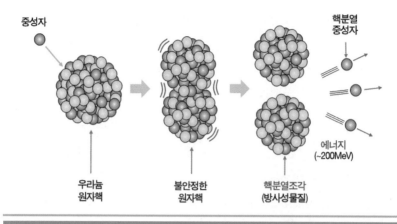

중성자

핵분열
중성자

에너지
(~200MeV)

우라늄
원자핵

불안정한
원자핵

핵분열조각
(방사성물질)

그림 a.5.1_ 단순화한 원자 구조

235 핵분열에서는 약 200MeV(메가일렉트론볼트 = 1.602×10^{-13}J)의 에너지가 생성되는데, 1줄J의 에너지를 생성하려면 핵분열 반응이 약 300억 회 필요하다.

천연핵종인 우라늄-238이나 토륨(Th)-232 등도 높은 운동에너지의 고속高速 중성자와 만나면 핵분열이 일어날 수 있지만 효율이 낮다. 한편, 우라늄-238이나 토륨-232가 중성자를 흡수하여 생성되는 인공핵종인 플루토늄-239나 우라늄-233도 천연핵종인 우라늄-235와 마찬가지로 핵분열이 잘 일어난다. 따라서 핵연료 물질은 다음 두 종류로 구분할 수 있다.

- 핵분열이 잘 일어나는 핵종: U-235(천연), Pu-239(인공), U-233(인공)
- 고속의 중성자와 만나면 핵분열이 가능하지만 Pu-239와 U-233의 원료로서의 역할이 더 중요한 핵종: U-238(천연), Th-232(천연)

핵분열이 잘 일어나는 유일한 천연핵종인 우라늄-235는 천연 우라늄의 0.7%밖에 되지 않고 나머지 99.3%는 우라늄-238이다(우라늄-234도 극미량 존재한다). 원자로 내에서 연쇄반응을 달성하기 위해 우라늄-235의 비율을 높이는 경우가 많은데, 천연상태보다 우라늄-235의 비율이 높은 우라늄을 **농축우라늄**Enriched Uranium이라 하고, 우라늄 중에서 우라늄-235의 비율을 **농축도**라 한다. 핵연료 재료로는 일반적으로 이산화우라늄(UO_2) 세라믹 연료가 사용된다.

일반적인 예상과 달리 중성자는 속도가 느릴수록(에너지가 낮을수록) 우라늄-235, 플루토늄-239, 우라늄-233 등의 핵분열을 잘 일으킨다. 따라서 원자로에서는 핵분열에서 나오는 매우 빠른 핵분열중성자들의 속도를 낮추기 위해 **감속재**減速材; Moderator를 사용하는 경우가 많다. 중성자의 속도를 낮추는 데는 수소, 중수소重水素(일반적인 수소의 원자핵이 양성자 하나로만 이루어진 데 비해 중수소는 양성자 1개, 중성자 1개가 결합하고, 삼중수소는 양성자 1개, 중성자 2개가 결합해 있음), 탄소 등 가벼우면서 중성자를 잘 흡수하지 않는 원자핵이 효과적이다. 따라서 경수輕水(일반적인 물로서, 무거운 물인 '중수'와 대비하여 '경수'로 표현), 중수重水(수소 대신 중수소가 들어간 무거운 물), 흑연(탄소로 이루어짐) 등이 대표적인 감속재이다.

표 a.5.1_ 운전 중인 주요 원자로형의 핵심 특징

구분	가압경수로 PWR	비등경수로 BWR	가압중수로 CANDU - PHWR	흑연감속경수로 LWGR	개량기체로 AGR
냉각재	경수(H_2O) (고온·고압 액체)	경수(H_2O) (포화비등)	중수(D_2O) (액체, 부분비등)	경수(H_2O) (포화비등)	이산화탄소 (CO_2, 기체)
감속재	경수(H_2O) (냉각재와 동일)	경수(H_2O) (냉각재와 동일)	중수(D_2O) (냉각재와 분리)	흑연(고체)	흑연(고체)
핵연료	UO_2 연료봉 (3~5% 농축)	UO_2 연료봉 (3~4% 농축)	UO_2 연료봉 (천연우라늄)	UO_2 연료봉 (약 2% 농축)	UO_2 연료봉 (2~3% 농축)
운영 국가	미국, 프랑스, 한국, 일본, 중국, 러시아, 독일, 체코 등 다수	미국, 일본, 스웨덴, 스위스, 대만 등	캐나다, 인도, 한국, 중국, 루마니아, 아르헨티나 등	러시아	영국

원자로에서 핵분열 반응은 핵연료 안에서 일어나며, 핵분열에너지는 열 Heat 형태로 바뀌어 **냉각재**冷却材; Coolant에 의해 제거된다. 냉각재로 가장 일반적인 것이 보통의 물인데, 원자로 안에서 냉각재가 직접 끓어서 증기가 되거나, 스스로는 액체 상태로 순환하면서 **증기발생기**蒸氣發生器; Steam Generator에서 다른 물을 끓여 증기를 생산한다. 이산화탄소나 헬륨가스 같은 기체나 액체 소듐 등 액체금속을 냉각재로 사용하는 원자로도 있다. 현재 가동 중인 대표적인 원자로형의 핵심 특징을 표 a.5.1로 요약했다. 세계적으로 70% 이상이 **가압경수로**Pressurized Water Reactor: PWR이고, **비등경수로**Boiling Water Reactor: BWR와 **가압중수로**Pressurized Heavy Water Reactor: PHWR가 뒤를 잇고 있다. 후쿠시마 원전은 원자로 안에서 직접 증기를 생산하는 비등경수로이고, 한국의 원전은 증기발생기를 이용하는 가압경수로나 가압중수로이다.

[기초지식-6] 원자력 안전의 핵심 특성

원자로는 안전성 관점에서 다음과 같이 세 가지 고유한 특성이 있다.

- 원자로 운전 시 다량의 방사성물질, 즉 **핵분열생성물**이 원자로(대부분 핵연료) 안에서 생성되어 축적된다(→방사성물질과 인간·환경 간 다중의 물리적 방벽 필요).

- 정상운전 중인 핵연료는 고밀도의 핵분열에너지를 생성한다(→정상운전 중 매우 신뢰성 있는 핵연료 냉각 필요).

- 원자로가 정지되면 핵분열은 멈추지만, 핵연료 안의 핵분열생성물이 방사성붕괴를 하면서 **붕괴열**Decay Heat을 계속 생성한다(→지속적 붕괴열 제거 필요).

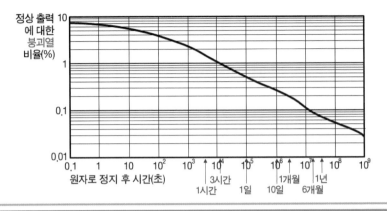

그림 a.6.1_ 원자로 정지 후의 붕괴열 변화

붕괴열은 원자로 정지 직후 정상출력의 7~8% 수준이고, 3시간 후 약 1%, 1일 후 약 0.5%가 되며 그림 a.6.1과 같이 시간에 따라 점차 줄어든다.

정상운전 중이던 원전이 내부 요인(설비 고장 등)이든 외부 요인(대형 지진 등)이든 안전을 위협받는 상황이 되면, 가장 시급한 것은 핵분열 반응이 멈추도록 원자로를 정지시키는 것이다. 그다음에는 붕괴열을 안정적으로 제거하여 핵연료의 손상이나 용융을 방지하고 방사성물질의 외부 방출을 막는 것이 중요하다. 따라서 원자로 정지, 붕괴열 제거, 방사성물질 격납(억류) 등 세 가지를 원자로의 핵심(필수) 안전기능이라 하며, 여기에 사용되는 발전소 설비들을 안전설비 또는 안전계통이라 한다.

세 가지 필수안전기능 중에서 원자로 정지는 신뢰성이 매우 높으므로, 안전계통 대부분은 붕괴열 제거와 방사성물질 격납을 위한 것이다. 물로 냉각되는 원자로의 경우 핵연료가 물에 잠기기만 해도 붕괴열이 충분히 제거되므로, 사고 시에는 핵연료가 있는 원자로 안으로 물(비상냉각수)을 계속 주입하는 것이 가장 중요하다. 방사성물질 격납을 위해 가장 중요한 것은 격납용기(또는 격납건물)로서, 사고 등으로 방사성물질이 원자로에서 빠져나오더라도 외부 환경으로 누출되는 것을 막는 역할을 한다.

[기초지식-7] 심층방어 개념

심층방어深層防禦; Defense-in-Depth는 원자력 시설에서의 사고를 예방하고(사고 예방Accident Prevention), 만일 사고 시에는 결과를 최소화하기(사고 완화 Accident Mitigation) 위한 원자력 안전의 핵심 전략으로, 군사 분야의 종심방어縱深防禦 전략에서 빌려 온 개념이다. 심층방어 개념을 구성하는 핵심 요소는 방사성물질과 인간·환경 간의 물리적 **다중방벽**Multiple Barrier과 이 방벽들을 보호하기 위한 **다단계방호**Multiple Levels of Protection이다. 심층방어 전략에서는 설계에 오류가 있을 수 있고, 기기들은 때로 고장을 일으키며, 사람은 실수하기 마련이라고 가정하고, 하드웨어와 소프트웨어가 복합적으로 연계되는 방어체계를 구축한다.

심층방어의 핵심 요소인 다중방벽과 다단계방호의 개념을 각각 그림

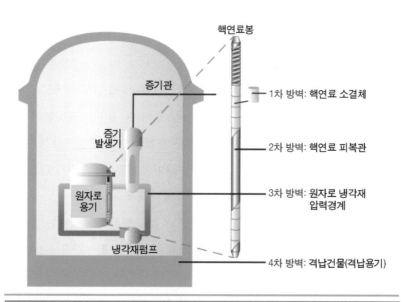

그림 a.7.1_ 가압경수로형 원전의 물리적 다중방벽

자료: Nuclear Energy Today(NEA, 2012).

표 a.7.1_ 심층방어 다단계 방호의 5단계

단계	목표	핵심 수단
1단계	비정상 운전 및 고장 방지	보수적인 설계와 고품질 건설 및 운전
2단계	비정상 운전의 제어 및 고장 탐지	제어, 제한 및 보호계통과 감시 기능
3단계	사고를 설계기준 이내로 제어	공학적안전설비 및 비상대응절차서
4단계	중대사고의 제어(중대사고의 진행 억제와 결과 완화)	추가적 안전 설비 및 사고 관리
5단계	방사성물질의 대량 누출로 인한 방사선학적 영향 완화	소외 비상 대응

자료: INSAG-10[INSAG, 1996].

a.7.1과 표 a.7.1로 나타냈다. 이에 대한 상세한 설명은 국제원자력안전자문단INSAG의 보고서 INSAG-10[INSAG, 1996]에 잘 정리되어 있다.

[기초지식-8] 후쿠시마 원전과 한국 원전

동일본대지진 당시 일본에는 비등경수로BWR 30기, 가압경수로PWR 24기 등 총 54기의 가동 원전이 있었다. 한편, 한국의 상업용 원전은 월성원전에 있는 4기의 캐나다형 가압중수로CANDU-PHWR를 제외하고 모두 가압경수로이다. BWR은 원자로 안에서 냉각재가 직접 끓어서(비등沸騰) 증기가 만들어지고, PWR은 원자로의 압력을 높여(가압加壓) 냉각재가 끓지 않게 하면서 증기발생기에서 증기를 생산한다. CANDU-PHWR도 원자로의 형태는 가압경수로와 크게 다르지만, 증기발생기를 이용하여 증기를 생산한다.

후쿠시마 제1원전에는 BWR-3(1호기), BWR-4(2~5호기), BWR-5(6호기)의 세 종류의 비등경수로가 있는데, 사고가 발생한 1~4호기의 BWR-3와 BWR-4는 설계특성이 유사하다. 후쿠시마 제1원전의 1~4호기와 한국의

구분	후쿠시마 제1원전 (BWR-3/BWR-4)	가압경수로 PWR	가압중수로 (월성 2~4호기)
발전사 이클	직접사이클(원자로에서 생성된 수증기가 터빈을 직접 구동)	간접사이클(증기발생기에서 2차 냉각재로 열을 전달하여 증기 생성)	간접사이클(증기발생기에서 2차 냉각재로 열을 전달하여 증기 생성)
원자로 구조	수직 압력용기 안에 400개(BWR-3) 또는 548개(BWR-4)의 수직 핵연료집합체 배치	수직 압력용기 안에 121(고리 2)~241(신고리 3, 4)개의 수직 핵연료집합체 배치	수평 칼란드리아 탱크 내 380개의 수평 핵연료채널에 12개씩의 핵연료 다발 배치
냉각재	경수(H_2O; 원자로 내에서 비등)	경수(H_2O; 원자로 안에서 끓지 않음)	중수(D_2O; 일부 핵연료채널 출구에서만 부분적으로 비등)
냉각재 압력	70기압	153기압	100기압
감속재	경수(냉각재와 동일)	경수(냉각재와 동일)	중수(냉각재와 분리; 저온·저압)
격납 용기	소형 강철 격납용기(Mark-I) + 원자로건물(내압기능 없음)	대형 철근콘크리트(프리스트레스트) 격납용기 + 안쪽 강철판	대형 철근콘크리트 격납용기 + 에폭시 코팅
제어봉	원자로 아래에서 삽입(십자형 단면의 판)	원자로 위에서 삽입(원형 봉)	원자로 위에서 삽이(원형 봉 등 다양)
핵연료 교체	약 1년마다 원자로 정지 후 4분의 1씩 교체(후쿠시마 원전의 경우)	약 1.5년마다 원자로 정지 후 3분의 1씩 교체(한국 원전의 경우)	원자로 가동 중인 상태에서 매일 2~3개의 핵연료 다발 교체

PWR 및 CANDU-PHWR의 특성을 표로 비교하였다.

후쿠시마 제1원전 1~5기에 해당하는 Mark-I 격납용기를 갖는 비등경수로의 원자로건물과 일반적인 가압경수로의 격납건물(원자로건물) 내부 구조를 비교해보자.

원자로형 간의 직접적인 안전성 비교가 쉽지 않으나, 한국의 가압경수로

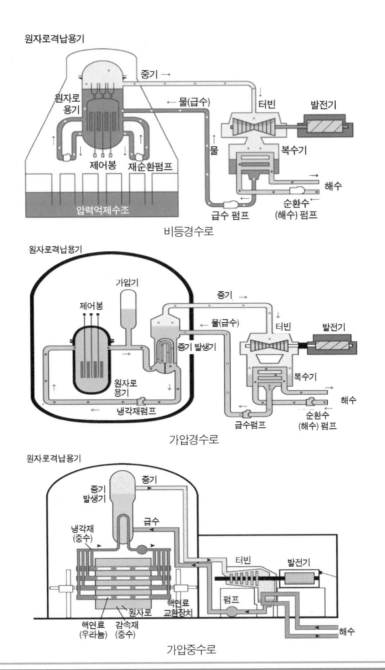

그림 a.8.1_ 비등경수로, 가압경수로, 가압중수로 기본 개념

자료: 일본 경제산업성 홈페이지(www.meti.go.jp) 등.

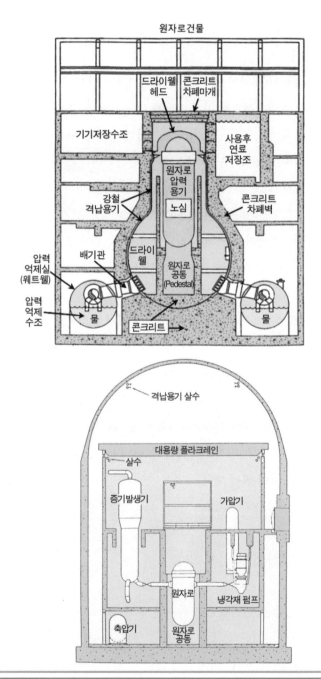

원자로건물

드라이웰 헤드

콘크리트 차폐마개

기기저장수조

사용후 연료 저장조

원자로 압력 용기

노심

강철 격납용기

콘크리트 차폐벽

압력 억제실 (웨트웰)

배기관

드라이 웰

원자로 공동 (Pedestal)

압력 억제 수조

물

콘크리트

물

격납용기 살수

대용량 플라크레인

살수

증기발생기

가압기

원자로

냉각재 펌프

축압기

원자로 공동

그림 a.8.2_ 후쿠시마 원전 원자로건물과 가압경수로 격납건물 내부형 원전들은 후쿠시마의 비등경수로들에 비해 적어도 다음 관점에서는 안전에 이점이 있다.

- 출력당 격납용기 체적이 훨씬 커서 중대사고가 발생하더라도 온도와 압력이 느리게 상승하므로 시간 여유를 갖고 대처할 수 있다.
- 격납건물의 체적이 크고 수소가스 제거설비 설치가 쉬워서 폭발 조건에 도달하기 어려우며, 수소가스 폭발이 발생하더라도 튼튼한 격납건물이 파손되지 않고 지탱할 가능성이 크다.
- 원자로냉각재가 순환하는 1차계통과 증기사이클로 전기를 생산하는 2차계통이 증기발생기에 의해 분리되어 있어서, 원자로 중대사고 시에도 방사성물질이 터빈-발전기 건물로 확산되지 않고 격납건물 내에 억류될 가능성이 크다.
- 사용후핵연료저장조가 원자로건물 위쪽에 있지 않고 격납건물과 인접한 부지면에 별도시설로 설치되어 냉각수를 상실할 가능성이 낮고, 냉각수를 외부에서 공급하기도 쉽다.
- 원자로 간의 거리가 매우 가깝고 주제어실 등 주요 설비를 인접 호기 간에 공유하는 후쿠시마 원전과 달리, 국내 가압경수로들은 비교적 거리를 두어 배치되고 독립적으로 운영되므로 서로 상호작용하여 사태를 악화시킬 가능성이 훨씬 낮다.

[기초지식-9] 방사선의 인체 영향

방사선의 인체 영향은 일반적으로 방사선의 에너지에 의해 인체 세포의 DNA가 손상되면서 나타난다. 소수의 DNA가 손상될 때는 일반적으로 다른 세포 조직이 작용하여 단시간 내에 자체 복구되므로 문제가 생기지 않는다. 또한 소수의 세포만 사멸하는 경우에도 주변의 세포들이 기능을 대신하므

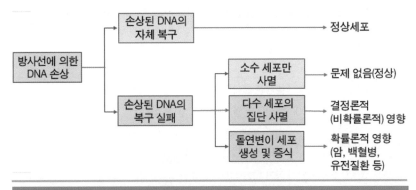

그림 a.9.1_ 방사선 장해의 일반적 과정

로 문제가 없다. 그러나 다수의 세포가 집단으로 사멸할 경우 신체조직이 기능을 일시적 또는 영구적으로 잃을 수 있고, 돌연변이 세포가 생성되어 증식하는 경우에는 암 등을 유발할 수도 있다. 이 과정을 그림 a.9.1에 나타 냈다.

세포의 집단사멸에 의한 **결정론적 영향**은 방사선 장해의 종류에 따라 특 정한 **발단선량**(문턱선량Threshold Dose) 이상의 대량 피폭을 받았을 때만 나타 난다. 단기간에 전신이 피폭되었을 경우 유효선량에 따라 나타날 수 있는 결정론적 영향을 표 a.9.1에 요약했다. 결정론적인 방사선 장해는 발단선량 이상에서 선량이 높아질수록 증상이 심해진다.

한편, 세포 돌연변이에 의한 **확률론적 영향**(암, 백혈병, 유전결함)은 선량이 높아질수록 발생확률이 커진다. 선량과 암 발생확률의 상관관계는 히로시 마-나가사키 원폭 피해자 추적조사 등에서 100mSv 이상에서는 잘 확인된 다. 그러나 더 낮은 선량에서는 암 발생률에 미치는 영향이 통계적으로나 과학적으로 명확하게 규명되지 않고 있다. 암은 방사선보다는 흡연이나 약 물, 가스에 의한 경우가 훨씬 많으므로 저선량 방사선의 영향을 통계적 방 법만으로 규명하기는 어렵고, 더 정교한 과학적 연구가 필요하다. 따라서 저선량 방사선의 확률론적 영향에 대해 다양한 가설이 제시되어 있는데, 그

피폭선량		결정론적 영향
밀리시버트	렘	
250 이하	25 이하	임상적 증상 없음
250~1,000	25~100	백혈구의 일시적 감소 후 곧 회복
1,000~2,000	100~200	피로, 권태, 식욕 부진, 구토, 설사 등이 발생하고 잠복기를 거쳐 탈모, 내출혈, 일시적 불임 등이 나타나며, 약 90일 후 정상 회복
2,000~3,000	200~300	상기 증상 심화
4,500	450	30일 이내에 50% 사망
7,000	700	30일 이내에 100% 사망
10,000	1000	중추신경 마비로 혼수상태 후 1~2일 내 사망

림 a.9.2에 나타낸 세 가지가 대표적이다.

문턱 없는 선형비례Linear No-Threshold: LNT 모델은 낮은 선량에서도 선량에 비례하여 암 발생률이 증가한다는 가설이다. 문턱Threshold 모델은 특정한 문턱값 이상의 선량에서만 암 발생률이 증가하고, 그 이하에서는 영향이 없다는 가설이다. 마지막으로 호메시스Hormesis 모델은 낮은 방사선량에서는 방사선 피폭이 암 발생률을 오히려 낮춘다는 가설이다. 세 모델 모두 뒷받침하는 데이터가 보고되고 있으나, 아직 과학적으로 충분히 입증된 상황이 아니다. 다만, 낮은 선량에서는 설령 방사선 영향이 있더라도 미미하다는 것이 ICRP를 포함하여 방사선 학계의 정설이다.

국제방사선위원회ICRP의 방사선방호 체계는 낮은 선량에서도 이에 비례하여 암 발생률이 증가한다는 LNT 가설에 기반하고 있다. ICRP는 방사선 피폭의 영향이 통계적으로 확인되지 않고 과학적으로도 충분히 규명되지 않은 저선량 영역에 대해 위험 관리를 위한 현실적 접근법으로 LNT 모델을 채택한 것이다. LNT 모델이 과학적으로 입증되었다거나 낮은 선량에서 더 위험해질 수도 있다는 일부의 주장도 있으나, 이는 근거가 전혀 없다. 오히

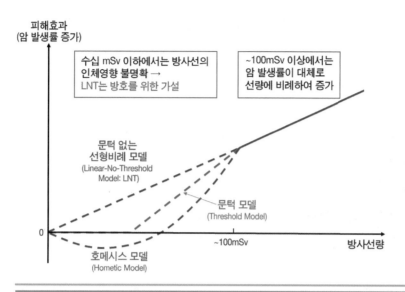

피해효과
(암 발생률 증가)

수십 mSv 이하에서는 방사선의
인체영향 불명확 →
LNT는 방호를 위한 가설

~100mSv 이상에서는
암 발생률이 대체로
선량에 비례하여 증가

문턱 없는
선형비례 모델
(Linear-No-Threshold
Model: LNT)

문턱 모델
(Threshold Model)

0

~100mSv

방사선량

호메시스 모델
(Hometic Model)

그림 a.9.2_ 저선량 방사선 영향에 대한 주요 모델

려 상당수 방사선 전문가들은 인체에 해롭지 않은 저선량 방사선에 대해 근거 없는 불안감을 조장하여 인류에게 유익한 방사선 이용을 방해하는 LNT 가설을 폐기해야 한다고 주장한다[앨리슨, 2021].

[기초지식-10] 방사선 외부피폭과 내부피폭

방사선 피폭에는 신체 외부 방사선원에 의한 **외부피폭**External Exposure과 방사성물질을 체내로 섭취하거나 흡입했을 경우의 **내부피폭**Internal Exposure이 있다.

외부피폭의 경우 물질을 투과하는 거리가 짧은 알파선과 베타선(고에너지 베타선은 예외)은 대체로 문제가 되지 않고, 감마선, 엑스선, 중성자 등 투과력이 높은 방사선이 주된 고려 대상이다. 원자로나 가속기 근처에서 받을 수 있는 피폭이나 엑스선 또는 CT 촬영 시의 피폭, 차폐되지 않은 방사성물질에 부주의하게 접근하여 받는 피폭은 모두 외부피폭에 해당한다.

내부피폭은 정상적으로 운전 중인 원자력 시설에서는 우려할 필요가 없으나, 사고로 인해 방사성물질이 외부로 누출되는 경우에는 외부피폭보다 더 큰 위험이 되기도 한다. 방사성물질이 원자력 시설에서 멀리 떨어진 곳까지 확산하여 호흡이나 음식물 섭취를 통해 신체 안으로 들어와서 밖으로 배출될 때까지 방사선을 방출하기 때문이다. 내부피폭에서는 알파선과 베타선에 의한 피폭도 중요해진다.

방사성핵종이 몸 안으로 들어온 후에는 신체 순환작용에 의한 배출과 방사성붕괴가 복합적으로 작용하여 체내의 방사능이 시간에 따라 감소한다. 방사성핵종의 물리적인 반감기가 길더라도 외부로의 배설이 잘 된다면 신체 내의 방사능이 빠른 속도로 감소하므로 방사선 장해가 발생할 위험이 줄어든다. 여기서 신체 배설작용으로 원자핵의 수가 절반으로 줄어드는 데 걸리는 시간을 **생물학적 반감기**Biological Half Life라 하고, 임의의 방사성핵종이 체내에 흡입된 후 방사성붕괴와 배설작용의 복합 영향으로 체내에 남아 있는 수가 절반으로 줄어드는 데 걸리는 시간을 **유효 반감기**Effective Half-life라 한다. 원자력 안전에서 중요한 방사성핵종들의 물리적 반감기, 생물학적 반감기 및 유효 반감기를 다음 표 a.10.1에 예시했다. 일반적으로 유효 반감기는 물리학적 반감기와 생물학적 반감기 중에서 작은 값보다 조금 더 작다.

내부피폭의 방사선 영향을 나타내기 위해 **예탁선량**Committed Dose이라는 개념이 사용된다. 방사성물질이 체내로 들어온 후 신체 순환작용에 의해 외부로 빠져나가거나 방사성붕괴에 의해 사라질 때까지 장기간에 걸쳐 특정 장기나 인체에 가할 총유효선량을 의미하며, 보통 성인은 50년, 아동은 70세까지를 고려하여 계산한다. 같은 유효선량의 외부피폭과 내부피폭이 인체에 미치는 영향은 비슷하며, 내부피폭이 특별히 더 위험한 것이 아니다.

ICRP-119[ICRP, 2012]는 내부피폭에 의한 예탁 유효선량을 편리하게 계

표 a.10.1_ 주요 방사성핵종의 내부피폭 유효 반감기

방사성핵종	물리적 반감기	생물학적 반감기	유효 반감기
삼중수소(H-3)	12.3년	10일*	10일*
아이오딘(I)-131	8일	80일	7.2일
세슘(Cs)-137	30.2년	70~140일	109일
플루토늄(Pu)-239	2만 4,100년	50년	49.9년

* 물의 형태로 존재하는 상황에 해당하며, 탄수화물, 단백질 등 형태일 때는 수십~수백 일로 길어짐.

산할 수 있도록 핵종별로 **선량계수**Dose Coefficient를 섭취(또는 흡입) 시의 연령에 따라 제시하고 있다. 섭취 또는 흡입한 특정 방사성핵종의 방사능(Bq) 양에 선량계수(Sv/Bq)를 곱하면 평생 내부피폭으로 받게 될 예탁 유효선량이 계산된다. 성인의 경우 삼중수소수의 선량계수와 비교할 때, 유기결합 삼중수소는 2.3배, C-14는 32배, K-40은 340배, Sr-90은 1,500배, I-131은 1,200배, Cs-137은 720배, Po-210은 6만 7,000배, Pu-239는 1만 4,000배 수준이다. 동일한 베크렐을 섭취했다면, 다른 핵종들의 유효선량이 삼중수소수와 비교하여 그 배수만큼 크다는 뜻이다.

[기초지식-11] 자연방사선과 인공방사선

방사선은 편의상 **자연방사선**Natural Radiation과 **인공방사선**Artificial Radiation으로 구분할 수 있다.

자연방사선의 근원은 지각에 있는 방사성핵종들과 **우주방사선**Cosmic Ray이다. 약 45억 년 전 지구가 생성될 때 만들어진 수많은 방사성핵종 중에서 반감기가 짧은 핵종들은 대부분 사라졌으나, 반감기가 긴 핵종들과 이들이 붕괴하여 생기는 방사성핵종들은 지각에 남아 있다. 이들은 지각으로부터 직접 방사선을 방출할 뿐만 아니라, 대기 중으로 빠져나오거나 동식물에 흡수된 후에도 중요한 피폭 요인이 되고 있다. 자연방사선 피폭의 많은 부분을 차지하는 라돈가스와 동·식물에 많이 들어 있는 칼륨(K)-40도 여기에 속한다.

우주에서 지구로 직접 입사되는 1차 우주방사선은 수소 원자핵(양성자)이 85~90%, 헬륨 원자핵(알파입자)이 10% 내외이고, 더 무거운 원자핵들도 약 1%를 차지한다. 1차 우주방사선은 지구 대기를 구성하는 질소, 산소, 탄소, 아르곤 원자 등과 반응하여 높은 에너지를 갖는 엑스선, 뮤온, 양성자, 중성자, 파이중간자 등 2차 우주방사선을 생성한다. 또한, 1차 및 2차 우주방사선은 대기 중의 물질과 반응하여 H-3, Be-10, C-14, Na-22, Na-24, P-32, S-35, Cl-36, Ar-39, Kr-85 등의 방사성핵종을 생성하기도 한다. 대기나 지각에 미량으로 존재하는 이러한 핵종 중에서 C-14와 H-3은 과학 및 산업에 중요하게 활용되고 있다.

지각방사선원 핵종들 대부분은 암석이나 토양 등에 머무르지만, 일부는 대기, 해양, 하천, 지하수 등으로 빠져나와서 존재한다. 또한, 우주방사선에 의해 생성된 방사성핵종들도 대기뿐만 아니라 토양이나 해양 등에도 분포한다. 따라서 지구상의 모든 동식물은 이러한 방사성 환경과의 상호작용에 따라 다양한 천연 방사성핵종들을 함유하게 된다. 사람의 신체에도 우라늄, 토륨, 칼륨-40, 라듐, 탄소-14, 삼중수소, 폴로늄 등 다양한 방사성핵종이 있는데, 특히 베타선과 감마선을 방출하는 칼륨-40의 방사능이 4,000Bq 이상이어서 자신의 내부피폭은 물론 극미량이지만 외부로도 방출한다.

지각방사선과 우주방사선의 영향을 종합적으로 고려할 때, 자연방사선 피폭은 우주방사선 외부피폭, 공기 흡입에 따른 내부피폭, 음식물 섭취에 따른 내부피폭, 토양으로부터의 외부피폭을 생각할 수 있다. 자연방사선량은 지역과 생활방식 등에 따라 큰 차이가 있으나, 세계적으로는 연평균 2.4 밀리시버트mSv 수준으로 알려져 있다.

방사선 피폭원 Source of Exposure		연평균 유효선량(mSv)				
		세계 평균	범위	한국	일본*	미국
우주 방사선	직접 전리 감마선	0.28				
	중성자	0.10				
	우주 방사성핵종	0.01				
우주 방사선 소계		0.39	0.3~1.0	0.26	0.30	0.33
토양 방사선 외부피폭	실외	0.07				
	실내	0.41				
토양 방사선 외부피폭 소계		0.48	0.3~1.0	1.04	0.33	0.21
공기 흡입	우라늄 및 토륨 계열	0.006				
	라돈(Rn-222)	1.15				
	토론(Rn-220)	0.10				
공기 흡입 소계		1.26	0.2~10	1.40	0.48	2.28
음식물 섭취	칼륨(K-40)	0.17				
	우라늄 및 토륨 계열	0.12				
음식물 섭취 소계		0.29	0.2~1.0	0.38	0.99	0.28
자연방사선 총계		2.4	1.0~13	3.08	2.10	3.10

* 세계 방사선량은 UNSCEAR 2008 Report[UNSCEAR, 2010]를 근거로 했고, 각국의 선량은 다양한 자료에서 확보했다.

인공방사선은 원자력 시설에서 피폭될 수도 있으나, 대부분 의료 진단과 치료 과정에서 받게 된다. 과거 핵무기 실험에서 방출되어 아직 남아 있는 방사성물질에 의한 인공방사선도 있다. 주요 국가의 연평균 자연방사선량(그림 a.11.1)과 우리가 일상생활에서 접하는 대표적인 방사선량(그림 a.11.2)을 각각 그림으로 제시했다. 방사선이 인체에 미치는 영향은 자연방사선이냐, 인공방사선이냐에 따른 차이가 없다. 방사선의 종류와 에너지, 인체에 흡수된 총에너지에 따라 생물학적 영향이 결정될 뿐이다.

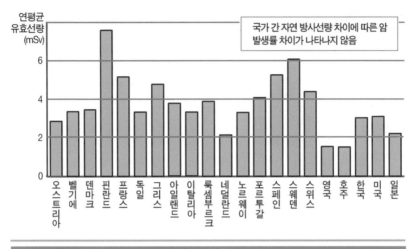

그림 a.11.1_ 주요 국가의 연평균 자연방사선량

자료: World Nuclear Association 웹사이트(www.world-nuclear.org).

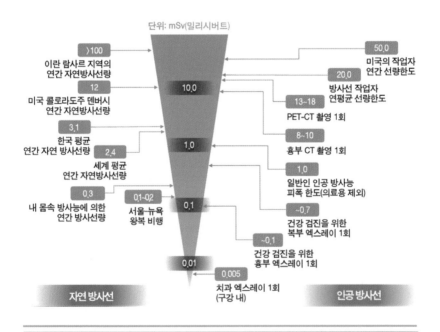

그림 a.11.2_ 일상생활에서 접하는 자연 및 인공방사선량

[기초지식-12] 지진 관련 용어

후쿠시마 원전사고는 동일본대지진이 수반한 쓰나미가 직접적인 원인이 되었다. 여기서는 지진Earthquake과 **쓰나미**Tsunami에 관한 기본적인 사항을 정리한다.

지진은 **지각판**Tectonic Plate들의 운동 등으로 오랜 기간 지층에 축적된 응력에너지를 지층이 더는 버틸 수 없을 때 지층이 변형하면서 에너지를 방출하는 현상이다. 지진은 지각판 간의 경계에서 발생하기도 하고, 지각판 내부에 다수 존재하는 단층면에서 발생하기도 한다. 주요 지각판에는 유라시아판, 북아메리카판, 태평양판, 필리핀판, 남아메리카판, 아프리카판, 오스트레일리아판, 인도판, 아라비아판 등이 있다. 한국은 유라시아판 내부에 위치하고 일본은 유라시아판, 북아메리카판, 필리핀판, 태평양판이 경계를 이루는 곳에 있다. 따라서 일본은 여러 판 경계면 주변에서 많은 지진이 발생하고, 한국은 판 내부에 있는 단층들에서 지진이 비교적 드물게 발생한다. 일반적으로 대형 지진은 지각판들의 경계면(판 경계)에서 발생하지만, 지각판 내부라도 단층의 크기에 따라 큰 지진이 발생할 수도 있다. 동일본대지진은 일본 북동부 태평양 연안의 북아메리카판-태평양판 경계에서 발생했다.

이제 지진과 관련한 핵심 용어들을 살펴보자. **진원**震源; Hypocenter은 지진이 발생한 단층면이나 판 경계상의 지점을 말한다. **진앙**震央; Hypocenter은 진원에서 수직으로 만나는 지표면의 지점이다. 진원은 보통 진앙에서 수 km에서 수십 km 하부에 위치하는데, 판 경계 지진일 때는 수백 km 아래일 때도 있다. 진원의 깊이, 즉 진앙과 진원 간의 거리도 지진에 대한 중요한 정보이다.

지진의 크기를 나타내는 척도인 **규모**規模; Magnitude와 **진도**震度; Seismic Intensity도 매우 중요한 용어이다. '규모'는 지진 발생 시 방출하는 총에너지를 기준으로 정한 척도이다. 반면에 '진도'는 지표면의 특정 위치에서의 진동의 세기를 나타내는 척도이다. 임의의 특정 지진에 대해 규모는 하나로 결정되지만, 진도는 위치에 따라 달라진다. 2016년 경주에서 발생한 가장 큰 지진의 규모는 하나의 값인 5.8로 나타내지만, 지반의 진동을 나타내는 진도는 진원에서 멀어질수록 작아진다. 진도는 지반의 특성에 따라 달라지며, 연약한 지반에서 커진다.

전통적인 지진 규모 척도는 1930년대에 개발된 **리히터 규모**Richter Magnitude Scale이고, 현재 한국 기상청에서도 사용하고 있다. 규모가 1씩 커질수록 에너지는 32배씩 증가한다. 그런데 리히터 규모는 원거리 지진의 규모를 정확하게 나타내기 어려우므로, 미국지질조사국United States Geological Survey: USGS에서는 1970년대 말 개발된 **모멘트 규모**Moment Magnitude Scale를 주로 사용한다. 또한 일본기상청Japanese Meteorological Agency: JMA에서는 **JMA 규모**라는 독자적인 척도를 사용하며, 이 밖에 실체파 규모, 표면파 규모 등도 있다. 리히터 규모(M_L), 모멘트 규모(M_w), JMA 규모(M_J)는 하나의 지진에 대해 대체로 비슷하지만 조금씩 다른 값을 나타내고, 특히 초대형 지진에서는 차이가 커지기도 한다. 따라서 지진 규모 정보를 접했을 때 어떤 척도에 의한 것인지를 확인해야 한다.

특정 위치에서의 지반 진동의 세기를 나타내는 진도에도 여러 가지가 있다. 우선 특정 시점에서의 지반 진동의 가속도를 중력가속도 $g(1g = 9.8 \text{ m/s}^2)$ 단위로 표현하는 경우가 많다. '한국 원전들이 0.3g의 지진을 기준으로 설계되어 있다' 또는 '최대 0.5g의 지진까지 견딜 수 있다'라는 등의 표현을 들어봤을 것이다. 일본에서 주로 gal($1\text{gal} = 1\text{cm/s}^2$)을 단위로 사용하며, 1g는 980gal이다. 대중적으로는 진동의 크기가 어느 수준인가를 계급으로 나타내는 진도계급이 더 일반적이다. 미국, 한국 등 대부분 국가는 **수정된 메르칼리 진도계급**Modified Mercalli Intensity Scale(MM 또는 MMI 계급)을 사용하는데, I부터 XII까지 12단계로 되어 있다. 일본기상청에서 사용하는 **JMA 진**

도계급은 0, 1, 2, 3, 4, 5(약, 강), 6(약, 강), 7의 10단계로 구분한다.

한편, **쓰나미**|津波; Tsunami는 비교적 깊은 바다나 호수에서 지진, 화산 등이 발생할 때 지각표면의 커다란 순간적 변형(체적 변형)으로 막대한 양의 물이 상승 또는 하강하면서 생기는 거대한 파도이다. 깊은 대양에서 발생하는 쓰나미는 파장이 매우 길고, 파도의 높이는 수십 cm이며, 전파 속도는 시속 수백 km에 달한다. 육지에 가까워지면서 수심이 낮아질수록 속도가 줄어들면서 파고가 높아진다. 따라서 먼 해양에서는 잘 보이지 않는 쓰나미가 해안가에 이르면서 10m 이상의 높이가 되어 막대한 피해를 줄 수도 있는 것이다.

[기초지식-13] 후쿠시마 제1원전 설계 특성

후쿠시마 제1원전에 대해서는 제1장과 제5장에서 개략적으로 설명한 바 있다. 후쿠시마 제1원전의 호기별 특성은 표 a.13.1에 요약했다. 원자로의 배치는 **그림** 1.2에서, 원자로건물 내부에 주요 기기들이 어떻게 배치되는가는 **그림** 1.3에서 알 수 있다. 원자로의 구조는 **그림** a.13.1에 나와 있다. 그런데 후쿠시마 원전사고의 진행을 이해하려면 각 원자로의 안전 특성과 운전 전략에 대해 좀 더 이해하는 것이 필요하다.

원전에서 사고가 발생하면, 사고의 대처는 크게 **예방**과 **완화**라는 두 단계로 이루어진다. 첫 번째 단계는 핵연료의 냉각을 계속 유지하여 중대사고를 예방하는 것이다. 이를 위해 원자로 안으로 냉각수를 주입하는 안전계통들이 있다. 대표적인 것이 **고압안전주입계통**이다. 이 계통은 후쿠시마 제1원전의 모든 호기가 공통으로 가지고 있는 대표적인 원자로 비상냉각계통이다. 이 밖에도 **표**a.13.2에 정리되어 있듯이 호기별로 안전계통 구성이 조금씩 다르다. 1호기의 주요 안전계통은 **그림** 6.5에, 2~5호기의 주요 안전계

표 a.13.1 _ 후쿠시마 제1원전의 주요 설계 특성

	아홉 분	1호기	2호기	3호기	4호기	5호기	6호기
주요데이터	전기출력(MWe)	460	784				1,100
	건설 착수	1967/9	1969/5	1970/10	1972/9	1971/12	1973/5
	상업운전 개시	1971/3	1974/7	1976/3	1978/10	1978/4	1979/10
	원자로형	BWR-3	BWR-4				BWR-5
	격납용기 형태	Mark-I					Mark-II
	주계약자	GE	GE/도시바	도시바	히타치	도시바	GE/도시바
	일본 국내 공급률(%)	56	53	91	91	93	63
원자로	열출력 (MWt)	1,380	2,381				3,293
	핵연료집합체 수	400	548				764
	핵연료집합체 길이(m)	약 4.35	약 4.47				
	제어봉 수	97	137				185
	원자로용기 (RPV) 내경(m)	약 4.8	약 5.6				약 6.4
	높이(m)	약 20	약 22				23
	무게(톤)	440	500				750
	격납용기 (PCV) 높이(m)	약 32	약 33		약 34		약 48
	원통부 직경(m)	약 10	약 11				약 10(상부)
	구형부 직경(m)	약 18	약 20				약 25(바닥)
	수조 냉각수량(톤)	1,750	2,980				3,200
증기터빈	회전 수(rpm)	1,500					
	증기 온도(oC)	282					
	증기 압력(MPa)	6.65					
핵연료	형태	UO2(3호기는 MOX 연료 일부 사용)					
	우라늄 양(톤)	69	94				132

자료: 한국원자력학회 후쿠시마위원회[한국원자력학회, 2013].

통은 그림 6.7에 예시되어 있다.

   1호기에는 2대의 **격리응축기**Isolation Condenser; IC가 설치되어 있었다. 격리응축기는 교류전원이 없어도 자연대류에 의해 원자로를 냉각할 수 있는

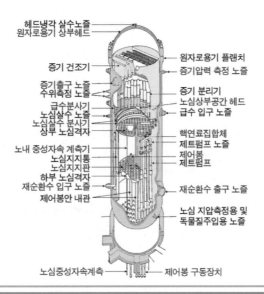

헤드냉각 살수노즐
원자로용기 상부헤드
원자로용기 플랜치
증기압력 측정 노즐
증기 건조기
증기출구 노즐
수위측정 노즐
증기 분리기
노심상부공간 헤드
급수분사기
급수 입구 노즐
노심살수 노즐
노심살수 분사기
상부 노심격자
핵연료집합체
제트펌프 노즐
제어봉
제트펌프
노내 중성자속 계측기
노심지지통
노심지지판
하부 노심격자
재순환수 입구 노즐
재순환수 출구 노즐
제어봉안 내관
노심 지압측정용 및
독물질주입용 노즐
노심중성자속계측
제어봉 구동장치

그림 a.13.1_ 후쿠시마 제1원전 1~5호기 원자로의 내부 구조

표 a.13.2_ 후쿠시마 제1원전의 안전계통 요약

구분	1호기(BWR-3)	2~5호기(BWR-4)
격납용기	MARK-I형	MARK-I형
원자로 정지	• 제어봉 • 대기 액체제어계통SLC	• 제어봉 • 대기 액체제어계통SLC
고압 냉각 또는 안전 주입	• 고압냉각수주입계통HPCI • 격리응축기IC	• 고압냉각수주입계통HPCI • 노심격리냉각계통RCIC
저압 안전 주입	• 노심살수계통CS	• 저압냉각수주입계통LPCI • 노심살수계통CS
원자로 감압	• 안전감압계통ADS	• 안전감압계통ADS

자료: 한국원자력학회(2013).

피동안전설비이다. 반면 2~3호기에는 1호기의 격리냉각계통 대신에 **노심 격리냉각계통**Reactor Core Isolation Cooling System; RCIC이라고 불리는 안전계통 이 있었다. 노심격리냉각계통도 원자로에서 생기는 증기를 이용하여 동작하 는 터빈구동펌프가 있어서, 교류전원이 없어도 원자로를 냉각할 수 있다.

추가로 이들 안전계통이 작동하지 않는 경우는 화재방호펌프나 소방차를 이용하여 외부의 냉각수를 원자로에 주입할 수 있다. 다만 화재방호펌프나 소방차의 펌프는 토출 압력이 낮으므로, 이들을 이용하여 원자로에 냉각수를 주입하기 위해서는 원자로의 압력을 펌프의 토출 압력보다 낮추는 감압 작업이 필요하다. 주입되는 냉각수는 발전소에 저장되어 있거나 외부에서 가져오는 담수가 사용될 수도 있고, 최후의 수단으로는 바닷물을 냉각수로 쓸 수도 있다.

사고 대처의 2단계는 1단계 냉각 노력에 실패하여 핵연료가 녹아내리는 중대사고까지 진행되었을 때 피해를 최소화하기 위한 것이다. 핵연료가 녹는 중대사고에서는 격납용기 내부의 압력과 온도가 설계압력보다 높아질 수 있다. 후쿠시마 원전의 원자로들은 이런 경우 격납용기의 고온·고압 수증기를 압력억제실(그림 1.4 참조)로 배출함으로써 격납용기 내부의 압력과 온도를 낮추도록 설계되어 있다. 그런데도 격납용기 내부의 압력과 온도가 계속 올라가면 격납용기의 배기계통을 이용하여 증기를 원전 외부로 방출하게 되어 있다. 이를 위해서는 배기밸브를 여는 작업이 필요하다. 이 배기 작업은 격납용기가 완전히 파손되어 외부로 대량의 방사성물질이 누출되는 것을 막기 위하여, 격납용기 내 고온, 고압의 증기를 외부로 조금씩 배출함으로써 격납용기의 건전성을 유지하기 위한 대처 방안이다.

참고 자료

제**1**부
후쿠시마는 지금

국무조정실. 2019.4.26.「WTO 분쟁해결기구, 일본산 수입식품 분쟁 최종판정 채택」. 정부합
　　동 보도자료.

국민일보. 2019.7.23.「여기마저… 도쿄 내 공원 흙 방사능 오염지도 충격」.

국민일보. 2019.7.24.「"방사능 악몽 이제 시작, 일본 가지 마" 의사의 경고」.

김진수·장영주·유제범. 2021.「후쿠시마 원전 오염수 해양 방출 영향 및 대응 방안」.『이슈와
　　논점』제1827호. 국회입법조사처.

뉴스톱. 2019.12.6.「후쿠시마 음식 37개 측정… 전체 방사선 이상 없어」,〈모두를 위해 '후쿠
　　시마 방사능 지도'를 그리다〉시리즈 4편.

뉴스톱. 2020.「[팩트체크]'먹어서 응원하자' 참여한 일본연예인 피폭, 어디까지 사실인가」,
　　〈모두를 위해 '후쿠시마 방사능 지도'를 그리다〉시리즈 15편. 2020.1.8.

동아일보. 2013.11.11.「"수산물 대목인데…" 한숨소리만」.

매일경제. 2017.7.16.「명태 300년간 먹지 말라며… 궤변 아니다?」.

박지영·임정희. 2021.「후쿠시마 원전 오염수 방출과 대응」.『이슈브리프』2021-03, 아산정책
　　연구원.

신창훈. 2013.「2013년판 일본 후쿠시마 원전오염수 누출과 국제사회 및 우리의 대응」.『이슈
　　브리프』77호. 아산정책연구원, 2013.11.8.

원자력안전위원회 외. 2020. 『2019년 원자력안전연감』.

일본 경제산업성. 2021. 「도쿄전력 후쿠시마 제1원자력발전소의 다핵종제거시설 등(ALPS) 처리수의 처분에 관한 기본 방침」, 한국어 설명자료.

전북교육청. 2015. 「탈핵으로 그려보는 에너지의 미래」. 『전북교육』 2015-050.

정민정. 2021. 「후쿠시마 원전 오염수 방류 결정에 대한 국제법적 대응방안 — '국제해양법재판소 제소' 고려 시 검토사항」. 『이슈와 논점』 1823호. 국회입법조사처, 2021.4.23.

조건우. 2020. 『조건우의 방사선방호 이야기』. 집문당.

조건우·박세용. 2021. 『방사능 팩트체크』. 북스힐.

중부일보. 2011.3.30. 「방사능 확산에 소비자들 수산물 발길 뚝」.

최화식·최영진. 2020. 「국제해양법상 오염자부담원칙에 관한 연구」. 『법과 정책』 제26집 제2호, 153~187.

한겨레. 2019.12.4. 「그린피스 "도쿄올림픽 성화 출발지서 고농도 방사선 확인"」.

한국원자력안전기술원. 2019. 「해양환경방사능조사」. KINS/RR-092, Vol. 15, 2019.12.

한국원자력학회. 2013. 「[최종보고서] 후쿠시마 원전사고 분석 — 사고내용, 결과, 원인 및 교훈」. 한국원자력학회 후쿠시마위원회.

한국원자력학회. 2020. 「후쿠시마 원전 오염처리수의 처분으로 인한 우리나라 국민의 방사선 영향」.

한국원자력학회. 2021. 「일본 후쿠시마 원전 오염 처리수 방류에 대한 원자력학회의 입장」. 한국원자력학회 보도자료, 2021.4.26.

한국원자력학회·대한방사선방어학회. 2016. 「삼중수소의 인체영향에 관한 과학적 분석」, 2016.7.30.

한국일보. 2019.8.29. 「논담 "우리나라 주변 해역 수산물은 안심하고 먹어도 된다"」.

환경운동연합. 2021.4.13. 「[성명서] 후쿠시마 방사능 오염수 해양 방류 결정한 일본 정부를 규탄한다」.

황윤재·이동소. 2014. 「일본 방사능 유출사고의 국내 농식품 소비 파급 영향」. 한국농촌경제연구원 정책연구보고.

KBS 뉴스. 2019.8.30. 「불신 여전한 일반산 수산물… 유통 실태는?」.

警察庁. 2012. 「平成24年 警察白書」.

警察庁. 2021. 「平成23年(2011年)東北地方太平洋沖地震の警察活動と被害状況」, 2021.3.10.

戒能一成. 2017. 「東京電力福島第一原子力発電所事故による農林水産品の風評被害と損害賠償に関する経済学的評価分析」, RIETI Discussion Paper Series 17-J-003, 経済産業研究所.

グリーンピース・ジャパン. 2020. 「終わらない汚染」.

内閣府 外. 2019. 「放射線リスクに関する基礎的情報」第10版.

東京電力. 2017a. 「3号機原子炉格納容器内部調査について」. 廃炉・汚染水対策チーム会合/事務局会議, 2017.12.4.

東京電力. 2017b. 「1号機PCV内部調査について」. 廃炉・汚染水対策チーム会合/事務局会議, 2017.4.3.

東京電力. 2019a. 「福島第一原子力発電所の汚染水処理対策の状況」.

東京電力. 2019b. 「2号機原子炉格納容器内部調査 実施結果」. 廃炉・汚染水対策チーム会合/事務局会議, 2019.3.19.

東京電力. 2019c. 「多核種除去設備等処理水の全値と主要7核種合計値のかい離について」. 原子力規制委員会 第67回特定原子力施設監視・評価検討会, 2019.1.21.

東京電力. 2020a. 「多核種除去設備等処理水の二次処理性能確認試験等の状況について」. 原子力規制委員会 第85回特定原子力施設監視・評価検討会, 2020.11.16.

東京電力. 2020b. 「ALPS処理水の全ベータ値と主要7核種の合計値のかい離について」. 原子力規制委員会 第83回特定原子力施設監視・評価検討会, 2020.9.14.

東京電力. 2021a. 「サブドレン他水処理施設の運用状況等」, 2021.5.27.

東京電力. 2021b. 「多核種除去設備等処理水の定義見直し及びタンクに保管されているトリチウム量について」, 2021.4.27.

東京電力. 2021c. 「廃止措置等に向けた進捗状況：使用済み燃料プールからの燃料取り出し作業」. 廃炉・汚染水対策チーム会合/事務局会議, 2021.2.25.

東京電力. 2021d. 「2号機燃料取り出しに向けた検討状況及び作業の進捗について」. 廃炉・汚染水対策チーム会合/事務局会議, 2021.2.25.

復興庁. 2020. 「東日本大震災における震災関連死の死者数」, 2020.12.25.

復興庁. 2021a. 「復興の現状と今後の取組」, 2021.6.

復興庁. 2021b. 「福島復興の概況」. 原子力規制委員会, 2021.3.2.

復興庁. 2021c. 「復興の取組と関連諸制度」, 2021.3.1.

復興庁. 2021d. 「復興の現状と課題」, 2021.1.

水産庁. 2021. 「水産物の放射性物質調査の結果について」, 2021.3.

原子力規制委員会. 2019. 「3号機原子炉建屋3階の調査結果について」, 2019.12.26.

原子力規制委員会. 2021a. 「福島県及びその近隣県における航空機モニタリングの測定結果について」. 2021.2.25.

原子力規制委員会. 2021b. 「原子力発電所の新規制基準適合性審査の状況について」, 2021.1.6.

原子力災害対策本部. 2011a. 「東京電力(株)福島第一原子力発電所1~4号機の廃止措置等に向けた中長期ロードマップ」, 2011.12.21

原子力災害対策本部. 2011b. 「[改訂版] 東京電力福島第一原子力発電所・事故の収束に向けた道筋 当面の取組のロードマップ」, 2011.11.17.

遠藤明子. 2021. 「福島県産農産物の風評被害の推移と市場課題 — 消費者意識と卸売段階の動向 を中心に」, 『復興』25号, Vol. 9, No. 2, 49~58.

トリチウム水タスクフォース. 2016. 「トリチウム水タスクフォース報告書」, 2016.6.

廃炉・汚染水対策関係閣僚等会議. 2019. 「東京電力ホールディングス(株)福島第一原子力発電所 の廃止措置等に向けた中長期ロードマップ」, 2019.12.27.

廃炉・汚染水・処理水対策関係閣僚等会議. 2021. 「東京電力ホールディングス株式会社福島第一 原子力発電所における多核種除去設備等処理水の処分に関する基本方針」, 2021.4.13.

廃炉・汚染水対策チーム事務局. 2021a. 「廃炉・汚染水対策の概要」. 廃炉・汚染水対策チーム会 合/事務局会議, 2021.3.25.

廃炉・汚染水対策チーム事務局. 2021b. 「廃止措置等に向けた進捗状況: 使用済み燃料プールか らの燃料取り出し作業」. 廃炉・汚染水対策チーム会合/事務局会議, 2021.3.25.

廃炉・汚染水対策チーム事務局. 2021c. 「廃止措置等に向けた進捗状況: プラントの状況把握と燃 料デブリ取り出しに向けた作業」. 廃炉・汚染水対策チーム会合/事務局会議, 2021.3.25.

廃炉・汚染水対策チーム事務局. 2021d. 「福島第一原発の廃炉・汚染水対策の進捗と今後の取組 について」. 日本原子力委員会, 2021.02.24.

環境省. 2018. 「放射線による健康影響等に関する統一的な基礎資料」, 2018年度版.

環境省. 2021. 「東日本大震災からの被災地の復興・再生に向けた環境省の取組」. 日本原子力委員 會 會議資料, 2021.2.2.

厚生労働省. 2020. 「食品中の放射性物質の対策と現状について」, 2020.7.28.

福島県. 2019. 「ふくしま復興のあゆみ」, 第27版, 福島県 新生福島復興推進本部, 2019.12.23.

福島県. 2021a. 「ふくしま復興のあゆみ」, 第30.1版. 福島県 新生ふくしま復興推進本部, 2021.8.2.

福島県. 2021b. 「復興・再生のあゆみ — ふくしまの現在」, 第5版. 福島県 新生ふくしま復興推進 本部, 2021.8.2.

福島県. 2021c. 「県民健康調査「基本調査」結果まとめ(2011年度~2019年度)」. 県民健康調査 検討 委員會 會議資料, 2021.1.15.

福島県保健福祉部. 2020. 「福島県のがん登録[2016]」, 2020.3.

福島県保健福祉部・福島県医科大学. 2020. 「福島県がん登録」, 2020.3.

福島県立医科大学. 2020. 「福島県「県民健康調査」報告」.

ALPS 小委員会. 2020. 「多核種除去設備等処理水の取扱いに関する小委員会報告書」, 2020.2.10.

ANRE. 2020.2. "The Outline of the Handling of ALPS Treated Water at Fukushima Daiichi

NPS(FDNPS)."

Barret, L. 2021. "Fukushima Daiichi: 10 Years On, Nuclear News." *American Nuclear Society*, 2021.3.2.

Behrens, L. et al. 2012. "Model simulations on the long-term dispersal of 137Cs released into the Pacific Ocean off Fukushima." *Environmental Research Letters*, Vol. 7, 2012.7.9.

BfS. 2020. "Environmental impact of the Fukushima accident: Radiological situation in Japan." Bundesamt für Strahlenschutz, 2020.11.24.

Burnie, S. 2019. "TEPCO Water Crisis." Greenpeace Germany Briefing, 2019.1.22.

Burnie, S. 2020. "Stemming the Tide 2020 — The Reality of the Fukushima Radioactive Water Crisis." Greenpeace, 2020.10.

Greenpeace. 2021a. "The Japanese Government's Decision to Discharge Fukushima Contaminated Water Ignores Human Rights and International Maritime Law." Press Release, Greenpeace International, 2021.4.13.

Greenpeace. 2021b. "Fukushima Daiichi 2011-2021: The Decontamination Myth and a Decade of Human Rights Violations." Greenpeace Japan, 2021.3.

IAEA. 2015. "The Fukushima Daiichi Accident." Report by the Director General and Technical Volume 1~5, International Atomic Energy Agency, Vienna.

IAEA. 2019. "IAEA International Peer Review Mission on Mid-and-Long-Term Roadmap towards the Decommissioning of TEPCO's Fukushima Daiichi Nuclear Power Station." *Mission Report*, Fourth Mission, 5-13 November 2018, International Atomic Energy Agency, Vienna.

IAEA. 2020. "IAEA Follow-up Review of Progress Made on Management of ALPS Treated Water and the Report of the Subcommittee on Handling of ALPS treated water at TEPCO's Fukushima Daiichi Nuclear Power Station." *Review Report*, International Atomic Energy Agency, Vienna.

METI. 2020a. "Outline of Decommissioning and Contaminated Water Management." *Monthly Progress Report*, 2020.12.

METI. 2020b. "Current Status of ALPS Treated Water." *Briefing Material*, 2020.10.28.

METI. 2020c. "Current Status of Fukushima Daiichi Nuclear Power Station — Efforts for Decommissioning and Contaminated Water Management." 2020.4.

NEA. 2021. "Fukushima Daiichi Nuclear Power Plant Accident, Ten Years On, NEA Publication No. 7558, OECD Nuclear Energy Agency.

Nogrady, B. 2021. "Scientists OK Plan to Release One Million Tonnes of Waster Water from

Fukushima." *Nature News*, 2021.5.7.

Safecast. 2021. "No Trust without Transparency: Why Fukushima Daiichi Water Discharge Decision Sets a Bad Precedent." 2021.5.20.

Sawano, T., A. Ozaki, A. Hori and M. Tsubokura. 2019. "Combating 'Fake News' and Social Stigma after the Fukushima Daiichi Nuclear Power Plant Incident — The Importance of Accurate Longitudinal Clinical Data." *QJM: An International Journal of Medicine*, Vol. 112, Issue 7, 477, July 2019.

TEPCO. 2019.2.14. "Fukushima Daiichi Nuclear Power Station Unit 2 Primary Containment Vessel Internal Investigation."

TEPCO. 2021.3.3. "The current situation at Fukushima Daiichi NPS" — From 3.11 toward the future.

UNSCEAR. 2021. "A decade after the Fukushima accident: Radiation-linked increases in cancer rates not expected to be seen," *Press Release*, 2021.3.9.

UNSCEAR. 2013. "Levels and Effects of Radiation Exposure due to the Nuclear Accident after the 2011 Great East Japan Earthquake and Tsunami." *UNSCEAR 2013 Report: "Sources, Effects and Risks of Ionizing Radiation"*, Volume I, Scientific Annex I.

UNSCEAR. 2020. "Levels and effects of radiation exposure due to the accident at the Fukushima Daiichi Nuclear Power Station: implications of information published since the UNSCEAR 2013 Report." *UNSCEAR 2020 Report: "Sources, Effects and Risks of Ionizing Radiation"*, Annex B.

Verma, A., A. Ahmad and F. Giovannini. 2021. "Nuclear Energy, Ten Years after Fukushima, Nature." 2021.3.5.

WHO. 2013. "Health Risk Assessment from the Nuclear Accident after the 2011 Great East Japan Earthquake and Tsunami." based on a Preliminary Dose Estimation.

WTO. 2019.4.11. "Korea — Import Bans, and Testing and Certification Requirements for Radionuclides." Report of the Appellate Body.

Yasunari, T. J. et al.. 2011. "Cesium-137 deposition and contamination of Japanese soils due to the Fukushima nuclear accident." *PNAS*, Vol. 108, 19530-19534, 2011.12.6. (Corrections, PNAS, Vol. 110, 7525~7528, 2013.4.30)

Zhao, C. et al.. 2021. "Transport and Dispersion of Tritium from the Radioactive Water of the Fukushima Daiichi Nuclear Plant." *Marine Pollution Bulletin*, Vol. 169, 2021.8.

제2부
후쿠시마 원전사고와 대응

김인구. 2020. 『후쿠시마 원전사고의 재구성』, 동아시아.

이영민. 2014. "Atomic Computerized Technical Advisory System for a Radiological Emergency, Regional Workshop of Nuclear and Radiological Emergency Preparedness and Response," KINS, South Korea, June 8~19, 2014.

한국원자력학회. 2013. 「한국원자력학회, 후쿠시마위원회, 후쿠시마 원전사고 분석: 사고 내용, 결과, 원인 및 교훈」.

福島県庁a. 「避難区域の変遷」(平成24年3月31日以前), https://www.pref.fukushima.lg.jp/site/portal/cat01-more.html.

福島県庁b. 「避難区域の変遷」(平成24年4月1日以降), https://www.pref.fukushima.lg.jp/site/portal/cat01-more.html.

Acton and Hibbs. 2012. "Why Fukushima was preventable," *The Carnegie Paper*.

ANS. 2021. "NuclearNewswire, Fukushima Daiichi: 10 years on, 2021," https://www.ans.org/news/article-2672/fukushima-daiichi-10-years-on/.

Gallup, 2012, https://news.gallup.com/poll/153452/americans-favor-nuclear-power-year.aspx.

Government of Japan. 2011. "Report of the Japanese Government to the IAEA Minister Conference on Nuclear Safety — The Accident at the TEPCO's Nuclear Power Plant Stations."

IAEA. 2007. "Integrated Regulatory Review Service(IRRS) To Japan."

IAEA. 2008. "Follow-Up IAEA Mission In Relation To The Findings And Lessons Learned From The 16 July 2007 Earthquake At Kashiwazaki-Kariwa NPP."

IAEA. 2012. "IAEA Mission To Onagawa Nuclear Power Station To Examine The Performance Of Systems, Structures And Components Following The Great East Japanese Earthquake And Tsunami."

IAEA. 2015a. "The Fukushima Daiichi Accident Report by the Director General."

IAEA. 2015b. "The Fukushima Daiichi Accident, Technical Volume 1/5 Description and Context of the Accident."

IAEA. 2015c. "The Fukushima Daiichi Accident, Technical Volume 3/5 Emergency Preparedness and Response."

Investigation Committee. 2011. "Interim Report, Investigation Committee on the Accidents at Fukushima Nuclear." Power Stations of Tokyo Electric Power Company.

Investigation Committee. 2012. "Investigation Committee on the Accident at Fukushima Nuclear Power Stations of Tokyo Electric Power Company." *Executive Summary of the Final Report.*

JMA. 1963. "Japan Meteorological Agency, The Report On The Tsunami Of The Chilean Earthquake,1960."

JMA. 2012. "Japan Meteorological Agency, Home〉 The 2011 Great East Japan Earthquake -Portal〉 Information on the 2011 Great East Japan Earthquake," https://www.jma. go.jp/jma/en/2011_Earthquake/chart/2011_Earthquake_Aftershocks.pdf.

Mizushima and Asaho. 2012. "The Japan-US "military" response to the earthquake, and the strengthening of the military alliance as a result," *Fukushima On the Globe*, http://fukushimaontheglobe.com/the-earthquake-and-the-nuclear-accident/whats-h appened/the-japan-us-military-response.

National Research Council. 2014. "Lessons Learned from the Fukushima Nuclear Accident for Improving Safety of U.S. Nuclear Plants." Washington, DC: The National Academies Press. https://doi.org/10.17226/18294.

NEA. 2015. "Benchmark Study of the Accident at the Fukushima Daiichi Nuclear Power Station Project."

NRA. 2014. "Nuclear Regulation Authority, Analysis of the TEPCO Fukushima Daiichi NPS Accident, NREP-0001."

Sakai et al.. 2006. "Development of a Probabilistic Tsunami Hazard Analysis in Japan, International Conference on Nuclear Engineering."

Sasagawa and Hirata. 2012. "Tsunami evaluation and countermeasures at Onagawa Nuclear Power Plant," 15 WECC, Lisboa.

Shinoda. 2013. "DPJ's Political Leadership in Response to the Fukushima Nuclear Accident," *Journal of Political Science.*

Synolakis and Kânoğlu. 2015. "The Fukushima accident was preventable." Phil. Trans. R. Soc. A 373: 20140379, http://dx.doi.org/10.1098/rsta.2014.0379.

TEPCO. 2011a. "Roadmap towards Settlement of the Accident at Fukushima Daiichi Nuclear Power Station," *TEPCO Step 2 Completion Report.*

TEPCO, 2011b, "Mid-and-long-Term Roadmap towards the Decommissioning of Fukushima Daiichi Nuclear Power Station Units 1-4, TEPCO."

TEPCO. 2012a. "Fukushima Nuclear Accident Analysis Report."

TEPCO. 2012b. "Fukushima Nuclear Accident Analysis Report, Attachment 2, List of Documents concerning the Response Status at Fukushima Daiichi Nuclear Power Station and Fukushima Daini Nuclear Power Station"(June 2012 version).

TEPCO. 2012c. "Fukushima Nuclear Accident Analysis Report, Attachment."

TEPCO. 2012d. "Roadmap towards Restoration from the Accident"(Step 2 Completed).

TEPCO, 2012e, "Progress Status of Mid-and-long-Term Roadmap towards the Decommissioning of Fukushima Daiichi Nuclear Power Units 1-4, TEPCO (Digest Version)."

TEPCO. 2013. "Progress Report No. 1: Evaluation of the situation of cores and containment vessels of Fukushima Daiichi Nuclear Power Station Units-1 to 3 and examination into unsolved issues in the accident progression."

TEPCO. 2014. "Progress Report No. 2: Report on the Investigation and Study of Unconfirmed/Unclear Matters In the Fukushima Nuclear Accident."

TEPCO. 2015. "Progress Report No. 3: Report on the Investigation and Study of Unconfirmed/Unclear Matters In the Fukushima Nuclear Accident."

TEPCO. 2017. "Progress Report No. 5: Report on the Investigation and Study of Unconfirmed/Unclear Matters In the Fukushima Nuclear Accident."

The National Diet of Japan. 2012. "The official report of The Fukushima Nuclear Accident Independent Investigation Commission."

Tojima. 2014. "How Onagawa Responded at the Time?" Tohoku Energy Conference.

Tsunamis in Japan. https://www.worlddata.info/asia/japan/tsunamis.php.

U.S. Embassy & Consulates in Japan. 2011. "An Update for American Citizens in Japan."

UNSCEAR. 2014. "UNITED NATIONS, Sources, Effects and Risks of Ionizing Radiation (Report to the General Assembly), UNSCEAR 2013 Report, Vol. I, Scientific Annex A: Levels and Effects of Radiation Exposure Due to the Nuclear Accident after the 2011 Great East-Japan Earthquake and Tsunami, Scientific Committee on the Effects of Atomic Radiation"(UNSCEAR).

USNRC. 1980. "NUREG-0660, NRC Action Plan Developed as a Result of the TMI-2 Accident."

USNRC. 2013. "SECY-12-0157 Enclosure 2 BWR Mark I And Mark Ii Containment Regulatory History."

WHO. 2012. "World Health Organization, Preliminary Dose Estimation from the Nuclear Accident after the 2011 Great East Japan Earthquake and Tsunami."

제3부
사고 후의 세계와 원자력

과학기술처. 1984. 「TMI 사고 관련 아국의 조치방안」.

관계부처 합동. 2013. 「원전비리관련 후속조치결과 및 관리·감독 개선방안」. 2013.10.10.

관계부처 합동. 2020. 「한국판 뉴딜」 종합계획—선도국가로 도약하는 대한민국으로 대전환」, 2020.7.14.

김인구. 2020. 『후쿠시마 원전사고의 재구성』. 동아시아.

박시원·김승완. 2019. 「脫석탄 정책 및 법제연구 — 유럽 사례를 중심으로」. 한국법제연구원.

송용주. 2016. 「독일 에너지전환 정책의 추이와 시사점」 『KERI Brief』, 16-4, 한국경제연구원.

한국원자력학회 후쿠시마위원회. 2013. 『후쿠시마 원전사고 분석 — 사고내용, 결과, 원인 및 교훈』.

金子和裕. 2012. 「独立行政委員会による原子力安全規制行政の再構築— 原子力規制委員会設置法案の成立と国会論議」, 『立法と調査』, No. 332, 35~47, 2012.9.

河田東海夫. 2006. 第1回ジュネーブ会議の舞台裏(その1), 日本原子力学会誌, Vol. 49, No. 1, 59~60.

河内信幸·福島崇宏. 2015. アメリカの「シェールガス革命」と原発廃炉, 産業経済研究所紀要, 第25号, 2015. 3.

熊谷徹. 2015. 「脱原子力を選択したドイツの現状と課題」. ポリタス(https://politas.jp/features/6/article/389), 2015.6.22.

国会事故調. 2012. 『報告書』, 東京電力福島原子力発電所事故調査委員会, 2012.7.

三菱総合研究所. 2020. 「令和元年度原子力の利用状況等に関する調査(国内外の原子力産業に関する調査) 報告書」, 2020.3.30.

澤田哲生. 2021. 「高レベル放射性廃棄物処分の問題にみんなが向き合ってほしい」, 神恵内村長 高橋昌幸氏に聞く, 日本原子力学会誌, Vol. 63, No. 1, 1~2.

成長戦略会議. 2020. 「2050年カーボンニュートラル に伴うグリーン成長戦略」, 2020.12.25.

エネルギー·環境会議. 2012a. 「選択肢に関する中間的整理(案)」, 2012.6.8.

エネルギー·環境会議. 2012b. 「革新的エネルギー·環境戦略(案)」, 2012.9.14.

岡田美保. 2012. 「ロシアにおけるエネルギー·環境·近代化」, 第6章 福島第一原発事故後のロシアの原子力エネルギー政策, 財団法人日本国際問題研究所, 2012.3.

市村知也. 2017. 『原発利用のための制度の変化に関する考察 — 福島原発事故の影響に着目して』, 政策研究大学院大学, 博士論文, 2017.3.

日本原子力学会. 2021. 「福島第一原子力発電所事故に関する調査委員会報告における提言の実行度調査 ― 10年目のフォローアップ」. 学会事故調提言フォローワーキンググループ, 2021.5.

原子力規制委員会. 2013.「実用発電用原子炉に係る新規制基準について―概要」, 2013.7.

原子力規制委員会. 2016.「検査制度の見直しに関する中間取りまとめ」, 検査制度の見直しに関する検討チーム, 2016.11.

原子力規制委員会. 2018a.「原子力規制委員会が目指す安全の目標と, 新規制基準への適合によって達成される安全の水準との比較評価(国民に対するわかりやすい説明方法等)について(平成29年2月1日付の指示に対する回答)」. 原子炉安全専門審査会・核燃料安全専門審査会, 2018.4.5.

原子力規制委員会. 2018b.「原子力規制委員会記者会見録」, 2018.8.22.

自由民主党. 2012.「新しい原子力規制組織に関する基本的考え方」, 原子力規制組織に関する プロジェクトチーム, 2012.4.

資源エネルギー庁. 2021a.「2050年カーボンニュートラルの実現に向けた検討」第36回 総合資源エネルギー調査会 基本政策分科会 資料2, 2021.1.27.

資源エネルギー庁. 2021b.「エネルギー基本計画(案)」, 2021.9.3.

資源エネルギー庁・文部科学省. 2019.「原子力政策課, 原子力イノベーションの追求について」. 第20回 総合資源エネルギー調査会 電力・ガス事業分科会 原子力小委員会 資料3, 2019.4.23.

電気事業連合会. 2018.「リスク情報活用の実現に向けた戦略プラン及びアクションプラン」, 2018.2.8.

政府事故調. 2011.『中間報告』, 東京電力福島原子力発電所における事故調査・検証委員会, 2011.12.

政府事故調. 2012.『最終報告』, 東京電力福島原子力発電所における事故調査・検証委員会, 2012.7.

持続可能な電力システム構築小委員会. 2019.「総合資源エネルギー調査会 基本政策分科会 持続可能な電力システム構築小委員会中間取りまとめ(案)」, 2019.12.

本田宏. 2014.「原子力をめぐるドイツの政治過程と政策対話」. 経済学研究 63 - 2, 北海道大学, 2014.1.

ASN. 2021. "ASN issues a position statement on the conditions for continued operation of the 900MWe reactors beyond 40 years." ASN Press Release, 2021.2.25.

CNSC. 2012. "Pre-licensing Review of a Vendor's Reactor Design." GD-385, 2012.5.

CSET. 2021. "Outline of the People's Republic of China 14th Five-Year Plan for National Economic and Social Development and Long-Range Objectives for 2035," Translated by Etcetera Language Group, Inc., 2021.5.

EC. 2012. "Communication from the Commission to the Council and the European Parliament on the comprehensive risk and safety assessments ("stress tests") of nuclear power plants in the European Union and related activities." 2012.10

Ethics Commission. 2011. "Germany's Energy Transition—A Collective Project for the Future." Ethics Commission for a Safe Energy Supply, 2011.5.30.

Feasibility Report. 2021. "Feasibility of Small Modular Reactor—Development and Deployment in Canada, Prepared by Sask Power, NB Power, Bruce Power and Ontario Power Generation." 2021.4.

Financial Times. 2021. "France bets on more nuclear power in face of Europe's energy crisis." 2021.10.12.

HMG. 2020a. "The Ten Point Plan for a Green Industrial Revolution." 2020.11.

HMG. 2020b. "Energy White Paper: Powering our Net Zero Future." 2020.12.

IAEA. 1991. "The Safety of Nuclear Power: Strategy for the Future, Proceedings of a Conference Vienna." 1991.9.26.

IAEA. 1994. "Periodic Safety Review of Operational Nuclear Power Plants." Safety Series No. 50-SG-O12.

IAEA. 1997. "History of the International Atomic Energy Agency: the first forty years by David Fischer." 1997.9.

IAEA. 2002. "Safe abd Effective Nuclear Power Plant Life Cycle Management towards Decommissioning." IAEA-TECDOC-1305, 2002.8.

IAEA. 2006. "Fundamental Safety Principles." Safety Standards Series No. SF-1.

IAEA. 2007. "Arrangements for Preparedness for a Nuclear or Radiological Emergency." Safety Guide No. GS-G-2.1.

IAEA. 2008. "20/20 Vision for the Future—Background Report by the Director General for the Commission of Eminent Persons." 2008.2.

IAEA. 2013. "Periodic Safety Review for Nuclear Power Plants." Safety Series No. SSG-25.

IAEA. 2015a. "The Fukushima Daiichi Accident—The Report by the Director General." 2015.8.

IAEA. 2015b. "The Fukushima Daiichi Accident—Technical Volumes 1-5." 2015.8.

IAEA. 2015c. "Milestones in the Development of a National Infrastructure for Nuclear Power." Nuclear Energy Series No. NG-G-3.1(Rev.1).

IAEA. 2016. "Report of the Integrated Regulatory Review Service(IRRS) Mission to Japan." IAEA-NS-IRRS-2016.

540

IAEA. 2020. "Nuclear Power Reactors in the World." Reference Data Series No. 2. 2020 Edition, 2020.7.

INSAG. 1986. "Summary Report on the Post-Accident Review Meeting on the Chernobyl Accident." 75-INSAG-1, IAEA.

INSAG. 2006. "Strengthening the Global Nuclear Safety Regime." INSAG-21, IAEA.

INSAG. 2010. "The Interface Between Safety and Security at Nuclear Power Plants." INSAG-24, IAEA.

JRC. 2021. "Technical Assessment of Nuclear Energy with respect to the 'Do No Significant Harm' Criteria of Regulation(EU)." 2020/852('Taxonomy Regulation').

Kemeny, John G. 1979. "Report of The President's Commission On the Accident at TMI." 1979.10.

OECD/NEA. 2014. "Technology Roadmap Update for Generation IV Nuclear Energy Systems." Issued by the OECD Nuclear Energy Agency for the Generation IV International Forum, 2014.1.

OECD/NEA. 2016a. "Five Years after the Fukushima Daiichi Accident NEA Nuclear Safety Improvements and Lessons Learnt."

OECD/NEA. 2016b. "The Safety Culture of an Effective Nuclear Regulatory Body."

OECD/NEA. 2017. "Impacts of the Fukushima Daiichi Accident on Nuclear Development Policies."

OECD/NEA. 2021a. "Fukushima Daiichi Nuclear Power Plant Accident," Ten Years On Progress, Lessons and Challenges.

OECD/NEA. 2021b. "Small Modular Reactors: Challenges and Opportunities." 2021.4.

ONR. 2019. "New Nuclear Power Plants: Generic Design Assessment Guidance to Requesting Parties." ONR-GDA-GD-006 Revision 0, 2019.10.

Rogovin, Mitchell. 1980, "Three Mile Island: A Report To the Commissioners and to The Public." Nuclear Regulatory Commission Special Inquiry Group, NUREG/ CR-1250, 1980.1.

RSK. 2011. "Plant-Specific Safety Review(RSK-SÜ) of German Nuclear Power Plants in the Light of the Events in Fukushima-1(Japan)." from the 437th RSK meeting from 11 to 14 May 2011.

TEG. 2020. "Taxonomy: Final Report of the Technical Expert Group on Sustainable Finance." 2020.3.

The Christian Science Monitor. 2011. "Energy Secretary Steven Chu: 'Imprudent' to close US nuclear plants." 2011.4.6.

USAEC. 1950. "Summary Report of Reactor Safeguard Committee." WASH-3.

USDOE. 2002. U.S. "DOE Nuclear Energy Research Advisory Committee and the Generation IV International Forum." A Technology Roadmap for Generation IV Nuclear Energy Systems, 2002.12.

USDOE. 2021. "Statement by Energy Secretary Granholm on the President's U.S." Department of Energy Fiscal Year 2022 Budget, 2021.5.28.

USNRC. 1978. "Metropolitan Siting—a Historical Perspective." NUREG-0478, 1978.10.

USNRC. 1991. "10 CFR Parts 2, 50, 54, and 140, RIN 3150-AD04." Nuclear Power Plant License Renewal, Federal Resister Vol56, No. 240, 63943-64980, 1991.12.13.

USNRC. 2002. "Perspectives on Reactor Safety." NUREG/CR-6042, SAND93-0971, Revision 2, 2002.4.

USNRC. 2016a. "Historical Review and Observations of Defense-in-Depth." NUREG/KM-0009, 2016.4.

USNRC. 2016b. "NRC Vision and Strategy: Safely Achieving Effective and Efficient Non-Light Water Reactor Mission Readiness." 2016.12.

USNRC. 2009. "Proposed Rulemaking—Environmental Protection Regarding the Update of the 1996 Generic Environmental Impact Statement for Nuclear Power Plant License Renewal." SECY-09-0034.

USNRC. 2017a. "Standard Review Plan for Review of Subsequent License Renewal Applications for Nuclear Power Plants." Final Report, NUREG-2192.

USNRC. 2017b. "Generic Aging Lessons Learned for Subsequent License Renewal (GALL-SLR) Report." Final Report, NUREG-2191.

USNRC. 2017c. "Disposition of Public Comments on the Draft Subsequent License Renewal Guidance Documents NUREG—2191 and NUREG—2192." NUREG-2222.

USNRC. 2020. "Letter from USNRC Project Manager to Oklo CEO." Oklo Power LLC — Acceptance of The Application For a Combined License Application for the Aurora att Idaho National Laboratory, 2020.6.5.

WNN. 2016. "CGN teams up with shipbuilder for offshore plants." 2016.1.26.

WNN. 2021a. "Russia starts building lead-cooled fast reactor." 2021.6.8.

WNN. 2021b. "Macron: Nuclear 'absolutely key' to France's future." 2021.10.13.

제13장_ 원자력의 안전한 사용: 올바른 일을 제대로

앨리슨, 웨이드. 2021. 「공포가 과학을 집어삼켰다」. 강건욱·강유현 옮김. 글마당(원저: Wade Allison, *Radiation and Reason*, 2012).

김진국. 2012. 「원자력안전규제시스템 개선방안 연구」, 국회예산정책처 용역연구 보고서.

백원필. 2011. 「후쿠시마 원전사고 교훈과 원자력 안전 연구 방향」, 『Research Front』, 제1권, 49-69, 한국연구재단.

백원필. 2013. 「후쿠시마 원전사고 교훈과 우리 원전의 안전성 향상 방향」, 2013 원자력안전 워크숍, 한국수력원자력, 서울, 2013.3.7.

백원필. 2017. 「가동원전 중대사고 대처능력 강화 전략」, 2017 원자력안전해석 심포지엄, 대천, 2017.6.22~23.

이상윤. 2015. 「원자력발전소 안전규제의 비교법적 연구」, 한국법제연구원, 2015.10.31.

한국과학기술원. 2011. 「일본 후쿠시마 원전사고: 경과와 영향 그리고 교훈 (중간보고서)」, 한국과학기술원 원자력 및 양자공학과, 2011.4.18.

한국원자력연구원. 2011. 「후쿠시마 원전사고 중간 분석」, 2011.3.27.

한국원자력학회 후쿠시마위원회. 2013. 「후쿠시마 원전사고 분석 — 사고내용, 결과, 원인 및 교훈」, 2013.3.11.

国会事故調. 2012. 「東京電力福島原子力発電所事故調査委員会 報告書」.

Acton, J. M and M. Hibbs. 2012. "Why Fukushima Was Preventable." Carnegie Endowment for International Peace, 2012.3.6.

Baek, W.P. 2011. "Nuclear Safety Enhancement after Fukushima Accident." KOICA/ KAERI/IAEA Seminar, Daejeon, Korea, 2011.11.9.

Baek, W.P. 2012. "Causes of and Lessons from Fukushima Accident." *International Workshop on Nuclear Safety and Severe Accident(NUSSA)*, Sep. 7~8, 2012, Beijing, China.

Baek, W.P. 2013. "Nuclear Safety R&D for Knowledge-Based Implementation of Defense in Depth." IAEA International Conference on Topical Issues in Nuclear Installation Safety: Defense in Depth—Advanced and Challenges for Nuclear Installations Safety, Oct. 21-24, 2013, Vienna, Austria.

Buongiorno, J. et al.. 2011. "Technical Lessons Learned from the Fukushima-Daiichi Accident and Possible Corrective Actions for the Nuclear Industry: An Initial Evaluation." Rev. 1, MIT-NSP-TR-025, 2011.7.26.

Chang, S.H. 2011. The Implications of Fukushima: The South Korean Perspective, Bulletin of Atomic Scientists, 67(4), 18-22, 2011.7

Greenpeace. 2012. "Lessons from Fukushima." Greenpeace International, 2012.2.

IAEA. 2015. "The Fukushima Daiichi Accident." Report by the Director General, International Atomic Energy Agency.

Mori, K. et al.. 2005. "Simulation Analyses of Tsunami Caused by Chilean and Nihon-kai Chubu Earthquakes at NPP Sites in Japan." International Workshop on External Flooding Hazards at Nuclear Power Plant Sites, 29 August~2 September 2005, Kalpakkam, Tamil Nadu, India

OECD/NEA. 2016. "Five Years after the Fukushima Daiichi Accident: Nuclear Safety Improvements and Lessons Learnt." NEA Publication No. 7284, OECD Nuclear Energy Agency.

OECD/NEA. 2021. "Fukushima Daiichi Nuclear Power Plant Accident, Ten Years On: Progress, Lessons and Challenges." NEA Publication No. 7558, OECD Nuclear Energy Agency.

US NAS. 2014. "Lessons Learned from the Fukushima Nuclear Accident for Improving Safety and Security of U.S." Nuclear Plants, U.S. National Academy of Sciences.

US NAS. 2016. "Lessons Learned from the Fukushima Nuclear Accident for Improving Safety and Security of U.S." Nuclear Plants: Phase 2, U.S. National Academy of Sciences.

제14장_ 후쿠시마 원전사고와 사회 안전

산업통산자원부. 2017a. 「[보도자료] 정부, 신고리 5·6호기 건설재개 방침과 에너지전환(탈원전) 로드맵 확정」.

산업통산자원부. 2017b. 「[보도자료] 정부, 고리1호기 영구정지 관련 행사 개최」.

원자력안전위원회. 2017. 「사고관리 범위 및 사고관리능력 평가의 세부기준에 관한 고시」.

전국경제인연합회. 2021. 「[보도자료] 에너지전환정책 대국민 인식 조사」.

e-나라지표a. 「자연재난 발생」, https://www.index.go.kr/potal/main/EachDtlPageDetail.do?idx_cd=1628.

e-나라지표b. 「교통사고 현황(사망, 부상)」. https://www.index.go.kr/potal/main/EachDtl
　　PageDetail.do?idx_cd=1614.

e-나라지표c. 「산업재해현황」. https://www.index.go.kr/potal/main/EachDtlPageDetail.do?
　　idx_cd=1514.

한국환경산업기술원. 가습기살균제 피해지원 종합포털. https://www.healthrelief.or.kr/
　　home/main.do.

復興庁. 2020. 「東日本大震災における震災関連死の死者数」. 令和2年9月30日. 現在調査結果.

規制庁. 2019. 「原子力規制検査等実施要領」. 令和元年12月.

Acton and Hibbs, 2012. "Why Fukushima was preventable." The Carnegie Paper.

FEMA. a. "Hazard and Disaster Classification — FEMA Training."

FEMA. b. "Risk Mapping, Assessment and Planning(Risk MAP)." https://www.fema.gov/
　　flood-maps/tools-resources/risk-map

Florida Museum. "Yearly Worldwide Shark Attack Summary—International Shark Attack
　　File."

HSE. "Managing risks and risk assessment at work." https://www.hse.gov.uk/simple-
　　health-safety/risk/index.htm

IAEA. 1996. "Defence in Depth in Nuclear Safety." INSAG-10.

IAEA. 2002. "Safety culture in nuclear installations." IAEA-TECDOC-1329.

IAEA. 2008. "Mission Report: Follow-Up IAEA Mission In Relation To The Findings And
　　Lessons Learned From The 16 July 2007 Earthquake At Kashiwazaki-Kariwa NPP."

IAEA. 2009. "Deterministic Safety Analysis for Nuclear Power Plants." No. SSG-2.

IAEA. 2015a. "The Fukushima Daiichi Accident Report by the Director General."

IAEA. 2015b. 「The Fukushima Daiichi Accident, Technical Volume 2/5 Safety Assessment."

IAEA. 2015c. "Vienna Declaration on Nuclear Safety," CNS/DC/2015/2/Rev.1.

ICRP. 2017. "ICRP Recommendations and Responses of the Japanese Government."
　　https://www. env.go.jp/en/chemi/rhm/basic-info/1st/04-02-02.html

IEA. 2009. "2009 World Energy Outlook." the International Energy Agency.

Investigation Committee. 2012. "Investigation Committee on the Accident at Fukushima
　　Nuclear Power Stations of Tokyo Electric Power Company." Executive Summary of
　　the Final Report.

Mankiw. 2011. "Principles of Economics, 6th Edition."

National Academies. 2014. "National Research Council Of The National Academies, Lessons

Learned From The Fukushima Nuclear Accident For Improving Safety Of U.S." Nuclear Plants.

NEA. 2020. "Use and Development of Probabilistic Safety Assessments at Nuclear Facilities." NEA/CSNI/R(2019)10 September 2020.

NEI. 2020. "The Nexus Between Safety and Operational Performance in the U.S. Nuclear Industry. NEI 20-04."

Popper. 1959. "The Logic of Scientific Discovery."

Schreurs, Miranda A. 2014. "The Ethics of Nuclear Energy — Germany's Energy Politics after Fukushima." *The Journal of Social Science* 77.

Synolakis and Kânoğlu. 2015. "The Fukushima accident was preventable." Phil. Trans. R. Soc. A 373: 20140379. http://dx.doi.org/10.1098/rsta.2014.0379.

True, Doug and John Butler. 2020. "The Nexus between Safety and Operational Performance." *Nuclear News*, May 2020.

Slovic, Paul. 1987. "Perception Of Risk." *Science*, Vol. 236.

Starr, Chauncey. 1969. "Social Benefit versus Technological Risk." *Science 165*, 1232.

TEPCO. 2012a. "Fukushima Nuclear Accident Analysis Report."

TEPCO. 2012b. "Fukushima Nuclear Accident Analysis Report, Appendix 2, List of Documents concerning the Response Status at Fukushima Daiichi Nuclear Power Station and Fukushima Daini Nuclear Power Station"(June 2012 version).

The National Diet of Japan. 2012. "The official report of The Fukushima Nuclear Accident Independent Investigation Commission."

USNRC. 1975. "Reactor Safety Study: An Afssessment of Accident Risks in U.S. Commercial Nuclear Power Plants"[NUREG-75/014 (WASH-1400)].

USNRC. 1978. "Risk Assessment Review Group Report to the N.S."

USNRC. 1981. "Workshop on Frameworks for Developing a Safety Goal." NUREG/CP-0018, BNL-NUREG-51419.

USNRC. 1986. "Safety Goals for the Operations of Nuclear Power Plants; Policy Statement; Republication." 51 FR 30028, August 21.

USNRC. 1988. "Individual Plant Examination for Severe Accident Vulnerabilities — 10 CFR 50." 54(f)(Generic Letter No. 88~20).

USNRC. 1990. "Severe Accident Risks: An Assessment for Five U.S. Nuclear Power Plants." NUREG-1150.

USNRC. 2004. "NRC Effective Risk Communication." NUREG/BR-0380.

USNRC. 2010. "A Short History of Nuclear Regulation." 1946–2009.

USNRC. 2013. "A comparison of U.S. and Japanese regulatory requirements in effect at the time of the Fukushima accident."

USNRC. 2016. "WASH-1400 The Reactor Safety Study: The Introduction of Risk Assessment to the Regulation of Nuclear Reactors/" NUREG/KM-0010, 2016.

Wako Tojima. 2014. "How Onagawa Responded at the Time? The Nuclear Power Station That Withstood the Great East Japan Earthquake." 2014

WHO. 2021. "Malaria, World Health organization." https://www.who.int/news-room/fact-sheets/detail/malaria

WNA. 2021a. "Nuclear Energy in Sweden — World Nuclear Association." https://www.world-nuclear.org/information-library/country-profiles/countries-o-s/sweden.aspx.

WNA. 2021b. "Nuclear Power in Germany." https://www.world-nuclear.org/information-library/country-profiles/countries-g-n/germany.aspx.

WNA. 2021c. "Nuclear Power in Switzerland — World Nuclear Association." https://world-nuclear.org/information-library/country-profiles/countries-o-s/switzerland.aspx.

WNA. 2021d. "Nuclear Power in Belgium — Belgian Nuclear Energy." https://world- nuclear.org/information-library/country-profiles/countries-a-f/belgium.aspx.

WNA. 2021e. "Nuclear Power in the United Kingdom," https://www.world-nuclear.org/information-library/country-profiles/countriest-z/united-kingdom.aspx.

WNA. 2021f. "Nuclear Power in Saudi Arabia." https://www.world-nuclear.org/ information-library/country-profiles/countries-o-s/saudi-arabia.aspx.

WNA. 2021g. "Nuclear Power in China." https://world-nuclear.org/information-library/country-profiles/countries-a-f/china-nuclear-power.aspx.

Yang, J. E. 2014. "Fukushima Dai-Ichi Accident Lessons Learned Andfuture Actions From The Risk Perspectives." *Nuclear Engineering And Technology*, Vol. 46, No. 1.

제15장_ 후쿠시마 원전사고가 남긴 과제와 극복을 향해

국회예산정책처. 2015. 『정부책임처: the Government Accountability Office』.

김홍회. 2000. 「집단사고 이론의 비판적 고찰」. 『한국행정논집』, 12(3), 455~467.

베이저만·텐브룬셀. 2014. 『Blind Spots, 이기적 윤리: Why We Fail to Do What's Right and What to Do about It』, 김영욱·김희라 옮김. 커뮤니케이션북스.

원자력안전위원회. 2018. 「사용후핵연료 안전규제 로드맵 수립 방안 연구」, 경희대학교 산학

협력단.

야마모토 시치헤이. 2018. 『공기의 연구: 일본을 조종하는 보이지 않는 힘에 대하여』. 박용민 옮김. 헤이북스.

조선일보. 2021.3.6. 「위험한 바이러스 50만 종⋯ 밝혀낸 건 0.2%뿐」.

토인비, A. J. 2016. 『역사의 연구 I』. 홍사중 옮김. 동서문화사.

海渡雄一. 2014. 見てきたドイツの原発訴訟と、大飯判決勝訴の意義, 泊原発差し止め訴訟提訴1周年記念講演会, 2014. 9.27.

近藤駿介. 2020. 原子力安全目標について」, 安全目標に関するシンポジウム(Part 2)(2019/11/9開催)の追加論文, 日本原子力学会 リスク部会(HP: risk-div-aesj.sakura.ne.jp), 1~18, 2020.12.16.

黒野将大. 2006. 独立行政委員会の中立性と独立性, 一橋ローレビュー, 第4号, 2020. 6.

国会事故調. 2012. 『報告書』, 東京電力福島原子力発電所事故調査委員会, 2012.7.

中川かおり. 1998. 「原子力施設反対住民運動における訴訟利用」, 『本郷法政紀要』, No. 7, 99~144.

中谷内一也・工藤大介・尾崎拓. 2014. 「東日本大震災のリスクに深く関連した組織への信頼」, 『心理学研究』, 第85巻, 第2号, 139~147.

日本原子力産業協会. 2021. 「世界の運転中原子力発電所の運転期間別基数(2021年1月1日現在)」, 2021.1.12.

橘川武郎. 2002. 「九電力体制の五十年」, 『経営史学』, 第37巻, 第3号, 1~27, 2002.3.

内閣府. 2009. 「原子力に関する特別世論調査」の概要, 内閣府政府広報室, 2009.11.26.

正木宏長. 2005a. 「行政法と官僚制(2)」, 立命館法学, 299号, 46~109.

正木宏長. 2005b. 「行政法と官僚制(3)」, 立命館法学, 303号, 1~85.

松井亮太. 2020. 「集団思考(groupthink)とは何か — 複合集団における集団思考の可能性」, 『日本原子力学会誌』, Vol. 62, No. 5, 26~30.

民間事故調. 2012. 『調査・検証報告書』, 福島原発事故独立検証委員会, ディスカヴァー・トゥエンティワン, 2012.2.

鈴木貴大. 2018. 「経営倫理研究における行動倫理学アプローチの意義と課題」, 『商学研究論集』, 第49号, 2018.9.

清水修二. 1991. 「電源立地促進財政制度の成立 — 原子力麗発と財政の展開(1)」, 『商学論集』, 第59巻, 第4号, 139~160. 1991.3.

清水修二. 1997. 「パブリック・アクセプタンスの政治社会論(1) — 原子力開発と自治体・住民の権利」, 『商学論集』, 第65巻, 第3号, 107~129, 1997.3.

安室憲一. 2010. 「制度設計の失敗と多国籍金融業の行動: 金融危機の一考察」, 『多国籍企業研究』

(3), 117~133, 2010.6.

山本昭宏. 2014. 「原子力の夢」と新聞 — 1945~1965年における『朝日新聞』『読売新聞』の原子力報道に関する一考察, マス・コミュニケーション研究, No. 84, 9~27.

入江一友. 2011. 「発電用原子炉に関わる並行的法体系の問題点とその立法的解決」, 『日本原子力学会和文論文誌』, Vol. 10, No. 1, 30~47.

渡辺美紀子. 2007. 「チェルノブイリの放射能と向かい合った市民の活動」, 「チェルノブイリ原発事故の実相解明への多角的アプローチ — 20年を機会とする事故被害のまとめ」, トヨタ財団助成研究(2004年11月~2006年10月)研究報告書」, 170~177, 2007.8.

張貞旭. 1998. 「日韓の発電所周辺地域支援制度(電源三法)の比較研究」, 『財政学研究』, 第23号, 61~81, 1998.10.

冨田弘平. 1962. 「電気事業再編成10年の成果」, 『電気学会雑誌』, 82巻, 880号.1~10, 1962.1.

平川秀幸. 2007. 「リスクガバナンスにおける「専門性の民主化」と「民主制の専門化」の諸問題 —「良きリスクガバナンス」のための理論的検討」, 国際基督教大学大学院 比較文化研究科提出博士論文, 2007.10.10.

Weinberg, A. M. 1972. "Science and Trans-Science." *Minerva* 10, 209~222.

von Dornum, Deirdre Dionysia. 1997. "The Straight and the Crooked: Legal Accountability in Ancient Greece." *Columbia Law Review*, Vol. 97, No. 5, pp. 1483~1518, 1997.6.

IAEA. 2006. "Fundamental Safety Principles." Safety Standards Series No. SF-1.

IAEA. 2015. "The Fukushima Daiichi Accident — The Report by the Director General."

IAEA. 2016. "Governmental, Legal and Regulatory Framework for Safety." Safety Standards Series No. GSR Part 1(Rev.1).

IAEA. 2020. "Advances in Small Modular Reactor Technology Developments — A Supplement to: IAEA Advanced Reactors Information System(ARIS)." 2020 Edition. 2020.9.

IAEA, 2021, "Energy, Electricity and Nuclear Power Estimates for the Period up to 2050," Reference Data Series No.1, 2020 Edition, 2021.9.

IEA. 2021. "Net Zero by 2050: A Roadmap for the Global Energy Energy Sector," 2021.5.

Thomson, I. T. D. 2020. "A Literature Review on Regulatory Independence in Canada's Energy Systems: Origins," *Rationale and Key Features*, University Of Ottawa.

ICRP. 2020. "Radiological Protection of People and the Environment in the Event of a Large Nuclear Accident: Update of ICRP Publications 109 and 111." ICRP Publication 146. Ann. ICRP 49(4).

INSAG. 2003. "Independence in regulatory decision making." INSAG-17, IAEA.

Kurokawa, K. and A. R. Ninomiya. 2018. "Examining Regulatory Capture: Looking Back at the Fukushima Nuclear Power Plant Disaster, Seven Years Later." *University of Pennsylvania Asian Law Review*, Vol. 13, No. 2.

Rich, N. 2016. "The Lawyer Who Became DuPont's Worst Nightmare." *The New York Times Magazine*, 2016.1.6.

National Research Council. 2009. *Science and Decisions: Advancing Risk Assessment*. The National Academies Press.

OECD/NEA. 2019. "Legal Frameworks for Long-Term Operation of Nuclear Power Reactors." 2019.11.

OECD/NEA. 2021a. "Small Modular Reactors: Challenges and Opportunities." 2021.4.

OECD/NEA. 2021b. "Long-Term Operation of Nuclear Power Plants and Decarbonisation Strategies." 2021.7.

UNECE. 2021. "Technology Brief - Nuclear Power." 2021.8.

USNRC. 2021. Summary of the January 21, 2021, "U.S. Nuclear Regulatory Commission Category 3 Meeting: Development of Guidance Documents to Support License Renewal for 100 Years of Plant Operation." 2021.3.9.

부록
원자력방사선 기초지식

앨리슨, 웨이드. 2021. 「공포가 과학을 집어삼켰다」. 강건욱·강유현 옮김. 글마당(원저: Wade Allison, *Radiation and Reason*, 2012).

한국원자력학회. 2013. 「[최종보고서] 후쿠시마 원전사고 분석 — 사고내용, 결과, 원인 및 교훈」. 한국원자력학회 후쿠시마위원회.

ICRP. 2012. "Compendium of Dose Coefficients based on ICRP Publication 60." Publication 119. International Commission on Radiation Protection.

INSAG. 1996. "Defense in Depth in Nuclear Safety." INSAG-10. International Nuclear Safety Advisory Group, International Atomic Anergy Agency.

NEA. 2012. "Nuclear Energy Today (2nd ed.)." NEA Publication No. 6885. OECD Nuclear Energy Agency.

UNSCEAR. 2010. "UNSCEAR 2008 Report: Sources and Effects of Ionizing Radiation." United Nations Scientific Committee on the Effects of Atomic Radiation.

찾아보기